现代分析检测技术丛书

Chiral Separations Methods and Protocols
Third Edition

手性分离研究方法与操作指南
（第三版）

〔德〕格哈德·K. E. 斯克里巴（Gerhard K. E. Scriba） 主编

杨 飞 纪 元 主译

中国轻工业出版社

图书在版编目（CIP）数据

手性分离研究方法与操作指南：第三版/（德）格哈德·K. E. 斯克里巴
（Gerhard K. E. Scriba）主编；杨飞，纪元主译 . —北京：
中国轻工业出版社，2023. 8
　　ISBN 978-7-5184-4367-3

　　Ⅰ . ①手…　Ⅱ . ①格…　②杨…　③纪…　Ⅲ . ①分离—化工过程—指南　Ⅳ . ①TQ028-62

中国国家版本馆 CIP 数据核字（2023）第 013209 号

责任编辑：张　靓

文字编辑：刘逸飞　　责任终审：白　洁　　封面设计：锋尚设计
版式设计：砚祥志远　　责任校对：朱燕春　　责任监印：张　可

出版发行：中国轻工业出版社（北京东长安街 6 号，邮编：100740）

印　　刷：三河市万龙印装有限公司

经　　销：各地新华书店

版　　次：2023 年 8 月第 1 版第 1 次印刷

开　　本：787×1092　1/16　印张：27.25

字　　数：646 千字

书　　号：ISBN 978-7-5184-4367-3　定价：158.00 元

邮购电话：010-65241695

发行电话：010-85119835　传真：85113293

网　　址：http://www.chlip.com.cn

Email：club@ chlip.com.cn

如发现图书残缺请与我社邮购联系调换

210536K1X101ZYW

本书翻译人员

主译

杨　飞（国家烟草质量监督检验中心）

纪　元（山东省食品药品检验研究院）

副主译

彭云铁（广东省烟草质量监督检测站）

王　康（湖北省烟草质量监督检测站）

潘立宁（中国烟草总公司郑州烟草研究院）

肖少红（湖北省烟草质量监督检测站）

陈晓水（浙江中烟工业有限责任公司）

鞠华波（西北烟草质量监督检测站）

李　波（广东省烟草质量监督检测站）

柳　均（湖北省烟草质量监督检测站）

张凤梅（云南中烟工业有限责任公司）

韶济民（四川省烟草质量监督检测站）

张玉璞（吉林省烟草质量监督检测站）

白军超（河南省烟草质量监督检测站）

唐纲岭（国家烟草质量监督检验中心）

参译

景　浩（西藏自治区烟草质量监督检测站）

郭得敏（西藏自治区烟草质量监督检测站）

朱文静（贵州省烟草质量监督检测站）

贺　琛（中国烟草总公司郑州烟草研究院）

刘珊珊（国家烟草质量监督检验中心）

邓惠敏（国家烟草质量监督检验中心）

李淑彪（浙江中烟工业有限责任公司）

刘　欣（云南中烟工业有限责任公司）

唐诗云（云南中烟工业有限责任公司）

张小涛（贵州中烟工业有限责任公司）

刘　卫（郑州大学药学院）

王　颖（国家烟草质量监督检验中心）

边照阳（国家烟草质量监督检验中心）

范子彦（国家烟草质量监督检验中心）

熊　巍（四川省烟草质量监督检测站）

严　俊（广西中烟工业有限责任公司）

孟冬玲（广西中烟工业有限责任公司）

译者序

手性是指物质的本身立体空间结构左右对称呈镜像，但不能完全重合，是自然界本质属性之一。手性对映体的物理、化学性质相似，但在手性环境中表现出不同的生物活性、毒性毒理及降解代谢等行为。

通过直接研究外消旋体的农药或药物的毒性、毒理及体内代谢途径获得的结果是片面的。在这些研究中化合物的手性特征被忽略，同时对映体间不同的毒性、毒理及代谢方式也被忽略。由于人体内的很多酶、蛋白质等都普遍存在着手性，是一个手性环境，因此手性化合物对映体进入人体后可能存在着选择性的代谢行为。面对这种形势，许多用以获得对映纯化合物的方法被不断开发与完善，如拆分、结构改性及催化合成等，手性对映体残留检测方法也逐渐发展完善起来。建立高分离度、高灵敏度的手性化合物拆分和测定方法对于手性化合物的研究具有十分重要的意义。

《手性分离研究方法与操作指南（第三版）》一书对现有的手性分离技术的原理进行了翔实概述，并以具体的实例进行了说明，深入浅出。本书适合从事手性分离研究的学生、科研人员等查阅。也希望本书的出版能为国内从事手性分离的人员提供借鉴。

本书的翻译工作邀请了科研院所和企业中从事分析化学工作的研究人员参与完成，译者们均在各自的领域从事分析化学工作多年，具有丰富的经验和扎实的专业知识。本书的第 1 章至第 4 章由纪元翻译完成；第 5 章由杨飞翻译完成；第 6 章至第 9 章由潘立宁翻译完成；第 10 章至第 13 章由陈晓水翻译完成；第 14 章至第 17 章由鞠华波翻译完成；第 18 章至第 21 章由彭云铁翻译完成；第 22 章至第 26 章由王康、肖少红翻译完成；第 27 章由李波翻译完成。杨飞、柳均、张凤梅、韶济民和张玉璞进行了全文通稿和校稿工作。白军超、熊巍、郭得敏、景浩、朱文静、贺琛、刘珊珊、邓惠敏、李淑彪、刘欣、唐诗云、张小涛、刘卫、王颖、边照阳、范子彦、唐纲岭、严俊、孟冬玲为翻译工作中遇到的疑难问题提供了技术指导。

译者虽力求准确传达原著者的思想，但由于时间关系及水平有限，译文中难免存在疏漏或不当之处，恳请读者批评指正。

杨　飞

本书编写人员

DANIEL W. ARMSTRONG——*Department of Chemistry and Biochemistry, The University of Texas at Arlington, Arlington, TX, USA*

ATTILA BAJTAI——*Institute of Pharmaceutical Analysis, University of Szeged, Szeged, Hungary*

RAVI BHUSHAN——*Department of Chemistry, Indian Institute of Technology Roorkee, Roorkee, Uttarakhand, India*

ANDREA CAROTTI——*Department of Pharmaceutical Sciences, University of Perugia, Perugia, Italy*

MARÍA CASTRO - PUYANA——*Departamento de Química Analítica, Química Física e Ingeniería Química, Facultad de Ciencias, Universidad de Alcalá, Alcalá de Henares, Madrid, Spain*

BEZHAN CHANKVETADZE——*Institute of Physical and Analytical Chemistry, School of Exact and Natural Sciences, Tbilisi State University, Tbilisi, Georgia*

ROBERTO CIRILLI——*National Institute of Health, Centre for the Control and Evaluation of Medicines, Rome, Italy*

SHUQING DONG——*Key Laboratory of Chemistry of Northwestern Plant Resources of CAS and Key Laboratory for Natural Medicine of Gansu Province, Lanzhou Institute of Chemical Physics, Chinese Academy of Sciences, Lanzhou, People's Republic of China*

RITURAJ DUBEY——*Department of Chemistry, Indian Institute of Technology Roorkee, Roorkee, Uttarakhand, India*

CHIARA FANALI——*Department of Medicine, University Campus Bio - Medico of Rome, Rome, Italy*

SALVATORE FANALI——*PhD School in Natural Science and Engineering, University of Verona, Verona, Italy*

MARIANNE FILLET——*Laboratory for the Analysis of Medicines, Department of Pharmaceutical Sciences, CIRM, Quartier Hôpital, University of Liège, Liège, Belgium*

GARRETT HELLINGHAUSEN——*Department of Chemistry and Biochemistry, The University of Texas at Arlington, Arlington, TX, USA*

DADAN HERMAWAN——*Department of Chemistry, Faculty of Mathematics and Natural Sciences, Universitas Jenderal Soedirman, Purwokerto, Indonesia*

ULRIKE HOLZGRABE——*Institute of Pharmacy and Food Chemistry, University of Würzburg, Wuerzburg, Germany*

XU HOU——*Key Laboratory of Pharmaceutical Quality Control of Hebei Province, College of*

Pharmaceutical Sciences, Hebei University, Baoding, China; Key Laboratory of Medical Chemistry and Molecular Diagnosis, Ministry of Education, Hebei University, Baoding, China

FEDERICA IANNI——*Department of Pharmaceutical Sciences, University of Perugia, Perugia, Italy*

WAN AINI WAN IBRAHIM——*Department of Chemistry, Faculty of Science, Universiti Teknologi Malaysia, Johor Bahru, Johor, Malaysia*

ISTVÁN ILISZ——*Institute of Pharmaceutical Analysis, University of Szeged, Szeged, Hungary*

PAVEL JÁČ——*Faculty of Pharmacy in Hradec Králové, Department of Analytical Chemistry, Charles University, Hradec Králové, Czech Republic*

JONG SEONG KANG——*College of Pharmacy, Chungnam National University, Daejeon, Republic of Korea*

KYUNG TAE KIM——*Food Science and Technology Major, Dong–Eui University, Busan, Republic of Korea*

LUIZ CARLOS KLEIN–JÚNIOR——*Pharmaceutical Chemistry Research Group, Universidade do Vale do Itajaí (UNIVALI), Itajaí, SC, Brazil*

WONJAE LEE——*College of Pharmacy, Chosun University, Gwangju, Republic of Korea*

XIAOXUAN LI——*Department of Chemical Engineering, Chengde Petroleum College, Chengde, Hebei, People's Republic of China*

HUI LI——*Key Laboratory of Chemistry of Northwestern Plant Resources of CAS and Key Laboratory for Natural Medicine of Gansu Province, Lanzhou Institute of Chemical Physics, Chinese Academy of Sciences, Lanzhou, People's Republic of China*

WOLFGANG LINDNER——*Department of Analytical Chemistry, University of Vienna, Vienna, Austria*

EMMANUELLE LIPKA——*Faculté de Pharmacie de Lille, Inserm, U995, LIRIC, Laboratoire de Chimie Analytique, Université de Lille, BP 83, Lille Cedex, France*

YING LIU——*Key Laboratory of Pharmaceutical Quality Control of Hebei Province, College of Pharmaceutical Sciences, Hebei University, Baoding, China; Key Laboratory of Medical Chemistry and Molecular Diagnosis, Ministry of Education, Hebei University, Baoding, China*

DEBBY MANGELINGS——*Department of Analytical Chemistry, Applied Chemometrics and Molecular Modelling, Vrije Universiteit Brussel (VUB), Brussels, Belgium*

MARIA LUISA MARINA——*Departamento de Química Analítica, Química Física e Ingeniería Química, Facultad de Ciencias, Universidad de Alcalá, Alcalá de Henares, Madrid, Spain*

BENEDETTO NATALINI——*Department of Pharmaceutical Sciences, University of Perugia,*

Perugia, Italy

TÍMEA OROSZ——*Institute of Pharmaceutical Analysis, University of Szeged, Szeged, Hungary*

VIJAY PATEL——*Department of Chemistry, Georgia State University, Natural Science Center, Atlanta, GA, USA*

ANTAL PÉTER——*Department of Inorganic and Analytical Chemistry, University of Szeged, Szeged, Hungary; Institute of Pharmaceutical Analysis, University of Szeged, Szeged, Hungary*

LUCIA PUCCIARINI——*Department of Pharmaceutical Sciences, University of Perugia, Perugia, Italy*

YIMENG REN——*Key Laboratory of Pharmaceutical Quality Control of Hebei Province, College of Pharmaceutical Sciences, Hebei University, Baoding, China; Key Laboratory of Medical Chemistry and Molecular Diagnosis, Ministry of Education, Hebei University, Baoding, China*

MOHD MARSIN SANAGI——*Department of Chemistry, Faculty of Science, Universiti Teknologi Malaysia, Johor Bahru, Johor, Malaysia*

ROCCALDO SARDELLA——*Department of Pharmaceutical Sciences, University of Perugia, Perugia, Italy*

GERHARD K. E. SCRIBA——*Department of Pharmaceutical Chemistry, University of Jena, Jena, Germany*

ANNE-CATHERINE SERVAIS——*Laboratory for the Analysis of Medicines, Department of Pharmaceutical Sciences, CIRM, Quartier Hôpital, University of Liège, Liège, Belgium*

SHAHAB A. SHAMSI——*Department of Chemistry, Georgia State University, Natural Science Center, Atlanta, GA, USA*

YANPING SHI——*Key Laboratory of Chemistry of Northwestern Plant Resources of CAS and Key Laboratory for Natural Medicine of Gansu Province, Lanzhou Institute of Chemical Physics, Chinese Academy of Sciences, Lanzhou, People's Republic of China*

JIAN TANG——*Key Laboratory of Soft Chemistry and Functional Materials, Ministry of Education, Nanjing University of Science and Technology, Nanjing, People's Republic of China*

WEIHUA TANG——*Key Laboratory of Soft Chemistry and Functional Materials, Ministry of Education, Nanjing University of Science and Technology, Nanjing, People's Republic of China*

SHENG-QIANG TONG——*College of Pharmaceutical Science, Zhejiang University of Technology, Hangzhou, People's Republic of China*

TOSHIMASA TOYO'OKA——*Laboratory of Analytical and Bio-Analytical Chemistry, Graduate School of Pharmaceutical Sciences, University of Shizuoka, Shizuoka, Japan*

YVAN VANDER HEYDEN——*Department of Analytical Chemistry, Applied Chemometrics and*

Molecular Modelling, *Vrije Universiteit Brussel* (*VUB*), *Brussels*, *Belgium*

SITI MUNIRAH ABD WAHIB——*Department of Chemistry*, *Faculty of Science*, *Universiti Teknologi Malaysia*, *Johor Bahru*, *Johor*, *Malaysia*

JOACHIM WAHL——*Institute of Pharmacy and Food Chemistry*, *University of Würzburg*, *Wuerzburg*, *Germany*

SHENGJIA WANG——*Institute of Drug Metabolism and Pharmaceutical Analysis*, *College of Pharmaceutical Sciences*, *Zhejiang University*, *Hangzhou*, *People's Republic of China*

LIJUAN WANG——*Key Laboratory of Pharmaceutical Quality Control of Hebei Province*, *College of Pharmaceutical Sciences*, *Hebei University*, *Baoding*, *China*; *Key Laboratory of Medical Chemistry and Molecular Diagnosis*, *Ministry of Education*, *Hebei University*, *Baoding*, *China*

YONG WANG——*Tianjin Key Laboratory of Molecular Optoelectronic Science*, *Department of Chemistry*, *School of Science*, *Tianjin University*, *Tianjin*, *People's Republic of China*; *Collaborative Innovation Center of Chemical Science and Engineering* (*Tianjin*), *Tianjin*, *People's Republic of China*

SHENG – MING XIE——*Department of Chemistry*, *Yunnan Normal University*, *Kunming*, *People's Republic of China*

HONGYUAN YAN——*Key Laboratory of Medical Chemistry and Molecular Diagnosis*, *Ministry of Education*, *Hebei University*, *Baoding*, *China*

LI – MING YUAN——*Department of Chemistry*, *Yunnan Normal University*, *Kunming*, *People's Republic of China*

LUSHAN YU——*Institute of Drug Metabolism and Pharmaceutical Analysis*, *College of Pharmaceutical Sciences*, *Zhejiang University*, *Hangzhou*, *People's Republic of China*

SU ZENG——*Institute of Drug Metabolism and Pharmaceutical Analysis*, *College of Pharmaceutical Sciences*, *Zhejiang University*, *Hangzhou*, *People's Republic of China*

FAN ZHANG——*Key Laboratory of Pharmaceutical Quality Control of Hebei Province*, *College of Pharmaceutical Sciences*, *Hebei University*, *Baoding*, *China*; *Key Laboratory of Medical Chemistry and Molecular Diagnosis*, *Ministry of Education*, *Hebei University*, *Baoding*, *China*

JUN – HUI ZHANG——*Department of Chemistry*, *Yunnan Normal University*, *Kunming*, *People's Republic of China*

LIANG ZHAO——*Key Laboratory of Chemistry of Northwestern Plant Resources of CAS and Key Laboratory for Natural Medicine of Gansu Province*, *Lanzhou Institute of Chemical Physics*, *Chinese Academy of Sciences*, *Lanzhou*, *People's Republic of China*

JIE ZHOU——*Key Laboratory of Soft Chemistry and Functional Materials*, *Ministry of Education*, *Nanjing University of Science and Technology*, *Nanjing*, *People's Republic of China*

前　言

> 有什么能比我的手或我的耳朵更像我的手或我的耳朵，并且在所有方面都比它在镜子中的形象更相似呢？

> 然而，我不能用镜子中看到的那只手代替原来的手，因为如果原来的是右手，那么镜子里的就是左手，而右耳的镜像就是左耳，后者永远不能代替前者。

> ——Immanuel Kant

正如 Immanuel Kant 1783 年在其哲学论述中所说，手性对象及其镜像虽然看起来相似，但仍然不一致。关于手性化合物与手性生物靶分子的相互作用，哲学家的这种认识论分析在本质上也是正确的。因此，手性化合物的对映体通常在其生物学、药理学、毒理学和/或药代动力学特征方面不同。这在制药科学中变得尤为明显，但它也影响到化学、生物学、食品化学、法医学等。因此，需要区分立体异构体，特别是对映体的分析技术。目前最常应用色谱和电迁移技术，因为这些技术不仅可以分离对映体，而且可以分离非对映体和其他化学性质相近的化合物。对于分析性对映体分离，高效液相色谱（HPLC）和毛细管电泳（CE）最常用于非挥发性分析物，而气相色谱（GC）更适用于挥发性分析物。近年来，亚临界和超临界流体色谱（SFC）作为一种环境友好型技术越来越受到重视。HPLC 和 SFC 也可用于制备规模的对映体分离。虽然某些化合物可能仅使用一种基于物理化学性质的技术进行对映体分离，但分析人员通常可以针对给定分析物在两种或多种分析技术之间进行选择。这需要了解每种技术的优缺点，以便为给定问题选择最合适的方法。

《手性分离研究方法与操作指南（第三版）》的重点是通过色谱和电泳技术进行分析分离，尽管其中包括了关于制备型逆流色谱的一章。本书并未声称全面涵盖每种可能的手性分离机制，而是概述了手性分离科学中最重要的分析技术的实际应用，作为"分子生物学方法"丛书的"商标"。一些章节概述了各自领域的当前技术水平。然而，大多数章节都致力于描述典型的分析程序，为用户提供可靠和成熟的程序。注解部分解决了关键步骤，以便用户能够将描述的方法应用到实际分离问题中。

来自 17 个国家的 33 个研究实验室的 62 位作者通过分享他们对技术的见解和专业知识做出了贡献。我想借此机会感谢所有作者的努力和宝贵贡献。

《手性分离研究方法与操作指南（第三版）》有助于分析化学家在学术界、政府或工业界研究药学、化学、生物化学、食品化学、分子生物学、法医学、环境科学或化妆品领域的立体化学问题。

编者

参考文献

Kant I（1783）Prolegomena zu einer jeden künftigen Metaphysik die als Wissenschaft wird auftreten können. English translation：Hatfield G（1997）Prolegomena to any future metaphysics that will be able to come forward as science. Cambridge University Press，New York.

目录CONTENTS

5 液相色谱手性分离中手性流动相添加剂

6 用于高效液相色谱对映体分离的多糖类手性固定相：综述

7 在 HILIC 条件下基于多糖的手性固定相的 HPLC 对映体分离

8 功能性环糊精点击手性固定相用于 HPLC 多功能对映体分离

9 环糊精类手性固定相用于 HPLC 对映体分离

10 以纳米纤维素衍生物为手性选择剂的有机-无机杂化材料

11 环果聚糖作为手性选择剂：综述

12 基于糖肽类抗生素的手性固定相用于高效液相色谱对映体分离：综述

13 万古霉素衍生的亚2微米氢化硅颗粒在纳米液相色谱手性分离中的应用

14 基于奎宁的两性离子手性固定相在液相色谱分离对映体中的应用：综述

15 基于手性配体交换的高效液相色谱对映体分离

16 手性超临界流体色谱法的应用

26　（18-冠-6）-2,3,11,12-四羧酸类手性固定相在毛细管电色谱中的应用

27　手性分离优化的实验设计方法综述

1 手性选择剂的识别机制：综述

Gerhard K. E. Scriba

摘要：作为手性生物活性化合物与手性目标结构相互作用的基础，手性分子的立体特异性识别在自然界中起着重要作用。在诸如色谱和毛细管电迁移技术之类的分离科学中，手性分析物与手性选择剂之间的相互作用，如热力学平衡中瞬态非对映体的形成，是手性分离的基础。由于手性选择剂的结构种类繁多，因此不同的结构特征有助于整个手性识别过程。本章简要总结了目前对各种类型手性选择剂的结构对映选择性识别过程的理解。

关键词：手性分离，手性识别机制，手性选择剂，对映区别，选择剂-选择物复合体

1.1　引言

"你想如何在镜子屋里生活，凯蒂？我想知道在那儿他们是否会给你牛奶？也许镜中的牛奶并不好喝吧？"在1871年由英国作家刘易斯·卡洛尔（Lewis Carroll）出版的《爱丽丝镜中奇遇》[1] 一书中，爱丽丝这样问她的猫。这个问题反映了在自然界中作为基本现象的对映体的区别，即手性化合物与其手性生物学靶标之间的立体特异性相互作用。手性分子在生命科学、医学、合成化学、环境化学或食品化学以及其他领域中都起着重要作用。分离科学中相关性最大的技术包括：色谱技术，如气相色谱（gas chromatography，GC）、（超）高效液相色谱［(ultra) high-performance liquid chromatography，（U）HPLC］、超临界和亚临界流体色谱（super-，subcritical fluid chromatography，SFC）；毛细管电迁移技术，如毛细管电泳（capillary electrophoresis，CE）、电动色谱（electrokinetic chromatography，EKC）、胶束电动色谱（micellar electrokinetic chromatography，MEKC）、微乳液电动色谱（microemulsion electrokinetic chromatography，MEEKC）和毛细管电色谱（capillary electrochromatography，CEC）。在大多数情况下，分析物的立体异构体，通常是对映体，通过与手性选择剂的相互作用而分离，后者可以固定在固体支持物上，也可以添加到流动相或背景电解质中。该方法基于在热力学平衡中分析物的对映体和选择剂之间瞬态非对映体的形成。

本章旨在就手性分析物与重要手性选择剂之间的机械相互作用的当前认知以及新进展提供基本概述，相关内容也将在环果聚糖及金属有机骨架等章节中介绍。由于在分离科学中有许多化合物被认作手性选择剂，因此本章内容并不全面。在专题著作[2]、其他书的部分章节[3-5] 以及综述论文[6-10] 中，对分离科学中的手性识别机制的更多信息和细节进行了总结。

1.2　手性选择剂的识别机制

根据选择剂的不同，分析物与手性选择剂之间瞬态非异构体配合物的形成是通过多种相互作用来介导的，包括离子相互作用、离子-偶极或偶极-偶极相互作用、π-π相互作用、范德瓦耳斯力、卤素键或氢键[11,12]。通常认为最初的键合是强的、长距离的相互作用，可能不是立体选择性的（如离子相互作用），而短距离的、方向性的相互作用（如π-π相互作用和直接或水桥联氢键）则被认为主要与立体选择性结合有关。此外，由于选择剂结合位点的空间排列以及选择剂与选择物结合后的构象变化而引起

的空间因素可能有助于立体识别过程。对于凹形或桶形分子，例如环糊精或杯芳烃，从空腔中排出的高能水也可能在复合物的形成中起作用。这些选择剂的空腔包含水分子，其数量取决于空腔的大小。这些水分子是"无组织的"，因为它们能形成稳定氢键的数量有限，将水分子排入本体相后它们可以形成更多的氢键[13]，所以，存在与分子形成复合物的焓驱动力。

为了阐明手性识别的机制，针对不同结构分析物进行了色谱和电泳研究，以建立结构-分离关系。此外，也可以调整色谱中流动相的条件或电泳中背景电解质的组成。光谱技术包括紫外光谱、荧光光谱、红外光谱、（电子）圆二色谱和振动圆二色谱（vibrational circular dichroism，VCD）以及核磁共振波谱（NMR）[2,7,14-16]。特别是包括多种利用核奥弗豪泽效应（nuclear Overhauser effect，NOE）的 NMR 可以得出原子和取代基空间邻近性的结论。而且，它们通常可以在与分离条件类似的条件下进行。固态的选择剂-选择物复合物的结构可以通过 X 射线晶体衍射获得。化学信息学、分子建模和分子动力学模拟已用于研究结合热力学以及选择剂-选择物复合物结构的可视化[17-19]。通过计算研究已总结出色谱中对映体的洗脱顺序[20]。

1.2.1 多糖衍生物

基于多糖的手性固定相是由冈本等人首创的。迄今为止，由于对多种结构的化合物具有普适性，基于多糖的手性固定相代表了 HPLC 和 SFC 中应用最广泛的手性固定相。已有商业化产品将选择剂涂在或共价固定在硅胶载体上，包括手性技术公司的 Chiralcel®、Chiralpak®，及飞诺美的 Lux®。据估计，最常见的两种手性固定相为纤维素三（3,5-二甲基氨基甲酸酯）（如 Chiralcel® OD、Chiralcel® OD-H、Chiralpak® IB 和 Lux® Cellulose-1）和直链淀粉三（3,5-二甲基氨基甲酸酯）（如 Chiralpak® AD、Chiralpak® IA、Lux® Amylose-1 和 Lux® i-Amylose-1），约占多糖衍生选择剂的 2/3[21]。这些固定相可以在 HPLC 中以正相（烃-醇）模式、反相（水-有机物）模式、极性有机模式以及在 SFC 中使用[22-25]。

纤维素和直链淀粉是由通过 β-1,4-糖苷键（纤维素）或 α-1,4-糖苷键（直链淀粉）连接的 D-葡萄糖分子组成的线性螺旋聚合物。葡萄糖分子的羟基被苯甲酸或苯基氨基甲酸酯配基衍生，后者在芳香环的多个位置上含有甲基和/或氯取代基。苯甲酸和苯基氨基甲酸酯残基朝外形成手性螺旋凹槽，极性基团位于碳水化合物骨架附近的凹槽深处，而疏水的芳香环位于外侧。通过 NMR、计算研究[26] 以及 VCD[27] 可知，纤维素三（3,5-二甲基苯基氨基甲酸酯）含有 4/3 左旋螺旋。然而纤维素三（3,5-二甲基苯基氨基甲酸酯）的结构似乎有些争议，因为 VCD 测量显示该聚合物的右旋螺旋为薄膜，但在二氯甲烷溶液中呈现左旋螺旋结构[27]。纤维素三（3,5-二甲基苯基氨基甲酸酯）的手性凹槽似乎比直链淀粉三（3,5-二甲基苯基氨基甲酸酯）的手性凹槽稍大。8 种基于纤维素和直链淀粉的商品化固定相的结构已通过分子建模进行了研究，即三苯甲酸纤维素、纤维素三（苯基氨基甲酸酯）、纤维素三（3,5-二甲基苯基氨基甲酸酯）、纤维素三（4-氯苯基氨基甲酸酯）、纤维素三（4-甲基苯基氨基甲酸酯）、纤维素三（4-甲基苯甲酸酯）、直链淀粉三（3,5-二甲基苯基氨基甲酸酯）和直链淀粉三[(S)-α-甲基苯甲基氨基甲酸酯][28]。依靠多糖的衍生化，纤维素衍生物的右旋三倍螺旋的六聚体和直链淀粉的左旋四倍螺旋的八聚体呈现手性凹槽的大小和形状不同。这引起不同的方向和结合模式，从而导致相应手性固定相上几种手性对映体分析物的洗脱顺序不同。

选择剂–选择物复合物主要是通过与氨基甲酸酯基团的 C=O 或 NH 形成氢键、与芳香环的 π–π 相互作用以及范德瓦耳斯力[21-23] 来介导的。氨基甲酸酯基团位于碳水化合物聚合物主链附近的空腔深处，侧面是芳香族取代基，这可能会通过空间因素影响进入结合袋。此外，氨基甲酸酯键使得芳香环具有一定的柔韧性，以最大限度地提高溶质结合时的 π–π 相互作用和范德瓦耳斯力（诱导契合）。对于卤素取代的分析物，卤素键相互作用有助于分析物的立体识别[12,29]，特别是可极化的碘取代基充当电子供体，氨基甲酸酯羰基充当卤素键合受体时。对多卤代 4,4′-联吡啶和纤维素三（3,5-二甲基氨基甲酸酯）或直链淀粉三（3,5-二甲基氨基甲酸酯）进行分子动力学模拟，结果发现其与 HPLC 中对映体洗脱顺序相关[30]。最后，流动相的组成会改变识别过程，通过影响分子内氢键进而改变选择剂结构[27,31-33]。庚烷/2-丙醇（90∶10，体积比）和纯甲醇中的直链淀粉三（3,5-二甲基苯基氨基甲酸酯）十二聚体的分子动力学模拟显示，在两种溶剂系统中多糖保持了 4/3 左旋螺旋结构，但其结构在庚烷/2-丙醇溶液中比在甲醇中更加延伸，这是由于溶剂分子靠近主链的分布差异导致相邻分子之间糖苷键的二面角发生变化[34]。氢键寿命的模拟符合黄烷酮对映体洗脱顺序以及两种流动相的色谱分离选择性。

利用光谱和分子建模技术，几项研究阐明了选择剂和分析物对映体之间的结合模式[26,35-45]。例如，图 1.1 显示了直链淀粉三（3,5-二甲基苯基氨基甲酸酯）和去甲麻黄碱（2-氨基-1-苯基-1-丙醇，PPA）对映体形成的复合物的能量最小化结构[36]。在弱结合的 (1S, 2R)-(+)-对映体的情况下，仅有两个相互作用，即一个氢键和一个 π–π 相互作用。(1R, 2S)-构型 (−)-对映体保留力较强，表现出三个相互作用：两个氢键，即（聚合物）NH···OH（−PPA）和（聚合物）C=O ···H₂N（−PPA）及一个 π–π 相互作用。有趣的是，纤维素三（3,5-二甲基苯基氨基甲酸酯）的情况则相反。较强结合的 (+)-对映体与选择剂建立了一个氢键和两个 π–π 相互作用，而较弱结合的 (−)-对映体仅形成了一个氢键和一个 π–π 相互作用。分子建模研究与两个手性固定相中分析物对映体的反向洗脱顺序一致[36]。

（a）　　　ADMPC/+PPA

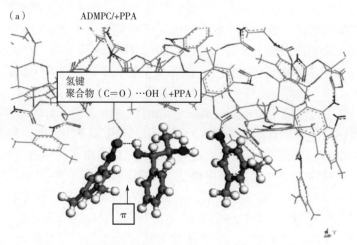

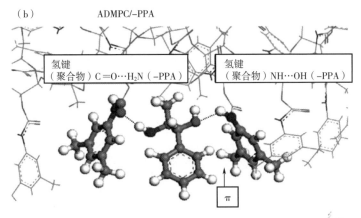

（b）ADMPC/–PPA

氢键
（聚合物）C＝O···H₂N（–PPA）

氢键
（聚合物）NH···OH（–PPA）

π

图 1.1　直链淀粉三（3,5-二甲基苯基氨基甲酸酯）（ADMPC）与
（a）（1*S*,2*R*）–（＋）–去甲麻黄碱（＋PPA）和（b）（1*R*,
2*S*）–（－）–去甲麻黄碱（–PPA）复合物的能量最小化结构
注：虚线表示氢键，π 表示 π–π 相互作用。

［资料来源：Elsevier from ref. 3b© 2008］

基于多糖的手性固定相的分离选择性以及分析物对映体的洗脱顺序取决于多糖主链（纤维素与直链淀粉）和取代基的性质及其在芳香环中的位点[22-25,46]。最近开发的基于氯化多糖的手性固定相表现出可替代性，在某些情况下，其选择性优于仅含甲基的选择剂[25,46]。对映体洗脱顺序的逆转取决于色谱模式（正相、反相或极性有机模式）[25,40,46]中流动相的组成，例如酸性或碱性添加剂、有机改进剂[25,47-49]、含水量[50]或温度[51]。而且，使用手性选择剂涂层的色谱柱获得的分离选择性可能不同于共价固定的相同手性选择剂色谱柱[52]。

一个考虑多种相互作用（即手性选择剂相互作用引起的溶质吸附、溶质–溶剂相互作用以及溶质分子内氢键结合）的模型可以可靠地估算选择剂与选择物之间潜在的结合位点数[38]。在其他文献中可以找到关于多糖衍生手性选择剂的手性识别机理的进一步讨论和细节[5,7-9,23-25,53]。

1.2.2　环糊精

环糊精（cyclodextrins，CDs）是环状低聚糖，由如芽孢杆菌等细菌的环糊精糖基转移酶消化淀粉而产生的 α-1,4-糖苷键连接的 D-葡萄糖分子组成[54]。工业上重要的环糊精含有不同数量的 D-吡喃葡萄糖，α-环糊精、β-环糊精和 γ-环糊精分别由 6、7、8 个葡萄糖分子组成。环糊精是中空的环形，具有亲脂性的空腔和亲水性的外部。直径较宽的一边包含次级 2-和 3-羟基，而较窄的一边具有一级 6-羟基。环糊精空腔顶部和底部的直径分别为 α-环糊精 4.7Å、5.3Å，β-环糊精 6.0Å、6.5Å，γ-环糊精 7.5Å、8.3Å（1Å＝0.1nm）[55]。羟基可以被化学修饰，由此获得多种衍生物。环糊精已在制药、化学、生物技术、食品、农业化学、化妆品或纺织品等领域得到应用[56-58]。分离科学方面，环糊精已被用作 GC[59,60]、HPLC[59,61] 和 SFC[61] 中的手性固定相。用于 GC 的商品化色谱柱包括 DEX® 色谱柱（Supelco）、Lipodex® 色谱柱（Macherey–Nagel）及

Chirasil-DEX®色谱柱（Agilent Technologies）。在 HPLC 中，已有 Astec 的 Cyclobond®色谱柱、Merck 的 ChiraDex®色谱柱、Shinwa 的 UltronES-CD®色谱柱及 AZYP 的 CDShell® RSP 色谱柱。此外，到目前为止，天然的环糊精及其衍生物是 CE、MEKC 和 MEEKC 中最常用的手性选择剂[62-65]。环糊精可以从许多公司获得，如 Sigma-Aldrich、Cydex Inc.、CycloLab 及 Cyclodextrin-Shop。

已利用 NMR、质谱、晶体 X 射线衍射、分子建模、色谱和 CE 等众多技术对环糊精和分析物分子之间的复合进行了深度研究，从而对复合物有了很好的理解。这可能是因为在溶液中类似条件下可通过波谱方法（如 NMR）和 EKC 技术研究环糊精，从而探索复杂结构与手性分离的直接相关性。特别是 NMR 技术的贡献，如核奥弗豪泽效应光谱（nuclear Overhauser effect spectroscopy，NOESY）和旋转坐标系奥弗豪泽增强光谱（rotating frame Overhauser enhancement spectroscopy，ROESY），这些方法可以评估客体和主体分子的原子或官能团的距离[16,66,67]。此外，可以在 NMR 实验中完美模拟对映体分离 CE 的实验条件。已有研究环糊精-溶剂复合物在水溶液和固态条件下的技术总结[68,69]。分子建模与 EKC 对映体分离相结合，以试图理解手性识别机制[19]。环糊精复合物的概述可见专著[56]，还有基于网络的环糊精-溶质复合物数据库[70]。

多数情况下，会形成 1∶1 的客体-主体复合物，但也存在其他化学计量比（如 2∶1、2∶2 或更高阶的平衡）的复合物。复合通常涉及客体分子的亲脂性部分插入环糊精空腔内部并置换出其中的溶剂分子（通常为高能水）[13]，主要涉及范德瓦耳斯力和疏水相互作用，与羟基的氢键键合和空间效应也起作用。对于衍生的环糊精，还必须考虑其他相互作用，如当环糊精含带电荷取代基时的离子相互作用或带芳香族取代基时的 π-π 相互作用。大量研究已证明从环糊精的较窄或较宽的一面均可发生嵌入，这取决于分析物和环糊精的结构[13,67]。有关内容详见最新参考文献[71-81]，例如，美托咪定与 β-环糊精以及七（6-O-磺基)-β-环糊精（HS-β-环糊精）形成的复合物如图 1.2（a）（b）所示[81]。ROESY NMR 实验表明苯基部分从次级面插入 β-环糊精空腔，而咪唑环留在腔外曝露于溶剂分子中［图 1.2（c）］，这也体现在图 1.2（e）所示的分子建模得出的 β-环糊精复合物结构中。美托咪定的（S)-(+)-对映体比（R)-(-)-对映体形成结合更强的复合物，这与 CE 中观察到的对映体迁移顺序一致。如果是七（6-O-磺基)-β-环糊精，那么将美托咪定上下颠倒，苯环在内，咪唑部分与位于初级面的硫酸酯基相互作用，形成的复合物结构如图 1.2（d）所示，（S)-(+)-对映体和七（6-O-磺基)-β-环糊精形成的复合物的分子建模结构见图 1.2（f）。NMR 数据还印证了 CE 的实验结果，在（R)-(-)-对映体的情况下复合作用更强。但应注意，不同的结合模式不一定表示对分析物对映体亲和力的不同或 CE 中对映体迁移的不同。这两种情况的示例都存在。

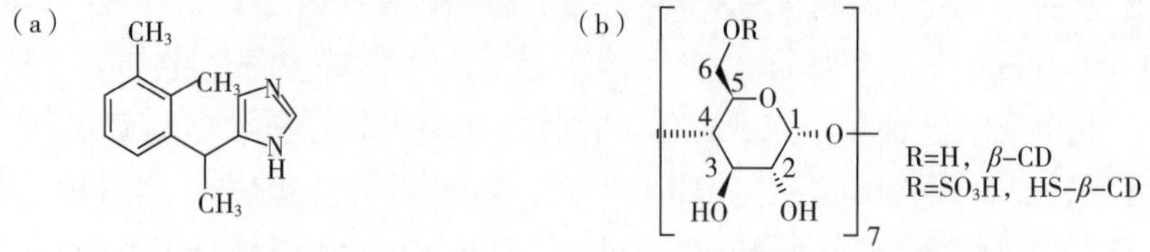

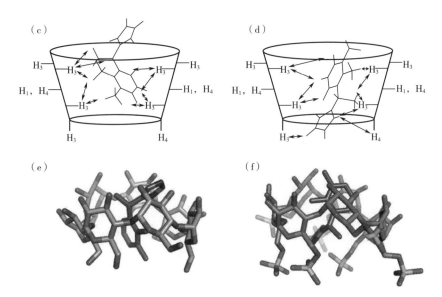

图 1.2　（a）美托咪定，（b）β–环糊精和七（6-O-磺基）–β–环糊精的结构，
由 NMR 获得的美托咪定与（c）　β–环糊精和七与（d）（6-O-磺基）–β–环糊精形成的
复合物结构，分子建模获得的（S）–（+）–美托咪定对映体与
（e）β–环糊精和七与（f）（6-O-磺基）–β–环糊精形成的复合物的结构

固相支持物上 β–环糊精的固定方向，即通过初级面还是次级面固定，对其对映体分离能力有显著影响[82]。尽管存在特殊情况，但大部分通过初级面固定的 β–环糊精色谱柱均具有较高的对映体分离度，并且由于次级面裸露，可进行分析物复合。在极少数情况下，可以使用具有随机固定方向的商品化 Cyclobond® β–环糊精色谱柱来获得最高分离度。黄烷酮对映体的洗脱顺序取决于环糊精的固定方向。分子动力学模拟表明，从环糊精较宽或较窄的一面形成包合物会导致相反的对映体形成更紧密的相互作用，这解释了色谱法中观察到的相反的对映体洗脱顺序[83]。

此外，包合物的形成不是由环糊精介导的对映体分离的先决条件。实际上，许多研究表明含环糊精的所谓外部复合物可促使 CE 中有效的对映体分离[72,73,83-87]。图 1.3 中以他林洛尔为例进行了说明[86]。根据 NMR 实验得出，该药物在水性缓冲液中与七（2,3-二-O-甲基-6-O-磺基）-β–环糊精（HDMS-β–环糊精）形成外部复合物，而与七（2,3-二-O-乙酰基-6-O-磺基）-β–环糊精（HDAS-β–环糊精）形成包合物。对于两种环糊精，在 CE 中都观察到了他林洛尔对映体的分离。普萘洛尔[84] 和布比卡因[85]与 HDAS-β–环糊精、烯菌灵[72] 与 HDMS-β–环糊精也存在促使对映体分离的外部复合物。此外，化合物的结构取决于背景电解质的性质，即水性或非水性。例如，普萘洛尔的脂肪族侧链在甲醇背景电解质中从较宽的次级面进入 HDAS-β–环糊精空腔，而在水性缓冲液中仅与环糊精形成外部复合物[84]。对于 HDMS-β–环糊精，在水溶液中普萘洛尔的萘基部分嵌入较窄的一面形成包合物，而在非水性电解质溶液中则形成了外部复合物。类似地，他林洛尔在电解质水溶液中与 HDAS-β–环糊精形成包合物，而利用 NMR 技术证实其在非水溶液中形成外部复合物[86]。有时不同的复合会逆转对映体的迁移顺序，但不适用于所有情况。

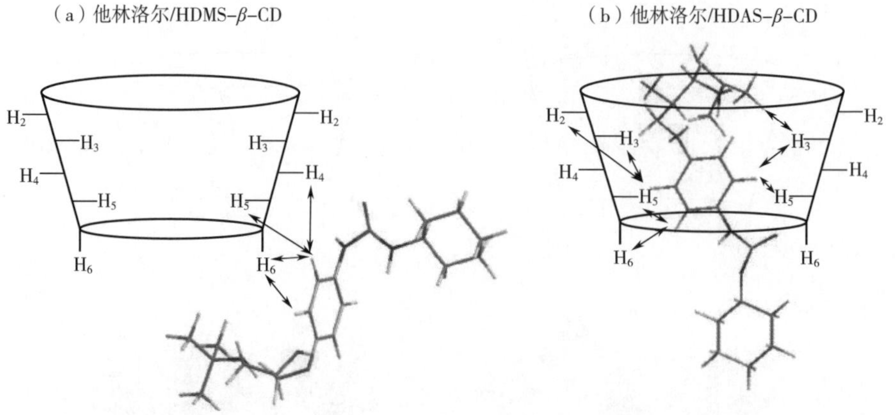

（a）他林洛尔/HDMS-β-CD　　　　　　（b）他林洛尔/HDAS-β-CD

图 1.3　NMR 实验得出的他林洛尔与（a）七（2,3-二-O-甲基-6-O-磺基）-β-环糊精
（HDMS-β-CD）和（b）七（2,3-二-O-乙酰基-6-O-磺基）-β-环糊精
（HDAS-β-CD）在水溶液电解质中形成的配合物结构示意图
注：箭头表示在照射各个质子时观察到的分子间 NOE。

[资料来源：Elsevier from ref. 86© 2012]

最后，研究表明，缓冲液成分[88,89]以及表面活性剂如十二烷基硫酸钠（SDS）[90-92]可能会与环糊精形成复合物，影响分析物的复合，进而影响对映体的分离。通过分子动力学模拟，研究在 β-环糊精存在下溶剂对氨基酸对映体分离的影响[93-95]。然而，尽管模型研究表明，与气相（即无溶剂情况）相比，有水存在时结合能更高[96]，但截至目前，分子模型和动力学模拟未考虑到环糊精空腔中高能水分子的存在。

1.2.3　环果聚糖

环果聚糖（cyclofructans，CFs）是由 β-2,1 连接的 D-果糖呋喃糖单元组成的环状寡糖。已对含有 6 个果糖单元（CF_6）或 7 个果糖单元（CF_7）的天然环果聚糖以及相应的 O-烷基衍生物、酰基衍生物、氨基甲酰基衍生物、硫化衍生物进行色谱法和 CE 对映体分离的评估[97-99]。环果聚糖的内芯不是像环糊精的疏水腔，而是冠醚的结构。这些分子呈圆盘状，其负电侧由果糖呋喃糖单元 3 位和 4 位上的羟基组成，而正电侧则由 1 位和 6 位亚甲基组成[100]。依靠环果聚糖衍生物的性质、溶质和分离技术的操作模式，通过极性相互作用（如偶极-偶极相互作用或氢键）介导复合物的形成。

通过质谱和 NMR 比较了 CF_6 和 CF_7 对 L-氨基酸的复合作用，发现只有质子化的氨基酸最有可能与环果聚糖形成化学计量比为 1∶1 的配合物[101]。相互作用发生在 CF_6 带负电的一面。氢键以及离子-偶极相互作用是形成复合物的主要驱动力。尽管对氨基苯甲酸（p-aminobenzoic acid，PABA）是非手性化合物，Wang 等利用紫外可见光谱（UV）、NMR、质谱和分子模型证实，根据选择物离子化程度，CF_6 和对氨基苯甲酸会形成不同的复合物[102]。根据质子化的物质的 MS 和 NMR 数据，推测在 CF_6 的负电侧通过环果聚糖的氨基和羟基形成氢键进行复合［图 1.4（a）］。带负电荷的去质子化羧酸盐仅形成弱复合物。作者依据 NMR 数据得出，冠醚部分也参与溶质结合，羧酸盐可以在 CF_6 的负电或正电侧结合。钠离子与羧基配位，并通过离子-偶极相互作用嵌入冠醚部分［图1.4（b）］。对于中性（两性离子）对氨基苯甲酸，两个1∶1对氨基苯甲酸-CF₆复合物组成二聚体复合物［图1.4（c）］。在一种复合物中，对氨基苯甲酸通过氨基与CF₆相互作用，而在另一种复合物中，该相互作用通过羧酸根离子发生。两个"一半"都通过氢键与一个对氨基苯甲酸分子的氨基和另一个对氨基苯甲酸分子的羧基相互作用。尽管这里提到了两项研究，但迄今为止，仍缺乏进一步研究来阐明环果聚糖与分析物对映体复合模式中的立体特异性差异。

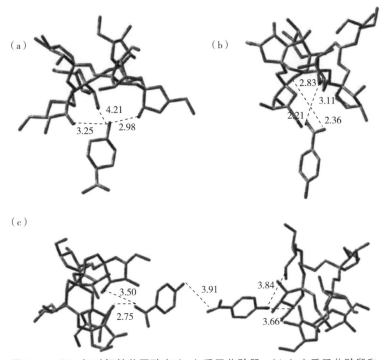

图1.4　CF₆与对氨基苯甲酸在（a）质子化阶段，（b）去质子化阶段和
（c）两性离子阶段形成复合物的分子模型结构
注：虚线表示相互作用基团之间的距离，以Å为单位。
［资料来源：Elsevier from ref. 102© 2015］

　　此外，可以通过结合金属离子将中性环果聚糖转变为带电选择剂，从而促使其与阴离子分析物的有效复合[103]。具体而言，Ba²⁺与包含CF₆衍生物作为手性选择剂的HPLC色谱柱结合，用于手性磺酸和磷酸的对映体分离。分析物的保留也取决于钡盐的抗衡离子。热力学研究表明，分析物保留可能是由焓或熵导向的，或者两者都参与。此类选择剂的选择性基于离子配对原理，在Ba²⁺与带负电的分析物间发生离子选择剂-选择物相互作用。其他相互作用可能包括氢键、偶极-偶极相互作用以及空间相互作用。

　　基于环果聚糖的手性柱已由AZYP公司商品化，以Larihc®命名。利用HPLC技术对胺进行对映体分离，对固定有糖肽、环糊精或环果聚糖的表面多孔颗粒（核壳颗粒）色谱柱的比较，见参考文献[104]。

1.2.4　糖肽类抗生素

　　糖肽类抗生素通常在液相对映体分离中用作手性选择剂[105-107]。该类别中最重要的化合物有万古霉素、瑞斯托菌素 A、替考拉宁和替考拉宁苷元。这些选择剂的共同结构特征是一组相互连接的氨基酸大环，每个大环包含两个芳香环和一个肽序列。万古霉素包含三个大环，而替考拉宁和瑞斯托菌素 A 由四个大环组成。大环形成三维 C 形篮状结构，碳水化合物部分位于表面，也有可电离的基团，例如羧基或氨基。因此，依靠实验条件，分析物分子与糖肽类抗生素之间可能发生多种相互作用，包括氢键、π-π、偶极-偶极和离子相互作用[108]。

通过分子建模技术研究糖肽类抗生素选择剂对所选的手性溶质的手性识别机制很少[109-111]。最近发布了万古霉素、瑞斯托菌素 A、替考拉宁和替考拉宁苷元在正相模式、极性有机模式、极性无机模式和反相模式与分子对接联合使用条件下，对氧杂蒽酮衍生物进行对映体分离的报道[112]。化合物的对映体洗脱顺序取决于选择剂的类型以及洗脱方式。因为大多数对映体都可以使用任一选择剂进行拆分，所以，替考拉宁和万古霉素是最通用的选择剂。分子对接揭示了对映体的结合模式主要有 π-π 相互作用和氢键。有趣的是，大多数分析物对映体都停靠在糖肽的篮状结构内，如图 1.5（a）中的氧杂蒽酮所示，而氧杂蒽酮的对映体包含两个手性中心，并与替考拉宁分子的两个对侧结合 [图 1.5（b）]。

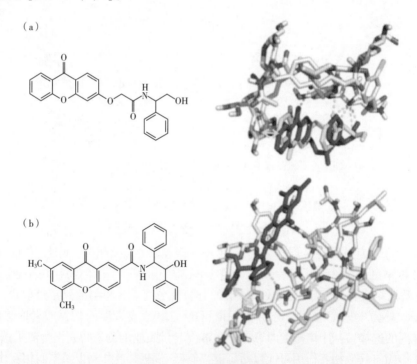

图 1.5　替考拉宁和氧杂蒽酮衍生物结构的分子模型，显示了（a）对映体结合在篮状结构内部和（b）对映体在替考拉宁对侧结合的情况

注：选择剂为灰色，氧原子标记为红色，氮原子标记为蓝色，氯原子标记为绿色。
氧杂蒽酮的（S）-和（R）-对映体分别以品红色和黄色表示。
虚线表示氢键，双箭头表示 π-π 堆积相互作用。

[资料来源：MDPI and C. Fernandes from ref. 112© 2018]

在 HPLC 中，糖肽类抗生素选择剂仍然是除多糖衍生物外第二重要的类别。商品化色谱柱以商品名 CHIROBIOTIC® V（万古霉素）、CHIROBIOTIC® T（替考拉宁）、CHIROBIOTIC® R（瑞斯托菌素）和 CHIROBIOTIC® TAG（替考拉宁苷元）销售。万古霉素和替考拉宁另有不同结合化学的 CHIROBIOTIC® V2 和 CHIROBIOTIC® T2。AZYP 公司的 VancoShell® 和 TeicoShell® 色谱柱中，糖肽类抗生素固定在表面多孔颗粒（核壳颗粒）上。

1.2.5 蛋白质

众所周知，手性化合物和蛋白质之间的立体选择性相互作用使蛋白质在分离科学中被用作手性选择剂[113-116]。药物与人血清白蛋白的结合已被很好地表征[117]，该蛋白质是非糖基化的，由 3 个同源域组成。每个域由 10 个螺旋组成，可以进一步细分为 6 个和 4 个螺旋组成的子域。该蛋白具有两个主要的结合位点，即位点 1（华法林-阿扎丙宗位点）和位点 2（吲哚-苯二氮位点），以及与各种药物和其他化合物结合的几个次要位点。由于蛋白质选择剂的复杂性，许多分子相互作用（包括氢键、π-π、偶极和离子相互作用）协助分析物的复合。其他用作手性选择剂的蛋白质包括 α_1-酸糖蛋白、卵类黏蛋白和纤维二糖水解酶 1，其中许多已商品化，例如 Chiralpak® HSA（人血清白蛋白，Chiral Technologies 或 Regis）、Resolvosil® BSA（牛血清白蛋白，Macherey&Nagel）、Chiralpak® AGP（α_1-酸性糖蛋白，Chiral Technologies 或 Regis）、Ultron ES-OVM®（卵类黏蛋白，Shinwa Chemical 或 Agilent Technologies），及 Chiralpak® CBH（纤维二糖水解酶 1，Chiral Technologies 或 Regis）。

1.2.6 供体-受体手性选择剂

继威廉·H. 皮克尔（William H. Pirkle）（供体-受体手性选择剂的先驱者）之后，供体-受体手性选择剂也被称为刷型或皮克尔型选择剂。Fernandes 等总结了有关这些选择剂的研发情况[118]，包括 Pirkle 型选择剂在内的小分子手性选择剂的研发也有总结[119]。除了 Whelk-O1 色谱柱外，其他商品化色谱柱还包括 Regis 的 ULMO® 和 DACH-DNB® 及 Phenomenex 的 Chirex®。

供体-受体选择剂包含相对较小的分子，使供体-受体相互作用（如氢键键合、面对面或面对边的 π-π 相互作用及偶极-偶极堆积）成为可能。在选择物含卤素的情况下，卤素键应被视为另一种相互作用[12,30]。此外，刚性和大体积的部分作为空间屏障可以进一步放大手性识别。利用分子建模和分子动力学模拟[120-124] 以及晶体 X 射线衍射和 NMR[125]，对 (S,S)-Whelk-O1 选择剂进行了详细研究。缺电子的 3,5-二硝基苯基部分可能参与面对面的 π-π（受体）相互作用，而富含电子的菲基可能建立边对面的 π-π（供体）相互作用。芳香族基团方向垂直，从而形成裂缝状的结合位点。连接的酰胺键可能参与氢键相互作用[121]。图 1.6 描述了 Whelk-O1 选择剂与含有一个芳香环和一个氢键结合位点的分析物的对接模式[124]。对于保留时间更长的对映体，优选的对接（M1 对接）包括与二硝基苯环的 π-π 相互作用以及与选择剂酰胺氢的氢键。这种结合通常发生在裂缝内，但对于某些分析物，二硝基苯环旋转可以从侧面相互作用。裂隙内保留分析物较少的 M2 对接是通过与酰胺氢以氢键连接以及与选择剂菲基部分的

π-π 相互作用控制的。在分析物含有氢键供体基团的情况下，观察到与酰胺氧（M3 对接）或硝基的一个氧原子（M4 对接）形成氢键。

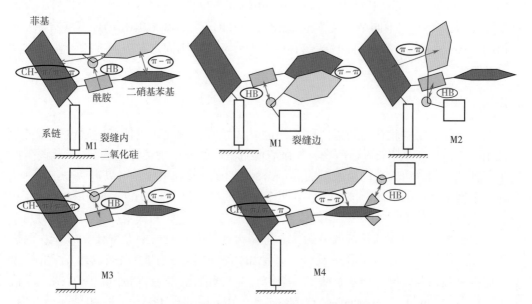

图 1.6　在 Whelk-O1 固定相上与含有一个芳香族（黄色六边形）、氢键结合位点
（黄色圆形）和一条侧链（白方块）的溶质的对接示意图

注：选择剂由系链（白色矩形）、菲基（蓝色矩形）、二硝基苯基（蓝色六边形）和
酰胺连接基（绿色矩形）组成。硝基取代基仅在 M4 对接排列中显示。 M1 对接
根据分析物的位置分为在裂缝内部和裂缝侧面。实心红色箭头表示氢键和 π-π 堆积
相互作用，而红色虚线箭头表示次级 CH-π 或边对面 π-π 相互作用。

[资料来源：Elsevier from ref. 124© 2009]

1.2.7　手性离子交换选择剂

　　手性离子交换固定相通常被认为是刷型（皮克尔型）相的一个子类。它们通过离子相互作用与可电离的分析物作用，但 π-π 相互作用和氢键利于复合物的稳定。商品化离子交换相基于奎宁和奎尼丁氨基甲酸酯，通过硫化物连接基固定在硅胶载体上[126-128]。弱阴离子交换选择剂已由 Chiral Technologies 商业化，商品名为 Chiralpak® QN-AX（奎宁）和 Chiralpak® QD-AX（奎尼丁）。其他具有不同固定化学的非商品化阴离子交换选择剂见参考文献[126,128]。用于分离碱性分析物的手性阳离子交换剂具有磺酸或羧酸残基[126,129]。近年来，两性离子交换剂的研发将这种选择剂的使用范围扩大到酸性、碱性以及两性离子分析物[126,127]。到目前为止，商品化的两性离子手性相包括 Chiralpak® ZWIX（+）［奎宁和（$1S,2S$）-环己基-1-氨基-2-磺酸通过氨基甲酰基桥接］和 Chiralpak® ZWIX（-）［奎尼丁和（$1R,2R$）-环己基-1-氨基-2-磺酸］。更多的两性离子选择剂见参考文献[126]。AX 选择剂和 ZWIX 选择剂与分析物对映体形成假对映体复合物，当从基于奎宁的选择剂切换为基于奎尼丁的选择剂时，可以实现反向的对映体洗脱。

基于奎宁的交换选择剂的对映体识别机制已通过色谱、NMR、晶体 X 射线衍射和分子动力学模拟进行了研究[7-9,128]。奎宁类选择剂的 NMR 研究表明，奎宁环氮原子质子化后，当与酸性分析物形成复合物时，选择剂的构型优先转变为"反开放"构型，奎宁环的环状结构远离喹啉环。由此产生的裂缝允许带负电荷的分析物自由地进入质子化的奎宁环上的氮，进行初级离子相互作用。溶质的芳香族基团和选择物的喹啉环之间的 π-π 相互作用以及与氨基甲酸酯基团的氢键可稳定该复合物[130]。

为了解选择剂和溶质之间的相互作用，进行了结构-分离关系的研究[131-133]，以及包括分子动力学模拟的分子建模[134-138]。两性离子 ZWIX（+）选择剂的结构见图 1.7（a）。在酸性条件下，奎宁环的氮原子被质子化（pK_a = 9.8），作为带正电的阴离子交换剂；磺酸基团去质子化，作为阳离子交换剂。因此，两性溶质可能会形成两个离子对。此外，喹诺酮环与溶质芳香族基团之间的 π-π 相互作用可能作为与氨基甲酸酯 NH 和/或与选择剂的带电基团的氢键。最后，空间契合于选择剂裂缝可能有助于手性识别，向流动相加入酸或碱来置换选择剂中的溶质。因此，流动相中酸或碱添加剂的性质和浓度以及所引起的 pH 变化会影响从手性固定相洗脱分析物。氢键和 π-π 相互作用可通过有机改进剂的类型和比例来调节。利用分子建模获得 ZWIX（+）选择剂［图 1.7（a）］与 N^α-Boc-N^4-（氢化乳清酸)-4-氨基苯丙氨酸（S,S)-立体异构体

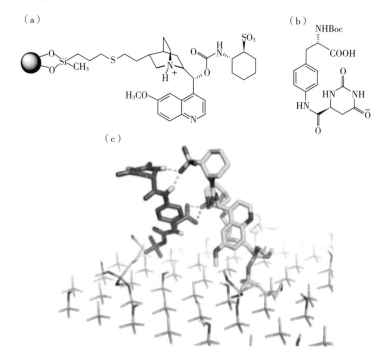

图 1.7　（a）ZWIX（+）选择剂,（b）N^α-Boc-N^4-（氢化乳清酸）-4-氨基苯丙氨酸的（S,S)-立体异构体结构和（c）离子对复合物的分子模型

注：选择剂（黄色）和选择物（蓝色）之间的氢键显示为黄色虚线。

硅胶层以细棒表示，巯丙基官能化的硅烷醇为绿色。

［资料来源：Elsevier from ref. 137© 2015］

之间的相互作用［图1.7（b）］，图1.7（c）展示了与选择剂形成的最强复合物，并且在色谱中保留性最强的立体异构体[137]。除了分析物的羧基与质子化奎宁环氮之间的离子相互作用外，还有磺酸盐基团与氢化乳清酸基团三个准酰胺键中的两个形成的氢键，而选择剂的氨基甲酸酯连接基和 N-Boc 基团不参与氢键键合。

1.2.8　手性配体交换

手性配体交换方法是基于手性分析物进入金属离子范围后可逆的螯合物配位，而金属离子又与螯合的手性选择剂络合，形成选择物-金属离子-选择剂配合物。所得的非对映体在热力学稳定性、形成比例及空间形状方面均存在差异。氨基酸衍生物和羟基酸（D-奎尼酸、D-葡萄糖酸、L-苏氨酸）经常与二价金属离子（如 Cu^{2+}、Zn^{2+}、Ni^{2+}、Mn^{2+}）结合用作螯合剂。硼作为中心离子与作为配体的二醇（如 L-或 D-酒石酸衍生物）结合使用。考虑到成分的复杂性，该方法仅限于带有两个或三个给电子基团（如氨基酸、羟基酸或氨基醇）的分析物。手性配体交换发展和应用的总结见参考文献[139-141]。计算研究方法已应用于解释手性配体交换色谱中对映体的洗脱顺序[142]。

对于 L-脯氨酸或反式-4-L-羟基脯氨酸，Cu^{2+} 和氨基酸对映体之间的三元复合物分子模型研究见参考文献[143]。图1.8 分别展示了 L-脯氨酸、Cu^{2+} 和 L-异亮氨酸［图1.8（a）］及 D-异亮氨酸［图1.8（b）］之间的非对映体复合物结构。除了上述螯合选择剂外，利用离子交换原理的选择剂，如奎宁和奎尼丁（作为流动相添加剂）[144]，以及手性离子液体[145-147] 也在对映体分离中被用作配体交换。

基于固定配体的商品化 HPLC 色谱柱，如 N,N-二辛基-L-丙氨酸［Chiral Technologies 公司的 Chiralpak® MA(+)］、L-羟基脯氨酸（Macherey& Nagel 公司的 Nuclleosil® Chiral-1 及 Chiral Technologies 公司的 Chiralpak-WH®）、D-青霉胺［Phenomenex 公司

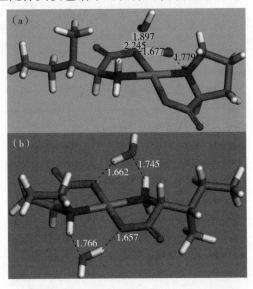

图1.8　含有两个螯合水分子和（a）L-异亮氨酸或（b）D-异亮氨酸的三元 L-脯氨酸-Cu(Ⅱ)-异亮氨酸复合物的分子建模结构

［资料来源：Elsevier from ref. 143© 2010］

生产的 Chirex®（D）-penicillamine］。上述选择剂和相应金属离子的多种组合已应用在 CE 中。

1.2.9　手性冠醚

分离科学中使用的手性冠醚包括聚醚大环中的手性部分，如联萘基或酒石酸单元。

它们与质子化的胺形成配合物，因此在某种程度上它们的应用仅限于此类分析物。通过 NMR[148,149] 和晶体 X 射线衍射[150,151] 研究了（+）-（18-冠-6）-2,3,11,12-四羧酸对氨基酸对映体的区分。配合物的形成是由于质子化的胺与大环的氧原子之间形成了氢键。为了手性识别，冠醚必须采用不对称的 C1 型构象形成碗状，氨基酸的 NH 和 Cα-H 质子与环系统的氧原子以及羧酸基团相互作用。不对称的 C1 型形状被认为是由于大环中连续旋转的构象序列而形成的[150]；另见参考文献[2,5,8]。分析物与手性冠醚之间的进一步相互作用可能有助于形成复杂的化合物，如芳香族部分之间的 π-π 相互作用，最近见于手性吖啶-18-冠-6 醚和 1-（1-萘基）乙胺的对映体[152]。根据 NMR 研究，仲胺和冠醚之间配合物的形成仅涉及质子化胺和冠醚环之间的两个 N-H···O 氢键[153]。然而，尚未阐明用于拆分仲胺的确切手性识别机理。

基于（3,3′-二苯基-1,1′-联萘基）-20-冠-6［Daicel 的 CR（+）和 CR（-）］和（18-冠-6）-2,3,11,12-四羧酸［Regis 的 ChiroSil® RCA（+）和 RCA（-）］的商品化 HPLC 色谱柱，在以加号或减号所示的对映体形式中均可用。（+）-或（-）-(18-冠-6）-2,3,11,12-四羧酸是 CE 中最常用的手性冠醚。HPLC[154-156] 和 CE[156,157] 的对映体分离已有综述。

1.2.10 合成聚合物

诸如聚丙烯酰胺、聚甲基丙烯酸酯、聚乙炔或聚异氰酸酯之类的合成聚合物已用作色谱中的手性固定相。它们通过手性单体的聚合得到具有确定螺旋构象的立体规则聚合物[23,158]。非手性的甲基丙烯酸三苯酯的聚合产生螺旋手性聚合物[158]。此外，可以通过螺旋诱导和记忆方法获得具有特定螺旋度的聚合物，其中聚合物在与手性化合物络合后会适应螺旋构象[158,159]。当除去手性化合物时，诱导的螺旋保持不变。氢键和 π-π 相互作用以及位阻因素有助于分析物的手性识别。有关用于色谱对映体分离的螺旋聚合物的合成和应用的最新综述见参考文献[23,53]。

尽管这些手性选择剂在最近的出版物中并不常见，但已有商品化色谱柱，例如 Chiralpak® OT（+）™（Daicel），ChiraSpher®（Merck），AstecTM® P-CAP 和 AstecTM® P-CAP-DP™（Sigma-Aldrich）或 Kromasil® CHI-DMB 和 CHI-TBB（EKA）。

1.2.11 金属有机骨架

金属有机骨架（metal-organic frameworks，MOFs）是微孔晶体材料，具有明确的三维结构。它们由通过双齿或多齿有机连接基连接的金属离子（节点）构成。MOFs 可以通过多种途径合成[160-164]。例如，最可靠的途径是由含金属的节点和立体化学纯手性有机桥联配体合成同手性 MOFs，以确保所得网络结构的手性。另一种常用途径是利用非手性金属节点和桥联配体，它们在手性辅助试剂的存在下形成手性网络，该手性辅助试剂自身不参与网络的形成，但迫使 MOFs 采用特定的手性拓扑结构。第三种方法基于晶体生长过程中的自发拆分现象。最后，可以通过用手性试剂衍生非手性 MOFs 来获得手性 MOFs。同手性 MOFs 已用作 GC 和 HPLC 中的固定相，见参考文献[161-167]。

利用简单的手性芳香族、脂族醇或胺作为模型化合物，主要通过结构-分离关系和分子建模，探索 MOFs 的手性识别机理。不仅 MOFs 的手性和表面化学很重要，孔的大小对于骨架与选择分子之间大小和形状的"匹配"也很重要。基于 MOFs 的结构，进一步的相互作用如氢键或 π-π 相互作用有助于立体选择性结合。例如，由 Mn^{2+} 配位，基于衍生自 1,1′-联苯二酚的 C_2 对称扭曲四羧酸酯配体 MOFs［图 1.9（a）（b）］，在由羟基、Mn^{2+} 和苯环形成的微环境下以不同的方向配位 2-丁胺和 1-苯基乙胺的对映体。2-丁胺对映体的结合见图 1.9（c）（d）。与分析物 2-丁胺的（S）-对映体相比，（S）-构型的配体更倾向于结合（R）-对映体[168]。

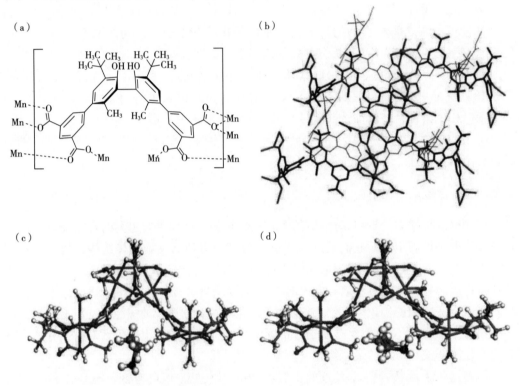

图 1.9　（a）基于衍生自由 Mn^{2+} 配位的 1,1′-联苯二酚的 C_2 对称扭曲四羧酸酯配体
MOFs 的化学结构示意图，（b）无限个 Mn-羧酸盐链的 X 射线晶体结构，
（c）（R）-2-丁胺和（d）（S）-2-丁胺框架中的结合位点

［资料来源：Springer Nature from ref. 168© 2014］

1.2.12　分子印迹聚合物

　　分子印迹聚合物（molecular imprinted polymers，MIPs）是合成聚合物，是在模板（通常是立体化学纯的化合物）的存在下，将功能性单体和交联剂分子聚合而获得的。MIPs 的手性识别取决于模板和聚合物相互作用基团的空间排列，从而使一种对映体比另一种更"适合"聚合物。作为整体手性识别机制，提出了最弱相互作用模型，该模型假定较弱的相互作用而不是强相互作用主要负责区分溶质对映体[169]。MIPs 已有多种应用，包括固相萃取和色谱法[170,171]。由于分析物的特异性取决于模板的结构，因此在对映选择性色谱法中 MIPs 的使用受到限制。

1.2.13 手性离子液体

近年来，手性离子液体已越来越多地应用于分离科学。离子液体是在室温或接近室温下呈液态的盐。手性离子液体由手性阳离子或手性阴离子组成。由于在水溶液和有机溶剂中的溶解度高，手性离子液体已被用作色谱中的手性流动相添加剂，以及 CE 中的手性背景电解质添加剂或手性选择剂。通常，离子液体会与其他选择剂（如环糊精）结合使用。就分离机理而言，溶质和离子液体之间的离子和离子对相互作用是主要的。手性离子液体在色谱和 CE 中的应用见参考文献[145,172,173]。

1.2.14 手性胶束

尽管胶束电动色谱是一种重要的电迁移技术，但选择剂处于与胶束相关的洗涤剂分子和溶液中单体分子之间的动态平衡，其灵活性阻碍了手性识别机制的研究。因此，通过光谱技术和分子模型研究选择剂-选择物相互作用是具有挑战性的。通过引入手性分子胶束克服了这一问题，手性分子胶束是通过疏水性尾端聚合适当官能化的表面活性剂而获得的[174,175]。已通过 NMR[176] 和分子动力学模拟[176-180] 研究了二肽型分子胶束中的聚-（十一烷基-L-亮氨酰-L-缬氨酸钠）（polySULV）和聚-（十一烷基-L-缬氨酰-L-亮氨酸钠）（polySUVL）在水溶液中对被分析物的手性识别。分子胶束呈椭圆形，在 polySUVL 中，大多数二肽头基朝向胶束的核心，因此结构紧凑。相反，在 polySULV 中，头基通常远离核心，导致形状更开放。除了为手性分析物提供更多潜在的结合袋外，这种开放的结构还有助于水分子进入二肽头基区域，这可能是由于在手性选择中 polySULV 通常比 polySUVL 更有效。此外，与 polySUVL 相比，polySULV 具有更高的动态单体链运动以及更高的溶剂可及性表面。polySULV 与 1,1′-联萘-2,2′-磷酸氢二酯（BHP）[178]、β-受体阻滞剂阿替洛尔和普萘洛尔[179] 以及氯酞酮和劳拉西泮[180] 的对映体对接研究表明分子胶束中有四种结合袋，能够容纳手性溶质，如由 20 个表面活性剂担体组成的 polySULV 胶束 ［图 1.10（a）（b）］。结合袋 1 与结合袋 2~4 相比窄且深，并且比其他结合袋包含更多的亲水性 α 球（以红色显示），因此除了疏水相互作用，结合袋 1 还提供更多的氢键相互作用。

通过对溶质对映体与分子胶束中心之间的距离进行建模、氢键分析、溶质在对接模拟过程中溶剂可及的表面积以及自由能计算可知，溶质与选择剂之间的相互作用以及 polySULV 胶束对分析物对映体的立体选择性偏好。基于自由能计算，每种化合物具有优选的结合位点。因此，普萘洛尔的两种对映体几乎都独占结合袋 1[179]，BHP 的对映体优先与结合袋 2 相互作用[178]。在阿替洛尔的存在下，(S)-对映体分别以 0.73 和 0.27 的比例与结合袋 1 和 4 相互作用，而 (R)-对映体分别以 0.58 和 0.42 的比例占据结合袋 1 和 3[179]。(S)-氯酞酮仅结合袋 1，而 (R)-对映体占据结合袋 1（分数 0.82）和结合袋 3（分数 0.14）[180]。最后，(R)-劳拉西泮优先与结合袋 1 结合，而 (S)-劳拉西泮会出现在结合袋 1（分数 0.21）和结合袋 2（分数 0.70）中[180]。药物的对映体在进入分子胶束中的深度以及与手性选择剂形成的氢键和疏水相互作用的强度及数量方面也表现出差异。如图 1.10（c）（d）中的普萘洛尔所示，在结合袋 1 中进行络合

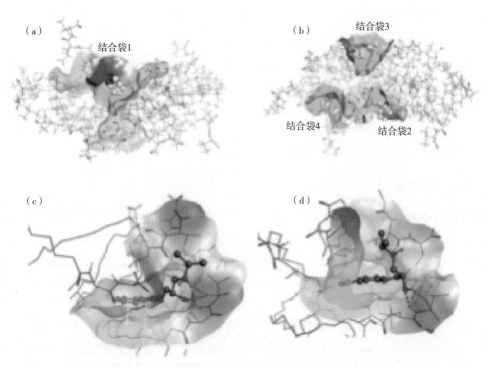

图 1.10　polySULV 胶束的分子模型，显示（a）结合袋 1 和（b）结合袋 2、3 及 4。
亲脂性和亲水性区域分别用绿色和紫色划分；（c）与对接的（S）-普萘洛尔和
（d）（R）-普萘洛尔的第一个结合袋的详细视图

注：结合袋的疏水区域以绿色着色，而亲水区域以红色着色。氢键表示为蓝色虚线，
芳香烃–氢疏水相互作用表示为黄色虚线。

［资料来源：Elsevier from ref. 179© 2015］

时，两个对映体均与 polySULV 结合，芳香环插入烃核中，手性侧链指向分子胶束的表面。(S)-普萘洛尔形成的芳香烃–氢疏水相互作用和氢键数量多于（R)-普萘洛尔，表明其与分子胶束的相互作用更强，这与利用 polySULV 对普萘洛尔进行 CE 对映体分离的结果一致[179]。

1.2.15　其他选择剂

杯芳烃是由亚甲基连接的苯酚单元形成的篮状合成分子。手性通过引入氨基酸、麻黄碱、奎宁或环糊精等手性分子对母体（非手性）杯芳烃进行修饰。包含在杯芳烃腔中以及与手性侧链部分的 π-π 或离子相互作用有助于分析物的手性识别。使用杯芳烃作为对映体分离的选择剂已经在如 HPLC[181-184] 和 CEC[185,186] 领域中进行了研究。

尽管 MOFs 是大分子，但手性笼是包含腔或"孔"的相对较小的单个分子，它们可以以立体选择性的方式形成复合物。依靠它们的结构，分子笼以"窗口到窗口"或"窗口到面"的方式排列，从而形成孔道网络。选择剂-选择物相互作用是通过氢键、偶极-偶极和 π-π 相互作用以及范德瓦耳斯力或位阻发生的。手性笼在 GC 中主要用作手性选择剂，以此证明对多种脂肪族和芳香族化合物的对映选择性[167,187-190]。

核酸适配体是单链 RNA 或 DNA 寡核苷酸，是通过体外指数富集的配体系统进化（SELEX）的迭代过程获得的[191,192]。它们具有复杂的三维形状，其中包含诸如茎、环、凸起、发夹、三联体或四联体的结构基序，并且能以与抗体相当的亲和力、特异性和选择性结合多种目标化合物。络合是在多步诱导拟合过程中通过核酸适配体的适应性构象变化发生的，从相对无序折叠到具有明确结构的包裹目标分子的结合袋中[193]。氢键、静电相互作用、堆积相互作用或疏水相互作用取决于靶标的结构。核酸适配体已在 HPLC、CE、MEKC 和 CEC 中用作对映体分离的手性选择剂[193,194]。

参考文献

[1] Carrol L(1871) Through the looking-glass and what Alice found there. Macmillan, London.

[2] Berthod A(2010) Chiral recognition in separation methods. Springer, Heidelberg.

[3] Scriba GKE(2013) Chiral recognition in separation science：an overview. In：Scriba GKE(ed) Chiral separations：methods and protocols,2nd edn. Humana Press, New York.

[4] Ciogli A, Kotoni D, Gasparrini F et al(2013) Chiral supramolecular selectors for enantiomer differentiation in liquid chromatography. Top Curr Chem 349：73-106.

[5] Scriba GKE (2013) Differentiation of enantiomers by capillary electrophoresis. Top Curr Chem 340：209-276.

[6] Berthod A(2006) Chiral recognition mechanisms. Anal Chem 78：2093-2099.

[7] Lämmerhofer M (2010) Chiralrecognition by enantioselective liquid chromatography：mechanisms and modern chiral stationary phases. J Chromatogr A 1217：814-856.

[8] Scriba GKE(2012) Chiral recognition mechanisms in analytical separation sciences. Chromatographia 75：815-838.

[9] Scriba GKE(2016) Chiral recognition in separation sciencean update. J Chromatogr A 1467：56-78.

[10] Lang C, Armstrong DW(2017) Chiral surfaces：the many faces of chiral recognition. Curr Opin Colloid Interface Sci 32：94-107.

[11] Schneider HJ (2009) Binding mechanisms in supramolecular complexes. Angew Chem Int Ed 48：3924-3977.

[12] Peluso P, Mamane V, Cossu S(2015) Liquid chromatography enantioseparations of halogenated compounds on polysaccharide-based chiral stationary phases：role of halogen substituents in molecular recognition. Chirality 27：667-684.

[13] Biedermann F, Nau WM, Schneider JH(2014) The hydrophobic effect revisited-studies with supramolecular complexes imply high-energy water as noncovalent driving force. Angew Chem Int Ed 53：11158-11171.

[14] Yang G, Xu Y (2011) Vibrational circular dichroism spectroscopy of chiral molecules. Top Curr Chem 298：189-236.

[15] Uccello-Barretta G, Vanni L, Balzano F(2010) Nuclear magnetic resonance approaches to the rationalization of chromatographic enantiorecognition processes. J Chromatogr A 1217：928-940.

[16] Salgado A, Chankvetadze B(2016) Applications of nuclear magnetic resonance spectroscopy for the understanding of enantiomer separation mechanisms in capillary electrophoresis. J Chromatogr A 1467：95-114.

[17] Lipkowitz KB(2001) Atomistic modeling of enantioselection in chromatography. J Chromatogr A 906：417-442.

［18］Del Rio A（2009）Exploring enantioselective molecular recognition mechanisms with chemoinformatic techniques. J Sep Sci 32：1566−1584.

［19］Elbashir AA（2012）Combined approach using capillary electrophoresis and molecular modeling for an understanding of enantioselective recognition mechanisms. J Appl Sol Chem Model 1：121−126.

［20］Sardella R，Ianni F，Macciarulo A et al（2018）Elucidation of the chromatographic enantiomer elution order through computational studies. Mini Rev Med Chem 18：88−97.

［21］Chen X，Yamamoto C，Okamoto Y（2007）Polysaccharide derivatives as useful chiral stationary phases in high−performance liquid chromatography. Pure Appl Chem 79：1561−1573.

［22］Ikai T，Okamoto Y（2009）Structure control of polysaccharide derivatives for efficient separation of enantiomers by chromatography. Chem Rev 109：6077−6101.

［23］Shen J，Okamoto Y（2016）Efficient separation of enantiomers using stereoregular chiral polymers. Chem Rev 116：1094−1138.

［24］Okamoto Y，Ikai T（2008）Chiral HPLC for efficient resolution of enantiomers. Chem Soc Rev 37：2593−2608.

［25］Chankvetadze B（2012）Recent developments on polysaccharidebased chiral stationary phases for liquid−phase separation of enantiomers. J Chromatogr A 1269：26−51.

［26］Yamamoto C，Yashima E，Okamoto Y（2002）Structural analysis of amylose tris（3,5−dimethylphenylcarbamate）by NMR relevant to its chiral recognition mechanism in HPLC. J Am Chem Soc 124：12583−12589.

［27］Ma S，Shen S，Lee H et al（2009）Mechanistic studies on the chiral recognition of polysaccharide−based chiral stationary phases using liquid chromatography and vibrational circular dichroism. Reversal of elution order of N−substituted alpha−methyl phenylalanine esters. J Chromatogr A 1216：3784−3793.

［28］Kim BH，Lee SU，Moon DC（2012）Chiral recognition of N−phthaloyl，N−tretrachlorophthaloyl，and N−naphthaloyl α−amino acids and their esters on polysaccharide−derived chiral stationary phases. Chirality 24：1037−1046.

［29］Peluso P，Mamane V，Aubert E et al（2016）Insights into halogen bond−driven enantioseparations. J Chromatogr A 1467：228−238.

［30］Dallocchio R，Dessi A，Solinas M et al（2018）Halogen bond in high−performance liquid chromatography enantioseparations：description，features and modelling. J Chromatogr A 1563：71−81.

［31］Wenslow RM，Wang T（2001）Solidstate NMR characterization of amylose tris（3,5−dimethylphenylcarbamate）chiral stationary−phase structure as a function of mobile−phase composition. Anal Chem 73：4190−4195.

［32］Wang T，Wenslow RM（2003）Effects of alcohol mobile−phase modifiers in the structure and chiral selectivity of amylose tris（3,5−dimethylphenylcarbamate）chiral stationary phase. J Chromatogr A 1015：99−110.

［33］Kasat RB，Zvinevich Y，Hillhouse HW et al（2006）Direct probing of sorbent−solute interactions for amylose tris（3,5−dimethylphenylcarbamate）using infrared spectroscopy，x−ray diffraction，solid−state NMR，and DFT modeling. J Phys Chem B 110：14114−14122.

［34］Zhao B，Oroskar PA，Wang X et al（2017）The composition of the mobile phase affects the dynamic chiral recognition of drug molecules by the chiral stationary phase. Langmuir 33：11246−11256.

［35］Layton C，Ma S，Wu L et al（2013）Study of enantioselectivity on an immobilized amylose carbamate stationary phase under subcritical fluid chromatography. J Sep Sci 36：3941−3948.

［36］Kasat RB，Wang NHL，Franses EI（2008）Experimental probing and modeling of key sorbent−solute interactions of norephedrine enantiomers with polysaccharide-based chiral stationary phases. J Chromatogr A 1190:110-119.

[37] Kasat RB, Franses EI, Wang NHL(2010) Experimental and computational studies of enantioseparation of structurally similar chiral compounds on amylose tris (3,5-dimethylphenylcarbamate). Chirality 22: 565-579.

[38] Tsui HW, Franses EI, Wang NHL(2014) Effect of alcohol aggregation on the retention factors of chiral solutes with an amylose-based sorbent: modeling and implications of the adsorption mechanism. J Chromatogr A 1328:52-65.

[39] Ortuso F, Alcaro S, Menta S et al(2014) A chromatographic an computational study on the driving force operating in the exceptionally large enantioseparation of N-thicarbamoyl-3-(4'-biphenyl)-5-phenyl-4, 5-dihydro(1H) pyrazole on a 4-methylbenzoate cellulosebased chiral stationary phase. J Chromatogr A 1324:71-77.

[40] Hu G, Huang M, Luo C et al(2016) Interactions between pyrazole derived enantiomers and Chiralcel OJ: prediction of enantiomer absolute configurations and elution order by molecular dynamics simulations. J Mol Graph Model 66:123-132.

[41] Tsui HW, Wang NHL, Franses EI(2013) Chiral recognition mechanism of acyloincontaining chiral solutes by amylose tris[(S)α-methylbenzylcarbamate]. J Phys Chem 117:9203-9216.

[42] Ma S, Tsui HW, Spinelli E et al(2014) Insights into chromatographic enantiomeric separation of allenes on cellulose carbamate stationary phase. J Chromatogr A 1362:119-128.

[43] Alcaro S, Bolasco A, Cirilli R et al(2014) Computer-aided molecular design of asymmetric pyrazole derivatives with exceptional enantioselective recognition toward the Chiralcel OJ-H stationary phase. J Chem Inf Model 52:649-654.

[44] Ali I, Al-Othman ZA, Al-Warthan A et al(2014) Enantiomeric separation and simulation studies on pheniramine, oxybutynin, cetirizine and brinzolamide chiral drugs on amylose-based columns. Chirality 26: 136-143.

[45] Ali I, Sahoo DR, Al-Othman ZA et al(2015) Validated chiral high performance liquid chromatography separation method and simulation studies of dipeptides on amylose chiral column. J Chromatogr A 1406: 201-209.

[46] Shedania Z, Kavaka R, Volonerio A et al(2018) Separation of enantiomers of chiral sulfoxides in high-performance liquid chromatography with cellulose-based chiral selectors using methanol and methanol-water mixtures as mobile phases. J Chromatogr A 1557:62-74.

[47] Gogaladze K, Chankvetadze L, Tsintsadze M et al(2015) Effect of basic and acidic additives on the separation of some basic drug enantiomers on polysaccharide-based chiral columns with acetonitrile as mobile phase. Chirality 27:228-234.

[48] Matarashvili I, Chankvetadze L, Tsintsadze T et al(2015) HPLC separation of enantiomers of some chiral carboxylic acid derivatives using polysaccharide-based chiral columns and polar organic mobile phases. Chromatographia 78:473-479.

[49] Mosiashvili L, Chankvetadze L, Farkas T, Chankvetadze B(2013) On the effect of basic and acidic additives on the separation of the enantiomers of some basic drugs with polysaccharide-based chiral selectors and polar organic mobile phases. J Chromatogr A 1317:167-174.

[50] Matarashvili I, Ghughunishvili D, Chankvetadze L et al(2017) Separation of enantiomers of chiral weak acids with polysaccharide-based chiral columns and aqueous-organic mobile phases in high-performance liquid chromatography: typical reversed-phase behavior? J Chromatogr A 1483:86-92.

[51] Mskhiladze A, Karchkhadze M, Dadianidz A et al (2013) Enantioseparation of chiral antimycotic drugs by HPLC with polysaccharide-based chiral columns and polar organic mobile phases with emphasis on enantiomer elution order. Chromatographia 76:1449-1458.

[52] Beridze N, Tsutskiridze E, Takaishvili N et al (2018) Comparative enantiomer-resolving ability of coated and covalently immobilized versions of two polysaccharide-base chiral selectors in high-performance liquid chromatography. Chromatographia 81:611-621.

[53] Yashima E, Ida H, Okamoto Y (2013) Enantiomeric differentiation by synthetic helical polymers. Top Curr Chem 340:41-72.

[54] Biwer A, Antranikian G, Heinzle E (2002) Enzymatic production of cyclodextrins. Appl Microbiol Biotechnol 59:609-617.

[55] Rekharsky MV, Inoue Y (1998) Complexation thermodynamics of cyclodextrins. Chem Rev 98:1875-1917.

[56] Bilensoy E (2011) Cyclodextrins in pharmaceutics, cosmetics and biomedicine. In: Current and future industrial applications. John Wiley & Sons, Hoboken.

[57] Dodziuk H (2006) Cyclodextrins and their complexes: chemistry, analytical methods, applications. Wiley-VCH, Weinheim.

[58] Crini C (2014) A history of cyclodextrins. Chem Rev 114:10940-10975.

[59] Zhang X, Zhang Y, Armstrong DW (2012) Chromatographic separations and analysis: cyclodextrin-mediated HPLC, GC and CE enantiomeric separations. In: Carreira EM, Yamamoto H (eds) Comprehensive chirality, vol 8. Elsevier, Amsterdam, 177-199.

[60] Schurig V (2010) Use of derivatized cyclodextrins as chiral selectors for the separation of enantiomers by gas chromatography. Ann Pharm Franc 68:82-98.

[61] Xiao Y, Ng SC, Tan TT, Wang Y (2012) Recent development of cyclodextrin chiral stationary phases and their applications in chromatography. J Chromatogr A 1269:52-68.

[62] Rezanka P, Navratilova K, Rezanka M et al (2014) Application of cyclodextrins in chiral capillary electrophoresis. Electrophoresis 35:2701-2721.

[63] Escuder-Gilabert L, Martin-Biosca Y, Medina-Hernandez MJ, Sagrado S (2014) Cyclodextrins in capillary electrophoresis: recent developments and new trends. J Chromatogr A 1357:2-23.

[64] Saz JM, Marina ML (2016) Recent advances on the use of cyclodextrins in the chiral analysis of drugs by capillary electrophoresis. J Chromatogr A 1467:79-94.

[65] Zhu Q, Scriba GKE (2016) Advances in the use of cyclodextrins as chiral selectors in capillary electrokinetic chromatography: fundamentals and applications. Chromatographia 79:1403-1435.

[66] Dodziuk H, Kozinsky W, Ejchart A (2004) NMR studies of chiral recognition by cyclodextrins. Chirality 16:90-105.

[67] Chankvetadze B (2004) Combined approach using capillary electrophoresis and NMR spectroscopy for an understanding of enantioselective recognition mechanisms by cyclodextrins. Chem Soc Rev 33:337-347.

[68] Mura P (2014) Analytical techniques for characterization of cyclodextrin complexes in aqueous solution: a review. J Pharm Biomed Anal 101:238-250.

[69] Mura P (2015) Analytical techniques for characterization of cyclodextrin complexes in the solid state: a review. J Pharm Biomed Anal 113:226-238.

[70] Hazai E, Hazai I, Demko L et al (2010) Cyclodextrin knowledgebase a web-based service managing CD-ligand complexation data. J Comput Aided Mol Des 24:713-717.

[71] Salgado A, Tatunashvili E, Gologashvili A et al (2017) Structural rationale for the chiral separation and mi-

gration order reversal of clenpenterol enantiomers in capillary electrophoresis using two different β−cyclo-dextrins. Phys Chem Chem Phys 19:27935−27939.

[72] Gogolashvili A, Tatunashvili E, Chankvetadze L et al (2017) Separation of enilconazole enantiomers in capillary electrophoresis with cyclodextrin−type chiral selectors and investigation of structure of selector−selectand complexes by using nuclear magnetic resonance spectroscopy. Electrophoresis 38:1851−1859.

[73] Fonseca MC, Santos da Silva RC, Soares Nascimento C Jr, Bastos Borges K (2017) Computational contribution to the electrophoretic enantiomer separation mechanism and migration order using modified β−cyclodextrins. Electrophoresis 38:1860−1868.

[74] Recio R, Elhalem E, Benito JM et al (2018) NMR study on the stabilization and chiral discrimination of sulforaphane enantiomers and analogues by cyclodextrins. Carbohyd Polym 187:118−125.

[75] Cucinotta V, Messina M, Contino A et al (2017) Chiral separation of terbutaline and non−steroidal anti−inflammatory drugs by using a new lysine−bridged hemispherodextrin in capillary electrophoresis. J Pharm Biomed Anal 145:734−741.

[76] Szabo ZI, Szöcs L, Horvath P et al (2016) Liquid chromatography with mass spectrometry enantioseparation of pomalidomide on cyclodextrin−bonded chiral stationary phases and the elucidation of the chiral recognition mechanisms by NMR spectroscopy and molecular modeling. J Sep Sci 39:2941−2949.

[77] Szabo ZI, Mohammadhassan F, Szocs L et al (2016) Stereoselective interactions and liquid chromatographic enantioseparation of thalidomide on cyclodextrin−bonded stationary phases. J Incl Phenom Macrocycl Chem 85:227−236.

[78] Szabo ZI, Toth G, Völgyi G et al (2016) Chiral separation of asenapine enantiomers by capillary electrophoresis and characterization of cyclodextrin complexes by NMR spectroscopy, mass spectrometry and molecular modeling. J Pharm Biomed Anal 117:398−404.

[79] Yao Y, Song P, Wen X et al (2017) Chiral separation of 12 pairs of enantiomers by capillary electrophoresis using heptakis−(2,3−diacetyl−6−sulfato)−β−cyclodextrin as the chiral selector and the elucidation of the chiral recognition mechanism by computational methods. J Sep Sci 40:2999−3007.

[80] Fejös I, Varga E, Benkovics G et al (2016) Comparative evaluation of the chiral recognition potential of single isomer sulfated betacyclodextrin synthesis intermediates in non−aqueous capillary electrophoresis. J Chromatogr A 1467:454−462.

[81] Krait S, Salgado A, Chankvetadze B et al (2018) Investigation of the complexation between cyclodextrins and medetomidine enantiomers by capillary electrophoresis, NMR spectroscopy and molecular modeling. J Chromatogr A 1567:198−210.

[82] Li X, Yao X, Xiao Y, Wang Y (2017) Enantioseparation of single layer native cyclodextrin chiral stationary phases: effect of cyclodextrin orientation and a modeling study. Anal Chim Acta 990:174−184.

[83] Chankvetadze B, Burjanadze N, Maynard DM et al (2002) Comparative enantioseparations with native β−cyclodextrin and heptakis(2−O−methyl−3,6−di−O−sulfo)−β−cyclodextrin in capillary electrophoresis. Electrophoresis 23:3027−3034.

[84] Servais AC, Rousseau A, Fillet M et al (2010) Separation of propranolol enantiomers by CE using sulfated β−CD derivatives in aqueous and non−aqueous electrolytes: comparative CE and NMR study. Electrophoresis 31:1467−1474.

[85] Servais AC, Rousseau A, Dive G et al (2012) Combination of capillary electrophoresis, molecular modeling and nuclear magnetic resonance to study the interaction mechanism between single−isomer anionic cyclodextrin derivatives and basic drug enantiomers in methanolic background electrolyte. J Chromatogr A 1232:59−64.

［86］Chankvetadze L,Servais AC,Fillet M et al(2012)Comparative enantioseparation of talinolol in aqueous and non-aqueous capillary electrophoresis and study of related selectorselectand interactions by nuclear magnetic resonance spectroscopy. J Chromatogr A 1267:206-216.

［87］Lomsadze K,Salgado A,Calvo E et al(2011)Comparative NMR and MS studies on the mechanism of enantioseparation of propranolol with heptakis(2,3-diacetyl-6-sulfo)-β-cyclodextrin in capillary electrophoresis with aqueous and non-aqueous electrolytes. Electrophoresis 32:1156-1163.

［88］Riesova M,Svobodova J,Tosner Z et al(2013)Complexation of buffer constituents with neutral complexation agents:part I. Impact on common buffer properties. Anal Chem 85:8518-8525.

［89］Beni M,Riesova M,Svobodova J et al(2013)Complexation of buffer constituents with neutral complexation agents:part Ⅱ. Practical impact in capillary zone electrophoresis. Anal Chem 85:8526-8534.

［90］Melani F,Giannini I,Pasquini B et al(2011)Evaluation of the separation mechanism of electrokinetic chromatography with a microemulsion and cyclodextrins using NMR and molecular modeling. Electrophoresis 32:3062-3069.

［91］Pasquini B,Melani F,Caprini C et al(2017)Combined approach using capillary electrophoresis,NMR and molecular modeling for ambrisentan related substances analysis:investigation of intermolecular affinities, complexation and separation mechanism. J Pharm Biomed Anal 144:220-229.

［92］Vargas C,Schönbeck C,Heimann I,Keller S(2018)Extracavity effect in cyclodextrin/surfactant complexation. Langmuir 34:5781-5787.

［93］Alvira E(2013)Molecular dynamics study of the influence of solvents on the chiral discrimination of alanine enantiomers by β-cyclodextrin. Tetrahedron Asymmetry 24:1198-1206.

［94］Alvira E(2015)Theoretical study of the separation of valine enantiomers by β-cyclodextrin with different solvents:a molecular mechanics and dynamics simulation. Tetrahedron Asymmetry 26:853-860.

［95］Alvira E(2017)Influence of solvent polarity on the separation of leucine enantiomers by β-cyclodextrin:a molecular mechanics and dynamics simulation. Tetrahedron Asymmetry 28:1414-1422.

［96］Soares Nascimento C Jr,Fedoce Lopes J,Guimaraes L,Bastos Borges K(2014)Molecular modeling study of the recognition mechanism and enantioseparation of 4-hydroxypropranolol by capillary electrophoresis using carboxymethyl-β-cyclodextrin as the chiral selector. Analyst 139:3901-3910.

［97］Zhang Y,Breitbach ZS,Wang C,Armstrong DW(2010)The use of cyclofructans as novel chiral selectors for gas chromatography. Analyst 135:1076-1083.

［98］Sun P,Wang C,Breitbach ZS et al(2009)Development of new HPLC chiral stationary phases based on native and derivatized cyclofructans. Anal Chem 81:10215-10226.

［99］Jiang C,Tong MY,Breitbach ZS,Armstrong DW(2009)Synthesis and examination of sulfated cyclofructans as a novel class of chiral selectors for CE. Electrophoresis 30:3897-3909.

［100］Immel S,Schmitt RG,Lichtenthaler FW(1998)Cyclofructins with six to ten β(1!2)-linked fructofuranose units:geometries,electrostatic profiles,lipophilicity pattern,and potential for inclusion complexation. Carbohydr Res 313:91-105.

［101］Wang L,Li Y,Yao L et al(2014)Evaluation and determination of the cyclofructans-amino acid complex binding pattern by electrospray ionization mass spectrometry. J Mass Spectrom 49:1043-1049.

［102］Wang L,Li C,Yin Q et al(2015)Construction the switch binding pattern of cyclofructans 6. Tetrahedron 71:3447-3452.

［103］Smuts JP,Hao XQ,Han Z et al(2014)Enantiomeric separations of chiral sulfonic and phosphoric acids with barium-doped cyclofructan selectors via an ion interaction mechanism. Anal Chem 86:1282-1290.

［104］Hellinghausen G,Roy D,Lee JT et al(2018)Effective methodologies for enantiomeric separations of 150 pharmacology and toxicology related 1°, 2°, and 3° amines with coreshell chiral stationary phases. J Pharm Biomed Anal 155:70−81.

[105] Dominguez−Vega E, Montealegre C, Marina ML(2016) Analysis of antibiotics by CE and their use as chiral selectors:an update. Electrophoresis 37:189−211.

[106] Genar M, Castro−Puyana M, Garcia MA, Marina ML(2018) Analysis of antibiotics by CE and CEC and their use as chiral selectors:an update. Electrophoresis 39:235−259.

[107] Ilisz I, Pataj Z, Aranyi A, Peter A(2012) Macrocyclic antibiotic selectors in direct HPLC enantioseparations. Sep Purif Rev 41:207−249.

[108] Berthod A(2009) Chiral recognition mechanisms with macrocyclic glycopeptide selectors. Chirality 21:167−175.

[109] Fernandes C, Tiritn ME, Cass Q et al(2012) Enantioseparation and chiral recognition mechanism of new chiral derivatives of xanthones on macrocyclic antibiotic stationary phases. J Chromatogr A 1241:60−68.

[110] Ravichandran S, Collins JR, Singh N, Wainer IW(2012) A molecular model of the enantioselective liquid chromatographic separation of(RS)−ifosfamide and its N−dechloroethylated metabolites on a teicoplanin aglycone chiral stationary phase. J Chromatogr A 1269:218−225.

[111] He X, Lin R, He H et al(2012) Chiral separation of ketoprofen on a Chirobiotic T column and its chiral recognition mechanisms. Chromatographia 75:1355−1363.

[112] Phyo YZ, Cravl S, Palmeira A et al(2018) Enantiomeric resolution and docking studies of chiral xanthonic derivatives on Chirobiotic columns. Molecules 23:E142.

[113] Bertucci C, Tedesco D(2018) Human serum albumin as chiral selector in enantioselective high−performance liquid chromatography. Curr Med Chem 24:743−757.

[114] Bocain S, Skoczylas M, Biszewski B(2016) Amino acids, peptides, and proteins as chemically bonded stationary phases a review. J Sep Sci 39:83−92.

[115] Haginaka J(2011) Mechanistic aspects of chiral recognition on protein−based stationary phases. In:Grushka E(ed) Advances in chromatography, vol 49. CRC Press, Boca Raton, 37−69.

[116] Haginaka J(2008) Recent progress in protein−based chiral stationary phases for enantioseparations in liquid chromatography. J Chromatogr B 875:12−19.

[117] Ghuman J, Zunszain PA, Petitpas I et al(2005) Structural basis of the drug−binding specificity of human serum albumin. J Mol Biol 353:38−52.

[118] Fernandes C, Tiritan ME, Pinto M(2013) Small molecules as chromatographic tools for HPLC enantiomeric resolution:Pirkletype chiral stationary phase evolution. Chromatographia 76:871−897.

[119] Fernandes C, Phyo YZ, Sulva AS et al(2018) Chiral stationary phases based on small molecules:an update of the last 17 years. Sep Purif Rev 47:89−123.

[120] Carraro ML, Palmeira A, Tiritan ME et al(2017) Resolution, determination of enantiomeric purity and chiral recognition mechanism of new xanthone derivatives on(S,S) Whelk−O1 stationary phase. Chirality 29:247−256.

[121] Fernandes C, Palmeira C, Santos A et al(2013) Enantioresolution of chiral derivatives of xanthones on (S,S)−whelk−O1 and L−phenylglycine stationary phases and chiral recognition mechanism by docking approach for(S,S)−Whelk−O1. Chirality 25:89−100.

[122] Zhao C, Cann NM(2007) The docking of chiral epoxides on the Whelk−O1 stationary phase:a molecular dynamics study. J Chromatogr A 1149:197−218.

[123] Zhao C, Cann NM(2008) Molecular dynamics study of chiral recognition for the WhelkO1 chiral stationary phase. Anal Chem 80:2426−2438.

［124］Zhao CF，Dimert S，Cann NM（2009）Rational optimization of the Whelk-O1 chiral stationary phase using molecular dynamics simulations. J Chromatogr A 1216：5968-5978.

［125］Koscho ME，Spence PL，Pirkle WH（2005）Chiral recognition in the solid state：crystallographically characterized diastereomeric co-crystals between a synthetic chiral selector（Whelk-O1）and a representative chiral selector. Tetrahedron Asymmetry 16：3147-3153.

［126］Ilisz I，Bajtai A，Lindner W，Peter A（2018）Liquid chromatographic enantiomer separations applying chiral ion-exchangers based on Cinchona alkaloids. J Pharm Biomed Anal 159：127-152.

［127］Lämmerhofer M（2014）Liquid chromatographic enantiomer separation with special focus on zwitterionic chiral ion-exchangers. Anal Bioanal Chem 406：6095-6103.

［128］Lämmerhofer M，Lindner W（2008）Liquid chromatographic enantiomer separation and chiral recognition by Cinchona alkaloidderived enantioselective separation materials. Adv Chromatogr 46：1-107.

［129］Hoffmann CV，Lämmerhofer M，Lindner W（2007）Novel strong cation-exchange type chiral stationary phase for the enantiomer separation of chiral amines by highperformance liquid chromatography. J Chromatogr A 1161：242-251.

［130］Maier NM，Schefzick S，Lombardo GM et al（2002）Elucidation of the chiral recognition mechanism of Cinchona alkaloid carbamatetype receptors for 3，5-dinitrobenzoyl amino acids. J Am Chem Soc 124：8611-8629.

［131］Zhang T，Holder E，Franco P，Lindner W（2014）Zwitterionic chiral stationary phases based on cinchona and chiral sulfonic acids for the direct stereoselective separation of amino acids and other amphoteric compounds. J Sep Sci 37：1237-1247.

［132］Pell R，Sic S，Lindner W（2012）Mechanistic investigations of Cinchona alkaloid-based zwitterionic chiral stationary phases. J Chromatogr A 1269：287-296.

［133］Ianni F，Sardella R，Carotti A（2016）Quinine-based zwitterionic chiral stationary phase as a complementary tool for peptide analysis：Mobile phase effects on enantioand stereoselectivity of underivatized oligopeptides. Chirality 28：5-16.

［134］Sardella R，Macchiarulo A，Urbinati F et al（2018）Exploring the enantiorecognition mechanism of Cinchona alkaloid-based zwitterionic chiral stationary phases and the basic trans-paroxetine enantiomers. J Sep Sci 41：1199-1207.

［135］Ianni F，Pucciarini L，Carotti A et al（2018）Improved chromatographic diastereoresolution of cyclopropyl dafachronic acid derivatives using chiral anion exchangers. J Chromatogr A 1557：20-27.

［136］Grecso N，Kohout M，Carotti A et al（2016）Mechanistic considerations of enantiorecognition on novel Cinchona alkaloid-based zwitterionic chiral stationary phases from the aspect of the separation of trans-paroxetine enantiomers as model compounds. J Pharm Biomed Anal 124：164-173.

［137］Ianni F，Carotti A，Marinozzi M et al（2015）Diastereoand enantioseparation of a Nα-Boc amino acid with a zwitterionic quinine-based stationary phase：focus on the stereorecognition mechanism. Anal Chim Acta 885：174-782.

［138］Sardella R，Lisanti A，Carotti A et al（2014）Ketoprofen enantioseparation with a Cinchona alkaloid based stationary phase：Enantiorecognition mechanism and release studies. J Sep Sci 37：2696-2703.

［139］Schmid MG，Gübitz G（2011）Enantioseparation by chromatographic and electromigration techniques using ligand-exchange as chiral separation principle. Anal Bioanal Chem 400：2305-2316.

［140］Zhang H，Qi L，Mao L，Chen Y（2012）Chiral separation using capillary electromigration techniques based on ligand exchange principle. J Sep Sci 35：1236-1248.

[141] Hyun MH(2018) Liquid chromatographic ligand−exchange chiral stationar y phases based on amino alcohols. J Chromatogr A 1557:28−42.

[142] Natalini B, Giacche N, Sardella R et al(2010) Computational studies for the elucidation of the enantiomer elution order of amino acids in chiral ligand − exchange chromatography. J Chromatogr A 1217: 7523−7527.

[143] Mofaddel N, Adoubel AA, Morin CJ et al(2010) Molecular modelling of complexes between two amino acids and copper(Ⅱ): correlation with ligand−exchange capillary electrophoresis. J Mol Struct 975:220−226.

[144] Echevarría RN, Franca CA, Tascon M et al(2016) Chiral ligand−exchange chromatography with Cinchona alkaloids. Exploring experimental conditions for enantioseparation of α−amino acids. Microchem J 129: 104−110.

[145] Kapnissi−Christodoulou CP, Stavrou IJ, Mavroudi MC(2014) Chiral ionic liquids in chromatographic and electrophoretic separations. J Chromatogr A 1363:2−10.

[146] He S, He Y, Cheng L et al(2018) Novel chiral ionic liquids stationary phases for the enantiomer separation of chiral acid by highperformance liquid chromatography. Chirality 30:670−679.

[147] Zhang Q(2018) Ionic liquids in capillary electrophoresis enantioseparations. Trends Anal Chem 100: 145−154.

[148] Bang E, Jung JW, Lee W et al(2001) Chiral recognition of(18−crown−6)−tetracarboxylic acid as a chiral selector determined by NMR spectroscopy. J Chem Soc Perkin Trans 2:1685−1692.

[149] Lee W, Bang E, Baek CS, Lee W(2004) Chiral discrimination studies of(+)−(18−crown−6)−2,3,11, 12−tetracarboxylic acid by highperformance liquid chromatography and NMR spectroscopy. Magn Res Chem 42:389−395.

[150] Nagata H, Nishi H, Kamagauchi M, Ishica T(2008) Guest−dependent conformation of 18−crown−6 tetracarboxylic acid: relation to chiral separation of racemic amino acids. Chirality 20:820−827.

[151] Nagata H, Machida Y, Nishi H et al(2009) Structural requirement for chiral recognition of amino acid by (18−crown−6)−tetracarboxylic acid: binding analysis in solution and solid states. Bull Chem Soc Jpn 82:219−229.

[152] Tóth T, Németh T, Leveles I et al(2017) Structural characterization of the crystalline diastereomeric complex of enantiopure dimethylacridino−18−crown−6 ether and the enantiomers of 1−(1−napthyl)ethylamine hydrogen perchlorate. Struct Chem 28:289−296.

[153] Lovely A, Wenzel TJ(2008) Chiral NMR discrimination of amines: analysis of secondary, tertiary, and prochiral amines using(+)(18−crown−6)−2,3,11,12−tetracarboxylic acid. Chirality 20:370−378.

[154] Hyun MH(2015) Development of HPLC chiral stationary phases based in(+)(18−crown−6)−2,3,11, 12−tetracarboxylic acid and their applications. Chirality 27:576−588.

[155] Hyun MH(2016) Liquid chromatographic enantioseparations on crown ether − based chiral stationary phases. J Chromatogr A 1467:19−32.

[156] Adhikari S, Lee W(2018) Chiral separation using chiral crown ethers as chiral selectors. J Pharm Invest 48:225−231.

[157] Elbashir AA, Aboul−Enein HY(2010) Application of crown ethers as buffer additives in capillary electrophoresis. Curr Pharm Anal 6:101−113.

[158] Yashima E, Maeda K, Idea H et al(2009) Helical polymers: synthesis, structures and functions. Chem Rev 109:6102−6211.

[159] Yashima E, Maeda K(2008) Chiralityresponsive helical polymers. Macromolecules 41:3−12.

［160］Cui Y,Li B,He H et al(2016)Metal-organic frameworks as platforms for functional materials. Acc Chem Res 49:483-493.

［161］Xue M,Li B,Qiu S,Chen B(2016)Emerging functional chiral microporous materials:synthetic strategies and enantioselective separations. Mater Today 19:503-515.

［162］Duerinck T,Denayer JFM(2015)Metalorganic frameworks as stationary phases for chiral chromatographic and membrane separations. Chem Eng Sci 124:179-187.

［163］Peluso P,Mamane V,Cossu S(2014)Homochiral metal-organic frameworks and their application in chromatography enantioseparations. J Chromatogr A 1363:11-16.

［164］Bhattacharjee S,Khan MI,Li X et al(2018)Recent progress in asymmetric catalysis and chromatographic separation by chiral metalorganic frameworks. Catalysts 8:120.

［165］Li X,Chang V,Wang X et al(2014)Applications of homochiral metal-organic frameworks in the enantioselective adsorption and chromatography separation. Electrophoresis 35:2733-2743.

［166］Xie SM,Zhang M,Fei ZX,Yuan LM(2014)Experimental comparison of chiral metalorganic framework used as stationary phase in chromatography. J Chromatogr A 1363:137-143.

［167］Xie SM,Yuan LM(2017)Recent progress of chiral stationary phases for separation of enantiomers in gas chromatography. J Sep Sci 40:124-127.

［168］Peng Y,Gong T,Zhang K et al(2014)Engineering chiral porous metal-organic frameworks for enantioselective adsorption and separation. Nat Commun 5:4406.

［169］Rong F,Li P(2012)Study of the weakest interaction model for chiral resolution using molecularly imprinted polymer. Adv Mater Res 391-392:111-115.

［170］Cheong WJ,Ali F,Choi JH et al(2013)Recent applications of molecular imprinted polymers for enantioselective recognition. Talanta 106:45-59.

［171］Cheong WJ,Yang SH,Ali F(2013)Molecular imprinted polymers for separation science:a review of reviews. J Sep Sci 36:609-628.

［172］Greno M,Marina ML,Castro-Puyana M(2018)Enantioseparation by capillary electrophoresis using ionic liquids as chiral selectors. Crit Rev Anal Chem 48:429-446.

［173］Ding J,Armstrong DW(2005)Chiral ionic liquids. Synthesis and applications. Chirality 17:281-292.

［174］Wang J,Warner IM(1994)Chiral separations using micellar electrokinetic capillary chromatography and a polymerized chiral micelle. Anal Chem 66:3773-3776.

［175］Dobashi A,Hamada M,Dobashi Y,Yamaguchi J(1995)Enantiomeric separation with sodium dodecanoyl-L-amino acidate micelles and poly［sodium(10-undecanoyl)-L-valinate］by electrokinetic chromatography. Anal Chem 67:3011-3017.

［176］Morris KF,Billiot EJ,Billiot FH et al(2012)Investigation of chiral molecular micelles by NMR spectroscopy and molecular dynamic simulation. Open J Phys Chem 2:240-251.

［177］Morris KF,Billiot EJ,Billiot FH et al(2013)A molecular dynamics simulation study of two dipeptide based molecular micelles:effect of amino acid order. Open J Phys Chem 3:20-29.

［178］Morris KF,Billiot EJ,Billiot FH et al(2014)A molecular dynamics simulation study of the association of 1,10-binaphthyl-2,20-diyl hydrogen phosphate enantiomers with a chiral molecular micelle. Chem Phys 439:36-43.

［179］Morris KF,Billiot EJ,Billiot FH et al(2015)Molecular dynamics simulation and NMR investigation of the association of the β-blockers atenolol and propranolol with a chiral molecular micelle. Chem Phys 457:133-146.

［180］Morris KF,Billiot EJ,Billiot FH et al(2018)Investigation of chiral recognition by molecular micelles with molecular dynamics simulations. J Disper Sci Technol 39:45−54.

[181] Yaghoubnejad S,Tabar Heydar K,Ahmadi SH,Zadmard R(2018)Preparation and evaluation of a chiral HPLC stationary phase based on cone calix[4]arene functionalized at the upper rim with L−alanine. Biomed Chromatogr 32:e4122.

[182] Chelvi SKT,Zhao J,Chen L et al(2014)Preparation and characterization of 4−isopropylcalix[4]arene−capped[3−(2−O−β−cyclodextrin)−2hydroxypropoxy]−propylsilyl−appended silica particles as chiral stationary phase for highperformance liquid chromatography. J Chromatogr A 1324:104−108.

[183] Chelvi SKT,Yong EL,Gong Y(2008)Preparation and evaluation of calyx[4]arene−capped β−cyclodextrin−bonded silica particles as chiral stationary phase for high−performance liquid chromatography. J Chromatogr A 1203:54−58.

[184] Krawinkler KH,Maier NM,Sajovic E,Lindner W(2004)Novel urea−linked cinchonacalixarene hybrid−type receptors for efficient chromatographic enantiomer separation of carbamate−protected cyclic amino acids. J Chromatogr A 1053:119−131.

[185] Sanchez Pena M,Zhang Y,Warner IM(1997)Enantiomeric separations by use of calixarene electrokinetic chromatography. Anal Chem 69:3239−3242.

[186] Grady T,Joyce T,Smyth MR et al(1998)Chiral resolution of the enantiomers of phenylglycinol using (S)−di−naphthylprolinol calyx[4]arene by capillary electrophoresis and fluorescence spectroscopy. Anal Commun 35:123−125.

[187] Zhang JH,Xie SM,Wang BJ et al(2018)A homochiral porous organic cavity and pore window for chromatography separation and positional isomers. 41:1385−1394 cage with large the efficient gas of enantiomers J Sep Sci 41:1385−1394.

[188] Zhang JH,Xie SM,Wang BJ et al(2015)Highly selective separation of enantiomers using a chiral porous organic cage. J Chromatogr A 1426:174−182.

[189] Xie SM,Zhang JH,Fu N et al(2016)A chiral porous organic cage for molecular recognition using gas chromatography. Anal Chim Acta 903:156−163.

[190] Chen LJ,Riss PS,Chong SY et al(2014)Separation of rare gases and chiral molecules by selective binding in porous organic cages. Nat Mater 13:954−960.

[191] Ellington AD,Szostak JW(1990)In vitro selection of RNA molecules that bind specific ligands. Nature 346:818−822.

[192] Ellington AD,Szostak JW(1992)Selection in vitro of single−stranded DNA molecules that fold into specific ligand−binding structures. Nature 355:850−852.

[193] Peyrin E(2009)Nucleic acid aptamer molecular recognition principles and application in liquid chromatography and capillary electrophoresis. J Sep Sci 32:1531−1536.

[194] Ravelet C,Peyrin E(2006)Recent developments in the HPLC enantiomeric separation using chiral selectors identified by a combinatorial strategy. J Sep Sci 29:1322−1331.

2 对映体分离的薄层色谱法
Rituraj Dubey，Ravi Bhushan

摘要：尽管高效液相色谱是分析性和制备性对映体分离的主要技术，但手性薄层色谱（thin-layer chromatography，TLC）可作为另一种选择，尤其是在需要使用简单设备进行快速分析的情况下。本章以 DL-硒代甲硫氨酸和 β-肾上腺素类药物为例，介绍了手性 TLC 分离氨基酸和碱性药物的几种方法。分析方法包括使用预涂层和定制的 TLC 板，将手性选择剂浸渍吸附剂，或将选择剂直接添加到流动相中，以及以铜金属配合物的形式添加。(−)-奎宁和 L-氨基酸作为手性选择剂以不同的方式用于对映体分离。

关键词：对映体分离，手性选择剂，浸渍，配体交换，薄层色谱

2.1 引言

绝大多数分析性和制备性对映体分离采用高效液相色谱方法。然而，薄层色谱（TLC）也已应用于有机合成和天然产物化学中快速、经济的分析以及化合物的半制备分离。TLC 为多种化合物对映体纯度的拆分、分离和分析控制提供了一种便捷的技术[1,2]。手性 TLC 分离的总结见参考文献[3-5]。与高效液相色谱相比，现代 TLC 在制药学和药物分析中的优势见综述[6]。

在 TLC 中，手性选择剂可以涂覆在吸附剂上或添加到流动相中。由于只有少数涂有手性固定相的商品化 TLC 板，因此通常需要实验室研究人员自行涂覆手性选择剂。在对映体分离前，可以通过浸渍商品化 TLC 板（如含硅胶吸附剂）实现，可将选择剂溶液喷到 TLC 板上、将板没入或轻蘸选择剂溶液，或让选择剂溶液以正常的展开方式上行或下行。干燥后，TLC 板可用于对映体分离。另一种方法是使用实验室制造的 TLC 板，其中硅胶与手性选择剂混合，然后涂覆到合适的载体上。这种方法的优点是可以控制涂层的厚度，从而可以制作分析型和半制备型 TLC 板。由于具有更好的吸附剂均匀性，目前实验室最常使用商品化预涂 TLC 板，但在日常应用中使用实验室制备的 TLC 板也很常见。在相同的流动相和温度条件下，使用商品化或本实验室制备的 TLC 板对多种对映体分离，两者比较后发现在重现性和选择性方面没有显著差异。

手性 TLC 的另一种方法是使用手性流动相添加剂，即将手性选择剂添加至流动相。选择剂与分析物对映体形成非对映体复合物，随后在（非手性）TLC 板上分离。

本章描述了上述方法的示例[7-9]，即 TLC 板的浸渍、实验室自制 TLC 板以及手性流动相添加剂的使用，包括配体交换原理。分析物包括作为氨基酸的 DL-硒代甲硫氨酸（SeMet）和 β-肾上腺素类药物（RS）-阿替洛尔、（RS）-普萘洛尔及（RS）-沙丁胺醇。

2.2 材料

2.2.1 仪器和设备

（1）标准国际公司的商品化预涂硅胶薄层色谱板（20cm×20cm×0.15mm）为了方便和试运行，可以将其切成 20cm×10cm 大小，层的厚度保持一致。

（2）实验室制造的 TLC（浸渍）板　玻璃板（20cm×20cm），标准供应商提供的硅胶 G 粉［粒径 12μm，孔径 6nm（60Å）］，用合适的涂抹器（俗称 Stahl 型涂抹器）涂抹硅胶浆。

（3）TLC 矩形玻璃室　内深 7cm，内高 25cm，内宽 27cm；根据 TLC 板的大小，可以使用一些其他标准尺寸的玻璃室，配有标准盖子。

（4）Hamilton 注射器（25μL）或刻度毛细管（带有 5μL 标记）　用于在板上点样。

（5）TLC 喷雾器　用于喷洒试剂溶液。

2.2.2　溶液和流动相

按要求使用 HPLC 级溶剂和超纯水（25℃条件下电导率不高于 0.055μS/cm）制备溶液。将标准溶液在 4℃下储存。遵守有关化学品和溶剂的安全规定以及废物处理规定。

2.2.2.1　样品溶液

（1）SeMet 样品溶液（SS-1A 和 SS-1B）　将 2mg DL-SeMet 溶解在 10mL 水/碳酸氢钠（1:8，体积质量比）溶液中制备 SS-1A，将 1mg L-（+）-SeMet 溶解在 10mL 的水/碳酸氢钠（1:8，体积质量比）中制备 SS-1B。

（2）阿替洛尔样品溶液（SS-2A 和 SS-2B）　将 5.2mg（RS）-阿替洛尔溶解在 10mL 甲醇中作为 SS-2A，将 2.6mg（R）-阿替洛尔或（S）-阿替洛尔溶解在 10mL 甲醇中作为 SS-2B。

（3）普萘洛尔样品溶液（SS-3A 和 SS-3B）　将 5.2mg（RS）-普萘洛尔溶解在 10mL 甲醇中作为 SS-3A，将 2.6mg（R）-普萘洛尔或（S）-普萘洛尔溶解在 10mL 甲醇中作为 SS-3B。

（4）沙丁胺醇样品溶液（SS-4A 和 SS-4B）　将 5.2mg（RS）-沙丁胺醇溶解在 10mL 甲醇中作为 SS-4A，将 2.6mg（R）-沙丁胺醇或（S）-沙丁胺醇溶解在 10mL 甲醇中作为 SS-4B。

2.2.2.2　手性选择剂溶液

（1）手性选择剂溶液 CS-1　将 5mg（-）-奎宁溶解在 10mL 甲醇:水（8:2，体积比）溶液中，并通过添加 0.1mol/L HCl 将 pH 调至 8.0。

（2）手性选择剂溶液 CS-2　将 3.2mg（-）-奎宁溶解在 10mL 乙醇中。

（3）配体交换溶液 CS-3　将 36mg 乙酸铜溶解在 100mL 水:甲醇（95:5，体积比）溶液中，将 72mg N,N-Me$_2$-L-Phe 溶解在 100mL 的水:甲醇（95:5，体积比）溶液中，将 50mL 的乙酸铜溶液和 100mL 的 N,N-Me$_2$-L-Phe 溶液混合。

2.2.2.3　流动相

（1）流动相 MP-1　乙腈:甲醇:二氯甲烷:水，11:1:1:1.5（体积比）。

（2）流动相 MP-2　乙腈:甲醇:二氯甲烷:水，8:1:2:1.5（体积比）。

（3）流动相 MP-3　将 35mg（-）-奎宁溶于 50mL 乙腈:甲醇:二氯甲烷:水，11:1:1:1.5（体积比）。

（4）流动相 MP-4　乙腈:甲醇:二氯甲烷:水，10:1.5:0.5:1.5（体积比）。

（5）流动相 MP-5　乙腈：甲醇：溶液 CS-3，3：4：5（体积比）。

2.2.2.4　检测试剂

茚三酮溶液：将 0.3g 茚三酮溶解在含有 3mL 冰乙酸的 97mL 正丁醇中。

2.3　方法

2.3.1　薄层色谱分离的一般步骤

（1）使用洁净干燥的矩形 TLC 室，并铺上 Whatman 1 号滤纸或类似滤纸，最高 15cm。

（2）将几毫升的一种流动相倒入 TLC 室中，使衬纸适当润湿，并用盖子盖住 TLC 室。见特定流动相的相应示例（见 2.4 注解 1）。

（3）将腔室在室温下放置 10~15min 以平衡和饱和溶剂蒸气（见 2.4 注解 2）。

（4）使用 Hamilton 注射器或刻度毛细管在 TLC 板上距板底部 1cm 处点取 10μL 样品溶液。见特定样品溶液的相应示例（见 2.4 注解 3）。

（5）从 TLC 室中取出溶剂混合物（流动相保持衬纸浸润）。

（6）将几毫升新鲜的所需流动相倒入腔室。

（7）放置硅胶板，在适当位置点样，使点不浸入腔室的流动相中。用盖子盖住腔室。

（8）将板（色谱）显影 8cm（注意所需时间）。

（9）从室中取出 TLC 板并立即标记溶剂前沿。

（10）将 TLC 板放置在 40℃ 的烘箱中干燥（几分钟），然后冷却至室温（见 2.4 注解 4）。

（11）将 TLC 板置于碘室中以观察斑点（见 2.4 注解 5）或喷洒合适的检测试剂溶液（如下文例 4 中的茚三酮溶液，见 2.4 注解 6）。

（12）计算保留因子（R_f）、分离选择性（α）和分离度（R_s）（见 2.4 注解 7）。

2.3.2　薄层色谱分离实例

2.3.2.1　例1

在实验室制备的手性 TLC 板上通过混合硅胶和（-）-奎宁作为手性选择剂实现 DL-SeMet 的对映体分离。

（1）向 50mL 选择剂溶液 CS-1 中加入 25g 硅胶 G，制备悬浮液。

（2）将六块玻璃板（高 10cm×宽 5cm）并排放置于垫板上，边缘紧密接触。

（3）将浆料均匀地涂抹在玻璃板上，使用 Stahl 型涂抹器将厚度调整至 0.5mm。

（4）让浆液在室温下沉降并干燥。

（5）在实验室烘箱中加热（激活）板 6~8h，（60±2）℃。

（6）从烘箱中取出平板，于室温下冷却。

（7）点 SS-1A 和 SS-1B 样品溶液，如 2.3.1，步骤（4）。

（8）使用流动相 MP-1 并按照一般程序进行操作，即 2.3.1，步骤（1）~（12）中描述。

图 2.1（a）显示了在实验室制造的 TLC 板上使用（-）-奎宁作为手性选择剂分离 DL-SeMet 的色谱图。另见参考文献[7]。

2.3.2.2 例2

使用实验室制备的手性 TLC 板对 DL-SeMet 进行对映体分离，浸渍手性选择剂 (-) -奎宁的上行展开法。

(1) 使用市售硅胶 TLC 板。

(2) 将 10mL 的 CS-2 倒入 TLC 室（见 2.4 注解 8）。

(3) 将 TLC 板置于腔室中，将薄层板浸入溶液近 1cm；让溶液在板上上升 15cm。

(4) 从 TLC 室中取出板并在室温下干燥。

(5) 使用样品溶液 SS-1A 和 SS-1B 以及流动相 MP-2，并按照 2.3.1 步骤（1）~(12) 中的一般程序进行操作。

图 2.1（b）显示了使用（-）-奎宁作为手性选择剂，TLC 板的预涂层浸渍分离 DL-SeMet 的色谱图。

2.3.2.3 例3

使用手性选择剂（-）-奎宁作为流动相添加剂实现 DL-SeMet 的对映体分离。

(1) 使用商品化硅胶 TLC 板。

(2) 使用样品溶液 SS-1A 和 SS-1B 以及流动相 MP-3，并按照 2.3.1 步骤（1）~(12) 中的一般程序进行操作。

图 2.1（c）显示了使用（-）-奎宁作为流动相添加剂分离 DL-SeMet 的色谱图。

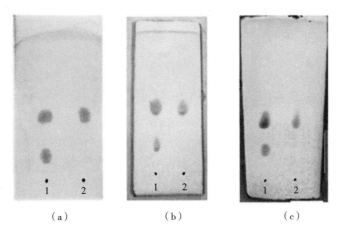

（a）　　　　　　　（b）　　　　　　　（c）

图 2.1　色谱照片显示了三种使用 (-)-奎宁的方法对 DL-SeMet 的分离度：(a)使用
(-)-奎宁浸渍的板。流动相：乙腈、甲醇、二氯甲烷、水的混合液（11:1:1:1.5，体积比）。
(b)在点外消旋体之前，含手性选择剂的溶液在板上上行展开。流动相：乙腈、甲醇、二氯甲烷、
水的混合液（8:1:2:1.5，体积比）。展开时间 9min。 (c)手性选择剂添加到流动相中。
流动相：乙腈、甲醇、二氯甲烷、水的混合液（9:1:1:1.5，体积比），含有 0.07%的
(-)-奎宁。展开时间 10min

注：在所有方法中，溶剂前沿为 8cm；温度（25±2）℃；茚三酮或碘蒸气检测；从左到右

第 1 列，下部点是 D-异构体，上部点是从 DL-SeMet 混合物中分离出来的 L-异构体。

第 2 列，纯 L-异构体。由于茚三酮处理，该板获得浅粉红色背景，

但解析的斑点可见，具有更大的特征颜色强度和清晰度。

[资料来源：Royal Society of Chemistry from ref. 7© 2014]

2.3.2.4 例4

DL-SeMet 对映体分离使用（−）-奎宁作为手性诱导试剂。

（1）使用商品化硅胶 TLC 板。

（2）将每个样品溶液 SS-1A 和手性选择溶液 CS-1 混合 1mL。

（3）使用该混合物作为样品溶液和流动相 MP-4，并按照 2.3.1 步骤（1）~（12）中的一般程序进行操作。

（4）不将板置于碘室中，而是使用 TLC 喷雾器向板喷茚三酮试剂溶液（见 2.4 注解 6）。

（5）将板放入烘箱中，在 70℃ 下加热 10min。

（6）取出板，冷却至室温，然后计算保留因子（R_f）、分离选择性（α）和分离度（R_S）（见 2.4 注解 7）。

图 2.2 为使用（−）-奎宁作为手性诱导剂分离 DL-SeMet 的色谱图。另见参考文献[8]。

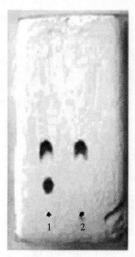

图 2.2　色谱照片显示了 DL-SeMet 的分离度，使用（−）-奎宁作为手性诱导试剂（2.3.2 例 4）
注：第 1 列，下部点是 D-（−）-异构体，上部点是 L-（+）-异构体（来自外消旋混合物）。
　　第 2 列，纯 L-（+）-异构体。流动相：乙腈、甲醇、二氯甲烷、水的混合液
　　（10:1.5:0.5:1.5，体积比）。8cm；10min；（25±2）℃；茚三酮检测。

表 2.1 比较了例 1~4 中描述的方法，使用（−）-奎宁作为手性选择剂对 DL-SeMet 进行对映体分离。

表 2.1　例 1~4 的方法和（−）-奎宁作为手性选择剂对 DL-SeMet 进行对映体分离

aS. No.	方法	流动相（溶剂组成，体积比）	纯 (L)	消旋混合物 (L)	消旋混合物 (D)	时间/min	R_S
				hR_f			
2.3.1	制板前手性选择剂混合在硅胶悬浮液	乙腈:甲醇:二氯甲烷:水，(11:1:1:1.5)（MP-1）	30	30	13	10	4.31
2.3.2.1	手性选择剂溶液上行展开	乙腈:甲醇:二氯甲烷:水，(8:1:2:1.5)（MP-2）	40	40	19	9	2.84

续表

aS. No.	方法	流动相（溶剂组成，体积比）	hRf 纯 (L)	hRf 消旋混合物 (L)	hRf 消旋混合物 (D)	时间/min	R_S
2.3.2.2	手性选择剂添加在流动相	乙腈：甲醇：二氯甲烷：水，（9：1：1：1.5）添加 0.07% （-）-奎宁（MP-3）	35	35	18	10	1.86
2.3.2.3	预混合手性诱导试剂和分析物	乙腈：甲醇：二氯甲烷：水，（10：1.5：0.5：1.5）（MP-4）	13	26	13	10	1.69

注：R_S 为分离度；
hR_f＝延迟因子×100（R_f×100）；
a序号指代正文中的相关部分。

2.3.2.5 例5

通过配体交换法对 β-肾上腺素能药物进行对映体分离，使用 N,N-Me$_2$-L-Phe 作为手性配体交换试剂。

（1）使用商品化硅胶 TLC 板。

（2）并排点样 5~10μL 样品溶液，SS-2A 和 SS-2B、SS-3A 和 SS-3B、SS-4A 和 SS-4B。

（3）使用流动相 MP-5 并按照 2.3.1 步骤（1）~（12）中的一般程序进行操作。

图 2.3 为使用 N,N-Me$_2$-L-Phe 的 Cu（Ⅱ）复合物作为流动相中的配体交换手性选择剂，对 β-肾上腺素类药物阿替洛尔、普萘洛尔和沙丁胺醇的对映体分离。β-肾上腺素类药物对映体分离的更多流动相示例，见参考文献[9]。

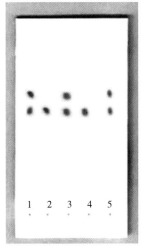

图 2.3 使用无添加 TLC 板和 N,N-Me$_2$-L-Phe 的 Cu（Ⅱ）配合物作为流动相手性添加剂
（MP-5）分离外消旋阿替洛尔、普萘洛尔和沙丁胺醇

注：列 1 下点是（S）-阿替洛尔，上点是（R）-阿替洛尔；列 2 是纯（S）-阿替洛尔；
列 3 下点是（S）-普萘洛尔，上点是（R）-普萘洛尔；列 4 是纯（S）-普萘洛尔；
列 5 下点是（S）-沙丁胺醇，上点是（R）-沙丁胺醇。展开时间 12min。
检测剂：碘蒸气。（R）-对映体在（S）-对映体之前洗脱。有关用于 β-肾上腺素类
药物对映体分离的流动相的更多示例，见参考文献[9]。

[资料来源：Springer from ref. 9© 2009]

2.4 注解

（1）将上述比例的溶剂在玻璃烧杯中混合，倒入玻璃腔中，静置 15min 平衡。用流动相平衡腔室后，快速用新鲜的相同流动相替换溶剂以展开色谱。

（2）色谱展开后移除流动相（即每次使用新鲜流动相溶剂饱和 TLC 室和展开色谱）。

（3）使用 25μL Hamilton 注射器或刻度毛细管，将外消旋体溶液和纯异构体（10μL）溶液并排点样。

（4）小心地将展开的薄层色谱从玻璃室中取出，让溶剂在室温下蒸发一段时间，然后将其轻轻放入烘箱中，40℃ 下约 5min。然后小心地取出盘子。不要忘记戴隔热手套。

（5）将 2~3 个碘颗粒放入一个玻璃室，并用上油的玻璃板适当覆盖。在碘室中看到黄褐色烟雾后，将干燥冷却的色谱板放入碘室。2~3min 后，将板从腔室中取出，观察并在色谱上标点。拍摄一张显示对映体分离结果的照片。

（6）将板置于通风橱中，使用带有手球或气泵的雾化器将茚三酮试剂均匀地喷在板上。

（7）保留因子 R_f 根据式（2-1）计算，通过测量点中心（d_s）到洗脱液前沿（d_E）的移动距离：

$$R_f = \frac{d_s}{d_E} \tag{2-1}$$

分离因子 α 根据式（2-2）计算：

$$\alpha = \frac{(R_{f2} - 1)}{(R_{f1} - 1)} \tag{2-2}$$

分离度 R_s 根据式（2-3）计算：

$$R_s = 2 \times \frac{两点中心之间的距离}{两点宽之和} \tag{2-3}$$

（8）以流动相的总体积为例，由于包含该流动相的不同溶剂的比例是给定的，所以腔室中流动相的总体积可根据腔室和 TLC 板的尺寸而变化。如果在 1cm 以外的距离处点样，则腔室中流动相的体积会有所不同。基准是样品点不应浸入腔室内的流动相中。

参考文献

［1］Bhushan R，Martens J（2010）Amino acids：chromatographic separation and enantioresolution. HNB Publishing，New York.

［2］Dixit S，Bhushan R（2014）Chromatographic analysis of chiral drugs. In：Komsta L，Waksmundzka-Hajnos M，Sherma J（eds）TLC in drug analysis. Taylor and Francis，Boca Raton，97.

［3］Kowalska T，Sherma J（eds）（2007）Thin layer chromatography in chiral separations and analysis. CRC Press，Boca Raton.

［4］Gunther K，Moeller K（2003）Enantiomer separations. In：Sherma J，Fried B（eds）Hand-book of thin-layer chromatography,3rd edn. Marcel Dekker Inc. ,New York,471-533.

[5] Del Bubba M, Checchini L, Cincinelli A, Lepri L(2013) Enantioseparations by thinlayer chromatography. In:Scriba GKE(ed) Chiral separations,methods and protocols,2nd edn. Humana Press,New York, 29-43.

[6] Sherma J(2001) Modern thin-layer chromatography in pharmaceutical and drug analysis. Pharm Forum 27: 3420-3431.

[7] Nagar H,Bhushan R(2014) Enantioresolution of DL-selenomethionine by thin silica gel plates impregnated with(-)-quinine and reversedphase TLC and HPLC of diastereomers prepared with difluorodinitrobenzene based reagents having L-amino acids as chiral auxiliaries. Anal Methods 6:4188-4198.

[8] Bhushan R,Nagar H,Martens J(2015) Resolution of enantiomers with both achiral phases in chromatography:conceptual challenge. RSC Adv 5:28316-28323.

[9] Bhushan R,Tanwar S(2009) Direct TLC resolution of the enantiomers of three β-blockers by ligand exchange with Cu(Ⅱ)-L-amino acid complex, using four different approaches. Chromatographia 70: 1001-1006.

3 多孔有机笼作为固定相的气相色谱对映体分离

Sheng-Ming Xie，Jun-Hui Zhang，Li-Ming Yuan

摘要：将手性化合物拆分为光学纯对映体在制药、化学、农业和食品工业等各个领域都非常重要。手性气相色谱是对挥发性化合物进行对映体分离的有效方法之一。近年来，多孔材料作为色谱分离的固定相受到越来越多的关注。多孔有机笼（porous organic cages，POC）代表了一类新兴的多孔材料，它们由离散的有机分子通过弱分子间作用力组装成具有刚性和稳定性的空腔。本章介绍了几种手性 POC 用作外消旋化合物气相色谱对映体分离的手性固定相。

关键词：对映体分离，手性固定相，气相色谱，多孔材料，多孔有机笼

3.1　引言

手性是自然界的基本属性。外消旋混合物中对映体的拆分在许多领域都非常重要，尤其是在制药行业，因为不同药物的对映体表现出不同的生物活性、药理作用或毒性[1]。在各种手性分离技术中，手性色谱是最有效的手性分离技术。毛细管气相色谱作为一种色谱分离技术，由于其高效、简单、灵敏、速度快、重现性好等优点，被广泛用于挥发性化合物的对映体分离。手性固定相（chiral stationary phases，CSPs）是手性色谱分离对映体的关键。自 Gil-Av 等在 1966 年描述了在基于 N-三氟乙酰基-L-异亮氨酸的手性固定相上通过 GC 分离对映体的第一个例子以来[2]，通过 GC 分离对映体得到了迅速发展。迄今为止，GC 的经典手性固定相分为三类：①氨基酸衍生物，主要通过氢键作用；②通过络合形成的手性金属配位化合物；③通过包合物形成的环糊精衍生物[3]。基于氨基酸衍生物的手性固定相的对映选择性相对较窄，主要用于手性氨基酸和氨基醇衍生物的分离和分析。由于其热稳定性差，基于金属配位化合物的手性固定相的使用受到限制。在现有的手性固定相中，环糊精衍生物无疑是手性 GC 中应用最广泛的手性固定相，并表现出突出的分离能力。目前，以环糊精衍生物为固定相的商用 GC 手性柱有 20 多种。然而，单一环糊精衍生物柱的对映体选择性有限，一般使用温度不超过 230℃。另外，环糊精衍生物的制备过程较为复杂，因此这种柱的价格较高。综上，开发具有高对映选择性、耐高温和低成本的新型手性固定相是一个重要的研究主题。

多孔材料被定义为包含可进入空隙并具有一些不寻常特性的物质，例如不同的成分和结构、高表面积和可调孔径。近年来，金属有机骨架（MOFs）[4,5]、共价有机骨架（covalent organic frameworks，COFs）[6,7]、介孔二氧化硅[8,9]和微孔有机聚合物（microporous organic polymers，MOPs）[10,11]等多孔材料用于色谱分离已经引起了相当大的关注。特别是，其中一些已被开发作为 GC 对映体分离的新型固定相[6,8-12]。然而，这些材料的不溶性对毛细管 GC 柱的制备造成了很大的限制。近年来，由离散有机分子组成的多孔分子材料受到越来越多的关注，独特的性质使其与具有框架或网络的多孔材料（如 MOFs、COFs、沸石和 MOPs）显著区分[13-15]。例如，多孔分子材料易于溶液加工，因为离散的有机分子通过弱分子间相互作用而不是共价键或配位键组装成固体或晶体。此外，由于组装过程缺乏分子间共价键，多孔分子表现出结构流动性，允许

主体和客体之间的协同相互作用[16]。多孔有机笼（porous organic cages，POC）[17-19] 代表新型多孔分子材料，由离散的有机笼分子组装而成，具有刚性、永久和可进入的空腔，并且由于它们在气体吸附和分离[20,21]、分子识别[22,23]、传感[24] 和多相催化[25]，以及作为分子反应容器[26,27] 中的潜在应用，在过去几年引起了极大关注。

本章详细描述了使用多孔有机笼作为手性固定相，通过毛细管 GC 对手性化合物进行对映体分离。组装好的色谱柱在拆分外消旋化合物时表现出良好的对映选择性[28-32]。其中，基于 CC3-R 的色谱柱具有最突出的分离能力。不同类别的外消旋物已在 CC3-R 型色谱柱上分离，包括手性醇、二醇、胺、酯、酮、醚、卤代烃、有机酸、氨基酸甲酯和亚砜[28]。虽然包被柱的长度只有 15m，但大多数对映体都得到了高分离度的基线分离，特别是对于醇类，例如 2-丁醇（$R_s = 16.09$）很难在商品化手性柱上很好地分离。代表性色谱图如图 3.1 所示。与商业 β-DEX 120 和 Chirasil-L-Val 色谱柱相比，CC3-R 涂层毛细管柱显示出更佳的对映体选择性。同样，手性戊基笼 CC9 和 CC10 能够实现许多 CC3-R 无法实现的分离[30-32]。CC5 具有较大的腔体积和孔窗，因此可以在基于 CC5 的色谱柱上分离尺寸相对较大的分析物，但无法在其他基于多孔有机笼的色谱柱上进行分离[29]。这些基于多孔有机笼的色谱柱在手性识别中具有互补作用。

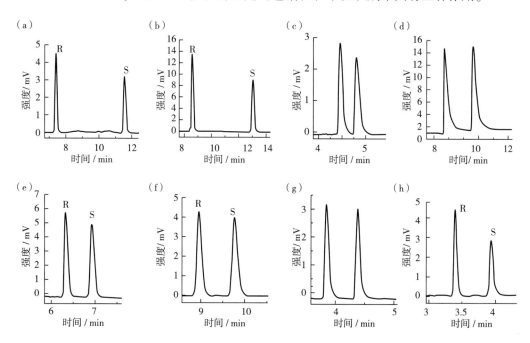

图 3.1 在基于 CC3-R 的毛细管柱（15m 长 ×0.25mm 内径）上分离外消旋体的代表性 GC 色谱图
注：（a）2-丁醇在 110℃下，氮气线速度为 16.5cm/s；（b）3-丁烯-2-醇在 115℃下，氮气线速度为 12.5cm/s；（c）1-甲氧基-2-丙醇乙酸酯在 145℃下，氮气线速度为 14.7cm/s；（d）2-乙基己酸在 210℃下，氮气线速度为 16.6cm/s；（e）1-甲氧基-2-羟基丙烷，在 150℃下，氮气线速度为 13.2cm/s；（f）1,2-环氧辛烷，温度为 185℃，氮气线速度为 16.6cm/s；（g）2-甲基四氢呋喃，温度为 115℃，氮气线速度为 14.7cm/s；（h）2-甲基四氢呋喃-3-酮在 140℃下，氮气线速度为 15.6cm/s。

[资料来源：American Chemical Society from 28© 2015]

3.2　材料

3.2.1　仪器和材料

（1）商用 GC 仪器，如 Shimadzu GC2014C 系统配备火焰离子化检测器（FID）以及合适的仪器控制和数据采集软件。

（2）熔融石英毛细管（内径 250μm），带有聚酰亚胺外涂层（最高温度为 400℃）。

（3）0.22μm 滤膜。

（4）真空泵一台（允许压力为 –0.08MPa）。

（5）用于进样的 1μL 注射器。

3.2.2　化学试剂和溶液

所有溶剂应至少为分析级。

3.2.2.1　用于多孔有机笼合成的化学试剂

（1）1,3,5-三甲酰基苯。

（2）（1R,2R）-1,2-二氨基环己烷。

（3）（1R,2R）-1,2-环戊二胺二盐酸盐。

（4）三（4-甲酰基苯基）胺。

（5）（1R,2R）-1,2-二苯基乙二胺。

（6）（1R,2R）-1,2-双（4-氟苯基）-1,2-乙二胺二盐酸盐。

（7）（1R,2R）-1,2-双（2-羟基苯基）-1,2-二氨基乙烷。

（8）聚硅氧烷 OV-1701 色谱柱。

3.2.2.2　样品溶液（见 3.4 注解 1）

用二氯甲烷制备浓度为 5~25mg/mL 的外消旋分析物溶液。

3.3　方法（见 3.4 注解 2）

所有反应均在氮气环境中进行。通常使用双颈圆底烧瓶，并与氮气供应装置适当连接。处理化学品时应穿戴合适的防护装备。此外，应采取必要的安全防护措施。

3.3.1　CC3-R 合成

（1）在 250mL 双颈圆底烧瓶中称取 1.0g（6.17mmol）1,3,5-三甲酰基苯，在氮气环境下滴加 20mL 二氯甲烷。

（2）向溶液中加入 20μL 三氟乙酸。

（3）将 1.0g（8.77mmol）（1R,2R）-1,2-二氨基环己烷溶解在 20mL 二氯甲烷中，然后在上述溶液上缓慢分层（见 3.4 注解 3）。

（4）盖上圆底烧瓶，在室温下放置 3d。

（5）过滤收集白色八面体状晶体，用 30mL 乙醇/二氯甲烷（95∶5，体积比）洗涤 3 次。

3.3.2　CC5 合成

（1）在氮气环境下，称取 70mg（0.40mmol）（1R,2R）-1,2-环戊二胺二盐酸盐放入 100mL 干燥的双颈圆底烧瓶中，并配有磁力搅拌棒。添加 33mL 无水甲醇和 80mg（0.79mmol）无水三乙胺，并在室温下搅拌 10min 以形成无色溶液。

（2）在氮气环境下，将 88mg（0.27mmol）三（4-甲酰基苯基）胺溶解在 100mL 双颈圆底烧瓶中的 33mL 干燥二氯甲烷中。

（3）将（1R,2R）-1,2-环戊二胺二盐酸盐溶液缓慢加入三（4-甲酰基苯基）胺溶液中。

（4）盖上圆底烧瓶并在室温下静置。7d 后，过滤收集结晶产物，用 50mL 二氯甲烷洗涤 3 次，得到 CC5 的淡黄色结晶。

3.3.3　CC9 合成

（1）在氮气环境下，将 1.50g（7.06mmol）（1R,2R）-1,2-二苯基乙二胺和 0.764g（4.71mmol）1,3,5-三甲酰基苯溶解在装有 60mL 干燥二氯甲烷的 150mL 双颈、配备磁力搅拌棒的圆底烧瓶中。

（2）加入 27μL 三氟乙酸。

（3）在 15℃下继续搅拌反应混合物 50h。

（4）加入过量的 $NaHCO_3$（约 100mg）以淬灭反应。

（5）通过加入 60mL 无水二氯甲烷稀释悬浮液。

（6）使用烧结玻璃漏斗过滤反应混合物。

（7）用 60mL 干燥二氯甲烷冲洗烧瓶并将冲洗液加入滤饼中。

（8）使用旋转蒸发器将滤液浓缩至约 40mL。

（9）将 50mL 丙酮加入 40mL 浓缩液中以形成悬浮液。

（10）过滤悬浮液并用 50mL 丙酮洗涤滤饼。

（11）吸干滤饼，得到白色固体状的 CC9。

3.3.4　CC10 合成

（1）在氮气环境下，称取 0.60g（1.87mmol）（1R,2R）-1,2-双（4-氟苯基）-1,2-乙二胺二盐酸盐放入配备磁力搅拌棒的双颈圆底烧瓶中，加入 40mL 去离子水并搅拌至试剂溶解。

（2）加入 0.54mL 三乙胺，搅拌 15min，然后加入 20mL 二氯甲烷，再搅拌 30min。

（3）两相沉降分离，保留有机相，100℃减压蒸干，得到（1R,2R）-1,2-双（4-氟苯基）乙烷-1,2-二胺黄色油状产物。

（4）在氮气环境下，将 0.36g（1.45mmol）（1R,2R）-1,2-双（4-氟苯基）乙烷-

1,2-二胺和 0.16g（0.98mmol）1,3,5-三甲酰基苯溶解在装有 5mL 无水二氯甲烷的双颈圆底烧瓶中，然后加入 0.25g 干燥分子筛和 10μL 三氟乙酸（见 3.4 注解 4）。

（5）在室温下继续搅拌反应混合物 96h。

（6）过滤反应混合物，将滤液滴加至 75mL 乙腈中，产生白色沉淀。

（7）离心收集白色沉淀，在索氏提取器中用氯仿洗涤。

（8）在 60℃下真空干燥，得到 CC10。

3.3.5　合成同手性戊基笼

（1）室温条件下，将 2.0g（8.2mmol）（1R,2R）-1,2-双（2-羟基苯基）-1,2-二氨基乙烷和 50mL 甲苯加入 100mL 配有迪安-斯达克分离器和磁力搅拌棒的双颈圆底烧瓶中。

（2）加入 2.46mL（20.50mmol）己醛并用迪安-斯达克分离器回流过夜。

（3）减压除去溶剂，得到黏稠的黄色油状物。

（4）通过使用甲醇（60mL）沉淀纯化黏性黄色油产品，得到悬浮液。

（5）过滤悬浮液，得到黄色固体状的（1S,2S）-N,N'-双（水杨基）-1,2-戊基-1,2-二氨基乙烷。

（6）在氮气环境下，将 2.13g（2.6mmol）（1S,2S）-N,N'-双（水杨基）-1,2-戊基-1,2-二氨基乙烷溶解在 12mL 四氢呋喃中，然后加入 0.78mL 37% HCl 溶液和 12mL 四氢呋喃。将混合物添加到配有磁力搅拌棒的 50mL 双颈圆底烧瓶中。

（7）在室温下继续搅拌反应混合物 24h。

（8）用 50mL 乙醚稀释混合物。用 15mL 水萃取 3 次，收集水相。

（9）用 1.0mol/L NaOH 溶液碱化水相。用 30mL 二氯甲烷萃取 3 次。用 Na$_2$SO$_4$ 干燥合并的二氯甲烷。

（10）使用旋转蒸发仪在减压下蒸发溶剂，得到红色液体（1S,2S）-1,2-戊基-1,2-二氨基乙烷。

（11）将 0.145g（0.73mmol）（1S,2S）-1,2-戊基-1,2-二氨基乙烷溶解在 3.3mL 氯仿中，将 0.06g（0.40mmol）1,3,5-三甲酰基苯溶解在 2.3mL 氯仿中。在装有磁力搅拌棒的 25mL 双颈圆底烧瓶中混合两种溶液。添加 10μL 三氟乙酸。

（12）将反应混合物在 60℃下搅拌 72h。

（13）减压除去溶剂，立即向残留物中加入 20mL 丙酮，通过沉淀进行初步纯化。过滤悬浮液，得到呈白色固体状的戊基笼粗产物。

（14）通过将丙酮扩散到戊基笼在二氯甲烷中的溶液进一步纯化粗戊基笼。将上述得到的戊基笼粗产物溶解在小烧杯的二氯甲烷中，并在大烧杯中加入丙酮。然后，将小烧杯放入大烧杯中，并用保鲜膜密封两个烧杯。通过将丙酮缓慢扩散到小烧杯中来生成同手性戊基笼晶体。

3.3.6　制备毛细管气相色谱柱涂层

毛细管气相色谱柱采用静态涂层法制备。详细流程如下。

3.3.6.1　CC3-R、CC9、CC10 和同手性戊基笼型柱的制备

（1）根据以下流程，在涂层前预处理熔融石英毛细管柱（15m 长×250μm 内径用于 CC3-R、CC5 和同手性戊基笼柱；30m 长×250μm 内径用于 CC9 和 CC10 柱）：通过连接器将毛细管柱连接到真空泵上（-0.07MPa 压力），用 1mol/L NaOH 冲洗柱子 2h，超纯水冲洗 1h，0.1mol/L HCl 冲洗 2h，然后再次用超纯水冲洗一段时间，以确保色谱柱另一端流出的洗涤液为中性。最后，120℃用氮气吹扫干燥色谱柱 6h。

（2）将多孔有机笼（CC3-R、CC9、CC10、同手性戊基笼）溶解在二氯甲烷中制成浓度为 3.0mg/mL 的溶液，并用 0.22μm 滤膜过滤。

（3）将聚硅氧烷 OV-1701 溶解在二氯甲烷中制成浓度为 4.5mg/mL 的溶液，并用 0.22μm 的滤膜过滤。

（4）将 2mL 的多孔有机笼溶液与 2mL 的聚硅氧烷 OV-1701 溶液混合，并通过超声处理脱气（见 3.4 注解 5）。

（5）将 POC 和聚硅氧烷 OV-1701 的混合物泵入预处理过的毛细管柱中，并在整个柱子装满时密封柱子的一端（见 3.4 注解 6）。

（6）将色谱柱的另一端连接到一个真空瓶上（压力为-0.07MPa），在 36℃下减压逐渐去除溶剂，直到溶剂完全蒸发（见 3.4 注解 7）。

3.3.6.2　制备基于 CC5 的色谱柱

基于 CC5 的色谱柱的制备方法与上述类似。

（1）将 CC5 溶解在氯仿中，配成浓度为 1.6mg/mL 的溶液，用 0.22μm 的滤膜过滤。

（2）将聚硅氧烷 OV-1701 溶解在氯仿中制成 4.5mg/mL 溶液，并用 0.22μm 滤膜过滤。

（3）按照 3.3.6.1 中所述的步骤（1）和（4）~（6）进行操作。注意使用 46℃，而不是步骤（6）中的 36℃。

3.3.6.3　气相色谱对映体分离

（1）按照制造商的说明将涂层毛细管安装到 GC 仪器中。设置 GC 仪器的实验参数。在本例中，使用了以下设置。

①进样器温度：300℃。

②检测器温度：300℃。

③柱温：各分析物所用的实验条件见图 3.1。

（2）在 200℃下老化色谱柱，直到获得稳定的基线（见 3.4 注解 8）。

（3）注入 0.1~0.2μL 外消旋分析物溶液或 0.01~0.02μL 纯外消旋分析物，并记录色谱图。分流比为（1:40）~（1:100）。

（4）若分离不充分，优化实验条件（见 3.4 注解 9）。

使用基于 CC3-R 的毛细管色谱柱的代表性色谱图，见图 3.1。有关其他手性多孔有机笼色谱柱对映体分离的示例，见参考文献[28-32]。

3.4　注解

（1）通常，如果外消旋分析物是液体，则对外消旋分析物原样进行 GC 对映体分离。

（2）一般情况下，所有化学反应都应在通风良好的通风橱中进行。一些有机溶剂和试剂，如二氯甲烷、氯仿和甲醇，如果吞咽、吸入或经皮肤吸收，是有害的。三氟乙酸具有很强的腐蚀性和挥发性。因此，应小心处理所有有机溶剂和试剂。五个多孔有机笼的合成应在氮气条件下进行。为了方便在氮气条件下将试剂加入反应器中，应选择双颈圆底烧瓶作为反应器。

（3）为获得较高的收率，溶液应沿烧瓶壁缓慢加入，不要搅拌。

（4）合成过程中使用的溶剂必须通过适当的程序进行干燥。

（5）OV-1701、OV-17、OV-101、OV-210 等聚硅氧烷是一类具有多种不同极性官能团的取代聚合物，在不同分离材料的涂料溶液中广泛用作稀释剂。由于 OV-1701 具有良好的成膜能力和涂层性能，因此将 POC 与聚硅氧烷 OV-1701 混合作为固定相可以提高柱效和选择性。

（6）封口过程中应排除气泡，否则会影响涂层效率。

（7）为了制备毛细管内壁涂层均匀的多孔有机笼涂层毛细管柱，涂层过程中温度和真空系统必须稳定。为了保持压力稳定和色谱柱在涂层过程中保持静止，使用大真空瓶提供负压。真空瓶在使用前应通过真空泵抽至 $-0.07MPa$ 的真空度。

（8）在 GC 分离过程之前，涂层柱应于 200℃ 下在氮气环境中老化，以达到稳定的基线。柱温不能超过固定相的分解温度。CC3-R、CC5、CC9、CC10 和同手性戊基笼固定相分别在高达 350℃、300℃、250℃、230℃ 和 290℃ 的温度下保持稳定。

（9）可以通过改变柱温、载气线速度、分流比和进样量来优化分离。

致谢

这项工作得到了国家自然科学基金（No. 21765025，21705142，21675141，21365024）和云南省应用基础研究基金（No. 2017FB013）的支持。

参考文献

[1] Maier N, Franco P, Lindner W(2001)Separation of enantiomers: needs, challenges, perspectives. J Chromatogr A 906: 3-33.

[2] Gil-Av E, Feibush B, Charles-Sigler R(1966)Separation of enantiomers by gas liquid chromatography with an optically active stationar y phase. Tetrahedron Lett 7: 1009-1015.

[3] Schurig V(2011)Separation of enantiomers by gas chromatography on chiral stationary phases, Chapter 9. In: Ahuja S(ed)Chiral separation methods. Wiley, Hoboken, 251-297.

［4］Gu ZY，Yan XP（2010）Metal-organic framework MIL-101 for high-resolution gas-chromatographic sepa-ration of xylene isomers and ethylbenzene. Angew Chem Int Ed 49：1477-1480.

［5］Zhang M，Pu ZJ，Chen XL，Gong XL，Zhu AX，Yuan LM（2013）Chiral recognition of a 3D chiral nanopo-rous metal-organic framework. Chem Commun 49：5201-5203.

［6］Qian HL，Yang CX，Yan XP（2016）Bottom-up synthesis of chiral covalent organic frameworks and their bound capillaries for chiral separation. Nat Commun 7：12104.

［7］Han X，Huang JJ，Yuan C，Liu Y，Cui Y（2018）Chiral 3D covalent organic frameworks for high performance liquid chromatographic enantioseparation. J Am Chem Soc 140：892-895.

［8］Zhang JH，Xie SM，Zhang M，Zi M，He PG，Yuan LM（2014）Novel inorganic mesoporous material with chiral nematic structure derived from nanocrystalline cellulose for high-resolution gas chromatographic sep-arations. Anal Chem 86：9595-9602.

［9］Li YX，Fu SG，Zhang JH，Xie SM，Li L，He YY，Zi M，Yuan LM（2018）A highly ordered chiral inorganic mesoporous material used as stationary phase for high-resolution gas chromatographic separations. J Chrom-atogr A 1557：99-106.

［10］Dong J，Liu Y，Cui Y（2014）Chiral porous organic frameworks for asymmetric heterogeneous catalysis and gas chromatographic separation. Chem Commun 50：14949-14952.

［11］Lu CM，Liu SQ，Xu JQ，Ding YJ，Ouyang GF（2016）Exploitation of a microporous organic polymer as a stationary phase for capillary gas chromatography. Anal Chim Acta 902：205-211.

［12］Xie SM，Zhang ZJ，Wang ZY，Yuan LM（2011）Chiral metal-organic frameworks for high- resolution gas chromatographic separations. J Am Chem Soc 133：11892-11895.

［13］McKeown NB（2010）Nanoporous molecular crystals. J Mater Chem 20：10588-10597.

［14］Couderc G，Hulliger J（2010）Channel forming organic crystals：guest alignment and properties. Chem Soc Rev 39：1545-1554.

［15］Holst JR，Trewin A，Cooper AI（2010）Porous organic molecules. Nat Chem 2：915-920.

［16］Song Q，Jiang S，Hasell T，Liu M，Sun SJ，Cheetham AK，Sivaniah E，Cooper AI（2016）Porous organic cage thin films and molecular-sieving membranes. Adv Mater 28：2629-2637.

［17］Mastalerz M（2010）Shape-persistent organic cage compounds by dynamic covalent bond formation. Angew Chem Int Ed 49：5042-5053.

［18］Zhang G，Mastalerz M（2014）Organic cage compounds-from shape-persistency to function. Chem Soc Rev 43：1934-1947.

［19］Tozawa T，Jones JTA，Swamy SI，Jiang S，Adams DJ，Shakespeare S，Clowes R，Bradshaw D，Hasell T，Chong SY，Tang C，Thompson S，Parker J，Trewin A，Bacsa J，Slawin AMZ，Steiner A，Cooper AI（2009）Porous organic cages. Nat Mater 8：973-978.

［20］Jin YH，Voss BA，Noble RD，Zhang W（2010）A shape-persistent organic molecular cage with high selec-tivity for the adsorption of CO_2 over N_2. Angew Chem Int Ed 49：6348-6351.

［21］Hasell T，Miklitz M，Stephenson A，Little MA，Chong SY，Clowes R，Chen L，Holden D，Tribello GA，Jelfs KE，Cooper AI（2016）Porous organic cages for sulfur hexafluoride separation. J Am Chem Soc 138：1653-1659.

［22］Mitra T，Jelfs KE，Schmidtmann M，Ahmed A，Chong SY，Adams DJ，Cooper AI（2013）Molecular shape sorting using molecular organic cages. Nat Chem 5：276-281.

［23］Chen L，Reiss PS，Chong SY，Holden D，Jelfs KE，Hasell T，Little MA，Kewley A，Briggs ME，Stephenson A，Thomas KM，Armstrong JA，Bell J，Busto J，Noel R，Liu J，Strachan DM，Thallapally PK，Cooper AI

（2014）Separation of rare gases and chiral molecules by selective binding in porous organic cages. Nat Mater 13:954-960.

[24] Brutschy M,Schneider MW,Mastalerz M,Waldvogel SR(2012) Porous organic cage compounds as highly potent affinity materials for sensing by quartz crystal microbalances. Adv Mater 24:6049-6052.

[25] Sun JK,Zhan WW,Akita T,Xu Q(2015) Toward homogenization of heterogeneous metal nanoparticle catalysts with enhanced catalytic performance:soluble porous organic cage as a stabilizer and homogenizer. J Am Chem Soc 137:7063-7066.

[26] McCaffrey R,Long H,Jin Y,Sanders A,Park W,Zhang W(2014) Template synthesis of gold nanoparticles with an organic molecular cage. J Am Chem Soc 136:1782-1785.

[27] Uemura T,Nakanishi R,Mochizuki S,Kitagawa S,Mizuno M(2016) Radical polymerization of vinyl monomers in porous organic cages. Angew Chem Int Ed 55:6443-6447.

[28] Zhang JH,Xie SM,Chen L,Wang BJ,He PG,Yuan LM(2015) Homochiral porous organic cage with high selectivity for the separation of racemates in gas chromatography. Anal Chem 87:7817-7824.

[29] Yuan LM(2015) Homochiral porous organic cage with high selectivity for the separation of racemates in gas chromatography. Anal Chem 87:7817-7824.

[30] Zhang JH,Xie SM,Wang BJ,He PG,Yuan LM(2018) A homochiral porous organic cage with large cavity and pore windows for the efficient gas chromatography separation of enantiomers and positional isomers. J Sep Sci 41:1385-1394.

[31] Xie SM,Zhang JH,Fu N,Wang BJ,Chen L,Yuan LM(2016) A chiral porous organic cage for molecular recognition using gas chromatography. Anal Chim Acta 903:156-163 Zhang JH,Xie SM,Wang BJ,He PG,Yuan LM(2015) Highly selective separation of enantiomers using a chiral porous organic cage. J Chromatogr A 1426:174-182.

[32] Xie SM,Zhang JH,Fu N,Wang BJ,Hu C,Yuan LM(2016) Application of homochiral alkylated organic cages as chiral stationary phases for molecular separations by capillary gas chromatography. Molecules 21: 1466.

4 通过 UPLC–ESI–MS/MS 利用基于三嗪的手性标记试剂进行手性代谢组学研究

Toshimasa Toyo'oka

摘要： 由于在生物系统中常观察到对映体活性的显著差异，所以生物分子对映体的测定是一个重要问题。手性分离可以通过使用手性固定柱的直接拆分或基于手性试剂衍生的间接拆分来进行。许多用于紫外-可见光和荧光检测的手性标记试剂已被开发用于各种官能团，例如胺和羧酸。然而，几乎没有用于 LC-MS 特异性检测的标记试剂。基于这一问题，我们开发了几种用于 LC-MS/MS 分析的手性标记试剂。本章介绍了使用基于三嗪的手性标记试剂和间接 LC-MS/MS 测定生物手性分子的方法及应用，即用于羧酸的（S 和 R）-1-（4,6-二甲氧基-1,3,5-三嗪-2-基）吡咯烷-3-胺 [DMT-3（S 和 R）-Apy]，以及用于胺和氨基酸的（S 和 R）-2,5-二氧代吡咯烷-1-基-1-(4,6-二甲氧基-1,3,5-三嗪-2-基）吡咯烷-2-羧酸酯 [DMT-(S 和 R)-Pro-OSu]。本章还介绍了一种用于非靶向手性代谢组学的有效方法。

关键词： 对映体分离，间接拆分，手性标记试剂，UHPLC 分离，三嗪类试剂，质谱

4.1 引言

光学活性（手性）化合物在生活中无处不在，有时对映体的生物活性在体内有很大的差异。因此，在过去的四年中，手性分子对映体的分离引起了制药业等多个领域的极大关注。

手性分子的对映体分离主要通过 LC、GC、SFC、CEC 和 CE 进行[1]。其中，高效液相色谱是一种主要的生物学重要化合物手性分离技术。许多手性化合物可通过使用含有固定手性选择剂的手性固定相柱直接拆分来确定。分离机制是由于固定的手性选择剂和流动相中的对映体之间形成的非对映体复合物的稳定性不同。由于该方法不需要复杂的处理，如衍生化，分离过程中可能的外消旋化可以忽略不计。然而，手性固定相和对映体之间的相互作用对分离有很大影响。因此，选择用于分离每种外消旋物的最佳色谱柱需要大量经验。一对对映体的洗脱顺序也取决于所使用的手性色谱柱，不能轻易更改。此外，直接方法的灵敏度通常不能满足痕量分析。

众所周知，对映体的间接拆分包含使用手性标记试剂进行衍生化步骤，是一种用于分离许多外消旋物的有效替代技术[2-6]。一对对映体用手性衍生化试剂标记以产生一对非对映体，随后使用常规非手性固定相柱（如 ODS 柱）通过反相色谱分离。分离是基于非手性固定相和非对映体之间物理化学性质的差异。由于分离受分析物和试剂的两个不对称碳原子之间的距离影响，因此应尽量缩短该距离以获得良好的分离效果。手性中心周围的构象刚性是分离的另一个重要因素。尽管许多考虑因素，例如试剂的光学纯度、试剂的稳定性、标记反应过程中的外消旋化以及试剂的商业可用性，都与间接方法有关，但间接方法的良好灵敏度和选择性与有效的检测系统对于手性分子的测定至关重要。这种衍生化方法适用于对血液和尿液等生物样品中的对映体进行痕量分析，因为可以选择将分析物与具有高摩尔紫外-可见光（UV-VIS）吸收率和高荧光（FL）量子产率的合适试剂偶联来进行高灵敏度检测。手性衍生试剂的标记基本上是通过手性分子中反应性官能团的反应进行的，例如胺（伯胺和仲胺）、羧基、羰基、羟基（醇和苯酚）和硫醇。针对功能手性分子中的基团发展了用于紫外-可见光的各种光学活性标记试剂 [如 2,3,4,6-四-*O*-乙酰基-β-D-吡喃葡萄糖基异硫氰酸酯（GITC）和

Marfey 试剂］和用于荧光的［如邻苯二甲醛（OPA）/手性硫醇和 4-（N,N-二甲基氨基磺酰基）-7-（3-氨基吡咯烷-1-基）-2,1,3-苯并噁二唑（DBD-APy）］的检测[7-14]。这些试剂成功应用于生物样本中的各种手性分子，提高了间接拆分方法的效率（见 4.4 注解 1）。

由于系统硬件和软件的进步，质谱目前被广泛用作各个研究领域的检测器。串联四极杆（TQ）-MS/MS 和飞行时间（TOF）-MS/MS 等各种质谱仪逐渐被许多分析实验室用作 HPLC 的可靠检测器。经手性试剂衍生化后的非对映体通过反相色谱分离和随后的 MS/MS 检测是有效的生物分析手段。然而，目前用于 LC-MS/MS 分析的手性标记试剂数量非常有限[15,16]。基于这些观察结果，我们开发了几种手性标记试剂，用于 LC-MS/MS 的高选择性和灵敏性检测。理想的用于 LC-MS/MS 测定的手性标记试剂，不仅可以有效提高 MS/MS 灵敏度，还可以有效提高反相色谱分离度，因此必须具有高质子亲和性部分[17-20]，反应性官能团邻近的不对称结构，以及足够的相对分子质量（通常小于 300）。另一个重点是在温和条件下进行一步标记反应，所得衍生物可以提供适于选择性反应监测（selected reaction monitoring，SRM）的特征产物离子（见 4.4 注解 2）。为了满足这些要求，我们合成了几种光学活性衍生试剂，如 L-焦谷氨酸琥珀酰亚胺酯（L-PGA-OSu）、（S）-吡咯烷-2-羧酸 N-（吡啶-2-基）酰胺（PCP2）、1-（4,6-二甲氧基-1,3,5-三嗪-2-基）吡咯烷-3-胺（DMT-3-Apy）和 2,5-二氧吡咯烷-1-基-1-（4,6-二甲氧基-1,3,5-三嗪-2-基）吡咯烷-2-羧酸（DMT-Pro-OSu），可产生与手性羧酸和胺的一对对映体相对应的非对映体[21-30]（见 4.4 注解 3）。

本章涉及间接测定靶向和/或非靶向手性分子，包括使用 DMT-3（S 或 R）-Apy 和 DMT-（S 或 R）-Pro-OSu 作为 LC-MS/MS 分析的代表性手性标记试剂的非对映体代谢物的方法[26-30]。试剂的结构及与羧酸和胺的标记反应见图 4.1。目前使用这些试剂的方法适用于生物样品中手性代谢物的整体测定，称为"手性代谢组学"[31]（见 4.4 注解 4）。本章还列举了应用示例。

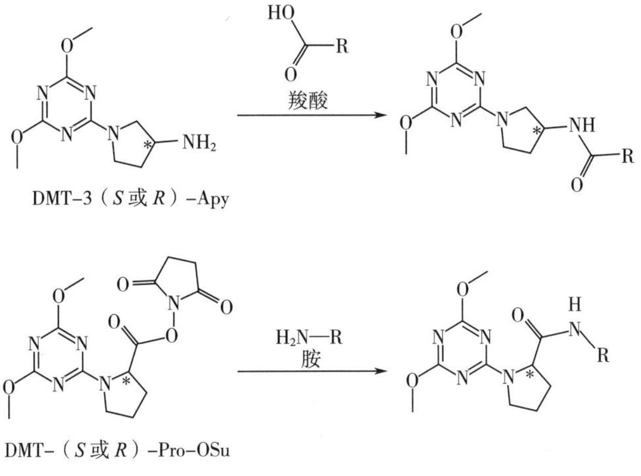

图 4.1　DMT-3-Apy 和 DMT-Pro-OSu 对羧酸和胺的衍生反应

［资料来源：Elsevier from ref. 31© 2015］

4.2 材料

4.2.1 仪器

（1）UHPLC 系统　如 Waters（USA，MA，Milford）的 ACQUITY 超高效液相色谱仪（UPLC I-class），配备由 Xevo TQ-S 三重四极杆质谱仪控制的分析软件（MassLynx，版本 4.1）。

（2）UHPLC 反相色谱柱　如 Waters（USA，MA，Milford）的 ACQUITY UPLC BEH C_{18} [100mm×2.1mm（内径），1.7μm]（见 4.4 注解 5）。

（3）多变量统计软件　如 Waters 的 MarkerLynx XS（4.1 版）和 Progenesis QI（2.3 版）。

（4）离心蒸发器　如来自英国 Genevac 的 EZ-2。

（5）用于组织匀浆的匀浆器　例如珠式搅拌器型匀浆器（日本，东京，Bio Medical Sciences ShakeMaster）。

（6）0.45μm PTFE 膜过滤器。

4.2.2 化学试剂和溶液

使用 HPLC-MS 级溶剂、三氟乙酸（TFA）、三乙胺（TEA）、甲酸（FA）和乙酸铵（CH_3COONH_4）。所有试剂和溶剂应为分析纯。使用去离子水和蒸馏水[如使用 PURELAB flex 3 水净化系统净化，（UK，High Wycombe，Elga）]。

4.2.2.1 分析物衍生化溶液和样品溶液

（1）手性羧酸　DL-3-羟基丁酸（DL-HA）和 DL-乳酸（DL-LA）。将化合物溶解在水中制备 10mmol/L 羧酸的储备溶液。用乙腈配制适当浓度的工作溶液。

（2）手性胺和氨基酸　L-氨基酸、D-氨基酸、DL-氨基酸、（S）（−）-1-苯乙胺（S-PEA）、（R）（+）-1-苯乙胺（R-PEA）、（S）（−）-（1-萘基）乙胺（S-NEA）、（R）（+）-（1-萘基）乙胺（R-NEA）、L-肾上腺素（L-Ad）、DL-肾上腺素（DL-Ad）、L-去甲肾上腺素酒石酸氢盐一水化合物（L-NAd）和 DL-去甲肾上腺素酒石酸氢盐一水化合物（DL-NAd）。将化合物溶解在乙腈中制备 10mmol/L 胺储备溶液。将化合物溶解在水中制备 10mmol/L 氨基酸储备溶液。分别用乙腈和甲醇连续稀释储备溶液，配成各自实验中指定浓度的工作溶液。

（3）手性药物　RS-布洛芬（IBP）、RS-萘普生（NAP）和 RS-洛索洛芬（LOX）。将化合物溶解在乙腈中制备 10mmol/L 羧酸储备溶液。用乙腈对储备溶液进行连续稀释，以配成相应实验中指定浓度的工作溶液。

（4）缩合试剂　1-（3-二甲基氨基丙基）-3-乙基-碳二亚胺（EDC）、3H-1,2,3-三唑并 [4,5-b] 吡啶-3-醇（HOAt）、三苯基膦（TPP）和 2,2′-二吡啶基二硫化物（DPDS）（见 4.4 注解 6）。通过将化合物溶解在乙腈中制备 20mmol/L 缩合试剂溶液。

（5）手性衍生试剂　DMT-3（S）-Apy、DMT-3（R）-Apy、DMT-（S）-Pro-OSu、DMT-（R）-Pro-OSu（实验室自制）（见 4.4 注解 7）。将化合物溶解在甲醇中，制备成 20mmol/L 衍生化试剂。

4.2.2.2　流动相

（1）流动相 A　制备 0.1% 甲酸（体积比）水溶液。

（2）流动相 B　制备 0.1% 甲酸（体积比）乙腈溶液。

（3）流动相 C　在水和乙腈的混合物中制备 0.1% 甲酸（体积比）溶液。有关特定分析物的水-乙腈混合物的详细组成，见表 4.1。

表 4.1　手性羧酸的分离和检测

羧酸	t_R/min	流动相（A/B）	R_S[①]	母离子/子离子（m/z）	CE[②]/eV	LOD[③]/amol
S-IBP	4.39	55/45	5.14	412.2/226.3	32	4.6
R-IBP	5.24					5.9
S-NAP	2.68	60/40	3.98	438.2/226.3	20	4.8
R-NAP	3.29					5.1
S-LOX	3.11	65/35	2.45	454.2/226.3	26	3.2
R-LOX	3.6					4.2
D-LA	12.97	97/3	1.98	298.2/209.2	22	12.0
				298.2/226.3		26.2
L-LA	13.8			298.2/209.2		11.5
				298.2/226.3		25.8
L-HA	15.6	97/3	1.65	312.2/226.3	23	15.2
D-HA	16.2					15.8

注：$t_0 = 0.21$min；

　　A，0.1% 甲酸（体积比）水溶液；B，0.1% 甲酸（体积比）乙腈溶液；

　　① $R_S = 2 \times (t_2 - t_1)/(W_1 + W_2)$；

　　② CE 碰撞能；

　　③ LOD 检测限（$S/N = 3$）。

[资料来源：Springer from ref. 26© 2015]

（4）流动相 D　制备 0.1% 甲酸（体积比）水溶液。将 83 份此溶液与 17 份甲醇混合。

（5）流动相 E　制备 0.1% 乙酸（体积比）水溶液。将 96 份此溶液与 4 份乙腈-THF（9∶1，体积比）混合。

（6）流动相 F　制备 20mmol/L 乙酸铵的水溶液。将 97 份此溶液与 3 份乙腈混合。

（7）流动相 G　制备 0.1% 乙酸（体积比）水溶液。将 95 份此溶液与 5 份甲醇-THF（9∶1，体积比）混合。

使用前对所有流动相进行过滤和脱气。

4.3　方法

4.3.1　UHPLC-MS 的一般设置

（1）根据各个实验或表 4.1 和表 4.2 中的描述选择合适的流动相并平衡色谱柱。

（2）将流速设置为 0.4mL/min。

（3）将柱温设置为 40℃。

（4）设置以下 MS 参数：正离子模式（ESI+），毛细管电压，3.00kV；锥孔电压，50V；脱溶剂气流量，1000L/h；锥孔气流，150L/h；雾化器气体流量，7.0L/h；碰撞气流，0.15mL/min；碰撞能量，20~35eV；碰撞池出口电位，5V；源温度，120℃；去溶剂化温度，350~500℃。

表 4.2 　　　　　　　　　　　　　手性胺和氨基酸的分离和检测

胺	流动相	保留时间（D/L）/min	$R_S^{①}$	母离子/子离子（m/z）	CE[②]/eV	LOD[③]/amol
PEA	C（75/25）	R：7.1/S：6.6	2.5	358.2 [M+H]$^+$/195.3，209.3	25	26.1
NEA	C（65/35）	R：6.0/S：5.5	2.6	408.2 [M+H]$^+$/195.3，209.3	25	19.7
Nad	C（90/10）	6.5/7.0	2.3	406.2 [M+H]$^+$/195.3，209.3	25	208
Ad	C（88/12）	10.9/10.2	1.3	420.2 [M+H]$^+$/195.3，209.3	25	2900
Ala	C（91/9）	8.1/6.9	5.0	326.1 [M+H]$^+$/195.3，209.3	20	61.4
His	C（91/9）	2.5/2.6	2.9	392.2 [M+H]$^+$/195.3，209.3	25	186.8
Met	C（85/15）	8.0/8.4	1.7	386.2 [M+H]$^+$/195.3，209.3	25	63.2
Val	C（80/20）	8.6/8.0	2.4	354.2 [M+H]$^+$/195.3，209.3	25	157.5
Cys	C（80/20）	8.3/8.8	1.7	357.1 [M+2H]$^{2+}$/195.3，209.3	25	1200
Ile	C（80/20）	7.0/7.6	1.9	368.2 [M+H]$^+$/195.3，209.3	25	83.2
Leu	C（80/20）	7.0/7.3	1.7	368.2 [M+H]$^+$/195.3，209.3	25	44.4
Lys	C（80/20）	6.2/5.7	2.4	619.3 [M+H]$^+$/209.6，237.6	35	537.6
Phe	C（80/20）	8.0/11.6	9.0	402.2 [M+H]$^+$/195.3，209.3	25	46.2
Trp	C（80/20）	8.0/10.5	8.3	441.2 [M+H]$^+$/195.3，209.3	25	44.4
Tyr	C（80/20）	2.1/2.6	6.0	418.2 [M+H]$^+$/195.3，209.3	25	109.5
Pro	D（83/17）	32.3/37.4	2.0	352.2 [M+H]$^+$/195.3，209.3	25	3294
Thr	D（83/17）	7.9/8.4	1.8	356.2 [M+H]$^+$/195.3，209.3	25	63.2
Asn	E（96/4）	9.2/9.5	1.4	369.1 [M+H]$^+$/195.3，209.3	20	1127
Gln	E（96/4）	10.8/11.2	1.2	383.2 [M+H]$^+$/195.3，209.3	25	2316
Ser	E（96/4）	10.1	—	342.1 [M+H]$^+$/195.3，209.3	25	ND
Ser[④]	G（95/5）	16.9/17.4	0.8	342.1 [M+H]$^+$/195.3，209.3	25	542.6
Arg	F（97/3）	28.5/26.7	1.8	411.2 [M+H]$^+$/195.3，209.3	25	331.3
Asp	F（97/3）	5.2/4.5	3.1	370.1 [M+H]$^+$/195.3，209.3	20	160.9
Glu	F（97/3）	6.0/5.1	2.0	384.1 [M+H]$^+$/195.3，209.3	25	718.1

注：C，0.1%甲酸的 H_2O/CH_3CN 溶液；D，0.1%甲酸的 H_2O/CH_3OH 溶液；E，0.1%乙酸的 H_2O/CH_3CN-THF（9:1）溶液；F，10mmol/L乙酸铵水溶液/CH_3CN 溶液；G，0.1% CH_3COOH 的 H_2O/CH_3OH-THF（9:1）溶液；

① $R_S = 2 \times (t_2 - t_1)/(W_1 + W_2)$；

②CE 碰撞能；

③LOD 检测限（S/N=3）；

④柱：ADME［100mm×2.1mm（内径），2.7μm］。

[资料来源：Elsevier from ref. 27© 2015]

4.3.2 针对羧酸对映体的测定

（1）向 50μL 40μmol/L 的手性羧酸溶液（例如，DL-LA、DL-HA、*RS*-IBP、*RS*-LOX 或 *RS*-NAP）添加 40μL 20mmol/L EDC 的乙腈溶液和 40μL 20mmol/L HOAt 乙腈溶液并混合。

（2）加入 20μL 含 0.1% TEA 的 20mmol/L DMT-3(*S*)-Apy 的甲醇溶液并充分混合。

（3）在室温下避光放置 1.5h。

（4）使用离心蒸发器蒸发反应溶液。

（5）将残留物重新溶解在 50μL 的初始流动相溶液中［例如，含有 0.1%甲酸的水-乙腈溶液（93：7，体积比）；见表 4.1］。

（6）将等分试样（如 2μL）注入 UHPLC-MS/MS 系统。

（7）使用合适的流动相溶液和洗脱模式进行分离［例如，对于 IBP，含有 0.1%甲酸的水：乙腈（55：45，体积比）溶液的等度洗脱］。详见表 4.1。

（8）检测试剂特征产物离子（即 *m/z* 226.3 和/或 209.2）。以图 4.2 为例。其他条件列于表 4.1（见 4.4 注解 8）。

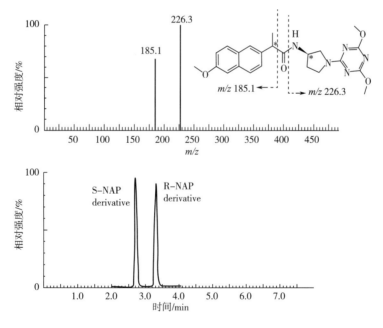

图 4.2　*RS*-NAP 与 DMT-3（*S*）-Apy 反应得到的 MS/MS 谱图和 SRM 色谱图
注：　MS/MS 谱图为 CID *m/z* 438.2［M+H］⁺（母离子）。SRM 色谱图监测 *m/z* 438.2→*m/z* 226.3。
表 4.1 中描述了其他 UPLC-MS/MS 条件。

［资料来源：Springer from ref. 26© 2015］

4.3.3 针对手性胺和氨基酸对映体的测定

（1）向 50μL 40μmol/L 的手性胺或氨基酸（例如 DL-Ala）溶液中加入 20μL

20mmol/L 的 DMT-（S）-Pro-OSu 甲醇溶液并混合。

（2）加入 60μL 100mmol/L TEA 乙腈溶液并充分混合（见 4.4 注解 9）。

（3）在室温下避光放置 3h。

（4）使用离心蒸发器干燥反应溶液。

（5）将残留物重新溶解在 50μL 的初始流动相溶液中［例如，含有 0.1% 甲酸的水：乙腈溶液（8∶2，体积比）；见表 4.2］。

（6）将等分试样（如 2μL）注入 UPLC-MS/MS 系统。

（7）检测试剂特征产物离子（m/z 209.2）。以图 4.3 为例。其他条件列于表 4.2（见 4.4 注解 10）。

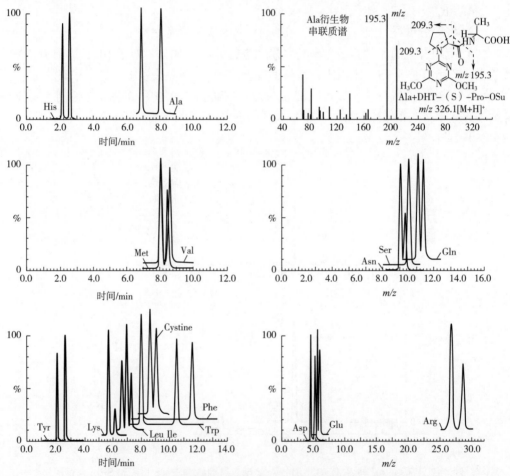

图 4.3　DL-氨基酸衍生物（每个 2pmol）的 SRM 色谱图

注：UPLC-MS/MS 条件见表 4.2。

［资料来源：Elsevier from ref. 27© 2015］

4.3.4　预处理生物样本（见 4.4 注解 11）

4.3.4.1　血浆和血清

（1）将 0.95mL 乙腈加入 50μL 血浆或血清中，混匀，室温静置 15min。

（2）4℃下以 3000×*g* 离心 10min。

（3）让上清液发生反应并按照 4.3.2、4.3.3 或 4.3.5 中的描述进行分析，具体取决于预期的分析物。

4.3.4.2 唾液

（1）在没有收集装置的试管中收集唾液（约 1mL），并在分析之前储存在 −80℃ 下。

（2）在 4℃ 下以 3000×*g* 离心 10min，以沉淀变性的黏蛋白。

（3）取上清液 5μL 用水稀释三倍，混匀，加入 285μL 乙腈，混匀。

（4）室温静置 15min 后，3000×*g* 室温离心 10min。

（5）用离心蒸发器收集上清液和干燥样品。

（6）将残留物重新溶解在乙腈中（例如 30μL）。

（7）根据分析物的类型，按照 4.3.2、4.3.3 或 4.3.5 中的描述对溶液进行反应和分析。

（8）唾液中羧酸的测定示例如图 4.4 所示。

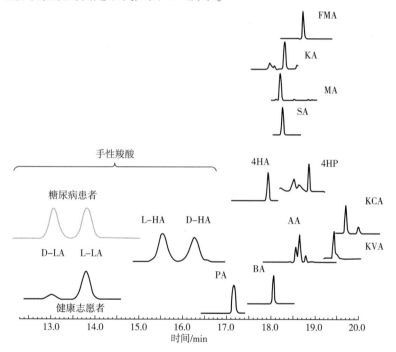

图 4.4　唾液中生物羧酸的 SRM 色谱图

注：DL-3-羟基丁酸（DL-HA）、乙酰乙酸（AA）、α-酮异己酸（KCA）、
DL-乳酸（DL-LA）、4-羟基苯乙酸（4HA）、4-羟基苯丙酮酸（4HP）、
丙酸（PA）、富马酸（FMA）、丁酸（BA）、α-酮异戊酸（KVA）、苹果酸（MA）、
α-酮戊二酸（KA）、琥珀酸（SA）。流动相：A（0.1% HCOOH 的水溶液）、
B（0.1% HCOOH 的 CH₃CN 溶液）；洗脱曲线：A：B（93：7）的等度直到 16.5min，
然后线性增加至 A：B（5：95）直到 25.0min。

[资料来源：Springer from ref. 26© 2015]

4.3.4.3　脑组织

（1）收集脑组织样本（特定脑区，如额叶）并保存在-80℃下直至使用。

（2）将氧化锆珠［2颗5.0mm（内径）和3颗3.0mm（内径），总共5颗珠］放入聚丙烯管中，然后加入100mg脑组织样本，再加入5mL MeOH：H_2O（1：1，体积比）溶液。

（3）立即使用珠式搅拌器型均质器或其他合适的均质器均质20min。

（4）以14000×g离心10min，然后通过0.45μm PTFE滤膜过滤上清液。

（5）将上清液分入其他管中（每个管250μL），并按照4.3.2、4.3.3和4.3.5中的描述使用DMT-3（S）-Apy和/或DMT-（S）-Pro-OSu进行衍生化，具体取决于目标分析物的类型。

（6）根据目标分析物，按4.3.2、4.3.3或4.3.5中所述溶液进行分析。

4.3.5　生物样品中的非靶向手性代谢组学（见4.4注解12）

（1）加入200μL乙腈并在室温下以3000×g离心10min，对生物样品（例如50μL血浆或唾液）进行脱蛋白。

（2）测定手性羧酸，取50μL上清液用DMT-3（S）-Apy标记，按4.3.2的步骤进行。

（3）如4.3.2所述，使用对映体DMT-3（R）-Apy标记另一份50μL上清液。

（4）在测定手性胺和氨基酸的情况下，按照4.3.3的程序，用DMT-（S）-Pro-OSu标记第三个50μL部分。

（5）如4.3.3所述，用相反的试剂对映体DMT-（R）-Pro-OSu标记第四个50μL部分。

（6）反应完成后，用离心蒸发器干燥溶液并重新溶解在50μL初始流动相溶液中［如含有0.1%甲酸的水：乙腈溶液（98：2，体积比）］。

（7）将等分试样（如以2μL等分）进样至UPLC-MS/MS系统。

（8）将流动相A和B按以下梯度洗脱：A：B 0min时为98：2（体积比），在20min时线性增加至A：B为80：20（体积比），50min时线性增加至A：B＝2：98（体积比）（图4.6）。

（9）在m/z 209.2处获得母离子扫描色谱图。

（10）对从一对对映体［DMT-3（S）-Apy和DMT-3（R）-Apy］（即PCA和OPLS-DA）获得的两个色谱图中的峰进行统计分析。

（11）对从一对对映体［DMT-（S）-Pro-OSu和DMT-（R）-Pro-OSu］（即PCA和OPLS-DA）获得的两个色谱图上的峰进行统计分析。

（12）由OPLS-DA的S-plot搜索两个色谱图［即DMT-3（S）-Apy和DMT-3（R）-Apy或DMT-（S）-Pro-OSu和DMT-（R）-Pro-OSu］之间增加和减少的峰。以图4.5和图4.6为例。

（13）根据m/z和真实分子衍生物的保留时间（如果有商品化产品），确定成对增加和减少的峰的结构。

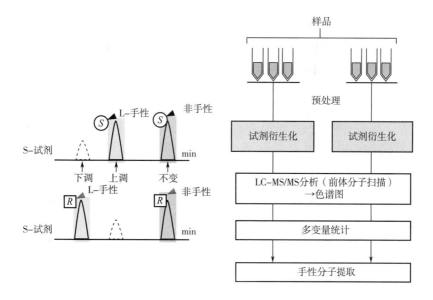

图 4.5　使用一对对映体试剂提取手性代谢物的手段

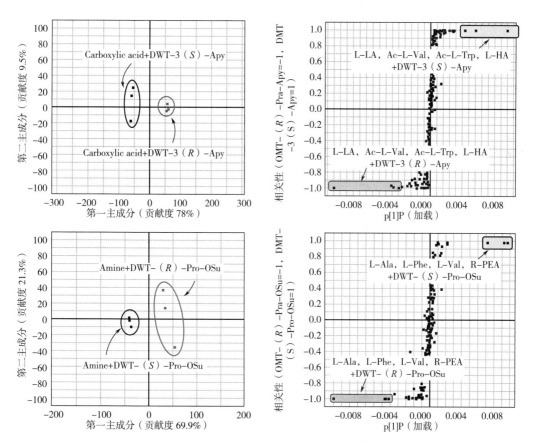

图 4.6　基于 DMT-3（S 和 R）-Apy 和 DMT-（S 和 R）-Pro-OSu 标记的

人血清中羧酸和胺的母离子色谱的 PCA 和 S-plot

[资料来源：Elsevier from ref. 31© 2015]

4.4 注解

（1）用在紫外区或可见光区有吸收的试剂标记分析物是最常见的衍生化方法，因为几乎所有实验室都拥有紫外–可见光检测器，并且分析人员有丰富的使用经验。多种用于 HPLC 的手性衍生化试剂，可提供紫外–可见光区的吸收[4]。值得注意的是，从这些试剂中获得的衍生物在长波长区有很强的吸收。生物样品中的大多数内源性物质吸收相对较短的波长。由于杂质会通过吸收真实样品中目标分析物的检测波长而产生干扰，尤其是在复杂基质（如生物样本）中，因此在选择性方面优选在可见光区吸收的试剂。虽然已经有多种紫外光标记物被应用于各种官能团的标记，但在一些实际样品中衍生物的灵敏度还不够。为了解决这个缺陷，许多研究报道合成了多种类型的荧光标记物。由于设置了激发和发射波长，荧光法是一种灵敏且选择性好的检测方法。因此，开发了不同类型的荧光标记试剂用于生物重要物质的对映体分离，并且这些荧光标记已成功应用于实际样品的分析[3-5]。所得衍生物的荧光特性往往会受到检测环境的显著影响，例如温度、溶剂黏度和介质的 pH。还应注意，样品尤其是生物样品中存在不希望有的荧光材料，它们会作为污染物干扰测定。因此，标记试剂的选择性显著影响定量分析的准确度、精密度和可重复性。

（2）某些紫外–可见光和荧光试剂标记的衍生物也可以通过 MS 与 HPLC 系统联用进行测定。HPLC-MS 检测已成为制药、生物技术、食品、农业和化工行业各个领域的强大技术。许多应用都将 HPLC-MS 作为主要技术之一，例如药物发现的快速分析、杂质分析、代谢物鉴定、监管科学分析和组合筛选。在各种接口中，三重四极杆质谱不仅提供母离子的 m/z 信息，还提供碰撞诱导解离（collision-induced dissociation，CID）产生的碎片信息。三重四极杆质谱提供的多反应监测（multiple reaction monitoring，MRM）和母离子扫描测量分别是用于高灵敏度检测和简化复杂样品的有力手段。当碰撞诱导解离出现特定的 m/z 峰时，有望对成对对映体进行痕量分析。TOF-MS 仪器允许以更高的准确度和精密度生成精确质量信息（通常为 3~5mg/L 误差）。精确的质量值可用于推测未知分析物的经验公式，这显著减少了可能结构的数量。

通常在电喷雾电离（electrospray ionization，ESI）-MS 中使用正离子模式进行高灵敏度检测。因此，标记之前和/或之后的质子化结构对于 MS 分析中的灵敏检测很重要。温和的反应条件对于避免衍生化过程中的外消旋化也很重要。衍生物的低相对分子质量通常在三重四极杆质谱检测中占主导地位。由 CID 分解的特征离子的产生对于 SRM 的灵敏测定至关重要。此外，HPLC 对一对非对映体的分离效率影响所得非对映体中两个不对称碳的距离。具有这些特性的化合物，被推荐用作 HPLC-MS/MS 测定的标记试剂。

（3）手性衍生化试剂的选择有几个要点值得考虑。①试剂的光学纯度应与化学纯度一样高或相同。由于污染试剂的相反对映体也会产生相应的非对映体，使用不纯的试剂会得到错误的结果。②试剂本身在标记反应和储存过程中的外消旋程度是定量测定的另一个重要问题。所得非对映体的化学稳定性也会影响结果。许多分析通常要进行过夜自动分析，所以需要良好的稳定性（至少 1d）。③试剂对每种对映体的反应性和所得衍生物的理化性质要基本相同。当两种对映体的反应速率不同时，应仔细优化反应条件。如果两种对映体的反应性仍然不同，则必须为每个对映体构建单独的校准曲线。④试剂对目标官能团应具有特异性，并应在温和的反应条件下对分析物进行定量标记。⑤得到的非对映体应该对样品分析表现出足够的检测器响应。⑥因为许多生物活性手性分子存在于水溶液中，所以无论它是易溶于水还是混溶于水溶剂，如甲醇和乙腈，试剂的溶解性很重要。⑦由于洗脱顺序可以通过选择试剂对映体来控制，所以需要试剂的两种对映体可以通过购买或简单合成获得。当需要在主要对映体过量的情况下测定痕量对映体时，这是必要的。以上列出的要求针对所有手性标记试剂，不仅适用于 MS 试剂，还适用于紫外-可见光和荧光试剂。

由于手性衍生化试剂的光学纯度通常低于 99%，所以在大量主要对映体存在的情况下，使用间接方法直接测定痕量对映体有困难。因此，正文中描述的间接方法主要用于生物分析，例如生物样本的代谢研究，因为百分之几的误差在生物分析的可接受范围内。

（4）代谢组学是对低分子代谢物的系统性分析，对于理解生物系统的生理功能具有重要意义。代谢组学也是发现新生物标志物的有用技术。因此，代谢组学研究对于了解生理功能和发现潜在的疾病标志物非常重要[32-34]。一些代谢物会根据疾病发生大幅变化，例如，尿毒症患者体内苯丙氨酸和酪氨酸的含量增加[35,36]。

手性代谢物也存在于多种生物体中，其中一些被认为是生理活性化合物和生物标志物。例如，D-丝氨酸（D-Ser）与精神分裂症和抑郁症等 N-甲基-D-天冬氨酸（NMDA）受体功能障碍疾病有关[37-39]。然而，因为代谢物数量多，理化性质差异显著，代谢物的浓度范围也不同，所以手性代谢组学的整体分析相当困难[40]。为了解决这一难题，我们开发了一种手性代谢组学提取的新方法，该方法基于衍生物的母离子扫描色谱，通过手性衍生化试剂［即 DMT-(S,R)-Pro-OSu 和 DMT-3(S,R)-Apy］标记一对对映体，该策略还需要多变量统计数据（图 4.5）。所提出的方法是通过使用糖尿病患者的唾液检测诊断标志物（即 D-乳酸）来评估的[26,28]。该方法用于测定阿尔茨海默病（AD）患者脑匀浆中手性胺和羧酸的候选生物标志物[41]。因此，所提出的方法似乎有助于确定具有胺和羧酸的非靶向手性代谢组学。

（5）使用填充有 3~5μm 多孔颗粒的常规色谱柱，利用 HPLC 可以成功分离出许多非对映体。为了处理大量样品，制药行业对快速有效的定性和定量分析程序特别感兴趣。缩短分析运行时间的最简单方法是缩短色谱柱长度并增加流速。使用由 3~5μm 颗粒制成的传统固定相是不够的，因为色谱性能过低，而且多组分混合物的分离不充分。

缩短运行时间的另一种方法是减小粒度。使用小粒径色谱柱可实现高效快速分析，但代价是传统 HPLC 仪器和色谱柱无法承受的高背压。该问题通过开发填充粒径小于 2μm 的色谱柱和可在高压下运行的仪器来解决。预计减小粒径会提高效率、速度、分离度和灵敏度。通过引入使用 1.7μm 多孔颗粒的超高效液相色谱（UHPLC 或 UPLC）系统，色谱性能得到了改善。与 3μm 材料相比，该技术可提供更高的峰容量、更高的分离度、灵敏度和速度[42]。这种方法可以获得与传统 HPLC 相似的结果，但运行时间只有其十分之一。分析时间的大幅缩短不仅为多组分混合物[43,44] 也为手性分子提供了相对高通量的分离。进一步推荐使用微量或半微量分离柱以提高检测灵敏度并减少样品体积。

（6）DPDS/TPP、EDC/HOAt 等各种缩合试剂，适用于羧酸的活化。活化剂的选择主要取决于目标羧酸。然而，在缩合试剂使用不足的情况下，很少观察到标记反应过程中的副反应和差向异构化。差向异构化程度有时取决于使用的缩合试剂。尽管可以采用多种缩合试剂进行反应，但应注意试剂的选择。

（7）手性标记试剂的合成方法如下[26]。将溶解在 30mL CH_3OH 中的（3S）-（-）-3-（叔丁氧基羰基氨基）吡咯烷（0.56g，3mmol）添加到含 2-氯-4,6-二甲氧基-三嗪（CDMT）（0.35g，2mmol）的 20mL THF 中，然后在室温下与 500mL TEA 混合 6h。之后，减压蒸发溶液。使用二氯甲烷：CH_3OH（100：1，体积比）溶液作为流动相对所得残余物进行硅胶柱层析。得到叔丁基-（S）-［1-（4,6-二甲氧基-1,3,5-三嗪-2-基）吡咯烷-3-基］氨基甲酸酯［DMT-Boc-3（S）-Apy］的白色粉末。然后，将500mL TFA 溶解在 2mL 含 DMT-Boc-3（S）-Apy（0.33g）的 CH_3OH 中，并在冰水冷却的条件下剧烈摇晃 6h。溶液蒸发后，将 500mL HCl 的乙醚溶液加入到残留物中以形成盐。沉淀的结晶用丙酮洗涤 3 次，获得（S）-1-（4,6-二甲氧基-1,3,5-三嗪-2-基）吡咯烷-3-胺氯化氢［DMT-3（S）-Apy·HCl］。DMT-3（S）-Apy·HCl 溶于 1mL CH_3OH 后，用 1mL 氢氧化铵中和，得到（S）-1-（4,6-二甲氧基-1,3,5-三嗪-2-基）吡咯烷-3-胺［DMT-3（S）-Apy］的白色粉末（产率：约76%）。ESI-MS：m/z 226.3［M＋H］$^+$。CD_3OD（TMS）的 ^{1}HNMR：3.91mg/L（6H，s，—OCH_3），3.26～3.32mg/L（4H，m，Hpy2，5），2.35～2.49mg/L（1H，m，Hpy3），2.09～2.21mg/L（2H，q，Hpy4）。

将溶解在 30mL CH_3OH 中的（S）-脯氨酸（0.35g，3mmol）加入到含 CDMT（0.35g，2mmol）的 20mL THF 中，然后在室温下与 500mL TEA 反应 6h。反应后，减压蒸发溶液。使用二氯甲烷：CH_3OH（20：1）溶液，作为流动相对所得残余物进行硅胶柱层析。定量得到（S）-1-（4,6-二甲氧基-1,3,5-三嗪-2-基）吡咯烷-2-羧酸［DMT-（S）-Pro-OH］的白色粉末。将 DMT-（S）-Pro-OH（0.51g）溶于 20mL N，N-二甲基甲酰胺（DMF）：CH_3OH（1：9）、EDC（0.42g，2.2mmol）和 HOSu（0.23g，2mmol）并在室温下剧烈振荡 6h。之后，将溶液在减压下干燥。使用己烷：乙酸乙酯（4：1，体积比）对所得残余物进行硅胶柱层析。获得（S）-2,5-二氧代吡咯烷-1-基-1-（4,6-二甲氧基-1,3,5-三嗪-2-基）吡咯烷-2-羧酸［DMT-（S）-Pro-OSu］的白色粉末（产率：约33%）。ESI-MS：m/z 352.1［M＋H］$^+$。$CDCl_3$（TMS）的 ^{1}H NMR（500MHz）：4.92～4.89mg/L（1H，t，Hpy2），3.95mg/L（3H，s，—OCH_3），3.87mg/L（3H，s，—OCH_3），3.85～3.81mg/L（1H，m，Hpy5），3.74～3.70mg/L（1H，m，Hpy5），2.82mg/L（4H，s，Hsu），2.52～2.40mg/L（2H，m，Hpy3），2.21～2.06mg/L（2H，m，Hpy4）。

试剂的相反对映体，即 DMT-3（R）-Apy 和 DMT-（R）-Pro-OSu，分别以相似

方法由（3*R*）-（+）-3-（叔丁氧基羰基氨基）吡咯烷和（*R*）-脯氨酸合成。

（8）手性羧酸转化为相应的酰胺型非对映体。DMT-3（*S*）-Apy 对羧酸的每种对映体（即 *RS*-萘普生）的反应性相当，在 60℃加热 90min 后完成标记反应。因此，在 TPP 和 DPDS 存在下，反应条件为 60℃，90min，用于标记手性羧酸药物。在生物羧酸存在下，使用 EDC 和 HOAt，因为在较温和的条件下观察到更高灵敏性标记。标记反应在室温下 90min 内完成。最佳温度和/或时间取决于所使用的缩合试剂。虽然在药物和生物酸中使用的缩合试剂不同，但反应方式基本相同。然而，应注意缩合试剂的选择，因为标记某些羧酸有时会由于实际使用不当发生差向异构化。

图 4.2 显示了 *RS*-萘普生在 m/z 226.3 处的 MS/MS 谱图和 SRM 色谱图。几种手性羧酸的分离和检测效率也列于表 4.1 中。使用 ODS 柱的反相色谱可以实现羧酸对映体的完全分离。源自药物和生物酸的非对映体的分离度（R_S）为 1.65~5.14。高灵敏度检测（LOD，3.2~26.2atmol）也可从 m/z 209.2 和/或 226.3 的 SRM 色谱图获得[26]。

（9）在三乙胺（TEA）存在下，手性试剂与伯胺和仲胺反应生成相应的酰胺。除了 TEA，还可以使用奎宁环、1,8-二氮杂双环［5.4.0］十一烯（DBU）（有机碱）和硼酸盐缓冲液（pH 9~10）（无机碱）。

（10）氨基酸衍生物在 ODS 柱上的 R_S 在 1.2~9.0（表 4.1）。尽管每种氨基酸的分离效率不同，但从中性和/或芳香族氨基酸中获得的值往往高于碱性和酸性氨基酸的值。此外，使用试剂的 *R*-对映体获得相反的洗脱顺序。检测能力（即 LOD）也取决于胺和氨基酸（表 4.2）[27]。尽管 DL-Ser 衍生物的峰在使用 ODS 色谱柱的色谱图中重叠，但通过使用 Capcell Pak 金刚烷基（ADME）色谱柱（日本东京，资生堂）提高了分离度（R_S 为 0.8）。然而，使用一种标记试剂和/或一根色谱柱对手性分子进行全面分离通常很困难。因此，手性分子的整体分析需要多种试剂和色谱柱的组合。

（11）样品的预处理是痕量分析中的一个重要问题。在分析生物样本和食品等实际样品时，该过程最重要的部分是如何有效地从复杂基质中获得痕量目标分析物。样品预处理，即目标分析物的净化、脱蛋白和浓缩，对于衍生化 HPLC 检测是必不可少的。LC-MS 分析中的预处理非常重要，因为生物样品中固有物质的基质效应有时会降低或增加 MS 强度。必须仔细识别干扰以避免错误结果。

（12）手性代谢物存在于多种生物体中，其中一些被认为是疾病的生物标志物。在研究过程中，我们发现糖尿病患者唾液中 D-乳酸（D-LA）的比例明显高于健康人群[21,25,26,28]。包括我们的结果在内已经有几种成功操作程序，尽管使用了这些光学活性标记试剂，但在生物标本中识别非靶向手性分子仍然非常困难。为了解决这个难题，我们开发了一种新的手性代谢组学提取方法。该方法的概述如图 4.5 所示。

样品溶液分为两组。一组样品用标记试剂的一种对映体［如 DMT-3（*S*）-Apy］进行标记，而另一组用标记试剂的相反对映体［如 DMT-3（*R*）-Apy］。使用 UPLC-MS/MS 系统通过母离子扫描色谱图确定两组中的标记分子。样品中的标记分子通过母离子色谱图进行鉴定；然而，分子是手性的还是非手性的并不明显。因此，两个色谱图中的峰通过多变量统计进行比较，即主成分分析（principal component analysis，PCA）和正交偏最小二乘判别分析（orthogonal partial least squares discriminant analysis，

OPLS-DA）。根据 OPLS-DA 的 S-plot 增加和减少的标记推断出手性分子（图4.6）。这一对显示出对映体，但仅通过该结果不能确定光学结构（*R* 或 *S* 构象）。绝对结构必须由真正的化合物来识别。该方法基于这样一个事实，即使用相反的试剂对映体可以颠倒对映体的洗脱顺序。相比之下，尽管使用了相反的试剂对映体，但非手性分子在色谱图中的保留时间相同。该方法基于成对手性衍生化试剂的标记，然后是 LC-ESI-MS/MS 测定（图4.5）。

研究提出的方法通过测定糖尿病患者唾液中的手性羧酸得到验证，也适用于检测阿尔茨海默病（AD）患者脑匀浆中的胺和羧酸[41]。

参考文献

[1] Ward TJ, Ward KD(2010) Chiral separations: Fundamental review 2010. Anal Chem 82:4712-4722.

[2] Toyo'oka T(2002) Resolution of chiral drugs by liquid chromatography based upon diastereomer formation with chiral derivatization reagents. J Biochem Biophys Methods 54:25-56.

[3] Toyo'oka T(2002) Development of chiral derivatization reagents having benzofurazan(2,1,3-benzoxadiazole) fluorophore for HPLC analysis and their application to the sensitive detection of biologically important compounds. Bunseki Kagaku 51:339-358.

[4] Toyo'oka T(1999) Derivatization for resolution of chiral compounds. In: Toyo'oka T(ed) Modern derivatization methods for separation sciences. Wiley, Chichester:217-289.

[5] Toyo'oka T(1996) Recent progress in liquid chromatographic enantioseparation based upon diastereomer formation with fluorescent chiral derivatization reagents. Biomed Chromatogr 10:265-277.

[6] Sun XX, Sun LZ, Aboul-Enein HY(2001) Chiral derivatization reagents for drug enantio-separation by high-performance liquid chromatography based upon pre-column derivatization and formation of diastereomers: enantioselectivity and related structure. Biomed Chromatogr 15:116-132.

[7] Toyo'oka T(2002) Fluorescent tagging of physiologically important carboxylic acids, including fatty acids, for their detection in liquid chromatography. Anal Chim Acta 465:111-130.

[8] Liu YM, Schneider M, Sticha CM, Toyo'oka T, Sweedler JV(1998) Separation of amino acid and peptide stereoisomers by nonionic micelle-mediated capillary electrophoresis after chiral derivatization. J Chromatogr A 800:345-354.

[9] Ilisz I, Berkecz R, Peter A(2008) Application of chiral derivatization agents in the high-performance liquid chromatographic separation of amino acid enantiomers: a review. J Pharm Biomed Anal 47:1-15.

[10] Bhushan R, Kumar V(2008) Synthesis of chiral hydrazine reagents and their application for liquid chromatographic separation of carbonyl compounds via diastereomer formation. J Chromatogr A 1190:86-94.

[11] Bhushan R, Dixit S(2011) Application of hydrazine dinitrophenyl-amino acids as chiral derivatizing reagents for liquid chromatographic enantioresolution of carbonyl compounds. Chromatographia 74:189-196.

[12] Toyo'oka T, Ishibashi M, Terao T, Imai K(1993) 4-(N,N-Dimethylaminosulfonyl)-7-(2-chloroformylpyrrolidine-1-yl)-2,1,3-benzoxadiazole: Novel fluorescent chiral derivati-zation reagents for the resolution of alcohol enantiomers by high-performance liquid chromatography. Analyst 118:759-763.

[13] Toyo'oka T, Liu YM, Hanioka N, Jinno H, Ando M(1994) Determination of hydroxyls and amines, labelled with 4-(N,N-dimethylaminosulfonyl)-7-(2-chloroformylpyrrolidine-1-yl)-2,1,3-benzoxadiazole, by high-performance liquid chromatography with fluorescence and laser-induced fluorescence detection. Anal Chim Acta 285:343-351.

[14] Toyo'oka T, Liu YM, Hanioka N, Jinno H, Ando M, Imai K (1994) Resolution of enantiomers of alcohols and amines by high-performance liquid chromatography after derivatization with a novel fluorescent chiral reagent. J Chromatogr A 675:79-88.

[15] Nozawa Y, Sakai N, Arai K, Kawasaki Y, Harada K (2007) Reliable and sensitive analysis of amino acids in the peptidoglycan of actinomyetes using the advanced Marfey's method. J Microbiol Methods 70: 306-311.

[16] Fujii K, Ikai Y, Mayumi T, Oka H, Suzuki M, Harada K (1997) A nonempirical method using LC/MS for determination of the absolute configuration of constituent amino acids in a peptide: elucidation of limitations of Marfey's method and of its separation mechanism. Anal Chem 69:3346-3352.

[17] Higashi T, Ichikawa T, Inagaki S, Min JZ, Fukushima T, Toyo'oka T (2010) Simple and practical derivatization procedure for enhanced detection of carboxylic acids in liquid chromatography-electrospray ionization-tandem mass spectrometr y. J Pharm Biomed Anal 52:809-818.

[18] Xu L, Spink DC (2008) Analysis of steroidal estrogens as pyridine-3-sulfonyl derivatives by liquid chromatography electrospray tandem mass spectrometr y. Anal Biochem 375:105-114.

[19] Shimbo K, Oonuki T, Yahashi A, Hirayama K, Miyano H (2009) Precolumn derivatization reagents for high-speed analysis of amines and amino acids in biological fluid using liquid chromatography/electrospray ionization tandem mass spectrometry. Rapid Commun Mass Spectrom 23:1483-1492.

[20] Inagaki S, Tano Y, Yamakata Y, Higashi T, Min JZ, Toyo'oka T (2010) Highly sensitive and positively charged precolumn derivatization reagent for amines and amino acids in liquid chromatography/electrospray ionization tandem mass spectrometry. Rapid Commun Mass Spectrom 24:1358-1364.

[21] Tsutsui H, Mochizuki T, Maeda T, Noge I, Kitagawa Y, Min JZ, Todoroki K, Inoue K, Toyo'oka T (2012) Simultaneous determination of DL-lactic acid and DL-3-hydroxybutyric acid enantiomers in saliva of diabetes mellitus patients by high-throughput LC-ESI-MS/MS. Anal Bioanal Chem 404:1925-1934.

[22] Mochizuki T, Taniguchi S, Tsutsui H, Min JZ, Inoue K, Todoroki K, Toyo'oka T (2013) Relative quantification of enantiomers of chiral amines by high-throughput LC-ESI-MS/MS using isotopic variants of light and heavy L-pyroglutamic acids as the derivatization reagents. Anal Chim Acta 773:76-82.

[23] Nagao R, Tsutsui H, Mochizuki T, Takayama T, Kuwabara T, Min JZ, Inoue K, Todoroki K, Toyo'oka T (2013) Novel chiral derivatization reagents possessing a pyridylthiourea structure for enantiospecific determination of amines and carboxylic acids in high-throughput liquid chromatography and electrospray-ionization mass spectrometry for chiral metabolomics identification. J Chromatogr A 1296:111-118.

[24] Mochizuki T, Todoroki K, Inoue K, Min JZ, Toyo'oka T (2014) Isotopic variants of light and heavy L-pyroglutamic acid succinimidyl esters as the derivatization reagents for DL-amino acid chiral metabolomics identification by liquid chromatography and electrospray ionization mass spectrometr y. Anal Chim Acta 811:51-59.

[25] Kuwabara T, Takayama T, Todoroki K, Inoue K, Min JZ, Toyo'oka T (2014) Evaluation of a series of prolyl-amidepyridine as the chiral derivatization reagents for enantioseparation of carboxylic acids by LC-ESI-MS/ MS and the application to human saliva. Anal Bioanal Chem 406:2641-2649.

[26] Takayama T, Kuwabara T, Maeda T, Noge I, Kitagawa Y, Inoue K, Todoroki K, Min JZ, Toyo'oka T (2015) Profiling of chiral and achiral carboxylic acid metabolomics: synthesis and evaluation of triazine-type chiral derivatization reagents for carboxylic acids by LC-ESI-MS/ MS and the application to saliva of healthy volunteers and diabetic patients. Anal Bioanal Chem 407:1003-1014.

[27] Mochizuki T, Takayama T, Todoroki K, Inoue K, Min JZ, Toyo'oka T (2015) Towards the chiral metabolo-

mics：liquid chromatography-mass spectrometry based DL-amino acid analysis after labeling with a new chiral reagent，（S）-2,5-dioxopyrrolidin-1-yl-1-（4,6-dimethoxy-1,3,5-triazin-2-yl）pyrrolidine-2-carboxylate，and the application to saliva of healthy volunteers. Anal Chim Acta 875：73-82.

［28］Numako M，Takayama T，Noge I，Kitagawa Y，Todoroki K，Mizuno H，Min JZ，Toyo'oka T（2016）Dried saliva spot（DSS）as a convenient and reliable sampling for bioanalysis：an application for the diagnosis of diabetes mellitus. Anal Chem 88：635-639.

［29］Toyo'oka T（2016）Diagnostic approach to disease using non-invasive samples based on derivatization and LC-ESI-MS/MS. Biol Pharm Bull 39：1397-1414.

［30］Toyo'oka T（2017）Derivatization-based high-throughput bioanalysis by LC-MS. Anal Sci 33：555-564.

［31］Takayama T，Mochizuki T，Todoroki K，Min JZ，Mizuno H，Inoue K，Akatsu H，Noge I，Toyo'oka T（2015）A novel approach for LC-MS/MS-based chiral metabolomics finger-printing and chiral metabolomics 898：73-84.

［32］Nishiumi S，Kobayashi T，Ikeda A，Yoshie T，Kibi M，Izumi Y，Okuno T，Hayashi N，Kawano S，Takenawa T，Azuma T，Yoshida M（2012）A novel serum metabolomics-based diagnostic approach for colorectal cancer. PLoS One 7（7）：e40459.

［33］Nishiumi S，Shinohara M，Ikeda A，Yoshie T，Hatano N，Kakuyama S，Mizuno S，Sanuki T，Kutsumi H，Fukusaki E，Azuma T，Takenawa T，Yoshida M（2010）Serum metabolomics as a novel diagnostic approach for pancreatic cancer. Metabolomics 6：518-528.

［34］Vinayavekhin N，Homan EA，Saghatelian A（2010）Exploring disease through metabolomics. ACS Chem Biol 5：91-103.

［35］Gonzalez J，Willis MS（2010）Ivar Asbjorn folling discovered phenylketonuria（PKU）. Lab medicine 41（2）：118-119.

［36］Furst P（1989）Amino acid metabolism in uremia. J Am College Nutrition 8（4）：310-323.

［37］Snyder SH，Kim PM（2000）D-amino acids as putative neurotransmitters：focus on D-serine. Neurochem Res 25：553-560.

［38］Kleckner NW，Dingledine R（1988）Requirement for glycine in activation of NMDA-receptors expressed in Xenopus oocytes. Science 241：835-837.

［39］Sakata K，Fukushima T，Minje L，Ogurusu T，Taira H，Mishina M，Shingai R（1999）Modulation by L-and D-isoforms of amino acids of the L-glutamate response of N-methyl-D-aspartate receptors. Biochemistry 38：10099-10106.

［40］Toyo'oka T（2008）Determination methods for biologically active compounds by ultraperformance liquid chromatography coupled with mass spectrometry：application to the analyses of pharmaceuticals，foods，plants，environments，metabonomics，and metabolomics. J Chromatogr Sci 46：233-247.

［41］Inoue K，Tsutsui H，Akatsu H，Hashizume Y，Matsukawa N，Yamamoto T，Toyo'oka T（2013）Metabolic profiling of Alzheimer's disease brains. Sci Rep 3：2364.

［42］Wren SAC（2005）Peak capacity in gradient ultra-performance liquid chromatography（UPLC）. J Pharm Biomed Anal 38：337-343.

［43］Nguyen DTT，Guillarme D，Rudaz S，Veuthey JL（2006）Chromatographic behavior and comparison of column packed with sub-2μm stationary phases in liquid chromatography. J Chromatogr A 1128：105-113.

［44］Guillarme D，Nguyen DTT，Rudaz S，Veuthey JL（2007）Recent developments in liquid chromatography impact on qualitative and quantitative performance. J Chromatogr A 1149：20-29.

5 液相色谱手性分离中手性流动相添加剂

Lushan Yu，Shengjia Wang，and Su Zeng

摘要： 高效液相色谱（HPLC）是手性药物的主要分离技术之一。在可用的手性 HPLC 技术中，手性流动相添加剂（CMPA）技术是一种用于手性化学实体直接对映体分离的有价值的方法。在 CMPA 方法中，手性选择剂溶解在流动相中，而固定相是非手性的。与分析物对映体的相互作用导致瞬态非对映体配合物的形成。这些配合物的形成常数在（非手性）固定相和流动相之间的分布不同，导致对映体分离。本章介绍了通过几种最常用的手性选择剂（包括手性配体交换剂、糖肽类抗生素和环糊精）进行 HPLC 手性分离的方法。

关键词： 手性流动相添加剂，配体交换，糖肽类抗生素，万古霉素，环糊精，对映体分离

5.1　引言

对于对映体分离，HPLC 是最有用的技术之一，可以通过所谓的直接或间接方法进行分离。在间接对映体分离中，分析物对映体用立体化学纯试剂衍生，然后将衍生所得的非对映体在非手性柱上分离。在直接对映体分离中，手性固定相（CSP）可以共价结合，或动态吸附到色谱载体上，也可以使用手性流动相（CMP）。由于与存在于固定相或流动相中的手性选择剂的立体特异性相互作用，分析物对映体被分离。CSP 相对昂贵，因此在流动相中使用手性选择剂，是一种有吸引力的替代方案，因为其简单和灵活。

CMPA 系统中的对映识别机制相当复杂。然而，通常认为手性识别需要独特的相互作用，因为手性选择剂和手性分析物至少在三个位置同时存在立体中心[1,2]。物理化学上，相互作用包括包合络合、静电相互作用、π–π 相互作用、氢键和偶极–偶极相互作用。

在 CMPA 方法中，溶解在流动相中的手性选择剂与手性分析物形成瞬态非对映体配合物。这些瞬态非对映体配合物的形成动力学或相对稳定性的差异，以及它们在流动相和固定相之间的分配差异，是手性分离的主要驱动力[3]。由于对映体和手性选择剂、固定相表面和色谱系统的其他组件之间相互作用的多样性和复杂性，总分离效率很大程度上取决于组成（包括手性选择剂的浓度和其他添加剂）、流动相的 pH 和温度[4]。因此，在开发 CPMA 方法时优化这些参数非常重要。

目前，在 CMPA 方法中已经研究了大量的手性选择剂，并且越来越多的新型手性选择剂正在合成或评估中。根据分离机理或结构不同，CMPA 可分为：手性配体交换剂、糖肽类抗生素、环糊精、手性离子对等。尽管事实证明某些手性选择剂应用广泛，但真正通用的手性选择剂是不存在的。因此，即使在优化的实验条件下，如果使用一个手性选择剂无法实现基线分离，就需要尝试另一种类型的选择剂。

配体交换色谱（LEC）的分离机制基于由过渡金属离子（Cu^{2+} 是最常用的离子）、手性选择配体（通常是氨基酸及其衍生物）和分析物对映体组成的混合三元非对映体配合物的可逆形成。色谱分离度是由于分析物对映体形成的两种三元配合物的稳定性

常数不同。可以通过这种方法分离的典型分析物含有两个或三个给电子官能团（例如羟基、氨基），它们可以同时进入络合金属离子的配位层并起到二齿或三齿螯合配体的作用。

可以通过 LEC 分离的有机化合物类别包括衍生和未衍生的氨基酸、羟基酸、氨基醇、二胺、二羧酸、氨基酰胺或二肽。由于 LEC 中使用的分析物和手性选择剂含有强极性官能团，通常使用水、醇或其他强极性溶剂作为流动相以便更好地溶解它们。因此，LEC 可以使用水相或水-有机流动相，即反相模式。

另一类手性选择剂，糖肽类抗生素最先在 1994 年由 Armstrong 等人作为手性选择剂引入[5]。该组中最突出的化合物是万古霉素和替考拉宁（图 5.1）。糖肽类抗生素含有大量不同的官能团，例如芳香环、羟基、氨基、羧酸部分、酰胺键和疏水袋，因此多种分子间相互作用可以提高这些选择剂的手性识别能力。糖肽类抗生素的三维分子结构表明它们具有特征性的"篮状"糖苷配基，该糖苷配基由复杂氨基酸的肽核心和连接的酚类部分组成。所有这些分子的糖苷配基篮由三个或四个稠合的大环组成，并负责它们的对映选择性。糖肽类抗生素的独特结构使它们作为手性选择剂具有广泛适用性。使用这些手性选择剂可以分离多种阴离子、中性和阳离子化合物，例如氨基酸、中性芳香分子和非甾体抗炎药。糖肽类抗生素允许多种手性分离模式，包括正相模式、反相模式和极性有机模式。

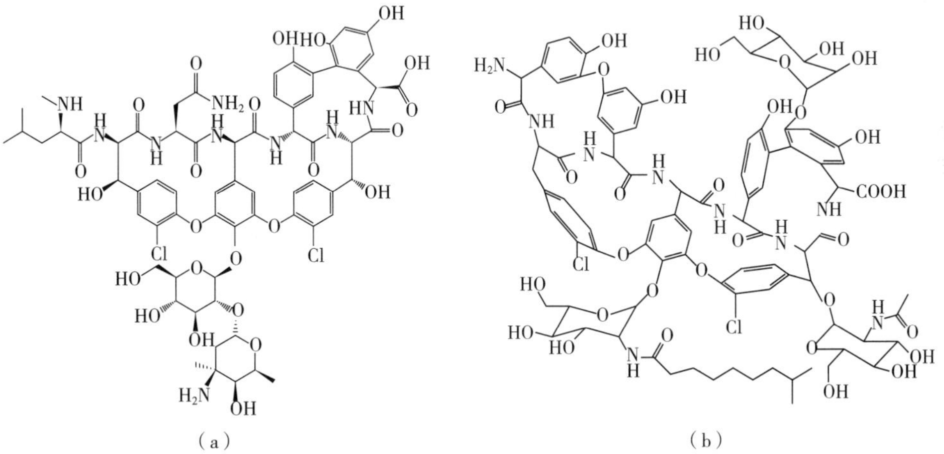

图 5.1　（a）万古霉素和（b）替考拉宁的结构

环糊精（CD）已被用作 HPLC[6] 以及毛细管电泳中的手性选择剂，并且代表了广泛应用范围内最常用的手性选择剂。大多数 CD 在流动相中具有足够的溶解度和低的紫外吸光度。此外，几种 CD 衍生物（天然的、甲基化的和羟丙基化的衍生物等）相对便宜。

CD 是环状寡糖分子，由通过 α-1,4-糖苷键连接的 D-（+）-吡喃葡萄糖单元组成。最常用 α-CD、β-CD 和 γ-CD，分别由 6、7 和 8 个吡喃葡萄糖单元组成。β-CD 的结构如图 5.2 所示。分子具有截锥的形式。C-6 伯羟基位于较窄的边缘，而 C-2 和 C-3 仲羟基位于较宽的边缘。CD 有许多手性中心（每个葡萄糖单位 5 个）。环糊精包合物的形成是 CD 手性识别中的关键相互作用。在这种情况下，分析物的疏水基团被包含在 CD 的疏水腔中。分析物和边缘上的羟基之间的二次相互作用也有助于手性识别。

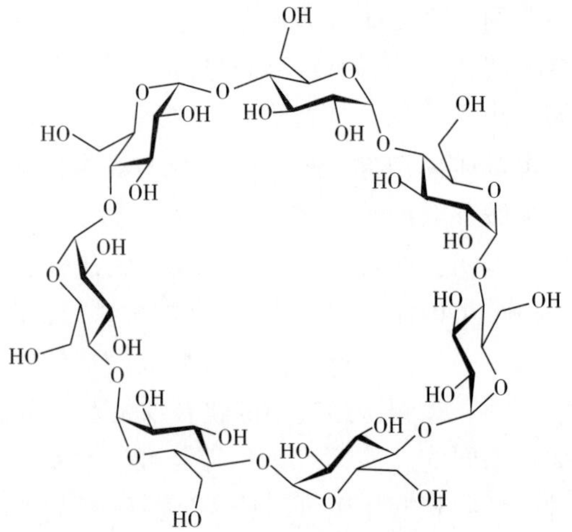

图 5.2　β-环糊精的结构

CD 已被证明可以分离具有不同官能团的对映体，包括具有平面或轴向手性的对映体和具有杂原子（S、P、N 和 Si）作为手性中心的对映体。对使用基于 CD 的手性选择剂成功进行手性分离的分析物的结构没有严格要求；也包含芳香族和脂肪族部分。使用 CD 作为手性选择剂的分离在极性有机模式、正相模式和反相模式下均可进行。

手性离子对色谱法也是 CMPA 方法中的一种。在低极性有机流动相中，对映体和手性离子对产生静电作用、氢键或疏水作用，形成非对映体离子对。两种非对映体离子对具有不同的稳定性，在有机流动相和固定相的分布行为不同，因此可以将它们分离。

该方法中对映体的分离主要基于反离子，因此选择合适的反离子非常重要。反离子和对映体溶质的手性识别应具有三种作用力：溶质与手性试剂的离子相互作用、不同环系之间的疏水相互作用、溶质碳链上的羟基与试剂羰基之间的氢键。如果有离子相互作用和氢键两种功能，有时会产生不同的作用力进行对映体分离。因此，良好的手性反离子应具有以下基本性质。

（1）比较强的酸碱，因为离子相互作用与此有关。

（2）反离子手性中心附近应有较大的刚性基团，以增强立体选择性。

（3）反离子手性中心附近应有可电离的官能团或氢键基团，如羟基、羧基等。

（4）手性离子对应具有高光学纯度。

常用的手性反离子包括奎宁、奎尼丁、10-樟脑磺酸、*N*-苯甲酰基羰基-甘氨酰-L-脯氨酸、酒石酸衍生物等（图 5.3）。

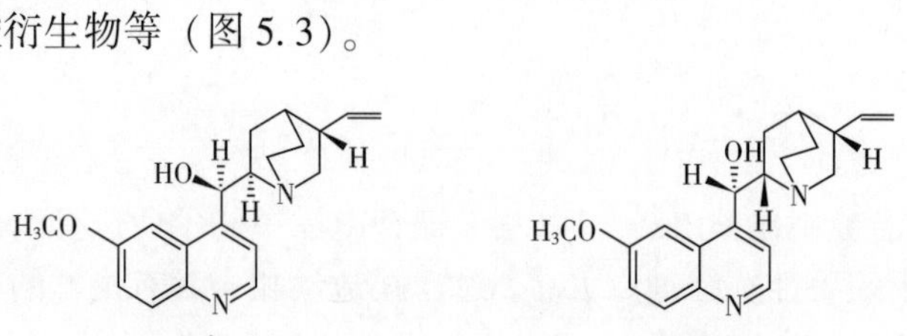

奎宁　奎尼丁

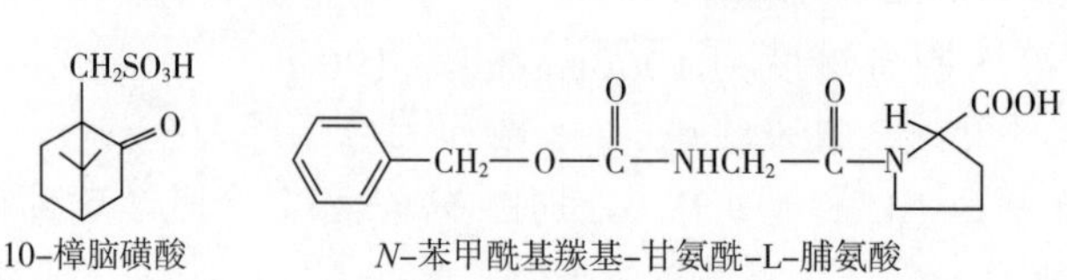

10-樟脑磺酸　*N*-苯甲酰基羰基-甘氨酰-L-脯氨酸

图 5.3　用于形成手性离子对的手性化合物实例的结构

典型方法的开发始于根据分析物的结构（物理化学性质）选择手性选择剂，随后选择流动相模式。在初始实验之后，通过改变实验参数（例如流动相的组成和 pH 以及柱温）进行优化，直到实现基线分离。

本章详细介绍了使用常见手性选择剂作为手性添加剂的 CMPA 方法对手性化合物的对映体分离。

5.2　材料

5.2.1　仪器和材料

（1）带有紫外或荧光检测器的商用 HPLC 系统。

（2）C_{18} HPLC 色谱柱［例如，150mm×4.6mm（内径），5μm 或 250mm×4.6mm（内径），5μm］（见 5.4 注解 1）。

（3）0.22μm 或 0.45μm 膜过滤器（见 5.4 注解 2）。

（4）用于流动相脱气的商用超声浴。

5.2.2　试剂和溶液

所有化学品都应具有市售最高纯度。有机溶剂应为 HPLC 级。使用由合适的水净化系统制备的双蒸水或超纯水（Milli-Q 水，18MΩ 水）。在室温下制备和储存所有试剂（除非另有说明）。

（1）流动相 1（配体交换色谱）　制备 24mmol/L 磷酸钠缓冲液，pH3.5（见 5.4 注解 3），其中含有 6mmol/L L-苯丙氨酸和 3mmol/L 硫酸铜（Ⅱ）。通过 0.22μm 膜过滤器过滤（见 5.4 注解 2）。以 86:14（体积比）将缓冲液与甲醇混合（见 5.4 注解 4）。使用前经过超声处理脱气（见 5.4 注解 5）。

（2）流动相 2（万古霉素作为 CMPA）　在含有 2mmol/L 万古霉素的水中制备 20mmol/L 乙酸铵溶液（见 5.4 注解 6）。使用 0.1mol/L NaOH 将 pH 调节至 5.5（见 5.4 注解 7）。将缓冲液与甲醇以 45:55（体积比）混合（见 5.4 注解 8）。使用前通过 0.22μm 膜过滤器过滤并通过超声脱气（见 5.4 注解 5）。

（3）流动相 3［羧甲基-β-CD（CM-β-CD）作为 CMPA］　制备 0.05mol/L 磷酸盐缓冲液，pH1.8（见 5.4 注解 9），含有 22.9mmol/L CM-β-CD。以 60:40（体积比）的甲醇:缓冲液与甲醇混合。通过 0.45μm 过滤膜过滤器（见 5.4 注解 2）并在使用前经过超声脱气（见 5.4 注解 5）。

（4）样品溶液　制备浓度为 1000μg/mL、100μg/mL 或 40μg/mL 的氧氟沙星、酮洛芬和茚满酮/萘满酮衍生物的样品溶液（见 5.4 注解 10 和 11）。通过 0.22μm 膜过滤器过滤（见 5.4 注解 12）。

5.3 方法

5.3.1 例1 手性配体交换色谱分离手性分析物

本例描述了使用 L-苯丙氨酸-Cu（Ⅱ）复合物作为 CMPA[7] 对氧氟沙星对映体的分离。替代配体包括 L-脯氨酸或 L-羟脯氨酸以及它们的衍生物。合适的分析物是氨基酸、氨基酸衍生物、氨基醇等。可以使用 Zn（Ⅱ）离子、Ni（Ⅱ）离子或 Co（Ⅱ）离子代替 Cu（Ⅱ）离子（见5.4注解13）。然而，在这些情况下，其他实验条件可能适用。

（1）按照制造商的说明，在配备有荧光检测器或紫外检测器的 HPLC 仪器中安装 HPLC 色谱柱。

（2）将流速设置为 1.0mL/min，并在环境温度下操作。

（3）用流动相1平衡色谱柱（见5.4注解14）。

（4）使用荧光检测器时，将激发波长设置为 330nm，发射波长设置为 505nm。使用紫外检测器时，将波长设置为 254nm。

（5）注入氧氟沙星样品溶液并记录色谱图（见5.4注解15）。氧氟沙星对映体配体交换分离的典型色谱图如图5.4所示[7]。

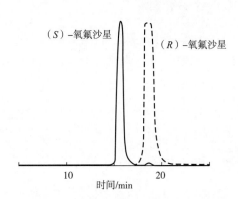

图 5.4 氧氟沙星对映体的分析色谱图
注：对对映体分别进行分析。在注入外消旋化合物的情况下，观察到两个单独的色谱图重叠。

5.3.2 例2 使用糖肽类抗生素作为 CMPA 分离手性分析物

本例描述了使用万古霉素作为 CMPA 对酮洛芬的对映体分离。替代的抗生素包括替考拉宁、瑞斯托菌素 A 或替考拉宁糖苷配基（见5.4注解16）。可以使用其他酸性手性分析物。但可能适用不同的实验条件。

（1）按照制造商的说明将 HPLC 色谱柱安装在配备有紫外检测器的 HPLC 仪器中。

（2）将流速设置为 1.0mL/min。

（3）用流动相2平衡色谱柱（见5.4注解17）。

（4）将检测器波长设置为 300nm。

（5）注入酮洛芬样品溶液并记录色谱图（见5.4注解15和18）。

5.3.3 例3 使用环糊精作为 CMPA 分离手性分析物

本例描述了使用 CM-β-CD 作为 CMPA[8] 分离茚满酮/萘满酮衍生物对映体。可以使用其他 CD 和分析物，但可能需要不同的分析条件。

（1）按照制造商的说明将 HPLC 色谱柱安装在配备有紫外检测器的 HPLC 仪器中。

（2）将流速设置为 0.7mL/min。

（3）用流动相 3 平衡色谱柱（见 5.4 注解 14）。

（4）将检测波长设置为 240nm。

（5）注入茚满酮/萘满酮衍生物的样品溶液并记录色谱图（见 5.4 注解 15）。使用 CM-β-CD 作为 CMPA 分离茚满酮/萘满酮衍生物的对映体，如图 5.5 所示。

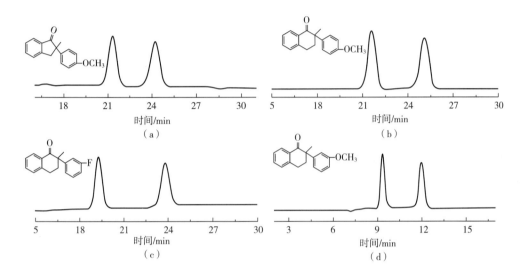

图 5.5　外消旋茚满酮/萘满酮衍生物的对映体分离色谱图

（a）3,3-二氢-2-（4-甲氧基苯基）-2-甲基茚-1-酮；

（b）3,4-二氢-2-（4-甲氧基苯基）-2-甲基萘-1（2H）-酮；

（c）2-（3-氟苯基）-3,4 二氢-2-甲基萘-1（2H）-酮；

（d）3,4-二氢-2-（3-甲氧基苯基）-2-甲基萘-1（2H）-酮

5.4　注解

（1）首选长度为 250mm 的 C_{18} 色谱柱。可以使用不同填充材料和不同长度的 RP-HPLC 色谱柱，但应注意不同的填充材料可能会导致不同的分离结果。碳含量较高的色谱柱通常对低极性分析物具有更强的保留和更好的分离度，反之亦然。同时，更长的色谱柱可能会导致更长的保留时间和更好的分离度。

（2）过滤水或纯水缓冲液时，应使用与水兼容的滤膜。否则，水溶液将无法通过过滤器。当过滤有机溶剂（包括含有有机添加剂的水性缓冲液）时，应使用与有机溶剂相溶的滤膜。仅用于纯水性溶剂的滤膜可以溶解在有机溶剂中。

（3）如果流动相的 pH 不适合配体交换复合物的形成，流动相中可能会出现絮状沉淀。如果发生这种情况，请在使用前过滤流动相并重新调整 pH。或者，降低手性选择剂的浓度或更换手性选择剂。

（4）改变流动相中有机改性剂的比例会极大地影响保留和分离因子。通常，保留时间随着有机改性剂含量的增加而减少。然而，后者不应超过约 20% 的限制，以获得具有合适保留时间的良好分离度。

（5）通常，超声处理时间为 10~20min。超声处理时间过长可能会导致挥发性成分（如甲醇、乙酸）蒸发，从而导致流动相组成发生变化。脱气也可以通过氦气吹扫 20min 来实现。

（6）为了糖肽的稳定性，在运行之间和过夜之间将储备溶液储存在冰箱中。在 pH 为 5.0~7.0 的水溶液中，万古霉素等糖肽类抗生素在室温下 2~4d 内变质。万古霉素溶液在 4℃ 下可稳定保存 6~7d。替考拉宁或瑞斯托菌素 A 溶液在 4℃ 下可保存约 2 周而不会变质。

（7）作为一般规则，使用低于或接近糖肽类抗生素等电点（pI）的酸性流动相可获得更好的分离[9]。例如，万古霉素的 pI 约为 7.2，在 pH 低于 4 或高于 7.5 时不稳定。因此，当使用该化合物作为手性选择剂时，通常将流动相的起始 pH 调节到 4.5~6.5。

（8）在有机改性剂的高浓度和低浓度区域，通常可以观察到更长的保留时间和更好的分离度。建议使用 20∶80（体积比）甲醇∶缓冲液或 10∶90（体积比）乙腈∶缓冲液的典型起始组成比。糖肽类抗生素的相对分子质量为 1000~2100，易溶于水，微溶于甲醇，不溶于高级醇。

（9）在方法开发过程中应研究缓冲液的 pH。流动相的起始 pH 通常比分析物的 pK_a 低 2 个单位。通过控制 pH 抑制电离，通常会导致更长的保留时间并增加实现手性分离的机会。

（10）在大多数情况下，可以检测和分辨浓度为 40μg/mL 的分析物。通常，制备 1.0mg/mL 分析物储备溶液以确定化学和仪器参数。如果分析物不溶于水，可以加入几滴甲醇以帮助溶解，然后用水稀释样品。

（11）如果要确定对映体的洗脱顺序，除了外消旋分析物外，还应至少获得一种对映体。但是，当对映体不可用时，计算方法可以提供帮助，因为在使用 CMP 过程中，可与流动相中的选择剂形成更稳定复合物的分析物对映体最先被洗脱[10]。

（12）将样品以 15000×g 离心至少 15min 以与沉淀物分离。

（13）Cu（Ⅱ）离子能够与 LEC 中使用的大多数手性配体形成热力学稳定且动力学不稳定的配合物。因此，Cu（Ⅱ）被认为是氨基酸对映体分离的首选阳离子。金属离子可用作硫酸盐、乙酸盐、硝酸盐或高氯酸盐，其中硝酸盐和硫酸盐是最常用的盐。

（14）首先用甲醇以 1mL/min 的流速清洗色谱柱至少 15min，然后用含有甲醇的水以 1mL/min 的流速清洗 30min。最后用流动相冲洗至少 2h 或直到形成稳定的基线。

（15）分析物对映体和手性选择剂之间形成的复合物可能在检测器中表现出不同的紫外吸收特性。因此，对映体的定量需要分别对两种对映体进行单独校准。

（16）糖肽类抗生素相辅相成。因此，如果用一种抗生素获得消旋体的部分对映拆分，则很有可能用另一种糖肽类抗生素选择剂获得更好的基线分离[11]。因此，如有必要，值得尝试在相同实验条件使用另一种抗生素作为手性选择剂。

（17）使用新色谱柱前，应先用 10 倍柱体积的有机溶剂（即乙腈或甲醇）冲洗，然后用10倍柱体积的有机溶剂和水的混合物冲洗，最后用流动相冲洗直至观察到稳定基线。确保不要在缓冲溶液中存储色谱柱，即使是很短的时间。缓冲盐的结晶可能会导致色谱柱堵塞。所以使用含有缓冲盐的流动相后，用含水量高的流动相（但不高于95%，否则可能损坏色谱柱）清洗色谱柱1h。随后，用纯有机溶剂（甲醇、异丙醇或乙腈）或色谱柱制造商推荐的溶剂冲洗色谱柱。

（18）通常，随着流速的降低，分辨率会提高。对于反相色谱，使用常规色谱柱时建议流速设置为0.5~1.5mL/min。流速小于0.5mL/min不会导致分辨率进一步显著提高。较低的柱温通常会产生更好的分离度。典型的起始温度是环境温度，但必要时可以降低。

参考文献

[1] Inai Y, Ousaka N, Miwa Y (2006) Theoretical comparison between three-point and two point binding modes for chiral discrimination up on the N-terminal sequence of 310-helix. J Polym 38:432-441.

[2] Davankov VA (1997) The nature of chiral recognition: is it a three-point interaction? Chirality 9:99-102.

[3] León AG, Olives AI, Martin MA, del Castello B (2007) The role of β-cyclodextrin and hydroxypropyl-β-cyclodextrin in the secondary chemical equilibria associated to the separation of β-carbolines by HPLC. J Incl Phenom Macrocycl Chem 57:577-583.

[4] Davankov VA (1997) Analytical chiral separation methods. Pure Appl Chem 69:1469-1474.

[5] Armstrong DW, Tang Y, Chen S et al (1994) Macrocyclic antibiotics as a new class of chiral selectors for liquid chromatography. Anal Chem 66:1473-1484.

[6] Bressolle F, Audran M, Pham TN, Vallon JJ (1996) Cyclodextrins and enantiomeric separations of drugs by liquid chromatography and capillary electrophoresis: basic principles and new developments. J Chromatogr B Biomed Sci Appl 687:303-336.

[7] Zeng S, Zong J, Pan L, Wang S (1996) Separation of ofloxacin enantiomers by using preparative chiral chromatography. Chin J Chromatogr 14:280-281.

[8] Hu X, Guo X, Sun S et al (2017) Enantioseparation of nine indanone and tetralone derivatives by HPLC using carboxymethyl-β-cyclodextrin as the mobile phase additive. Chirality 29:38-47.

[9] Bhushan R, Agarwal C (2010) Resolution of beta blocker enantiomers by TLC with vancomycin as impregnating agent or as chiral mobile phase additive. J Planar Chromatogr 23:7-13.

[10] Natalini B, Giacche N, Sardella R et al (2010) Computational studies for the elucidation of the enantiomer elution order of amino acids in chiral ligand-exchange chromatography. J Chromatogr A 1217:7523-7527.

[11] Berthod A, Yu T, Kullman JP et al (2000) Evaluation of the macrocyclic glycopeptides A-40,926 as a high-performance liquid chromatographic chiral selector and comparison with teicoplanin chiral stationary phase. J Chromatogr A 897:113-129.

6 用于高效液相色谱对映体分离的多糖类手性固定相:综述

Bezhan Chankvetadze

摘要： 本章总结了多糖类手性固定相（CSPs）在高效液相色谱（HPLC）对映体分离中的应用。由于书中包含了关于超临界流体色谱（SFC）和毛细管电色谱（CEC）对映体分离的专门介绍，因此本章只对多糖类材料在液相分离技术模式中的应用进行简单探讨。本章重点讲述了多糖类手性选择剂的优化、选择剂在载体上的附着以及载体的优化，并对流动相组成、温度等参数对对映体分离效果的影响进行了讨论。

关键词： 对映体分离，手性固定相，多糖类固定相，纤维素衍生物，淀粉衍生物，多糖类苯基氨基甲酸酯

6.1 引言

1904 年，德国化学家 Willstätter 首次尝试利用手性材料的选择性吸附来分离对映体，他希望通过这个实验考察羊毛染色是化学还是物理过程（尽管实验失败）[1]。直到 20 世纪 60 年代，对映体分离的实验主要是为了研究立体化学的一个或另一个概念方面的内容。在大多数情况下，具有糖单元的天然化合物被用于此类研究。1939 年 Henderson 和 Rule 首次报道了在柱层析中以乳糖为手性吸附剂实现了对映体的部分分离[2]。1944 年，Prelog 和 Wieland 为了解决三价氮原子不对称的关键问题，同样采用乳糖来分离托格尔碱（Tröger's base）[3]。1951 年，Kotake 等首次报道了在纸色谱中以纤维素为手性选择剂分离对映体[4]。10 年后，纤维素被报道用在柱层析中分离手性儿茶素[5]。总体而言，天然二糖、寡糖和多糖的对映体分离能力是有限的。因此，自 20 世纪 60 年代以来，各种纤维素衍生物被应用于对映体色谱分离。Lüttringhaus 等较早尝试了使用部分乙酰化的纤维素[6]，但是这些研究在文献中被忽略了，关于多糖衍生物作为高效液相色谱手性选择剂的综述普遍以 Hesse 和 Hagel 于 1973 年发表的文章[7] 开始。同样，Muso 等人于 1968 年的报告被认为是（在最近的一些综述性文章中，甚至在 1978 年）关于淀粉（包含直链淀粉，为线性天然高分子聚合物）作为色谱手性拆分剂应用的第一篇公开发表的文章[8]。同样的情况，Krebs 等早在 1956 年就报道了用淀粉部分分离各种外消旋体[9]。因此需要进行一些修正。在 1973 年 Hesse 和 Hagel 论证了三乙酸纤维素（CTA）分离对映体的适用性后[7]，Blaschke 等人进一步考察了三乙酸纤维素用于拆分难以通过替代途径获得的手性药物对映体[10]。这篇综述论文的结束语很好地刻画了 20 世纪 80 年代初手性液相色谱的状态和需求："在较短的时间内，外消旋体的色谱拆分已经发展为一个高效的过程，并且往往能够首次获取对映体。毫无疑问，它的未来发展将同样迅速。一个重要目标应该是开发针对常规方法和吸附剂无法拆分的外消旋体的吸附剂"[11]。文献[10] 发表后的几年内，为了实现对映体的分析级和制备级分离，设计合成并广泛筛查了各种作为新型液相色谱手性固定相的多糖酯类和苯基氨基甲酸酯类化合物。文献[11] 描述的情况确实发生了，这方面取得了实质性进展。例如，在 1944 年，Prelog 和 Wieland 用 6g 外消旋体、18L 石油醚、2.8kg 乳糖仅获得了 150mg 托格尔碱的每个对映体[3]，而目前在几分钟内，最多使用原来流动相和固定相的 1/100，即可以获得几乎相当产量的两种对映体。这些发展是基于手性选择剂、

惰性载体、涂层和固化技术、流动相和仪器的不断优化。这些方向的最新进展概述如下。

6.2　多糖类手性选择剂的优化

20 世纪 80 年代，多糖类液相色谱手性选择剂的优化基本是由日本两个密切合作的研究小组进行研究的，即大阪大学的 Y. Okamoto 小组和 Daicel 公司。在日本以外进行的研究很少[11,12]。

6.2.1　多糖种类的优化

第一篇关于多糖类液相色谱手性选择剂（即多糖苯基氨基甲酸酯类手性选择剂）的文章对纤维素、淀粉、菊粉、咖喱、壳聚糖、木聚糖、葡聚糖等几种不同的多糖进行了评价[13]。基于手性识别能力、纯度可用性和处理简便性，纤维素和淀粉被认为是最有用的多糖。其他多糖，特别是壳聚糖苯基氨基甲酸酯，对某些手性分析物具有很好的手性拆分能力，但只有纤维素和淀粉衍生物被商品化，成为广泛适用于分析级和制备级分离对映体的手性选择剂[14]。

6.2.2　多糖衍生物种类

在各种多糖衍生物中，酯类和氨基甲酸酯类已被深入研究，两者都非常适合作为液相色谱手性选择剂[6,7,14-19]。烷基、环烷基和芳香基衍生物在这两个系列中均有研究，取代的芳香基衍生物被鉴定为最有用的手性选择剂。尽管一些多糖的烷基酯已经商品化，但它们在解决手性分离实际问题的应用正在迅速减少，这些衍生物在不久的将来可能会从市场上消失。纤维素的一些环烷基苯基氨基甲酸酯表现出较强的手性识别能力，由于其较低的紫外吸光度而被推荐用于对映体的薄层色谱分离[14]。纤维素和淀粉的苯基碳酸酯和苯甲酰甲酸酯衍生物被合成出来，但与酯类和苯基氨基甲酸酯衍生物相比，前者没有表现出优越的手性识别能力[16]。

6.2.3　苯环取代基对多糖酯和苯基氨基甲酸酯性质的影响

近 30 年来，关于多糖类液相色谱手性选择剂优化主要集中在其衍生物苯环取代基的优化上。正如 Okamoto 等早期研究所报道的，多糖的芳香酯和氨基甲酸酯表现出非常强的手性识别能力[13-15]，在苯环的适当位置引入给电子取代基或吸电子取代基时，这些性质会得到明显改善[18,19]。因为取代基对纤维素衍生物中羰基基团的电子密度有显著影响，所以含给电子取代基（如烷基）的苯甲酸衍生物比含吸电子取代基（如卤素或三氟甲基）的苯甲酸衍生物具有更高的识别能力。给电子甲氧基没有增加纤维素酯的识别能力，这可能是由取代基本身的高极性所致。在纤维素苯甲酸酯中，4-甲基苯甲酸酯表现出较强的手性识别能力[18]。硅胶表面的涂布材料已商品化，以 Chiralcel™ OJ（Daicel）、Lux™ Cellulose-3（Phenomenex）和 Chiral ART Cellulose-SJ（YMC）命名，并被用于多种手性化合物在分析和制备规模上的对映体分离。与纤维素苯甲酸酯相比，淀粉苯甲酸酯的对映体识别能力明显较弱，这可以通过淀粉衍生物构象稳定性较低，可能形成各种构象异构体来解释。有报道称，将选择剂涂布在硅胶上时，可通过添加剂控制纤维素4-甲基苯甲酸酯的识别能力[20]。

纤维素和淀粉的苯基氨基甲酸酯手性选择剂的结构见图6.1。纤维素苯基氨基甲酸酯衍生物的对映体拆分能力明显依赖于苯环上的取代基[19]。10种测试用外消旋化合物的结构如图6.2所示，与无取代基的纤维素衍生物相比，芳香基团4位含有卤素等吸电子取代基或烷基等给电子取代基的苯基氨基甲酸酯具有更好的手性识别性能[19]。取代基影响多糖苯基氨基甲酸酯的氨基端的电子密度，从而影响其与手性分析物的相互作用。当苯环上引入吸电子取代基时，氨基甲酸酯基团上NH质子的酸性增强。因此，大多数具有吸电子取代基的分析物的保留时间之所以增加，是因为它们可能通过与NH基团的氢键，和选择剂发生相互作用。相反，当苯环上带有给电子取代基时，氨基甲酸酯基团中羰基氧处的电子密度增加。随后，具有给电子取代基的分析物可能与这类纤维素衍生物发生强烈的相互作用。可以观察到，在苯环上含有较强极性取代基的纤维素苯基氨基甲酸酯，如硝基或甲氧基等时，表现出较低的手性识别能力。这些极性基团由于远离手性葡萄糖单元，与手性分析物发生非对映选择性作用。因此，为了增强纤维素苯基氨基甲酸酯的识别能力，不应在苯环中引入极性取代基[19]。考虑到手性选择剂与分析物的结合强度和选择剂的手性识别能力并不存在先验关系，因此必须慎重考虑纤维素苯基氨基甲酸酯的上述定量关系。然而，分析物与手性选择剂之间的相互作用是（对映选择性）识别的一个基本前提。因此，外消旋体对多糖苯基氨基甲酸酯中氨基甲酸酯基团的亲和力与这些物质的手性识别能力之间可能存在一定的相关性。

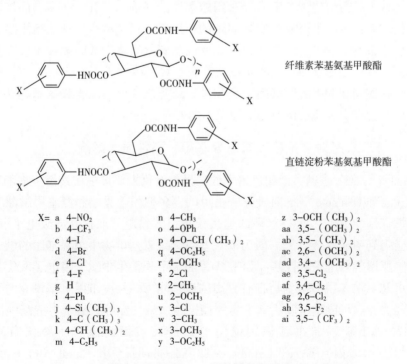

图6.1 纤维素和淀粉的三-（苯基氨基甲酸酯）衍生物结构

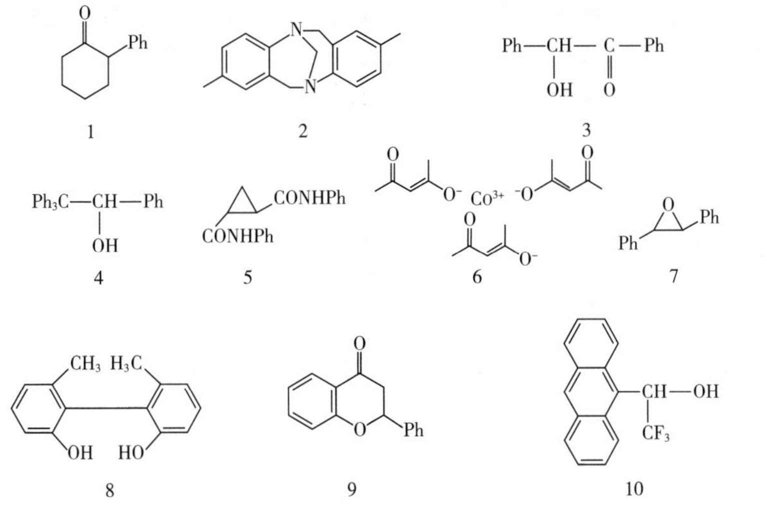

图 6.2　用于多糖衍生物手性识别能力评价的 10 种测试用外消旋化合物的结构

在早期的研究中已经观察到，苯环上取代基的性质和位置会显著影响多糖苯基氨基甲酸酯的手性识别能力。因此，大多数纤维素的邻位取代衍生物具有较低的手性识别能力，而间位和对位取代基的衍生物具有相当普遍的手性识别能力。对于淀粉苯基氨基甲酸酯（图 6.1），在苯环上引入甲基或氯取代基也提高了其手性识别能力[20]。尽管纤维素和淀粉的苯基氨基甲酸酯衍生物在取代基性质和位置上存在一定差异，但这两种多糖苯基氨基甲酸酯衍生物中最有用的手性选择剂是三（3,5-二甲基苯基氨基甲酸酯）衍生物。纤维素三（3,5-二甲基苯基氨基甲酸酯）被涂布到硅胶上，由 Daicel 公司以 Chiralcel™ OD 商品化、Phenomenex 公司以 Lux™ cellulose-1 商品化、YMC 公司以 Chiral ART Cellulose-C 商品化、Eka Nobel 公司以 CelluCoat™ 商品化，以及其他几家公司的商品化。直链淀粉三（3,5-二甲基苯基氨基甲酸酯）被涂布到硅胶上，由 Daicel 以 Chiralpak™ AD 商品化、Phenomenex 以 Lux™ Amylose-1 商品化、YMC 以 Chiral ART Amylose-C 商品化、Eka Nobel 以 AmyCoat™ 商品化，以及其他几家公司的商品化。

在纤维素和淀粉的苯基氨基甲酸酯衍生物中，相邻葡萄糖单元的相邻氨基甲酸酯基团之间存在分子内氢键。因此，苯环上的取代基不仅影响这些多糖衍生物的手性识别能力，而且影响其在多种有机溶剂中的溶解度，并影响多糖更有序的二级结构。多糖苯基氨基甲酸酯被物理涂布到硅胶上后用作液相色谱手性选择剂，因此为了溶解并涂布到硅胶上，多糖苯基氨基甲酸酯必须具备在某些溶剂中的溶解性。另外，用作液相色谱涂布型手性柱中手性选择剂的多糖衍生物，必须不溶于用作液相色谱洗脱剂的溶剂。例如，与纤维素三（3,5-二甲基苯基氨基甲酸酯）相比，纤维素三（3,5-二氯苯基氨基甲酸酯）对 10 种外消旋化合物具有更好的手性识别能力（图 6.2）[19]。然而，纤维素三（3,5-二氯苯基氨基甲酸酯）在正己烷/2-丙醇混合溶剂中有显著溶解性，使其不能用作正相色谱中涂布型色谱柱的手性选择剂，而纤维素三（3,5-二甲基苯基氨基甲酸酯）成为液相色谱中最佳的手性选择剂之一。

与低相对分子质量手性选择剂相比，手性分析物与多糖等聚合型手性选择剂的相互作用可能是一个相当缓慢的过程，这可能会导致液相色谱谱带明显展宽。因此，对于多糖类手性选择剂来说，有序二级结构以及与手性分析物存在均一的相互作用位点是其非常重要的特性。多糖苯基氨基甲酸酯的氨基甲酸酯基团具有双重功能：①是最可能与手性分析物相互作用的位点；②由于参与分子内氢键的形成，相同的氨基甲酸酯基团显著决定了多糖衍生物在某些有机溶剂中的溶解性以及它们的高阶结构（即吸附位点的均一性）。由于上述两种性质对于液相色谱的手性选择剂是可取的，多糖苯基氨基甲酸酯在游离氨基甲酸酯基团（可与手性分析物相互作用）和参与分子内氢键形成的氨基甲酸酯基团（使得多糖苯基氨基甲酸酯在液相色谱洗脱液中有低溶解性，以及保证吸附位点的均一性）之间具有良好的平衡，是最有前途的手性选择剂[21-25]。

多糖苯基氨基甲酸酯的相邻氨基甲酸酯基团间氢键的存在，可以通过测量苯基氨基甲酸酯 NH 区的红外光谱进行证实[22-25]。测量结果表明，苯环上的给电子取代基促进氨基甲酸酯基团形成分子内氢键，而苯环上的吸电子取代基则会抑制分子内氢键的形成。这可能是纤维素三（3,5-二氯苯基氨基甲酸酯）在正己烷/2-丙醇混合溶剂中溶解度较高的原因。20 世纪 90 年代初，基于上述思想，开发了同时含有吸电子和给电子取代基的纤维素和淀粉苯基氨基甲酸酯新系列衍生物（图 6.3），目的是形成参与分子内氢键的氨基甲酸酯基团以及可与手性分析物相互作用的游离 NH 基团之间的良好平衡[22-25]。

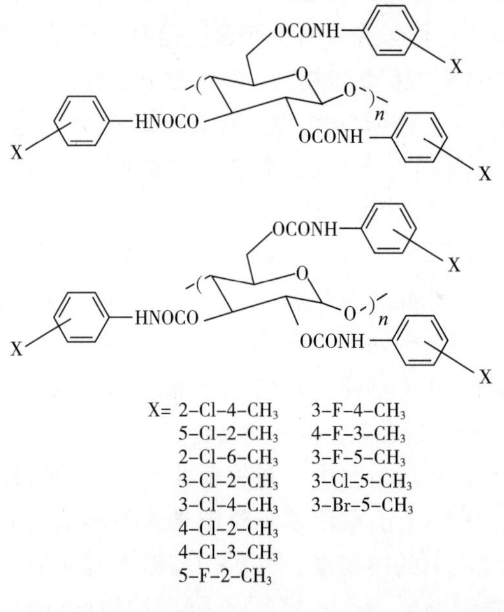

纤维素苯基氨基甲酸酯

直链淀粉苯基氨基甲酸酯

X= 2-Cl-4-CH₃   3-F-4-CH₃
5-Cl-2-CH₃   4-F-3-CH₃
2-Cl-6-CH₃   3-F-5-CH₃
3-Cl-2-CH₃   3-Cl-5-CH₃
3-Cl-4-CH₃   3-Br-5-CH₃
4-Cl-2-CH₃
4-Cl-3-CH₃
5-F-2-CH₃

图 6.3　纤维素和淀粉的三-卤素甲基苯基氨基甲酸酯衍生物的结构

对纤维素衍生物进行了初步研究。傅里叶转换红外光谱（FTIR）提供了多糖苯基氨基甲酸酯中两类 NH 基团比例的清晰信息，被用作确定新合成的衍生物是否为最具潜力的手性选择剂的诊断工具 [图 6.4（a）]。如图 6.4（b）所示，衍生物 1a 被表征具有平衡的游离氨基甲酸酯基团和分子内氢键氨基甲酸酯基团的比例，因此被认为是最具潜力的手性选择剂[23]。图 6.4（c）所示，同一衍生物的电子圆二色谱（ECD）清楚地表明，衍生物 1a 可能具有最有序的二级结构，具有与手性分析物均一作用的位点。文献报道这些新材料的光谱性质与色谱性能之间具有良好的相关性[23]。

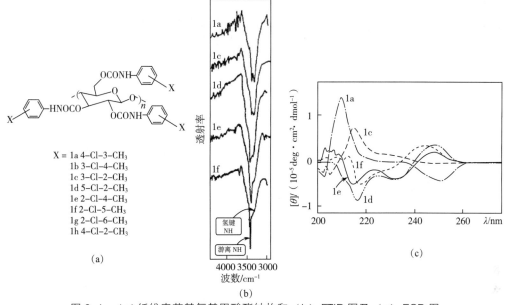

图 6.4 （a)纤维素苯基氨基甲酸酯结构和（b）FTIR 图及（c）ECD 图

[资料来源：Elsevier from ref. 23© 1994]

探索了适用于淀粉衍生物的多糖苯基氨基甲酸酯类液相色谱手性选择剂设计合成策略 [图 6.5（a）]。FTIR 证明衍生物 1e 将是所有新衍生物中最具潜力的手性选择剂 [图 6.5（b）]。值得注意的是，纤维素和淀粉系列中最具潜力的手性选择剂的取代模式有很大不同。文献报道纤维素和淀粉的苯基氨基甲酸酯分别具有左旋 3/2 和 4/3 螺旋构象。它们螺旋结构的差异可能导致取代基对其手性识别作用的差异[14]。与上述纤维素衍生物类似，淀粉衍生物 1e 的 ECD 峰最强，表明其二级结构高度有序，与手性分析物的作用位点均一 [图 6.5（c）]。这反映在图 6.6 所示的液相色谱分离中[24]。

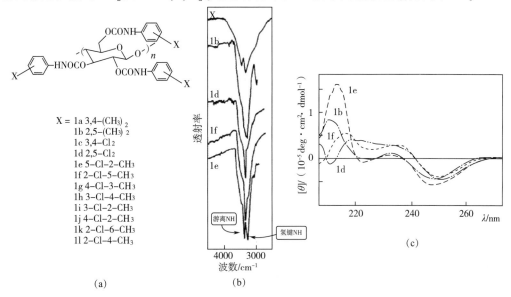

图 6.5 （a)直链淀粉苯基氨基甲酸酯结构和（b）FTIR 图及（c）ECD 图

[资料来源：Elsevier from ref. 24© 1995]

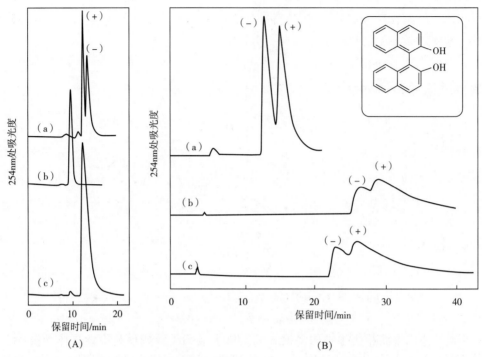

图 6.6　（A）乙酰丙酮钴（Ⅲ）和（B）2,2′-二羟基-1,1′-联萘在
（a）直链淀粉三（5-氯-2-甲基苯基氨基甲酸酯）、（b）直链淀粉三（2,5-二甲基苯基氨基甲酸酯
和（c）直链淀粉三（2,5-二氯苯基氨基甲酸酯）上的对映体分离

[资料来源：Elsevier from ref. 24© 1995]

　　Yamamoto 和 Okamoto 在文献[26] 中总结，同时含有给电子和吸电子取代基的纤维素和淀粉苯基氨基甲酸酯衍生物比只含有给电子或吸电子取代基的衍生物具有更普遍的手性识别能力。对其中一些材料的早期筛查清楚地表明它们具有与现有材料互补的手性识别能力[27]。随后，以此为基础，德国、美国、日本等国几家液相色谱手性色谱柱的主要供应商将其中一些材料商品化。例如，基于纤维素三（3-氯-4-甲基苯基氨基甲酸酯）的手性固定相分别以 Sepapak™-2（Sepaserve）、Lux™ Cellulose-2（Phenomenex）和 Chiralcel™ OZ（Daicel）被商品化；基于纤维素三（4-氯-3-甲基苯基氨基甲酸酯）的材料，以 Sepapak™-4（Sepaserve）和 Lux™ Cellulose-4（Phenomenex）被投入市场，基于直链淀粉三（5-氯-2-甲基苯基氨基甲酸酯）的色谱柱有 Sepapak™-3（Sepaserve）、Lux™ Amylose-2（Phenomenex）和 Chiralpak® AY（Daicel）。目前，含有上述多糖类选择剂共价固定化在硅胶载体上的市售色谱柱主要来自 Daicel/Chiral Technologies，也有一些来自 Phenomenex。

　　Okamoto 等[27-29] 开发了另外一种将不同性质的取代基与手性选择剂结合的方法。利用多糖化合物的区域选择性衍生化策略，成功地制备了在吡喃葡萄糖单元的对位（邻位和间位）具有二甲苯基和二氯苯取代基的纤维素和淀粉衍生物。除了不同苯基氨基甲酸酯的组合外，还成功地将氨基甲酸酯基团和苯甲酸酯基团与同一个多糖化合物结合以及在淀粉的吡喃葡萄糖单元 2、3、6 位分别与 3 个不同取代基结合[30]。与现有材料相比,区域选择性取代的衍生物同样具有选择性,但对手性分析物的覆盖较低。因此,这些难制备的材料没有进一步被商品化。

6.3　载体对多糖类手性固定相性质的影响

具有对映选择性的手性选择剂是分离系统的主要组成部分。若手性选择剂和手性分析物之间没有对映选择性相互作用,对映体的分离在概念上是不可能的。对于相对分子质量高的手性选择剂,其化学性质不仅有助于识别热力学选择性,而且在很大程度上有利于流动相与固定相之间的传质。然而,惰性载体的性质和形态也是影响分离过程微观和宏观动力学、色谱柱渗透性、色谱峰分辨率和分离速度的关键因素。

多糖材料可以作为微球用于对映体的分离,即不用被涂布于任何惰性载体上[31-33]。与含有约 80% 惰性载体的材料相比,这类材料理论上可以提供更高的分离选择性和更高的负载能力。然而,实验结果显示,有机微球具有不利的传质特性,即使对于对映体的制备级分离也不适用。2008 年,有报道称基于多糖苯基氨基甲酸酯的有机-无机杂化微球有更好的机械和压力稳定性[33]。在过载实验中,此种材料与涂布在硅胶上的衍生物相比显示出更高的承载能力。然而,由于多糖衍生物被广泛应用于分析级和制备级对映体分离,没有涂布在载体上的多糖衍生物的性能特征尚不能被接受。

对于多糖类手性选择剂,应用最广泛的色谱载体是多孔球形硅胶,适用于粒径范围为 3~7μm 的分析色谱柱,适用于粒径范围为 5~20μm 的制备色谱柱。填装其他惰性载体如氧化锆[34]、氧化钛、氧化镁[35]、锆化和钛化硅胶[36] 以及有机材料[37] 的多糖基色谱柱也有报道,但这些材料与硅胶相比并不具有任何明显优势。

除了颗粒载体,整体硅胶[38,39] 和表面多孔硅胶(SPS,核壳粒子)也可以作为多糖类手性固定相的惰性载体[41-45]。整体硅胶材料具有背压低、流动相线性流速对塔板数(分离效率)影响较小等优点,这种组合使得分离速度非常快。2003 年有文献报道了第一个基于多糖衍生物的手性整体柱[38]。由市售的非手性整体柱原位涂布纤维素三(3,5-二甲基苯基氨基甲酸酯)制备而成的色谱柱使 2,2,2-三氟-1-(9-蒽基)乙醇对映体在 30s 内达到基线分离(图 6.7)。涂布型多糖基整体柱存在稳定性相对较低的缺点,并不是所有的流动相都与这样的色谱柱兼容。因此,人们开发了一种将纤维素三(3,5-二甲基苯基氨基甲酸酯)原位共价固定化在整体硅胶上的技术[39]。目前,各种多糖基手性选择剂固定化技术可以应用于整体硅胶的原位共价改性。因此,整体硅胶材料作为多糖基手性选择剂的惰性载体具有一定的优势。然而,目前市售整体硅胶的形态并不完全适合制备多糖基手性柱。而且,对这种材料进行充分的原位改性和对整体硅胶的表征并不容易。因此,基于整体硅胶制备多糖基手性柱用于对映体的快速分离是可能的，但这些色谱柱在流动相高流速下还不能提供可观的塔板数。

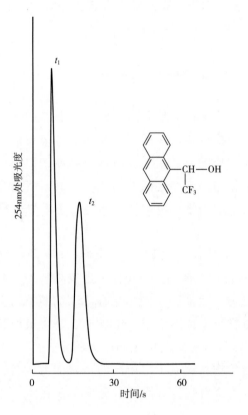

图 6.7　2,2,2-三氟-1-（9-蒽基）乙醇对映体在 6.6%（质量分数）
纤维素三（3,5-二甲基苯基氨基甲酸酯）涂布改性整体硅胶柱上的快速分离

［资料来源：the Chemical Sociecy of Sapan from ref. 38© 2003］

与全多孔硅胶相比，表面多孔硅胶具有以下优点：更短的扩散路径、更高的柱效以及色谱柱性能对流动相流速更低的依赖性。这主要是由于传质阻力降低（Van Deemter 方程中的 C 项较小）[40]。也有研究表明，表面多孔硅胶材料更均匀的粒径分布显著提高其在液相色谱分离中获得的塔板数。2012 年报道了第一个基于表面多孔硅胶的基于多糖的手性固定相[41]。该色谱柱为一些手性分析物对映体分离提供了较高的塔板数以及较短的分析时间（图 6.8）。表面多孔硅胶手性柱的优势在流动相较高的流速下尤为明显（图 6.9）。此外，表面多孔硅胶与整体硅胶相比更容易改性，因此所制备的手性固定相更容易表征。最近的研究报道了基于表面多孔硅胶的基于多糖的手性固定相的进一步发展，特别是多糖衍生物与多孔硅胶表面的共价连接[43]、对映体在几秒内的基线和高效分离（图 6.10）[45]，以及基于表面多孔硅胶颗粒的分段手性-非手性色谱柱的应用[45]。

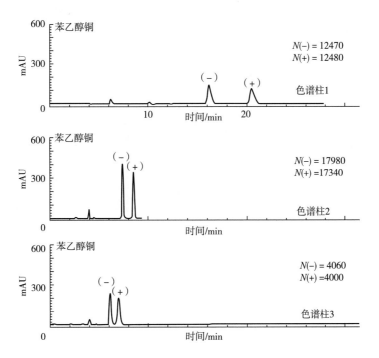

图6.8 苯乙醇铜对映体在市售手性色谱柱 Lux™ Cellulose 4（色谱柱1）
以及分别用6.8%和5.6%（质量分数）纤维素三（4-氯-3-甲基苯基氨基甲酸酯）涂布表面多孔
硅胶（色谱柱2）和全多孔硅胶（色谱柱3）制备的实验色谱柱上的分离

［资料来源：Elsevier from ref. 41© 2012］

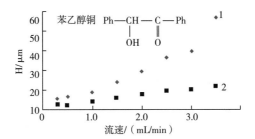

图6.9 苯乙醇酮对映体在市售手性色谱柱 Lux™ Cellulose 4（色谱柱1）
以及用6.8%（质量分数）纤维素三（4-氯-3-甲基苯基氨基甲酸酯）涂布表面多孔
硅胶制备的实验色谱柱（色谱柱2）上的 Van Deemter 相关性

［资料来源：Elsevier from ref. 41© 2012］

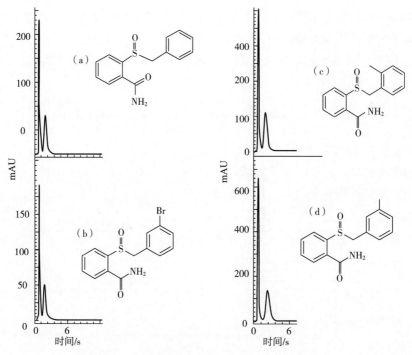

图 6.10　（a）2-（苯甲基亚砜基）苯甲酰胺、（b）2-(3-溴苯甲基亚砜基)苯甲酰胺、
（c）2-(2-甲基苯甲基亚砜基)苯甲酰胺和
（d）2-(3-甲基苯甲基亚砜基)苯甲酰胺对映体的快速分离

注：这些分离是在 70℃、流速为 4.5mL/min 的乙腈，10m×2mm 的填充了
粒径为 2.6μm、孔径为 20nm、含 5.0%（质量分数）手性选择剂的表面多孔硅胶的
手性柱中进行的。在 200nm 和 160Hz 检测器频率下记录色谱图。

6.4　手性固定相的优化

手性固定相的两个主要组成部分，手性选择剂和惰性载体可以通过多种方式结合。最初的方法是将多糖衍生物涂布在载体表面（大多数情况下是多孔硅胶）。这种方法的主要优点是，由于不需要手性选择剂和载体之间的共价作用，可以使用多糖的三衍生物（即糖单元的所有羟基都被衍生化）。而且，涂布是一个相对容易的过程，不需要预先活化多糖衍生物或载体表面。此外，手性固定相中手性选择剂的含量可以很容易地调节。但涂布型手性固定相的主要缺点是其溶剂稳定性有限。为此，在过去的几十年里，人们一直在努力开发可接受的方法，将多糖衍生物共价固定化在硅胶表面，而不会对材料性能造成显著损害。

1987 年首次报道了多糖衍生物在硅胶表面的共价固定化方法[46]。在这项开创性的工作中，以二异氰酸酯为交联剂，将含有少量未衍生化羟基的纤维素衍生物与 3-氨丙基功能化硅胶连接，二异氰酸酯与纤维素的羟基和硅胶上的氨基发生了反应。后来，Minuillon 等认识到，二异氰酸酯型间隔物不仅可以将多糖衍生物共价连接到预先活化的硅胶表面，还可以将不同纤维素链上的羟基交联，从而将多糖衍生物固定到硅胶表面[47]。Okamoto 等报道了通过二异氰酸酯间隔物对多糖衍生物进行区域选择性固定后，所得到的手性固定相与未经区域选择性固定的手性固定相相比，具有更好的手性识别能力[48]。但是，采用上述方法得到的手性固定相与涂布型手性固定相相比，其对映体拆分能力有一定程度降低。

Kimata 等首先报道了通过自由基共聚将纤维素 4-乙烯基苯甲酸酯固定在改性硅胶上[49]。在这种方法中，纤维素 4-乙烯基苯甲酸酯被涂布在丙烯酰基功能化的硅胶上。随后，将分散在溶剂中的涂布型硅胶在过氧化苯甲酰等自由基引发剂存在下加热。手性固定相可与含有二氯甲烷或四氢呋喃的洗脱剂一起使用，但与传统的涂布型手性固定相相比，其对映选择性较低。由于纤维素衍生物沿高分子链含有大量的苯乙烯基，其有序的结构可能在固定化过程中受到破坏。Minuillon 等[47,50] 开发了一种很有潜力的方法，即将多糖衍生物共价固定化在硅胶表面，其基础是在多糖结构中引入 10-十一烯酰基和苯基氨基甲酸酯。在 α,α'-偶氮二异丁腈（AIBN）存在和无溶剂条件下，通过热处理在硅胶表面实现共价键合。基于被固定在烯丙基硅胶、封端硅胶、未处理硅胶、氧化铝、石墨等各种载体上的多糖衍生物几乎等量的事实，作者总结出不同多糖链之间相互交联是固定化的主要机理。然而，这些材料都尚未商品化。

Zou 等利用甲苯-2,4-二异氰酸酯等双功能试剂制备了固定化多糖衍生物[51]。与涂布型手性固定相相比，这些手性固定相的手性识别能力有一定程度的降低，特别是当为了达到较高固定化率而大量使用交联剂时。在这种情况下，多糖衍生物与硅胶之间的大量化学键可能会破坏多糖的有序高阶结构，而有序结构被认为是高识别能力的前提。

为了防止多糖衍生物的有序结构受到破坏，淀粉仅在还原末端与硅胶发生化学键合[52]。所得材料表现出与常规涂布型手性固定相相当的识别能力。但该方法只能用于淀粉衍生物，而且制备过程相当复杂。

近十几年来，较早提出的将多糖衍生物共价固定在硅胶上的自由基共聚方法[49] 被进一步优化后，手性固定相具有与涂布型手性固定相相当的性能[14,53,54]。

Francotte 等报道，尽管研究中的多糖衍生物不含任何光聚合基团，但通过紫外光照射，多糖三聚体衍生物可以固定在硅胶上[55,56]。作者对其固定化机理尚不清楚，但根据我们的研究，其机理是多糖衍生物在紫外光照射下通过减氢产生聚合物自由基。这些聚合物自由基重新组合产生交联多糖衍生物，该衍生物不溶于用作液相色谱流动相的大部分溶剂。这些固定化的手性固定相可以通过选择合适的洗脱剂分离大部分外消旋体。

Chankvetadze 等提出了一种将含有少量未衍生化羟基的纤维素衍生物固定在 γ-缩水甘油醚丙基功能化硅胶上的方法[57]。这种方法的优点包括制备灵活的共价固定衍生物和方便的反应条件（不需要加热或使用干燥的溶剂）。

通过进一步优化 Zou 等[58] 最初提出的方法，Okamoto 等通过在多糖衍生物中引入 1%~2%的三乙氧基硅烷基进行分子间缩聚，建立了一种高效的固定化方法[59,60]。这种固定化方法的明显优点是保留了多糖衍生物的高阶结构，因为通过少量三乙氧基硅烷基团可以有效地将衍生物固定在硅胶上，使衍生物交联度降低。因此，固定化手性固定相表现出与常规涂布型手性固定相同样强的识别能力。作者认为，该固定化方法还具有工艺简单、固定化率高、所得手性固定相手性识别能力强，并适用于各种多糖衍生物等优点[61]。

今天，具有普遍溶剂兼容性的固定化手性固定相可从 Daicel/Chiral Technologies（例如，以 Chiralpak™ IA、Chiralpak™ IB、Chiralpak™ IC 等商品化）、Phenomenex（Lux i-Cellulose-5、Lux i-Amylose-1）和 YMC（Chiral ART Amylose-SA、Chiral ART Cellulose SB 等）购得。这些固定化手性固定相与多种流动相溶剂兼容，并且在替代选择性、对映体洗脱顺序调整以及分析物在与手性固定相兼容溶剂中的溶解性等方面都非常有用。这些优点对于新型手性固定相在分析和制备中的应用具有重要意义。以化学方式涂布和共价固定在硅胶表面的手性选择剂非常相似，但它们的手性识别能力有较大差异。当解释含有"相同"手性选择剂涂布或共价固定在硅胶表面的手性固定相之间对映体分离的显著差异时，忽略这一点会导致误解。因此，某些外消旋化合物的对映体可以用含有涂布型手性选择剂的手性固定相来拆分，而不能用含有共价固定式"相同"手性选择剂的手性固定相来拆分，反之亦然[62]。此外，报道了纤维素及（3,5-二甲基苯基氨基甲酸酯）直链淀粉的涂布型和共价固定式之间对映体洗脱顺序的转变[63]。最近在直链淀粉三（3-氯-5-甲基苯基氨基甲酸酯）的涂布型和共价固定式之间也观察到了同样的现象（图6.11）。涂布和共价固定多糖衍生物的不同构象或刚度可能是导致其手性识别差异的原因。

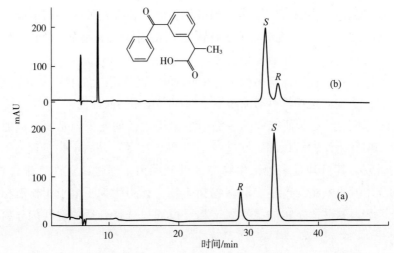

图 6.11　酮洛芬（R/S=1/2）在（a）涂布型和（b）共价固定式
直链淀粉三（3-氯-5-甲基苯基氨基甲酸酯）手性选择剂色谱柱上的对映体分离
注：色谱柱尺寸为 4.6mm×250mm。流动相为正己烷、乙醇、
甲酸混合液（98∶2∶0.1,体积比），流速为 1mL/min。紫外检测波长为 220nm。

6.5 流动相优化

涂布在硅胶表面的多糖类苯基氨基甲酸酯衍生物最初被提议用于正相洗脱的对映体分离[14]。然而，Hesse 和 Hagel 已经在他们的开创性工作（参考文献[7]）中采用乙醇作为三乙酸纤维素的主要流动相。此外，Okamoto 等在首次发表这些材料时提出了水相乙腈作在作为一种可能但潜力不大的多糖类苯基氨基甲酸酯流动相方面的应用[13]。后两种流动相与多糖类手性固定相的兼容性在后来被恢复[64,65]。目前，多糖类手性固定相可用于烃-醇条件（正相模式）、水-有机条件（反相模式）和极性有机流动相分离条件（极性有机模式）。这些模式在特定应用中都有其优势。例如，烃-醇流动相比水-有机流动相更适合药物分析和对映体制备分离，而后者在生物分析应用和质谱联用方面具有优势。极性有机流动相在快速分析和制备分离方面具有吸引力。手性色谱柱在三种不同模式流动相条件下的适用性是一个重要的优势，使得多糖类手性固定相具有很强的通用性。一些公司（如 Phenomenex）提供了这种通用的多糖类手性色谱柱，经过适当平衡后可以用于上述所有模式以及超/亚临界流体色谱（SFC）。其他公司（如 Daicel）更倾向于为每种分离模式提供一种专用色谱柱。

从下面的例子可以看出正确选择流动相的重要性。纤维素三（3,5-二氯苯基氨基甲酸酯）是 20 世纪 80 年代合成的，这种材料的高手性识别能力在首次筛查实验中已经凸显[19]。但由于纤维素衍生物溶解于正己烷/2-丙醇混合溶剂中，该溶剂被认为是多糖衍生物的主要流动相，因此使得基于纤维素衍生物材料的手性色谱柱长期不能被商品化[13]。后来，使用水-有机洗脱液[66] 或极性有机流动相[65,67,68] 的研究普遍说明了这种材料的高手性识别能力。随后，基于纤维素三（3,5-二氯苯基氨基甲酸酯）涂布硅胶的手性色谱柱于 2005 年以 Sepapak™-5（德国 Sepaserve）被商品化。文献报道，这种手性固定相对于一些手性分析物具有极高的对映选择性（图 6.12）[67]。后来 Daicel/Chiral Technologies、Phenomenex 和 YMC 将这种手性选择剂的共价固定模拟物商品化。许多刊物报道了多糖类手性固定相在水-有机[69] 流动相和极性有机流动相分离中的应用[70-72]。手性色谱柱在使用水和非水洗脱液时都具有分离能力的优点，这对于化学和制药工业的直接过程监测尤为重要（图 6.13)[73]。下面讨论不同流动相和流动相改性剂对多糖类手性固定相分离对映体的具体影响。

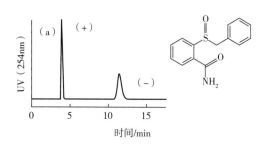

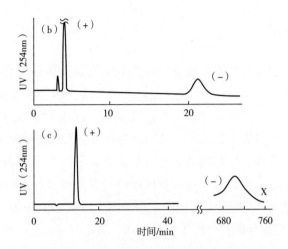

图6.12　分别以（a）甲醇、（b）乙醇和（c）正丙醇为流动相，流速为1mL/min，
在Sepapak™-5上分离2-（苯甲基亚砜基）苯甲酰胺

［资料来源：Chemical society of Japan from ref. 67© 2000］

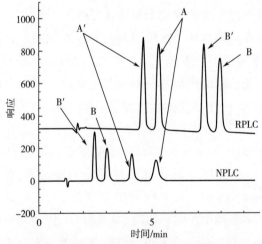

图6.13　用Sepapak™-4在正相（NPLC）和反相（RPLC）条件下
分离手性原始材料（化合物B）和反应产物（化合物A）

注：A和A′，化合物A的对映体；B和B′，化合物B的对映体。

［资料来源：Elsevier from ref. 72© 2010］

6.6　分离规模

微型化是当前分离科学的一个非常重要趋势。微型化分离具有手性固定相、流动相和样品用量少，灵敏度高，易与质谱联用，环境污染小，成本低等优点。此外，微型化色谱柱更适合于色谱柱联用技术和并行分析。自从毛细管电泳（CE）和毛细管电色谱（CEC）分离的商品化仪器问世以来，微型化手性分离方法得到了非常迅速的发展。这些技术不是本章的主题，但它们极大地促进了具有无死体积样品进样和无死体积样品检测性能的仪器发展[74-83]。多糖类手性开管柱[73,74]、颗粒式[76,80] 和整体式[81-84] 填充毛细管柱的应用已有报道。只需不到100nL流动相即可实现对映体的快速分离[80] 见图6.14。

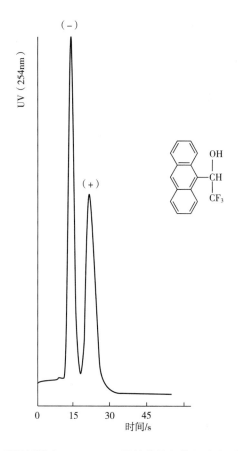

图 6.14　采用纤维素三（3,5-二甲基苯基氨基甲酸酯）涂布改性的
整体硅胶毛细管色谱柱快速分离 2,2,2-三氟-1-（9-蒽基）乙醇对映体

[资料来源：Wiley-VCH from ref. 80© 2004]

手性分离的另一种趋势是将分离提升到制备和生产水平。在获取对映体纯的手性化合物方面，色谱方法与合成方法相比，具有开发时间短、最终产物的对映体纯度高、两种对映体均可获得等优点。此外，杂质也可以在对映体分离过程中从产物中除去。多糖类手性色谱柱除了具有普适性（从手性分析物的覆盖范围和与不同流动相的兼容性来看）外，在制备分离方面的主要优势是手性固定相[85,86] 的高负载量可直接转化为高工艺生产效率。

6.7　多糖类液相色谱手性柱的选择应用

通过各种多糖类手性柱拆分的手性化合物扩展名单已在以往的研究和综述论文中发表[14,63,64,66,68,85-87]。因此，本节重点讨论以下几个方面：色谱柱与不同种类流动相的兼容性、化学选择性和对映选择性的联合作用，分离与对映体洗脱顺序的互补关系，分离温度和流动相改性剂对对映体分离的影响。

手性柱与不同种类流动相的兼容性对筛查方法尤为重要。由于多糖类手性固定相在正相、反相和极性有机流动相条件下表现出互补的对映体拆分能力，因此在这些流动相条件下对指定柱的筛查显著提高了筛查成功率。

大多数早期的手性柱表现出良好的对映选择性，但化学选择性不足。为了解决这个问题，过去在生物分析或药物应用中经常采用非手性-手性柱联用。一些较新的多糖类手性柱将对映选择性和显著化学选择性结合在一起，这在分析具有多个手性中心的手性化合物，或同时分离手性药物及其手性杂质或代谢物时非常需要。图 6.15 阐述了顺式-地尔硫卓与其杂质顺式-N-去甲基地尔硫卓混合物在两个手性柱上的分离。其中一个色谱柱 Lux™ Cellulose-1 对特定混合物只有对映选择性，而另一个色谱柱 Lux™ Amylose-2 将对映选择性和化学选择性结合起来，即同时实现两个化合物的分离以及它们的对映体分离。文献[88-90] 描述了许多关于具有两个手性中心的手性化合物所有立体异构体分离的例子。手性环氧化合物的例子如图 6.16 所示。

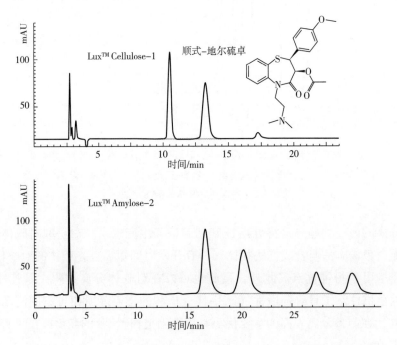

图 6.15　顺式-地尔硫卓与其杂质顺式-N-去甲基地尔硫卓混合物在
Lux™ Cellulose-1 和 Lux™ Amylose-2 上的分离

注：流动相为正己烷、乙醇、二乙胺混合液（80∶20∶0.1,体积比），流速为 1mL/min。

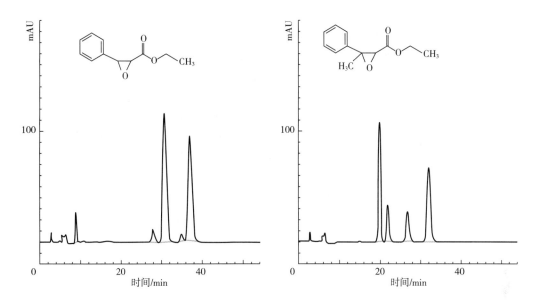

图 6.16 在 Lux™ Cellulose-4 上分离具有两个手性中心的手性环氧化合物

注:流动相为正己烷、2-丙醇混合液（99.5∶0.5,体积比）,流速为1mL/min。

对映体洗脱顺序是对映体选择性分析和纯化的一个重要问题。然而, 对于多糖类手性固定相, 这一问题尚未有系统研究。采用相反立体构象的手性选择剂, 可以很容易地逆转 HPLC 中对映体的洗脱顺序。该方法可用于合成的手性选择剂, 但不适用于天然手性选择剂, 如环糊精、蛋白质、糖肽类抗生素或多糖等, 这些天然手性选择剂只有一种立体构象。因此, 在使用基于这类选择剂的手性固定相时, 必须寻找替代途径来逆转对映体洗脱顺序。有一个部分基于实验事实的直观假设, 对映体在纤维素苯基氨基甲酸酯和淀粉苯基氨基甲酸酯手性固定相上的洗脱顺序是相反的。然而, 这个"规则"在很多情况下并不成立。从手性识别能力角度关于多糖类手性固定相的互补性已被广泛研究, 但其在对映体洗脱顺序方面的互补性在大多数研究中尚未得到解决。图 6.17 所示色谱图从对映体洗脱顺序的角度说明了各种纤维素手性柱的互补性[92]。

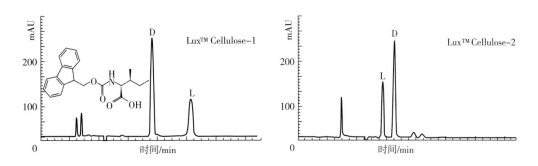

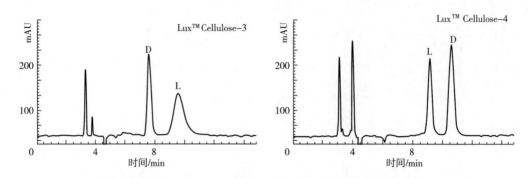

图 6.17　*N*-（9-芴甲氧羰基）（FMOC）-异亮氨酸在
各种多糖基手性柱上相反的对映体洗脱顺序

[资料来源：Elsevier from ref. 91© 2001]

多糖类手性固定相的对映体洗脱顺序不仅可以通过手性柱的变化来调节，还可以通过改变分离温度和流动相组成进行调节。对映体洗脱顺序的温度依赖性逆转是对映选择性色谱中一个常见现象，通常由熵-焓补偿效应解释[93,94]。这种效应甚至被用来计算与分析物在流动相和固定相之间转移相关的熵和焓值[95]。作者认为，这种现象学描述的普遍应用及基于它进行定量可能是不正确的。只有参与分离过程的双方没有发生可能会影响手性识别的结构变化，才能采用熵焓补偿方法。当流动相的组成或温度发生变化时，对于多糖类手性固定相（显然也对于分析物），这种先决条件是不成立的[96]。

FMOC-异亮氨酸对映体洗脱顺序的温度依赖性逆转实例见图 6.18[91]。值得注意的是，室温下对映体已经发生共洗脱。此实例还表明，应该在不同温度下对手性柱的对映体拆分能力进行筛查。

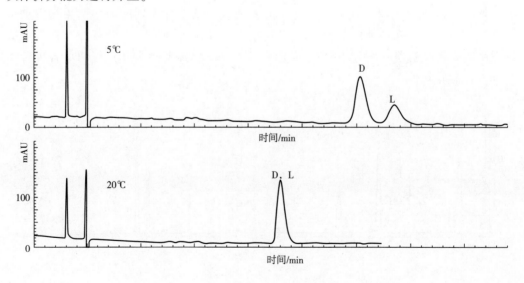

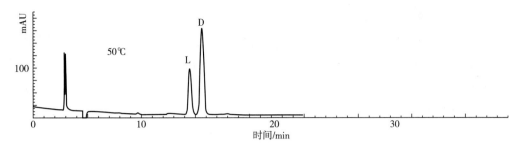

图 6.18　FMOC−异亮氨酸对映体洗脱顺序的逆转与流动相温度有关

[资料来源:Elsevier from ref. 91© 2011]

　　文献中例子还说明了对映体洗脱顺序的逆转与流动相中极性有机改性剂的性质有关[92,97,98]。更有趣的是,给定有机流动相改性剂的含量影响对映体洗脱顺序[92,96]。如图 6.19[91] 所示,这个例子也说明了,当极性有机改性剂的含量不能使对映体成功分离时,提高其含量还可能实现对映体分离。因此,研究更高浓度的流动相极性组分也是很有价值的。

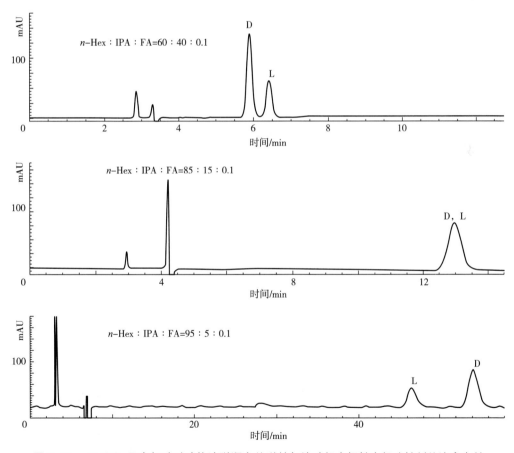

图 6.19　FMOC−异亮氨酸对映体洗脱顺序的逆转与流动相中极性有机改性剂的浓度有关

注:　n−Hex,正己烷;　IPA,　2−丙醇;　FA,甲酸。

[资料来源:Elsevier from ref. 91© 2011]

文献[90,95]报道了流动相中甲酸浓度在小范围内变化时，多糖类手性固定相上对映体洗脱顺序逆转的例子。在不同手性柱上，使用不同流动相的不同分析物，都观察到了这种效应（图 6.20）[91,96]，该效应相当普遍。对于手性药物氨氯地平，可利用该作用调节对映体洗脱顺序，从而在具有药理活性的对映体 S-氨氯地平中测定 0.1% 的 R-氨氯地平对映体杂质（图 6.21）[96]。

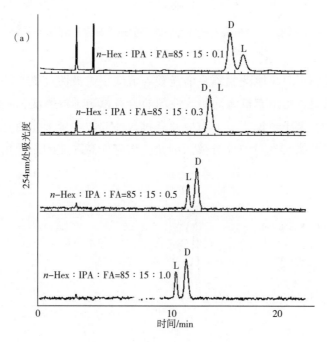

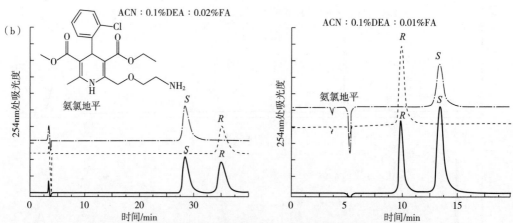

图 6.20　（a）FMOC-异亮氨酸和（b）氨氯地平对映体洗脱顺序
的逆转与流动相中甲酸的浓度有关

注：ACN，乙腈；DEA，二乙胺；n-Hex，正己烷；IPA，2-丙醇；FA，甲酸。

［资料来源：Elsevier from ref. 91© 2011 and by wiley-VCH from ref. 96© 2011］

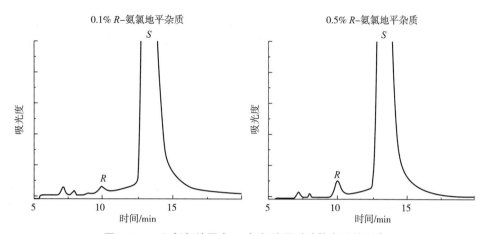

图 6.21 *S*-氨氯地平中 *R*-氨氯地平对映体杂质的测定

注: 实验条件为 Sepapak-4 色谱柱 (250mm×4.6mm),
ACN/0.1%DEA/0.01%FA (体积比), 1.0mL/min, 25℃, 240nm。

为了讨论流动相对多糖类手性柱分离对映体的影响, 与水-有机流动相相关的特性值得一提。在这种流动相条件下, 多糖类手性固定相并不总是表现得像典型的反相吸附剂一样, 而是经常像亲水作用液相色谱 (HILIC) 型吸附剂[97,98]。这一现象在参考文献[98] 中做了详细描述, 其中还给出了几个基于水-有机流动相中含水量不同导致对映体洗脱顺序逆转的例子 (图6.22)[98]。

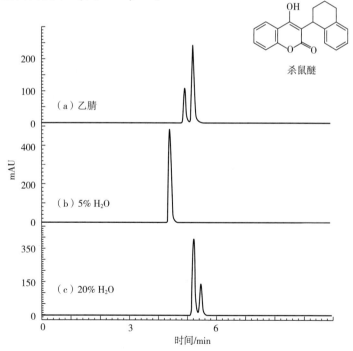

图6.22 用 (a)乙腈, (b)乙腈:水 (95:5,体积比)和 (c)乙腈:水 (80:20,体积比)
为流动相在 Lux Cellulose-1 上分离杀鼠醚对映体

注: 所有条件下流动相都包含 0.1%甲酸。

[资料来源: Elsevier from ref. 98© 2017]

本节所述效应不仅对解决对映体分离中的实际问题具有重要意义，而且对手性分离方法的开发和稳健性评估（即由于分离条件的极小变化引起灵敏度增强）也具有重要意义。此外，这些例子有助于更好地理解这些强大手性固定相用于液相对映体分离的手性识别机理。

6.8 结论与展望

在 100 多个市售手性固定相选择剂中，多糖酯类和苯基氨基甲酸酯类是最成功的，它们参与了 90% 以上手性液相色谱在分析和制备方面的应用。此外，这些材料在超/亚临界流体色谱（SFC）和毛细管电色谱的对映体分离方面非常受欢迎。未来的手性固定相应该将化学选择性和对映选择性结合。从分析物的覆盖范围和与不同流动相的兼容性来看，它们应该更具有普遍性，并且可实现高效而稳健的快速分离。在各种分离条件下仍然可观察到的分离特性，必须基于一种可靠且广泛适用的手性识别理论来理解，这些材料可以使实验现象得到正确的解释。在不久的将来，我们将看到使用现有基于多糖的手性固定相进行分离优化，以及在该材料家族中设计合成更强大的手性选择剂。

参考文献

［1］Willstätter R（1904）Über einen Versuch zur Theorie des Färbens. Ber Dtsch Chem Ges37：3758–3760.

［2］Henderson GM，Rule HG（1939）A new method of resolving a racemic compound. J Chem Soc：1568–1573.

［3］Prelog V，Wieland P（1944）Über die Spaltungder Tröger'schen Base in optische Antipoden，ein Beitrag zur Stereochemie des dreiwertigen Stickstoffs. Helv Chim Acta 27：1127–1134.

［4］Kotake M，Sakan T，Nakamura N，Senoh S（1951）Resolution into optical isomers of some amino acids by paper chromatography. J Am Chem Soc 73：2973–2974.

［5］Mayer W，Merger F（1961）Darstellung optisch aktiver Catechine durch Racemattrennung mit Hilfe der Adsorptionschromatographie an Cellulose. Liebigs Ann Chem 644：65–69.

［6］Lüttringhaus A，Hess U，Rosenbaum HJ（1967）Conformational enantiomerism. I. Optically active 4,5,6,7-dibenzo–1,2–dithia–cyclooctadiene. Z Naturforsch B 22：296–1300.

［7］Hesse G，Hagel R（1973）A complete separation of a racemic mixture by elution chroma–tography on cellulose triacetate. Chromatographia 6：277–280.

［8］Steckelberg W，Bloch M，Musso H（1968）Notiz zur Antipodentrennung von Biphenyl–derivaten durch Chromatographie. Chem Ber101：1519–1521.

［9］Krebs H，Wagner JA，Diewald J（1956）Überdie chromatographische Spaltung von Racematen Ⅲ. Versuche zur Aktivierung organischer Hydroxy–und Aminoverbindungen mit asymmetrischem C–Atom. Chem Ber 89：1875–1883.

［10］Blaschke G（1980）Chromatographic resolution of racemates. Angew Chem Inl Ed Engl 19：13–24.

［11］Francotte E，Wolf RM，Lohmann D，Mueller R（1985）Chromatographic resolution of racemates on chiral stationary phases. I. Influence of the supramolecular structure of cellulose triacetate. J Chromatogr 347：25–37.

［12］Koller H，Rimböck K–H，Mannschreck A（1983）A high–pressure liquid chromatographyon triacetylcellulose. Characterization of a sorbent for the separation of enantiomers. J Chromatogr 282：89–94.

［13］Okamoto Y，Kawashima M，Hatada K（1984）Useful chiral packing materials for high-performance liquid chromatographic resolution of enantiomers：Phenylcarbamates of polysaccharide coated on silica gel. J Am Chem Soc 106：5357-5359.

［14］Ikai T，Okamoto Y（2009）Structure control of polysaccharide derivatives for efficient separation of enantiomers by chromatography. Chem Rev 109：6077-6101.

［15］Okamoto Y，Kawashima M，Yamamoto K，Hatada K（1984）Useful chiral packing materials for high-performance liquid chromatographic resolution：cellulose triacetate and tribenzoate coated on silica gel. Chem Lett 13：739-740.

［16］IkaiT，YamamotoC，KamigaitoM，OkamotoY（2005）Enantioseparation by HPLC using phenylcarbonate，benzoylformate，p-toluenesulfonylcarbamate，and benzoylcarbamates of cellulose and amylose aschiral stationary phases. Chirality 17：299-304.

［17］Ichida A，Shibata T，Okamoto I，Yuki Y，Namikoshi H，Toda Y（1984）Resolution of enantiomers by HPLC on cellulose derivatives. Chromatographia 19：280-284.

［18］Okamoto Y，Aburatani R，Hatada K（1987）Chromatographic chiral resolution. XIV. Cellulose tribenzoate derivatives as chiral stationary phase for high-performance liquid chromatography. J Chromatogr 389：95-102.

［19］Okamoto Y，Kawashima M，Hatada K（1986）Controlled chiral recognition of cellulose triphenylcarbamate derivatives supported on silica gel. J Chromatogr 363：173-186.

［20］Yamamoto C，Yamada K，Motoya K，Kamiya Y，Kamigaito M，Okamoto Y，Aratani T（2006）Preparation of HPLC chiral packing materials using cellulose tris（4-methylbenzoate）for the separation of chrysanthemate isomers. J Polym Sci Part A Polym Chem 44：5087-5097.

［21］OkamotoY，Aburatani R，Fukumoto T，Hatada K（1987）Useful chiral stationary Phases for HPLC. Amylose tris（3,5-dimethylphenylcarbamate）and amylase tris（3,5-dichlorophenylcarbamate）. Chem Lett 16：1857-1860.

［22］Chankvetadze B，Yashima E，Okamoto Y（1993）Tris（chloro- and methyl-disubstituted phenylcarbamate）s of cellulose as chiral stationary phases for chromatographic enantioseparation. Chem Lett 22：617-620.

［23］Chankvetadze B，Yashima E，Okamoto Y（1994）Chloro-methyl-phenylcarbamate derivatives of cellulose as chiral stationary phasesfor high performance liquid chromatography. J Chromatogr A 670：39-49.

［24］Chankvetadze B，Yashima E，Okamoto Y（1995）Dimethyl-，dichloro- and chloromethyl-phenylcarbamate derivatives of amylose as chiral stationary phases for high performance liquid chromatography. J Chromatogr A 694：101-109.

［25］Chankvetadze B，Chankvetadze L，Sidamonidze S，Kasashima E，Yashima E Okamoto Y（1997）3-Fluoro-，3-bromo-，and 3-chloro-5-methylphenylcarbamates of cellulose and amylose as chiral stationary phases for HPLC enantioseparation. J Chromatog A787：67-77.

［26］Yamamoto，Okamoto Y（2004）Opticallya ctive polymers for chiral separation. Bull Chem Soc Jpn 77：227-257.

［27］Chankvetadze B，Chankvetadze L，Sidamonidze S，Yashima E，Okamoto Y（1996）High-performance liquid chromatography enantioseparation of chiral pharmaceuticals using tris（chloro-methylphenylcarbamate）s of cellulose. J Pharm Biomed Anal 14：1295-1303.

［28］Felix G（2001）Regioselectively modified polysaccharide derivatives as chiral stationary phases in high-performance liquid chromatography. J Chromatogr A 906：171-184.

［29］Kaida Y，Okamoto Y（1993）Optical resolution on regioselectively carbamoylated cellulose and amylase with 3,5-dimethylphenyl and 3,5-dichlorophenyl isocyanates. Bull Chem Soc Jpn 66:2225-2232.

[30] Kondo S, Yamamoto C, Kamigaito M, Okamoto Y(2008) Synthesis and chiral recognition of novel regiose-lectively substituted amylase derivatives. Chem Lett 37:558-559.

[31] Francotte ER, Wolf W(1991) Benzoyl cellulose beads in the pure polymeric form as a new powerful sorbent for the chromatographic resolution of racemates. Chirality 3:43-55.

[32] Ikai T, Muraki R, Yamamoto C, Kamigaito M, Okamoto Y(2004) Cellulose derivative-based beads as chiral stationary phase for HPLC. Chem Lett 33:1188-1189.

[33] Ikai T, Yamamoto C, Kamigaito M, OkamotoY(2008) Organic-inorganic hybrid materials for efficient enantioseparation using cellulose 3,5-dimethylphenylcarbamate and tetraethyl orthosilicate. Chem Asian J 3: 1494-1499.

[34] Park J-H, Whang Y-C, Jung Y-J, Okamoto Y, Yamamoto C, Carr PW, McNeff CV(2003) Separation of racemic compounds on amylase and cellulose dimethylphenylcarbamate coated zirconia in HPLC. J Sep Sci 26:1331-1336.

[35] Xu H, Zhang Y, Lu Q(2009) Polysaccharide-based chiral stationary phases and method for their preparation, US Patent application number 0216006.

[36] Seo Y-J, Kang G-W, Park S-T, Moon M, ParkJ-H, Cheong W-J(2007) Titanized or zirconized porous silica modified with a cellulose derivative as new chiral stationary phases. Bull Kor Chem Soc 28: 999-1004.

[37] Ling F, Brahmachary E, Xu M, Svec F, FréchetJMJ(2003) Polymer-bound cellulose phenylcarbamate derivatives as chiral stationary phases for enantioselective HPLC. J Sep Sci 26:1337-1346.

[38] Chankvetadze B, Yamamoto C, Okamoto Y(2003) Very fast enantioseparations in HPLC using cellulose tris(3,5-dimethylphenylcarbamate) as chiral stationary phase. Chem Lett 32:850-851.

[39] Chankvetadze B, Ikai T, Yamamoto C, Oka-moto Y(2004) High-performance liquid chromatographic enantioseparations on monolithic silica column containing covalently attached 3,5-dimethylphenylcarbamate derivative of cellulose. J Chromatogr A 1042:55-60.

[40] Guiochon G, Gritti F(2011) Shell particles, trials, tribulations and triumphs. J Chromatogr A 1218: 1915-1938.

[41] Lomsadze K, Jibuti G, Farkas T, ChankvetadzeB(2012) Comparative high-performance liquid chromatography enantioseparations on polysaccharide based chiral stationary phases prepared by coating totally porous and coreshell silica particles. J Chromatogr A 1234:50-55.

[42] Kharaishvili Q, Jibuti G, Farkas T, Chankvetadze B(2016) Further proof to the utility of polysaccharide-based chiral selectors in combination with superficially porous silica particles as effective chiral stationary phases for separation of enantiomers in high-performance liquid chromatography. J Chromatogr A 1467: 163-168.

[43] Bezhitashvili L, Bardavelidze A, Ordjonikidze T, Farkas T, Chity M, Chankvetadze B(2017) Effect of pore-size optimization on the performance of polysaccharide-based superficially porous chiral stationary phases for separation of enantiomers in high-performance liquid chromatography. J Chromatogr A 1482:32-38.

[44] Bezhitashvili L, Bardavelidze A, Mskhiladze A, Volonterio A, Gumustas M, Ozkan S, Farkas T, Chankvetadze B(2018) Application of cellulose 3,5-dichlorophenylcarbamate covalently immobilized on superficially porous silica for separation of enantiomers in ultra high-performance liquid chromatography. J Chromatogr A 1571:132-139.

[45] Khundadze N, Pantsulaia S, Fanali C, Farkas T, Chankvetadze B(2018) On our way to sub-second separa-

tions of enantiomers in high-performance liquid chromatography. J Chromatogr A 1572:37-43.

[46] Okamoto Y, Aburatani R, Miura S, Hatada K(1987) Chiral stationary phases for HPLC: cellulose tris(3, 5-dimethylphenylcarbamate) and tris(3,5-dichlorophenylcarbamate) chemically bonded to silica gel. J Liq Chromatogr10:1613-1628.

[47] Franco P, Senso A, Oliveros L, Minguillon C(2001) Covalently bonded polysaccharide derivatives as chiral stationary phases in high-performance liquid chromatography. J Chromatogr A 906:155-170.

[48] Yashima E, Fukaya H, Okamoto Y(1994)3,5-Dimethylphenylcarbamates of Cellulose and amylose regioselectively bonded to silica gel as chiral stationary phases for high-performance liquid chromatography. J Chromatogr A 677:11-19.

[49] Kimata K, Tsuboi R, Hosoya K, Tanaka N(1993) Chemically bonded chiral stationary phase prepared by the polymerization of cellulose p-vinylbenzoate. Anal Methods Instrum 1:23-29.

[50] Oliveros L, Lopez P, Minguillon C, Franco P(1995) Chiral chromatographic discrimination ability of a cellulose 3,5-dimethyl-phenylcarba-mate/10-undecenoate mixed derivative fixed on several chromatographic matrices. J Liq Chromatogr 18:152-1532.

[51] Chen X, Jin W, Qin F, Liu Y, Zou H, Guo B(2003) Capillary electrochromatographic separation of enantiomers on chemically bonded type of cellulose derivative chiral stationary phases with a positively charged spacer. Electrophoresis 24:2559-2566.

[52] Enomoto N, Furukawa S, Ogasawara Y, Akano H, Kawamura Y, Yashima E, Okamoto Y(1996) Preparation of silica gel-bonded amylose trough enzyme-catalyzed polymerization and chiral recognition ability of its phenylcarbamate derivatives in HPLC. Anal Chem 68:2798-2804.

[53] Kubota T, Yamamoto C, Okamoto Y(2004) Phenylcarbamate derivatives of cellulose and amylose immobilized onto silica gel as chiral stationary phases for high performance liquid chromatography. J Polym Sci Part A: Polym Chem 42:4704-4710.

[54] Chen X, Yamamoto C, Okamoto Y(2006) One-pot synthesis of polysaccharide 3,5-dimethylphenylcarbamates having a random vinyl group for immobilization on silica gel as chiral stationary phases. J Sep Sci 29:1432-1439.

[55] Francotte E, Huynh D(2002) Immobilized halogenphenylcarbamate derivatives of cellulose as novel stationary phases for enantioselective drug analysis. J Pharm Biomed Anal 27:421-429.

[56] Francotte E, Huynh D, Zhang T(2016) Photochemically immobilized 4-methylbenzoyl cellulose as a powerful chiral stationary phase for enantioselective chromatography. Molecules 21(12) article number 1740.

[57] Chen X, Liu Y, Qin F, Kong L, Zou H(2003) Synthesis of covalently bonded cellulose derivative chiral stationary phases with a bifunctional reagent of 3-(triethoxysilyl) propyl isocyanate. J Chromatogr A 1010:185-194.

[58] Ikai T, Yamamoto C, Kamigaito M, Okamoto Y(2006) Efficient immobilization of cellulose phenylcarbamate bearing alkoxysilyl group onto silica gel by intermolecular polycondensation and its chiral recognition. Chem Lett 35:1250-1251.

[59] Ikai T, Yamamoto C, Kamigaito M, Okamoto Y(2007) Immobilization of polysaccharide derivatives onto silica gel. Facile synthesis of chiral packing materials by means of intermolecular polycondensation of triethoxysilyl groups. J Chromatogr A 1157:151-158.

[60] Shen J, Ikai T, Okamoto Y(2014) Synthesis and application of immobilized polysaccharidebased chiral stationary phases for enantioseparation by high-performance liquid chromatography. J Chromatogr A 1363:51-61.

［61］Ghanem A,Naim L(2006)Immobilized versus coated amylase tris(3,5-dimethylphenylcarbamate)chiral stationary phases for the enantioselective separation of cyclopropane derivatives by liquid chromatography. J Chromatogr A 1101:171-178.

［62］Venthuyne N,Andreoli F,Fernandez S,Rous-sel C(2005)Reversal of elution order with immobilization of chiral selector,Poster presentation on 17th International Symposiumon Chirality,Parma,Italy,September 11-14.

［63］Tachibana K,Ohnishi A(2001)Reversed-phase liquid chromatographic separation of enantiomers on polysaccharide type chiral stationary phases. J Chromatogr A 906:127-154.

［64］Chankvetadze B,Kartozia I,Yamamoto C,Okamoto Y(2002)Comparative enantioseparation of selected chiral drugs on four different polysaccharide-type chiral stationary phases using polar organic mobile phases. J Pharm Biomed Anal 27:467-478.

［65］Chankvetadze B,Yamamoto C,Okamoto Y(2000)HPLC Enantioseparation with cellulose tris(3,5-dichlorophenylcarbamate)in aqueous methanol as a mobile phase. Chem Lett 29:352-353.

［66］Chankvetadze B,Yamamoto C,Okamoto Y(2000)Enantioseparations using cellulose tris(3,5-dichlorophenylcarbamate)in high-performance liquid chromatography in common size and capillary columns：potential for screening of chiral compounds. Comb Chem High Trough Scr 3:497-508.

［67］Chankvetadze B,Yamamoto C,Okamoto Y(2000)Extremely high enantiomer recognition in HPLC separation of racemic 2-(benzylsulfinyl)benzamide using cellulose tris(3,5-dichlorophenylcarbamate)as a chiral stationary phase. Chem Lett 29:1176-1177.

［68］Peng L,Jayapalan S,Chankvetadze B,Farkas T(2010)Reversed phase chiral HPLC and LC/MS analysis with tris(Chloromethylphenylcarbamate)derivatives of cellulose and amylose as chiral stationary phases. J Chromatogr A1217:6942-6955.

［69］Dossou KSS,Chiap P,Chankvetadze B,ServaisAC,Fillet M,Crommen J(2009)Enantiomer resolution of basic pharmaceuticals using cellulose tris(4-chloro-3-methylphenylcarbamate)as chiral stationary phase and polar organic mobile phases. J Chromatogr A 1216:7450-7455.

［70］Dossou KSS,Chiap P,Chankvetadze B,ServaisAC,Fillet M,Crommen J(2010)Optimization of chiral pharmaceuticals enantioseparation using a coated stationary phase with cellulose tris(4-chloro-3-methyl-phenylcarbamate)as chiral selector and non-aqueous polar mobile phase. J Sep Sci 33:1699-1707.

［71］Ates H,Mangelings D,Vander Heyden Y(2008)Chiral separations in polar organic solvent chromatography：updating a screening strategy with new chlorine-containing polysaccharide-based selectors. J Chromatogr B 875:57-64.

［72］Zhou L,Antonucci V,Biba M,Gong X,Ge Z(2010)Simultaneous enantioseparation of a basic active pharmaceutical ingredient compound and its neutral intermediate using reversed phase and normal phase liquid chromatography with a new type of polysaccharide stationary phase. J Pharm Biomed Anal 51:153-157.

［73］Francotte E,Jung M(1996)Enantiomer separation by open-tubular liquid chromatography and electrochromatography in cellulose-coated capillaries. Chromatographia 42:541-547.

［74］Wakita T,Chankvetadze B,Yamamoto C,Oka-moto Y(2002)Chromatographic enantioseparation on capillary column containing covalently bound cellulose(3,5-dichlorophenylcarbamate)as chiral stationary phase. J Sep Sci 25:167-169.

［75］Krause K,Girod M,Chankvetadze B,BlaschkeG(1999)Enantioseparations in normal-and reversed-phase nano-HPLC and capillary electrochromatography using polyacrylamide and polysaccharide derivatives as chiral stationary phases. J Chromatogr A 837:51-63.

[76] Meyring M,Chankvetadze B,Blaschke G(2000)Simultaneous separation and enantioseparation of thalido-mide and its hydroxylated metabolites using high performance liquid chromatography in common-size columns,capillary liquid chromatography and nonaqueous capillary electrochromatography. J Chromatogr A 876:157-167.

[77] Kawamura K, Otsuka K, Terabe S (2001) Capillary electrochromatographic enantioseparations using a packed capillary with a 3μm OD-type chiral packing. J Chromatogr A924:251-257.

[78] Fanali S,D'Orazio G,Lomsadze K,Chankve-tadze B(2008)Enantioseparations with cellulose(3-chloro-4-methylphenylcarbamate)in nano liquid chromatography and capillary electrochromatography. J Chromatogr B 875:296-303.

[79] Domínguez-Vega E,Crego AL,Lomsadze K,Chankvetadze B,Marina ML(2011)Enantiomeric separation of FMOC-amino acids by nano-LC and CEC using a new chiral stationary phase,cellulose tris(3-chloro-4-methylphe-nylcarbamate). Electrophoresis 32:2700-2707.

[80] Chankvetadze B,Yamamoto C,Tanaka N,Nakanishi K,Okamoto Y(2004)Enantioseparations on monolith-ic silica capillary column modified with cellulose tris(3,5-dimethylphenylcarbamate). J Sep Sci 27:905-911.

[81] Chankvetadze B,Kubota T,Ikai T,Yamamoto C,Tanaka N,Nakanishi K,Okamoto Y(2006)High-per-formance liquid chromatographic enantioseparations on capillary columns containing cross linked polysac-charide phenylcarbamate derivatives attached to monolithic silica. J Sep Sci 29:1988-1995.

[82] Chankvetadze B,Yamamoto C,Kamigaito M,Tanaka N,Nakanishi K,Okamoto Y(2006)High-perform-ance liquid chromatographic enantioseparations on capillary columns containing monolithic silica modified with amylase tris(3,5-dimethylphenylcarbamate). J Chromatogr A 1110:46-52.

[83] Zhang Z,Wu R,Wu M,Zou H(2010)Recent progress of chiral monolithic stationary phases in CEC and capillary LC. Electrophoresis 31:1457-1466.

[84] Francotte E(2001)Enantioselective chromatography as a powerful alternative for the preparation of drug enantiomers. J Chromatogr A906:379-397.

[85] Leek H,Thunberg L,Jonson AC,Öhlén K,Klarqvist M(2017)Strategy for large-scale isolation of enanti-omers in drug discovery. Drug Discov Today 22:133-139.

[86] Shen J,Okamoto Y(2016)Efficient separation of enantiomers using Stereoregular chiral polymers. Chem Rev 116:1094-1138.

[87] Padró JM,Keunchkarian S(2018)State-of-the-art and recent developments of immobilized polysaccha-ride-based chiral stationary phases for enantioseparations by high-performance liquid chromatography (2013-2017). Microchim J 140:142-157.

[88] Lomsadze K,Merlani M,Barbakadze V,Farkas T,Chankvetadze B(2012)Enantioseparation of chiral ep-oxides with polysaccharide-based chiral columns in HPLC. Chromatographia 75:839-845.

[89] Pinaka A,Vougioukalakis GC,Dimotikali D,Yannakopoulou E,Chankvetadze B,Papadopoulos K(2013) Green asymmetric synthesis:β-amino alcohol-catalyzed direct asymmetric aldol reactions in aqueous mi-celles. Chirality 25:119-125.

[90] Matarashvili I,Shvangiradze I,Chankvetadze L,Sidamonidze S,Takaishvili N,Farkas T,Chankvetadze B (2015)High-performance liquid chromatographic separation of stereoisomers of chiral triazole derivatives with polysaccharide-based chiral columns and polar organic mobile phases. J Sep Sci 38:4173-4179.

[91] Chankvetadze L,Ghibradze N,Karchkhadze M,Peng L,Farkas T,Chankvetadze B(2011)Enantiomer elu-tion order reversal of FMOC-isoleucine by variation of mobile phase temperature and composition. J Chro-

matogr A 1218:6554-6560.

[92] Okamoto M(2002) Reversal of elution order during the chiral separation in high performance liquid chromatography. J Pharm Biomed Anal 27:401-407.

[93] Cirilli R, Ferretti R, Gallinella B, Zanitti L, LaTorre F(2004) A new application of stopped-flow chiral HPLC: inversion of enantiomer elution order. J Chromatogr A 1061:27-34.

[94] Wang F, O'Brien T, Dowling T, Bicker G, Wyvratt J(2002) Unusual effect of column temperature on chromatographic enantioseparation of dihydropyrimidinone acid and methyl ester on amylose chiral stationary-phase. J Chromatogr A 958:69-77.

[95] Ma S, Shen S, Lee H, Eriksson M, Zeng X, Xu J, Fandrick K, Yee N, Senanayake C, Grin-berg N(2009) Mechanistic studies on the chiral recognition of polysaccharide-based chiral stationary phases using liquid chromatography and vibrational circular dichroism. Reversal of elution order of N-substituted alpha-methyl Phenylalanine esters. J Chromatogr A1216:3784-3793.

[96] Dossou KSS, Edorh PA, Chiap P, Chankvetadze B, Servais A-C, Fillet M, Crommen J(2011) LC method for the enantiomeric purity determination of S-amlodipine with the special emphasis on the reversal of the enantiomer elution order using chlorinated cellulose-based chiral stationary phases and polar non-aqueous mobile phases. J Sep Sci 34:1772-1780.

[97] Chankvetadze B, Yamamoto C, Okamoto Y(2001) Enantioseparation of selected chiral sulfoxides using polysaccharide-type chiral stationary phases and polarorganic, polar aqueous-organic and normal-phase eluents. J Chromatogr A 922:127-137.

[98] Matarashvili I, Ghughunishvili D, Chankvetadze L, Takaishvili N, Tsintsadze M, Khatiashvili T, Farkas T, Chankvetadze B(2017) Separation of enantiomers of chiral weak acids with polysaccharide-based chiral columns and aqueous mobile phases in high-performance liquid chromatography: typical reversed-phase behavior? J Chromatogr A 1483:86-92.

7 在 HILIC 条件下基于多糖的手性固定相的 HPLC 对映体分离

Roberto Cirilli

摘要： 手性亲水作用液相色谱（HILIC）是一种流行且广泛应用于分析极性化合物（如药物、代谢物、蛋白质、肽、氨基酸、寡核苷酸和碳水化合物）的技术，与其相比，在对映选择性色谱中 HILIC 概念的引入相对较新，几乎没有争议。本章对基于多糖的手性固定相上的 HILIC 对映体分离进行分组讨论。本章的另一个目的是全面概述和了解在 HILIC 模式下运行所需的实验条件。最后，为了激发和促进这一色谱技术的应用，描述了在 HILIC 条件下采用氯化纤维素手性固定相进行手性拆分的详细实验方案。

关键词： 亲水作用液相色谱，对映体分离，基于多糖的手性固定相，纤维素衍生物，淀粉衍生物，保留，水-有机流动相

7.1 引言

亲水作用液相色谱是一种分析物与亲水固定相相互作用，采用水-有机流动相洗脱的分离技术，其中水为更强的洗脱溶剂[1-6]。这意味着，在 HILIC 条件下，极性溶质比非极性溶质保留更强烈，且随流动相中水浓度的增加，保留减弱。

通常流动相中水的含量在 3%~40%。HILIC 能够对强极性化合物提供有效保留，是反相液相色谱（RPLC）的替代方法，与传统反相液相色谱技术相比，HILIC 具有不同的选择性。

正相模式的保留机制是基于分析物与流动相竞争固定相上的局部极性吸附位点，尽管与正相模式有某些相似之处，但在 HILIC 条件下运行的分离机制还没有被完全阐明。

目前被认可的机制是：①极性分析物在流动相与固定在固定相表面的富水层之间的分配过程；②到达吸附剂表面的分析物分子与吸附剂代表性极性官能团之间建立的静电非共价可逆相互作用（如氢键、偶极-偶极相互作用）[1-6]。因此，分析物极性越强，分配平衡越向吸附在极性固定相上的水层转移，分析物对亲水性位点的亲和力越强。

HILIC 分离中的主要保留机制不是持久不变的，它可以通过改变固定相上的官能团、流动相的组成和分析物的结构来调节。

1975 年发展了分析单糖、二糖和寡糖的开创性分离方法[7,8]，1990 年 Alpert 首次提出了首字母缩略词 HILIC[9]。此后，许多固定相成功应用于极性药物化合物、代谢物、蛋白质、多肽、氨基酸、寡核苷酸和碳水化合物的分离[1-6,10]。HILIC 还可以如离子色谱法一样，分析带电荷物质。HILIC 越来越受欢迎的另一个原因是其非常适合耦合到质谱（MS）检测器，特别是与电喷雾电离质谱（ESI-MS）联用，因为含水流动相中高含量的有机溶剂增强了喷雾形成和离子化效率，从而提高了检测灵敏度。

乙腈（ACN）是与水结合的首选有机改性剂。这是由于乙腈具有低黏度、低紫外截止波长和良好的化学选择性诱导能力。由于极性质子溶剂（如醇类），能同时作为氢键供体和受体并且竞争固定相的亲水位点，因而应用较少。在 HILIC 分离可离子化分析物时，缓冲盐和流动相添加剂被共同用于控制保留和改善峰形。

尽管 HILIC 越来越受欢迎[11,12]，但仍未得到学术研究人员和色谱柱生产商的同等关注，以及在亲水条件下设计用于手性化合物对映体分离的手性固定相（CSPs）。

如下一节所述，仅在少数研究中证明，HPLC 中最通用和最强大的手性识别材料——基于多糖的手性固定相，可能具有作为亲水相或者适当改变含水流动相组成的疏水相的潜力。

7.1.1　理论

现对本章所采用的色谱和热力学参数进行总结。

保留因子根据式（7-1）计算：

$$k = (t - t_0)/t_0 \tag{7-1}$$

式中　t——分析物保留时间；

t_0——不保留分析物的保留时间（死时间）。

对映体分离因子或对映选择性因子 α，定义为两个对映体的保留因子之比：

$$\alpha = k_2/k_1 \tag{7-2}$$

式中　k_2 和 k_1——强保留和弱保留对映体的保留因子。

分离度 R_s 根据保留时间（t）和峰宽（W）求得：

$$R_s = 2(t_2 - t_1)/(W_1 + W_2) \tag{7-3}$$

式中　t_1 和 t_2——对映体的保留时间；

W_1 和 W_2——峰底宽度。

若 R_s 大于 1.5，则两个对映体峰被视为完全分离。

最后，Van't Hoff 关系将保留因子和对映选择性因子与柱温相关联，根据式（7-4）、式（7-5）计算。

$$\ln k = -\Delta H^\circ/RT + \Delta S^\circ/R + \ln\phi \tag{7-4}$$

$$\ln\alpha = -\Delta\Delta H^\circ/RT + \Delta\Delta S^\circ/R \tag{7-5}$$

式中　ΔH° 和 ΔS°——吸附的焓变和熵变；

$\Delta\Delta H^\circ$ 和 $\Delta\Delta S^\circ$——强保留和弱保留对映体吸附在固定相上焓变和熵变的差异；

ϕ——相比；

R——气体常数；

T——绝对温度。

在所有对映选择性 HPLC 分离中，$\Delta\Delta H^\circ$ 和 $\Delta\Delta S^\circ$ 保持不变，可以定义一个等熵选择性温度（T_{ISO}），在此温度下，贡献于手性识别的焓变和熵变相互抵消，对映体共流出（即 $\alpha=1$）。根据式（7-6），T_{ISO} 值为：

$$T_{ISO} = \Delta\Delta H^\circ/\Delta\Delta S^\circ \tag{7-6}$$

对于 T_{ISO} 以上温度，对映体的分离是熵控制的（$|T\Delta\Delta S^\circ| > |\Delta\Delta H^\circ|$），而对于 T_{ISO} 以下温度，对映体的分离是焓控制的（$|T\Delta\Delta S^\circ| < |\Delta\Delta H^\circ|$）。

7.1.2　基于多糖的手性固定相在 HILIC 模式下的应用

通过将纤维素或直链淀粉糖单元的羟基转化为芳基羧酸酯或芳基氨基甲酸酯，制备了对映选择性 HPLC 手性选择剂中最有效的多糖衍生物[13-17]。选择剂可涂布或固定到衍生化硅胶上。因此，这种类型的手性载体要么包含疏水基团（即芳香环），要么含有极性基团，如硅胶表面残留的硅醇基团、衍生化硅胶的极性部分（如涂布型手性固定相中悬垂的氨基），要么是同一多糖衍生物的酯基或氨基甲酸酯基团。因此，基于多糖的手性固定相可能同时保留疏水和亲水性化合物，在尝试优化对映体分离时提供更大程度的灵活性。

基于多糖的手性固定相最初由 Okamoto 等提出，用于使用正相洗脱液的 HPLC 对映体分离[18]。随后的研究表明，这些聚合物手性固定相不仅可以成功地应用于极性有机模式[19-22] 和水相条件[23-29]，而且通过合理调节水–有机混合物中的含水量，可以将对映体分离导向 HILIC 或反相液相色谱模式。

表 7.1 列出了在 HILIC 条件下使用市售基于多糖的手性固定相进行对映体分离的已发表文献。文献按分析物类型、流动相组成、手性固定相性质、发表年份进行分组。Kummer 等报道了在对映选择性 HPLC 分析过程中 HILIC 类似行为的第一个实验结果[30]，逐渐向主要由乙腈组成的流动相中加入水至含水量达到 20%，观察到甾体对映体（即乙基庚二烯）在涂布型 Chiralpak AD 手性固定相上的保留逐渐降低。作者认为，与反向液相色谱相反的未知保留行为可能是由于聚合物选择剂的结构发生了改变。虽然根据目前的科学知识，这项研究的发现应该被重新解释，但 Kummer 等的研究工作仍然是热点，因为它首次证明了，对于手性 HILIC 固定相，在富含有机物的环境中，基于多糖的手性固定相的保留性能不仅取决于疏水作用，还取决于亲水作用。随后，使用异丙醇–水混合溶剂为流动相，在涂布型纤维素三（3,5–二氯苯基氨基甲酸酯）手性固定相上的一系列手性亚砜类化合物的 HPLC 对映体分离中也观察到类似效应[31]。Okamoto 等将这种不可预测的保留趋势（即随着含水量的增加，保留降低）归因于水分子与分析物激烈竞争手性选择剂上的氢键位点。这些研究表明，在低含水量条件下，含有多糖衍生物的手性固定相表现行为更像 HILIC 类似材料而不是反向液相色谱类似材料。

表 7.1　　采用基于多糖的手性固定相进行 HILIC 对映体分离

手性化合物 （治疗类）	洗脱混合液	手性固定相	文献	年份
乙基庚二烯（类固醇）	ACN–水	Chiralpak AD	[30]	1998
3–（苯基亚磺酰基）丙酰胺 2–（苯甲基亚磺酰基）苯甲酸 2–（苯甲基亚磺酰基）苯甲酰胺	2–丙醇–水	涂布型纤维素三（3,5–二氯苯基氨基甲酸酯）	[31]	2001
氨氯地平（心脏保护）	ACN–水	Lux Cellulose-4	[32]	2012
奥美拉唑（PPI） 兰索拉唑（PPI） 泮托拉唑（PPI） 雷贝拉唑（PPI）	ACN–乙酸铵 20mmol/L （pH=5,7,9）	Chiralpak ID-3 Chiralpak IE-3	[33]	2013
利苯达唑（驱虫剂） 奥芬达唑（驱虫剂）	ACN–水 乙醇–水	Chiralpak IA-3 Chiralpak ID-3 Chiralpak IE-3 Chiralpak IF-3	[34]	2014

续表

手性化合物 （治疗类）	洗脱混合液	手性固定相	文献	年份
奥沙利铂（抗肿瘤）	ACN-水	Chiralpak IC-3	[35]	2014
兰索拉唑（PPI）	乙醇-水	Chiralpak IC-3	[38]	2016
醋硝香豆素（抗凝剂）	ACN-水	Lux Amylose-1	[36]	2017
卡洛芬（NSAID）		Lux Amylose-2		
氯灭鼠灵（抗凝剂）		Lux Cellulose-1		
杀鼠醚（抗凝剂）		Lux Cellulose-2		
联苯杀鼠萘（抗凝剂）		Lux Cellulose-3		
非诺洛芬（NSAID）		Lux Cellulose-4		
氟比洛芬（NSAID）		Lux i-Cellulose-5		
己琐巴比妥（催眠和镇静剂）				
布洛芬（NSAID）				
吲哚洛芬（NSAID）				
酮洛芬（NSAID）				
酮咯酸（NSAID）				
萘普生（NSAID）				
丙谷胺（胆囊收缩素拮抗剂）				
舒洛芬（NSAID）				
苏灵大（NSAID）				
华法林（抗凝剂）				
2-（3-氯苯氧基）-丙酸				
扁桃酸				
扁桃酸乙酯				
2-苯氧基丙酸				
三氯苯达唑亚砜（驱虫剂）	ACN-水	Chiralpak IF-3	[37]	2017
雷佐生（心脏保护，抗肿瘤）	MeOH：ACN 70∶30+ 10mmol/L 碳酸氢铵水溶 液（95∶5）	Chiralpak IA-3 Chiralpak ID-3 Chiralpak IE-3 Chiralpak IF-3	[39]	2018

注：PPI 质子泵抑制剂，NSAID 非甾体抗炎药，ACN 乙腈，MeOH 甲醇；
Chiralpak® AD 直链淀粉三（3,5-二甲基苯基氨基甲酸酯）涂布在 10μm 硅胶上；
Chiralpak® IA-3 直链淀粉三（3,5-二甲基苯基氨基甲酸酯）固定在 3μm 硅胶上；
Chiralpak® ID-3 直链淀粉三（3-氯苯基氨基甲酸酯）固定在 3μm 硅胶上；
Chiralpak® IC-3 纤维素三（3,5-二氯苯基氨基甲酸酯）固定在 3μm 硅胶上；
Chiralpak® IE-3 直链淀粉三（3,5-二氯苯基氨基甲酸酯）固定在 3μm 硅胶上；
Chiralpak® IF-3 直链淀粉三（3-氯-4-甲基苯基氨基甲酸酯）固定在 3μm 硅胶上；
Lux i-Cellulose-5 纤维素三（3,5-二氯苯基氨基甲酸酯）固定在硅胶上；
Lux Amylose-1 直链淀粉三（3,5-二甲基苯基氨基甲酸酯）涂布在硅胶上；
Lux Amylose-2 直链淀粉三（5-氯-2-甲基苯基氨基甲酸酯）涂布在硅胶上；
Lux Cellulose-1 纤维素三（3,5-二甲基苯基氨基甲酸酯）涂布在硅胶上；
Lux Cellulose-2 纤维素三（3-氯-4-甲基苯基氨基甲酸酯）涂布在硅胶上；
Lux Cellulose-3 纤维素三（4-甲基苯甲酸甲酯）涂布在硅胶上；
Lux Cellulose-4 纤维素三（4-氯-3-甲基苯基氨基甲酸酯）涂布在硅胶上。

此后，见表7.1，仅发表了几篇关于这一主题的研究工作。用于HILIC条件最常见的手性选择剂是氯代多糖衍生物（即Chiralpak® IC-3、Chiralpak® ID-3、Chiralpak® IE-3、Chiralpak® IF-3、Lux Amylose-2、Lux i-Cellulose-5、Lux Cellulose-2，表7.1），其中一个或两个氯原子与苯环结合。将氯代手性固定相作为HILIC吸附剂，可能归因于其具有形成较强氢键的能力。当氢键强烈参与保留机制时，切换流动相中有机组分可能成为调节洗脱时间、对映选择性以及HILIC对分离贡献的重要方法。

通常，乙腈是首选的有机改性剂[30-37]。Cirilli等报道了乙腈和乙腈-甲醇混合物中含水量对4种质子泵抑制剂（奥美拉唑、兰索拉唑、雷贝拉唑和泮托拉唑）在氯代固定化型Chiralpak ID-3和Chiralpak IE-3手性固定相上保留因子的影响[33]。通过绘制对映体保留因子随乙腈-水二元流动相中含水量变化的曲线，得到了U形保留模式。曲线趋势突出了在同一手性固定相上运行的两种竞争保留机制：HILIC（使用贫水洗脱液）和RPLC（使用富水洗脱液）模式。保留因子在含水量约20%的交叉区域最小。当乙腈被乙腈-甲醇（100∶30，体积比）混合物取代时，HILIC条件下的保留曲线分支变得更加扁平和扭曲。这种行为的解释是，假设甲醇与水具有相似性，与固定相的亲水位点形成强氢键。此外，将洗脱液中的水组分用20mmol/L乙酸铵溶液（pH=5，7，9）代替，后者是质谱检测的必要条件之一，在保留和对映选择性方面也得到了相同的色谱结果。

值得注意的是，从HILIC条件变化到反相色谱条件，对映选择性基本保持不变。这意味着分析物与手性固定相之间的亲水作用几乎不参与手性质子泵抑制剂在Chiralpak ID-3和Chiralpak IE-3手性固定相上的手性识别过程。

Chankvetadze等对一大类药物手性化合物和7种基于多糖的手性固定相进行了相似实验[36]。对182个可能的分析物-手性柱组合，逐步增加乙腈-水混合物中含水量证明了二元HILIC/RP保留行为。在含水量为20%时，观察到HILIC向RP模式的转变。用甲醇替换乙腈后，这种行为并未被取代。

同一研究小组在纤维素三（4-氯-3-甲基苯基氨基甲酸酯）色谱柱上分离氨氯地平对映体时，观察到了水-有机流动相中水对保留的类似影响[32]。

HILIC模式也被证明适用于抗肿瘤药物奥沙利铂在氯代Chiralpak IC-3手性固定相上的对映体分离[35]。相对于现行药典报道的方法，40℃柱温下的HILIC条件（流动相：乙腈∶水=100∶5，体积比）具有更好、更简单、更快速测定药物制剂中（R,R）-奥沙利铂对映体组成的优势。

在Chiralpak IC-3手性固定相上运行的混合模式HILIC和RP保留机制使得兰索拉唑在环保乙醇-水条件下于10min内实现了基线对映体分离，不受手性和非手性杂质的干扰[38]。利苯达唑和奥芬达唑是两种手性亚砜类驱虫剂。Cirilli等描述了一种实现其分离的HILIC方法[34]。采用乙腈-水和甲醇-水流动相在4种市售固定化直链淀粉衍生的手性固定相（Chiralpak IA-3、Chiralpak ID-3、Chiralpak IE-3、Chiralpak IF-3）上进行色谱分离。

作者探索了手性亚砜以及其手性硫化物前体和非活性砜类代谢物在HILIC和RP条件下的保留行为。研究发现，硫化物和砜类代谢物的洗脱顺序与这些化合物的内在亲水性和分析物/手性固定相相互作用的二元性质有很好的相关性。因此，在合理的分析时间内设计兼具化学选择性和对映选择性 HPLC 方法是可行的。

采用基于多糖的氯代型 Chiralpak IF-3 手性固定相对另一种手性亚砜的对映体进行 HILIC 直接分离，即驱虫剂三氯苯达唑的主要代谢物三氯苯达唑亚砜[37]。

最近，建立并验证了一种 HILIC 方法用于测定药物活性成分中右雷佐生［外消旋雷佐生的（S）-对映体］的对映体纯度[39]。在 Chiralpak IE-3 手性固定相上实现了 HPLC 分离，采用的流动相组成为甲醇：乙腈（70：30，体积比）与 10mmol/L 碳酸氢铵水溶液的混合物（95：5，体积比）。

7.1.3　HILIC 条件下通用方法开发策略

近 30 年来，可用于对映体 HPLC 分离的手性固定相的数量迅速增长，使得任何外消旋混合物的分析分离成为可能，因此，研究对映体分离的热力学条件似乎不再是一个问题。对映选择性 HPLC 方法的优化，主要集中在选择较合适的手性柱上。然而，对映体分离的另一个关键方面仍然是流动相的选择。无论采用何种洗脱方式，基于多糖的手性固定相都表现出无差别的对映选择性，但通常做法是优先考虑正相和极性有机物，而不是水相条件。如果这种选择可以适用于制备规模的对映体分离，水相模式似乎更适合药物分析、生物分析应用以及与 LC-MS 检测联用。尽管有大量研究致力于应用多糖衍生化手性固定相与有机-水洗脱液进行多种手性化合物的分离[23-29]，但在这些条件下进行的色谱对映体分离长期以来被不恰当地归为 RP 分离。实际上，一个基于多糖的手性固定相是否以及在何种实验条件下以 HILIC 模式进行对映体识别是一个合理的问题。

由于水对对映选择性和保留的影响是不可预测的，而且会随着情况的变化而变化，因此，为了有效地推动开发一种使用水相洗脱液的对映选择性方法，制定一个有效的规划过程非常重要。以驱虫剂利苯达唑（RBZ）为例，其结构如表 7.2 所示。从文献中有关 HPLC 分离的数据可以看出，解决 Chiralpak IG-3 手性固定相的手性载体选择是可能的。Chiralpak IG-3 是将间位取代的氯代聚合物直链淀粉三（3-氯-5-甲基苯基氨基甲酸酯）（ACMPC）固定在 3μm 硅胶颗粒上作为手性选择剂。最近，有报道称基于 ACMPC 的手性固定相可以成功地应用于在正相和极性有机条件下开发有效的生物活性手性亚砜对映体分离的分析方案[40,41]。

表 7.2　　　　　　　　　　　极性有机条件下的色谱结果

利苯达唑结构	洗脱液	k_1	k_2	α
	甲醇	2.02	4.60	2.28
	乙醇	2.24	4.70	2.10
	乙腈	60min 后未洗脱		

注：色谱柱，Chiralpak IG-3［100mm×4.6mm（内径）］；流速，1mL/min；温度，25℃；检测，紫外 280nm。

假设 HILIC 和 RP 添加剂对基于多糖的手性固定相的整体保留有贡献，可以通过评估在流动相中较大浓度范围内的水（或水缓冲液）的保留行为来确定这两种作用力中哪一种占主导地位。从纯有机溶剂组成的流动相开始，逐步向有机溶剂中加水，手性分析物的保留因子增大或减小取决于哪一种是主导保留机制。

为了检验基于多糖的手性固定相的手性识别能力，建议初步采用极性有机条件进行实验。本实验中，在25℃下分别以纯甲醇、乙醇和乙腈为流动相得到的色谱数据见表7.2。

比较得到的保留因子和对映选择性因子，突出了对映体分离的两个方面：①在醇洗脱模式下均实现了基线对映体分离；②用乙腈取代质子极性有机洗脱剂，保留急剧增加，60min后分析物未被洗脱。这种色谱行为支持了 Chiralpak IG-3 手性固定相具有极性位点，且能够与选择剂形成强氢键的观点。鉴于这些观点，下一步的工作应着眼于评价在流动相中加水对这种作用力强度和保留过程产生的影响。

通过向恒定体积的极性有机溶剂中（例如 100 份体积）加入不同体积的水（例如从 5 份体积增加到 140 份体积）并绘制两种对映体的保留因子随二元流动相中含水量变化的曲线来考察水对保留的影响。所得曲线的形状反映了控制保留过程的机制[33,34,37,38]。

如图 7.1 所示，用甲醇记录的单模式保留图反映了醇具有形成供体氢键和类水屏蔽作用的巨大能力。因此，在甲醇中加入水只会降低流动相的洗脱强度，使分析物保留增加。在这种情况下，疏水相互作用是参与保留过程的主要作用力。

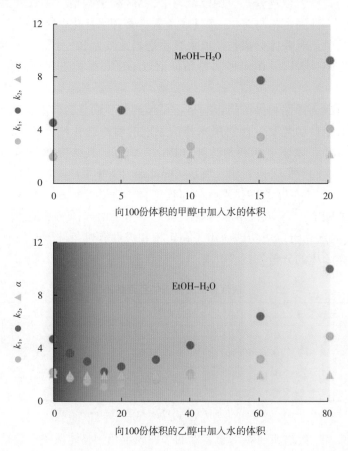

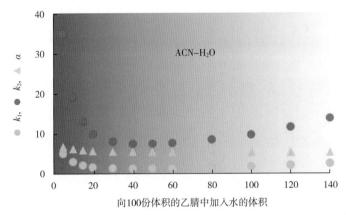

图 7.1 RBZ 在甲醇–水（上）、乙醇–水（中）、 ACN–水（下）模式中的
保留和对映体分离因子随含水量的变化图

注：色谱条件为色谱柱，Chiralpak IG-3 ［100mm×4.6mm（内径）］；
洗脱液，图中所示；流速，1.0mL/min；温度，25℃；检测，紫外 280nm。

乙醇与手性固定相亲水位点形成的氢键能力较弱，用乙醇代替甲醇，保留曲线呈现出由 HILIC 模式向 RP 模式转变所形成的特征 U 形[33,34,37,38]。在诸如乙腈的非质子溶剂中，U 形保留图表现得更为明显（图 7.1）。位于 U 形转点左侧、对应约 40 份体积水的曲线部分，处于 HILIC 条件之下。在此区域内，流动相含水量的增加会引起 RBZ 两种对映体保留的减少，而不会显著改变对映选择性（即 α 值接近 5）。因此，采用乙腈–水的 HILIC 混合物，在保持高水平对映体分离的同时显著减少分析时间是可行的。最小保留值与 HILIC 和 RP 竞争机制处于平衡时的特定转折含水量相对应，是先验不可预测的，并随手性固定相/洗脱体系的特性而变化。

如 RP 机制所描述，保留因子随着流动相中水的增加而增加。因此，表征水–有机流动相组成对保留因子影响的图表可以呈现单模态趋势（RPLC 机制）或特征 U 形（HILIC/RPLC 机制）。

下一个需要考虑的问题是，如果分析物的结构中含有可电离基团，可以通过在流动相中添加碱性或酸性添加剂来实现对映选择性 HPLC 方法的保留和分离。

RBZ 是苯并咪唑氨基甲酸酯衍生物，同时具有酸性和碱性位点（即分别为咪唑环的—NH—和—N—骨架）（表 7.2）。

因此，在水介质中有三氟乙酸（TFA）存在时，碱性氮有可能接受质子；在碱性添加剂如二乙胺（DEA）存在时，苯并咪唑 NH 基团表现为酸性。两种电离过程都可能对保留和对映选择性产生干扰作用。

采用含有 0.05% 体积分数的三氟乙酸（图 7.2）或二乙胺（图 7.3）的乙腈–水混合物获得保留曲线，对比两种保留曲线形状，可以发现三氟乙酸对 HILIC 区域的保留有明显的影响，而二乙胺对 RP 区域的保留有更明显的抑制作用。在这两种情况下，对映选择性的变化可以忽略不计。此外，如图 7.2 所示，在 HILIC 区域三氟乙酸产生的保留减弱主要取决于酸性添加剂的含量。

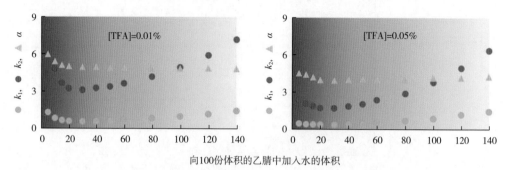

图 7.2　ACN-水洗脱液中 0.01% TFA（左）和 0.05% TFA（右）
对奥芬达唑（OXFZ）的 k_1、k_2 和 α 的影响

注：色谱条件为色谱柱，Chiralpak IG-3［100mm×4.6mm（内径）］；
洗脱液，图中所示；流速，1.0mL/min；温度，25℃；检测，紫外 280nm。

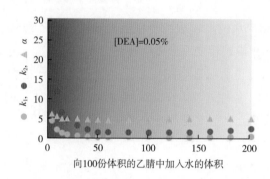

图 7.3　ACN-水洗脱液中 0.05% DEA 对奥芬达唑（OXFZ）的 k_1、k_2 和 α 的影响

注：色谱条件为色谱柱，Chiralpak IG-3［100mm×4.6mm（内径）］；洗脱液，图中所示；
流速，1.0mL/min；温度，25℃；检测，紫外 280nm。

在明确了流动相组成对 HILIC 区域保留和对映选择性的影响后，有可能通过改变柱温进行色谱方法优化的最后一步。

柱温长期以来被认为是 HPLC 中对映选择性的一个重要参数，因为它无论是在对映体分离的动力学方面如分析物扩散率、流动相黏度等，还是在保留和对映选择性方面都有显著作用[15]。

这里采用的方法在其他已发表的研究中是很常见的，它规定了在符合制造商对手性固定相稳定性建议的温度范围内记录保留因子和对映体分离因子。因此，使用三种不同的混合物［乙腈：水（100：20），乙腈：水（100：20）+TFA 0.01%，和乙腈：20mmol/L pH=4 乙酸铵（100：20）］作为 HILIC 流动相，柱温以 5℃ 为递增间隔，由 25℃ 增加到 45℃。在 Van't Hoff 分析的基础上，所有情况下，吸附在固定相上焓变和熵变的差异 $\Delta\Delta H°$ 和 $\Delta\Delta S°$ 均为负值（图 7.4），手性拆分过程总是焓驱动的（即 T_{ISO} 总是高于柱温）。值得注意的是，尽管保留和对映选择性随着温度的升高而逐渐降低（图7.4），在45℃时观察到分离度有不可忽略的提高与峰效率的增加有关。

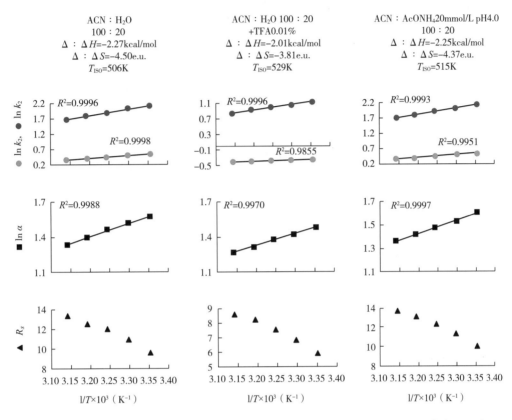

图 7.4 温度对 3 种不同 HILIC 洗脱模式下利苯达唑的 $\ln k_1$、 $\ln k_2$、 $\ln \alpha$ 和分离度的影响

注：色谱条件为色谱柱，Chiralpak IG-3 100mm×4.6mm（内径）；洗脱液，图中所示；流速，1.0mL/min；温度，25~45℃；检测，紫外 280nm。 1kcal=4.184KJ。

综上所述，通过了解不同色谱参数如何影响对映体分离和保留，开发了一种 HILIC 对映选择性方法。图 7.5 描绘了采用 Chiralpak IG-3 手性固定相在 HILIC 条件下优化测试样品 RBZ 分离度时所遵循的机制。为了在加快分析时间的同时保持较高水平的对映选择性，将流动相由纯乙腈改为 100：20 的混合物乙腈：水。将柱温由 25℃ 提高到 45℃，色谱系统的分离度由 9.63 提高到 13.42。从该分析条件出发（流动相：乙腈：水 = 100：20，45℃），在流动相中加入 0.01% 的 TFA，分析时间从 13min 缩短到 5min，仍然保持高分离度（R_S = 8.55）。另外，由于 TFA 倾向于抑制 MS 分析中的电离，乙腈和 20mmol/L pH4 乙酸铵混合溶液作为流动相，不会引起保留和分离度的明显变化。

根据前面描述的关于 RBZ 的过程，下文详细介绍了在优化的 HILIC 条件下对抗癌药物 (R,R)-奥沙利铂对映体纯度的测定。

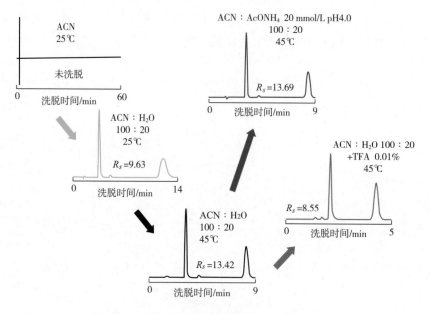

图 7.5　基于 Chiralpak IG-3 100mm×4.6mm（内径）
色谱柱的 RBZ HILIC 对映选择性方法开发平台

7.2　材料

7.2.1　仪器与材料

（1）常规 HPLC 系统　由泵、Rheodyne 手动阀或自动进样器、紫外检测器、柱温箱、配有相应软件程序的计算机组成。如果是手动注射，使用 Hamilton 注射器装载样品。

（2）用于流动相过滤的合适装置（见 7.4 注解 1）。

（3）用于流动相脱气的超声波浴。

（4）分析天平。

（5）Chiralpak IC-3 色谱柱　100mm×4.6mm，粒径 3μm［如 Daicel 化工有限责任公司（日本，名古屋），Daicel 股份有限公司（美国，新泽西州），或欧洲手性技术公司（法国，Illkirch）］。作为替代，可使用 Lux i-Cellulose-5 色谱柱 100mm×4.6mm，粒径 3μm（Phenomenex）（见 7.4 注解 2）。

7.2.2　流动相

使用 HPLC 级有机溶剂和超纯水净化系统净化水。

将 100 份体积的乙腈与 5 份体积的水混合。使用前过滤并脱气（见 7.4 注解 3）。

7.2.3　样品溶液

（1）采用甲醇：水（90：10，体积比）的混合溶剂溶解 2mg 物质于 50mL 容量瓶中，配制（R,R）-奥沙利铂和（S,S）-奥沙利铂对照品单一对映体的储备溶液（见 7.4

注解 4）。于 5℃ 条件下保存。

（2）将 (R,R)-奥沙利铂和 (S,S)-奥沙利铂样品溶液等摩尔混合，制备外消旋混合溶液。于 5℃ 条件下保存。

（3）采用甲醇∶水（90∶10，体积比）的混合溶剂将 2mg 样品溶于 50mL 容量瓶中（见 7.4 注解 5），配制活性药物成分（API）(R,R)-奥沙利铂溶液。于 5℃ 条件下保存。

7.3　方法

（1）在对映选择性分析开始之前，按照厂家建议采用适当溶剂冲洗色谱柱（见 7.4 注解 6 和 7）。

（2）将流动相脱气 5~10min，然后转移至 HPLC 的储液器中。

（3）紫外检测器的检测波长设定为 210nm。

（4）柱温箱温度设置为 40℃。

（5）设定流速为 1mL/min，仪器运行至获得稳定基线。

（6）注入 10μL 奥沙利铂外消旋样品。

（7）运行分析并记录色谱图。

（8）注入 10μL 其他奥沙利铂溶液如 API 溶液，记录色谱图。

外消旋混合溶液和 API 溶液色谱图示例如图 7.6 所示。根据美国药典或欧洲药典中关于奥沙利铂的专著，API 中 (S,S)-奥沙利铂杂质的限量值不应超过 0.5%。因此，图 7.6 下半部分所示的样品不满足规范要求。

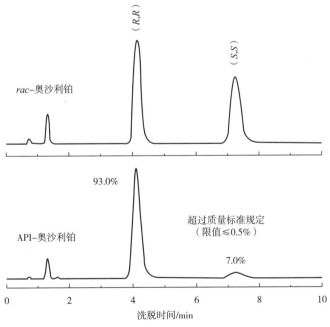

图 7.6　奥沙利铂样品对映选择性分析色谱图：外消旋奥沙利铂（上）和 API–奥沙利铂（下）

注：色谱柱 Chiralpak IC-3 ［100mm×4.6mm（内径），3μm］；流动相，乙腈:水（100∶5，体积比）；温度，40℃；流速，1.0mL/min；检测，紫外 210nm。 API 样品不满足药典限值，因此不规范。

7.4　注解

（1）将含有缓冲溶液的流动相（例如上文所述的 RBZ 分析）转移到储液器之前，应先用 0.22μm 滤膜过滤。

（2）为了减少分析时间，最好使用短色谱柱，如 Chiralpak IG-3®、Chiralpak IC-3®和 Lux® i-Cellulose-5 100mm×4.6mm 色谱柱。采用这种几何尺寸的色谱柱，与传统 HPLC 250mm×4.6mm 色谱柱相比，具有手性固定相、流动相和样品消耗较低，较好的环境影响和较低成本等优势。相较于较大颗粒填充的原始柱，3μm 颗粒填充柱的特点是具有更好的压力稳定性，这对于确保水相应用中高流速、短保留时间尤为重要。

（3）有毒溶剂和添加剂，如乙腈、甲醇和三氟乙酸，应在通风橱中处理。

（4）(R,R)-奥沙利铂和 (S,S)-奥沙利铂的对照品可从法国斯特拉斯堡欧洲药品质量管理（EDQM）获得，任何购自其他药物组织或商业来源的经认证的对照品也适用。

（5）奥沙利铂是一种抗癌药物。处理奥沙利铂溶液等物质时要极度小心。佩戴手套和护目镜。

（6）通常基于多糖的色谱柱在运输时柱内为正己烷-乙醇混合溶剂。在切换到 HILIC 条件时，应先使用适当的溶剂冲洗色谱柱以完全除去正己烷。例如，用乙醇以流速 1mL/min 冲洗 20min。详细程序参见色谱柱生产厂家说明书。

（7）为保证色谱性能的重现性，在流动相中使用酸性或碱性添加剂时（如 RBZ 分析时），应按生产厂家的说明书进行清洗。

参考文献

[1] Hemström P, Irgum K(2006) Hydrophilic interaction chromatography. J Sep Sci 29:1784-1821.

[2] Jandera P(2011) Stationary and mobile phases in hydrophilic interaction chromatography: a review. Anal Chim Acta 692:1-25.

[3] Schuster G, Lindner W(2013) Comparative characterization of hydrophilic interaction liquid chromatography columns by linear solvation energy relationships. J Chromatogr A1273:73-94.

[4] Guo Y(2015) Recent progress in the fundamental understanding of hydrophilic interaction chromatography (HILIC). Analyst 140:6452-6466.

[5] McCalley DV(2017) Understanding and manipulating the separation in hydrophilic interaction liquid chromatography. J Chromatogr A 1523:49-71.

[6] Felinger CA(2013) A hydrophilic interaction liquid chromatography. In: Fanali S et al(eds) Liquid chromatography: fundamentals and instrumentation. Elsevier, Amsterdam, 19-40.

[7] Linden JC, Lawhead CL(1975) Liquid chro-matography of saccharides. J Chromatogr105:125-133.

[8] Palmer JK(1975) A versatile system for sugar analysis via liquid chromatography. Anal Lett 8:215-224.

[9] Alpert AJ(1990) Hydrophilic-interaction chromatography for the separation of peptides, nucleic acids and other polar compounds. J Chromatogr 499:177-196.

[10] Dejaegher B, Vander Heyden Y(2010) HILIC methods in pharmaceutical analysis. J Sep Sci 33:698-715.

[11]Lämmerhofer M(2010)HILIC and mixed-mode chromatography: the rising stars in separation science HILIC and mixed-mode chromatography. J Sep Sci 33:679-680.

[12]Jandera P(2008)Stationary phases for hydrophilic interaction chromatography, their characterization and implementation into multidimensional chromatography concepts. J Sep Sci 31:1421-1437.

[13]Okamoto Y, Yashima E(1998)Polysaccharide derivatives for chromatographic separation of enantiomers. Angew Chem Int Ed Engl 37:1020-1043.

[14]Cavazzini A, Pasti L, Massi A, Marchetti N, Dondi F(2011)Recent applications in chiral high performance liquid chromatography: a review. Anal Chim Acta 706:205-222.

[15]Lämmerhofer M(2010)Chiral recognition by enantioselective liquid chromatography: mechanisms and modern chiral stationary phases. J Chromatogr A 1217:814-856.

[16]Ikai T, Okamoto Y(2009)Structure control of polysaccharide derivatives for efficient separation of enantiomers by chromatography. Chem Rev 109:6077-6101.

[17]Chankvetadze B(2012)Recent developments on polysaccharide-based chiral Stationary phases for liquid-phase separation of enantiomers. J Chromatogr A 1269:26-51.

[18]Okamoto Y, Kawashima M, Hatada K(1984)Useful chiral packing materials for high-performance liquid chromatographic resolution of enantiomers: phenylcarbamates of polysaccharides coated on silica gel. J Am Chem Soc 106:5357-5359.

[19]Pierini M, Carradori S, Menta S, Secci D, CirilliR(2017)3-(Phenyl-4-oxy)-5-phenyl-4,5-dihydro-(1H)-pyrazole: a fascinating molecular framework to study the enantioseparation ability of the amylose (3,5-dimethylphenylcarbamate)chiral stationary phase. Part Ⅱ. Solvophobic effects in enantiorecognition process. J Chromatogr A 1499:140-148.

[20]Ortuso F, Alcaro S, Menta S, Fioravanti R, Cirilli R(2014)A chromatographic and computational study on the driving force operating in the exceptionally large enantioseparation of N-thiocarbamoyl-3-(4'-biphenyl)-5-phenyl-4,5-dihydro-(1H)Pyrazole on a 4-methylbenzoate cellulose-based chiral stationary phase. J Chromatogr A 1324:71-77.

[21]Cirilli R, Simonelli A, Ferretti R, Bolasco A, Chimenti P, Secci D, Maccioni E, La Torre F(2006)Analytical and semipreparative high performance liquid chromatography enantioseparation of new substituted 1-thiocarba-moyl-3,5-diaryl-4,5-dihydro-(1H)-pyrazoles on polysaccharide-based chiral stationary phases in normal-phase, polar organic and reversed-phase conditions. J Chromatogr A101:198-203.

[22]Sanna ML, Maccioni E, Vigo S, Faggi C, Cirilli R(2010)Application of an immobilized amylose-based chiral stationary phase to the development of new monoamine oxidase Binhibitors. Talanta 82:426-431.

[23]Tachibana K, Ohnishi A(2001)Reversed-phase liquid chromatographic separation of enantiomers on polysaccharide type chiral stationary phases. J Chromatogr A 906:127-154.

[24]Zhang T, Nguyen D, Franco P(2010)Reversed-phase screening strategies for liquid chromatography on polysaccharide-derived chiral stationary phases. J Chromatogr A 1217:1048-1055.

[25]Younes AA, Mangelings D, Vander Heyden Y(2012)Chiral separations in reversed-phase liquid chromatography: evaluation of several polysaccharide-based chiral stationary phases for a separation strategy update. J Chromatogr A 1269:154-167.

[26]Rizzo S, Menta S, Benincori T, Ferretti R, Pierini M, Cirilli R, Sannicolò F(2015)Determination of the enantiomerization barrier of the residual enantiomers of C3-symmetric tris[3-(1-methyl-2-alkyl)indolyl]phosphane oxides: case study of a multitasking HPLC investigation based on an immobilized polysaccharide stationary phase. Chirality 12:888-899.

[27] Ferretti R,Gallinella B,La Torre F,Zanitti L,Turchetto L,Mosca A,Cirilli R(2009) Direct high-performance liquid chromatography enantioseparation of terazosin on an immobilized polysaccharide-based chiral stationary phase under polar organic and reversed-phase conditions. J Chromatogr A 1216:5385-5390.

[28] Cirilli R,Ferretti R,Gallinella B,De Santis E,Zanitti L,LaTorre F(2008) High-performance liquid chromatography enantioseparation of proton pump inhibitors using the immobilized amylose-based Chiralpak IA chiral stationary phase in normal-phase,polar organic and reversed-phase conditions. J Chromatogr A 1177:105-113.

[29] Cirilli R,Ferretti R,De Santis E,Gallinella B,Zanitti L,LaTorre F(2008) High-performance liquid chromatography separation of enantiomers of flavanone and 2′-hydroxychalcone under reversed-phase conditions. J Chromatogr A 1190:95-101.

[30] Kummer M,Werner G(1998) Chiral resolution of enantiomeric steroids by high-performance liquid chromatography on amylose tris(3,5-dimethylphenylcarbamate) under reversed-phase conditions. J Chromatogr A 825:107-114.

[31] Chankvetadze B,Yamamoto C,Okamoto Y(2001) Enantioseparation of selected chiral sulfoxides using polysaccharide-type chiral stationary phases and polar organic,polar aqueous-organic and normal-phase eluents. J Chromatogr A 922:127-137.

[32] Jibuti G,Mskhiladze A,Takaishvili N,Karchkhadze M,Chankvetadze L,Farkas T,Chankvetadze B(2012) HPLC separation of dihydropyridine derivatives enantiomers with emphasis on elution order using polysaccharidebased chiral columns. J Sep Sci 35:2529-2537.

[33] Cirilli R,Ferretti R,Gallinella B,Zanitti L(2013) Retention behavior of proton pump inhibitors using immobilized polysaccharide-derived chiral stationary phases with organic-aqueous mobile phases. J Chromatogr A1304:147-153.

[34] Materazzo S,Carradori S,Ferretti R,Gallinella B,Secci D,Cirilli R(2014) Effect of the water content on the retention and enantioselectivity of albendazole and fenbendazole sulfoxides using amylose-based chiral stationary phases in organic-aqueous conditions. J Chromatogr A 1327:73-79.

[35] Gallinella B,Bucciarelli L,Zanitti L,Ferretti R,Cirilli R(2014) Direct separation of the enantiomers of oxaliplatin on a cellulose-based chiral stationary phase in hydrophilic interaction liquid chromatography mode. J Chromatogr A1339:210-213.

[36] Matarashvili I,Ghughunishvili D,Chankvetadze L,Takaishvili N,Khatiashvili T,Tsintsadze M,Farkasc T,Chankvetadze B(2017) Separation of enantiomers of chiral weak acids with polysaccharide-based chiral columns and aqueous-organic mobile phases in high-performance liquid chromatography:typical reversed-phase behavior? J Chromatogr A 1483:86-62.

[37] Ferretti R,Carradori S,Guglielmi P,Pierini M,Casulli A,Cirilli R(2017) Enantiomers of triclabendazole sulfoxide:analytical and semipreparative HPLC separation,absolute configuration assignment,and transformation into sodium salt. J Pharm Biomed Anal 40:38-44.

[38] Ferretti R,Zanitti L,Casulli A,Cirilli R(2016) Green high-performance liquid chromatography enantioseparation of lansoprazole using acellulose-based chiral stationary phase under ethanol/water mode. J Sep Sci 39:1418-1424.

[39] Thirupathi C,Nagesh Kumar K,Srinivasu G,Lakshmi Narayana C,Parameswara Murthy C(2018) Development and validation of stereoselective method for the separation of razoxane enantiomers in hydrophilic interaction chromatography. J Chromatogr Sci 56:147-153.

[40] Cirilli R,Guglielmi P,Formica FR,Casulli A,Carradori S(2017) The sodium salt of the enantiomers of

ricobendazole:preparation,solubility and chiroptical properties. J Pharm Biomed Anal 139:1−7.

[41] Ferretti R,Zanitti L,Casulli A,Cirilli R(2018)Unusual retention behavior of omeprazole and its chiral impurities B and E on the amylose tris(3−chloro−5−methylphenylcarbamate)chiral stationary phase in polar organic mode. J Pharmaceut Anal 8(4):234−239.

[42] Wu Z,Razzak M,Tucker IG,Medlicott NJ(2005)Physicochemical characterization of ricobendazole:I. Solubility,lipophilicity,and ionization characteristics. J Pharm Sci 94:983−993.

[43] Ferretti R,Mai A,Gallinella B,Zanitti L,Valente S,Cirilli R(2011)Application of 3μm particle−based amylose−derived chiral stationary phases for the enantioseparation of potential histone deacetylase inhibitors. J Chromatogr A 1218:8394−8398.

8　功能性环糊精点击手性固定相用于 HPLC 多功能对映体分离

Jie Zhou，Jian Tang，Weihua Tang

摘要： 对纯生物和药物对映体的迫切需求促使人们在开发手性技术方面做出了巨大的努力。采用手性固定相（CSPs）的高效液相色谱已经发展成为手性分析和制造纯对映体的有力工具。在此，我们描述了一种通过叠氮/炔点击化学制备苯基氨基甲酸酯环糊精（CDs）类手性固定相的简便方法。

关键词： 手性分离，手性固定相，苯基氨基甲酸酯环糊精，点击化学，多模式

8.1　引言

近20年来，外消旋体手性测定和拆分的重要性得到了广泛关注，尤其是那些具有生物和药学意义的立体异构体[1-5]。手性固定相在各种色谱技术（如高效液相色谱、超临界流体色谱）中的应用已被证明是一种用于分析和制备的有力措施[6-10]。手性固定相的关键在于手性选择剂，因为它们的对映体分离内在机制不同。功能化环糊精能够形成包合物。进一步的立体选择性相互作用可能包括分析物和手性选择剂之间的 $\pi-\pi$堆积作用、偶极-偶极作用、离子配对作用、静电作用和空间排斥作用[11-13]。苯基氨基甲酸酯环糊精衍生的手性固定相在拆分大型外消旋体库方面已显示出强大能力[14,15]。在此背景下，环糊精的固定方式决定了所得手性固定相的机械性能、分离条件耐受性和对映选择性。

与传统的化学方法相比，利用点击化学的优点，环糊精可以高效、选择性地固定在载体上[16]。本章详细介绍了通过叠氮取代的 β-环糊精和炔基功能化的硅胶之间的叠氮/炔点击反应制备三唑基桥联的环糊精手性固定相。通过采用不同的苯基异氰酸酯修饰环糊精环，可获得一系列苯基氨基甲酸酯环糊精键合手性固定相[17]（图8.1），所制备的手性固定相可用于但不限于多模式高效液相色谱。

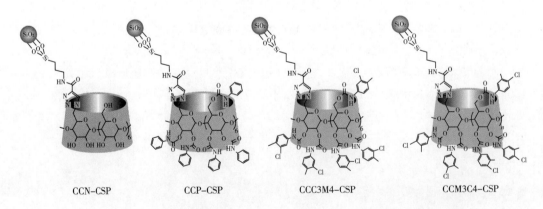

CCN-CSP　　CCP-CSP　　CCC3M4-CSP　　CCM3C4-CSP

图8.1　天然 CD、全苯基氨基甲酸酯 CD、全（3-氯-4-甲基）苯基氨基甲酸酯 CD
和全（4-氯-3-甲基）苯基氨基甲酸酯 CD-点击 CSP（分别表示为 CCN-CSP、
CCP-CSP、 CCC3M4-CSP 和 CCM3C4-CSP）的结构

[资料来源：参考文献17]

8.2 材料

8.2.1 仪器和材料

（1）带二极管阵列检测器（DAD）的商品化 HPLC 仪　本研究采用以下仪器装置：Agilent 1260 系统（USA，Palo Alto Agilent Technologies）配备有 G1315D 二极管阵列检测系统、G1329B 四元泵、G1331C 自动进样器、G1316A 温度控制器，Agilent ChemStation 数据管理软件（版本号 C.01.04）。

（2）市售或定制的 HPLC 柱填充仪。

（3）用于硅胶活化的真空加热炉。

（4）用于衍生化硅胶纯化的索氏提取器。

（5）用于流动相脱气和不锈钢色谱柱清洗的超声波浴。

（6）不锈钢色谱柱［250mm×6mm（内径）］。

（7）Kromasil 球形硅胶（5μm，100Å）。

8.2.2 流动相（见 8.4 注解 1）

使用 HPLC 级有机溶剂和超纯水净化系统净化水。流动相添加剂使用分析纯化学品。

（1）流动相 1　将等体积的超纯水和甲醇混合，例如，各 500mL。过 0.22μm 滤膜，超声脱气 10min。采用流动相 1 在反相条件下对 1-（4-氯苯基）-3-丁烯-1-醇（Aryl-OH-5）进行对映体分离。

（2）流动相 2　将 10mL 三乙胺与 990mL 超纯水混合。加入乙酸调节 pH 至 4.0。将 7 份体积的该溶液与 3 份体积的甲醇混合，例如 700mL 和 300mL。过 0.22μm 滤膜，超声脱气 10min。将三乙胺-乙酸盐缓冲液保存在冰箱中。采用流动相 2 在反相条件下对克伦特罗进行对映体分离。

（3）流动相 3　将 7 份体积正己烷、1 份体积乙醇、2 份体积甲醇混合，如 700mL、100mL、200mL（见 8.4 注解 2）。过 0.22μm 滤膜，超声脱气 10min。采用流动相 3 在正相条件下对 7-甲氧基黄烷酮进行对映体分离。

（4）流动相 4　纯甲醇。过 0.22μm 滤膜，超声脱气 10min。采用流动相 4 在极性-有机模式条件下对黄烷酮进行对映体分离。

8.2.3 外消旋分析物的样品溶液

（1）将外消旋的 1-（4-氯苯基）-3-丁烯-1-醇（Aryl-OH-5）、克伦特罗、黄烷酮溶于甲醇中，浓度为 200μg/mL。将 7-甲氧基黄烷酮溶于异丙醇中，浓度为 200μg/mL。

（2）将样品溶液置于样品瓶中，密封，于冰箱（4℃）中保存。根据分析物的稳定性，溶液可使用 6 个月。

8.3 方法

采用点击化学的方法，功能化环糊精键合手性固定相的合成路线如图 8.2 所示。化学品可能有害，因此，所有反应和步骤需在通风良好的通风橱内进行。有机溶剂在用于合成前，需进行纯化和干燥。

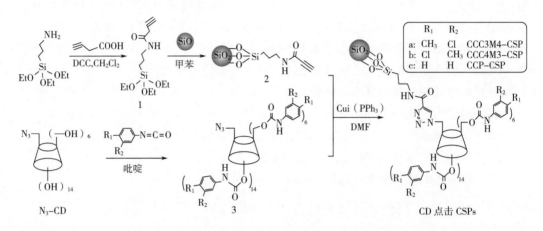

图 8.2　全苯基氨基甲酸酯环糊精类手性固定相的叠氮/炔点击化学合成方案

[资料来源：参考文献 17]

8.3.1 硅胶活化

（1）称取 10g Kromasil 球形硅胶（5μm，100Å），转移至广口瓶（100mL）中。用多孔铝箔盖住瓶子，放入真空烘箱中。

（2）将烘箱抽真空至约 0.67Pa。以 5℃/min 升温速率加热烘箱至 160℃。真空下保持此温度 12h（见 8.4 注解 3）。

（3）将烘箱冷却至室温。盖上装有硅胶的瓶子，置于氮气条件下的干燥器中保存（见 8.4 注解 4）。新活化的硅胶应在 1 周内使用。

8.3.2 N-[3-（三乙氧基硅基）] 丙基-2-丙酰胺（1）的合成

（1）将 20mL 滴液漏斗与 50mL 三颈圆底烧瓶连接，用橡胶塞密封。将该装置抽真空和充氮，至少 3 个循环。

（2）依次加入 3.0g（13.5mmol）3-氨丙基三乙氧基硅烷、1.1g（15.0mmol）丙酸和 15mL 无水 CH$_2$Cl$_2$（见 8.4 注解 5）。室温搅拌 10min（500r/min）后，将烧瓶置于冰浴中搅拌 10min。

（3）称取 3.1g（15.0mmol）N,N'-二环己基碳二亚胺（DCC）并迅速加入滴液漏斗中。使用 10mL 干燥 CH$_2$Cl$_2$ 溶解 DCC（见 8.4 注解 5）。以 10 滴/min 的速度，将 DCC 溶液加入到圆底烧瓶溶液中（见 8.4 注解 6）。

（4）完全加入后，将烧瓶从冰水浴中取出，并置于油浴中。25℃条件下加热搅拌2.5h。将白色沉淀过滤，收集滤液。在旋转蒸发器中减压蒸发掉有机溶剂，得到油状粗产物。

（5）向粗产物中加入 40mL 干燥甲苯（见 8.4 注解 7），使用旋转蒸发器减压蒸发掉溶剂。再重复此步骤 2 次，以除去残留的丙炔酸。在 60℃ 下将产品真空干燥过夜，得到化合物 1，为淡黄色油状物，产量约 3.2g（85%产率）。

8.3.3 炔基功能化硅胶（2）的制备

（1）在装有冷凝器的 100mL 圆底二颈烧瓶中加入 4g 预活化硅胶、1g 化合物 1 和40mL 干燥甲苯（见 8.4 注解 7）。通过氮吹和抽低真空除去烧瓶内气体，至少重复3 次。

（2）将烧瓶置于油浴中，缓慢加热至 120℃。将反应混合物在搅拌（500r/min）状态下回流 20h。

（3）将反应混合物冷却至室温，减压过滤。用 40mL 干燥甲苯仔细冲洗产物 3 次。

（4）用滤纸（Whatman，15cm）将产物包裹，转移到索氏提取器中。用丙酮提取24h，60℃下将炔基改性硅胶（淡黄色粉末）真空干燥过夜。硅胶在用于合成前于氮气条件下保存和干燥。此硅胶可使用几个月。

8.3.4 苯基氨基甲酸酯叠氮–环糊精衍生物（3）的合成

（1）在 60℃烘箱中将单-6^A-叠氮基-β-环糊精［N_3-β-环糊精，按照文献[18] 合成或从 TCI（日本，东京）等购得］真空干燥 24h。

（2）称取 3.8g（3.2mmol）干燥的 N_3-β-环糊精，并将其放入 100mL 双颈圆底烧瓶中。通过氮吹和抽真空除去烧瓶内气体，重复 3 次。

（3）室温下用注射器向烧瓶加入 25mL 干燥吡啶（见 8.4 注解 8）。搅拌混合溶液（500r/min），直至溶液变清。

（4）在氮气条件下称取 13.1g（109.6mmol）苯基异氰酸酯，并迅速注入反应溶液中。

（5）在氮气条件下于 85℃加热搅拌反应混合溶液 12h。

（6）将反应混合物冷却到室温。减压蒸馏除去吡啶和未反应的苯基异氰酸酯（见8.4 注解 9）。

（7）将残渣溶于 100mL 乙酸乙酯中，用 50mL 水洗涤有机相 3 次。收集有机相并用无水硫酸镁干燥。

（8）过滤并在旋转蒸发器中减压蒸发溶剂。采用硅胶柱层析，以石油醚：乙酸乙酯（2：1，体积比）溶液为洗脱剂，对残渣进行纯化。获得苯基氨基甲酸酯环糊精白色固体（6.3g，54.4%产率）。

通过该处理过程，可以进一步利用取代的苯基异氰酸酯衍生物得到苯环上不同官能团的苯基氨基甲酸酯叠氮环糊精衍生物，产率在 40%~60%。

8.3.5　苯基氨基甲酸酯环糊精类手性固定相的点击制备

（1）将 100mL 双颈圆底烧瓶与冷凝器连接，用橡胶塞密封。将烧瓶放入油浴中。在烧瓶中加入 4g 预干燥的炔基改性硅胶和 4g 苯基氨基甲酸酯叠氮环糊精（见 8.4 注解 10）。

（2）通过氮吹和抽真空除去烧瓶内气体，至少重复 3 次。在氮气环境下向反应混合物中加入 100mg CuI（PPh₃）。

（3）用注射器向烧瓶中加入 40mL 干燥 N,N-二甲基甲酰胺（DMF）（见 8.4 注解 11）。室温下将混合物搅拌 10min（500r/min）。90℃下加热反应混合物 24h。

（4）冷却至室温。过滤混合物并收集棕黄色固体。用 30mL 干燥 DMF 洗涤 3 次（见 8.4 注解 12）。

（5）用滤纸（Whatman，15cm）将固体包裹，转移到索氏提取器中。依次用乙酸乙酯、丙酮、甲醇提取粗产物 12h。收集最终产物，60℃真空干燥 12h，得到所需的 CCP-CSP（见 8.4 注解 13）。

利用该方法，分别使用苯基氨基甲酸酯衍生物 N_3-环糊精和炔基改性硅胶，可以得到类似的苯基氨基甲酸酯环糊精键合手性固定相（CCN-CSP、CCC3M4-CSP 和 CCM3C4-CSP）。

8.3.6　色谱柱填充

（1）采用甲醇超声清洗不锈钢空柱（4.6mm×250mm）15min。使用氮气吹干色谱柱。

（2）将色谱柱的一端连接到预柱并用熔块密封色谱柱另一端。将预柱通过储液器连接到色谱柱填充仪的 HPLC 泵上。

（3）在 100mL 锥形瓶中，将 3g CCP-CSP 分散于 30mL HPLC 级甲醇中（见 8.4 注解 14）。将分散液超声 5min 制备填充浆料。

（4）将浆料转移至 4℃冰箱中放置 1min。迅速将浆料倒入 HPLC 柱填充仪的储液器中并密封系统（见 8.4 注解 15）。

（5）打开泵并将手性固定相填充入不锈钢空柱中，在 62.1MPa 的恒压保持 30min。

（6）关掉泵并让压力缓慢释放到零。用熔块密封钢柱，在室温下保存柱子。

8.3.7　采用环糊精类手性固定相进行 HPLC 对映体分离

（1）将色谱柱（CCP-CSP）连接到 HPLC 仪。

（2）使用预定流动相平衡色谱柱（见 8.4 注解 16）。用流动相 1 在反相条件下对 Aryl-OH-5 进行对映体分离，流动相 2 在反相条件下对克伦特罗进行对映体分离，流动相 3 在正相条件下对 7-甲氧基黄烷酮进行对映体分离，流动相 4 在极性有机模式下对黄烷酮进行对映体分离。

（3）流速设为 1.0mL/min。

（4）如果仪器配有柱温箱加热器，设定柱温为 25℃。否则，在环境温度下操作。

（5） Aryl-OH-5 检测波长设为 225nm，克伦特罗设为 220nm，7-甲氧基黄烷酮和黄烷酮设为 254nm。

（6）注入 10μL 样品溶液并记录色谱图。各分析物在各自洗脱条件下的典型色谱图如图 8.3 所示。

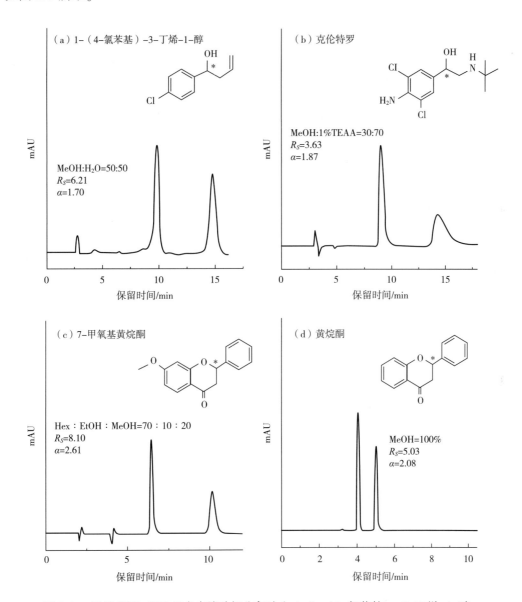

图 8.3　采用 CCP-CSP 及各自流动相分离时,（a） 1-（4-氯苯基）-3-丁烯-1-醇、
（b）克伦特罗、 （c）7-甲氧基黄烷酮和 （d）黄烷酮对映体分离色谱图
[资料来源：参考文献 14，20]

（7）根据式（8-1）~式（8-4），计算保留因子（k_1 和 k_2），对映选择性因子（α）和手性分离度（R_S）。

$$k_1 = (t_1 - t_0)/t_0 \tag{8-1}$$

$$k_2 = (t_2 - t_0)/t_0 \tag{8-2}$$

$$\alpha = k_2/k_1 \tag{8-3}$$

$$R_S = 1.18(t_2 - t_1)/(W_1 + W_2) \tag{8-4}$$

式中　t_0——溶剂峰的保留时间；

　　　t_1 和 t_2——第一和第二对映体的保留时间；

　　　W_1 和 W_2——基于美国药典（USP）色谱图标准的各对映体半峰宽。

这里报道的 CCP-CSP 对映体分离过程同样适用于在 HPLC 多种洗脱模式下的其他功能化环糊精类手性固定相[19-22]。

8.4　注解

（1）流动相不宜长时间使用。建议至少每 3 天制备一次新流动相。

（2）需小心改变正己烷中有机添加剂的含量，因为高比例的极性有机添加剂与非极性正己烷不混溶。

（3）加热过程应在烘箱为真空状态下开始。如果烘箱里有空气，硅胶在高温下长时间活化可能会略微变暗。

（4）冷却至室温后，将活化硅胶从真空烘箱中取出。否则，热硅胶会吸附空气中的水。将硅胶在氮气环境中保存。

（5）需使用注射器移取试剂时，要避免与空气接触。无水 CH_2Cl_2 在此步骤中至关重要。为了得到干燥 CH_2Cl_2，将含有氢化钙的分析纯 CH_2Cl_2 搅拌 12h。在氮气下蒸馏并收集溶剂。用注射器（100mL）迅速将新干燥的 CH_2Cl_2 转移到烧瓶中。

（6）缓慢加入 DCC 溶液时，将反应烧瓶置于冰浴中，避免发生快速反应。

（7）为了得到干燥甲苯，将含有金属钠粉末的分析纯甲苯搅拌 12h。在氮气条件下蒸馏并收集溶剂。佩戴手套和口罩，以防与甲苯接触。

（8）无水吡啶在这一合成过程中非常关键，因为水可以竞争性地与苯基异氰酸酯反应。将含有 CaH_2 的分析纯吡啶搅拌过夜。在氮气条件下蒸馏并收集吡啶。用注射器转移干燥吡啶，以避免与空气中的水接触。吡啶是有毒的，所以要小心处理，穿戴合适的防护装备。

（9）由于吡啶是一种具有臭味的有毒溶剂，需在通风橱中蒸馏除去吡啶和残留试剂。采用 1mol/L HCl 水溶液处理所收集的吡啶。

（10）苯基氨基甲酸酯 N_3-环糊精的用量应过量，以有效促进在硅胶表面进行的 Cu（I）催化叠氮/炔点击反应。这对手性选择剂的装载量至关重要。

（11）为了得到干燥 DMF，将含有 CaH_2 的分析纯 DMF 搅拌过夜。采用油泵 50℃ 蒸馏 DMF。在氮气条件下使用注射器转移干燥 DMF，以避免与水接触。由于 DMF 可以快速通过皮肤被吸收，需佩戴手套和护目镜在通风橱中进行蒸馏操作。

（12）过量的苯基氨基甲酸酯环糊精可以通过滤液浓缩和乙酸乙酯萃取回收。用水洗涤有机相 3 次并除去溶剂，得到回收的环糊精。回收率可高达 70%～80%。回收的环糊精可用于下次环糊精手性固定相的点击制备。

（13）CCP-CSP 应在氮气环境的干燥器中保存。CSPs 在室温保存超过 3 个月后，在相同色谱柱填充条件下依然能达到相同性能。

（14）环糊精类手性固定相的用量对色谱柱填充至关重要。对于尺寸为 250mm×4.6mm（内径）的色谱柱，手性固定相用量小于 3g 将导致色谱柱填充不完全。使用不同尺寸的色谱柱，填充材料的用量应进行相应调整。

（15）在填充色谱柱之前，将整个填充系统保持在温度 30℃、相对湿度 30% 条件下。

（16）各有机溶剂在一定比例下可能不混溶，亲脂性有机溶剂与水不混溶。因此，将一种洗脱模式切换到另一种洗脱模式时，可能需要用几倍柱体积的其他溶剂冲洗色谱柱后才能使用所选定的流动相。例如，从正相模式切换到反相模式时，采用 10 倍柱体积的甲醇：乙醇（90：10，体积比）溶液冲洗色谱柱，流速为 0.5mL/min（约 25mL，250mm×4.6mm 色谱柱）。随后，以至少 10 倍柱体积的新流动相平衡色谱柱。当在水相中使用缓冲盐时，应采用 10 倍柱体积的水和相应有机溶剂（甲醇、乙腈等）的混合溶液冲洗色谱柱，混合溶液组成按照之前所使用的含有缓冲盐的流动相。

致谢

该项工作得到国家自然科学基金（批准号：51573077，21305066）、江苏省自然科学基金（批准号：BK20170834）和中央高校基本科研业务费（批准号：30917011313）资助。

参考文献

[1]Patel DC，Wahab MF，Armstrong DW，Breitbach ZS（2016）Advances in high-throughput and high-efficiency chiral liquid chromatographic separations. J Chromatogr A1467：2-18.

[2]Zhou J，Tang J，Tang W（2015）Recent development of cationic cyclodextrins for chiral separations. TrAC-Trends Anal Chem 65：22-29.

[3]Ward TJ，Ward KD（2012）Chiral separations：a review of current topics and trends. Anal Chem 84：626-635.

[4]Stalcup AM（2010）Chiral separations. Annu Rev Anal Chem 3：341-363.

[5]Ali I，AI-Othman ZA，AI-Warthan A，Asnin L，Chudinov A（2014）Advances in chiral separations of small peptides by capillary electrophoresis and chromatography. J Sep Sci 37：2447-2466.

[6]Regalado EL，Welch CJ（2015）Separation of a chiral analytes using supercritical fluid chromatography with chiral stationary phases. TrAC-Trends Anal Chem 67：74-81.

[7]Jandera P，Janás P（2017）Recent advances in stationary phases and understanding of retention in hydrophilic interaction chromatography. A review. Anal Chim Acta 967：12-32.

[8]Xiao Y，Ng S-C，Tan TTY，Wang Y（2012）Recent development of cyclodextrin chiral stationary phases and their applications in chromatography. J Chromatogr A 1269：52-68.

[9]Chankvetadze B（2012）Recent developments on polysaccharide-based chiral stationary phases for liquid-phase separation of enantiomers. J Chromatogr A 1269：26-51.

［10］Fanali S(2017)An overview to nano-scale analytical techniques：nano-liquid chromatography and capillary electrochromatography. Electrophoresis 38：1822-1829.

［11］Zhou J,Yang B,Tang J,Tang W(2016)Cationic cyclodextrin clicked chiral stationary phase for versatile enantioseparations in high-performance liquid chromatography. J Chromatogr A 1467：169-177.

［12］Zhou J,Tang J,Tang W(2015)Recent development of cationic cyclodextrins for chiral separation. TrAC-Trends Anal Chem 65：22-29.

［13］Tang W,Ng S-C,Sun D(eds)(2013)Modified cyclodextrins for chiral separation. Springer-Verlag,Berlin.

［14］Pang L,Zhou J,Tang J,Ng S-C,Tang W(2014)Evaluation of perphenylcarbamated cyclodextrin clicked chiral stationary phase for enantioseparations in reversed phase high performance liquid chromatography. J Chromatogr A 1363：119-127.

［15］Yao X,Zheng H,Zhang Y,Ma X,Xiao Y,WangY(2016)Engineering thiol-ene click chemistry for the fabrication of novel structurally well-defined multifunctional cyclodextrin separation materials for enhanced enantioseparation. Anal Chem 88：4955-4964.

［16］Kolb HC,Finn MG,Sharpless KB(2001)Click chemistry：diverse chemical function from a few good reactions. Angew Chem Int Ed 40：2004-2021.

［17］Tang J,Zhang S,Lin Y,Zhou J,Pang L,Nie X,Zhou B,Tang W(2015)Engineering cyclodextrin clicked chiral stationary phase for high-efficiency enantiomer separation. Sci Rep 5：11523.

［18］Tang W,Ng S-C(2008)Facile synthesis of mono-6-amino-6-deoxy-α-,β-,γ-cyclodextrin hydrochlorides for molecular recognition,chiral separation and drug delivery. Nat Protoc 3：691-697.

［19］Lin Y,Zhou J,Tang J,Tang W(2015)Cyclodextrin clicked chiral stationary phases with functionalities-tuned enantioseparations in high performance liquid chromatography. J Chromatogr A 1406：342-346.

［20］Tang J,Pang L,Zhou J,Tang W(2015)Enantioseparation tuned by solvent polarity on a β-cyclodextrin clicked chiral stationary phase. J Sep Sci 38：3137-3144.

［21］Tang J,Pang L,Zhou J,Zhang S,Tang W(2016)Per(3-chloro-4-methyl)phenylcarbamate cyclodextrin clicked stationary phase for chiral separation in multiple modes high performance liquid chromatography. Anal Chim Acta 946：96-103.

［22］Zhou J,Yang B,Tang J,Tang W(2018)Acationic cyclodextrin clicked bilayer chiral stationary phase for versatile chiral separation in HPLC. New J Chem 42：3526-3533.

9 环糊精类手性固定相用于 HPLC 对映体分离

Xiaoxuan Li，Yong Wang

摘要：近30年来，作为常用的手性分离材料之一，环糊精类手性固定相（CD-CSP）发展迅速。大量CD-CSP被设计并应用于高效液相色谱（HPLC）中的对映体分离。新型CD-CSP的开发主要集中在两个方面：CD骨架的固定化学和功能化。尽管这类研究在分析化学中并不被视为首要研究课题，但近期仍有许多工作缓慢地推动着这类研究。本章介绍了三唑桥联双CD-CSP的制备过程及其在HPLC对映体分离中的应用。

关键词：液相色谱，对映体分离，环糊精，手性固定相

9.1　引言

对映体分离是医药、食品添加剂、农用化学品等诸多行业中最重要和最具挑战性的工作之一[1-4]。获取纯对映体不断引起了研究者们的兴趣。目前，已经开发了一系列的分离技术和手性分离材料。迄今为止，用于分析或半制备尺度手性分离的主要技术有气相色谱法（GC）[5]、超临界流体色谱法（SFC）[6]、毛细管电泳法（CE）[7,8] 和高效液相色谱法[9,10]。在这些技术中，HPLC以其高效、高灵敏度得到了最广泛的应用。

手性选择剂或手性固定相（CSPs）是成功进行HPLC手性鉴别的关键因素。截至目前，环糊精（CDs）及其衍生物作为HPLC手性固定相已被研究者广泛报道[11-13]。环糊精是一种含有多个（通常是6，7，8）D-葡萄糖单元的环状低聚糖分子，各葡萄糖单元以 α-1,4-糖苷键相连。由于具有疏水内腔和亲水外缘，环糊精可与大量分析物形成包合物。已有几篇综述对含环糊精手性固定相的HPLC对映体分离做了较好的概述[14]，目前仍有许多研究团队聚焦于CD-CSP的开发。

氨基甲酸乙酯连接是将改性环糊精化学键合在硅胶载体上并获得牢固而稳定环糊精手性固定相的最广泛的供选方案之一。近5年来，仍有出版物报道具有氨基甲酸乙酯连接的新型环糊精手性固定相。Li等以有序介孔SBA-15为键合基质，开发了一种新型 N-苯甲基-苯乙胺单取代 β-环糊精键合SBA-15手性固定相，用于分析物的快速对映体分离。环糊精手性固定相对 β-受体阻滞剂、丹磺酰氨基酸和黄酮类化合物的手性识别能力优于天然 β-环糊精手性固定相[15]。Nurul等设计了一种新型芳香族离子液体功能化环糊精手性固定相，在HPLC中实现了对一些非甾体抗炎药（NSAID）的对映体分离，如布洛芬、吲哚洛芬、酮洛芬和非诺洛芬[16]。此外，为了评价手性识别的机理，采用 ^{1}H-NMR、NOESY、UV/VIS等光谱技术研究了非甾体抗炎药与 β-环糊精衍生物的复合物。这些已报道的环糊精手性固定相证明，氨基甲酸乙酯连接是构建稳定环糊精手性固定相的有力方法，通过环糊精环的功能化可以增强分离能力。

早在1985年，Armstrong等就报道了第一个醚键连接的环糊精手性固定相，并使用

这种方法开发了一系列改进的环糊精手性固定相。到目前为止，仍然常用醚键将环糊精固定在硅胶表面。Zhou 等报道了 4 种新型醚键连接的离子液体功能化的环糊精手性固定相[17]。环糊精手性固定相对包括手性 1-苯基-2-硝基乙醇衍生物和芳香醇在内的大量外消旋混合物具有良好的手性识别能力。一些二茂铁衍生物被基线分离或部分分离，揭示了所制备的环糊精手性固定相具有良好的分离能力。环糊精手性固定相结构和分析物结构以及 β-环糊精环上的阳离子和阴离子取代基对对映体分离过程的影响也被详细研究。Weng 等开发了一种由牛血清白蛋白和 β-环糊精键合硅胶衍生的复合手性固定相，并应用于 HPLC 分离色氨酸、氢化二苯乙醇铜、苯丙氨酸和扁桃酸[18]。最近，Li 团队通过便捷的合成路线合成了 3 个新的噁唑啉取代的 β-环糊精，并将其固定到硅胶载体上，得到了 3 个手性噁唑啉环糊精手性固定相[19]。这些手性固定相实现了 28 对对映体的手性分离，包括 1-苯基-2-硝基乙醇衍生物在极性有机分离模式下的对映体分离，11 个 β-硝基乙醇在反相模式下的对映体分离，以及一些二茂铁衍生物在极性有机模式下的对映体分离。手性基团和 β-环糊精环周围的碎片影响手性识别。根据对映体分离结果，对环糊精手性固定相的一些可能的拆分机理进行了探讨。

Zhang 课题组通过 Stadinger 反应将七（6-叠氮-6-脱氧 2,3-二-O-对氯苯甲酰胺基）-β-环糊精固定在硅胶表面，制备了一种具有多个脲桥的新型环糊精手性固定相（MCDP），并将其应用于高效液相色谱法，实现了手性铷杂苯的对映体有效分离，这是首次报道手性金属配合物在环糊精手性固定相上的对映体分离。此外，通过 HPLC 分析、NMR、CD 和理论计算，进一步研究了纯对映体。在此基础上，该课题组通过将衍生的环糊精固定在功能化硅胶上，合成了两种新型的具有多个脲桥的衍生环糊精手性固定相（MDMP 和 MDCP）[21]。MDMP 和 MDCP 对芳香醇类、N-（2,4-二硝基苯）衍生羧酸类、质子泵抑制剂、5-羟色胺受体拮抗剂等 46 种手性分析物均表现出良好的分离性能。由于苯基氨甲酰基衍生物 P 位置中取代基的不同，制备的环糊精手性固定相表现出不同的分离性能。研究发现，π-碱性环糊精手性固定相对一些芳香醇类和 N-（2,4-二硝基苯）衍生羧酸类提供了更好的分离，而质子泵抑制剂和 5-羟色胺受体拮抗剂则更容易在 π-酸性环糊精手性固定相上分离。研究发现 DNP-谷氨酰胺在 MDCP 和 MDMP 上的洗脱顺序发生了逆转，其原因可能是它们的取代苯甲酰胺的电子密度不同。

点击化学是由 K. B. Sharpless 等在 2001 年首次创造和报道的，新概念的目的是以高选择性、温和条件和高效率进行模块化有机反应[22]。在 Kacprzak 等首次合成了基于奎宁的点击手性固定相之后，研究人员投入了巨大的努力，利用这种优秀的化学方法来开发稳定而强大的手性固定相[23,24]。最近，Zhou 等合成了一种新型的具有吸电子硝基的对硝基苯甲酰胺基-β-环糊精键合 SBA-15 手性固定相[25]。SBA-15 具有良好的渗透性、较小的涡流扩散和快速的有序通道传质速度，有利于人血浆中普萘洛尔的对映体分离。Tang 等通过点击反应制备了一系列苯甲酰胺化环糊精手性固定相，包括全（3-氯-4-甲基）苯甲酰胺基-β-环糊精点击手性固定相、过 5-氯-2-甲基苯甲酰胺基-β-

环糊精点击手性固定相和全（3-甲基-4-氯）苯甲酰胺基环糊精点击手性固定相[26-28]，并通过分离芳基醇类、黄酮类和 β-受体阻滞剂等一系列外消旋体，评价了环糊精官能团对不同分离模式下手性识别的影响。随后，为了进一步挖掘高效液相色谱对映体分离中环糊精环上的功能，该课题组制备了一种新型的阳离子全（3-氯-4-甲基）苯甲酰胺基-β-环糊精点击手性固定相，在 HPLC 极性有机相、反相、正相不同分离模式下对 21 种模型外消旋体表现出良好的对映选择性。

近年来，巯基-烯点击化学因具有产率高、对氧气或水不敏感等优点而受到研究者的关注，该反应可避免使用金属催化剂[30]。2010 年，Ng 课题组通过硫醇-烯反应制备了功能化的纳米环糊精手性固定相，在相对苛刻的条件下实现了巯基硅胶上的全苯甲酰胺基-β-环糊精的固定。将纳米环糊精手性固定相应用于压力辅助毛细管电色谱（CEC）中，对一些苯乙醇衍生物和 β-受体阻滞剂（普萘洛尔和吲哚洛尔）进行对映体分离[13]。采用上述方法，Zhang 等合成了一种新型的基于硫醚键的过 3-氯-4-甲基苯甲酰胺基-β-环糊精手性固定相，该环糊精手性固定相对噻吗洛尔具有良好的分离性能[31]。

本课题组通过单硫醚键连接制备了一系列稳定的阳离子天然环糊精手性固定相和苯甲酰胺化环糊精手性固定相[32-36]。与具有三唑键的环糊精手性固定相相比，阳离子天然环糊精手性固定相在反相高效液相色谱中对丹磺酰氨基酸、芳香族羧基化合物和黄酮类化合物具有更高的对映选择性，这是因为新型手性固定相上的阳离子咪唑具有良好的静电作用[36]。通过调节苯基异氰酸酯的极性，5 种新型的衍生环糊精手性固定相通过单硫醚键连接被合成出来，并使用多种对映体在各种分离条件下对其手性识别能力进行了全面研究。在反相高效液相色谱条件下，大部分手性化合物能够得到很好的分离（$R_S > 1.5$）。Huang 等也研究了硫醇-烯点击反应在环糊精手性固定相制备中的潜在应用[37]。他们通过将单/二（10-十一烯酰基）-全苯基氨基羰基-β-环糊精固定在巯基硅胶上，得到了具有长疏水间隔基团的新型苯甲酰胺化环糊精手性固定相。该环糊精手性固定相在反相模式下对包括吲哚洛尔、普萘洛尔和 N-异丙基-DL-去甲肾上腺素在内的 15 种外消旋化合物表现出一定手性识别能力。由于环糊精环上的苯甲酰胺基团能够提供更多的诸如 π-π 堆积相互作用、氢键和偶极-偶极相互作用等位点，环糊精手性固定相在正相模式下对某些分析物表现出更高的分辨率。

近年来开发的几乎所有环糊精手性固定相仍然是基于硅胶表面的单一环糊精层。本章介绍了点击化学制备双层双环糊精手性固定相及其在手性 HPLC 中的应用。图 9.1 概述了合成过程。在第一步中，单-6-甲苯磺酰基-β-环糊精（TsO-βCD）与炔丙胺反应生成单-（6-脱氧-6-炔丙胺）-β-环糊精（炔-β-CD）用于点击反应 ［图 9.1（a）］。然后将 TsO-β-CD 与叠氮化钠反应制备单-叠氮-β-环糊精（N_3-β-CD），通过醚键连接固定在硅胶表面 ［图 9.1（b）］。最后的点击步骤在炔-β-CD 和 N_3-β-CD-功能化硅胶之间实现 ［图 9.1（c）］。

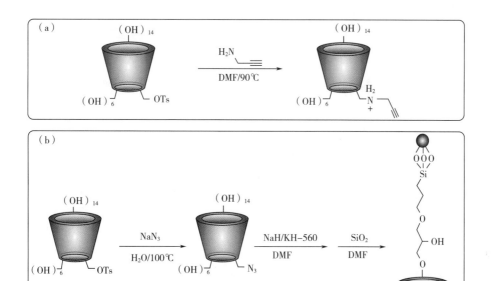

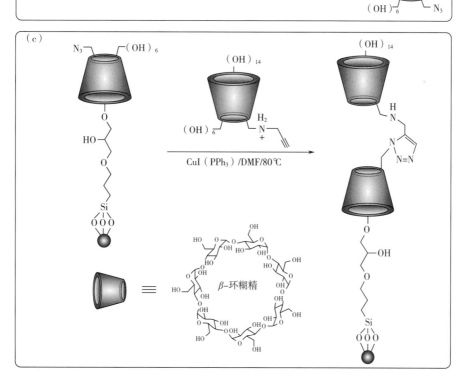

图 9.1 双层 CD-CSP 的合成途径：（a）单－（6-脱氧-6-炔丙胺）－β-环糊精的合成，
（b）单-6^A-叠氮-β-环糊精的合成及固定化，（c）点击反应介导构建双层 CD-CSP

9.2 材料

9.2.1 仪器与材料

（1）在本实验中，使用 Agilent 1100 HPLC 系统或带有二极管阵列检测（DAD）系统的 Lab Alliance HPLC 系统（USA，PA，State College）。

（2）市售 HPLC 柱填料仪。

（3）用于产品纯化的市售索氏提取器。

（4）不锈钢柱［150mm×4.6mm（内径）］。

（5）市售 pH 计和用于缓冲溶液 pH 调节的玻璃电极。

（6）Kromasil 球形硅胶（5μm，100Å）（Sweden，Bohus，Eka Chemicals）。

9.2.2 化学品与溶液

大多数化学品是有害的。遵循合成与分析实验室要求的所有安全操作规程。戴防护服、手套和安全眼镜。在通风良好的通风橱内进行合成。

在色谱实验中，只使用 HPLC 级溶剂和经过净水系统净化的超纯水。

（1）1%三乙胺乙酸缓冲溶液 将1%（体积分数）三乙胺溶于超纯水中，用乙酸调 pH 至 3.99（见 9.4 注解 1）。

（2）流动相 将 60 份体积的甲醇和 40 份体积的 1%三乙胺乙酸缓冲溶液混合。使用前通过 0.45μm 滤膜过滤并脱气。

（3）样品溶液 将外消旋的丹磺酰氨基酸，如丹磺酰-DL-苯丙氨酸（Dns-Phe）和丹磺酰-DL-亮氨酸（Dns-Leu）溶于甲醇∶水（1∶1，体积比）溶液中，浓度为 1mg/mL。使用前所有样品溶液通过 0.45μm 滤膜过滤。

9.3 方法

9.3.1 合成单-6^A-叠氮-β-环糊精（N_3-β-CD）

（1）将 3.0g（2.34mmol）单-6^A-甲苯磺酰基-β-环糊精（TsO-β-CD）（见 9.4 注解 2）溶于 30mL 65℃水中，置于装有橡胶塞、Liebig 冷凝器和 Teflon 涂层磁力搅拌棒的 50mL 双颈圆底烧瓶中。

（2）向溶液中加入 0.76g（11.69mmol）叠氮化钠（见 9.4 注解 3），95℃搅拌 12h。

（3）冷却至室温，将溶液倒入 90mL 丙酮中。搅拌 15min，过滤。

（4）将所得固体用 80mL 丙酮洗涤 2 次，获得 N_3-β-CD（见 9.4 注解 4）。

9.3.2 合成单-（6-脱氧-6-炔丙胺）-β-环糊精

（1）将 6g（4.7mmol）TsO-β-CD 加入到 15mL 炔丙胺中，置于装有橡胶塞、

Liebig 冷凝器和 Teflon 涂层磁力搅拌棒的 50mL 双颈圆底烧瓶中。

（2）使用氮气抽吸和再填充，重复两个循环，对整个反应系统进行脱气。

（3）于 65℃ 加热反应溶液 24h。

（4）冷却至室温，将溶液倒入 90mL 乙腈中。

（5）过滤收集淡黄色沉淀，用丙酮洗涤（2×50mL）（见 9.4 注解 5）。

9.3.3　合成单-6^A-叠氮-β-环糊精改性硅胶

（1）将 1.13g（0.97mmol）N_3-β-CD 溶于 25mL 无水二甲基甲酰胺中，置于装有橡胶塞、Liebig 冷凝器和 Teflon 涂层磁力搅拌棒的 50mL 双颈圆底烧瓶中。

（2）使用氮气抽吸和再填充，重复两次，对整个反应系统进行脱气。

（3）室温下加入 46.8mg（1.17mmol）氢化钠，室温搅拌反应混合物，直至不再产生气泡。

（4）过滤过量的氢化钠并将滤液转移到另一个装有橡胶塞、Liebig 冷凝器和 Teflon 涂层磁力搅拌棒的 50mL 双颈圆底烧瓶中。加入 0.26mL（1.17mmol）（3-缩水甘油基氧基丙基）三甲氧基硅烷，于 90℃ 搅拌所得混合物 4h。

（5）冷却至室温，加入 2.6g 活化硅胶（见 9.4 注解 6）。于 110℃、氮气环境下将悬浮液搅拌 24h。

（6）过滤收集固体，然后用二甲基甲酰胺（2×10mL）、水（2×20mL）、甲醇（2×10mL）和丙酮（2×10mL）洗涤，得到纯品。

9.3.4　通过点击反应合成双层环糊精手性固定相（D-CD-CSP）

（1）向溶于 30mL DMF 中的 2.3g N_3-β-CD 改性硅胶悬浮液中加入 0.6g（0.44mmol）单（6-脱氧-6-炔丙基）-β-CD，置于装有橡胶塞、Liebig 冷凝器和 Teflon 涂层磁力搅拌棒的 50mL 双颈圆底烧瓶中。

（2）室温下向悬浮液中加入 9mg（0.5mmol%）CuI（PPh$_3$）。

（3）加热悬浮液至 90℃ 并于此温度在氮气环境下搅拌 48h。

（4）过滤得到粗产物，然后用 DMF 洗涤（2×10mL）。

（5）将固体产物用 50mL 丙酮在索氏抽提器中抽提 8h。

（6）在真空（10Pa）、60℃ 条件下干燥物料 12h，得到 D-CD-CSP。

9.3.5　填充色谱柱

（1）在 15mL 二氯甲烷和 15mL 甲醇的混合物中加入 3g D-CD-CSP。

（2）将悬浮液超声至均匀分散（约 10min）。

（3）将空不锈钢柱［150mm×4.6mm（内径）］连接到 HPLC 柱填充仪上。

（4）迅速将 20mL 的硅胶浆液转移到柱子的填料库中，以 41.4MPa 的压力装入不锈钢柱 20~30min。

（5）关闭泵，让压力下降到 0Pa（大约 5min）。拧开柱子，用平铲或刀片去除过量的硅胶。

（6）将末端接头和筛板放在色谱柱上，用10mL甲醇冲洗色谱柱，然后密封色谱柱。

9.3.6　手性分离

（1）将色谱柱装入HPLC系统。

（2）设定流速为1.0mL/min，柱温为30℃。

（3）用流动相冲洗平衡色谱柱，直至观察到稳定基线。

（4）设定检测器波长为254nm。

（5）将代表性样品溶液进样10μL并记录色谱图。二肽Dns-Phe和Dns-Leu对映体分离的代表性色谱图见图9.2。

（6）根据公式$k = (t_R - t_0)/t_0$，$\alpha = k_2/k_1$和$R_S = 1.18 \times (t_2 - t_1)/(W_{b1} + W_{b2})$，计算色谱参数，包括保留因子（$k_1$和$k_2$），对映选择性因子（$\alpha$）和手性分离度（$R_S$）。

在D-CD-CSP上对分析物进行对映体分离的更多示例详见参考文献[33]。

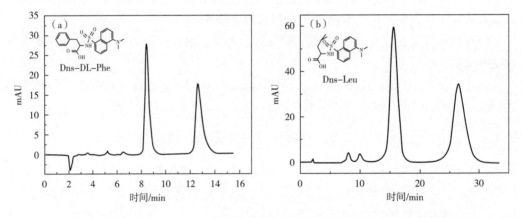

图9.2　双层CD-CSP上（a）Dns-DL-Phe和（b）Dns-Leu对映体分离色谱图

注：甲醇/1% TEAA pH3.99 60∶40（体积比），1.0mL/min，254nm。

9.4　注解

（1）β-CD-CSP可以在以有机溶剂和水或缓冲液为流动相的反相模式下使用。

（2）TsO-β-CD是一种重要的环糊精中间体，易引入卤素、叠氮基、胺基和咪唑基等官能团。

（3）叠氮化钠有毒、易爆。需小心处理。

（4）通过FTIR和[1]H-NMR谱图可以验证甲苯磺酰基向叠氮基的成功转化。N_3-β-CD的FTIR图在2104cm⁻¹处有一个具有代表性的峰——N_3，^{1}H-NMR（400MHz，DMSO-d₆）δ（mg/kg）：3.32~3.40（m，28 H，H-3，H-5，H-6），3.55~3.64（m，14 H，H-2，H-4），4.44~4.54（m，6 H，OH-6），4.83~4.87（s br，7 H，H-1），5.62~5.77（m，14 H，OH-2，OH-3）。

（5）环糊精衍生物可通过 ^{1}H-NMR 谱图和质谱进行表征。^{1}H-NMR（DMSO-d$_6$）（mg/kg）：7.6~7.4（2 H），7.2~7.0（2 H），5.9~5.6（14 H），5.0~4.8（7 H），4.6~4.4（6 H），3.8~3.2（42 H）。ESI-MS（m/z）：[M$^+$] 为 1172.4（计算）和 1171.5（实际），[M+TsO$^-$] 为 1343.4（计算）和 1343.6（实际）。

（6）于 120℃真空条件下干燥硅胶 24h，得到活化硅胶。

致谢

该项工作得到国家自然科学基金（批准号：51573077，21305066）、江苏省自然科学基金（批准号：BK20170834）和中央高校基本科研业务费（批准号：30917011313）资助。

感谢国家自然科学基金（编号 21575100）、天津市应用基础与先进技术研究计划（17JCYBJC20500、18JCZDJC37500）和国家重点基础研究计划（2015CB856505）的资助。

参考文献

[1] Stalcup AM(2010)Chiral separations. Annu Rev Anal Chem 3:341-363.

[2] Ward TJ, Ward KD(2012)Chiral separations:a review of current topics and trends. Anal Chem 84:626-635.

[3] Dolowy M, Pyka A(2014)Application of TLC, HPLC and GC methods to the study of amino acid and peptide enantiomers:a review. Biomed Chromatogr 28:84-101.

[4] Zhou J, Tang J, Tang W(2015)Recent development of cationic cyclodextrins for chiral separation. Trends Anal Chem 65:22-29.

[5] Issaraseriruk N, Sritana-Anant Y, Shitangkoon A(2018)Substituent effects on chiral resolutions of derivatized 1-phenylalkylamines by heptakis(2,3-di-O-methyl-6-O-tert-butyldi-methylsilyl)-beta-cyclodextrin GC stationary phase. Chirality 30(7):900-906.

[6] Wang RQ, Ong TT, Tang W, Ng SC(2012)Recent advances in pharmaceutical separations with supercritical fluid chromatography using chiral stationary phases. Trends Anal Chem 37:83-100.

[7] Varga G, Tarkanyi G, Nemeth K, Ivanyi R(2010)Chiral separation by a monofunctionalized cyclodextrin derivative:from selector to permethyl-beta-cyclodextrin bonded stationary phase. J Pharm Biomed Anal 51:84-89.

[8] Vega ED, Lomsadze K, Chankvetadze L, Sal-gado A(2011)Separation of enantiomers of ephedrine by capillary electrophoresis using cyclodextrins as chiral selectors:comparative CE, NMR and high resolution MS studies. Electrophoresis 32:2640-2647.

[9] Zhou Z, Li X, Chen X, Hao X(2010)Synthesisof ionic liquids functionalized β-cyclodextrin-bonded chiral stationary phases and their applications in high-performance liquid chromatography. Anal Chim Acta 678:208-214.

[10] Lai X, Tang W, Ng SC(2011)Novel β-cyclodextrin chiral stationary phases with different length spacers for normal-phase high performance liquid chromatography enantioseparation. J Chromatogr A 1218:3496-

3501.

[11] Chen L, Zhang LF, Ching CB, Ng SC (2002) Synthesis and chromatographic properties of a novel chiral stationary phase derived from hep-takis (6-azido-6-deoxy-2,3-di-O-phenylcarba-moylated) -β-cyclodextrin immobilized onto amino-functionalized silica gel via multiple urea linkages. J Chromatogr A 950:65-74.

[12] Han X, Yao T, Liu Y, Larock RC, Armstrong DW (2005) Separation of chiral furan derivatives by liquid chromatography using cyclodextrin-based chiral stationary phases. J Chromatogr A 1063:111-120.

[13] Ai F, Li L, Ng SC, Tan TT (2010) Sub-1-micron mesoporous silica particles functionalized with cyclodextrin derivative for rapid enantioseparations on ultra-high pressure liquid chromatography. J Chromatogr A 1217:7502-7506.

[14] Xiao Y, Ng SC, Tan TT, Wang Y (2012) Recent development of cyclodextrin chiral stationary phases and their applications in chromatography. J Chromatogr A 1269:52-68.

[15] Li L, Cheng B, Zhou R, Cao Z, Zeng C, Li L (2017) Preparation and evaluation of a novel N-benzyl-phenethylamino-beta-cyclodextrin-bonded chiral stationary phase for HPLC. Talanta 174:179-191.

[16] Rahim NY, Tay KS, Mohamad S (2017) Chromatographic and spectroscopic Studies on β-cyclodextrin functionalized ionic liquid as chiral stationary phase: Enantioseparation of NSAIDs. Adsorpt Sci Technol 36:130-148.

[17] Li X, Zhou Z (2014) Enantioseparation performance of novel benzimido-beta-cyclodex-trins derivatized by ionic liquids as chiral stationary phases. Anal Chim Acta 819:122-129.

[18] Yao B, Yang X, Guo L, Kang S, Weng W (2014) Development of a composite chiral stationary phase from BSA and beta-cyclodextrin-bondedsilica. J Chromatogr Sci 52:1233-1238.

[19] Li L, Zhang M, Wang Y, Zhou W, Zhou Z (2016) Preparation of chiral oxazolinyl-functionalized beta-cyclodextrin-bonded stationary phases and their enantioseparation performance in high-performance liquid chromatography. J Sep Sci 39:4136-4146.

[20] Lin C, Liu W, Fan J, Wang Y, Zheng S, Lin R, Zhang H, Zhang W (2012) Synthesis of a novel cyclodextrin-derived chiral stationary phase with multiple urea linkages and enantioseparation toward chiral osmabenzene complex. J Chromatogr A 1283:68-74.

[21] Lin C, Fan J, Liu WN, Tan Y, Zhang WG (2014) Comparative HPLC enantioseparationon substituted phenylcarbamoylated cyclodextrin chiral stationary phases and mobile phase effects. J Pharm Biomed Anal 98: 221-227.

[22] Dr HCK, Prof MGF, Prof KBS (2001) Click-Chemie: diverse chemische Funktionalität mit einer Handvoll gutter Reaktionen. Angew Chem 113:2056-2075.

[23] Wang Y, Xiao Y, Yang Tan TT, Ng SC (2008) Click chemistry for facile immobilization of cyclodextrin derivatives onto silica as chiral stationaryphases. Tetrahedron Lett 49:5190-5191.

[24] Zhang Y, Guo Z, Ye J, Xu Q, Liang X, Lei A (2008) Preparation of novel beta-cyclodextrin chiral stationary phase based on click chemistry. J Chromatogr A 1191:188-192.

[25] Zhou RD, Li LS, Cheng BP, Nie GZ, Zhang HF (2014) Enantioseparation and determination of propranolol in human plasma on a new derivatized β-cyclodextrin-bonded phase by HPLC. Chin J Anal Chem 42: 1002-1009.

[26] Tang J, Pang L, Zhou J, Zhang S, Tang W (2016) Per (3-chloro-4-methyl) phenylcarbamate cyclodextrin clicked stationary phase for chiral separation in multiple modes high-performance liquid chromatography. Anal Chim Acta 946:96-103.

[27] Tang J, Zhang S, Lin Y, Zhou J, Pang L, Nie X, Zhou B, Tang W(2015) Engineering cyclodextrin clicked chiral stationary phase for high-efficiency enantiomer separation. Sci Rep 5:11523.

[28] Lin Y, Zhou J, Tang J, Tang W(2015) Cyclodextrin clicked chiral stationary phases with functionalities-tuned enantioseparations in high performance liquid chromatography. J Chromatogr A 1406:342-346.

[29] Zhou J, Yang B, Tang J, Tang W(2016) Cationic cyclodextrin clicked chiral stationary phase for versatile enantioseparations in high-performance liquid chromatography. J Chromatogr A 1467:169-177.

[30] Hoyle CE, Bowman CN(2010) Thiol-ene click chemistry. Angew Chem 49:1540-1573.

[31] Zhou J, Pei W, Zheng X, Zhao S, Zhang Z(2015) Preparation and enantioseparation characteristics of a novel beta-cyclodextrinderivative chiral stationary phase in high-performance liquid chromatography. J Chromatogr Sci 53:676-679.

[32] Yao X, Zheng H, Zhang Y, Ma X, Xiao Y, Wang Y(2016) Engineering thiol-ene click chemistry for the fabrication of novel structurally well-defined multifunctional cyclodextrin separation materials for enhanced enantioseparation. Anal Chem 88:4955-4964.

[33] Zhao J, Lu X, Wang Y, Tan TT(2014) Surface-up constructed tandem-inverted bilayer cyclodextrins for enhanced enantioseparation and adsorption. J Chromatogr A 1343:101-108.

[34] Li X, Li J, Kang Q, Wang Y(2018) Polarity tuned perphenylcarbamoylated cyclodextrin separation materials for achiral and chiral differentiation. Talanta 185:328-334.

[35] Li X, Jin X, Yao X, Ma X, Wang Y(2016) Thioether bridged cationic cyclodextrin stationary phases:effect of spacer length, selector concentration and rim functionalities on the enantioseparation. J Chromatogr A1467:279-287.

[36] Yao X, Tan TT, Wang Y(2014) Thiol-ene click chemistry derived cationic cyclodextrin chiral stationary phase and its enhanced separation performance in liquid chromatography. J Chromatogr A 1326:80-88.

[37] Huang G, Ou J, Zhang X, Ji Y, Peng X, Zou H(2014) Synthesis of novel perphenylcarbamated beta-cyclodextrin based chiral stationary phases via thiol-ene click chemistry. Electrophoresis 35:2752-2758.

10 以纳米纤维素衍生物为手性选择剂的有机-无机杂化材料

Liang Zhao，Hui Li，Shuqing Dong，and Yanping Shi

摘要： 有机-无机杂化材料（HOIM），因具有机械稳定性高、比表面积大、孔径可定制、形态及有机负荷可控等特点，而显现出优异的手性分离性能。本章描述了采用层-层自组装法制备核-壳型二氧化硅微球的有机-无机杂化材料。通过正相和反相洗脱条件下的不同类型手性化合物阐述了其在高效液相色谱条件下的对映体分离性能。以纳米晶纤维素衍生物有机-无机杂化材料制备的手性选择剂在对映体分离中表现出良好的性能。

关键词： 手性选择剂，有机-无机杂化材料，纳米晶纤维素，对映体分离，高效液相色谱法

10.1 引言

手性是自然界的基本属性。当对映体被人体或生态环境吸收时，它们的药理活性、代谢过程和毒性存在显著差异，甚至可能产生相反的作用[1]。迄今为止，手性分离仍然是分析科学领域最重要的问题之一。在过去的几十年，已开发出各种用于手性分离的分析技术，包括气相色谱法、高效液相色谱法、毛细管电色谱法和毛细管液相色谱法等[2]。与其他方法相比，手性固定相（CSPs）高效液相色谱法具有分离效率高、适用性广等优点[3,4]，被认为是分离对映体最有效的方法之一。因此，开发新型的手性选择剂仍然是对映体分离领域的一个研究课题。

新兴的同时含有有机和无机成分的有机-无机杂化材料（HOIM）受到了广泛的关注，因为其整体设计有望提供出色和独特的性能[5-7]。与传统材料相比，通过有机分子和无机成分同时反应获得的 HOIMs 在整个骨架中具有丰富且均匀分布的有机官能团，而不是简单地修饰无机氧化物的表面。在这种材料中，有机相和无机相之间仍然存在弱键连接[8,9]。由于孔壁或通道中的可调节功能性有机基团，HOIMs 被赋予了新的功能和特性，即不仅可以在材料表面，而且可以在其内部实现色谱分离。此外，通过在制备过程中控制手性前体与无机前体的比例，可以调整 HOIMs 中手性选择剂的负载量及有机官能团的均匀分布，这使得 HOIMs 作为手性固定相具有广阔的前景。2008 年，Okamoto 等报道了一种使用纤维素三（3,5-二甲基苯基氨基甲酸酯）（CDMPC）和原硅酸四乙酯合成有机-无机杂化材料的新方法[10]。与涂覆有相同手性选择剂的商业色谱柱相比，该二氧化硅杂化球具有相似的手性识别能力，并具有更高的负载能力。因此，HOIMs 由于其作为分离材料的优越性而在手性分析中崭露头角。

近 10 年来，有机-无机杂化材料作为手性固定相的研究取得了重要成果。2007 年，Yang 等合成了在孔中带有反式-（$1R,2R$）-二氨基环己烷的双官能化介孔有机硅球，并将其用作高效液相色谱（HPLC）的手性固定相。与用常规合成后接枝方法制备的用反式（$1R,2R$）-二氨基环己烷（DACH）-二氧化硅填充的色谱柱相比，用双官能化介孔有机二氧化硅球填充的色谱柱对消旋氨基酸表现出更高的选择性和分离度[11]。2008 年，Yang 等制备了一种新的在孔壁上共价连接反-（$1R,2R$）-双-（脲基）环己烷基团的介孔有机-无机球体，该基团是 N,N'-双-［（三乙氧基甲硅烷基）丙基］-反-

（1R,2R）−双−（脲基）环己烷和1,2−双（三甲氧基甲硅烷基）乙烷通过分层双模板法共缩合得到的。该杂化材料作为一种新型手性固定相在 HPLC 中得到应用。因为该材料具有较高的手性选择剂负载量和较大的表面积，所以填充该杂化材料的色谱柱即使在高样品负载和高流速下也能有效分离 R/S−1,10−双−2−萘酚的对映体[12]。2012 年，Di 等合成了具有 R−（+）−1,1′−联萘−2,2′−二胺和乙烷框架桥连结构的介孔有机硅。他们用十八烷基三甲基氯化铵作为结构导向剂，将 N,N′−双−［（三乙氧基甲硅烷基）丙基］−（R）−双−（脲基）联萘和1,2−双（三甲氧基甲硅烷基）乙烷进行一步共缩合反应[13]。填充了这些有机硅球的色谱柱对 R/S−1,1′−双−2,2′−萘酚表现出更好的选择性。2013 年，Di 等使用逐层方法合成了新型手性核壳二氧化硅微球，其中二氨基环己烷部分桥连在介孔壳中。用 HPLC 对功能化的核−壳二氧化硅微球进行了手性固定相的表征和测试。在填充有二氨基环己烷核−壳二氧化硅颗粒的色谱柱上，R/S−1,1′−双−2,2′−萘酚、R/S−6,6′−二溴−1,1′−双−2−萘酚、R/S−1,1′−双−2,2′−菲等均实现了对映体的快速分离[14]。2014 年，Bao 等通过溶胶−凝胶方法合成了一种杂化 CDMPC（有机∶无机=70∶30，质量比）作为手性固定相[15]。与市售的 Chiralpak IB 色谱柱相比，该材料对哌多洛尔、美托洛尔、普萘洛尔、比索洛尔和阿替洛尔的对映体分离效果更好。2015 年，Zhao 等在十六烷基三甲基溴化铵（CTAB）作为模板剂的条件下，通过硅烷化−氯三嗪基 β−环糊精和 N−苯甲酰基−L−酪氨酸乙酯（BTEE）的一步共聚制备了一种基于 β−环糊精的周期性介孔有机硅（PMO）CSP[16]。分别将 β−环糊精、三嗪基和乙基等官能团引入杂化材料的孔道和孔壁中，使该杂化材料成为一种多功能固定相，其中包括用于对映体拆分、阴离子交换和非手性分离的基团。

在各种手性分离材料中，纤维素衍生物是 CSPs 中最常用的手性选择剂，因为它们能够对大量手性化合物进行对映体分离[17-20]。2007 年，Ikai 等报告了通过三乙氧基甲硅烷基的分子间缩聚，特别是使用 3−（三乙氧基甲硅烷基）丙基作为交联剂，将多糖衍生物有效固定在硅胶上的方法[21]。在此基础上，该小组报告了使用含有少量 3−（三乙氧基甲硅烷基）丙基残基和原硅酸四乙酯的 CDMPC 合成的有机−无机杂化材料，并作为 HPLC 中的 CSPs 使用[10]。纳米晶纤维素（NCC）不仅保留了纤维素的主要性质，而且还具有一些特性，例如高表面积和光学特性。这使 NCC 成为制备 CSPs 的一种有前途的材料。最新数据表明，NCC 悬浮液可以形成手性向列液晶相，因此可以用作制备手性有序材料的模板。这些已被用作新的手性分离材料[22,23]。

根据基于杂化纤维素的 CSPs 的优点和选择性手性识别特性，通过在硅胶上包覆 NCC 衍生物，设计了用于 HPLC 的纳米级纤维素的有机−无机杂化核壳型 CSPs，以进一步研究纳米纤维素在手性分离中的应用。采用逐层和溶胶−凝胶法，通过有机硅前体的共聚反应将纳米纤维素衍生物引入杂化多孔壳中[24,25]。与基于纤维素的 CSPs 相比，这些基于 NCC 的 CSPs 表现出更好的峰形和更高的柱效，表明 NCC 是一种可用于 CSPs 的材料。基于 NCC 衍生物的手性选择剂在烃−醇流动相中遵循典型的正相 HPLC 行为。最近报道了一些偏离这种行为的例子[26,27]。在水性有机流动相中，基于多糖衍生物的 CSPs 遵循非典型的反相行为。在某些情况下，甚至可以使用高达 30%（体积分数）的水，尤其是与非质子有机溶剂（如乙腈）结合使用时[28-31]。

本章介绍了一种基于 NCC 的 CSPs 的合成及其在正相和反相洗脱模式下对映体分离的应用。该材料的合成如图 10.1 所示。

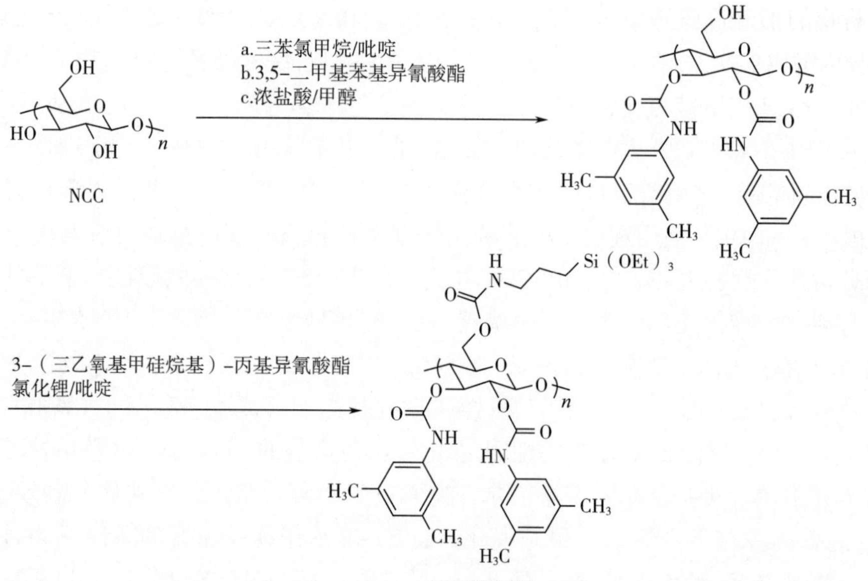

图 10.1　在 HPLC 对映体分离中用作手性选择剂的有机–无机杂化材料的制备方案

10.2　材料

10.2.1　仪器与材料

（1）带有紫外检测器的商用 HPLC 仪器　在本研究中，Waters HPLC 系统（USA，MA，Milford，Waters）由 Waters 515 HPLC 泵、Waters 2487 紫外检测器和带有 $20\mu L$ 定量环的 Rheodyne 7725i 进样器组成。

（2）商用柱浆填充设备　Alltech 95551U HPLC 浆液填充仪器（USA，KY，Nicholasville，Alltech）。

（3）商用 pH 计。

（4）商业超声波清洗器　用于样品超声处理和流动相脱气。

（5）实验室离心机　可离心处理 $100\sim200mL$ 的液体。

（6）商用冻干机　用于样品冷冻干燥。

（7）索氏提取装置　用于对有机–无机杂化材料进行纯化处理。

（8）透析管膜　截留相对分子质量为 7500 的物质。

10.2.2　流动相和溶液

有机溶剂均为 HPLC 级，超纯水（在 25℃时为 18.25MΩ·cm）由合适的水净化系统制备。所有试剂应为分析纯。

（1）样品溶液　将目标物用相应的流动相溶解，浓度为 1mg/mL。

（2）正相条件下用于分离的流动相　混合适当体积的正己烷和醇。在下述实验中，根据分析物的不同，应用了以下流动相：正己烷：异丙醇（99.5：0.5，体积比），正己烷：异丙醇（97：3，体积比），正己烷：乙醇（97：3，体积比）和正己烷：异丙醇：氯仿（70：15：15，体积比）。使用前通过 0.45μm 过滤器过滤并超声处理 10min。

（3）反相条件下用于分离的流动相　混合适当体积的乙腈和水。在下述实验中，根据分析物的不同，应用了以下流动相：乙腈：水（15：85，体积比），乙腈：水（20：80，体积比）和乙腈：水（30：70，体积比）。使用前通过 0.45μm 过滤器过滤并超声处理 10min。

10.3　方法

除非另有说明，否则均在室温下执行所有步骤。在通风良好的通风橱中进行化学反应。化学药品可能对人体健康有害，因此，在处理化学药品时请遵守安全预防措施，并在必要时穿戴防护装备。

10.3.1　NCC 的合成

（1）将 5.0g 微晶纤维素（见 10.4 注解 1）分散在 50mL 次氯酸钠溶液（见 10.4 注解 2）中，室温下放置 12h。

（2）对于悬浮液，超声处理 30min。

（3）用 200mL 超纯水稀释以终止反应。

（4）使悬浮液沉降后，倾析上清液，并以 10000×g 离心 10min。

（5）用超纯水反复洗涤残留物。获得 NCC 的胶体悬浮液。

（6）借助 100mL 刻度量筒，取 50mL 胶体悬浮液放入透析膜管（截留相对分子质量 7500 物质）中。把 5 根透析膜管放入 10L 的去离子水中。每天更换 5L 水，持续 3d，直到悬浮液的 pH 变为中性为止（见 10.4 注解 3）。

（7）冻干悬浮液以获得干燥的 NCC 材料。

10.3.2　NCC 3,5–二甲基苯基氨基甲酸酯衍生物的合成

该材料的合成如图 10.1 所示。

（1）将 1.0g 冻干 NCC 放入装有磁力搅拌棒和回流冷凝器的圆底烧瓶中，回流冷凝器用装有氢氧化钙的干燥管封闭。加入 50mL 无水吡啶（见 10.4 注解 4）并在 80℃下搅拌 24h。

（2）加入 3.5g 三苯氯甲烷（三苯甲基氯），并在 80℃下搅拌 12h。

（3）向混合物中加入 4.0mL 3,5–二甲基苯基异氰酸酯，并在 80℃下搅拌 24h。

（4）将反应混合物冷却至室温，然后在搅拌条件下将溶液倒入 200mL 甲醇中。形

成白色沉淀物。

（5）过滤收集产物，并用甲醇洗涤。

（6）将固体悬浮在2%（体积分数）盐酸的甲醇溶液中（见10.4注解5），并在室温下搅拌24h。

（7）过滤收集白色固体，并用30mL甲醇洗涤。在60℃下真空干燥24h。

（8）将1.5g干燥后的固体溶于装有1.5g无水氯化锂的60mL吡啶（见10.4注解4）中，所用容器为装有磁力搅拌棒和回流冷凝器的圆底烧瓶，且回流冷凝器用装有氢氧化钙的干燥管封闭。在室温下搅拌2h。

（9）加入1.2mL 3-（三乙氧基甲硅烷基）丙基异氰酸酯，并将混合物在80℃下搅拌16h。

（10）将混合物冷却至室温，然后稀释到200mL。通过过滤收集沉淀的NCC 3,5-二甲基苯基氨基甲酸酯衍生物。用甲醇洗涤产物，并在真空条件下于60℃干燥24h。

10.3.3 有机-无机杂化材料的制备

（1）将3.0g活化的5μm硅胶颗粒（见10.4注解6）分散在100mL的0.025mol/L CTAB溶液（见10.4注解7）中并超声30min。再静置1h。

（2）过滤收集硅胶颗粒，用50mL超纯水洗涤，并在60℃真空干燥12h。

（3）在室温条件下，将0.05g根据10.3.2小节获得的NCC 3,5-二甲基苯基氨基甲酸酯衍生物溶于25mL吡啶（见10.4注解4）中，所用容器为100mL圆底烧瓶，该烧瓶配有一个由氢氧化钙干燥管封闭的冷凝器和一个磁力搅拌器。

（4）加入3mL原硅酸四乙酯（TEOS）和2mL乙醇，并在室温下继续搅拌。

（5）在另一个烧瓶中，将0.1g CTAB溶于1.0mL的0.037g/mL氢氟酸水溶液中，然后加入0.5mL浓盐酸。

（6）CTAB完全溶解后，将此溶液添加到步骤（4）制备的混合物中。

（7）将混合物冷却至15℃，并持续搅拌4h以形成稳定的杂化硅溶胶。

（8）将步骤（1）～（2）中获得的3.0g CTAB二氧化硅颗粒放入混合硅溶胶中，静置1.5h。

（9）离心溶液以收集颗粒。用超纯水反复洗涤二氧化硅颗粒。

（10）将颗粒在60℃真空干燥12h。

（11）如果需要，对步骤（3）～（10）重复5次，并合并产品以获得足够数量的材料。

（12）用50%的乙醇水溶液通过索氏提取法提取过量的CTAB，以获得纯有机-无机杂化材料。在60℃下真空干燥12h。

10.3.4 柱填充

（1）将不锈钢柱［150mm×4.6mm（内径）］连接到浆液填充设备上。

（2）将2.0g有机-无机杂化材料悬浮在25mL二噁烷和25mL氯仿的混合物中，并超声处理2min。

（3）将浆液放入填充设备的相应容器中，并在50MPa压力下填料到色谱柱中。

（4）填料过程中，使用正己烷作为置换溶剂。

10.3.5　正相模式下的对映体分离

（1）将有机–无机杂化CSPs色谱柱安装到HPLC仪器中。

（2）将各自的流动相（见10.4注解8）放入溶剂容器中，并以1.0mL/min的流速平衡色谱柱，直到获得稳定的基线。

（3）将检测波长设置为254nm。

（4）注入样品溶液（20μL）并记录色谱图。

有机–无机杂化CSPs在正相模式下的对映体分离如图10.2所示（见10.4注解9）。

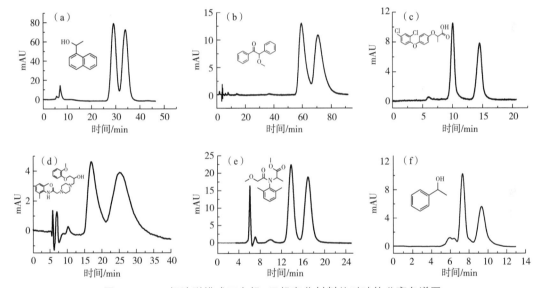

图10.2　正相洗脱模式下有机–无机杂化材料的对映体分离色谱图

注：流速均为1.0mL/min，流动相组成如下，（a～c）正己烷:异丙醇（99.5:0.5,体积比）；
（d)正己烷:异丙醇（97:3,体积比）；　（e)正己烷:乙醇（97:3,体积比）；
(f)正己烷:异丙醇:氯仿（70:15:15,体积比）。

10.3.6　反相模式下的对映体分离

（1）将有机–无机杂化CSPs色谱柱安装到HPLC仪器中。

（2）将各自的流动相（见10.4注解8）放入溶剂容器中，并以1.0mL/min的流速平衡色谱柱，直到获得稳定的基线。

（3）将检测波长设置为254nm。

（4）注入样品溶液（20μL）并记录色谱图。

有机–无机杂化CSPs在反相模式下的对映体分离如图10.3所示（见10.4注解9）。

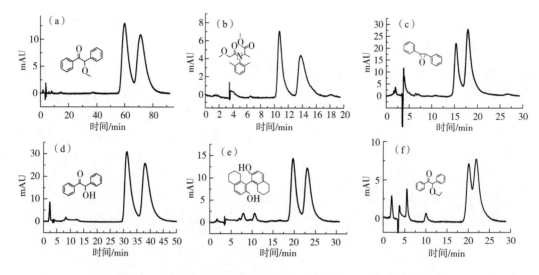

图 10.3　反相洗脱模式下有机-无机杂化材料的对映体分离色谱图

注：流速均为 1.0mL/min。流动相组成如下，（a, d, f）乙腈：水（15：85,体积比）；（b, c）乙腈：水（20：80,体积比）；（e）乙腈：水（30：70,体积比）。

10.4　注解

（1）默克公司（Germany，Darmstadt）的微晶纤维素在本研究中取得了最佳效果，但其他商业来源的材料也可能适用。

（2）次氯酸钠溶液中的活性氯含量可能不少于 10%。处理该溶液时，请戴好防护手套，穿防护服并戴好眼罩。

（3）进行透析以除去过量的酸。

（4）吡啶是有毒的。穿戴防护装备并在通风良好的通风橱中操作。

（5）用 46.0mL 浓盐酸和 946g 甲醇可以制备 1000g 2%HCl 的甲醇溶液。

（6）为了进行硅胶活化，将 3g 硅胶（粒径为 5μm）放入 50mL 浓盐酸中，并在室温下放置 24h。过滤并用超纯水洗涤，直到过滤溶液的 pH 为中性。在 80℃下真空干燥 24h。

（7）通过将 0.92g 的 CATB 溶解在 100.0mL 的超纯水中来制备 0.025mol/L 的 CTAB 溶液。

（8）正己烷中的乙醇含量增加了流动相的极性。由于分析物和手性选择剂之间相互作用（例如氢键）的减弱，溶剂极性增加会导致洗脱时间缩短。在方法优化过程中乙醇浓度需要研究。

（9）即使使用相同的实验条件，来自不同公司的 HPLC 仪器以及来自同一供应商的不同仪器也可能会产生略有不同的结果。因此，当将某种分析方法从一种仪器转移到另一种仪器时，变量可能需要稍作更改。来自不同制造商的仪器可能具有不同的操作条件。

（10）流动相添加剂（例如 THF 和 CHCl$_3$）可用于有机-无机杂化 CSP 的对映体分离，以改善峰形和分离性能。

参考文献

［1］Lorenz H，Seidel-Morgenstern A（2014）Processes to separate enantiomers. Angew Chem Int Ed Engl 53：1218-1250.

［2］Ward TJ，Ward KD（2012）Chiral separations：a review of current topics and trends. Anal Chem 84：626-635.

［3］Okamoto Y，Ikai T（2008）Chiral HPLC forefficient resolution of enantiomers. Chem Soc Rev 37：2593-2608.

［4］Wang Z，Ouyang J，Banyans WRG（2008）Recent developments of enantioseparation techniques for adrenergic drugs using liquid chromatography and capillary electrophoresis：a review. J Chromatogr A 862：1-14.

［5］Guo Y，Hu C，Wang X et al（2001）Microporous decatungstates：synthesis and photochemical behavior. Chem Mater 13：4058-4064.

［6］Fukaya N，Haga H，Tsuchimoto T et al（2010）Organic functionalization of the surface of silica with arylsilanes. A new method for synthesizing organic – inorganic hybrid materials. J Organomet Chem 695：2540-2542.

［7］Kickelbick G（2007）Hybrid materials，synthesis，characterization and applications. WileyVCH，Weinheim.

［8］Sanchez C，Julia'n B，Belleville P，Popall M（2005）Applications of hybrid organic-inorganic nanocomposites. J Mater Chem 15：35-36.

［9］Wight AP，Davis ME（2002）Design and preparation of organic-inorganic hybrid catalysts. Chem Rev 102：3589-3614.

［10］Ikai T，Yamamoto C，Kamigaito M，OkamotoY（2008）Organic-inorganic hybrid materials for efficient enantioseparation using cellulose 3,5-dimethylphenylcarbamate and tetraethyl Orthosilicate. Chem Asian J 3：1494-1499.

［11］Zhu G Jiang D，Yang QH et al（2007）Trans（1R,2R）-diaminocyclohexane functionalized mesoporous organosilica spheres as chiral stationary phase. J Chromatogr A 1149：219-227.

［12］Zhu Q，Zhong H，Yang QH，LiC（2008）Chiral mesoporous organosilica spheres：synthesis and chiral separation capacity. Microporous Mesoporous Mater 11：36-43.

［13］Ran RX，You LJ，al DB（2012）A novel chiralmesoporous binaphthyl-silicas：preparation，characterization and application in HPLC. J Sep Sci 35：1854-1862.

［14］Wu XB，You LJ，Di B（2013）Novel chiralcore – shell silica microspheres with trans-（1R,2R）-diaminocyclohexane bridged in the mesoporous shell：synthesis，characterization and application in high performance liquid chromatography. J Chromatogr A 1299：78-8415.

［15］Weng XL，Bao ZB，Xing HB et al（2013）Synthesis and characterization of cellulose 3,5-dimethylphenylcarbamate silica hybrid spheres for enantioseparation of chiral beta-blockers. J Chromatogr A 1321：38-47.

［16］Wang LT，Dong SQ，Han F et al（2015）Spherical beta-cyclodextrin silica hybrid materials for multifunctional chiral stationary phases. J Chromatogr A 1383：70-78.

［17］Shen J，Okamoto Y（2016）Efficient separationof enantiomers using stereoregular chiral polymers. Chem

Rev 16:1094-1138.

[18] Shen J, Ikai T, Okamot Y (2014) Synthesis andapplication of immobilized polysaccharide -based chiral stationary phases for enantioseparation by high-performance liquid chromatography. J Chromatogr A 1363: 51-61.

[19] Wang ZQ, Liu JD, Chen W, Bai ZW (2014) Enantioseparation characteristics of biselector chiral stationary phases based on derivatives of cellulose and amylose. J Chromatogr A 1346:57-68.

[20] Tang S, Mei XM, Chen W et al (2018) A highperformance chiral selector derived from chitosan (p-methylbenzylurea) for efficient enantiomer separation. Talanta 185:42-52.

[21] Ikai T, Yamamoto C, Kamigaito M, OkamotoY (2007) Immobilization of polysaccharide derivatives onto silica gel:facile synthesis of chiral packing materials by means of intermolecular polycondensation of triethoxysilyl groups. J Chromatogr A 1157:151-158.

[22] Zhang JH, Xie SM, Zhang M et al (2014) Novel inorganic mesoporous material with chiral nematic structure derived from nanocrystalline cellulose for high-resolution gas chromatographic separations. Anal Chem 86:9595-9602.

[23] Zhang JH, Zhang M, Xie SM et al (2015) Anovel inorganic mesoporous material with a nematic structure derived from nanocrystalline cellulose as the stationary phase for highperformance liquid chromatography. Anal Methods 7:3448-3453.

[24] Zhang XL, Wang LT, Dong SQ et al (2016) Nanocellulose derivative/silica hybrid coreshell chiral stationary phase:preparation and enantioseparation performance. Molecules 21:561-575.

[25] Zhang XL, Wang LT, Dong SQ et al (2016) Nanocellulose 3,5-dimethylphenylcarbamate derivative coated chiral stationary phase:preparation and enantioseparation performance. Chirality 28:376-381.

[26] Pierini M, Carradori S, Menta S et al (2017) C3-(Phenyl-4-oxy)-5-phenyl-,5-dihydro-(1H)-pyrazole:a fascinating molecular framework to studytheenantioseparationability oftheamylose (3,5-dimethylphenylcarbamate) chiralstationary phase. Part Ⅱ. Solvophobic effects in enantiorecognition. J Chromatogr A 1499:140-148.

[27] Matarashvili I, Ghughunishvili D, Chankvetadze L et al (2017) Separation of enantiomers of chiral weak acids with polysaccharide-based chiral columns and aqueous mobile phases in high-performance liquid chromatography:typical reversed-phase behavior. J Chromatogr A 1483:86-92.

[28] Chankvetadze B, Yamamoto C, Okamoto Y (2001) Enantioseparation of selected chiral sulfoxides using polysaccharide-type chiral stationary phases and polar organic, polar aqueous-organic and normal-phase eluents. J Chromatogr A 922:127-137.

[29] Jibuti G, Mskhiladze A, Takaishvili N et al (2012) HPLC separation of dihydropyridine derivatives enantiomers with emphasis on elution order using polysaccharide - based chiral columns. J Sep Sci 35: 2529-2537.

[30] Gallinella B, Bucciarelli L, Zanitti L et al (2014) Direct separation of the enantiomers of oxaliplatin on a cellulose-based chiral stationary phase in hydrophilic interaction liquid chromatography mode. J Chromatogr A 1339:210-213.

[31] Shedania Z, Kakava R, Volonterio A et al (2018) Separation of enantiomers of chiralsulfoxides in high-performance liquid chromatography with cellulose-based chiral selectors using methanol and methanol-water mixtures as mobile phases. J Chromatogr A 1557:62-74.

11 环果聚糖作为手性选择剂：综述

Garrett Hellinghausen，Daniel W. Armstrong

摘要： 环果聚糖是由呋喃果糖单元通过 $\beta-2,1$ 键连接成的环状寡糖，通常在衍生化之后，可以作为手性选择剂使用，目前已经在高效液相色谱（HPLC）、气相色谱（GC）、毛细管电泳（CE）、超临界流体色谱（SFC）技术中得到应用。本章主要探讨它们在各种手性分离技术中作为手性选择剂的开发和应用。讨论它们在亲水作用液相色谱（HILIC）中的应用有限，重点介绍了它们在液相色谱中的应用，尤其是通过使用表面多孔颗粒（SPPs）进行的改进。方法参数及未来的发展方向也在文中提及。

关键词： 衍生化的环果聚糖，伯胺，对映体分离，冠醚，异丙基-环果聚糖，二甲基苯基-环果聚糖，$R-$萘乙基-环果聚糖，硫酸化环果聚糖，表面多孔颗粒，环菊己糖，环菊庚糖

11.1　环果聚糖简介

环果聚糖是通过 $\beta-2,1$ 键连接的呋喃果糖单元。1989 年，Kawamura 和 Uchiyama 首次发现了环果聚糖，他们利用一种环状芽孢杆菌（OKUMZ31B），通过菊粉发酵得到环果聚糖[1]。1994 年，Kushibe 报道了另一种环状芽孢杆菌（MCI-2554），可以得到更高的环果聚糖产率[2]。它们有很多常用的用途，如用作离子捕获试剂[3-6]。1998 年，有人报道了使用全甲基化-环果聚糖-6（PM-CF$_6$）和环果聚糖-7（PM-CF$_7$）进行气相色谱手性识别的工作[7]。直接快速原子轰击质谱法可以在高真空下区分几种氨基酸酯的对映体。2009 年，环果聚糖作为手性选择剂在 LC 中的首次应用得到证实[8]，也介绍了基于 CF$_6$ 的手性固定相（CSPs）的独特结构、合成方法以及对映体分离的色谱性能。从那时起，出现了大量基于环果聚糖的手性选择剂的报道，不仅适用于 LC，而且还用于 GC、CE、SFC 和 HILIC 等。本章探讨了基于环果聚糖的手性选择剂在这些色谱技术中的使用情况，并重点介绍它们最有效的应用。

11.2　基于环果聚糖的手性固定相，用于高效液相色谱和超临界流体色谱

11.2.1　键合衍生的环果聚糖手性选择剂

不同基础环果聚糖的区别在于其连接的果糖单元的数量，如 6 个果糖单元相连就是环菊己糖或环果聚糖-6（CF$_6$）。CF$_6$ 是研究最多的环果聚糖手性选择剂，主要是由于其量大易得，且结晶纯度高[9,10]。由于有效的制备分离，CF$_7$（环菊庚糖）变得更容易获得[11]。CF$_8$（环菊辛糖）不易得到。CF$_6$ 的中央大环是一个天然的 18-冠醚-6 结构，果糖单元交替围绕其中心定向排列，大多数羟基围绕在大环的同一侧（图 11.1）[9-12]。因此，CF$_6$ 具有不同的表面，其中大环的一侧比另一侧更亲水。CF$_6$ 的多个羟基紧密相连，形成内

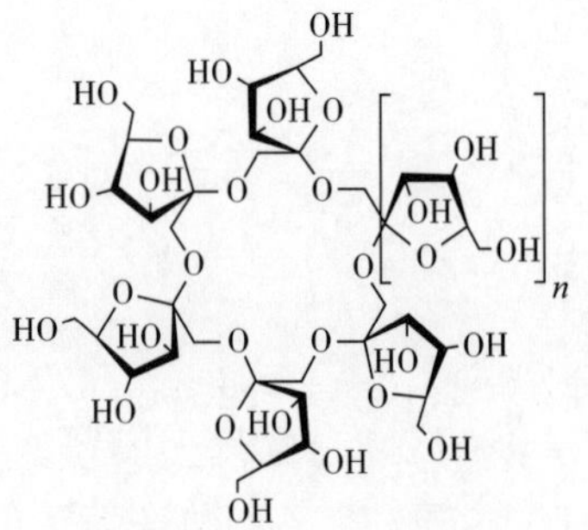

图 11.1　一般的环果聚糖结构

注：（环果聚糖-6，$n=1$；环果聚糖-7，$n=2$；环果聚糖-8，$n=3$）。

部氢键并折叠分子，使得典型的冠醚包合物难以形成[12]。此外，环果聚糖不像环糊精那样具有疏水包合形成复合物的能力[13]。因此，当天然的环果聚糖键合到二氧化硅载体上作为 CSPs 时，其手性分离的能力较弱[14]。然而，它们对 HILIC 中的非手性分离很有用（见 11.3）。有趣的是，衍生后的环果聚糖被证明是有效的对映体分离材料。

环果聚糖的衍生是在各种羟基上进行的，这破坏了它的内部氢键并允许分子展开，从而提高了手性相互作用。天然环果聚糖的衍生化可在其与二氧化硅结合后或部分结合之前进行。图 11.2 列出了使用不同的脂肪族或芳香族基团衍生得到的 14 组环果聚糖

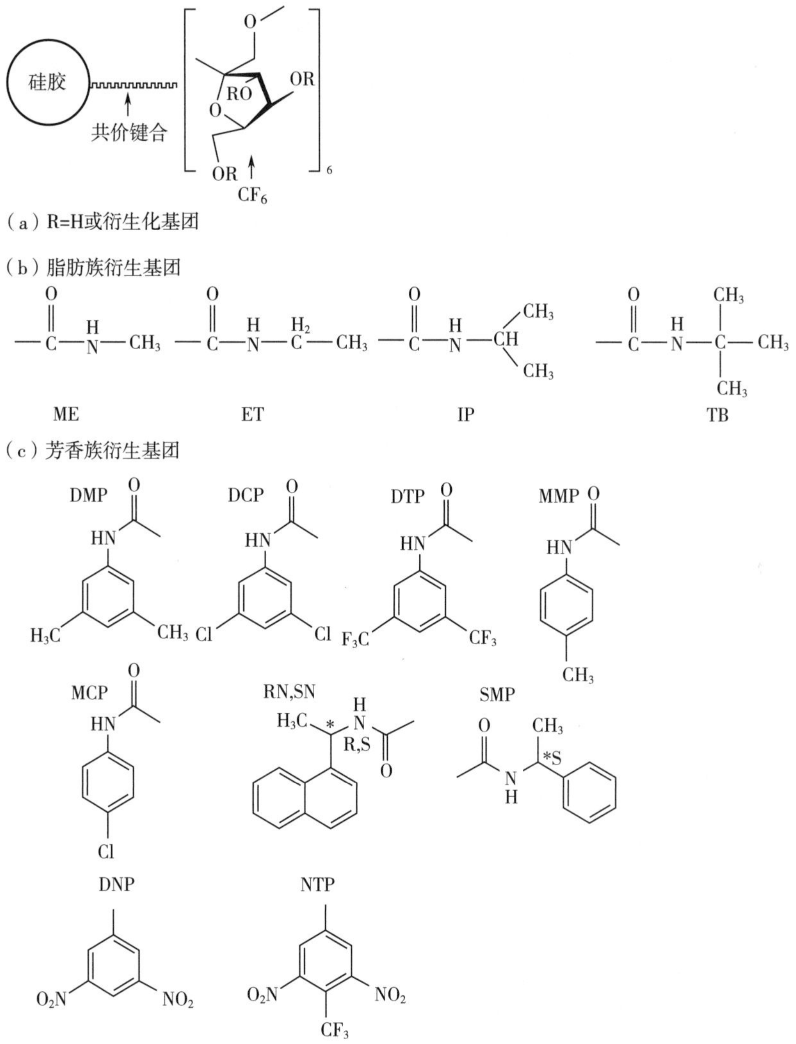

（a）R=H 或衍生化基团

（b）脂肪族衍生基团

ME　ET　IP　TB

（c）芳香族衍生基团

DMP　DCP　DTP　MMP

MCP　RN,SN　SMP

DNP　NTP

图 11.2　该图显示了各种化学键合的基于环果聚糖的固定相

注：测试的脂肪族衍生基团包括异氰酸甲酯、乙酯、异丙酯和叔丁基酯（ME，ET，IP 和 TB）。测试的芳香族衍生基团包括 3,5-二甲基苯基、3,5-二氯苯基、对甲苯基、4-氯苯基、3,5-双（三氟甲基）苯基、R-1（1-萘基）乙基、S-1-（1-萘基）乙基和 S-α-甲基苯甲基异氰酸酯（DMP，DCP，DTP，MMP，MCP，RN，SN，SMP，DNP 和 NTP）。除二硝基苯基和二硝基苯基-三氟甲基基团通过醚键连接外，其他所有衍生基团均通过氨基甲酸酯或硫代氨基甲酸酯键与环果聚糖键合。

[资料来源：American Chemical Society from ref. 8© 2009]

CSPs[8]。最明显的结果是,与芳香族衍生后的 CF_6 CSPs 相比,脂肪族衍生物对伯胺的对映体选择性更高[8]。观察到更多的羟基取代将导致手性伯胺的对映体选择性变弱。这些结果表明,部分衍生化后,CF_6 分子内的氢键被破坏,导致分子结构的"松弛"[8]。总体而言,对伯胺最通用且对映体选择性最高的是异丙基–CF_6(IP–CF_6)CSP[8]。当伯胺基团远离手性中心或在空间上被阻断时,其对映体选择性将变弱。进一步的研究表明 IP–CF_6 对伯胺具有广泛的对映体选择性,图 11.3 为一些代表性的伯胺对映体分离色谱图[15]。这表明 IP–CF_6 对化合物中含有其他基团(例如醇、酰胺、酯)

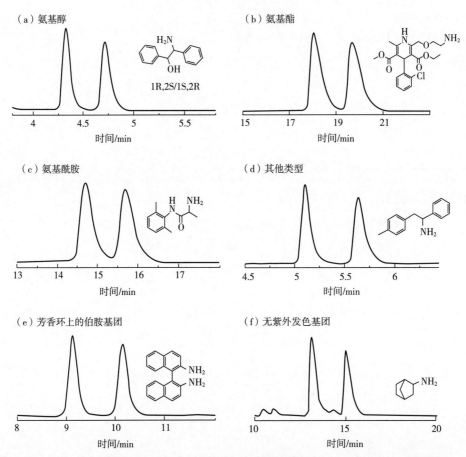

图 11.3　通过脂肪族异丙基环果聚糖对具有伯胺基团的各种化合物进行对映体分离

注:(a)2-氨基-1,2-二苯乙醇,(b)氨氯地平,(c)妥卡尼,(d)4-甲基-α-苯基苯乙胺,(e)2,2′-二氨基-1,1′-联萘和(f)内-2-氨基降冰片烷盐酸盐。色谱条件为(a)乙腈(ACN):甲醇(MeOH):乙酸(HOAc):三乙胺(TEA)(30:70:0.3:0.2,体积比),20℃,1mL/min;(b)乙腈:甲醇:乙酸:三乙胺(60:40:0.3:0.2,体积比),0℃,1mL/min;

(c)乙腈:甲醇:乙酸:三乙胺(75:25:0.3:0.2,体积比),20℃,1mL/min;

(d)乙腈:甲醇:乙酸:三乙胺(30:70:0.3:0.2,体积比),20℃,1mL/min;

(e)庚烷:乙醇(80:20,体积比),20℃,1mL/min;

(f)乙腈:甲醇:乙酸:三乙胺(30:70:0.3:0.2,体积比),20℃,0.5mL/min。

[资料来源:Elsevier from ref. 15© 2010]

的伯胺具有很高的对映体选择性。

芳香族衍生的 CF_6 CSPs 可以更好地分离没有伯胺基团的手性化合物[8]。这种更广泛的对映体选择性归因于 π-π 和偶极-偶极相互作用的增加，以及芳香族衍生后的 CF_6 CSPs 根据其几何形状和尺寸提供的空间和氢键相互作用的增强。最初的研究测试了 10 个包含各种吸电子基团（如氯和硝基）以及给电子基团（如甲基取代基）的芳香族官能团[8]。硝基基团不利于对映体分离，而 3,4- 和 4,3-氯苯基基团是最好的选择剂。芳香族的功能也用 CF_7 进行了测试，研究发现最适用的手性选择剂是 R-萘乙基-环果聚糖-6（RN-CF_6）和二甲基苯基-环果聚糖-7（DMP-CF_7）[8,16]。用这两种 CSPs 分离了多种手性分析物，一些代表性成分如酸、仲胺、叔胺、醇和其他物质的对映体分离情况如图 11.4 所示[16]。一些其他成分的分离也有报道，如紫杉醇前体苯异丝氨酸类似物、植物抗毒素、金属配合物、螺旋藻毒素、非法药物、贝蒂碱类似物、手性催化剂助剂、药物、五螺旋烃、联芳基阻转异构体、甲硫氨酸补充剂等[17-28]。将环果聚糖与其他 HPLC CSPs（例如环糊精和多糖）进行比较后发现，它们对许多化合物（尤其是伯胺）具有独特且增强的对映体选择性[29-31]。具有氯代芳香族官能团和阳离子官能团的新型衍生化环果聚糖的报道进一步扩大了环果聚糖类手性选择剂的用途[32,33]。

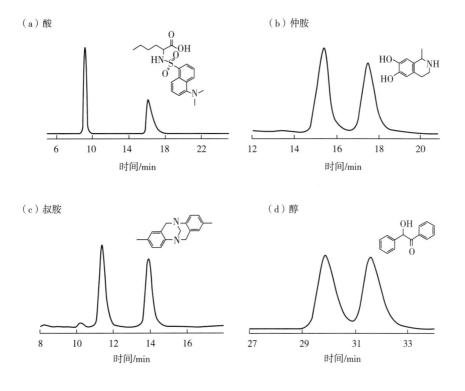

（a）酸　　　　（b）仲胺

（c）叔胺　　　　（d）醇

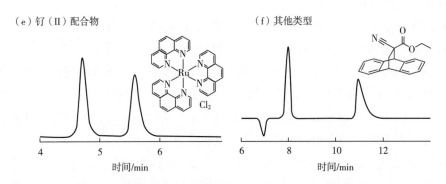

图 11.4　芳香族衍生的环果聚糖对各种化合物的对映体分离

注：其中（a, c, f）所用环果聚糖为 3,5-二甲基苯基-环果聚糖-7（DMP-CF$_7$），
（b, d, e）所用环果聚糖为 R-萘乙基-环果聚糖-6（RN-CF$_6$）。（a）丹磺酰基-正亮氨酸环己
基铵盐，庚烷（Hep）：乙醇（EtOH）：三氟乙酸（TFA）（80：20：0.1，体积比），20℃，
1mL/min；（b）1-甲基-6,7-二羟基-1,2,3,4-四氢异喹啉氢溴酸盐，庚烷：乙醇：三氟乙酸
（60：40：0.1，体积比），20℃，1mL/min；（c）Troger 碱，庚烷：乙醇：三氟乙酸
（80：20：0.1，体积比），20℃，1mL/min；（d）安息香，庚烷：异丙醇：三氟乙酸
（99：1：0.1，体积比），0℃，1mL/min；（e）氯化三（菲罗啉）合钌，甲醇：乙腈：硝酸铵
（60：40：0.2，体积比），20℃，1mL/min；（f）11-氰基-9,10-二氢-内酯-9,
10-乙基蒽-11-羧酸乙酯，庚烷：乙醇：三氟乙酸（95：5：0.1,体积比），20℃，1mL/min。

[资料来源：Royal Society of Chemistry from ref. 16© 2011]

　　通常来讲，使用最广泛的用于分离手性伯胺的 CSPs 是基于手性冠醚合成的固定
相[34]。但是，它们的应用主要限于伯胺，并且需要强酸性的水相流动相。所有基于环
果聚糖的 CSPs 均使用常见的有机溶剂，并且高度稳定。在极性有机模式（POM，以乙
腈、甲醇和酸碱添加剂等作为流动相）条件下，伯胺样品进样 1000 次后，色谱柱性能
得以保持[8]。这些色谱柱在较低的温度下也很稳定，这会增加对映体选择性，但会降
低效率。因此，基于环果聚糖的 CSPs 对于手性 SFC 分离应用（如高通量制备分离）也
很有价值，并且它们的对映体选择性比伯胺还宽。环果聚糖类固定相高负载量在其最
初报告中得到证实[8]，在 POM 模式下，RN-CF$_6$ 色谱柱可完成 4200μg N-（3,5-二硝
基苯甲酰基）-苯基甘氨酸的基线分离。通过线性自由能关系，研究了相互作用对于保
留的影响，以确定 RN-CF$_6$ 和 DMP-CF$_7$ CSPs 对 SFC 的适用性[35]。基于先前的研究开
发了筛选和优化方案，用于考察 IP-CF$_6$、RN-CF$_6$ 和 DMP-CF$_7$ CSPs 等对几种化合物
的对映体分离效果，包括衍生化的氨基酸、其他伯胺和 α-芳基酮[35-40]。对于中性和酸
性化合物，通常在正相模式（NPM）下使用乙醇和异丙醇作为醇改性剂可获得更好的
分离度。在测试用于分离碱性化合物的添加剂时，由于碱性分析物与弱酸性硅胶固定
相之间存在强相互作用，因此使用酸性添加剂时会观察到前端不对称的宽峰[8]。碱性
添加剂降低了碱性化合物的保留和选择性，这可能是由于其与碱性分析物竞争 CSPs 上

的主要相互作用位点[8]。当使用碱性添加剂时，也观察到 α-芳基酮的柱上外消旋作用，可以对其进行控制以研究其对映异构化速率[37]。对于 POM 模式下胺的对映体分离，最优的添加剂及其比例为乙酸和三乙胺（0.3：0.2，体积比）[8,36]。而在 NPM 模式下，最优的添加剂及其比例为三氟乙酸和三乙胺（0.3：0.2，体积比）[8,36]。如后续部分所述，最新的研究主要将这些方案与新的色谱柱技术结合使用，以提高通量。

11.2.2　表面多孔颗粒结合的环果聚糖的前景

已经证明，结合到表面多孔颗粒（SPPs）上的环果聚糖可以高通量且有效地分离各种手性分子[41-47]。SPPs 减少了所有对谱带展宽的贡献（即纵向扩散、涡流扩散和传质阻力）[48-52]。首先，溶质带的纵向扩散部分由障碍因子决定，该障碍因子代表填充床对流路的阻塞。由于固体芯，SPPs 的障碍因子增加，导致较低的扩散贡献[48]。溶质涡流分散性的降低主要源于 SPPs 色谱柱具有更好的填充均匀性（即从色谱柱壁到中心分布均匀）[49,50]。SPPs 由于其壳层厚度而具有较短的多孔层路径长度，因此减少了传质对谱带展宽的贡献[41,42,51]。对于扩散系数较小的大分子和吸附-解吸动力学较慢的小分子，通常会看到这种现象。与全多孔颗粒（FPPs）色谱柱相比，SPPs 色谱柱的折合塔板高度为 1.3~1.5，而 FPPs 色谱柱的折合塔板高度通常大于 2.0[52]。

在 HILIC 模式下使用天然 CF_6 CSPs 作为固定相填料，粒径 2.7μm 的 SPPs 色谱柱（FRULIC-N 柱），与粒径 3μm 的 FPPs 色谱柱相比，其柱效提高了 25%~65%，与粒径 5μm 的 FPPs 色谱柱相比其柱效提高了 2~4 倍（图 11.5）。由于手性选择剂的负载量较低且颗粒的形态不同，SPPs 固定相上分析物的保留时间比 FPPs 上更短[41]。使用基于天然或衍生的环果聚糖的 SPPs CSPs，在 HILIC 模式下进行高通量非手性分离（尤其是针对极性化合物）的文章已多有发表[53-59]。目前已有相关的化学应用中使用树脂（而非二氧化硅）来键合环果聚糖[60]。与其他 HILIC 固定相相比，某些化合物的保留和选择性能是不同的，这里将不做详细讨论，但分离效果最明显的化合物包括核酸、肽、黄嘌呤、β-受体阻滞剂、水杨酸及其衍生物、麦芽低聚糖等[53-59]。

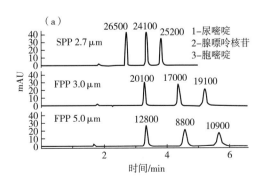
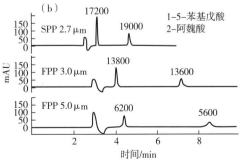

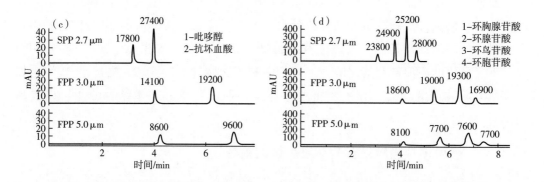

图 11.5　HILIC 模式下，与表面多孔颗粒和全多孔颗粒键合的天然 CF$_6$ 手性固定相的比较

注：峰顶标记值对应柱效，即塔板数（N）。色谱柱尺寸 =150mm×4.6mm（内径）；
流速 =0.7mL/min；温度 =30℃；进样量 =0.5μL。（a）乙腈（ACN）：乙酸铵（NH$_4$OAc）
（25mmol/L）（75：25，体积比）；（b）乙腈：乙酸铵（25mmol/L）（85：15，体积比）；
（c）乙腈：乙酸铵（25mmol/L）（75：25，体积比）；（d）乙腈：乙酸铵（100mmol/L）
（70：30，体积比）。紫外检测波长为 254、210、280 和 254nm（a~d）。
数字（例如 1~4）代表洗脱峰的顺序（1 和 4 分别代表最早和最后洗脱的分析物）。
[资料来源：Elsevier from ref. 41© 2014]

　　最早与 SPPs 结合的手性选择剂之一是异丙基-环果聚糖-6（SPP IP CF$_6$，商品名为 LarihcShell-P 或 LS-P）。对粒径 2.7μm SPP、5μm FPP 和 3μm FPP 分别键合 IP-CF$_6$ 后，评估氨氯地平、联萘酚胺、1-（1-萘基）乙胺和氟虫腈的对映体分离效果（图 11.6）[43]。与 FPPs 相比，SPPs 具有相似的选择性，但保留因子小得多，分离度更高。类似地，联萘二胺（BINAM）和 α-芳基酮的分离效果也进行了比较[37,43]。LS-P 色谱柱被进一步应用到 150 种胺的全面对映体分离工作中[47]。在这项研究中，95% 的伯胺（包括药物、兴奋剂、试剂和氨基酸）对映体在 LS-P 色谱柱上可以基线分离，大多数分离度为 2.0~2.5[47]。含有伯胺基团的儿茶酚胺的对映体分离如图 11.7 所示[47]。这些分离大多是在 5min 内完成的。氟化活性药物成分及其脱氟杂质的超快速手性分离也有报道[45]。此外，使用结合到 SPPs 上的 DMP-CF$_7$ 以及 LS-P 色谱柱，联萘二胺和 2-氯-茚满-1-基胺可在 10~20s 内实现超快速手性分离（图 11.8）[43]。总体而言，使用基于环果聚糖的 SPP CSPs 对含有伯胺基的化合物进行高通量分析，是非常成功的。

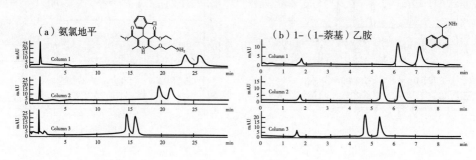

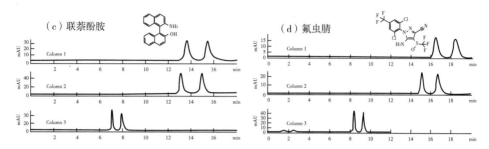

图 11.6　异丙基-环果聚糖-6 手性固定相键合到表面多孔颗粒（SPPs）和

全多孔颗粒（FPPs）上对（a）氨氯地平；（b）1-（1-萘基）乙胺；

（c）联萘酚胺；（d）氟虫腈等几种化合物对映体分离效果的比较

注：色谱柱尺寸，150mm×4.6mm（内径）；柱 1，5μm FPPs；

柱 2，3μm FPPs；柱 3，2.7μm SPPs。实验条件：（a）乙腈（ACN）：甲醇（MeOH）：

乙酸（HOAc）：三甲胺（TMA）（80：20：0.3：0.2，体积比）；（b）乙腈：甲醇：乙酸：

三甲胺（60：40：0.3：0.2，体积比）；（c,d）庚烷：乙醇（95：5，体积比）。

[资料来源：Elsevier from ref. 42© 2014]

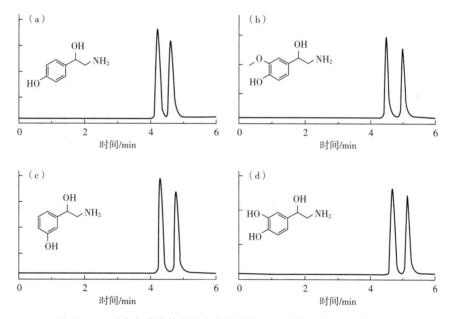

图 11.7　对含有伯胺基团的儿茶酚胺进行对映体分离：（a）章鱼胺；

（b）去甲变肾上腺素；（c）去甲苯福林；（d）去甲肾上腺素

注：所用色谱柱为 LarihcShell-P,尺寸 100mm×4.6mm

（内径），2.7μm 粒径。实验条件：（a~c）乙腈（ACN）：甲醇（MeOH）：乙酸（HOAc）：

三乙胺（TEA）（60：40：0.3：0.2,体积比），25℃，1mL/min；（d）乙腈：甲醇：乙酸：

三甲胺（90：10：0.3：0.2,体积比），45℃，1mL/min。紫外检测波长为 254nm。

[资料来源：Elsevier from ref. 47© 2018]

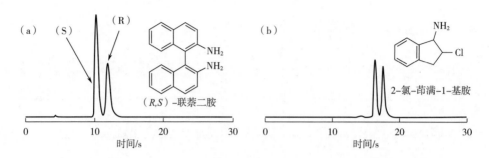

图 11.8　基于环果聚糖的手性选择剂键合到表面多孔颗粒（SPPs）上，可实现对
（a）联萘二胺（BINAM）和（b）2-氯-茚满-1-基胺等两种组分的超快对映体分离

注：实验条件为（a）DMP-CF₇ SPP ［30mm×4.6mm（内径）］,庚烷：乙醇（90：10，体积比），
4.80mL/min，22℃；（b）SPP IP-CF₆（LarihcShell-P，LS-P）［100mm×4.6mm（内径）］,
乙腈：甲醇：三氟乙酸：三乙胺（70：30：0.3：0.2，体积比），4.50mL/min，22℃。

［资料来源：American Chemical Society from ref. 43© 2015］

尽管异丙基-CF₆（LarihcShell-P）最普遍的应用对象是伯胺，但其他具有不同机理的衍生化环果聚糖，也可为其他中性和酸性化合物提供对映选择性。LS-P 色谱柱应用于伯胺以外的化合物的分离报道较少，但确实存在。例如，没有伯胺基团的 Troger 碱通过 IP-CF₆ 色谱柱实现了对映体分离[8]。

近来，使用 LS-P 色谱柱对手性农药进行了基线分离，例如氯氰碘柳胺和噁唑菌酮等农药[61]。前列腺癌药物比卡鲁胺也可以用 LS-P 进行分离（图 11.9）。这三种化合物都没有伯胺基，均用正相溶剂进行分离。这些应用表明，异丙基衍生的环果聚糖-6（LarihcShell-P）除了伯胺外，还有更广阔的对映选择性应用前景。未来的研究应该集中在识别这些机制上，以便用户可以预测它们的应用范围。

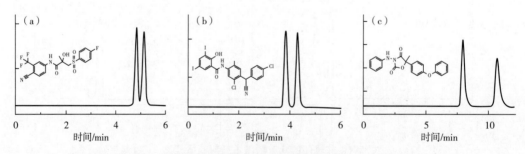

图 11.9　没有伯胺基团的化合物的对映体分离：（a）比卡鲁胺；
（b）氯氰碘柳胺；（c）噁唑菌酮

注：所用的色谱柱为 LarihcShell-P ［100mm×4.6mm（内径），2.7μm 粒径］。
实验条件：（a）正己烷（Hex）：乙醇（EtOH）：三氟乙酸（TFA）：三甲胺（TMA）
（80：20：0.3：0.2，体积比），0.8mL/min；（b）庚烷（Hep）：乙醇：三氟乙酸：三甲胺
（80：20：0.3：0.2，体积比），0.8mL/min；（c）正己烷：异丙醇（95：5，体积比），
1.0mL/min。紫外检测波长为 254nm。

［资料来源：Chromatograms（b）and（c）adapted from ref. 61］

11.3　环果聚糖在毛细管电泳和气相色谱方向的应用

环果聚糖作为有价值的手性选择剂，在 2009 年首次被引入到毛细管电泳（CE）领域，表现出紫外吸收低、水溶性强和壁相互作用弱等特征[62]。比较了天然的环果聚糖 6、7 以及它们相应的硫酸化衍生物对 110 种伯胺、仲胺、叔胺和季胺的对映体分离效果，这些胺中有 82% 被分离，有 66 种被一种或两种硫酸化环果聚糖基线分离[62]。4 种基本药物的对映体分离图如图 11.10 所示[63]。在 CE 的水相缓冲液中，天然环果聚糖和胺类化合物之间的相互作用极少，但硫酸化的环果聚糖却能和碱性的阳离子分析物牢固结合。这种静电相互作用的强度取决于 pH，并且还发现与氢键作用一样，均有助于碱性化合物的手性分离。正相和反相极性模式对硫酸化环果聚糖均适用，但反相模式通常可以产生峰形更好的电泳图。与传统的手性选择剂如冠醚和硫酸化环糊精相比，硫酸化衍生的环果聚糖对阳离子分析物的对映选择性更好，而不仅仅是对于伯胺[63-66]。环果聚糖可以与金属络合，一些专家已致力于研究其结合方式[67-71]。研究了 IP-CF$_6$ 作为 CE 的添加剂，用于分离联萘酚磷酸酯（R,S-BNP）的阻转异构体，同时考察了背景电解质（BGE）中添加 Ba^{2+} 的影响（图 11.11）[72]。在较高浓度的 Ba^{2+} 条件下观察到迁移条件和分离度的增加，最可能的原因是带阳离子的 IP-CF$_6$-Ba^{2+} 配合物与 R,S-BNP 中带阴离子的磷酸基团之间的静电相互作用的增加[72]。对联萘酚磷酸酯和其他离子（如 Pb^{2+}）的进一步研究证实了这种行为[66]。还评估了 HPLC 中钡络合衍生后的 CF$_6$ 固定相对磺酸和磷酸的手性分离效果[73]。在这些研究中，检查了钡抗衡阴离子的性质，并观察到洗脱强度为乙酸盐>甲烷磺酸盐>三氟乙酸盐>高氯酸盐[73]。另外，手性离子液体，如 D-丙氨酸叔丁酯乳酸，已经与基于环果聚糖的添加剂混合添加到背景电解质中，在某些情况下提高了对映体的分离度[74]。总体而言，环果聚糖已被评估为一种具有竞争力的 CE 添加剂，与传统添加剂相比，其强化的对映选择性的进一步应用仍有待研究。

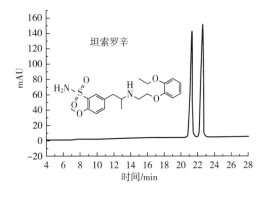

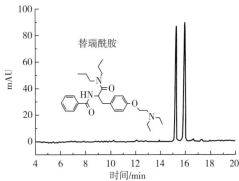

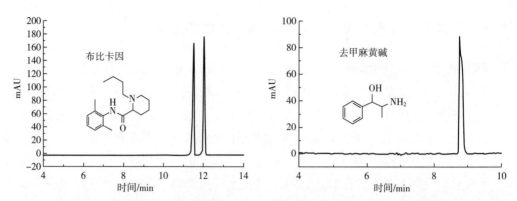

图 11.10　使用硫酸化的环果聚糖（S–CF$_6$）进行毛细管电泳（CE），对坦索罗辛、

替瑞酰胺、布比卡因、去甲麻黄碱等胺类药物的对映体进行分离

注：毛细管尺寸为内径 50 μm，外径 365 μm，总长度 48.5cm（有效长度 40cm）；运行缓冲液：

100mmol/L 磷酸+Tris+0.7%（质量浓度）S–CF$_6$，pH2.5；进样参数：5Pa 持续 5s；

温度：15℃；电压：25kV；紫外检测波长：200nm。

［资料来源：John Wiley & sons from ref. 63© 2013］

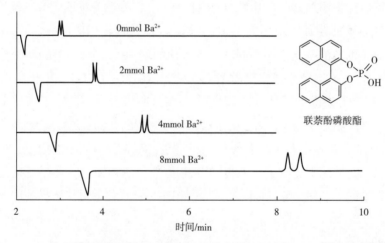

图 11.11　将乙酸钡添加到背景电解质（BGE）中对 R,S–BNP（联萘酚磷酸酯）

的对映体分离的影响

注：毛细管尺寸为内径 50 μm，外径 365 μm，总长度 33cm（距检测器 24.5cm）。

运行缓冲液：100mmol/L 硼酸钠，pH10.0，添加 20mmol/L 异丙基–环果聚糖 6，

电压：15kV，进样参数：5Pa，持续 5s，温度：25℃；紫外检测波长：214nm。

［资料来源：Elsevier from ref. 72© 2014］

　　由于环糊精在手性 GC 分析中占主导地位，因此使用环果聚糖进行手性分离的报道有限[75]。据报道，环果聚糖在 GC 中的首次使用是在 2010 年，并对全–O–甲基化的 CF$_7$ 和 CF$_7$ 以及 4,6–二–O–戊基 CF$_6$ 进行了评估[76]。天然环果聚糖熔点高，不溶于其他液相固定相，因此不适用于 GC。但是，当衍生化以后，它们可以溶解在非手性基质中并变得适用，已用其完成了对酯类、β–内酰胺、醇和氨基酸衍生物的对映体分

离[76]。使用4,6-二-O-戊基-3-O-三氟乙酰基和4,6-二-O-戊基-3-O-丙酰基CF$_6$进行手性分离，47个对映体目标物包括衍生后的氨基酸、氨基醇、胺、醇、酒石酸盐和内酯等[77]。与传统的环糊精相比，尚无明显优势，但有关衍生后的环果聚糖用于手性GC分析的全面知识仍有待研究。

11.4　结论

天然环果聚糖在HILIC中最有效，而当衍生化之后，它们成为分离技术中有力的手性选择剂。异丙基-环果聚糖-6、R-萘乙基-环果聚糖-6和二甲基苯基-环果聚糖-7三种环果聚糖在HPLC中是所有测试的衍生环果聚糖中最适用的。它们可以在普通的有机溶剂中操作，克服了伯胺对映体分离中合成冠醚固定相的局限性。而且，基于环果聚糖的CSPs并非仅用于伯胺的分离。R-萘乙基-环果聚糖-6和二甲基苯基-环果聚糖-7对金属配合物具有很强的对映选择性。由于它们在正相溶剂中最具选择性，因此它们也可用于SFC。硫酸化环果聚糖已被证明是CE中最成功的材料，有时需要使用添加剂盐。对基于环果聚糖的手性选择剂，GC的研究更为有限，但它们的确与常规手性固定相的对映选择性不同。近期的应用集中在将异丙基-环果聚糖-6与新型表面多孔颗粒一起使用，强调了其对于手性伯胺的通用的强对映选择性。然而，基于环果聚糖的手性选择剂的新应用仍有待发现，它们在手性分离方面的成功将进一步扩大。

参考文献

[1] Kawamura M, Uchiyama T, Kuramoto T, Tamura Y, Mizutani K (1989) Enzymic formation of a cycloinulo-oligosaccharide from inulin by an extracellular enzyme of Bacillus circulans OKUMZ 31B. Carbohydr Res 192:83–90.

[2] Kushibe S, Sashida R, Morimoto Y (1994) Production of cyclofructan from inulin by Bacillus circulans MCI-2554. Biosci Biotechnol Biochem 58:1136–1138.

[3] Yoshie N, Hamada H, Takada S, Inoue Y (1993) Complexation of cycloinulonexaose with some metal ions. Chem Lett 22:353–356.

[4] Shizuma M, Takai Y, Kawamura M, Takeda T, Sawada M (2001) Complexation characteristics of permethylated cycloinulohexaose, cycloinuloheptaose, and cycloinulooctaose with metal cations. J Chem Soc Perkin Trans 2:1306–1314.

[5] Takai Y, Okumura Y, Tanaka T, Sawada M, Takahashi S, Shiro M, Kawamura M, Uchiyama T (1994) Binding characteristics of a new host family of cyclic oligosaccharides from inulin: permethylated cycloinulohexaoase and cycloinuloheptaose. J Org Chem 59:2967–2975.

[6] Uchiyama T, Kawamura M, Uragami T, Okuno H (1993) Complexing of cycloinulooligosaccharides with metal ions. Carbohydr Res 241:245–248.

[7] Sawada M, Takai Y, Shizuma M, Takeda T, Adachi H, Uchiyama T (1998) Measurement of chiral amino acid discrimination by cyclic oligosaccharides: a direct FAB mass spectrometric approach. Chem Commun 14: 1453–1454.

[8] Sun P, Wang C, Breitbach ZS, Armstrong DW (2009) Development of new chiral stationary phases based on native and derivatized cyclofructans. Anal Chem 81:10215–10226.

［9］Sawada M,Tanaka T,Takai Y,Hanafusa T,Hirotsu K,Higuchi T,Kawamura M,Uchiyama T(1990)Crystal structure of cycloinulohexaose. Chem Lett 19:2011-2014.

［10］Sawada M,Tanaka T,Takai Y,Hanafusa T,TaniguchiT,KawamuraM,UchiyamaT(1991)The crystal structure of cycloinulohexaose produced from inulin by cycloinulooligosaccharide fructanotransferase. Carbohydr Res 217:7-17.

［11］Wang C,Breitbach ZS,Armstrong DW(2010)Separations of cycloinulooligosaccharides via hydrophilic interaction chromatography(HILIC)and ligand-exchange chromatography. Sep Sci Technol 45:447-452.

［12］Immel S,Schmitt GE,Lichtenthaler FW(1998)Cyclofructins with six to ten β-(1! 2)linked fructo-furanose units:geometries,electrostatic profiles,lipophilicity patterns,and potential for inclusion complexation. Carbohydr Res 313:91-105.

［13］Armstrong DW,DeMondW(1984)Cyclodextrin bonded phases for the liquid chromatographic separation of optical geometrical,and structural isomers. J Chromatogr Sci 22:411-415.

［14］Wang C,Sun P,Armstrong DW(2010)Cyclofructans,a new class of chiral stationary phases. In:Berthod A (ed)Chiral recognition in separation methods. Springer,Heidelberg.

［15］Sun P,Armstrong DW(2010)Effective enantiomeric separations of racemic primary amines by the isopropyl carbamate-cyclofructan6 chiral stationary phase. J Chromatogr A 1217:4904-4918.

［16］Sun P,Wang C,Padivitage NLT,NanayakkaraYS,Perera S,Qiu H,Zhang Y,Armstrong DW(2011)Evaluation of aromatic-derivatized cyclofructans 6 and 7 as HPLC chiral selectors. Analyst 136:787-800.

［17］Aranyi A,Bagi A',Ilisz I,Pataj Z,Fülöp F,Armstrong DW,Pe'ter A(2012)High performance liquid chromatographic enantioseparation of amino compounds on newly developed cyclofructan-based chiral stationary phases. J Sep Sci 35:617-624.

［18］Gondova' T,Petrovaj J,Kutschy P,Armstrong DW(2013)Stereoselective separation of spiroindoline phytoalexins on R - naphthylethyl cyclofructan 6 - based chiral stationary phase. J Chromatogr A 1272:100-105.

［19］Hrobonova K,Moravcik J,Lehotay J,Armstrong DW(2015)Determination of methionine enantiomers by HPLC on the cyclofructan chiral stationary phase. Anal Methods 7:4577-4582.

［20］Ilisz I,Grecso' N,Forro' E,Fülöp F,Armstrong DW,Pe'ter A(2015)High-performance liquid chromatographic separation of paclitaxel intermediate phenylisoserine derivatives on macrocyclic glycopeptide and cyclofructan-based chiral stationary phases. J Pharm Biomed Anal 114:312-320.

［21］Majek P,Krupcik J,Breitbach ZS,DissanayakeMK,Kroll P,Ruch AA,Slaughter LM,Armstrong DW (2017)Determination of the interconversion energy barrier of three novel pentahelicene derivative enantiomers by dynamic high resolution liquid chromatography. JChromatogr B Analyt Technol Biomed Life Sci 1051:60-67.

［22］Moravcik J,Hrobon˘ova' K(2013)Highperformance liquid chromatographic method for enantioseparation of underivatized α-amino acids using cyclofructan-based chiral stationary phases. Nova Biotechnol Chim 12:108-119.

［23］Moskalova M,Kozlov O,Gondova T,Budovska M,Armstrong DW(2017)HPLC enantioseparation of novel spirobrassinin analogs on the cyclofructan chiral stationary phases. Chromatographia 80:53-62.

［24］Moskalova M,Petrovaj J,Gondova T,Budovska M,Armstrong DW(2016)Enantiomeric separation of new phytoalexin analogs with cyclofructan chiral stationary phases in normal-phase mode. J Sep Sci 39:3669-3676.

［25］Padivitage NLT,Dodbiba E,Breitbach ZS,Armstrong DW(2014)Enantiomeric separations of illicit drugs and controlled substances using cyclofructan-based(LARIHC) and cyclobond I 2000 RSP HPLC chiral stationary phases. Drug Test Anal 6:542-551.

[26] Woods RM, Patel DC, Lim Y, Breitbach ZS, Gao H, Keene C, Li G, La'szlo' K, Armstrong DW(2014) Enantiomeric separation of biaryl atropisomers using cyclofructan based chiral stationary phases. J Chromatogr A 1357:172-181.

[27] Qiu H, Padivitage NLT, Frink LA, ArmstrongDW(2013) Enantiomeric impurities in chiral catalysts, auxiliaries, and synthons used in enantioselective syntheses. Part 4. Tetrahedron Asymmetry 24:1134-1141.

[28] Shu Y, Breitbach ZS, Dissanayake MK, Perera S, Aslan JM, Alatrash N, MacDonnell FM, Armstrong DW (2015) Enantiomeric separations of ruthenium(Ⅱ) polypyridyl complexes using HPLC with cyclofructan chiral stationary phases. Chirality 27:64-70.

[29] Kalikova K, Janeckova L, Armstrong DW, Tesarova E(2011) Characterization of new R-naphthylethyl cyclofructan 6 chiral stationary phase and its comparison with R-naphthylethyl β-cyclodextrin-based column. J Chromatogr A 1218:1393-1398.

[30] Lim Y, Breitbach ZS, Armstrong DW, BerthodA(2016) Screening primary racemic amines for enantioseparation by derivatized polysaccharide and cyclofructan columns. J Pharm Anal 6:345-355.

[31] Vozka J, Kalikova K, Janeckova L, Armstrong DW, Tesarova E(2012) Chiral HPLC separation on derivatized cyclofructan versus cyclodextrin stationary phases. Anal Lett 45:2344-2358.

[32] Khan MM, Breitbach ZS, Berthod A, Armstrong DW(2016) Chlorinated aromatic derivatives of cyclofructan 6 as HPLC chiral stationary phases. J Liq Chromatogr R T 39:497-503.

[33] Padivitage NL, Smuts JP, Breitbach ZS, Armstrong DW, Berthod A(2015) Preparation and evaluation of HPLC chiral stationary phases based on cationic/basic derivatives of cyclofructan 6. J Liq Chromatogr R T 38:550-560.

[34] Hilton M, Armstrong DW(1991) Evaluationof a crown etheric column for the separation of racemic amines. J Liq Chromatogr 14:9-28.

[35] Janeckova L, Kalikova K, Vozka J, Armstrong DW, Bosakova Z, Tesarova E(2011) Characterization of cyclofructan-based chiral stationary phases by linear free energy relationship. J Sep Sci 34:2639-2644.

[36] Woods RM, Breitbach ZS, Armstrong DW(2014) Comparison of enantiomeric separations and screening protocols for chiral primary amines by SFC and HPLC. LCGC N Am 32:742-745.

[37] Breitbach AS, Lim Y, Xu QL, Kurti L, Armstrong DW, Breitbach ZS(2016) Enantiomeric separations of α-aryl ketones with cyclofructan chiral stationary phases via high performance liquid chromatography and supercritical fluid chromatography. J Chromatogr A 1427:45-54.

[38] Geryk R, Vozka J, Kalikova K, Tesarova E(2013) HPLC method for chiral separation and quantification of antidepressant citalopram and its precursor citadiol. Chromatographia 76:483-489.

[39] Kalikova K, S lechtova T, Vozka J, Tesarova E(2014) Supercritical fluid chromatography as a tool for enantioselective separation; a review. Anal Chim Acta 821:1-33.

[40] Vozka J, Kalikova K, Roussel C, Armstrong DW, Tesarova E(2013) An insight into the use of dimethylphenyl carbamate cyclofructan 7 chiral stationary phase in supercritical fluid chromatography: the basic comparison with HPLC. J Sep Sci 36:1711-1719.

[41] Dolzan MD, Spudeit DA, Breitbach ZS, Barber WE, Micke GA, Armstrong DW(2014) Comparison of superficially porous and fully porous silica supports used for a cyclofructan 6 hydrophilic interaction liquid chromatographic stationary phase. J Chromatogr A 1365:124-130.

[42] Spudeit DA, Dolzan MD, Breitbach ZS, Barber WE, Micke GA, Armstrong DW(2014) Superficially porous

particles vs. fully porous particles for bonded high performance liquid chromatographic chiral stationary phases: isopropyl cyclofructan 6. J Chromatogr A 1363:89-95.

[43] Patel DC, Breitbach ZS, Wahab MF, Barhate CL, Armstrong DW (2015) Gone in seconds: praxis, performance, and peculiarities of ultrafast chiral liquid chromatography with superficially porous particles. Anal Chem 87:9137-9148.

[44] Patel DC, Wahab MF, Armstrong DW, Breitbach ZS (2016) Advances in high-throughput and high-efficiency chiral liquid chromatographic separations. J Chromatogr A 1467:2-18.

[45] Barhate CL, Breitbach ZS, Pinto EC, Regalado EL, Welch CJ, Armstrong DW (2015) Ultrafast separation of fluorinated and desfluorinated pharmaceuticals using highly efficient and selective chiral selectors bonded to superficially porous particles. J Chromatogr A 1426:241-247.

[46] Barhate CL, Joyce LA, Makarov AA, Zawatzky K, Bernardoni F, Schafer WA, Armstrong DW, Welch CJ, Regalado EL (2017) Ultrafast chiral separations for high throughput enantiopurity analysis. Chem Commun 53:509-512.

[47] Hellinghausen G, Roy D, Lee JT, Wang Y, Weatherly CA, Lopez DA, Nguyen KA, Armstrong JD, Armstrong DW (2018) Effective methodologies for enantiomeric separations of 150 pharmacology and toxicology related 1,2, and 3 amines with core-shell chiral stationary phases. J Pharm Biomed Anal 155:70-81.

[48] Broeckhoven K, Cabooter D, Desmet G (2013) Kinetic performance comparison of fully and superficially porous particles with sizes ranging between 2.7μm and 5μm: intrinsic evaluation and application to a pharmaceutical test compound. J Pharm Anal 3:313-323.

[49] Bruns S, Stoeckel D, Smarsly BM, Tallarek UJ (2012) Influence of particle properties on the wall region in packed capillaries. J Chromatogr A 1268:53-63.

[50] Gritti F, Farkas T, Heng J, Guiochon G (2011) On the relationship between band broadening and the particle-size distribution of the packing material in liquid chromatography: theory and practice. J Chromatogr A 1218:8209-8221.

[51] Gritti F, Guiochon G (2012) Facts and legends about columns packed with sub-3-μm coreshell particles. LCGC N Am 30:586-595.

[52] DeStefano JJ, Langlois TJ, Kirkland JJ (2008) Characteristics of superficially-porous silica particles for fast HPLC: some performance comparisons with sub-2-microm particles. J Chromatogr Sci 46:254-260.

[53] Qiu H, Loukotkova L, Sun P, Tesarova E, Bosakova Z, Armstrong DW (2011) Cyclofructan 6 based stationary phases for hydrophilic interaction liquid chromatography. J Chromatogr A 1218:270-279.

[54] Shu Y, Lang JC, Breitbach ZS, Qiu H, Smuts JP, Kiyono-Shimobe M, Yasuda M, Armstrong DW (2015) Separation of therapeutic peptides with cyclofructan and glycopeptide based columns inhydrophilic interaction liquid chromatography. J Chromatogr A 1390:50-61.

[55] Wang Y, Wahab MF, Breitbach ZS, ArmstrongDW (2016) Carboxylated cyclofructan 6 as a hydrolytically stable high efficiency stationary phase for hydrophilic interaction liquid chromatography and mixed mode separations. Anal Methods 8:6038-6045.

[56] Padivitage NLT, Dissanayake MK, ArmstrongDW (2013) Separation of nucleotides by hydrophilic interaction chromatography using the FRULIC-N column. Anal Bioanal Chem 405:8837-8848.

[57] Padivitage NLT, Armstrong DW (2011) Sulfonated cyclofructan 6 based stationary phase for hydrophilic interaction chromatography. J Sep Sci 34:1636-1647.

[58] Eastwood H, Xia F, Lo MC, Zhou J, Jordan JB, McCarter J, Barnhart WW, Gahm KH (2015) Development of a nucleotide sugar purification method using a mixed mode column & mass spectrometry detection. J

Pharm Biomed Anal 115:402-409.

[59] Kozlik P, S imova V, Kalikova K, Bosakova Z, Armstrong DW, Tesarova E(2012)Effect of silica gel modification with cyclofructans on properties of hydrophilic interaction liquid chromatography stationary phases. J Chromatogr A 1257:58-65.

[60] Qiu H, Kiyono-Shimobe M, Armstrong DW(2014)Native/derivatized cyclofructan 6 bound to resins via "click" chemistry as stationary phases for achiral/chiral separations. J Liq Chromatogr R T 37: 2302-2326.

[61] Hellinghausen G, Readel ER, Wahab MF, LeeJT, Lopez DA, Weatherly CA, Armstrong DW(2019)Mass spectrometry compatible enantiomeric separations of 100 pesticides using coreshell chiral stationary phases and evaluation of iterative curve fitting models for overlapping peaks. Chromatographia 82(1):221-233.

[62] Jiang C, Tong MY, Breitbach ZS, Armstrong DW(2009)Synthesis and examination of sulfated cyclofructans as a novel class of chiral selectors for CE. Electrophoresis 30:3897-3909.

[63] Zhang YJ, Huang MX, Zhang YP, Armstrong DW, Breitbach ZS, Ryoo JJ(2013)Use of sulfated cyclofructan 6 and sulfated cyclodextrins for the chiral separation of four basic pharmaceuticals by capillary electrophoresis. Chirality 25:735-742.

[64] Weatherly CA, Na YC, Nanayakkara YS, WoodsRM, Sharma A, Lacour JO, Armstrong DW(2014)Reprint of: enantiomeric separation of functionalized ethano-bridged Tröger bases using macrocyclic cyclofructan and cyclodextrin chiral selectors in high-performance liquid chromatography and capillary electrophoresis with application of principal component analysis. J Chromatogr B Analyt Technol Biomed Life Sci 968:4048.

[65] Na YC, Berthod A, Armstrong DW(2015)Cation-enhanced capillary electrophoresis separation of atropoisomer anions. Electrophoresis 36:2859-2865.

[66] Pribylka A, S vidrnoch M, Tesarova E, Armstrong DW, Maier V(2016)The empirical comparison of cyclofructans and cyclodextrins as chiral selectors in capillary electrophoretic separation of atropisomers of R, S-1,1-0-binaphthalene-2,20-diyl hydrogen phosphate. J Sep Sci 39:973-979.

[67] Reijenga JC, Verheggen TPEM, Chiari M(1999)Use of cyclofructan as a potential complexing agent in capillary electrophoresis. J Chromatogr A 838:111-119.

[68] Wang C, Yang SH, Wang J, Kroll P, Schug KA, Armstrong DW(2010)Study of complexation between cyclofructans and alkali metal cations by electrospray ionization mass spectrometry and density functional theory calculations. Int J Mass Spectrom 291:118-124.

[69] Wang L, Chai Y, Sun C, Armstrong DW(2012)Complexation of cyclofructans with transition metal ions studied by electrospray ionization mass spectrometry and collisioninduced dissociation. Int J Mass Spectrom 323-324:21-27.

[70] Wang L, Li C, Yin Q, Zeng S, Sun C, Pan Y, Armstrong DW(2015)Construction the switch binding pattern of cyclofructan 6. Tetrahedron 71:3447-3452.

[71] Wang L, Li Y, Yao L, Sun C, Zeng S, Pan Y(2014)Evaluation and determination of the cyclofructans-amino acid complex binding pattern by electrospray ionization mass spectrometry. J Mass Spectrom 49: 1043-1049.

[72] Maier V, Kalikova K, Pribylka A, Vozka J, Smuts J, S vidrnoch M, S evcik J, Armstrong DW, Tesarova E (2014)Isopropyl derivative of cyclofructan 6 as chiral selector in liquid chromatography and capillary electrophoresis. J Chromatogr A 1338:197-200.

[73] Smuts JP, Hao XQ, Han Z, Parpia C, Krische MJ, Armstrong DW(2014)Enantiomeric separations of chiral

sulfonic and phosphoric acids with barium‐doped cyclofructan selectors via an ion interaction mechanism. Anal Chem 86:1282–1290.

[74] Stavrou IJ, Breitbach ZS, Kapnissi‐Christodoulou CP(2015) Combined use of cyclofructans and an amino acid ester‐based ionic liquid for the enantioseparation of huperzine A and coumarin derivatives in CE. Electrophoresis 36:3061–3068.

[75] Xie SM, Yuan LM(2017) Recent progress of chiral stationary phases for separation of enantiomers in gas chromatography. J Sep Sci 40:124–137.

[76] Zhang Y, Breitbach ZS, Wang C, Armstrong DW(2010) The use of cyclofructans as novel chiral selectors for gas chromatography. Analyst 135:1076–1083.

[77] Zhang Y, Armstrong DW(2011) 4,6‐Di‐Opentyl‐3‐O‐trifluoroacetyl/propionyl cyclofructan stationary phases for gas chromatographic enantiomeric separations. Analyst 136:2931–2940.

12 基于糖肽类抗生素的手性固定相用于高效液相色谱对映体分离：综述

Istvan Ilisz, Timea Orosz, Antal Peter

摘要： 基于抗生素的手性固定相自 1994 年由 Daniel W. Armstrong 提出以来，已被证明可用于手性拆分各种类型的外消旋体。糖肽类抗生素的独特结构及其大量的相互作用位点（例如疏水口袋、羟基、氨基和羧基、卤素原子、芳香基部分等）是其具有广泛选择性的原因。具有互补特性的可商购的 Chirobiotic™ 相能够以良好的效率、良好的色谱柱负载能力、高重现性和长期稳定性分离多种对映体化合物，因此 HPLC 对映体分离中频繁使用基于糖肽类抗生素的固定相。本章以 2004 年以来发表的文献为重点，简要总结了基于抗生素的手性固定相的概况，包括它们的制备及其在各种外消旋体的对映体直接分离中的应用。

关键词： 手性，对映体，高效液相色谱，手性固定相，直接分离，糖肽类抗生素

12.1　引言

自从 Armstrong 等[1,2] 引入糖肽类抗生素以来，它们已成为一类非常有用的手性选择剂，可用于通过 HPLC、薄层色谱、毛细管电泳（CE）和毛细管电色谱（CEC）等分离具有重要生物学和药理学特性的对映体。糖肽类抗生素具有多种特性，可使其与分析物相互作用并用作手性选择剂。与其他类别的手性选择剂不同，这些化合物有上百种，且包含多种结构类型。但是，只有少数几种可以用作手性固定相（CSPs）。糖肽替考拉宁、瑞斯托菌素 A 和万古霉素已在 HPLC 中以手性固定相的形式广泛用作手性选择剂。基于这些糖肽的 CSPs 已由 Astec 以及 Sigma-Aldrich 以商标 Chirobiotic™ 进行商品化。在过去的 20 年中，这些 CSPs 在对映体分离领域产生了重要的影响。

本章将重点放在 2004 年以来的文献上，介绍了 HPLC 领域的应用，不涉及通过手性薄层色谱、超临界流体色谱、毛细管电泳或毛细管电色谱开展的类似程序和应用。对于较早的出版物，读者可以参考第一版《手性分离，方法和规程》[3] 中发布的综述，以及有关该主题的其他众多综述、专论和书籍等[4-21]。

12.2　糖肽类抗生素的一般问题

文献中描述了数百种糖肽类抗生素，与其他类别的手性选择剂不同，它们具有很大的结构多样性。通常，这些化合物的相对分子质量在 600~2200，有酸性、碱性和中性衍生物。HPLC 中用于手性分离的糖肽类抗生素包括安沙霉素类（利福霉素）、糖肽类（阿伏霉素、替考拉宁、瑞斯托菌素 A、万古霉素及其类似物）和多肽类抗生素硫链丝菌素。表 12.1 列出了用于 HPLC 对映体分离的最重要的糖肽类抗生素的特定理化性质，其分子结构如图 12.1 和图 12.2 所示。

表 12.1　作为潜在手性选择剂的糖肽类抗生素的理化性质比较

特性	安沙霉素类			糖肽类									多肽类	
	利福霉素 B	利福霉素 SV	阿伏霉素	替考拉宁 A_{2-2}	替考拉宁 A-40,926	替考拉宁 MDL 63,246	达巴万星	替考拉宁甘元	瑞斯托菌素 A	万古霉素	去甲万古霉素	依瑞霉素	巴尔希霉素	硫链丝菌素
相对分子质量	755	698	$\alpha=1908$ $\beta=1943$	1877	$B_0=1732$ $B_1=1738$	1789	1817	1197	2066	1449	1435	1558	1446	1665
疏水尾	0	0	0	1	1	2	2	0	0	0	0	0	0	0
不对称中心	9	9	32	23	$B_0=19;$ $B_1=18$	18	18	8	38	18	18	22	17	17
大环	1	1	3	4	4	4	4	4	4	3	3	3	3	2
芳香环	2	2	7	7	7	7	7	7	7	5	5	5	5	1
糖基	0	0	5	3	2	2	2	0	6	2	2	3	2	0
羟基	4	5	16	14	11	12	11	7	21	9	9	9	8	5
数量 伯胺	0	0	2	1	0	0	0	1	2	1	2	3	1	0
仲胺	0	0	1	0	1	1	1	0	0	1	0	0	1	1
酰胺基	1	1	6	8	7	8	8	6	6	7	7	7	7	11
羧基	1	0	1	1	2	0	1	1	0	1	1	1	1	0
甲氧基	1	1	0	0	0	0	0	0	0	0	0	0	0	0
甲酯	1	1	0	0	0	0	0	0	1	0	0	0	0	0
生产源	地中海诺卡氏菌	地中海诺卡氏菌	纯白链霉菌	放线菌	野村放线菌 ATCC39727	合成化合物	合成化合物	合成化合物	诺卡氏菌	东方链霉菌	东方链霉菌	东方拟无枝菌	分歧杆菌	远青链霉菌
参考文献	[14]	[14]	[14]	[14,22]	[14]	a	a	[14]	[14,22]	[14,22]	[14]	[23,24]	[25-27]	[14]

a：计算值。

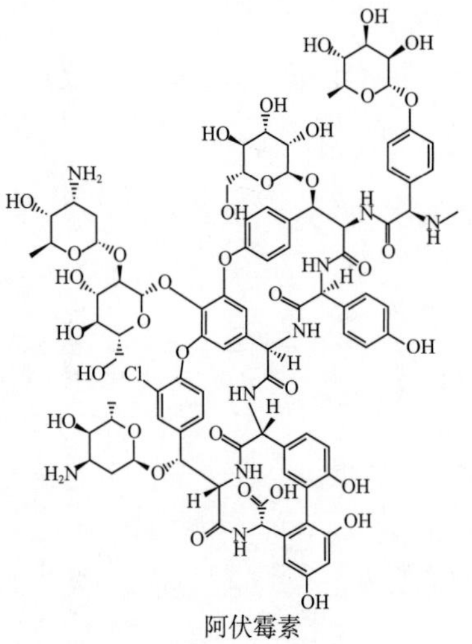

阿伏霉素

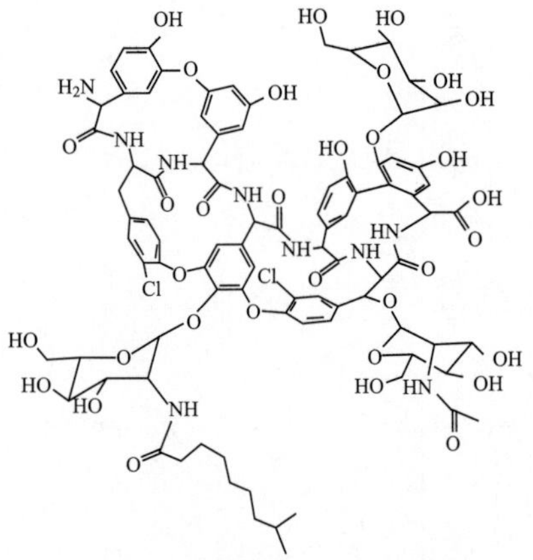

替考拉宁A_{2-2}

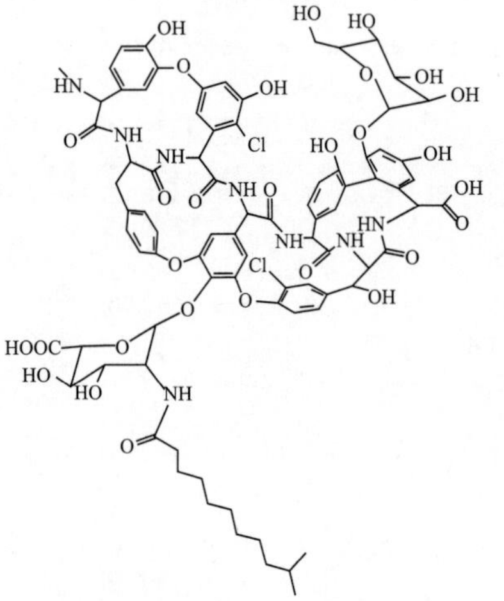

替考拉宁A-40，926 B_0

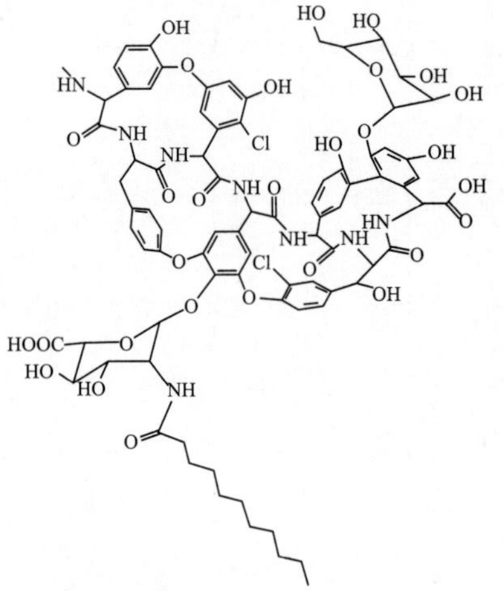

替考拉宁A-40，926 B_1

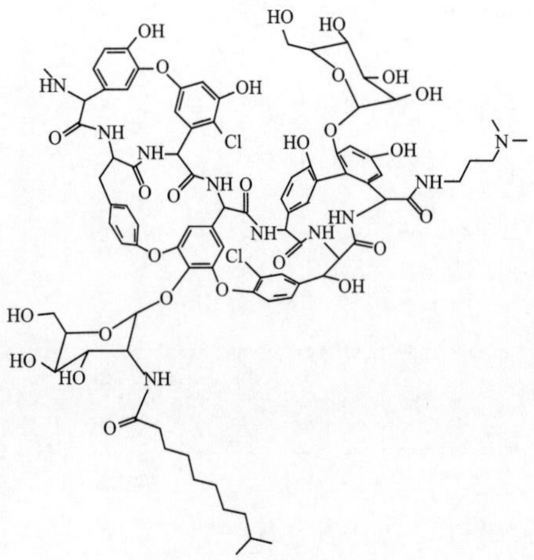

替考拉宁MDL 63，246

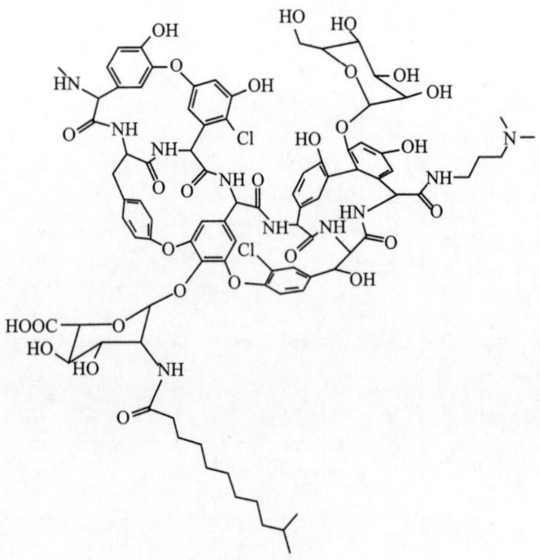

达巴万星

图 12.1　阿伏霉素、替考拉宁 A_{2-2}、替考拉宁 A-40，926 B_0、

替考拉宁 A-40，926 B_1、替考拉宁 MDL 63，246 和达巴万星的结构

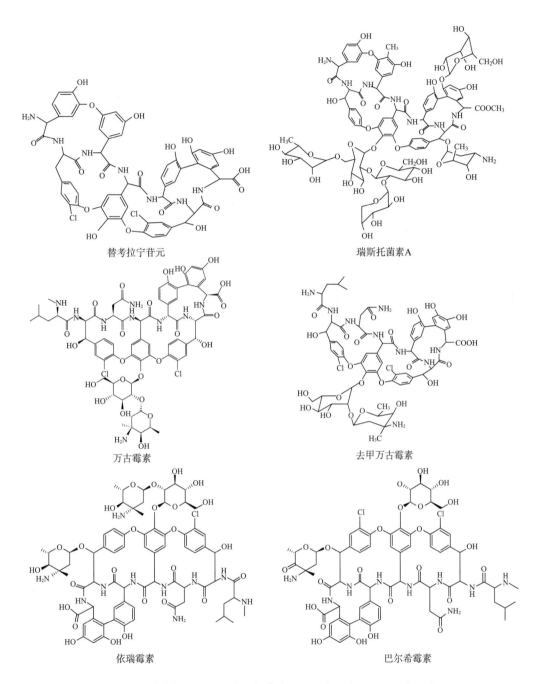

图 12.2　替考拉宁苷元、瑞斯托菌素 A、万古霉素、去甲万古霉素、依瑞霉素和巴尔希霉素的结构

12.3　手性识别机制

通过基于糖肽类抗生素的 CSPs 实现的对映体分离可能是通过以下几种不同的机制实现的，包括引入疏水口袋、π-π 络合、偶极堆积、氢键、静电和短距离范德瓦耳斯

力相互作用、位阻效应或它们的组合。根据公认的三点模型，手性识别要求选择剂和选择体之间至少要同时具有三个相互作用，并且其中至少一个相互作用是基于立体化学的。手性识别的关键是选择剂与对映体发生不同相互作用的能力。选择剂和选择体之间形成的具有不同物理和化学性质的瞬态非对映体配合物导致对映体分离。根据分析物的性质和色谱模式的不同，可能存在几种机理。显然，溶剂的选择决定了 $\pi-\pi$ 相互作用，氢键、疏水相互作用等是否占主导地位。一方面，基于糖肽类抗生素的 CSPs 的结构多样性提供了几乎所有类型的分子间相互作用，从而导致了手性识别。另一方面，这种多样性很难确定导致手性识别的确切机理。从可能的手性识别机制的相关结果得知，基于糖肽类抗生素的 CSPs 对于外消旋化合物的手性识别方面，缺少普遍有效的概念。有关 CSPs 手性分离机理方面的详细讨论，请参见最新出版物[13,15,18,21,28] 和第 1 章内容。

12.4　流动相选择

在所有色谱模式下，选择性和保留因子主要取决于流动相组分的性质和浓度以及其他变量（例如流动相的 pH）。由于糖肽类抗生素存在功能多样性，因此其对应的 CSPs 可以在反相模式（RPM）、正相模式（NPM）、极性离子模式（PIM）和极性有机模式（POM）中使用。在不同模式均可以使用，这是抗生素 CSPs 的主要优势之一，因为不同的化合物需要在不同的实验条件下才能得到最佳的分离效果。显然，目标物在不同溶剂中的溶解度也会影响流动相模式的选择。已发现 Chirobiotic™ 色谱柱是用于手性分离毒品、药物、农用化学毒素、氨基酸及其类似物的最有效的 CSPs 之一。为了找到用于氨基酸对映体分离的最佳色谱柱和色谱条件，开发了"决策树"[29]。在一些出版物中可以找到使用抗生素 CSPs 进行方法开发和色谱条件优化的操作规程[4,29,30]。

每种相互作用在不同的流动相中的强度均不同，因此对于同一根色谱柱，从一种流动相转换为另一种流动相时，其机理会发生变化，从而为有效分离提供了另一种可能。

12.4.1　极性离子模式

极性离子模式（PIM）是一种非常有效的模式，可用于对可电离的外消旋物在基于糖肽类抗生素的 CSPs 上进行手性分离。由于其速度快且易于在质谱检测中使用，因此被广泛用于制药行业。分析物和 CSPs 之间的主要相互作用通常包括 $\pi-\pi$ 相互作用、氢键、静电、偶极和空间相互作用，或上述作用力的一些组合[31]。色谱柱的平衡速度很快，并且在需要时，PIM 为基于正相纤维素或直链淀粉的应用提供了一个很好的替代方案。PIM 中的手性选择性由流动相中的酸碱比决定。一旦在筛选流动相期间检测到针对色谱柱的选择性，下一步就是改变酸碱比以确定优选的比例——更高的酸或更高的碱含量。一般来说，酸性分子喜欢较高的碱含量，而碱性分子喜欢较高的酸含量。应始终牢记，在基于糖肽类抗生素 CSPs 的情况下，选择剂是可电离的，因此酸碱比的变化也会影响 CSPs 本身的电离程度。

乙酸（AcOH）和三乙胺（TEA）是 PIM 中最常见的添加剂；另外，也可以使用挥发性盐。典型的起始流动相组成可以是甲醇、乙酸、三乙胺混合液（100∶0.1∶0.1，体积比）或甲醇、甲酸铵混合液（100∶0.1，体积比）。降低酸碱比会导致选择性的变化。在保持相同的酸碱比的情况下改变其浓度通常对选择性没有显著影响，但会影响出峰效率和保留效果。

12.4.2 反相模式

离子相互作用不仅在 PIM 中占主导地位，而且在反相模式（RPM）中也占主导地位。然而，在 RPM 中形成包合物的额外可能性为有效的手性识别提供了进一步的机会。包合物在糖肽的表层疏水口袋中生成。因此，RPM 分离中可能涉及不同的机制。RPM 模式中的保留和选择性主要受 pH、缓冲液（类型和浓度）、有机改性剂（类型和浓度）以及流速的影响。通常，降低 pH 会抑制非手性保留机制和硅烷醇活性，从而增强手性相互作用。以非缓冲的水–有机溶剂混合物作为流动相，可以满足大多数氨基酸和小肽的对映体分离。然而，对于大多数其他化合物，通常需要使用水性缓冲液来提高分辨率[13]。

所用有机溶剂的种类对分离有很大影响，因此，建议对几种不同类型的有机溶剂进行尝试。甲醇、乙醇（EtOH）、乙腈（ACN）、2-丙醇（2-PrOH）和四氢呋喃（THF）是最常见的溶剂，它们可为各种分析物提供良好的选择性。典型的起始流动相组成如乙腈∶缓冲液（pH3.5~7.0）10∶90（体积比）或乙醇∶缓冲液 20∶80（体积比）。降低流速可以提高分离度，同时，保留时间的增加也在可接受的范围内。

12.4.3 极性有机模式

对于中性手性化合物的分析，除了 RPM 或极性有机模式（POM）之外，还可以使用正相模式（NPM），具体取决于外消旋物的极性。极性更大的分子通常在 POM 中分离得更好。在此模式下，使用单一极性有机溶剂作为流动相，例如甲醇、乙醇、2-丙醇或这些溶剂的混合物。分析物和 CSPs 之间的主要相互作用通常涉及氢键、静电、偶极和空间相互作用，或它们的某些组合[31]。保留时间由流动相的极性控制。增加极性会降低保留。乙腈、四氢呋喃或二氯甲烷是合适的流动相添加剂，可增加分析物的溶解度。添加甲基叔丁基醚（MTBE）和二甲亚砜（DMSO）可以增强空间效应和/或增加溶解度。

12.4.4 正相模式

NPM 作为一种成熟的方法，常应用于发现药物。在使用非极性流动相（如己烷或庚烷）与极性有机改性剂（如乙醇或 2-丙醇）组合的 NPM 中，CSPs 表现为极性固定相。糖肽类抗生素的极性官能团和芳香部分的存在可能提供对映识别所需的几种相互作用，即氢键、π-π 相互作用、偶极堆积和空间排斥[3]。可以通过调整极性有机改性剂的百分比来优化分离效果。极性和非极性溶剂的不同组合会影响选择性。使用己烷/乙醇混合物作为流动相的分离效率通常高于使用己烷/2-丙醇混合物获得的分离效率[3]。

12.4.5　pH 注意事项

为了在任何 HPLC 分离过程中保持恒定的 pH 和可重现的保留时间，建议对流动相进行缓冲处理。所有基于糖肽类抗生素的选择剂都有可离子化的基团，因此，它们的电荷和构象可能会随着流动相 pH 的改变而变化[3]。由于它们的可电离官能团以及 pI 的变化，流动相的 pH 将对不同的糖肽类抗生素产生不同的影响。由于在 RPM 和 PIM 中离子相互作用在手性识别中起重要作用，因此流动相的 pH 对保留和选择性都有很大影响。pH 的变化可以改变选择剂和选择物的电离。因此，即使分析物是中性分子，pH 也会影响相互作用机制。通常，流动相的起始 pH 应接近用作手性选择剂的糖肽类抗生素的 pI。对于筛选实验，抗生素 pI 附近的 pH（pI±1）是一个很好的开始。

12.5　基于不同糖肽类抗生素的手性固定相的制备

Armstrong 等提出了利用糖肽类抗生素作为手性选择剂的概念[1,2]。当糖肽类抗生素与硅胶结合时，为了获得有效的 CSPs，必须满足以下要求。

（1）手性选择剂和硅胶基质之间的稳定连接。

（2）当与固体支持物结合时，糖肽类抗生素的手性识别特性得以保留。

（3）手性选择剂的几何排列使得其对映选择性最大化。

（4）选择剂和硅胶结合的合成过程可以放大。

含有末端羧酸基团的有机硅烷，如［1-（羧基甲氧基）乙基］甲基二氯硅烷和［2-（羧基甲氧基）乙基］三氯硅烷，通过与其氨基结合，将万古霉素和硫链丝菌肽固定在相应载体上，在糖肽和改性二氧化硅之间形成稳定的酰胺键[2]。

同样，含有末端氨基的有机硅烷，如（3-氨基丙基）三乙氧基硅烷和（3-氨基丙基）二甲基乙氧基硅烷，可以用于利福霉素 B[2]。其化学结合机理，与通过羧酸基团偶联万古霉素的苷元部分是一样的[32]。

前面描述的制备环糊精基 CSPs 的方法也用于使用含有环氧基团的有机硅烷，包括（3-缩水甘油醚丙基）三甲氧基硅烷、（3-缩水甘油醚丙基）二甲基乙氧基硅烷和（3-缩水甘油醚丙基）三乙氧基硅烷，将糖肽类抗生素阿伏霉素、替考拉宁、瑞斯托霉素 A 和万古霉素类似物结合到硅胶上[2,33]。在最终的二丙醚键结构中，糖肽类抗生素通过稳定的 C—N 键连接到硅胶上。最近，通过将万古霉素[34] 和依瑞霉素[35] 与环氧活化硅胶结合制备了新的 CSPs，对于后者，固定在硅胶上的依瑞霉素可以用牛血清白蛋白（BSA）进一步修饰，生成混合二元手性吸附剂[36]。

硅胶的末端二醇官能团也被用于糖肽类分子的结合。二醇基团经高碘酸盐氧化生成醛基[37]。随后，可以通过醛官能化二氧化硅与氰基硼氢化钠的还原胺化来固定带有氨基的糖肽类抗生素。这种化学结合已被用于固定万古霉素[38-42]、瑞斯托菌素 A[43]，以及最近的糖肽 MDL 63，246[44,45]。根据 Svensson 等人的研究，万古霉素通过其一个或两个氨基与二氧化硅随机连接[40]。此外，将 9-芴甲基羰基（FMOC）-氨基保护的万古霉素固定化，然后通过切割保护基团回收万古霉素。使用明确的 CSPs 作为随机连接的万古霉素 CSPs 的替代方案，没有发现任何优势。

（3-异氰酸丙基）三乙氧基硅烷和（3-异氰酸丙基）二甲基氯硅烷作为含异氰酸基团的有机硅烷可以在无水二甲基甲酰胺中固定化合物。异氰酸基有机硅烷在不同的末端具有不同的官能团：在一端为具有高反应活性的异氰酸基团，另一端为三烷氧基或二烷基单氯硅烷[46]。替考拉宁类似物 A-40,929 和替考拉宁苷元通过双功能脂肪族异氰酸酯（1,6-二异氰酸根合己烷）共价接枝到二氧化硅表面[47-49]。去甲万古霉素通过相反末端具有不同官能团的间隔物与硅胶连接，例如一端为异硫氰酸酯，另一端为三乙氧基硅烷[50]。

D'Acquarica[46] 研究了不同间隔物和二氧化硅基质的性质对手性性能的影响。替考拉宁 A_{2-2} 接枝的最佳合成策略包括在 CSPs 结构上形成两个脲基官能团，由六个碳原子的脂肪族链隔开。

Anan'eva 等开发了一种用于稳定万古霉素的新合成路线。巯基二氧化硅由金纳米粒子修饰，然后加热与 3-巯基丙酸和万古霉素反应[51]。万古霉素 CSPs 是通过重氮树脂的自组装和光化学转化产生的。在紫外线处理下，通过重氮树脂独特的光化学反应，将二氧化硅粒子与重氮树脂、重氮树脂与万古霉素之间的离子键转变为共价键[52]。

12.6　基于不同糖肽类抗生素的手性固定相的应用

有关糖肽类抗生素应用的早期信息可以在之前众多评论和书籍引用的论文中找到[3-8,10-21,29,30,53-56]。本概述中涵盖的最新进展涉及 2004—2018 年。此处不讨论糖肽类抗生素作为手性选择剂在 CE、CEC 和薄层色谱中的应用。

由于结构上的差异，糖肽类抗生素在某种程度上是互补的。每当使用一种抗生素选择剂获得部分对映体分离时，使用另一种抗生素至少可以实现基线分离的可能性就很高。每种相互作用在不同的流动相中具有不同的强度。因此，通过在同一色谱柱上将一种流动相与另一种流动相交换，可能会改变其识别机制。这为有效的对映体分离提供了另一个机会。图 12.3 举例说明了这种互补行为。

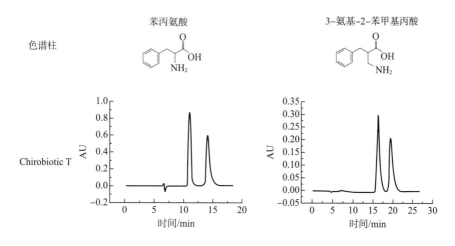

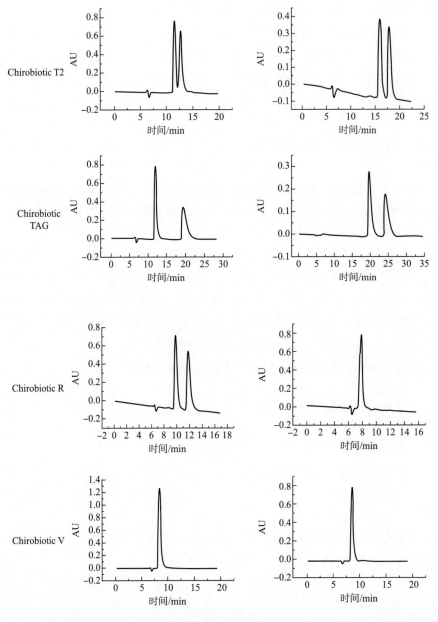

图 12.3　苯丙氨酸和 3-氨基-2-苯甲基丙酸在基于糖肽类抗生素的 CSPs 上的对映体分离

注：实验条件为色谱柱：Chirobiotic™ T、 T2、 TAG、 R 和 V；流动相：0.1%乙酸三乙铵
（pH4.1）：甲醇（20∶80，体积比）；流速：0.5mL/min；紫外检测波长 215nm；室温。

12.6.1　基于万古霉素手性固定相的应用

　　万古霉素是第一个在 HPLC 中作为手性固定相使用的糖肽类抗生素[2]。基于万古霉素的 CSPs 已商业化为色谱柱 Chirobiotic™ V 和 Chirobiotic™ V2。色谱柱的差异表现在糖肽类抗生素结合到硅胶载体上的化学性质不同。自 2005 年以来，已发表许多关于不同分析物在基于万古霉素 CSPs 上的对映体分离的论文。表 12.2 汇总了一些示例。

表 12.2　基于万古霉素的 CSPs 上不同分析物的立体异构体的对映体分离

外消旋物组别	目标物	手性选择剂	最有效的流动相	模式	参考文献
	阿替洛尔	万古霉素	0.5%乙酸三乙胺（pH4.5）：甲醇：乙腈（5：45：50，体积比）	反相模式	[57]
	度洛西汀	万古霉素	甲醇：乙酸：三乙胺（100：0.04：0.01，体积比）	极性离子模式	[58]
	卡巴拉汀	万古霉素	甲醇：乙酸：三乙胺（100：0.02：0.01，体积比）	极性离子模式	[59]
	杀鼠灵	万古霉素	10mmol/L乙酸三乙胺（pH4.4）：乙腈（体积比）梯度洗脱：90：10（体积比）→10：90（体积比）	反相模式	[60]
			10mmol/L乙酸三乙胺（pH4.1）：甲醇：乙腈（64：5：31，体积比）		[61]
	文拉法辛	万古霉素	30mmol/L乙酸铵（pH6.0）：甲醇（15：85，体积比）	反相模式	[62]
	阿罗洛尔	万古霉素	甲醇：乙酸：三乙胺（100：0.02：0.03，体积比）	极性离子模式	[63]
	丁呋洛尔	万古霉素	甲醇：乙酸：三乙胺（100：0.015：0.010，体积比）	极性离子模式	[64]
	特布他林、沙丁胺醇	万古霉素	2.5mmol/L硝酸铵：乙醇溶液（pHa 5.1）	极性离子模式	[65]
药品	米氮平、N-去甲米氮平	万古霉素	甲醇：乙酸：三乙胺（100：0.2：0.1，体积比）	极性离子模式	[66]
	特他洛尔、阿罗洛尔	万古霉素	甲醇：乙酸：三乙胺（100：0.2：0.1，体积比）	极性离子模式	[67]
	川丁特罗	万古霉素	甲醇：乙腈：乙酸：氨水（80：20：0.02：0.01或60：40：0.02：0.01，体积比）	极性离子模式	[68, 69]
	普萘洛尔、特布他林、沙丁胺醇、华法林	万古霉素	甲醇：三氟乙酸：氨水在不同比例条件下 0.1%乙酸三乙胺（pH4.1）：乙腈在不同比例条件下	极性离子模式	[70]
	阿替洛尔	万古霉素	甲醇：乙酸：三乙胺（100：0.025：0.75，体积比）	极性离子模式	[71]
	阿替洛尔、美托洛尔、氟西汀	万古霉素	乙醇：甲醇：乙酸水溶液（pH6.7）：三乙胺（50：50：0.225：0.075，体积比）	极性离子模式	[72]
	阿普洛尔、普萘洛尔	万古霉素	乙醇：甲醇：乙酸水溶液（pH6.7）：三乙胺（50：50：0.225：0.075，体积比）	极性离子模式	[73]

续表

外消旋物组别	目标物	手性选择剂	最有效的流动相	模式	参考文献
	氟西汀，去甲氟西汀	万古霉素	乙醇：乙酸铵水溶液（92.5：7.5，体积比）	极性离子模式	[74]
	苯丙胺，甲基苯丙胺	万古霉素，万古霉素2	甲醇：乙酸：氨水（100：0.1：0.02，体积比）	极性离子模式	[75]
	苯丙胺，甲基苯丙胺，亚甲二氧基苯丙胺，甲基苯丙胺，亚甲二氧甲基甲基苯丙胺，麻黄碱，伪麻黄碱	万古霉素2	甲醇：0.04%三氟乙酸铵	极性离子模式	[76]
	酪洛芬	万古霉素	0.05mol/L磷酸二氢钾（pH6.0）：2-丙醇（50：50，体积比）	反相模式	[77]
	芳氧氨基丙醇衍生物	万古霉素，替考拉宁	甲醇：乙腈：三乙胺（45：55：0.3：0.2，体积比）	极性离子模式	[78]
	西那卡塞	万古霉素	甲醇含2.5mmol/L甲酸铵	极性离子模式	[79]
药品	手性黄酮衍生物	万古霉素，替考拉宁，替考拉宁苷元，瑞斯托菌素A	正己烷：乙醇或正己烷：2-丙醇 乙酸三乙胺水溶液（pH4.2）：甲醇，乙酸铵（pH6）：甲醇 100%甲醇，100%乙醇或100% 2-丙醇 甲醇：乙酸：三乙胺	反相模式 正相模式 极性有机模式 极性离子模式	[80]
	氨氯地平，阿托品，巴氯芬，布洛芬，扁桃酸，苯丙氨酸	万古霉素降解产物	含0.1%三氟乙胺的甲醇 乙酸三乙胺水溶液（pH6.5）：甲醇（15：85，体积比） 20mmol/L柠檬酸钠（pH6.3）：四氢呋喃（90：10，体积比）	极性离子模式 反相模式 反相模式	[81]
	阿普洛尔，氧烯洛尔，阿替洛尔，吲哚洛尔，美托洛尔，纳多洛尔	金纳米粒子修饰的二氧化硅固定化万古霉素	30mmol/L乙酸铵（pH6.0）：甲醇（15：85，体积比）	反相模式	[50]
	氯三甲酮，安息香	万古霉素	正己烷：2-丙醇（80：20，体积比） 0.3%乙酸三乙胺（pH4.0）：乙腈（30：70，体积比）	正相模式 反相模式	[51]

	分析物	手性固定相	流动相	模式	参考文献
农药	氟吡甲禾灵、精噁唑禾草灵、茚虫威	万古霉素结晶降解产物	正己烷：甲醇或正己烷：2-丙醇	正相模式	[82]
氨基酸	N-Moc-α-氨基酸	万古霉素 替考拉宁 瑞斯托菌素 A	15mmol/L 乙酸铵（pH4.1 或 5.9）：甲醇（80：20，体积比） 甲醇：乙腈：乙酸：三乙胺（25：75：0.25：0.25，体积比）	反相模式 极性离子模式	[83]

El Deeb[57] 开发并验证了一种 HPLC 方法，用于在 Chirobiotic™ V2 色谱柱上对 β1 受体拮抗剂阿替洛尔进行分离和对映体杂质定量。Yang 等通过 HPLC 在 Chirobiotic™ V CSPs 上实现了 5-羟色氨酸-去甲肾上腺素重吸收抑制剂度洛西汀及其 R-对映体的直接对映体分离[58]。通过改变操作参数（缓冲液 pH、有机改性剂、温度和流速）以实现对映体的基线分离。该方法的检测限为 0.06μg/mL。

Xu 等在 Chirobiotic™ V CSPs 上分离了用于治疗阿尔茨海默病和帕金森病所致痴呆的拟副交感神经或胆碱能药物卡巴拉汀（Exelon™）对映体[59]。为了从范特霍夫图中确定 Δ（ΔH）和 Δ（ΔS）的值，在 5~30℃ 范围内研究了温度的影响。

Zuo 等[60] 开发了一种灵敏且特异的 HPLC-MS/MS 方法，用于同时检测人血浆中的（S）-华法林、（R）-华法林、（S）-7-羟基-华法林和（R）-7-羟基-华法林。解决了 Chirobiotic™ V 色谱柱自 4、6、8 和 10-羟基华法林中选择性分离 7-羟基-华法林的问题。Malakova 等在 Chirobiotic™ V2 色谱柱上对肝癌 HepG2 细胞系中的（R）-华法林和（S）-华法林以及内标对氯华法林对映体进行了手性分离[61]。借助荧光检测器对对映体进行定量，发现（S）-华法林和（R）-华法林的检测限分别为 0.121μmol/L 和 0.109μmol/L。

对人血浆中的 5-羟色胺去甲肾上腺素重吸收抑制剂文拉法辛的对映体[62] 及其主要代谢物 O-去甲基文拉法辛，利用手性色谱和电喷雾电离质谱（HPLC-ESI-MS）技术在 Chirobiotic™ V 柱上进行了分离[62]。

在万古霉素 CSPs 上成功实现了阿罗洛尔对映体（一种混合的 α/β-受体阻滞剂[84]）的分离，包括与降解产物和其他复合化合物的分离[63]。该方法具有高度选择性，不受降解产物和复合化合物的干扰。每个对映体的检测限为 20ng/mL。血浆和药物制剂中 β-受体阻滞剂布法洛尔的对映体拆分是在 Chirobiotic™ V CSPs 上实现的[64]。共同配制的化合物没有干扰。此外还研究了丁呋洛尔对映体在不同温度下的稳定性。

在 Chirobiotic™ V 上使用极性离子模式，流动相为含 2.5mmol/L 硝酸铵的乙醇（pHa 5.1），在不到 10min 的时间内获得了特布他林和沙丁胺醇的快速基线对映体分离[65]。在 Chirobiotic™ V 柱上测定大鼠血浆中的米氮平及其代谢物 N-去甲基米氮平。HPLC-荧光偏振检测的重复性可以接受[66]。在 Chirobiotic™ V 上使用紫外检测器和极性离子模式对大鼠血浆中的特他洛尔和阿罗洛尔进行对映分离。在不存在 TEA 的情况下未观察到对映体分离[67]。开发了 HPLC-MS/MS 方法，用于测定大鼠[68] 和人[70] 血浆中的川丁特罗含量。使用甲醇∶乙腈∶乙酸∶氨作为流动相，在 Chirobiotic™ V 色谱柱上实现了对映体的分离。在酸碱比 2∶1 时可得到最好的分辨率[69]。使用 Chirobiotic™ V 上的 DryLab HPLC 方法开发软件对普萘洛尔、特布他林、沙丁胺醇和华法林的对映体的色谱行为进行了预测[70]。结论是 Chirobiotic™ V 的反相保留机制遵循疏溶剂理论。小鼠血浆中的 β-受体阻滞剂、阿替洛尔[71]，废水处理厂的阿普洛尔、普萘洛尔[72]，氟西汀和去甲氟西汀[74] 的对映体分离均使用 Chirobiotic™ V 色谱柱进行了优化。系统研究了甲醇含量[71] 和乙醇含量[72-74]、缓冲液浓度和 pH 对色谱参数的影响。

利用 HPLC-MS/MS 技术，尿液及来自保密实验室样品中的苯丙胺类兴奋剂的旋光异构体在 Chirobiotic™ V2 柱上可实现有效分离。在与 MS 检测兼容的流动相中，极性离子模式下可实现最佳分离。为分离酮洛芬对映体，万古霉素作为手性流动相添加剂应用于磷酸盐缓冲液/2-丙醇洗脱液[77]。

在极性离子模式下研究了芳氧基氨基丙醇衍生物对 Chirobiotic™ V 和 Chirobiotic™ T CSPs 的物理化学相互作用。结果表明，最接近立体中心的相互作用通常对对映分辨率的影响较大[78]。大鼠血浆中的西那卡塞对映体在 Chirobiotic™ V CSPs 上通过 MS/MS 检测进行测定[79]。PIM 模式有许多优势，不仅速度快，而且有利于制备分离。在 NPM、RPM、POM 和 PIM 模式下，利用 Chirobiotic™ V、Chirobiotic™ T、Chirobiotic™ TAG 和 Chirobiotic™ R 等，对手性黄酮衍生物进行对映体拆分[80]。研究了流动相组成、有机改性剂的百分比、pH、不同添加剂性质和浓度的影响。Chirobiotic™ V 和 Chirobiotic™ T 分别在 RPM 和 NPM 下呈现最佳色谱参数。

万古霉素的两种结晶降解产物固定在硅胶表面，用于酸性和碱性药物（氨氯地平、阿托品、巴氯芬、布洛芬、扁桃酸、苯丙氨酸）的对映体分离[81]。RPM 和 PIM 模式均适用于所有研究的化合物。

最近，新的合成路线被用来固定万古霉素[51,52]。在基于重氮化二氧化硅并在紫外光辐射下制备的万古霉素 CSPs 上实现了氯磺草胺和安息香的对映体分离。在 NPM 和 RPM 模式下成功实现对映体分离[52]。Anan'eva 开发了一种用金纳米粒子改性并在表面固定有万古霉素的二氧化硅 CSPs[51]。但大多数情况下 β-受体阻滞剂的对映分离失败，其 R_s 值低于 1.0。

Aboul-Enein 等以万古霉素结晶降解产物作为 CSPs，通过 HPLC 技术实现了 3 种农用化学品毒素（氟吡甲禾灵、精噁唑禾草灵和茚虫威）的对映体分离[82]。在 NPM 模式中，氟吡甲禾灵和精噁唑禾草灵对映体具有优异的立体选择性，茚虫威同样具有手性识别能力。将色谱结果与商品化的万古霉素 CSPs 进行了比较。

考察了一系列不饱和 N-甲氧基羰基-（N-Moc）-α-氨基酸在 Chirobiotic™ V、Chirobiotic™ T 和 Chirobiotic™ R3 种不同类型糖肽类抗生素固定相上的对映体分离效果，3 种糖肽类抗生素相所用的手性选择剂分别为万古霉素、替考拉宁和瑞斯托菌素。

12.6.2   基于替考拉宁及相关糖肽类抗生素的手性固定相的应用

替考拉宁及其类似物已成功用于分离多种外消旋分析物，如氨基酸、药物、毒素、小肽和肽模拟物，如表 12.3 和表 12.4 所示。基于替考拉宁的 CSPs 已经以商品名 Chirobiotic™ T 和 Chirobiotic™ T2 商业化，两者差异在于其结合化学性质不同。此外，替考拉宁糖苷配基与硅胶结合后，商品化名称为 Chirobiotic™ TAG，而瑞斯托菌素 A 固定在硅胶上后以 Chirobiotic™ R 作为商业化名称。

表 12.3　氨基酸立体异构体及其类似物在基于替考拉宁及其类似物和瑞斯托菌素 A 的 CSPs 上的对映体分离

外消旋物组别	目标物	手性选择剂	最有效的流动相	模式	参考文献
氨基酸，酸类	N-Moc-α-氨基酸	替考拉宁	15mmol/L乙酸三乙胺（pH4.1或5.9）：甲醇（80：20，体积比） 甲醇：乙腈：乙酸三乙胺（25：75：0.25：0.25，体积比）	反相模式 极性离子模式	[83]
	色氨酸、苯丙氨酸、亮氨酸、扁桃酸衍生物、布洛芬、β-阻滞剂	替考拉宁、替考拉宁苷元、甲基化替考拉宁苷元	1%乙酸三乙胺：甲醇（60：40，体积比） 甲醇：乙腈：乙酸三乙胺（55：45：0.3：0.2，体积比）	反相模式 极性离子模式	[85]
	氨苯氧丙酸、支链氨基酸	替考拉宁	0.1%乙酸三乙胺：甲醇 甲醇：乙酸：三乙胺（100：0.1：0.1，体积比）	反相模式	[86]
	L,D-苏氨酸、L,D-甲硫氨酸	替考拉宁	水：甲醇；水：乙醇；水：2-丙醇：乙腈	反相模式	[87]
	丙氨酸、酪氨酸、色氨酸衍生物	替考拉宁	5.0mmol/L磷酸盐缓冲液（pH7.0）：甲醇	反相模式	[88]
	γ-氨基酸	替考拉宁、瑞斯托菌素A	0.1%乙酸三乙胺（pH4.1）：甲醇（10：90，体积比） 甲醇：乙酸：三乙胺（100：0.1：0.1，体积比）	反相模式 极性离子模式	[89]
	2-氨基单-和二羟基环戊烷羧酸和2-氨基二羟基环己烷羧酸	替考拉宁、瑞斯托菌素A	0.1%乙酸三乙胺（pH4.1~6.5）：甲醇（20：80，体积比） 0.1%乙酸三乙胺（pH4.1~6.5）：乙醇（20：80，体积比）	反相模式	[90]
	基于单萜的β-氨基酸	替考拉宁苷元	0.1%乙酸三乙胺（pH4.1）：甲醇（10：90，体积比） 甲醇：乙酸：三乙胺（100：0.1：0.1，体积比） 100%甲醇	反相模式 极性离子模式	[91]
	脂肪族和芳香族α-氨基酸	替考拉宁苷元	50mmol/L乙酸三乙胺（pH5.8）：甲醇（90：10，体积比）	反相模式	[92]
	异噁唑啉稠合的2-氨基环戊烷羧酸	替考拉宁、替考拉宁苷元、万古霉素、万古霉素苷元	0.01%乙酸三乙胺（pH4.1）：甲醇（60：40~80：20，体积比） 100%甲醇 甲醇：乙酸：三乙胺（100：0.1：0.1，体积比）	反相模式 极性有机模式 极性离子模式	[93]

类别	分析物	手性选择剂	流动相	模式	参考
	双环[2.2.2]辛烷基2-氨基-3-羧酸	替考拉宁，替考拉宁糖苷元，瑞斯托菌素 A	甲醇：乙腈：乙酸：三乙胺（100：0：0.1：0.1，体积比），甲醇：乙腈：乙酸：三乙胺（50：50：0.1：0.1，体积比）	极性离子模式	[94]
氨基酸，酸类	苯异丝氨酸衍生物	替考拉宁，替考拉宁糖苷元，万古霉素	0.1%乙酸三乙胺（pH4.1）：甲醇（50：50，体积比）	反相模式	[95]
	氨基酸，β-受体阻滞剂，噁唑烷酮，扁桃酸，香豆素，丙谷胺，沙利度胺，华法林，米安色林	替考拉宁，替考拉宁糖苷元，万古霉素	正庚烷：乙醇：甲醇（80：20，体积比）；水：甲醇（40：60~20：80，体积比）；0.1%乙酸三乙胺（pH4.1）：乙腈（80：20，体积比）；100%甲醇	正相模式；反相模式；极性有机模式；极性离子模式	[96]
	具有柠檬烯骨架的碳环β-氨基酸	替考拉宁，替考拉宁糖苷元，瑞斯托菌素 A	甲醇：乙腈：乙酸：三乙胺（45：55：0.3：0.2 和 40：60：0.1：0.1，体积比），甲醇：乙酸：三乙胺（100：0.01：0.01 和 100：0.1：0.1，体积比），0.1%乙酸三乙胺水溶液：甲醇（90：10，体积比）	极性离子模式；反相模式	[97]
氨基酸，氨基酸类似物，药品	甲硫氨酸	替考拉宁	50mmol/L乙酸铵水溶液（pH6.0）：甲醇（90：10，体积比）	反相模式	[98]
	不寻常的氯化和氟化氨基酸	替考拉宁	甲醇：乙酸：三乙胺（100：0.5：0.1，100：0.1：0.1 和 100：0.1：0.3，体积比）	极性离子模式	[99]
	北极湖泊中未衍生的蛋白氨基酸	替考拉宁糖苷元	A：0.1%甲酸水，B：0.1%甲酸甲醇；梯度洗脱：0~15min 30% B，15~20min 100% B	极性离子模式	[100]
	完全受限的β-氨基酸	替考拉宁	甲酸铵（pH4.5）：甲醇（10：90，体积比）	极性离子模式	[101]
	甲硫氨酸，半胱氨酸，同型半胱氨酸	替考拉宁，替考拉宁糖苷元	25mmol/L磷酸盐缓冲液：1mmol/L辛磺酸水溶液：乙腈（94：3：3，体积比）	反相模式	[102-104]

续表

外消旋物组别	目标物	手性选择剂	最有效的流动相	模式	参考文献
	未衍生的苯丙氨酸和缬氨酸	瑞斯托菌素 A	甲醇：水（60：40 或 40：60，体积比）	反相模式	[105]
	N-保护氨基酸，α-芳氧基酸，除草剂，抗炎剂	固定在亚 2 微米全多孔颗粒上的替考拉宁	20mmol/L 乙酸铵水溶液：甲醇（15：85，体积比） 20mmol/L 乙酸铵水溶液：乙腈（15：85，体积比）	反相模式 极性离子模式	[106]
氨基酸，氨基酸类似物，药品	甲硫氨酸，缬氨酸，亮氨酸，丙氨酸，N-缬氨酸，N-亮氨酸	固定在亚 3 微米全多孔颗粒上的替考拉宁	甲醇：乙腈：三乙胺（40：60：0.055：0.03，体积比） 正己烷：乙醇（70：30，体积比） 乙醇：水（80：20 和 90：10，体积比） 甲醇：水（90：10，体积比）	正相模式 反相模式	[107]
	苯丙氨酸，酪氨酸，色氨酸	替考拉宁	二氧化碳：（甲醇：水）[60：（90：10），体积比]	超临界色谱法	[108]

表 12.4　基于替考拉宁及其类似物的 CSPs 上不同分析物的立体异构体的对映体分离

外消旋物组别	目标物	手性选择剂	最有效的流动相	模式	参考文献
	普瑞巴林	替考拉宁	10mmol/L 乙酸三乙胺（pH5.5）：乙醇（20：80，体积比）	反相模式	[109]
	氨己烯酸	替考拉宁苷元	水：乙醇（80：20，体积比）	反相模式	[110]
	三碘甲状腺原氨酸，甲状腺素	替考拉宁苷元	水：甲醇（HPLC 或 μ-HPLC）（50：50 或 30：70，体积比） 0.1% 乙酸三乙胺水溶液（pH4.0）：甲醇（30：70，体积比）	反相模式	[112~114]
药品	比索洛尔	替考拉宁	甲醇：乙酸：三乙胺（100：0.02：0.025，体积比）	极性离子模式	[111]
	2-、3-和 4-烷氧基苯基氨基甲酸的 1-甲基-2-哌啶基乙酯	替考拉宁，替考拉宁苷元，甲基化替考拉宁苷元	甲醇：乙酸：三乙胺（100：17.5mmol/L：4.8mmol/L）	极性离子模式	[112]
	芳氧基氨基丙醇型潜在 β-受体阻滞剂	替考拉宁，替考拉宁苷元，万古霉素	甲醇：乙酸：三乙胺（100：0.025：0.017，体积比）	极性离子模式	[113]

类别	分析物	手性固定相	流动相	分离模式	参考文献
药品	班布特罗，特布他林	替考拉宁	20mmol/L 乙酸三乙胺 (pH6.4) ：甲醇 (10：90，体积比)	反相模式	[114]
	吗啉酮	替考拉宁苷元	水：乙腈：甲酸 (85：15：0.02，体积比)	反相模式	[115]
	依氟鸟氨酸	替考拉宁苷元	水：乙腈：甲酸铵 (78：22：0.02：10mmol/L，体积比)	反相模式	[116]
	氧杂蒽酮	替考拉宁，替考拉宁苷元，万古霉素，瑞斯托菌素 A	正己烷：乙醇 (80：20~50：50，体积比)；甲醇：乙醇：三乙胺 (100：0.5：0.5，体积比)	正相模式	[117]
	普萘洛尔，美托洛尔，阿替洛尔，吲哚洛尔	替考拉宁	甲醇：三乙胺 (100：0.1，体积比)，甲醇：乙醇：三乙胺 (90：10：0.1，体积比)	极性离子模式	[118]
	卡维地洛	替考拉宁	甲醇：2-丙醇：三乙胺 (90：10：0.1，体积比)，以及甲醇：乙腈：三乙胺 (90：10：0.1，体积比)	极性离子模式	[119]
	酮洛芬	替考拉宁	甲醇：乙醇：三乙胺 (100：0.15：0.05，体积比)	反相模式	[120]
	布洛芬、羧基布洛芬、2-羟基布洛芬、氯霉素、异环磷酰胺、吲哚洛芬、酮洛芬、紫普生、吡喹酮	替考拉宁	1.0%乙酸三乙胺水溶液 (pH6.8)：甲醇 (10：90，体积比)	反相模式	[121]
	异环磷酰胺及其 N-脱氯乙基化代谢物	替考拉宁苷元	10mmol/L 乙酸铵水溶液 (pH4.2)：甲醇 (70：30，体积比)	反相模式	[122]
	吲哚植物抗毒素的 2-氨基类似物的顺式和反式非对映体	替考拉宁	甲醇：2-丙醇 (40：60，体积比)	极性有机模式	[123]
	氟化 2-（菲-1-基）丙酸	替考拉宁	正己烷+乙醇+2-丙醇	正相模式	[124]
	3-正丁苯酞	替考拉宁	20mmol/L 乙酸三乙胺水溶液 (pH6.0)：甲醇 (75：25，体积比)	反相模式	[125]
	沙丁胺醇	替考拉宁	10mmol/L 乙酸铵水溶液：甲醇 (50：50，体积比)	反相模式	[126]

195

续表

外消旋物组别	目标物	手性选择剂	最有效的流动相	模式	参考文献
药品	莫达非尼	替考拉宁	甲醇：三乙胺（100：0.05，体积比）	极性离子模式	[127]
	治疗性多肽	替考拉宁，万古霉素	20mmol/L乙酸铵水溶液：乙腈（5：95，体积比）	亲水作用液相色谱模式	[128]
	脑啡肽、缓激肽、加压素、LHRH肽、马源肌红蛋白的胰蛋白酶消化物	固定在亚2微米表面多孔颗粒上的替考拉宁和万古霉素	0.1%乙酸三乙胺水溶液：甲醇（90：10，体积比），2.5~50mmol/L甲酸铵（pH3.2）：乙腈（65：35，30：70，体积比），50mmol/L甲酸铵（pH3.2）：甲醇（50：50，体积比），50mmol/L甲酸铵（pH3.2）：四氢呋喃（90：10或80：20，体积比）	反相模式	[129]
	烟草生物碱、尼古丁代谢物和衍生物、烟草特有亚硝胺	修饰的糖肽类抗生素和替考拉宁固定在亚2微米表面多孔颗粒上	甲醇：甲酸铵（100：0.025，100：0.5，100：0.2，体积比）；甲醇：氨水（100：0.2：0.05，体积比）；乙腈：甲酸：氨水（50：50：0.3：0.2，体积比）；100%甲醇	极性离子模式；极性有机模式；反相模式	[130]
	Verubecestat及其中间体	修饰的糖肽类抗生素和替考拉宁固定在亚3微米表面多孔颗粒上	16mmol/L甲酸铵水溶液：（pH3.6）：甲醇（10：90，体积比）；TeicoShell：0.1%乙酸三乙胺：甲醇（50：50，75：25，70：30，体积比）以及0.1%磷酸：乙腈（70：30，体积比），NicoShell：1.0%乙酸三乙胺：乙腈（40：60，体积比）	反相模式	[131]
	扁桃酸、香草扁桃酸、苯乳酸	替考拉宁+冰片或苯酚基离子液体	甲醇：水+冰片或苯酚基离子液体	反相模式	[132][133]
	氧氟沙星、左氧氟沙星	瑞舒托菌素A	0.45%乙酸三乙胺水溶液（pH3.6）：乙醇（80：20，体积比）	反相模式	[134]
	亚砜	替考拉宁，替考拉宁苷元	100%甲醇	极性有机模式	[135~137]
其他化合物	杂螺旋阳离子	替考拉宁苷元	水：乙醇：六氟磷酸钾（15：85：30mmol/L，体积比）	反相模式	[138]
	钌（Ⅱ）多吡啶配合物	替考拉宁苷元，万古霉素	水：乙腈：硝酸铵（50：50：80mmol/L，体积比）；甲醇：乙腈：水：硝酸铵（60：20：20：40mmol/L，体积比）	反相模式	[139]

12.6.2.1　氨基酸对映体分离

一系列不饱和 N-甲氧基羰基-α-氨基酸的对映体分离结果表明，在 PIM 模式中，Chirobiotic™ R 色谱柱在对映选择性和分离度方面的效果最佳[83]。为了更好地了解基于替考拉宁 CSPs 的极性官能团的作用，对各种外消旋化合物（例如色氨酸-、苯丙氨酸-和亮氨酸-衍生物、扁桃酸类似物、布洛芬、β-受体阻滞剂和有机酸等）在 Chirobiotic™ T 和 TAG 以及甲基化替考拉宁苷元 CSPs（Me-TAG；TAG 的所有羟基都被重氮甲烷甲基化）上的对映体分离进行了评估[85]。通过对 TAG 的氢键基团进行甲基化处理，提高了许多酸性分析物的分离效率。分析物的羧酸根与糖肽类抗生素的氨基之间的离子和偶极相互作用以及疏水相互作用对于 RPM 中的对映体分离很重要，而氢键相互作用相对较弱。Me-TAG 提供更高的疏水性，可以加强分析物与选择剂疏水部分之间的相互作用。然而，这些相互作用不一定是立体选择性的。在 POM 中，极性官能团之间的静电和偶极相互作用是手性识别的主要因素。另一个重要因素是空间匹配性，它可以随着替考拉宁结构的变化而改变。

对于三组结构不同的分析物，即支链氨基酸、氨基醇（β-受体阻滞剂）和氯苯氧基丙酸，使用不同的流动相组成和分离模式结合不同的替考拉宁覆盖率和不同的键合化学进行检查[86]。氯苯氧基丙酸、支链氨基酸和 β-受体阻滞剂在 Chirobiotic™ T2 上表现出良好的分离效果。

在 RPM 模式中，使用键合替考拉宁的硅胶载体填充的柱子，研究了 L,D-苏氨酸和 L,D-甲硫氨酸的吸附行为。该研究是在非线性吸附等温条件下进行的[87]。

以连接到替考拉宁 D-葡糖胺基团的疏水性 C_{11} 酰基侧链作为锚定部分，用于将这种手性选择剂固定在 C_8 和 C_{18} 非极性载体材料上[88]。发现丙氨酸、酪氨酸和色氨酸衍生物在这些修饰的 C_8 和 C_{18} 固定相上的对映体洗脱顺序（D<L），与传统的替考拉宁共价固定在硅胶载体上所观察到的洗脱顺序相反（L<D）。

Peter 等基于糖肽类抗生素 CSPs（Chirobiotic™ T、T2、TAG 和 R），成功实现了 3 种未衍生的环状 γ-氨基酸的对映体分离[89]。流动相中醇改性剂的增加和柱温的降低通常会提高对映体分离的效果。根据分析物的结构讨论了手性识别的机理。

使用 Chirobiotic™ T、T2、TAG 和 R 等色谱柱研究了羟基环烷烃氨基酸类似物和 5 种基于单萜的 2-氨基羧酸的对映体分离[90,91]。在 4 根色谱柱中，Chirobiotic™ T 和 TAG 最适用于 2-氨基单-或二羟基环烷烃羧酸和单萜基-2-氨基羧酸的对映体分离。在大多数情况下确定了洗脱顺序，但无法建立将洗脱顺序与绝对构型相关联的一般规则。

在 RPM 条件下的 Chirobiotic™ TAG 色谱柱上，当制备型色谱柱在苛刻的制备色谱条件下处理时，观察到 5 种脂肪族和芳香族氨基酸的吸附行为发生可逆变化，导致保留时间偏移[92]。

利用 Chirobiotic™ T、TAG、V 和 VAG 等色谱柱，在 5~40℃ 的温度范围内对不常见的异噁唑啉稠合 2-氨基环戊基羧酸进行对映体分离[93]。使用 0.1% 三乙胺乙酸（pH4.1）：甲醇、100%甲醇和甲醇：乙酸：三乙胺作流动相，在一次色谱运行中实现了 4 种对映体的最佳分离。基于双环［2.2.2］辛烷的 2-氨基-3-羧酸的对映体在 Chirobiotic™ T、TAG 和 R 色谱柱上表现出良好的分辨率[94]。热力学研究表明，对映体分离通常是由焓驱动的，但在 Chirobiotic™ R 上也观察到熵驱动的分离。在 Chirobiotic™ T、TAG 和 V 等 CSPs 上进行苯基异丝氨酸衍生物的分离，主要是在 RPM 模式下进行的[95]。分离受洗脱液 pH 和 0.1% 三乙胺乙酸（pH4.1）：甲醇流动相中的甲醇含量影响。将新开发的替考拉宁、替考拉宁苷元和万古霉素选择剂固定在 1.9μm 窄粒径分布（NPSD）二氧化硅上，成功分离了氨基酸、β-受体阻滞剂、噁唑烷酮、扁桃酸、香豆素、丙谷胺、沙利度胺、华法林、米安色林等的对映体[96]。3 种液相色谱模式的应用得到的分离度在 1.5~5.7，保留时间在 2min 以内。

使用 PIM 模式在 Chirobiotic™ TAG 上对具有柠檬烯骨架的碳环 β-氨基酸得到了最佳分离。在 RPM 模式中研究了 pH、甲醇含量和醇类添加剂的影响，而在 PIM 模式中研究了共离子和反离子的影响[97]。

在 Chirobiotic™ T 上研究了甲硫氨酸的负载效应。高的负载量导致柱子的活化，表现为保留的增加[98]。这种影响可以通过冲洗色谱柱慢慢逆转。Chirobiotic™ T 色谱柱在 PIM 模式下，已成功应用于分离几乎所有不常见的氯化和氟化酪氨酸及苯丙氨酸类似物[99]。应用 HPLC-MS/MS 技术和 PIM 模式，在 Chirobiotic™ TAG 上分离和鉴定北极湖泊中的 D- 和 L-蛋白氨酸[100]。

在 Chirobiotic™ T 和基于多糖的 Lux Amylose2 CSPs 上比较了完全受限的 β-氨基酸的对映体分离[101]。结论表明基于多糖的 CSPs 在 NPM 模式下是更好的选择。甲硫氨酸或同型半胱氨酸代谢的不平衡与许多疾病有关。采用二维-高效液相色谱法（2D-HPLC）对标准品及人血浆中的半胱氨酸、同型半胱氨酸和甲硫氨酸进行对映体分离，在第一维应用 Purospher C_{18} 色谱柱，在第二维应用 Chirobiotic™ T 或 TAG 色谱柱，检测器为电化学检测器[102,103]。研究了温度对半胱氨酸、同型半胱氨酸和甲硫氨酸色谱参数的影响，并计算了热力学参数[104]。在所有情况下使用的流动相均是含辛烷磺酸的磷酸盐缓冲液。

在 Chirobiotic™ R 上使用 DryLab HPLC 方法开发软件，选择未衍生的苯丙氨酸和缬氨酸来预测其色谱行为[105]。结果表明，手性识别机制倾向于亲水相互作用液相色谱（HILIC），而不是 RPM 模式。

最近，将替考拉宁固定在 Titan-120 1.9μm 全多孔硅胶上，并考察了其在 HILIC、PIM、RPM 和 NPM 等不同洗脱条件下的应用[106]。N-保护的氨基酸、α-芳氧基酸、除草剂和抗炎剂在短柱（2cm）和超短柱（1cm）上实现了基线分离，分析时间为 1min。Min 等将替考拉宁固定在亚 2 微米表面多孔二氧化硅颗粒（SPP）上，并应用于天然氨基酸的对映体分离。最佳流动相条件是使用乙醇：水或甲醇：水，其比例为 80：20 或 90：10[107]。

超临界流体色谱法被用在 Chirobiotic™ T 色谱柱上对映分离苯丙氨酸、酪氨酸和色氨酸，所用流动相为 60% 二氧化碳和 40% 甲醇：水溶液（90：10）[108]。

12.6.2.2　药物对映体分离

普瑞巴林（Lyrica^{TM}）是一种 γ-氨基酸类似物的 S 对映体，用于治疗神经性疼痛，并作为部分癫痫症的辅助治疗手段（无论人是否有继发性症状）。该药物对纤维肌痛等疾病的慢性疼痛也有效。S 对映体与其 R 对映体的直接手性分离是通过 Chirobiotic^{TM} T 和 TAG 固定相的串联耦合，从而实现对映体的基线分离[109,140]。

开发并验证了一种直接手性 HPLC 方法，用于在替考拉宁苷元 CSPs 上分离和定量分析医药产品中的抗癫痫药物对映体（R）-和（S）-氨己烯酸[110]。研究了氨己烯酸对映体在不同温度下的稳定性。

激素三碘甲状腺原氨酸（T-3）和甲状腺素（T-4）是在垂体激素促甲状腺激素（TSH）的刺激下从甲状腺中释放出来的。T-3 和 T-4 几乎影响身体的每一个生理过程，包括生长发育、新陈代谢、体温和心率。T-3 和 T-4 对映体的 HPLC 分离是在 Chirobiotic^{TM} T 和 TAG CSPs 上使用水：甲醇流动相系统进行的[141,142]。在一项新的研究中，T-4 对映分离的最佳条件为，色谱柱为 Chirobiotic^{TM} T，流动相为甲醇和 0.1%三乙胺乙酸水溶液（pH4.0）（70∶30，体积比）[143]。

比索洛尔是一种选择性 β1-肾上腺素能受体阻滞剂[144]。Hefnawy 等开发并验证了测定人血浆中的（S）-和（R）-比索洛尔的 HPLC 方法[111]。

4 种糖肽类抗生素类 CSPs，包括 Chirobiotic^{TM} T、TAG、Me-TAG 和 V，就 2-、3-和 4-烷氧基苯基氨基甲酸的 1-甲基-2-哌啶基乙酯（潜在局部麻醉剂）的对映体分离进行了比较[112]。对映体在 POM 模式下可实现基线分离。热力学参数表明，对映体在 Me-TAG CSPs 上的分离是焓驱动的，而在万古霉素 CSPs 上的分离是熵驱动的。

在 PIM 系统中利用 Chirobiotic^{TM} V、T 和 TAG 柱，用于在分子的亲水部分含有吗啉基团的芳氧基氨基丙醇类物质（潜在的 β-受体阻滞剂）对映体的 HPLC 分离，得到了最高的分离度[113]。使用 Chirobiotic^{TM} T 色谱柱通过 HPLC-MS/MS 方法分析了长效 β2-肾上腺素受体激动剂特布他林（用于治疗哮喘）及其活性代谢物班布特罗在大鼠血浆中的对映体[114]。另一种 HPLC-MS/MS 方法使用 Chirobiotic^{TM} TAG 柱对用于治疗精神分裂症的吗啉酮实现了对映体分离[115,145]。对该方法进行了优化，并在随后的患者血浆分析中进行了验证。等度 RPM 条件下可实现完全的基线分离。

人血浆样品中用于治疗面部多毛症的依氟鸟氨酸对映体[146] 可以使用 Chirobiotic^{TM} TAG 柱结合蒸发光散射检测器进行分离和分析[116]。

考察了 4 种糖肽类抗生素 CSPs（Chirobiotic^{TM} T、TAG、V 和 R），用于在多种模式（NPM、RPM 和 PIM）下测定 14 种新的氧杂蒽酮手性衍生物的对映体纯度。结果发现 Chirobiotic^{TM} T 和 Chirobiotic^{TM} R 在 NPM 条件下实现了最佳的对映选择性和分辨率[117]。

血浆中 β-受体阻滞剂、普萘洛尔、美托洛尔、阿替洛尔、吲哚洛尔[118] 和卡维地洛[119] 的对映体在 Chirobiotic^{TM} T 柱上分别通过紫外和质谱检测器进行测定。使用甲醇和不同醇含量的三乙胺可获得最佳流动相条件。

在 Chirobiotic™ T 和 TAG 上成功实现了不同布洛芬类物质的对映体分离[120-122]。酮洛芬在 RPM 模式下实现了最佳分离[120]。以 Chirobiotic™ T 为色谱柱，以 10mmol/L 乙酸铵水溶液（pH4.2）：甲醇（70:30，体积比）为流动相，通过 LC-MS 技术报告了环境样品中药理活性化合物的对映体分离，例如布洛芬、羧基布洛芬、2-羟基布洛芬、氯霉素、异环磷酰胺、吲哚洛芬、酮洛芬、萘普生和吡喹酮等[121]。含甲醇和 2-丙醇的 POM 模式最适合异环磷酰胺及其代谢物的对映体拆分[121]。计算模拟表明 TAG 篮子提供了丰富的环境，具有多个带电中心、疏水口袋和可参与疏水、氢键、偶极-偶极和阳离子-π 相互作用的官能团[122]。吲哚植物抗毒素的 2-氨基类似物，其新型顺式和反式非对映体的手性分离是在 Chirobiotic™ T 上进行的，流动相为正己烷，且含有乙醇或 2-丙醇作为修饰剂[123]。热力学研究表明 Δ（ΔH）和 Δ（ΔS）为负值，这意味着对映体分离是由焓驱动的。

利用 Chirobiotic™ T 柱，在 RPM 模式下，通过圆二色性检测器，对含氟 2-（菲-1-基）丙酸的立体化学特性通过 HPLC 进行了表征[124]。3-正丁基苯酚用于临床治疗脑缺血，其对映体分离可利用 Chirobiotic™ T 柱，在 RPM 模式和质谱检测条件下予以实施[125]。天然水中的 β-激动剂沙丁胺醇的对映体可使用 Chirobiotic™ T 柱进行分离，利用紫外检测器进行检测[126]。为了保持色谱柱性能，应避免使用三乙胺等添加剂。最好的流动相包含乙酸铵和甲醇。使用甲醇：三乙胺流动相和紫外检测器，在 Chirobiotic™ T 柱上手性分离了促进唤醒的莫达非尼对映体[127]，总分析时间少于 6min。该方法选择性、精确性和稳健性均较好。Chirobiotic™ T 和 V CSPs 上治疗性肽的分离表明 Chirobiotic™ T 柱在 HILIC 和 RPM 模式下均表现良好[128]。

替考拉宁和万古霉素糖肽类抗生素选择剂共价连接到 2.7μm 表面多孔颗粒（SPP）（分别为 TeicoShell 和 VancoShell）的表面。表面多孔颗粒的核直径和壳厚度分别为 1.7μm 和 0.5μm。在以甲酸铵作为缓冲液的酸性流动相和 MS/MS 检测条件下，实现了脑啡肽、缓激肽、加压素、LHRH 肽和马源肌红蛋白胰蛋白酶消化物的超快速等度分离。使用四氢呋喃作为流动相有机改性剂时保留时间更短，而在洗脱液中使用乙腈时更高效[129]。

手性烟草生物碱、尼古丁代谢物和衍生物以及烟草特有亚硝胺在新开发的改性糖肽类抗生素选择剂上成功分离，该选择剂与 2.7μm 表面多孔颗粒（NicoShell）和 TeicoShell 共价键合[130]。考察了最常使用的 RP 和 PI 流动相，所有洗脱液均与质谱兼容。该研究还为尼古丁异构体的分析提供了最佳分离条件[130]。维鲁贝塞斯特是 β 位淀粉样前体蛋白裂解酶的抑制剂。其合成路线开发涉及非对映选择性转化，并且每种中间体和最终产物的活性药物成分（API）的测定是非常重要的。TeicoShell 可在含有 0.1% 乙酸三乙胺：甲醇（50:50、75:25、70:30，体积比）和 0.1% 磷酸：乙腈（70:30，体积比）的流动相中对所有维鲁贝塞斯特中间体实现良好的对映体分离[131]。使用 1.0% 乙酸三乙胺：乙腈（40:60，体积比）流动相在 NicoShell 上轻松实现维鲁贝塞斯特对映体分离和对映体 API 的测定[131]。

（1*S*）-（-）-冰片基和（1*R*）-（+）-莳醇基手性离子液体（CIL）作为流动相添加剂，用于改善扁桃酸、香草扁桃酸和苯乳酸在 Chirobiotic™ T CSPs 上的对映体分离效果。热力学研究表明 Δ（Δ*H*）和 Δ（Δ*S*）均为负值[132]。同一作者使用基于（1*R*，2*S*，5*R*）-（-）-薄荷醇的新型手性离子液体作为流动相添加剂，用于上述酸性化合物的对映体分离[133]。其结论是一致的：对映体分离是由焓驱动的。

氧氟沙星和左氧氟沙星的对映体生物降解在 Chirobiotic™ R 柱上通过荧光和质谱检测器进行监测[134]。最佳分离条件是在 0.45% 乙酸三乙胺水溶液（pH3.6）：乙醇（80：20，体积比）流动相体系中实现的。

12.6.2.3　其他化合物

芳香环上具有不同 2-、3-、4-卤素取代基的手性化合物 2-、3-、4-甲苯基甲基亚砜在 Chirobiotic™ TAG 和 Chirobiotic™ T 色谱柱上可实现对映体分离，适用温度范围在 10~50℃[135,136]。该方法还应用到人血浆中手性亚砜的测定[137]。不同取代基及其在亚砜芳香环中的位置对其对映体分离的影响与热力学参数有关。亚砜对映体的洗脱顺序在所研究的温度范围内没有变化。（*S*）-（+）对映体总是首先洗脱，但 4-（甲基亚磺酰基）联苯除外，其（*R*）-（-）对映体保留较弱。

杂螺旋阳离子拥有扭曲的螺旋结构，因而具有手性。该类化合物构型稳定，其对映体通过 HPLC 在 Chirobiotic™ TAG CSPs 上实现了首次分离，水性洗脱液中使用六氟磷酸钾（KPF₆）作为添加剂[138]。研究了流动相组成和分析物结构对保留和对映选择性的影响，分析物对映体的洗脱顺序由在线圆二色谱测定。

在 5 种不同的商业糖肽类抗生素 CSPs（Chirobiotic™ T、T2、TAG、V 和 R）中，Chirobiotic™ T2 色谱柱在钌（Ⅱ）多吡啶复合物的对映体分离中最为有效[139]。所有复合物遵循相同的洗脱顺序。

12.6.3　基于其他糖肽类抗生素的对映体分离

最近推出的新 CSPs 基于将糖肽类抗生素依瑞霉素固定在环氧活化二氧化硅上（表 12.5）。Zhang 等评估了新型 CSPs 在使用模拟移动床（SMB）色谱法制备甲硫氨酸对映体分离中的应用[147]。根据长期 SMB 运行前后进行的扰动实验结果，柱间重现性非常好，制备型固定相的长期稳定性令人满意。通过在二氧化硅表面固定化，构建了一种混合依瑞霉素-牛血清白蛋白（BSA）选择剂[36]。该 CSPs 已成功用于不同类型的布洛芬的对映体分离。β-受体阻滞剂和氨基酸对映体在依瑞霉素和万古霉素为基础的 CSPs 上进行了拆分[148]。对于 RPM 模式下的 β-受体阻滞剂分离，采用含有 0.1% 乙酸三乙胺：甲醇：乙腈作为流动相；而对于氨基酸，乙腈：乙酸水溶液的流动相体系确保了最佳分离。以乙醇水溶液为流动相，研究了 α-苯基羧酸的对映体在固定依瑞霉素的硅胶上的吸附分离情况[149]。实验数据表明，有机改性剂（乙醇）含量的增加会降低保留和分离因子。在乙醇含量为 40%~50% 时，热力学参数 Δ*H* 和 *T*×Δ*S* 最低。

表 12.5　基于其他糖肽类抗生素的对映体分离

外消旋物组别	目标物	手性选择剂	最有效的流动相	模式	参考文献
	甲硫氨酸	依瑞霉素	100mmol/L 磷酸二氢钠：甲醇（80：20，体积比）	反相模式	[147]
	酮洛芬、非诺洛芬、吲哚洛芬、布洛芬、氟比洛芬	混合依瑞霉素牛血清白蛋白	磷酸二氢钾（pH4.5）：甲醇（50：50，体积比）	反相模式	[35]
药物	美托洛尔、吲哚洛尔、阿普洛尔、氧烯洛尔、拉贝洛尔、阿替洛尔、色氨酸、苯丙氨酸、多巴、甲硫氨酸、谷氨酸	依瑞霉素 万古霉素	0.1%乙酸三乙胺水溶液（pH4.5）：甲醇：乙腈（5：20：75，体积比） 乙腈：乙酸（97：3，体积比）	反相模式	[148]
	α-苯基羧酸	依瑞霉素	乙醇：水（30：70~70：30，体积比）	反相模式	[149]
	杂环化合物、酸、胺、醇、亚砜和亚硫胺、氨基酸	达巴万星	0.1%乙酸铵：甲醇（50：50，体积比） 正己烷：乙醇（80：20，体积比）	反相模式 正相模式	[150]

　　达巴万星是糖肽类抗生素家族中的一种新化合物，已固定在硅胶上作为手性选择剂使用。在新的 CSPs 上测试了大约 250 种外消旋物，包括杂环化合物、手性酸、手性胺、手性醇、手性亚砜和硫亚胺、氨基酸和氨基酸衍生物等[150]。由于达巴万星在结构上与替考拉宁相关，因此在两种市售的替考拉宁 CSP Chirobiotic™ T 和 T2 柱上筛选了同一组手性化合物进行比较。结果表明，达巴万星 CSP 可与替考拉宁 CSP 互补。

参考文献

[1] Armstrong DW(1994) A new class of chiralselectors for enantiomeric separations by LC, TLC, GC, CE and SFC. In: Pittsburg conference abstracts. 572.

[2] Armstrong DW, Tang Y, Chen S, Zhou Y, Bagwill C, Chen JR(1994) Macrocyclic antibiotics as a new class of chiral selectors for liquid-chromatography. Anal Chem 66: 1473-1484.

[3] Xiao TL, Armstrong DW(2004) Enantiomeric separation by HPLC using macrocyclic glycopeptide-based chiral stationary phases. In: Gubitz G, Schmid MG(eds) Chiral separations. Methods and protocols. Humana Press, Totowa, 113-171.

[4] Beesley TE, Scott RPW(1998) Chapter 8. In: Beesley TE, Scott RPW(eds) Chiral chromatography. Wiley, Chichester, 221-263.

[5] Bojarski J(1999) Antibiotics as electrophoretic and chromatographic chiral selectors. Wiadom Chem 53: 235-247.

[6] Dolezalova M, Tkaczykova M(2000) Control of enantiomeric purity of drugs. Chem Listy 94: 994-1003.

[7] Ward TJ, Farris AB(2001) Chiral separations using the macrocyclic antibiotics: a review. J Chromatogr A 906: 73-89.

[8] Gasparrini F, D'Acquarica I, Misiti D, Pierini M, Villani C(2003) Natural and totally synthetic receptors in the innovative design of HPLC chiral stationary phases. Pure Appl Chem 75: 407-412.

[9] Dungelova M, Lehotay J, Rojkovicova T(2003) Chiral separations of drugs based on macrocyclic antibiotics in HPLC, SFC and CEC. Ceska Slov Farm 52: 119-125.

[10] Dungelova J, Lehotay J, Rojkovicova T(2004) HPLC chiral separations utilising macrocyclic antibiotics—a review. Chem Anal 49: 1-17.

[11] Ali I, Kumerer K, Aboul-Enein HY(2006) Mechanistic principles in chiral separations using liquid chromatography and capillary electrophoresis. Chromatographia 63: 295-307.

[12] Beesley TE, Lee JT(2007) Chiral separation techniques, 3rd edn. Wiley-VCH, Weinheim.

[13] D'Acquarica I, Gasparrini F, Misiti D, Pierini M, Villani C(2008) HPLC chiral stationary phases containing macrocyclic antibiotics: practical aspects and recognition mechanism. Adv Chromatogr 46: 109-173.

[14] Ilisz I, Berkecz R, Pe'ter A(2006) HPLC separation of amino acid enantiomers and small peptides on macrocyclic antibiotic based chiral stationary phases: a review. J Sep Sci 29: 1305-1321.

[15] Ilisz I, Berkecz R, Pe'ter A(2009) Retention mechanism of high-performance liquid chromatographic enantioseparation on macrocyclic glycopeptide-based chiral stationary phases. J Chromatogr A 1216: 1845-1860.

[16] Ilisz I, Pataj Z, Pe'ter A(2010) Macrocyclic glycopeptide-based chiral stationary phases in high performance liquid chromatographic analysis of amino acid enantiomers and related analogs. In: Fitzpatrick DW, Ulrich HJ(eds) Macrocyclic chemistry: new research developments. Nova Science Publishers, Hauppauge, pp 129-157.

［17］Cavazzini A,Pasti L,Massi A,Marchetti N,Dondi F(2011)Recent applications in chiral high performance liquid chromatography：a review. Anal Chim Acta 706：205-222.

［18］Scriba GKE(2012)Chiral recognition mechanisms in analytical separation sciences. Chromatographia 75：815-838.

［19］Ali I,Al-Othman ZA,Al-Warthan A,Asnin L,Chudinov A(2014)Advances in chiral separations of small peptides by capillary electrophoresis and chromatography. J Sep Sci 37：2447-2466.

［20］Al-Othman ZA,Al-Warthan A,Ali I(2014)Advances in enantiomeric resolution on monolithic chiral stationary phases in liquid chromatography and electrochromatography. J Sep Sci 37：1033-1057.

［21］Scriba GKE(2016)Chiral recognition in separation science—an update. J Chromatogr A 1467：56-78.

［22］Gasper M,Berthod A,Nair UB,ArmstrongDW(1996)Comparison and modeling study of vancomycin,ristocetin A,and teicoplanin. Anal Chem 68：2501-2514.

［23］Gause GF,Brazhnikova MG,Lomakina NN,Berdnikova TF,Fedorova GB,Tokareva N,Borisova VN,Batta GY(1989)Eremomycin—new glycopeptide antibiotic：chemical properties and structure. J Antibiot 42：1790-1799.

［24］Berdnikova TF,Shashkov AS,Katrukha GS,Lapchinskaya OA,Yurkevich NV,Grachev AA,Nifant'ev NE(2009)The structure of antibiotic eremomycin B. Russian J Bioorg Chem 35：497-503.

［25］Nadkarni SR,Patel MV,Chatterjee S,Vijayakumar EK,Desikan KR,Blumbach J,Ganguli BN,Limbert M(1994)Balhimycin, a new glycopeptide antibiotic produced by Amycolatopsis sp. Y - 86, 21022. Taxonomy,production,isolation and biological activity. J Antibiot 47：334-341.

［26］Chatterjee S,Vijayakumar EKS,Nadkarni SR,Patel MV,Blumbach J,Ganguli BN(1994)Balhimycin,a new glycopeptide antibiotic with an unusual hydrated 3-amino-4-oxoaldopyranose sugar moiety. J Org Chem 59：3480-3484.

［27］Pelzer S,Süßmuth R,Heckmann D,Recktenwald J,Huber P,Jung G,Wohlleben W(1999)Identification and analysis of the balhimycin biosynthetic gene cluster and its use for manipulating glycopeptide biosynthesis in Amycolatopsis Mediterranei DSM5908. AntimicrobAgents Chemother 43：1565-1573.

［28］Lämmerhofer M(2010)Chiral recognition by enantioselective liquid chromatography：mechanisms and modern chiral stationary phases. J Chromatogr A 1217：814-856.

［29］Beesley TE,Lee JT(2009)Method development strategy and applications update for Chirobiotic chiral stationary phases. J Liquid Chrom & Related Tech 32：1733-1767.

［30］Aboul-Enein HY,Ali I(2003)Macrocyclic glycopeptide antibiotics-based chiral stationary phases. In：Aboul-Enein HY,Wainer IW(eds)Chiral separations by liquid chromatography and related technologies. Marcel Dekker,Inc. ,New York, 137-175.

［31］Hrobonova K,Lehotay J,Cizmarikova R,Armstrong DW(2001)Study of the mechanism of enantioseparation. I. Chiral analysis of alkylamino derivatives of aryloxypropanols by HPLC using macrocyclic antibiotics as chiral selectors. J Liquid Chrom & Related Tech 24：2225-2237.

［32］Ghassempour A,Abdollahpour A,Tabar-Heydar K,Nabid MR,Mansouri S,AboulEnein H(2005)Crystalline degradation products of vancomycin as a new chiral stationary phase for liquid chromatography. Chromatographia 61：151-155.

［33］Armstrong DW,DeMond W(1984)Cyclodextrin bonded phases for the liquid chromatographic separation of optical,geometrical,and structural isomers. J Chromatogr Sci 22：411-415.

［34］Petrusevska K,Kuznetsov MA,Gedicke K,Meshko V,Staroverov SM,SidelMorgenstern A(2006)Chromatographic enantioseparation of amino acids using a new chiral stationary phase based on a macrocyclic glycopeptide antibiotic. J Sep Sci 29：1447-1457.

[35] Staroverov SM, Kuznetsov MA, NesterenkoPN, Vasiarov GG, Katrukha GS, Fedorova GB(2006)New chiral stationary phase with macrocyclic glycopeptide antibiotic eremomycin chemically bonded to silica. J Chromatogr A 1108：263-267.

[36] Fedorova IA, Shapovalova EN, Shpigun OA, Staroverov SM(2016)Bovine serum albumin adsorbed on eremomycin and grafted on silica as new mixed-binary chiral sorbent for improved enantioseparation of drugs. J Food Drug Anal 24：848-854.

[37] Ernst-Cabrera K, Wilchek M(1986)Silica containing primary hydroxyl groups for high performance affinity chromatography. Anal Biochem 159：267-272.

[38] Svensson LA, Karlsson KE, Karlsson A, Vessman J(1998)Immobilized vancomycin as chiral stationary phase in packed capillary liquid chromatography. Chirality 10：273-280.

[39] Dönnecke J, Svensson LA, Gyllenhaal O, Karlsson KE, Karlsson A, Vessman J(1999)Evaluation of a vancomycin chiral stationary phase in packed capillary supercritical fluid chromatography. J Microcol Sep 11：521-533.

[40] Svensson LA, Dönnecke J, Karlsson KE, Karlsson A, Vessman J(1999)Vancomycin based chiral stationary phases for micro column liquid chromatography. Chirality 11：121-128.

[41] Wikström H, Svensson LA, Torstensson A, Owens PK(2000)Immobilisation and evaluation of a vancomycin chiral stationary phase for capillary electrochromatography. J Chromatogr A 869：395-409.

[42] Desiderio C, Aturki Z, Fanali S(2001)Use of vancomycin silica stationary phase in packed capillary electrochromatography Enantiomer separation of basic compounds. Electrophoresis 22：535-543.

[43] Svensson LA, Owens PK(2000)Enantioselective supercritical fluid chromatography using ristocetin A chiral stationary phases. Analyst 125：1037-1039.

[44] Fanali S, Catarcini P, Presutti C, Stancanelli R, Quaglia MG(2003)Use of short-end injection capillary packed with a glycopeptide antibiotic stationary phase in electrochromatography and capillary liquid chromatography for the enantiomeric separation of hydroxy acids. J Chromatogr A 990：143-151.

[45] Fanali S, Catarcini P, Presutti C(2003)Enantiomeric separation of acidic compounds of pharmaceutical interest by capillary electrochromatography employing glycopeptide antibiotic stationary phases. J Chromatogr A 994：227-232.

[46] D'Acquarica I(2000)New synthetic strategies for the preparation of novel chiral stationary phases for high-performance liquid chromatography containing natural pool selectors. J Pharm Biomed Anal 23：3-13.

[47] Chirobiotic Handbook, 5th ed. Guide to using macrocyclic glycopeptide bonded phases for chiral LC separations. Whippany, NJ：Astec, Advanced Separation Technologies Inc.；2004.

[48] Berthod A, Yu T, Kullman JP, ArmstrongDW, Gasparrini F, D'Acquarica I, Misiti D, Carotti A(2000)Evaluation of the macrocyclic glycopeptide A-40,926 as a high performance liquid chromatographic chiral selector and comparison with teicoplanin chiral stationary phase. J Chromatogr A 897：113-129.

[49] Berthod A, Chen X, Kullman JP, Armstrong DW, Gasparrini F, D'Acquarica I, Villani C, Carotti A(2000)Role of the carbohydrate moieties in chiral recognition on teicoplanin based LC stationary phases. Anal Chem 72：1767-1780.

[50] Diana J, Visky D, Roets E, Hoogmartens J(2003)Development and validation of an improved method for the analysis of vancomycin by liquid chromatography. Selectivity of reversed-phase columns towards vancomycin components. J Chromatogr A 996：115-131.

[51] Anan'eva A, Polyakova Ya A, Shapovalova EN, Mazhuga AG, Shpigun OA(2018)Separation of β-blocker

enantiomers on silica modified with gold nanoparticles with immobilized macrocyclic antibiotic vancomycin. J Anal Chem 73:152-115.

[52] Yu B, Zhang S, Li G, Cong H (2018) Light assisted preparation of vancomycin chiral stationary phase based on diazotized silica and its enantioseparation evaluation by high performance liquid chromatography. Talanta 182:171-177.

[53] Berthod A (2006) Chiral recognition mechanisms. Anal Chem 78:2093-2099.

[54] Berthod A (2009) Chiral recognition mechanisms with macrocyclic glycopeptide selectors. Chirality 21:167-175.

[55] Berthod A, Qiu HX, Staroverov S, Kuznestov MA, Armstrong DW (2010) Chiral recognition with macrocyclic glycopeptides:mechanisms and applications. In:Berthod A (ed) Chiral recognition in separation methods:mechanisms and applications. Springer, Heidelberg, pp 203-222.

[56] Ilisz I, Pataj Z, Aranyi A, Pe′ter A (2012) Macrocyclic antibiotic selectors in direct HPLC enantioseparations. Sep Pur Rev 41:207-249.

[57] El Deeb S (2010) Evaluationof a Vancomycin-based LC column in enantiomeric separation of atenolol:method development, repeatability study and enantiomeric impurity determination. Chromatographia 71:783-787.

[58] Yang J, Lu XM, Bi YJ, Qin F, Li FM (2007) Chiral separation of duloxetine and its R-enantiomerby LC. Chromatographia 66:389-393.

[59] Xu Z, Zhou N, Xu X, Xu XX (2007) Enantioseparation of rivastigmine by high performance liquid chromatography using vancomycin chiral stationary phase. Chin J Anal Chem 35:1043-1046.

[60] Zuo Z, Wo SK, Lo CMY, Zhou L, Cheng G, You JHS (2010) Simultaneous measurement of S-warfarin, R-warfarin, S-7-hydroxywarfarin and R-7-hydroxywarfarin in human plasma by liquid chromatography-tandem mass spectrometry. J Pharm Biomed Anal 52:305-310.

[61] Malakova J, Pavek P, Svecova L, Jokesova I, Zivny P, Palicka V (2009) New high performance liquid chromatography method for the determination of(R)-warfarin and(S)warfarin using chiral separation on a glycopeptide-based stationary phase. J Chromatogr B 877:3226-3230.

[62] Liu W, Wang F, Li H (2007) Simultaneous stereoselective analysis of venlafaxine and O-desmethylvenlafaxine enantiomers in human plasma by HPLC-ESI/MS using a vancomycin chiral column. J Chromatogr B 850:183-189.

[63] Hefnawy MM, Al-Shehri MM (2010) Chiral stability-indicating HPLC method for analysis of arotinolol in pharmaceutical formulation and human plasma. Arabian J Chem 3:147-153.

[64] Hefnawy MM, Sultan MA, Al-Shehri MM (2007) HPLC separation technique for analysis of bufuralol enantiomers in plasma and pharmaceutical formulations using a vancomycin chiral stationary phase and UV detection. J Chromatogr B 856:328-336.

[65] Hashem H, Trundelberg C, Attef O, Jira T (2011) Effect of chromatographic conditions on liquid chromatographic chiral separation of terbutaline and salbutamol on Chirobiotic V column. J Chromatogr A 1218:6727-6731.

[66] Rao RN, Kumar KN, Ramakrishna S (2011) Enantiomeric separation of mirtazapine and its metabolite in rat plasma by reverse polar ionic liquid chromatography using fluorescence and polarimetric detectors connected in series. J Chromatogr B-Anal Techn Biomed Life Sci 879:1911-1916.

[67] Hefnawy MM, Asiri AJ, Al-Zoman NZ, Mostafa GA, Aboul-Enein HY (2011) Stereoselective HPLC analysis of tertatolol in rat plasma using macrocyclic antibiotic chiral stationary phase. Chirality 23:333-338.

［68］Jing L，Li K，Qin F，Wang X，Pan L，Wang Y，Cheng M，Li F（2012）Determination of L−trantinterol in rat plasma by using chiral liquid chromatography−tandem mass spectrometry. J Sep Sci 35：2678−2684.

［69］Qin F，Wang Y，Wang L，Zhao L，Pan L，Cheng M，Li F（2015）Determination of trantinterol enantiomers in human plasma by high−performance liquid chromatography—tandem mass spectrometry using vancomycin chiral stationary phase and solid phase extraction and stereoselective pharmacokinetic application. Chirality 27：327−331.

［70］Wagdy HA，Hanafi RS，El−Nashar RM，Aboul−Enein HY（2013）Predictability of enantiomeric chromatographic behavior on various chiral stationary phases using typical reversed phase modeling software. Chirality 25：506−513.

［71］Hefnawy MM，Al−Shehri MM，Abounassif MA，Mostafa GAE（2013）Enantioselective quantification of atenolol in mouse plasma by high performance liquid chromatography using a chiral stationary phase：application to a pharmacokinetic study. J AOAC Int 96：976−980.

［72］Ribeiro AR，Afonso CM，Castro PML，Tiritan ME（2013）Enantioselective HPLC analysis and biodegradation of atenolol，metoprolol and fluoxetine. Environ Chem Lett 11：83−90.

［73］Ribeiro AR，Afonso CM，Castro PML，Tiritan ME（2013）Enantioselective biodegradation of pharmaceuticals，alprenolol and propranolol，by an activated sludge inoculum. Ecotox Environ Safe 87：108−114.

［74］Ribeiro AR，Maia AS，Moreira IS，Afonso CM，Castro PML，Tiritan ME（2014）Enantioselective quantification of fluoxetine and norfluoxetine by HPLC Cross Mark in wastewater effluents. Chemosphere 95：589−596.

［75］Wang T，Shen B，Shi Y，Xiang P，Yu Z（2015）Chiral separation and determination of R/S methamphetamine and its metabolite R/S amphetamine in urine using LC−MS/MS. Forensic Sci Int 246：72−78.

［76］Popovic A，McBriar T，He P，Beavis A（2017）Chiral determination and assay of optical isomers in clandestine drug laboratory samples using LC−MSMS. Anal−Methods UK 9：3380−3387.

［77］Gherdaoui D，Bekdouche H，Zerkout S，Fegas R，Righezza M（2016）Chiral separation of ketoprofen on an achiral NH$_2$ column by HPLC using vancomycin as chiral mobile phase additive. J Iran Chem Soc 13：2319−2323.

［78］Boronova K，Lehotay J，Hrobonova K，Armstrong DW（2013）Study of physicochemical interaction of aryloxyaminopropanol derivatives with teicoplanin and vancomycin phases in view of quantitative structure−property relationship studies. J Chromatogr A 1301：38−47.

［79］Ramisetti NR，Bompelli S（2014）LC−MS/MS determination of cinacalcet enantiomers in rat plasma on Chirobiotic V column in polar ionic mode：application to a pharmacokinetic study. Biomed Chromatogr 28：1846−1853.

［80］Phyo YZ，Cravo S，Palmeira A，Tiritan ME，Kijjoa A，Pinto MMM，Fernandes C（2018）Enantiomeric resolution and docking studies of chiral xanthonic derivatives on chirobiotic columns. Molecules 23（1）. pii：E142）.

［81］Abdollahpour A，Heydari R，Shamsipur M（2017）Two synthetic methods for preparation of chiral stationary phases using crystalline degradation products of vancomycin：column performance for enantioseparation of acidic and basic drugs. AAPS Pharm Sci Tech 18：1855−1862.

［82］Mojtahedi MM，Chaiavi S，Ghassempour A，Tabar−Heydar K，Sharif SJG，Malekzadeh M，Aboul−Enein HY（2007）Chiral separation of three agrochemical toxins enantiomers by high−performance liquid chromatography on a vancomycin crystalline degradation products−chiral stationary phase. Biomed Chromatogr 21：234−240.

［83］Boesten JMM，Berkheij M，Schoemaker HE，Hiemstra H，Duchateau ALL（2006）Enantioselective high-performance liquid chromatographic separation of N-methyloxycarbonyl unsaturated amino acids on macrocyclic glycopeptide stationary phases. J Chromatogr A 1108：26-30.

［84］Zhao J，Golozoubova V，Cannon B，Nedergaard J（2001）Arotinolol is a weak partial agonist on beta 3-adrenergic receptors in brown adipocytes. Can J Physiol Pharmacol 79：585-593.

［85］Xiao TL，Tesarova E，Anderson JL，Egger M，Armstrong DW（2006）Evaluation and comparison of a methylated teicoplanin aglycone to teicoplanin aglycone and natural teicoplanin chiral stationary phases. J Sep Sci 29：429-445.

［86］Honetschlagerova VM，Srkalova S，Bosakova Z，Coufal P，Tesarova E（2009）Comparison of enantioselective HPLC separation of structurally diverse compounds on chiral stationary phases with different teicoplanin coverage and distinct linkage chemistry. J Sep Sci 32：1704-1711.

［87］Poplewska KR，Pitkowski W，Seidel Morgenstern A，Antos D（2007）Influence of preferential adsorption of mobile phase on retention behavior of amino acids on the teicoplanin chiral selector. J Chromatogr A 1173：58-70.

［88］Haroun M，Ravelet C，Grosset C，Ravel A，Villet A，Peyrin E（2006）Reversal of the enantiomeric elution order of some aromatic amino acids using reversed-phase chromatographic supports coated with the teicoplanin chiral selector. Talanta 68：1032-1036.

［89］Pataj Z，Ilisz I，Aranyi A，Forro E，Fülöp F，Armstrong DW，Pe′ter A（2010）LC separation of γ-amino acid enantiomers. Chromatographia 71：13-19.

［90］Berkecz R，Ilisz I，Benedek G，Fülöp F，Armstrong DW，Pe′ter A（2009）High performance liquid chromatographic enantioseparation of 2-aminomono and dihydroxy cyclopentanecarboxylic and 2-aminodihydroxy-cyclohexanecarboxylic acids on macrocyclic glycopeptide-based phases. J Chromatogr A 1216：927-932.

［91］Sipos L，Ilisz I，Pataj Z，Szakonyi Z，Fülöp F，Armstrong DW，Pe′ter A（2010）High performance liquid chromatographic enantioseparation of monoterpene-based 2-amino carboxylic acids on macrocyclic glycopeptide based phases. J Chromatogr A 1217：6956-6963.

［92］Bechtold M，Felinger A，Held M，Panke S（2007）Adsorption behavior of a teicoplanin aglycone bonded stationary phase under harsh overload conditions. J Chromatogr A 1154：277-286.

［93］Sipos L，Ilisz I，Nonn M，Fülöp F，Pataj Z，Armstrong DW，Péter A（2012）High performance liquid chromatographic enantioseparation of unusual isoxazoline-fused 2-aminocyclopentanecarboxylic acids on macrocyclic glycopeptide-based chiral stationary phases. J Chromatogr A 1232：142-151.

［94］Pataj Z，Ilisz I，Grecso′ N，Palko′ M，Fülöp F，Armstrong DW，Pe′ter A（2014）Enantiomeric separation of bicyclo［2.2.2］octane-based 2-amino-3-carboxylic acids on macrocyclic glycopeptide chiral stationary phases. Chirality 26：200-208.

［95］Ilisz I，GrecsóN，ForróE，Fülöp F，Armstrong DW（2015）High-performance liquid chromatographic separation of paclitaxel intermediate phenylisoserine derivatives on macrocyclic glycopeptide and cyclofructan based chiral stationary phases. J Pharm Biomed Anal 114：312-320.

［96］Barhate CL，Wahab MF，Breitbach ZS，Bell DS，Armstrong DW（2015）High efficiency，narrow particle size distribution，sub-2μm based macrocyclic glycopeptide chiral stationary phases in HPLC and SFC. Anal Chim Acta 898：128-137.

［97］Orosz T，Grecso N，Gy L，Zs S，Fülöp F，Armstrong DW，Ilisz I，Pe′ter A（2017）Liquid chromatographic enantioseparation of carbocyclic beta-amino acids possessing limonene skeleton on macrocyclic glycopeptide-based chiral stationary phases. J Biomed Anal 145：119-126.

［98］Fuereder M,Panke S,Bechtold M（2012）Simulated moving bed enantioseparation of amino acids employing memory effectconstrained chromatography columns. J Chromatogr A 1236:123-131.

［99］Kucerova G,Vozka J,Kalikova K,Geryk R,Plecita D,Pajpanova T,Tesarova E（2013）Enantioselective separation of unusual amino acids by high performance liquid chromatography. Sep Purif Technol 119:123-128.

［100］Barbaro E,Zangrando R,Vecchiato M,Turetta C,Barbante C,Gambaro A（2014）D- and L-amino acids in Antarctic lakes:assessment of a very sensitive HPLC - MS method. Anal Bioanal Chem 406:5259-5270.

［101］Sardella R,Ianni F,Lisanti A,Scorzoni S,Marini F,Sternativo S,Natalini B（2014）Direct chromatographic enantioresolution of fully constrained beta-amino acids:exploring the use of high-molecular weight chiral selectors. Amino Acids 46:1235-1242.

［102］Deakova Z,Durackova Z,Armstrong DW,Lehotay J（2015）Separation of enantiomers of selected sulfur-containing amino acids by using serially coupled achiral-chiral columns. Liquid Chromatogr Rel Technol 38:789-794.

［103］Deakova Z,Durackova Z,Armstrong DW,Lehotay J（2015）Two-dimensional high performance liquid chromatography for determination of homocysteine,methionine and cysteine enantiomers in human serum. J Chromatogr A 1408:118-124.

［104］Bystricka Z,Bystricky R,Lehotay J（2016）Thermodynamic study of HPLC enantioseparations of some sulfur-containing amino acids on teicoplanin columns in ion-pairing reversed-phase mode. J Liquid Chromatogr Rel Technol 39:775-781.

［105］Wagdy HA,Hanafi RS,El-Nashar RM,Aboul-Enein HY（2014）Enantiomeric separation of underivatized amino acids:predictability of chiral recognition on ristocetin A chiral stationary phase. Chirality 26:132-135.

［106］Ismail OH,Ciogli A,Villani C,Martino MD,Pierini M,Cavazznini A,Bell DS,Gasparrini F（2016）Ultra-fast high-efficiency enantioseparations by means of a teicoplanin-based chiral stationary phase made on sub-2μm totally porous silica particles of narrow size distribution. J Chromatogr A 1427:55-68.

［107］Min Y,Sui Z,Liang Z,Zhang L,Zhang Y（2015）Teicoplanin bonded sub-2-μm superficially porous particles for enantioseparation of native amino acids. J Pharm Biomed Anal 114:247-253.

［108］Sanchez-Hernandez L,Bernal JL,Jesus del Nozal M（2016）Chiral analysis of aromatic amino acids in food supplements using subcritical fluid chromatography and Chirobiotic T2 column. J Supercrit Fluid 107:519-525.

［109］Zhang YZ,Holliman C,Tang D,Fast D,Michael S（2008）Development and validation of a direct enantiomeric separation of pregabalin to support isolated perfused rat kidney studies. J Chromatogr B 875:148-153 110. Al-Majed AA（2009）.

［110］A direct HPLC method for the resolution and quantitation of the R-(-)- and S-(+)-enantiomers of vigabatrin（γ-vinyl-GABA）in pharmaceutical dosage forms using teicoplanin aglycone chiral stationary phase. J Pharm Biomed Anal 50:96-99.

［111］Hefnawy MM,Sultan MAA,Al-Shehri MM（2007）Enantioanalysis of bisoprolol in human plasma with a macrocyclic antibiotic HPLC chiral column using fluorescence detection and solid phase extraction. Chem Pharm Bull 55:227-230.

［112］Rojkovicova T,Lehotay J,Armstrong DW,Cizmarik J（2006）Study of the mechanism of enantioseparation. Part XII. Comparison study of thermodynamic parameters on separation of phenylcarbamic acid derivatives by HPLC using macrocyclic glycopeptide chiral stationary phases. J Liq Chrom Rel Techn 29:2615-2624.

[113]Hrobonova K,Lehotay J,Cizmarikova R(2005)HPLC separation of enantiomers of some potential beta-blockers of the aryloxyaminopropanol type using macrocyclic antibiotic chiral stationary phases—studies of the mechanism of enantioseparation,Part XI. Pharmazie 60:888-891.

[114]Luo W,Zhu L,Deng J,Liu A,Guo B,Tan W,Dai R(2010)Simultaneous analysis of bambuterol and its active metabolite terbutaline enantiomers in rat plasma by chiral liquid chromatography-tandem mass spectrometry. J Pharm Biomed Anal 52:227-231.

[115]Aparasu RR,Jano E,Johnson ML,Chen H(2008)Hospitalization risk associated with typical and atypical antipsychotic use in community-dwelling elderly patients. Am J Geriatr Pharmacother 6:198-204.

[116]Malma M,Bergqvista Y(2007)Determination of eflornithine enantiomers in plasma,by solid-phase extraction and liquid chromatography with evaporative light-scattering detection. J Chromatogr B 846:98-104.

[117]Fernandes C,Tiritan ME,Cass Q,Kairys V,Fernandes XM,Pinto M(2012)Enantioseparation and chiral recognition mechanism of new chiral derivatives of xanthones on macrocyclic antibiotic stationary phases. J Chromatogr A 1241:60-68.

[118]Morante-Zarcero S,Sierra I(2012)Comparative HPLC methods for beta-blockers separation using different types of chiral stationary phases in normal phase and polar organic phase elution modes. Analysis of propranolol enantiomers in natural waters. J Pharm Biomed Anal 62:33-41.

[119]Poggi JC,Da Silva FG,Coelho EB,MarquesPM,Bertucci C,Lanchote LV(2012)Analysis of carvedilol enantiomers in human plasma using chiral stationary phase column and liquid chromatography with tandem mass spectrometry. Chirality 24:209-214.

[120]He X,Lin R,He H,Sun M,Xiao D(2012)Chiral separation of ketoprofen on a chirobiotic T column and its chiral recognition mechanisms. Chromatographia 75:1355-1363.

[121]Camacho-Munoz D,Kasprzyk-Hordern B(2017)Simultaneous enantiomeric analysis of pharmacologically active compounds in environmental samples by chiral LC-MS/MS with a macrocyclic antibiotic stationary phase. J Mass Spectrom 52:94-108.

[122]Ravichandran S,Collins JR,Singh N,Wainer IW(2012)A molecular model of the enantioselective liquid chromatographic separation of(R,S)-ifosfamide and its N-dechloroethylated metabolites on a teicoplanin aglycon chiral stationary phase. J Chromatogr A 1269:218-225.

[123]Gondova T,Petrovaj J,Kutschy P,Curillova Z,Salayova A,Fabian M,Armstrong DW(2011)Enantioseparation of novel amino analogs of indole phytoalexins on macrocyclic glycopeptide-based chiral stationary phase. Chromatographia 74:751-757.

[124]Bertucci C,Pistolozzi M,Tedesco D,Zanasi R,Ruzziconi R,Pietra DMA(2012)Stereochemical characterization of fluorinated 2-(phenanthren-1-yl)propionic acids by enantioselective high performance liquid chromatography analysis and electronic circular dichroism detection. J Chromatogr A 1232:128-133.

[125]Diao X,Ma Z,Lei P,Zhong D,Zhang Y,Chen X(2013)Enantioselective determination of 3-n-butylphthalide(NBP)in human plasma by liquid chromatography on a teicoplanin-based chiral column coupled with tandem mass spectrometry. J Chromatogr B 939:67-72.

[126]Rosales-Conrado N,Dell'Aica M,Eugenia de Leon-Gonzalez M,Perez-Arribas LV,PoloDiez LM(2013)Determination of salbutamol by direct chiral reversed-phase HPLC using teicoplanin as stationary phase and its application to natural water analysis. Biomed Chromatogr 27:1413-1422.

[127] Harvanova M, Gondova T(2017) New enantioselective LC method development and validation for the assay of modafinil. J Pharm Biomed Anal 138:267-271.

[128] Shu Y, Lang JC, Breitbach ZS, Qiu H, Smuts JP, Kiyono-Shimobe M, Yasuda M, Armstrong DW(2015) Separation of therapeutic peptides with cyclofructan and glycopeptide based columns in hydrophilic interaction liquid chromatography. J Chromatogr A 1390:50-61.

[129] Wimalasinghe RM, Breitbach ZS, Lee JT, Armstrong DW(2017) Separation of peptides on superficially porous particle based macrocyclic glycopeptide liquid chromatography stationary phases: consideration of fast separations. Anal Bioanal Chem 409:2437-2447.

[130] Hellinghausen G, Roy D, Wang Y, Lee JT, Lopez DA, Weatherly CA, Armstrong DW(2018) A comprehensive methodology for the chiral separation of 40 tobacco alkaloids and their carcinogenic E/Z-(R,S)-tobaccospecific nitrosamine metabolites. Talanta 181:132-141.

[131] Barhate CL, Lopez DA, Makarov AA, Bu X, Morris WJ, Lekhal A, Hartman R, Armstrong DW(2018) Macrocyclic glycopeptide chiral selectors bonded to core-shell particles enables enantiopurity analysis of the entire verubecestat synthetic route. J Chromatogr A 1539:87-92.

[132] Feder-Kubis J, Flieger J, Tatarczak Michalewska M, Plazinska A, Madejska A, Swatko-Ossor M(2017) Renewable sources from plants as the starting material for designing new terpene chiral ionic liquids used for the chromatographic separation of acidic enantiomers. RSC Adv 7:32344-32356.

[133] Flieger J, Feder-Kubis J, Tatarczak Michalewska M, Plazinska A, Madejska A, Swatko-Ossor M(2017) Natural terpene derivatives as new structural task-specific ionic liquids to enhance the enantiorecognition of acidic enantiomers on teicoplaninbased stationary phase by high-performance liquid chromatography. J Sep Sci 40:2374-2381.

[134] Maia AS, Castro PML, Tiritan ME(2016) Integrated liquid chromatography method in enantioselective studies: Biodegradation of ofloxacin by an activated sludge consortium. J Chromatogr B 1029-1030:174-183.

[135] Mericko D, Lehotay J, Skacani I(2006) Effect of temperature on retention and enantiomeric separation of chiral sulfoxides using teicoplanin aglycone chiral stationary phase. J Liq Chrom Rel Techn 29:623-638.

[136] Mericko D, Lehotay J, Skacani I(2007) Separation and thermodynamic studies of chiral sulfoxides on teicoplanin-based stationary phase. J Liq ChromRel Techn 30:1401-1420.

[137] Mericko D, Lehotay J, Cizmarik J(2008) Enantioseparation of chiral sulfoxides using teicoplanin chiral stationary phases and kinetic study of decomposition in human plasma. Pharmazie 63:854-859.

[138] Villani C, Laleu B, Mobian P, Lacour J(2007) Effective HPLC resolution of [4] heterohelicenium dyes on chiral stationary phases using reversed-phase eluents. Chirality 19:601-606.

[139] Sun P, Krishnan A, Yadav A, MacDonnell FM, Armstrong DW(2008) Enantioseparations next term of chiral ruthenium(Ⅱ) polypyridyl complexes using HPLC with macrocyclic glycopeptide chiral stationary phases(CSPs). J Mol Struct 890:75-80.

[140] Crofford LJ, Rowbotham MC, Mease PJ, Russell IJ, Dworkin RH, Corbin AE, Young JP, LaMoreaux LK, Martin SA, Sharma U(2005) Pregabalin for the treatment of fibromyalgia syndrome: results of a randomized, double-blind, placebo-controlled trial. Arthritis Rheum 52:1264-1273.

[141] Svanfelt J, Eriksson J, Kronberg L(2010) Analysis of thyroid hormones in raw and treated wastewater. J Chromatogr A 1217:6469-6474.

[142] Koidl J, Hodl H, Schmid MG, Neubauer B, Konrad M, Petschauer S, Gubitz G(2008) Enantiorecognition of triiodothyronine and thyroxine enantiomers using different chiral selectors by HPLC and micro-

HPLC. J Biochem Biophysical Meth 70:1254-1260.

[143] Gondova T, Petrovaj J, Sucha M, Armstrong DW (2011) Stereoselective HPLC determination of thyroxine enantiomers in pharmaceuticals. J Liquid Chromatogr Rel Technol 34:2304-2314.

[144] Bühring KU, Sailer H, Faro HP, Leopold G, Pabst J, Garbe A (1986) Pharmacokinetics and metabolism of bisoprolol-14C in three animal species and in humans. J Cardiovasc Pharmacol 11:21-28.

[145] Jiang H, Li Y, Pelzer M, Cannon JM, Randlett C, Junga H, Jiang X, Qin C, Ji CQ (2008) Determination of molindone enantiomers in human plasma by high-performance liquid chromatography-tandem mass spectrometry using macrocyclic antibiotic chiral stationary phases. J Chromatogr A 1192:230-238.

[146] Wolf JE, Shander D, Huber F, Jackson J, LinCS, Mathes BM, Schrode K (2007) Randomized, double-blind clinical evaluation of the efficacy and safety of topical eflornithine HCl 13. 9% cream in the treatment of women with facial hair. Int J Dermatol 46:94-98.

[147] Zhang L, Gedicke K, Kuznetsov MA, Staroverov SM, Seidel-Morgenstern A (2007) Application of an eremomycin-chiral stationary phase for the separation of dl-methionine using simulated moving bed technology. J Chromatogr A 1162:90-96.

[148] Fedorova IA, Shapovalova EN, Shpigun OA (2017) Separation of β-blocker and amino acid enantiomers on a mixed chiral sorbent modified with macrocyclic antibiotics eremomycin and vancomycin. J Anal Chem 72:76-82.

[149] Blinov AS, Reshetova EN (2014) Effect of the concentration of organic modifier in an aqueous-ethanol mobile phase on the chromatographic retention and thermodynamic characteristics of the adsorption of enantiomers of α-phenylcarboxylic acids on silica gel with immobilized eremomycin antibiotic. Russ J Phys Chem A 88:1778-1784.

[150] Zhang XT, Bao Y, Huang K, Barnett Rundlett KL, Armstrong DW (2010) Evaluation of dalbavancin as chiral selector for HPLC and comparison with teicoplanin based chiral stationary phases. Chirality 22: 495-513.

13 万古霉素衍生的亚2微米氢化硅颗粒在纳米液相色谱手性分离中的应用

Chiara Fanali，Salvatore Fanali

摘要： 万古霉素衍生后的 $1.8\mu m$ 氢化硅颗粒，已通过纳米液相色谱法应用于一些外消旋除草剂和非甾体抗炎药（NSAIDs）的对映体分离工作中。手性固定相（CSPs）仅填充 11cm，使用实验室组装的仪器分离对映体。新的手性固定相对分离上述酸性化合物非常有效，但它对碱性化合物的分离度很差。乙酸盐缓冲液与甲醇或乙腈的混合物可以对所有化合物进行手性拆分。NSAIDs 相关化合物的快速手性分离可以在 60s 内实现。

关键词： 万古霉素，对映体，高效液相色谱，纳米液相色谱，毛细管电色谱，手性固定相

13.1 引言

属于环境、制药、农化和生化领域的大量化合物，化学结构中存在立体中心，因此以两种或多种立体异构体的形式存在。已知手性化合物的对映体具有相同的理化性质，然而在手性环境中，它们会发生不同的反应（参见生物过程）。由于两种对映体具有不同的药理活性，大多数新药都以单一对映体进行商业化，例如，（−）-肾上腺素，一种拟交感神经药物，其用于心脏刺激的效力是其对映体的 10 倍。萘普生作为一种非甾体抗炎药（NSAIDs），可用于炎症和僵硬疾病的治疗，其 R 型的效力是其对映体的 28 倍[1]。值得注意的是，在某些情况下，这两种对映体中的一种甚至对人体健康有害。S-萘普生就是这种情况，与 R-对映体相比，它具有肝毒性。因为手性化合物涉及可能对人类健康产生影响的生化过程，所以，它们在研究和应用领域都是一个关键问题，需要可靠的分析和制备方法对其进行定性和定量测定。

对映体的分离可以通过间接法和直接法来实现，这两种方法都基于手性选择剂（CS）的使用。在间接法中，两种对映体与手性选择剂反应形成稳定的非对映体，它们表现出不同的物理化学性质，因此可以在常规介质中分离。在直接法中，这两种对映体在手性选择剂存在下的分离过程中形成不稳定的非对映体配合物，它们可以结合或吸附在固定相或毛细管壁上。

迄今为止，用于手性分离的分析方法包括毛细管电泳（CE）、气相色谱（GC）、薄层色谱（TLC）、超临界流体色谱（SFC）和高效液相色谱（HPLC），其中 HPLC 包括传统和微流体两种模式[2]。

在目前使用的大量手性选择剂中，糖肽类抗生素对大量化合物具有很强的对映选择性，因此在分析化学中得到了广泛的应用。自 Armstrong 的研究小组[3] 首次在 HPLC 中使用以来，这类化合物已广泛应用于利用其他分离技术分离对映体，例如 CE（也包括毛细管电色谱，CEC）[4-9] 或纳米 LC[10-13]。在 CE 中，通常添加万古霉素、替考拉宁或其他糖肽抗生素等手性选择剂到背景电解质中，由于其强烈的紫外吸收而产生检测问题（降低灵敏度）。而这在 CEC 或纳米 LC 中不是问题，因为手性选择剂与填充在毛细管柱中的二氧化硅颗粒结合。主要用于高效液相色谱的含万古霉素或替考拉宁的手性选择固定相可以在市场上买到，其商品名为 Chirobiotic®。

13.1.1　万古霉素的性质及对映拆分机理

万古霉素属于糖肽类抗生素，对细菌具有化学治疗特性。该化合物是使用微生物（东方拟青霉）生产的。万古霉素由氨基酸和糖类组成（图 13.1）。万古霉素的对映体特性源于 18 个立体中心的存在。大量的官能团如羟基、氨基、酰胺、羧基和芳香基等强烈地影响与分析物对映体的相互作用。

考虑到羧基和 2 个氨基的存在，万古霉素表现出两性离子特性，因此流动相的 pH 强烈影响其电荷。万古霉素可溶于水，微溶于有机溶剂，在 pH3~6 下具有良好的稳定性[14]。由于万古霉素的化学结构中存在不同的官能团，该手性选择剂可参与多种非立体选择性以及立体选择性的相互作用，如 π-π 相互作用、氢键、疏水相互作用、静电相互作用或排斥作用。此外，由于糖部分的存在，也可以发生包合络合作用[15]。万古霉素作为一种手性选择剂已被广泛研究，并应用到不同分析技术中，取得了截然不同的结果。例如，在 CE 中将该手性选择剂简单地添加到背景电解质中，其中两

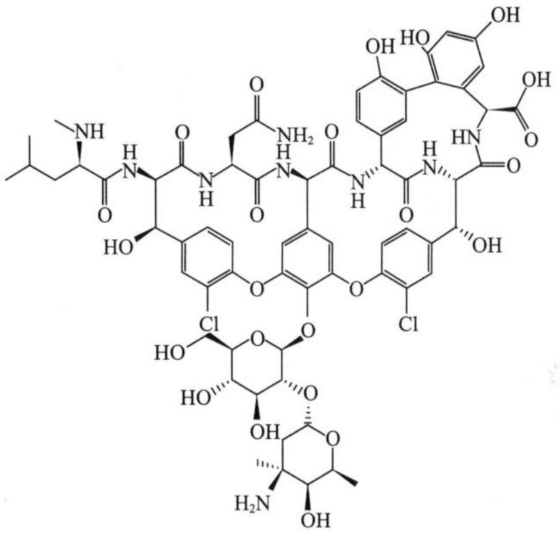

图 13.1　万古霉素的结构

个氨基和羧基可与对映体相互作用并且分子可自由旋转。LC 或 CEC 则不同，手性选择剂通过氨结合到固定相（如硅胶等）。结果表明，在 CE 中，酸性化合物的对映体得到了很好的拆分，而在 CEC 或纳米 LC 中，主要是碱性手性化合物[16-19]。然而应该注意的是，关于万古霉素在分离碱性或酸性对映体方面的不同表现，其用于合成 CSPs 的硅胶类型必须被视为另一个重要参数。事实上，在我们小组最近的一篇论文中，用万古霉素衍生了 5μm 颗粒的普通硅胶和亚 2 微米颗粒的氢化硅，并将其应用于碱性和酸性化合物的对映体拆分。基于氢化硅的 CSPs 为酸性化合物提供了非常高的对映分离度，而对碱性分析物的分辨率非常差[11]。

13.1.2　亚 2 微米颗粒作为固定相的使用

目前用于 HPLC 的大多数基于万古霉素的 CSPs 使用直径为 5μm 的颗粒，并且这些色谱柱可在市场上买到。根据范第姆特方程，当使用 CSPs 或其他类型的固定相时，可以得出这样的结论：通过减小粒径可以降低塔板高度。此外，由于范第姆特图的第二部分相当平坦，因此在不牺牲效率的前提下，可以使用更高的流速，从而减少分析时间。这导致了小直径（1.7~1.8μm）完全多孔或核壳结构二氧化硅颗粒的产生。尽管使用这些色谱柱获得了很好的结果，但必须注意，使用过程中观察到了非常高的背压。这些色谱柱已应用于使用专用高压泵的超高效液相色谱（UHPLC）[20]。Gasparrini 的团队[20] 在 UHPLC 中使用了 Whelk-O1 选择剂修饰的 1.7μm 多孔二氧化硅颗粒，用于某些药物（如氟比洛芬、萘普生）对映体的快速分离。该色谱柱（50mm×4.3mm）在

正相和反相模式下均可提供非常高的柱效，理论塔板数在 244000～278000/m。在最近的一项研究中，Armstrong 等[21] 报道了一种利用 3 种手性选择剂（包括替考拉宁）进行的超快速（亚秒）手性分离。所用色谱柱（5mm×4.6mm）填充 2.7μm 核壳粒子。

我们小组使用填充有 1.8μm C_{18} 多孔硅胶颗粒的不同内径毛细管柱通过纳米液相色谱分离非甾体抗炎药。所用色谱柱长度为 50mm，并使用普通的 HPLC 泵结合分流装置以减小流速，分析时间小于 2min[22]。随后，同一型号的氢化硅颗粒径万古霉素衍生化处理后，用于酸性化合物（除草剂、NSAIDs）和碱性化合物（β-受体阻滞剂）的对映体分离[11]。本章介绍了一种手性毛细管柱（11cm 填充柱）的制备方法，它可以很好地分离酸性化合物的对映体，而碱性对映体只能部分分离。对所研究化合物的分离行为的差异可能归因于所用粒子的类型。

13.2 材料

13.2.1 纳米液相色谱：仪器和设备

（1）可使用实验室制造的流速为 10～1700nL/min 的仪器或商用纳米 LC 仪器。实验室自制纳米液相色谱系统构造如图 13.2 所示，利用商用 HPLC 泵，使用被动分流系统将流速降低至 nL/min 水平，以及合适的纳米 LC 六端口注射阀或根据文献[23] 修改的阀。HPLC 泵和进样阀通过内径为 500μm、长度分别为 70cm 和 5cm 的不锈钢管连接到不锈钢 T 形管（USA，Houston TX，Valco，Vici）。T 形管的第三个端口使用 20cm 长、50μm 内径的熔融石英毛细管连接到储液罐。毛细管柱的一端直接连接到阀门，而带有检测窗口的另一端则安装在商用紫外-可见柱检测器上。该系统中的进样是通过用样品溶液填充定量环并在规定的时间段内切换阀门来进行的，从而控制进样量。随后用流动相冲洗定量环以去除样品溶液（见 13.4 注解 1）。

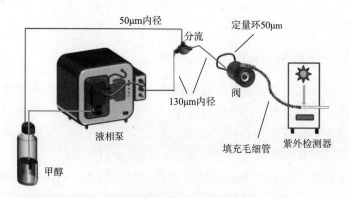

图 13.2　实验室组装的纳米液相色谱系统的示意图

（2）用于合成 CSPs 和溶液脱气的商用超声波发生器。

（3）用于在 CSPs 合成过程中旋转分离颗粒的商用实验室离心机。

（4）用于调节缓冲溶液 pH 的 pH 计。

（5）用于制备超纯水的商用净水系统。

（6）不锈钢 HPLC 色谱柱 ［10cm×4.6mm（内径）］。

（7）熔融石英毛细管 ［365μm×75μm（内径）］，聚酰亚胺涂层。

13.2.2　万古霉素手性固定相的合成方案

（1）60mmol/L 高碘酸钠溶液　将 0.64g 高碘酸钠溶解在 50mL 水：甲醇（4：1，体积比）溶液中。

（2）3mmol/L 万古霉素和 10mmol/L 氰基硼氢化物溶液（pH7.04）　在 100mL 容量瓶中，将 0.54g 七水磷酸二钠溶解于 90mL 水中，并用 0.1mol/L 磷酸将 pH 调节至 7.04。加水至刻度并混匀。在 50mL 缓冲液中溶解 223mg 盐酸万古霉素（见 13.4 注解 2）和 31.4mg 氰基硼氢化钠。

（3）10mmol/L 氰基硼氢化物溶液（pH3.1）　在 100mL 容量瓶中，将 0.78g 二水合磷酸二氢钠溶解在 90mL 水中，并使用 0.1mol/L 氢氧化钠将 pH 调节至 3.1。加水至刻度并混匀。将 31.4mg 氰基硼氢化钠溶解在 50mL 的缓冲液中。

13.2.3　流动相

（1）500mmol/L 乙酸铵缓冲液（pH4.5）　在 500mL 容量瓶中，将 15g 冰乙酸与 300mL 水混合，并使用 1mol/L 氢氧化钠将 pH 调至 4.5。加水至刻度并混匀。

（2）流动相 A　将 5mL 500mmol/L 乙酸铵缓冲液（pH4.5）与 10mL 水和 85mL 甲醇（HPLC 级）混合。超声 5min。

（3）流动相 B　将 1mL 500mmol/L 乙酸铵缓冲液（pH4.5）与 9mL 水和 90mL 乙腈（HPLC 级）混合。超声 5min。

13.2.4　样品溶液

使用乙腈作为溶剂制备浓度为 1mg/mL 的目标物（手性除草剂或 NSAIDs）储备溶液。对于样品溶液，用乙腈稀释至浓度为 100 或 50μg/mL。

13.3　方法

13.3.1　万古霉素手性固定相的合成

万古霉素手性固定相的合成路线如图 13.3 所示。

（1）将 200mg 二醇硅氢化物颗粒（粒径 1.8μm，见 13.4 注解 3）悬浮于 15mL 60mmol/L 高碘酸钠溶液中并超声 1h。

（2）以 2800×g 离心 5min 并除去上清液。

（3）在 20mL 水中重新悬浮颗粒，并轻轻旋转。以 2800×g 离心 5min 并除去上清

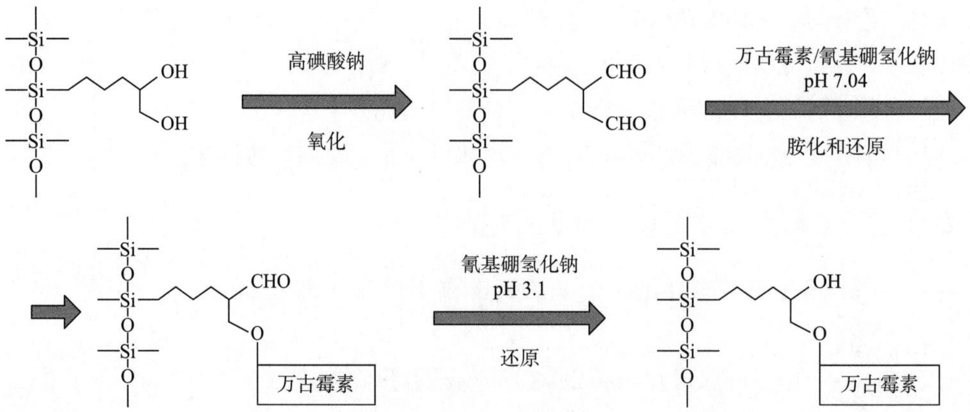

图 13.3　硅氢化物负载万古霉素 CSPs 的合成方案

液。重复此洗涤步骤三次。

（4）将颗粒悬浮于 15mL 含 3mmol/L 万古霉素和 10mmol/L 氰基硼氢化钠的 50mmol/L 磷酸盐缓冲液中（pH7.04），并超声 1h。

（5）以 2800×g 离心 5min 并除去上清液。

（6）在 20mL 水中重新悬浮颗粒，并轻轻旋转。以 2800×g 离心 5min 并除去上清液。

（7）将颗粒悬浮于 15mL 含 10mmol/L 氰基硼氢化钠的 50mmol/L 磷酸盐缓冲液中（pH3.1），并超声 1h。

（8）以 2800×g 离心 5min 并除去上清液。

（9）在 20mL 水中重新悬浮颗粒，并轻轻旋转。以 2800×g 离心 5min 并除去上清液。重复此洗涤步骤三次。

（10）在 20mL 甲醇中重新悬浮颗粒，并轻轻旋转。以 2800×g 离心 5min 并除去上清液。重复此洗涤步骤三次。

（11）室温下，在旋转蒸发器中真空去除残余甲醇。

13.3.2　毛细管柱的填充

（1）剪下 50cm 长的毛细管。

（2）将毛细管的一端连接到不锈钢 HPLC 柱上［10cm×4.6mm（内径）］。

（3）将毛细管的另一端连接到机械玻璃料上。

（4）将粒径为 5μm 的 2~3mg RP$_{18}$ 硅胶（见 13.4 注解 4）悬浮在 1mL 丙酮或乙腈中，并超声处理 10min。

（5）将悬浮液放入 HPLC 色谱柱储液器并连接到泵。

（6）将毛细管填充 10~11cm。

（7）从 HPLC 柱储液罐中取出 RP$_{18}$ 固定相，用水冲洗。

（8）用水冲洗填充的毛细管约 30min。

（9）在水流（30MPa）下，用加热丝在 700℃ 左右维持 6~7s，以制备入口筛板。

（10）移去机械玻璃料。

（11）在筛板侧连接毛细管并用乙腈冲洗以去除多余的 RP$_{18}$ 固定相。

（12）取下毛细管并用筛板的另一侧连接到 HPLC 色谱柱储液器。

（13）将 2~3mg 硅氢化物-万古霉素固定相悬浮在丙酮∶水（1∶1，体积比）混合溶液中。

（14）将悬浮液放入 HPLC 色谱柱储液器并连接到泵上。

（15）在 30MPa 压力下，将毛细管填充 11cm。

（16）用水清洗 HPLC 柱储液器以去除 CSPs。

（17）重复步骤（4）~（9）以制备出口筛板。

（18）将带有入口筛板的毛细管连接到泵并用乙腈冲洗以去除多余的 RP$_{18}$ 固定相。

（19）在靠近入口筛板且距离出口筛板约 4cm 处切割毛细管（见 13.4 注解 5）。

（20）准备一个靠近出口筛板（约 2cm）的小窗口（宽约 0.5cm），用于在线紫外检测（见 13.4 注解 6）。

（21）用甲醇轻轻擦拭检测窗口。

13.3.3　纳米液相色谱对映体分离

（1）将毛细管的入口筛板侧与 HPLC 泵连接。

（2）用适当的流动相在 30~35MPa 下冲洗系统 30min（见 13.4 注解 7）。

（3）将带有窗口的毛细管放入紫外线检测器。

（4）将毛细管入口侧连接到进样阀（见 13.4 注解 8）。

（5）用流动相填充定量环。

（6）用流动相平衡色谱柱 30min。

（7）用 50μL 注射器向定量环中注入样品溶液。

（8）进样 4~5s（见 13.4 注解 9）。

（9）用流动相冲洗定量环（见 13.4 注解 10）。

（10）开始纳米液相色谱分离并记录色谱图（表 13.1、表 13.2 和图 13.4）（见 13.4 注解 11）。

表 13.1　　除草剂对映体采用纳米液相色谱分离的色谱数据

化合物	t_{R1}/min	t_{R2}/min	k_1	k_2	α	R_S
2,4-滴丙酸	2.77	3.70	3.70	1.12	1.91	2.95
禾草灵	2.96	3.81	3.81	1.22	1.69	2.26
2,4,5-涕丙酸	2.91	3.70	3.70	1.04	1.72	2.60
氟草灵	2.23	2.90	2.90	0.67	2.38	2.81
吡氟氯禾灵	2.29	3.24	3.24	0.87	2.69	3.36
2-甲基-4-氯苯氧丙酸	2.63	3.35	3.35	0.89	1.83	2.50

注：毛细管填充有万古霉素衍生的 1.8μm 二醇氢化硅颗粒。实验条件：毛细管柱，75μm 内径，填充长度：11cm，有效长度：13cm；流动相，500mmol/L 乙酸铵缓冲液（pH4.5）∶水∶甲醇（5∶10∶85，体积比），等度模式洗脱，流速 230nL/min（至 1.8min）；样品，用乙腈稀释至 50μg/mL，进样 40nL。

［资料来源：Elsevier from ref. 11© 2015］

表 13.2　　　　　　　NSAIDs 对映体采用纳米液相色谱分离的色谱数据

化合物	t_{R1}/min	t_{R2}/min	k_1	k_2	α	R_S
卡洛芬	4.76	5.63	1.70	2.19	1.29	1.72
环洛芬	3.31	4.10	0.88	1.33	1.50	2.38
氟比洛芬	3.09	3.97	0.75	1.24	1.66	2.85
布洛芬	2.31	2.62	0.33	0.52	1.54	1.72
吲哚布洛芬	6.38	7.30	2.62	3.14	1.20	1.27
酮洛芬	3.60	4.45	1.16	1.66	1.44	2.29
萘普生	3.22	4.01	0.80	1.25	1.55	2.52
舒洛芬	4.24	5.16	1.45	1.98	1.37	2.19

注：流动相：500mmol/L乙酸铵缓冲液（pH4.5）：水：乙腈（1：9：90，体积比），等度模式洗脱，流速 360nL/min（至1.8min）；样品，50g/mL乙腈溶液，进样70nL。其他实验条件见表13.1。

［资料来源：Elsevier from ref. 11© 2015］

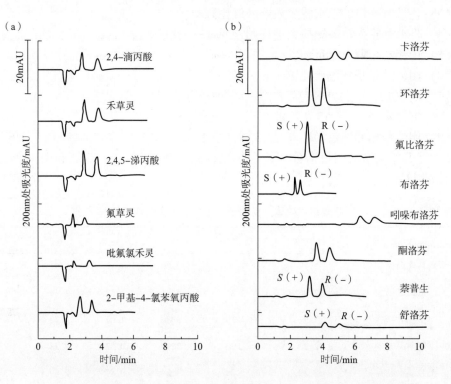

图 13.4　通过纳米 LC 分析选定的（a)除草剂和（b）NSAIDs 的对映体分离

注：毛细管柱，内径75μm，有效长度为13cm，填充床长为11cm，填料为键合 万古霉素的1.8μm二醇氢化硅颗粒。其他实验条件见表13.1和表13.2。

［资料来源：Elsevier from ref. 11© 2015］

13.4　注解

（1）有关纳米液相色谱实验室自组装仪器的更多详细信息，请参阅参考文献[11]。

（2）万古霉素是一种强效抗生素，可能对人体健康有害。因此，要警惕吸入该化合物。此外，还应避免皮肤接触。

（3）粒径 1.8μm、孔径为 100Å 的二醇硅氢化物来自 MicroSolv Technology Corp（USA，NJ，Eatontown）。

（4）此处使用的是 Lichrospher 颗粒；当然，任何其他 RP$_{18}$ 材料（非封端材料）也都可以使用。由于存在残留的游离硅烷醇基团，与合成的 CSPs 相比，这种材料更容易制备玻璃料。

（5）为了避免死体积，需要直接切割毛细管。因此建议使用商用毛细管切割机。此外，建议在显微镜下仔细控制毛细管末端。

（6）用剃刀从毛细管上除去聚酰亚胺层可得到窗口。因为毛细管此时非常脆弱，很容易破裂，所以操作时必须特别注意。

（7）当使用新的填充毛细管时，流动相的冲洗程序应在纳米液相色谱仪器外完成。

（8）毛细管直接连接到进样阀，以避免可能导致谱带展宽的死体积。

（9）在这项工作中，使用了一种改进的进样阀。然而，同样的方法也可以采用商用进样阀。

（10）使用 100μL 注射器冲洗回路，以完全去除样品溶液。

（11）由于柱的高对映体选择性，短毛细管可获得很好的对映体分离。流动相流速增加至 1700nL/min 时，可在不到 60s 的时间内实现 NSAIDs 相关外消旋化合物的手性拆分。

参考文献

［1］De-Miao C，Qiang F，Na L，Song-Xian Z，Qian-Qian Z（2007）Enantiomeric separation of naproxen by high performance liquid chromatography using CHIRALCEL OD as stationary phase. Chin J Anal Chem 35：75-78.

［2］D'Orazio G，Fanali C，Asensio-Ramos M，Fanali S（2017）Chiral separations in food analysis. TrAC—Trends Anal Chem 96：151-171.

［3］Armstrong DW，Tang YB，Chen SS et al（1994）Macrocyclic antibiotics as a new class of chiral selectors for liquid chromatography. Anal Chem 66：1473-1484.

［4］Armstrong DW，Rundlett K，Reid GL III Use of a macrocyclic antibiotic，rifamycin b，and indirect detection for the resolution of racemic amino alcohols by CE. Anal Chem 66：1690-1695.

［5］Ward TJ，Oswald TM（1997）Enantioselectivity in capillary electrophoresis using the macrocyclic antibiotics. J Chromatogr A 792：309-325.

［6］Desiderio C，Fanali S（1998）Chiral analysis by capillary electrophoresis using antibiotics as chiral selector. J Chromatogr A 807：37-56.

［7］Aboul-Enein HY，Ali I（2001）Macrocyclicantibiotics as effective chiral selectors for enantiomeric resolution by liquid chromatography and capillary electrophoresis. Chromatographia 52:679-691.

[8] Tang A-N,Wang X-N,Ding G-S,Yan X-P(2009)On-line preconcentration and enantioseparation of tha-lidomide racemates by CEC with the hyphenation of octyl and norvancomycin monoliths. Electrophoresis 30: 682-688.

[9] D'Orazio G,Fanali S(2010)Coupling capillary electrochromatography with mass spectrometry by using a liquid-junction nanospray interface. J Chromatogr A 1217:4079-4086.

[10] Rocchi S,Fanali C,Fanali S(2015)Use of anovel sub-2μm silica hydride vancomycin stationary phase in nano-liquid chromatography. II. Separation of derivatized amino acid enantiomers. Chirality 27:767-772.

[11] Rocchi S,Rocco A,Pesek JJ,Matyska MT,Capitani D,Fanali S(2015)Enantiomers separation by nano-liquid chromatography:use of a novel sub-2μm vancomycin silica hydride stationary phase. J Chromatogr A 1381:149-159.

[12] D'Orazio G,Cifuentes A,Fanali S(2008)Chiral nano-liquid chromatography-mass spectrometry applied to amino acids analysis for orange juice profiling. Food Chem 108:1114-1121.

[13] D'Orazio G,Aturki Z,Cristalli M,Quaglia MG,Fanali S(2005)Use of vancomycin chiral stationary phase for the enantiomeric resolution of basic and acidic compounds by nanoliquid chromatography. J Chromatogr A 1081:105-113.

[14] ArmstrongDW,RundlettKL,Chen J-R Evaluation of the macrocyclic antibiotic vancomycin as a chiral se-lector for capillary electrophoresis. Chirality 6:496-509.

[15] Loukili B,Dufresne C,Jourdan E et al(2003)Study of tryptophan enantiomer binding to a teicoplanin-based stationary phase using the perturbation technique:investigation of the role of sodium perchlorate in solute retention and enantioselectivity. J Chromatogr A 986:45-53.

[16] Fanali S,Desiderio C(1996)Use of vancomycin as chiral selector in capillary electrophoresis. Optimization and quantitation. J High Resolut Chromatogr 19:322-326.

[17] Ward TJ,Dann C III,Brown AP(1996)Separation of enantiomers using vancomycin in a countercurrent process by suppression of electroosmosis. Chirality 8:77-83.

[18] Desiderio C,Aturki Z,Fanali S(2001)Use ofvancomycin silica stationary phase in packed capillary elec-trochromatography I. Enantiomer separation of basic compounds. Electrophoresis 22:535-543.

[19] Fanali S,Rudaz S,Veuthey JL,Desiderio C(2001)Use of vancomycin silica stationary phase in packed capillary electrochromatography. II:Enantiomer separation of venlafaxine and O-desmethylvenlafaxine in human plasma. J Chromatogr A 919:195-203.

[20] Kotoni D,Ciogli A,Molinaro C et al(2012)Introducing enantioselective ultrahigh-pressure liquid chroma-tography(eUHPLC):theoretical inspections and ultrafast separations on a new sub-2-mm Whelk-O1 sta-tionary phase. Anal Chem 84:6805-6813.

[21] Farooq Wahab M,Wimalasinghe RM,Wang Yet al(2016)Salient sub-second separations. Anal Chem 88: 8821-8826.

[22] D'Orazio G,Rocco A,Fanali S(2012)Fast liquid chromatography using columns of different internal diam-eters packed with sub-2 μm silica particles. J Chromatogr A1228:213-220.

[23] Chankvetadze B, Bergenthal D, WennemerH. Vorrichtung zur Trennung von Substanzgemischen mittels Flüssigchromatographie. DE10260700. 2004.

14　基于奎宁的两性离子手性固定相在液相色谱分离对映体中的应用：综述

Istva′n Iiisz，Attila Bajtai，Antal Pe′ter，

Wolfgang Lindner

摘要： 早在 2000 年初期，在样品分析和制备过程中，应用手性固定相（CSPs）的色谱方法成为使用最广泛的色谱方法。配备各种手性选择剂的高效液相色谱（HPLC）提供了最先进的"手性分析"方法，这种选择器一般采用共价键合硅胶载体。虽然目前有大量的 CSPs 可用，但仍需要设计和开发新的"手性柱"，在实践中，需要不同手性柱的良好组合来应对具有挑战性的对映体分辨任务。Lindner 及其合作团队所开发的独特手性阴离子、阳离子和两性离子交换剂扩展了 CSPs 的有效适用范围。在此背景下，本章概述讨论并总结了通过使用基于奎宁的两性离子交换剂对手性酸和两性电解质直接进行对映体分离。我们的主要目的是提供有关实际解决方案的综合信息，重点是分子识别和方法变量。

关键词： 手性，对映体分离，高效液相色谱，离子交换剂，两性离子手性固定相，奎宁类

14.1 引言

在过去的 30 年里，手性技术领域快速发展。作为该领域的一部分，液相色谱对映体分离最初是通过使用各种对映体试剂衍生化形成非对映体衍生物间接进行的，非对映体衍生物可以在非手性柱上分离，特别是反相（RP）柱。然而到目前为止，应用手性固定相（CSPs）的直接色谱对映体分离技术成为最常用的分析和制备分离的方法。

自从 1966 年首次发表用于气相色谱分离的 CSPs 开始[1]，手性分离技术已经成为分析化学一个非常复杂的领域，迄今为止，基于液相色谱（LC）的方法在该领域占主导地位。目前，大量（>100）基于 LC 和超临界或亚临界流体色谱法（SFC）的 CSPs 用于对映体分离，已经出现在市场上或在文献中有所描述。然而，这些 CSPs 的手性选择剂（SO）往往来自相对较少的手性起始材料，氨基酸（天然或非天然）、肽、蛋白质、环糊精、环果聚糖（主要是衍生化形式）、衍生的线性或支链多糖、大环化合物如糖肽类抗生素和手性冠醚等化合物、离子交换剂和其他全合成的手性化合物都可用于此目的。在这一章中，我们将用奎宁（又称金鸡纳碱）衍生的两性离子手性选择剂和 CSPs 作为手性离子交换剂。

正如 Lämmerhofer 和 Lindner 文献中所列出的[2]，首次利用 LC 通过奎宁来研究对映体拆分可以追溯到 19 世纪 50 年代初期[3,4]。在 19 世纪 80 年代，Izumoto 等[5,6] 和 Petterson 等[7-9] 利用奎宁环残基和酸性分析物之间形成的离子对，开发了基于 LC 的新方法，而 Rosini 等制备了以二氧化硅为载体、奎宁为基础的色谱材料[10]。后来，基于奎宁的 CSPs 也有所报道。然而，这些 CSPs 对映选择性低，并且应用范围窄。Lindner 等提出了一种概念性结构修改，通过天然生物碱的羟基氨基甲酰化，实现了奎宁氨基甲酸酯型 CSPs 的突破[11]。2002 年，基于奎宁（QN）和奎尼丁（QD）的 CSPs 衍生物氨基甲酸叔丁酯进入了市场。这些固定相已由 Chiral Technologies Europe 命名为 Chiralpak® QN-AX 和 Chiralpak® QD-AX，并在市场上销售，自 2005 年以来已被广泛使用。

　　几年后，这些奎宁手性弱阴离子交换剂（WAX）装置在概念上通过融合 QN 和 QD 部分进行了改进，以和一种强阳离子交换剂（SCX）氨基磺酸进行组合的合成方法，生成一个单一的两性离子手性选择剂模体[12]。近些年，改进后的两性离子交换型 CSPs 作为 Chiralpak ZWIX（+）™ 和 ZWIX（–）™ 在市场上销售。新的两性 CSPs 强有力地证明了手性选择剂两种相反带电离子亚基和位点的协同效应，如图 14.1 所示。

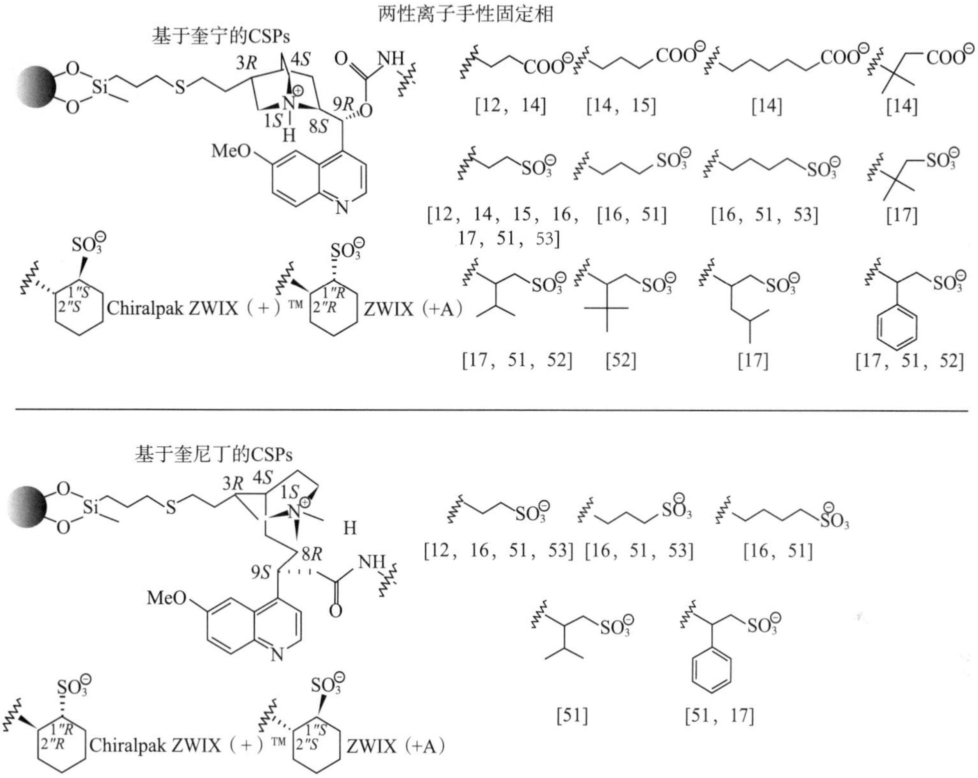

图 14.1　两性离子 CSPs 的结构（图中数字为涉及 CSPs 的参考文献）

　　两性离子 CSPs 可以作为手性阴离子和阳离子交换剂，也可作为两性离子交换剂，通过双静电相互作用与两性分析物同时发生作用。换句话说，两性离子 CSPs 具有更广泛的选择性，因为它们会通过协同作用中的单静电相互作用结合立体化学（构型和构象）参数触发的额外分子间相互作用，立体选择性地与碱性或酸性分析物相互作用。目前两性离子手性选择剂和 CSPs 已进一步改进，各自的结构如图 14.1 所示。

14.2　奎宁离子交换剂的保留机制

　　在过去几年中，许多基于 QN 和 QD 的手性选择剂和 CSPs 已用作手性阴离子交换剂。这些刷型 CSPs 都有一个共同点，即带有叔氨基的奎宁环部分，在酸性条件下可进行质子化，其 pK_a 约为 9.8[13]。质子化氮将作为手性 WAX 型选择剂正电位点，与酸性手性选择物（SA）负电荷位点形成长距离静电相互作用。奎宁环部分四个手性中心中有三个（1S,3R,4S）是相同的（图 14.1），而奎宁主链 C_8 和 C_9 原子的手性中心结构从 QN 的（S）-C_8 和（R）-C_9 变为 QD 的（R）-C_8 和（S）-C_9。手性 C_8 和 C_9 原子的绝对构型对立体结构的整体分子识别至关重要，可导致 QN 和 QD 的"伪对映体"及其衍生物的形成。

氨基甲酸酯基团周围的手性结合腔通过受氢和供氢功能表征出来，SO 中的 C_8 和 C_9 结构与 SO-SA 交互作用在色谱对映选择性和洗脱顺序中是必不可少的，可以用中间体（R）-SO-（R）-SA 和（R）-SO-（S）-SA 接合物的稳定性常数差异来表示。这同样适用于对映体（S）-SO-（R）-SA 和（S）-SO-（S）-SA 接合物。正如我们所证明的那样，应用于伪对映体 SO 部分和 CSPs（见图 14.1）会导致手性分析物对映体洗脱顺序的逆转。然而，这一概念不一定适用于所有伪对映体 QN 和 QD 型选择剂，因为它们互为非对映体。

两性离子 SO（图 14.1）是基于与质子化含奎宁环位点相关的弱正电荷部分的化学融合，该部分与磺酸残基有关，带有去质子化带负电荷的位点。ZWIX（+）选择器阴离子交换位点的分子部分基于 QN，而阳离子交换位点基于（1S,2S）-环己基-1-氨基-2-磺酸，两个带电部分是通过氨基甲酰基桥接的。根据上述伪对映体概念，ZWIX（-）选择剂由 QD 和（1R,2R）-环己基-1-氨基-2-磺酸组成。

这些两性离子和两性 SOs 的两个带电位点九键彼此分开，但由于基于多个手性中心 SO 分子的刚性，在空间上九键不能互相接近。然而，这些庞大的两性选择器能够通过长距离静电相互作用以双离子对方式与两性 SA 相互作用（图 14.2）。结合 SO 和 SA 分子取代基的空间排列，这样的理念满足了对映选择性分子识别的必要条件。SO-SA 分子间进一步的相互作用如氢键可能会起作用，但不是先决条件。正如表 14.1 中大量示例所示，这种双离子对概念可以成功地解释这种现象，其中包括游离 α-、β- 和 γ-氨基酸及多样化的短肽结构。

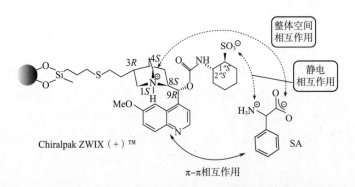

图 14.2　基于奎宁的两性离子手性固定相与两性分析物间可能存在的相互作用

由于 ZWIX SO 的两性特性以及正电荷和负电荷位点的独立属性和空间位置，原则上这些两性 SO 也可单独作为手性阴离子交换剂或手性阳离子交换剂（表 14.1）。但是这两种情况下存在的结构特性可以从化学计量的角度在两性选择剂中影响反离子官能团模体，这将影响整体色谱的保留时间。

表14.1 通过基于奎宁的两性离子CSPs进行的立体异构体分离

手性选择剂或柱	立体异构物	最有效的流动相组分	模式	参考文献
基于奎尼丁的两性离子CSPs	手性酸、碱、两性分析物（氨基酸类似物）	含有DEA 25mmol/L和FA 50mmol/L的甲醇溶液适应于酸和两性分析物；含有DEA 25mmol/L和FA 50mmol/L的甲醇：乙腈溶液（10：90，体积比）适应于碱性分析物	HPLC, 25℃ 1.0mL/min UV, 254nm	[12]
10种基于奎宁的两性离子CSPs	色氨酸、苯丙氨酸、β-苯丙氨酸、甲氟喹、妥卡尼、N-脱异丙基-丙吡胺；N-保护基-苯丙氨酸、-色氨酸、-谷氨酸	含有氨/乙酸不同比值的甲醇溶液	HPLC, 25℃ 1.0mL/min UV, 280nm	[14]
4种基于奎宁的两性离子CSPs	色氨酸、α-甲基酪氨酸、α-甲基-蘑菇酪氨酸酶、α-甲基多巴	甲醇、乙腈、水/甲醇、含有TFA的水/乙腈体系，FA和乙酸作为酸性试剂；不同比例的氨，DEA和TEA作为碱性试剂	HPLC, 25℃ 1.0mL/min UV, 254nm	[15]
烷基磺酸-、丁烷基磺酸-、氨基环己基磺酸-甲酰化奎宁和奎尼丁	（N-末端修饰）酸性氨基酸物，两性分析物；氨基酸	含有DEA 25mmol/L和FA 50mmol/L的甲醇溶液	HPLC, 25℃ 1.0mL/min UV, 254nm和CAD	[16]
烷基磺酸-、芳香基磺酸-和氨基环己基磺酸-甲酰化奎宁和奎尼丁	非衍化α-、β-、γ-氨基酸	含有DEA 25mmol/L和FA 50mmol/L的甲醇溶液	HPLC, 25℃ 0.4～0.7mL/min UV, 254nm和CAD	[17]
Chiralpak ZWIX (+)™ 和Chiralpak ZWIX (-)™	α-、β-、γ-氨基膦酸	含有氨50mmol/L和FA 200mmol/L的甲醇溶液	HPLC, 15℃ 0.4～0.7mL/min UV, 258nm	[18]
Chiralpak ZWIX (+)™ 和Chiralpak ZWIX (-)™	蛋白原α-氨基酸、多巴（DOPA）、大尿氨酸、三肽类、N-保护基氨基酸等	乙腈/水（90：10体积比），甲醇：乙腈：水（49：49：2，体积比），甲醇：THF：水（49：49：2，体积比），甲醇：水（98：2，体积比）以上体系均含有DEA 25mmol/L和FA 50mmol/L	HPLC, 25℃ 0.4～1.0mL/min UV, 230~254~270nm和ELSD	[19]
Chiralpak ZWIX (-)™	血液中甲氟喹及其羧基代谢物	甲醇：乙腈：水（49：49：2，体积比）含有甲酸铵溶液12.5mmol/L和FA 25mmol/L	HPLC-ESI-MS, 40℃ 0.5mL/min	[20]

227

续表

手性选择剂或色柱	立体异构物	最有效的流动相组成	模式	参考文献
Chiralpak ZWIX（+）™	3-羟基丁酸、3-羟基癸酸和3-羟基十四碳酸	甲醇：乙腈：乙酸（5：95：0.05，体积比）	HPLC，10～40℃ 0.3～1.0mL/min CAD	[21]
Chiralpak ZWIX（+）™和Chiralpak ZWIX（-）™	2-羟基二酸	A：甲醇：乙腈（25：75，体积比）B：甲醇：乙腈（75：25，体积比）以上体系均含有FA 90mmol/L；坡度：前30min 0～100% B；含有60mmol/L的氨，DEA或TEA的甲醇溶液或乙醇溶液或丙醇溶液	HPLC,25℃ 1.0mL/min CAD	[22]
Chiralpak ZWIX（+）™和Chiralpak ZWIX（-）™	脂肪族α-和β-羟基羧酸	甲醇：乙酸铵（98：2：0.2或96：4：1，体积比）含有5mmol/L的氨，40mmol/L FA的甲醇溶；含有15.5或2.5mmol/L FA的甲醇：乙腈（50：50或5：95，体积比）	HPLC，10～25℃ 1.0mL/min CAD	[23]
Chiralpak ZWIX（+）™和Chiralpak ZWIX（-）™	N^{α}-Boc-N^{ω}-（氢化乳清酸）-L-和D-4-氨基苯丙氨酸	含有2.5mmol/L DEA和4.0mmol/L FA的甲醇：乙腈：水（49.7：49.7：0.6，体积比）溶液；	HPLC，25℃ 0.1mL/min UV254nm	[24]
Chiralpak ZWIX（+）™和Chiralpak ZWIX（-）™	阳离子1,2,3,4-四氢化异喹啉同类物	含有12.5mmol/L TEA和25mmol/L 乙酸的甲醇：乙腈（25：75，体积比）溶液；含有12.5mmol/L TEA和25mmol/L 乙酸的甲醇：乙腈（75：25，体积比）溶液；	HPLC，10~50℃ 0.6mL/min UV215~230nm	[25]
Chiralpak ZWIX（+）™和Chiralpak ZWIX（-）™	蛋白原性氨基酸及其衍生物	甲醇：乙腈（50：50，体积比），甲醇：水（49：49：2，体积比），甲醇：THF：水（49：49：2，体积比），甲醇：水（98：2，90：10或80：20，体积比）以上均含有25mmol/L DEA和50mmol/L的MFA	HPLC，25℃ 0.5mL/min UV230~254~270nm 和ELSD	[26]
Chiralpak ZWIX（+）™	色氨酸及甲基、甲氧基和氯代同类物，色氨酸代谢产物	含有20～50mmol/L DEA和25～75mmol/L FA的甲醇：水（98：2，体积比）溶液	HPLC，25℃ 0.5mL/min UV254nm	[27]
Chiralpak ZWIX（-）™	动物血浆中D-和L-亮氨酸以及L-别异亮氨酸	甲醇：乙腈：1.0mol/L 甲酸铵水溶液：FA（500：500：25：2，体积比）	HPLC-ESI-MS，25℃ 0.5mL/min	[28]

固定相	分析物	流动相/体系	仪器条件	参考文献
Chiralpak ZWIX (+)™ 和 Chiralpak ZWIX (−)™	2-[2-(4-丙氧基苯)喹啉-4-基氧代]烷基胺类	含有12.5mmol/L DEA 和25mmol/L FA 的甲醇:THF:水 (49:49:2，体积比) 体系	HPLC, 25℃ 0.5mL/min UV, 254nm	[29]
Chiralpak ZWIX (+)™ 和 Chiralpak ZWIX (−)™	Pseudomonas poae strain RE*1-1-4 中分离出来的脂肽片段	含有9.4mmol/L 甲酸铵和9.4mmol/L FA 的甲醇:水 (98:2，体积比) 体系	UHPLC-ESI-QTOF-MS 0.7mL/min	[30]
Chiralpak ZWIX (+)™	Calchinons: 新药物	甲醇:乙腈 体积比: 3:1; 1:1; 1:3; 1:9; 含有25mmol/L 氨或 DEA 和50mmol/L FA 的甲醇:乙腈:水 (49:49:2，体积比) 体系	HPLC, 25℃ 1.0mL/min UV, 254~280nm	[31]
Chiralpak ZWIX (+)™	普瑞巴林	含有5mmol/L 甲酸铵和5mmol/L FA 的水:甲醇 (4:96, 体积比) 体系	HPLC-ESI-MS, 25℃ 1.0mL/min	[32]
Chiralpak ZWIX (+)™	FMOC-亮氨酸, 色氨酸, 嗷必妥	含有碱 (氨, DEA, TEA 或 DIPEA) 和酸 (FA, TFA, 乙酸或 HFBA) 以不同比例混合的乙腈/甲醇体系	HPLC, 25℃ 0.8mL/min UV, 230nm	[33]
Chiralpak ZWIX (+)™	N-FMOC-蛋白原性氨基酸	HPLC: 含有30mmol/L TEA 和60mmol/L FA 的水:甲醇 (1:99，体积比) 体系或含有30mmol/L TEA 和60mmol/L FA 的乙腈:甲醇 (25:75，体积比) 体系 SFC: 含有30mmol/L TEA 和60mmol/L FA 的二氧化碳:甲醇 (70:30 或 60:40, 体积比) 体系	HPLC, 5~50℃ 0.6mL/min UV 262nm; SFC 20~50℃ 2.0mL/min UV, 262nm	[34, 35]
Chiralpak ZWIX (−)™	N-FMOC-蛋白原性氨基酸	HPLC: 含有30mmol/L TEA 和60mmol/L FA 的水:甲醇 (1:99，体积比) 体系 SFC: 含有30mmol/L TEA 和60mmol/L FA 的二氧化碳:甲醇 (70:30，体积比) 体系	HPLC, 5~50℃ 0.6mL/min UV, 262nm; SFC 40℃ 2.0mL/min UV, 262nm	[35, 36]
Chiralpak ZWIX (+)™ 和 Chiralpak ZWIX (−)™	脂肪族和芳香族次级氨基酸	含有25mmol/L 碱 (氨, EA, DEA, TEA 或 PA) 和50mmol/L 酸 (乙酸或 FA) 的甲醇:乙腈 (50:50, 体积比) 体系	HPLC, −5~50℃ 0.6mL/min UV, 230nm CAD	[37]

续表

手性选择剂或柱	立体异构物	最有效的流动相组分	模式	参考文献
Chiralpak ZWIX (+)™ 和 Chiralpak ZWIX (−)™	β^2-氨基酸	含有 25mmol/L 碱（氨、DEA、TEA）和 50mmol/L（乙酸或 FA）的甲醇：乙腈（80：20，70：30，60：40，50：50，体积比）体系；含有 25mmol/L TEA 和 50mmol/L FA 的甲醇：水（98：2，体积比）体系	HPLC，−5~50℃，0.6mL/min UV，215 和 230nm	[38]
Chiralpak ZWIX (+)™ 和 Chiralpak ZWIX (−)™	环 [2.2.2] 辛烷基-3-氨基-2-羧酸	含有 25mmol/L 碱（氨、EA、DEA、TEA 或 PA）和 50mmol/L 酸（乙酸或 FA）的甲醇：乙腈（50：50，体积比）体系	HPLC，10~50℃，0.6mL/min UV，230nm	[39]
Chiralpak ZWIX (+)™ 和 Chiralpak ZWIX (−)™	单萜-β-氨基酸	含有 25mmol/L 碱（氨、EA、DEA、TEA 或 PA）和 50mmol/L 酸（乙酸或 FA）的甲醇：乙腈（50：50 或 25：75，体积比）体系	HPLC，10~50℃，0.6mL/min UV，230nm CAD	[40，41]
Chiralpak ZWIX (+)™ 和 Chiralpak ZWIX (−)™	融合异噁啉 2-氨基四环素戊酸（β-氨基酸）	含有 25mmol/L TEA 和 50mmol/L 乙酸的甲醇：乙腈（75：25，体积比）体系	HPLC，10~50℃，0.6mL/min UV，215~230nm CAD	[42]
Chiralpak ZWIX (+)™ 和 Chiralpak ZWIX (−)™	β^2-和 β^3-同源氨基酸	含有 25mmol/L 碱（PA、BA、TPA 或 TBA）和 50mmol/L 乙酸的甲醇：乙腈（50：50，体积比）体系	HPLC，10~50℃，0.6mL/min UV，215~230nm	[43]
Chiralpak ZWIX (+)™ 和 Chiralpak ZWIX (−)™	环 β-氨基酸	含有 25mmol/L 氨或 TEA 和 50mmol/L 乙酸的甲醇：乙腈（25：75 或 75：25，体积比）体系	HPLC，10~50℃，0.6mL/min CAD	[44]
Chiralpak ZWIX (+)™ 和 Chiralpak ZWIX (−)™	不常见的带烷基、芳香基和异芳基侧链的 β^3-氨基酸	含有 25mmol/L TEA 和 50mmol/L 乙酸的甲醇：乙腈（50，体积比）体系	HPLC，10~50℃，0.6mL/min UV，230nm CAD	[45]
Chiralpak ZWIX (+)™ 和 Chiralpak ZWIX (−)™	环 β-氨基羟基氨酸	含有 25mmol/L TEA 和 50mmol/L 乙酸的甲醇：乙腈（50，体积比）体系	HPLC，5~50℃，0.6mL/min CAD	[46]
Chiralpak ZWIX (+)™ 和 Chiralpak ZWIX (−)™	环 β^3-氨基酸	含有 25mmol/L DEA 和 50mmol/L 乙酸的甲醇：乙腈（50 或 80：20，体积比）体系	HPLC，5~40℃，0.6mL/min UV，230nm CAD	[47]

固定相	分析物	流动相	检测条件	参考文献
Chiralpak ZWIX (+)™ 和 Chiralpak ZWIX (−)™	柠檬精油中碳环 β-氨基酸	含有 25mmol/L DEA 和 50mmol/L 乙酸的甲醇：乙腈 (75：25, 体积比) 体系	HPLC, 5~40℃ 0.6mL/min CAD	[48]
Chiralpak ZWIX (+)™ 和 Chiralpak ZWIX (−)™	N-甲基化, 肌化和 N-FMOC 环 β-氨基酸	含有 25mmol/L TEA 和 50mmol/L FA 或 6.25mmol/L TEA 和 12.5mmol/L FA 的甲醇：乙腈 (60：40, 体积比) 体系	HPLC, 5~40℃ 0.6mL/min CAD	[49]
Chiralpak ZWIX (+)™ 和 Chiralpak ZWIX (−)™	环 β-氨基酸和环 β-氨基羟肟酸	含有 25mmol/L DEA 和 50mmol/L 乙酸的甲醇：乙腈 (50：50, 体积比) 体系	HPLC, 5~50℃ 0.6mL/min CAD	[50]
烷基磺酸－, 芳香磺酸－和氨基环己磺酸甲酰化奎宁和奎尼丁	二肽：Ala-Val, Pro, Phe, Ala-Phe, Gly-Phe, Gly-Val, Gly-Leu, Gly-Trp, Gly-Pro, Pro-Gly, Gly-Thr, Gly-Asp	含有 25mmol/L DEA 和 50mmol/L FA 的甲醇溶液	HPLC, 25℃ 1.0mL/min UV, 254nm CAD	[16]
烷基磺酸－, 芳香磺酸－和氨基环己磺酸甲酰化奎宁和奎尼丁	丙氨酸, 缬氨酸, 苯丙氨酸同源和异手性二肽, 三肽, 四肽	含有 25mmol/L DEA 和 50mmol/L FA 的甲醇溶液	HPLC, 25℃ 1.0mL/min UV, 254nm CAD	[51]
烷基磺酸－, 芳香磺酸－和氨基环己磺酸甲酰化奎宁和奎尼丁	可变立体化学构型的三肽和二肽 Lys-Ala-Ala, and Ala-Ala	含有 0.5%乙酸的甲醇溶液, 含有 10μmol/L 乙酸钠的甲醇溶液	HPLC-ESI-MS 25℃ 5.0μL/min	[52]
甲磺酸－, 芳基磺酸－和氨基环己磺酸甲酰化奎宁和奎尼丁	同源或异手性二肽：Ala-Pro, Gly-Pro, Leu-Pro, Phe-Pro 和 Pro-Pro	含有 25mmol/L DEA 和 50mmol/L FA 的甲醇溶液	HPLC, −15~45℃ 0.4mL/min CAD	[53]
Chiralpak ZWIX (+)™ 和 Chiralpak ZWIX (−)™	二肽, 三肽：Leu-Val, Gly-Gly-Val	甲醇：水 (90：10 体积比), 甲醇：乙腈：水 (49：49：2, 体积比), 甲醇：THF：水 (49：49：2, 体积比), 甲醇：水 (98：2, 体积比), 以上均含有 25mmol/L DEA 和 50mmol/L FA	HPLC, 25℃ 0.4～1.0mL/min UV, 230~254~270nm ELSD	[19]

续表

手性选择剂成柱	立体异构物	最有效的流动相组分	模式	参考文献
Chiralpak ZWIX（＋）™ 和 Chiralpak ZWIX（−）™	14 对含有二肽，三肽和四肽的非对映体和对映体的丝氨酸和苏氨酸	含有 12.5mmol/L 氨和 25mmol/L FA 的甲醇：乙腈：水（49：49：2，体积比）体系	HPLC−ESI−MS，25℃ 0.5mL/min	[54]
Chiralpak ZWIX（＋）™ 和 Chiralpak ZWIX（−）™	同源手性和异手性多肽：Gly−Asn，Gly−Asp，Gly−Leu，Gly−Ser，Gly−Val，Gly−Nva，Gly−Nle，Gly−Phe，Gly−Met，Gly−Gly−Leu，Ala−Val，Pro−Phe，Leu−Leu，Leu−Leu−Leu	甲醇；甲醇：乙腈：甲醇：THF（98：2，体积比）；甲醇：水（98：2，体积比）；以下均含有 12.5mmol/L DEA 和 25mmol/L FA 甲醇：乙腈（90：10，体积比），甲醇：THF（90：10，体积比），甲醇：水（90：10，体积比）	HPLC，25℃ 1.0mL/min CAD	[55]

14.3　化学计量置换模型

把有机酸和碱作为流动相添加剂来充当置换剂和反离子来调整保留时间是离子交换色谱中的一种常见做法。原则上，它也适用于所述的基于奎宁的手性离子交换剂。有关基本概念更详细的讨论，包括支持分子识别研究，我们参考了 Lämmerhofer 和 Lindner 的文献[2]。

简而言之，化学计量置换模型根据式（14-1）描述了离子交换过程，在交换过程中呈线性关系的反离子 [X] 浓度决定保留时间，其中 Z 与溶质和反离子的有效电荷数比值成正比[56-58]：

$$\lg k = \lg K_Z - Z\lg[X] \tag{14-1}$$

如式（14-2）所述（V_m 是由粒子之间的静止孔隙体积和流动间隙体积组成），在这个方程中 K_Z 是一个特定常数，与之相关的影响因素有：①离子交换平衡常数 K（L/mol）；②吸附剂的比表面积 S（m²/g）；③表面电荷密度 q_x（mol/m²）；④流动相体积 V_m（L）。

$$K_Z = \frac{KS(q_x)^z}{V_m} \tag{14-2}$$

因此，结合到吸附剂粒子表面的手性选择剂数量起了主导作用。K 取决于活性 SO-SA 相互作用的总和，其中最强的是静电作用。换句话说就是对于一对可溶性旋光异构体来说，K 值是不同的，因为分子间相互作用之和的大小不同。因此 K_R 与 K_S 的比值（我们假设 $K_R > K_S$）将直接与色谱选择性有关，基于此模型，可以得到关于整个离子交换过程中所涉及的电荷信息。

当讨论两性离子、阴离子、阳离子，或者与分析物发生交换时，上述所描述的机制将变得更加复杂。固有化学计量固定分子内反离子效应是两性离子 ZWIX 选择器的一个特性，根据所应用的实验条件，需要与流动相组分的反离子效应一起讨论。后文将对这个概念的相关实验进行讨论。

14.4　参数优化

对基于离子交换过程的 CSPs 来说，保留强度取决于离子（或可电离）溶质和 SO 一个或多个离子（或可电离）官能团之间的静电相互作用。在这种情况下，离子位点总是溶剂化的，并且溶剂化大小取决于溶剂组分的类型（另见下文）。就基于奎宁的 SO 来说，奎宁环中的氮在酸性条件下发生质子化，可应用于任何常用的色谱模式（$pK_a = 9.8$）[13]。需要强调的是，淋洗液酸度不仅决定奎宁环的离子状态，而且也决定着分析物的电离。因此，必须通过流动相控制引起离子相互作用的 pH。然而我们实际上正在处理作用比较明显的 pH，因为主要使用的非水流动相条件，与水溶液相比会导致 pK_a 发生变化。

显然，基于奎宁环的选择剂可作为一个带正电荷的阴离子交换剂位点。因此，需要添加阴离子或酸作为反离子来置换这个带电位点的溶质。对 ZWIX 相来说，除了奎宁环的质子化氮外，还有一个 SCX 位点（大多数情况下去质子化的环己烷磺酸基团 pK_a 约为 1）也可用于离子相互作用。因此，通过同时与两性离子 SA 和 SO 阴离子及阳离子交换剂位点的相互作用形成两个离子对。基于 SO 和 SA 的分子空间排列，可以解决对映选择性。为了从两个离子位点取代两性离子 SA，通常需要添加酸性和碱性流动相作为反离子。调整洗脱最重要的实验变量是：极性有机流动相的溶剂类型和比例，酸或碱的性质和浓度，温度和流速。

14.4.1　流动相的影响

两性离子型 CSPs 相关应用已列于表 14.1 中，并提供了相关分析物的信息、色谱图条件和应用的检测方法。

当使用基于奎宁的 CSPs 时，非水极性有机溶剂甲醇（MeOH）或乙腈（ACN）与酸或碱改性剂结合使用［极性离子（PI）模式］应作为首选流动相。作为质子溶剂的 MeOH（抑制氢键相互作用）和作为一种极性但非质子溶剂的 ACN（加强离子相互作用，干扰 π-π 相互作用）似乎是最好的组合。它可以减少（抑制）与 CSPs 的非特异性疏水相互作用，从而提高对映选择性。改变有机溶剂的性质和浓度是调整整体色谱性能的主要选择。

基于奎宁两性离子的选择器（类似于 WAX QN-AX 和 QD-AX 型色谱柱）是 MeOH 基或 ACN 基最常用的酸性淋洗液系统（表 14.1）。其他有机溶剂如乙醇（EtOH）[21]、2-丙醇（IPA)[21,37] 和四氢呋喃（THF)[34,47,55,59] 已经过测试可以用来改善分离性能。在 Chiralpak ZWIX（+）™ 上，用两倍体积百分数（体积百分数）EtOH 或 IPA 替代 MeOH 会导致保留因子略有降低。极性较小的醇类可诱导保留时间减少[21]，这表明 SO-SA 部分参与了疏水性相互作用。羟基烷烃酸的对映选择性在 EtOH 中最高，但 MeOH 发生了某些动力学效应，给出了最佳方案。当应用 Chiralpak ZWIX（+）™ 和 ZWIX（-）™ 以及基于 IPA 和 ACN 混合物的流动相（使用 IPA 代替 MeOH）时，随着洗脱液系统中 IPA 的出现，所研究的二级氨基酸的保留量显著增加。这可能是由于 IPA 在流动相中溶剂化氨基酸的能力降低。然而，对映选择性没有显著改善[37]。

在以 MeOH 和 ACN 作大体积溶剂并且只能达到部分分离的情况下，用 THF 替换 MeOH 或 ACN 可以改进对映选择性和分辨率[34,47,55,59]。然而，这样的改进强烈依赖于参与实验的氨基酸[47]。碱性反式帕罗西汀对映体是通过基于奎宁的两性离子 CSPs 进行分离的[59]。将 MeOH 或 ACN 改为 THF 后，对映选择性得到显著改善。甲醇/THF 或 ACN/THF 比率对色谱参数有较大影响。在 MeOH/THF 系统中，增加 MeOH 含量会导致保留时间降低，而在 ACN/THF 系统中增加 ACN 含量可以增加保留时间。对非衍生化寡肽来说，在 Chiralpak ZWIX（+）™ 上流动相 MeOH 中将 THF 含量从 0 增加到 10% 体积分数，保留因子也随之增加[55]。

总之，两性离子相主要用于基于 MeOH 或 ACN 的流动相。目前已发布的数据表明随着洗脱液 MeOH 中 ACN 含量的增加，保留时间也随之增加。选择性呈现不同的趋势，分离因子通常随着 ACN 含量的增加而增加，但对芳香族分析物变化趋势则相反。

这很可能是由于 ACN 影响 π-π 相互作用[37]。

观察到的色谱特点可以概括如下。

（1）保留因子随着极性含量的增加而增加，而不是非质子，ACN 可能是由于带电位点溶剂化作用减少而导致溶剂化壳层更薄，同时带电位点的距离影响 SA 和 SO 之间静电相互作用的强度。

（2）ACN 含量的增加可以促进静电相互作用和氢键相互作用，从而增加选择性，增强手性识别。在高 MeOH 含量的溶剂混合物中，SA 溶剂化的程度比在非质子 ACN 中更明显，较弱的静电相互作用导致更短的保留时间。此外，质子 MeOH 可以部分抑制氢键相互作用，同时以这种方式影响手性识别。

（3）远程离子键、氢键（如 SO 的氨基甲酸酯基团和 SA 部分基团之间）、范德瓦耳斯力、π-π 和空间相互作用的组合将决定整体对映选择性分离性能。

14.4.2　水的影响

RP 条件有利于疏水相互作用，而较低介电常数流动相可以促进离子键、氢键和偶极-偶极相互作用。在引入基于奎宁的两性离子相后[12]，很快就发现 RP 条件下分离性能通常会较低。然而值得一提的是，添加较低含量的水有利于样品溶解或修复 MS 检测兼容性问题。描述水对两性离子相对映体分离影响的论文相对较少。流动相系统中水作为主体溶剂组分被用于手性两性离子 SA 的对映体分离[15]。把基于 MeOH 洗脱液的含水量提高到 20%，氨基酸的保留时间略有下降。对于最疏水的 Trp 来说，进一步提高含水量到 80%，保留时间显著增加，而弱疏水溶质的保留时间不变或略有减少。需要注意的是，随着本研究中含水量不断增加，两者对映选择性和分辨率不断下降。根据所研究溶质的疏水性，仅在高含水量时 RP 型保留时间增加，从而形成巨大的静电力。由于洗脱液中大量水的强溶剂化作用，SO 和 SA 之间相互作用大大减少，因而基于双离子对的 SO-SA 复合物不易形成。

为了检测洗脱液中水所引起的任何细微影响，研究了 MeOH 和 ACN 流动相中自由氨基酸的对映体分离，特别是在低含水量条件下[19]。将含水量增加到 20% 会导致保留系数的急剧降低，而进一步增加到 60% 时，大多数氨基酸的保留时间减少。当含水量在 60%~80%，保留因子略有增加。实验表明，流动相中低含水量（2%）对某些分离有利，从而能够获得更好的峰形和更短的分析时间。

其他文献也对低含水量（10%）的影响进行了研究[18,32,34,45,46,55]。洗脱液中水的存在有利于亲脂性残基多肽的分离因子[55]，而水分含量 1%~5% 时对高极性氨基膦酸的对映体分离并没有起到有益的作用[18]。当通过 LC-MS 对 γ-氨基酸及其衍生物普瑞巴林的对映体进行分离时，随着含水量从 2% 增加到 5%，保留时间和分辨率减少了，但 S/N 比增加了[32]。对 9-芴甲基羰基（FMOC）保护的氨基酸对映体来说，含水量在 1%~2% 的洗脱液是有利的，而进一步增加含水量则导致色谱柱性能下降[34]。对初级 β-氨基酸对映体来说，采用水和有机淋洗液系统（MeOH 或 ACN 和水）时，最好的洗脱液是乙腈作主体溶剂，含水量不超过 10%[45]。对于 β-氨基羟膦酸来说，在 MeOH/ACN 流动相体系中随着含水量的增加，保留时间显著减少，随后选择性持续降低[46]。

由于水的溶解能力，水的存在会显著影响静电相互作用，从而在离子交换过程中起到决定性作用。一般来讲，含水量的增加能够促使保留时间缩短，选择性和分辨率降低。但需要注意的是，在某些含水量低（通常为 1%~2%）的情况下，可能仍然对整体分离性能产生积极的影响，从而获得更好的峰形和更短的保留时间。

14.4.3 酸碱性质和浓度的影响

为了调节 SO 和 SA 之间的主要离子相互作用，非水相极性有机溶剂常通过加酸或加碱进行改性。这些酸碱很大程度上影响着 SO 和 SA 的电离和离子对，因此酸碱的阴离子和阳离子影响着色谱性能。对于传统的离子交换器来说，改变反离子浓度可以方便地调整保留时间：反离子浓度越高，保留时间越短，这是 SA 和反离子竞争 SO 离子官能团的结果。

上述非水环境中离子交换过程的保留时间可通过简单的取代模型描述为[56-58]：$\log k$ 与 $\log c$ 的关系图给出了相关线性关系，其中直线的斜率与离子交换中涉及的有效电荷成正比。有几篇文章讨论了阴离子交换剂[14,22,60-64]和两性离子相[14,21,34-36,44-50,59]简单取代模型的有效性。阴离子交换剂和两性离子 CSPs 的 $\log k$ 与 $\log c$ 关系图斜率变化范围分别为 -1.2~-0.3 和 -0.8~-0.1。与阴离子交换器相比，两性离子相的斜率绝对值明显较低，一定程度上归因于其固有的特性，从化学计量的角度来讲也就是两性离子 SO 基团固有的反离子效应，在流动相中分子内抵消了反离子效应。在这些体系中，反离子对 SA 保留时间的影响远低于传统单离子色谱柱。因此，需要强调的是使用两性离子 CSPs 时，SA 的保留时间只能通过改变反离子浓度在有限的范围内进行调整。同样需要注意的是，大多数使用阴离子或两性离子交换器的情况下，对映选择性并不会因为反离子浓度而受到显著影响。在相同的色谱条件下，每个对映体的斜率几乎相同。两性离子 CSPs 可用作阳离子、阴离子和两性离子交换剂。对比单离子和两性离子模式所确定的双对数曲线斜率可以看出，两性离子模式的斜率明显更小，表明两性离子和单离子模式两者之间存在明显的差异。

流动相中酸碱性质的变化是两性离子 SO 实现最优分离的另一个参数。需要注意的是，两性离子 SO 是同时作为阳离子和阴离子交换剂的。因此，酸碱同时起到了共离子和反离子的作用。此外，两性离子 CSPs 的离子交换特性取决于分析物的结构。分析物如果以阴离子、阳离子或两性离子形式存在，酸碱可能对色谱特性有不同的重要影响。因为这个特性，酸碱对保留时间、选择性和分辨率的影响相当复杂且难以解释。

为了研究酸碱性质的影响，分离过程中通常在流动相中添加恒定大体积溶剂组分和过量的酸组分，用于确保碱以质子化的"铵"形式存在。下面引用的结果是通过市售的 Chiralpak ZWIX (+)™ 和 ZWIX (-)™ 柱获得的。

当两性离子相在两性离子模式下测定游离氨基酸对映体，阴离子交换（AX）模式下测定酸性溶质时，即氨（NH_3）、二乙胺（DEA）或三乙胺（TEA），结果证明对整体色谱性能的影响微乎其微[15]。一方面，碱可以平衡彼此，另一方面，两性离子 SO 分子内的反离子能够补偿因不同类型碱所产生的洗脱强度。不同的酸即乙酸（AcOH）、甲酸（FA）或三氟乙酸（TFA），对色谱性能的影响更加明显，这表明与阳离子交换型相互作用相比，在保留机制上，AX 类型相互作用比占主导地位。在氨基膦酸的对映体分离过程中，选用 NH_3 作为碱性添加剂，研究了酸的强度和链长（FA、AcOH、丙酸）的影响[18]。酸的碳链越长，酸性越弱，反离子特性也就不那么明显，分离效率普遍呈反向趋势。有趣的是，寡肽的分离结果却相反，也就说，相同浓度下 FA 的洗脱强度比 AcOH 弱[55]。在同一研究中，选取三种碱（NH_3、DEA、TEA）作为反离子来测试阳离子交换基团。对于大多数肽来说，洗脱强度为 TEA<DEA<NH_3。在 AX 模式下，采用两性离子相研究了 7 种碱［乙胺（EA）、DEA、TEA、丙胺（PA）、三丙胺（TPA）、丁胺（BA）和三丁胺（TBA）］和 2 种酸（AcOH 和 FA）对蛋白原性 FMOC-氨基酸进行对映体分离[34,36]。酸碱的性质对保留时间和对映选择性都没有显著影响。在 β-氨基酸[39,43]、异噁唑啉 2-氨基环戊烷羧酸[42]、反式帕罗西汀[59] 和环状 β-氨基酸[44] 的对映体分离过程中，选用不同碱（NH_3、EA、DEA、TEA、PA、TPA、BA、TBA）和 2 种酸（AcOH 和 FA）来研究共离子作用和反离子作用。随着氮原子烷基取代程度的增加，所有情况下的保留因子都有所增加。此外，几种情况下随着氨基中烷基链长度的增加，保留因子也随之增加[42,44,59]。大多数情况下，保留因子按照 TEA>DEA>EA≥NH_3 这样的顺序减少。随着酸类型（AcOH 或 FA）的变化，色谱参数没有显著变化。一般来说，酸碱对洗脱强度的影响与仲氨基酸[37]、四氢异喹啉类似物[25]、β^2-氨基酸[38]、基于单萜的 2-氨基羧酸[40] 和基于柠檬烯的环 β-氨基酸[48] 非常相似。NH_3 的洗脱强度最高，而 TEA 的洗脱强度最低。酸（AcOH 或 FA）对保留时间只有轻微的影响。洗脱强度按照 TEA≤DEA≤EA≤PA≤NH_3 依次增加，但竞争能力与碱性强度没有直接关系。在 LC 条件下，流动相酸碱添加量越大，从 SO-SA 离子对复合物取代质子化 SA 的效果越差，因而洗脱强度降低。

14.4.4　流速

硅基对映选择离子交换剂类型的固定相存在各种各样的吸附位点，传质相对缓慢，这是一个需要解决的问题[65]。仅有少量文章讨论了基于奎宁的两性离子 SO 作用下流速对色谱性能的影响。选用 Chiralpak ZWIX（+）™ 对脂肪族羟基烷烃酸进行对映体分离时，当洗脱液流速从 1mL/min 降至 0.3mL/min，效率提高到中等增益[21]。在氨基膦酸对映体分析过程中，选用基于奎宁的两性离子 CSPs，板高度在 0.66~1.33mm/s 快速增加[18]。由于增加了分析时间，折中选择了 0.93mm/s 作为最优。Van Deemter 对两性离子 CSPs 的 H–u 曲线和色谱过程动力学（粒径、孔径、选择器密度等影响）更详细的分析研究尚未发布。

14.5　通过基于奎宁的离子交换剂手性固定相对生物基质中分析物的分离

生物样品（组织、血液、生理液体等）中氨基酸对映体的分离是一项重要任务，但同时也是一个很大的挑战。为了提高方法灵敏度，氨基酸的氨基在分离和分析前通常利用紫外或荧光活性试剂进行衍生化反应[66]。在二维 HPLC（2D HPLC）中设置实施"中心切割"的概念，两个柱通过一个开关阀连接，将第一根柱的洗脱液部分转移到第二根柱上[67]。最常采用中心切割的 2D HPLC 系统是通过将一维的 RP 柱连接到二维的手性柱上来实现的，包括 QN-或基于 QD 阴离子或两性离子的固定相。在该领域，Hamase 等获得了有关的成果[68-74]、哺乳动物中 Val、*allo*-Ile、Ile、Leu、Pro 和 4-OH-Pro 的对映体[68,69]，哺乳动物和生理体液中 *allo*-Ile、Ile 和 Leu 的对映体[72]，日本黑醋中 Ala、Asp、Glu、Ser、Leu 和 *allo*-Ile 的对映体[73] 以及小鼠组织和生理液中 Asp 和 Glu 的对映体[74] 用 4-氟-7-硝基-3,1,3-苯并噁二唑（NBD-F）进行衍生化后，在二维 HPLC 中通过装有 Chiralpak® QN-AX、QD-AX[68,72]、QN-AX、QD-AX、QN-2AX、QD-2AX[69]、QN-AX[73] 和 QD-AX[74] 的荧光检测器成功分离（表 14.1）。对牛乳样品中的 Ala、Arg、Asp、Glu、Ile、Leu、Phe 和 Val 用 5-（二甲氨基）萘-1-磺酰基（DNS）进行保护，使用叔丁基氨基甲酰化 QN 和 QD CSP 和 UV 进行检测[67]。使用 6-氨基喹啉基对 *N*-羟基琥珀酰亚胺氨基甲酸酯（AccQ）和 *p*-*N*,*N*,*N*-三甲基氨基-*N*'-羟基丁二胺亚酰甲酸酯碘化物（TAHS）对大鼠血浆和组织中的 Ala、Asp 和 Ser 进行衍生化，通过二维两性离子 ZWIX（+）柱后使用高灵敏度 MS/MS 进行检测[70]。一种新的柱前衍生化试剂带有 6-甲氧基-4-喹啉基团的 [2,5-二氧代吡咯烷-1-基（2-（6-甲氧基-4-氧喹啉-1（4H）-基乙基碳酸酯] 最近已被设计并合成，主要用于蛋白胺氨基酸的分析。三种对映选择性柱 QN-AX、ZWIX（+）和基于 NBD-Ala 对映体的 CSPs 可对所有蛋白原性氨基酸的 6-MOQ 衍生物实现分离[71]。该试剂非常适用于二维 HPLC 与荧光检测（一维）和 MS/MS 检测（二维）联用系统。

最近通过带有 MS/MS 的 UHPLC 系统，19 种蛋白氨基酸的 AccQ 衍生物在基于 QN 且表面共价键合的多孔颗粒 SO 上直接完成了分离[75]。该方法适用于野生型小鼠、缺乏 D-氨基酸氧化酶活性的突变型小鼠和杂合子小鼠大脑中所有蛋白原性 L-和 D-氨基酸的测定。

14.6 通过基于奎宁的离子交换剂手性固定相对同手性和异手性肽异构体的分离

基于奎宁的离子交换剂 CSPs 不仅具有对映选择性，而且还具有非对映选择性。基于奎宁的离子交换剂可以实现对映选择性和非对映选择性区分，一个典型的例子就是同手性和异手性肽异构体分离。还有一些例子，如通过 QD-AX CSPs 对膦酸假二肽 {hPheψ [P（O）（OH）CH₂] Phe}[76] 进行分离，通过基于氨基甲酰化 QD 微粒柱对 3,5-二硝基苯甲酰基-、3,5-二氯苯甲酰基-和 *N*-FMOC 保护的二肽和三肽[77] 以及 Ala-Ala、Ala-Leu、Leu-Ala 和 Ala-Phe 的 *N*-衍生化二肽[78] 进行分离。

通过 PIM 模式，基于烷基磺酸、芳香基磺酸和氨基环己磺酸甲酰化 QN 和 QD 的各种两性离子相成功应用于未衍生化的同手性和异手性二、三和四肽对映体和非对映体的分离[16,51-53]。通过 ZWIX（+）和 ZWIX（-）实现了二肽和三肽 Leu-Val 和 Gly-Gly-Val 的手性识别[19]；实现了含有 Ser 和 Thr 二肽、三肽和四肽的手性识别[54]；也实现了 Gly-Asn、Gly-Asp、Gly-Leu、Gly-Ser、Ala-Val Pro-Phe、Leu-Leu、Leu-Leu-Leu 等同手性和异手性肽识别[55]。

值得注意的是，当温度从-15℃升到45℃时，在两性离子 CSPs 上通过动态色谱可以观察到含 C 端 Pro 二肽的顺式和反式异构体可以相互转化。0℃以下可以分离顺反异构体。超过 10℃ 则会发生停滞和峰值合并现象，在分区时间尺度上，这是一个动态过程的特征。当超过室温时则会完全聚结，这样不受异构体互变干扰而实现对映体的分离[53]。

14.7 结论

虽然现在市场上已有相当多的"手性柱"，但设计出分析时间更短、分离更快和稳固性更高的手性固定相仍然是一项挑战和任务，同时也要求能够适用于所有类型的 CSPs，包括手性离子交换剂，这可能还包括开发用于某些高极性手性分析物专用的 CSPs。在这种情况下，非对映选择性方面的研究也不容忽视。

基于奎宁的 CSPs 经常作为弱阴离子交换剂用于分辨不同的手性酸或作为两性离子用于分离阴离子、阳离子和两性离子化合物。除了传统的基于液相色谱的应用外，这些色谱柱也可以有效地用于 SFC[34-36,61,79]。随着材料科学的进步，表面化学的最新发展促进了高效表面多孔颗粒[80] 或基于奎宁的分离传感器[81] 的发展。从色谱学的角度来看，新的颗粒形态，如转变到核壳型或亚 2 微米型颗粒，可能会进一步拓宽基于奎宁选择剂的应用范围，CSPs 朝着更高效更快速对映体分离的方向发展。沿着这个方向，让我们展望全二维 UHPLC 方法。

参考文献

[1] Gil-Av E, Feibush B, Charles-Sigler R (1966) Separation of enantiomers by gas liquid chromatography with an optically active stationary phase. Tetrahedron Lett 7:1009-1015.

[2] L€ammerhofer M, Lindner W (2008) Liquid chromatographic enantiomer separation and chiral recognition by cinchona alkaloid-derived enantioselective separation materials. AdvChromatogr 46:1-107.

[3] Grubhofer N, Schleith L (1953) Modified ion exchangers as specific adsorbents. Naturwissenschaften 40:508-512.

[4] Grubhofer N, Schleith L (1954) Splitting of racemic mandelic acid with a optically anion exchange. Hoppe Seylers Z Physiol Chem 296:262-266.

[5] Izumoto S, Sakaguchi U, Yoneda H (1983) Chromatographic study of optical resolution. 10. Stereochemical aspects of the optical resolution of cis(N)-[Co(N)2(O)4]_complexes by reversed-phase ion-pair chromatography with cinchona alkaloid cations as the ion-pairing reagents. Bull Chem Soc Jpn 56:1646-1651.

[6] Miyoshi K, Natsubori M, Dohmoto N, Izumoto S, Yoneda H (1985) Chromatographic study of optical resolution. 12. Optical resolution of bis(oxalato)(1,10-phenanthroline)cobaltate(iii) and its related anion complexes with cinchona alkaloid cations as eluent. B Chem Soc Jpn 58:1529-1534.

[7] Pettersson C (1984) Chromatographicseparation of enantiomers of acids with quinine as chiral counter ion. J Chromatogr 316:553-567.

[8] Pettersson C, Schill G (1986) Separation of enantiomers in ion-pair chromatographic systems. J Liq Chromatogr 9:269-290.

［9］Pettersson C，Gioeli C（1988）Improved resolution of enantiomers of naproxen by the simultaneous use of a chiral stationary phase and a chiral additive in the mobile phase. J Chromatogr 435：225–228.

［10］Rosini C，Bertucci C，Pini D，Altemura P，Salvadori P（1985）Cinchona alkaloids for preparing new，easily accessible chiral stationaryphases. 1. 11–（10，11–dihydro–60–methoxycinchonan–9–ol）–tiopropylsilanized silica. Tetrahedron Lett 26：3361–3364.

［11］Lammerhofer M，Lindner W（1996）Quinine and quinidine derivatives as chiral selectors. 1. Brush type chiral stationary phases for high–performance liquid chromatography based on cinchonan carbamates and their application as chiral anion exchangers. J Chromatogr A 741：33–48.

［12］Hoffmann CV，Pell R，L€ammerhofer M，Lindner W（2008）Synergistic effects on enantioselectivity of zwitterionic chiral stationary phases for separations of chiral acids，bases，and amino acids by HPLC. Anal Chem 80：8780–8789.

［13］Kacprzak K，Gawronski J（2009）Resolution of racemates and enantioselective analytics by cinchona alkaloids and their derivatives. In：Song CE（ed）Cinchona alkaloids in synthesis and catalysis. Wiley–VCH，Weinheim：421–463.

［14］Hoffmann CV，Reischl R，Maier NM，L€ammerhofer M，LindnerW（2009）Stationary phase–related investigations of quinine–based zwitterionic chiral stationary phases operated in anion–，cation–，and zwitterion–exchange modes. J Chromatogr A 1216：1147–1156.

［15］Hoffmann CV，Reischl R，Maier NM，L€ammerhofer M，Lindner W（2009）Investigations of mobile phase contributions to enantioselective anion– and zwitterion–exchange modes on quinine–based zwitterionic chiral stationary phases. J Chromatogr A1216：1157–1166.

［16］Wernisch S，Pell R，Lindner W（2012）Increments to chiral recognition facilitating enantiomer separations of chiral acids，bases，and ampholytes using Cinchona–based zwitterion exchanger chiral stationary phases. J Sep Sci35：1560–1572.

［17］Pell R，Sic′ S，Lindner W（2012）Mechanistic investigations of cinchona alkaloid–based zwitterionic chiral stationary phases. J Chromatogr A 1269：287–296.

［18］Gargano AFG，Kohout M，Macl′kova′ P，L€ammerhofer M，Lindner W（2013）Direct high–performance liquid chromatographic enantioseparation of free α–，β– and γ–aminophosphonic acids employing cinchona–based chiral zwitterionic ion exchangers. Anal Bioanal Chem 405：8027–8038.

［19］Zhang T，Holder E，Franco P，Lindner W（2014）Method development and optimization on cinchona and chiral sulfonic acid–based zwitterionic stationary phases for enantiomer separations of free amino acids by highperformance liquid chromatography. J Chromatogr A 1363：191–199.

［20］Geditz MCK，Lindner W，L€ammerhofer M，Heinkele G，Kerb R，Ramharter M，Schwab M，Hofmann U（2014）Simultaneous quantification of mefloquine（t）– and（_）–enantiomers and the carboxy metabolite in dried blood spots by liquid chromatography/tandem mass spectrometry. J Chromatogr B968：32–39.

［21］Ianni F，Pataj Z，Gross H，Sardella R，Natalini B，Lindner W，L€ammerhofer M（2014）Direct enantioseparation of underivatized aliphatic 3–hydroxyalkanoic acids with a quinine–based zwitterionic chiral stationary phase. J Chromatogr A 1363：101–108.

［22］Caldero′n C，Horak J，L€ammerhofer M（2016）Chiral separation of 2–hydroxyglutaric acid on cinchonan carbamate based weak chiral anion exchangers by high–performance liquid chromatography. J Chromatogr A 1467：239–245.

［23］Caldero′n C，L€ammerhofer M（2017）Chiral separation of short chain aliphatic hydroxycarboxylic acids on cinchonan carbamate−based weak chiral anion exchangers and zwitterionic chiral ion exchangers. J Chromatogr A1487:194−200.

[24] Ianni F, Carotti A, Marinozzi M, Marcelli G, Di Michele A, Sardella R, Lindner W, Natalini B(2015)Diastereo− and enantioseparation of aNα−Boc amino acid with a zwitterionicquinine−based stationary phase: focus on thestereorecognition mechanism. Anal ChimActa 885:174−182.

[25] Ilisz I, Grecso' N, Fülöp F, Lindner W, Pe'ter A(2015)High−performance liquid chromatographicenantioseparation of cationic1,2,3,4−tetrahydroisoquinoline analogs on cinchonaalkaloid−based zwitterionic chiral stationaryphases. Anal Bioanal Chem407:961−972.

[26] Zhang T, Holder E, Franco P, Lindner W(2014)Zwitterionic chiral stationary phasesbased on cinchona and chiral sulfonic acids forthe direct stereoselective separation of aminoacids and other amphoteric compounds. J SepSci 37:1237−1247.

[27] Fukushima T, Sugiura A, Furuta I, Iwasa S, Iizuka H, Ichiba H, Onozato M, Hikawa H, Yokoyama Y(2015)Enantiomeric separationof monosubstituted tryptophan derivativesand metabolites by HPLC with a Cinchonaalkaloid−based zwitterionic chiral stationaryphase and its application to the evaluation ofthe optical purity of synthesized 6−chloro−Ltryptophan. Int J Tryptophan Res 8:1−5.

[28] Sugimoto H, Kakehi M, Jinno F(2015)Method development for the determinationof d and l−isomers of leucine in human plasmaby high−performance liquid chromatographytandem mass spectrometry and its applicationto animal plasma samples. Anal Bioanal Chem407:7889−7898.

[29] Carotti A, Ianni F, Sabatini S, Di Michele A, Sardella R, Kaatz GW, Lindner W, Cecchetti V, Natalini B(2016)The "racemic approach" inthe evaluation of the enantiomeric NorA effluxpump inhibition activity of 2−phenylquinolinederivatives. J Pharm Biomed Anal129:182−189.

[30] Gerhardt H, Sievers−Engler A, Jahanshah G, Pataj Z, Ianni F, Gross H, Lindner W, L€ammerhofer M(2016)Methods for the comprehensivestructural elucidation of constitutionand stereochemistry of lipopeptides. JChromatogr A 1428:280−291.

[31] Wolrab D, Frühauf P, Moulisova' A, Kuchar' M, Gerner C, Lindner W, Kohout M(2016)Chiralseparation of new designer drugs(Cathinones)on chiral ion−exchange type stationaryphases. J Pharmaceut Biomed 120:306−315.

[32] Chennuru LN, Choppari T, Nandula RP, Zhang T, Franco P(2016)Direct separationof pregabalin enantiomers using a zwitterionicchiral selector by high performance liquidchromatography coupled to mass spectrometryand ultraviolet detection. Molecules 21. pii:E1578.

[33] Hanafi RS, L€ammerhofer M(2018)Responsesurface methodology for the determination ofthe design space of enantiomeric separations oncinchona−based zwitterionic chiral stationaryphases by high performance liquid chromatography. J Chromatogr A 1534:55−63.

[34] Lajko' G, Grecso' N, To'th G, Fülöp F, Lindner W, Pe'ter A, Ilisz I(2016)A comparativestudy of enantioseparations of Nα−Fmocproteinogenic amino acids on Quinine−basedzwitterionic and anion exchanger−type chiralstationary phases under hydro−organic liquidand subcritical fluid chromatographic conditions. Molecules 21. pii:E1579.

[35] Lajko' G, Ilisz I, To'th G, Fülöp F, Lindner W, Pe'ter A(2015)Application of Cinchonaalkaloid−based zwitterionic chiral stationaryphases in supercritical fluid chromatographyfor the enantioseparation of Nα−protected proteinogenicamino acids. J Chromatogr A1415:134−145.

[36] Lajko' G, Grecso' N, To'th G, Fülö F, Lindner W, Ilisz I, Pe'ter A(2017)Liquid andsubcritical fluid chro-

matographic enantioseparationof Nα‑Fmoc proteinogenic aminoacids on Quinidine‑based zwitterionic andanion‑exchanger type chiral stationary phases. A comparative study. Chirality 29:225‑238.

[37] Ilisz I,Gecse Z,Pataj Z,Fülöp F,To′th G,Lindner W,Pe′ter A(2014)Direct highperformanceliquid chromatographic enantioseparationof secondary amino acids on Cinchonaalkaloid‑based chiral zwitterionicstationary phases. Unusual temperature behavior. J Chromatogr A 1363:169‑177.

[38] Ilisz I,Grecso′N,Aranyi A,Suchotin P,Tymecka D,Wilenska B,Misicka A,Fülöp F,Lindner W,Pe′ter A (2014)Enantioseparationof β2‑amino acids on cinchona alkaloid‑basedzwitterionic chiral stationary phases. Structuraland temperature effects. J Chromatogr A1334:44‑54.

[39] Ilisz I,Grecso′ N,Palko′ M,Fülöp F,LindnerW,Pe′ter A(2014)Structural and temperatureeffects on enantiomer separations of bicyclo[2.2.2]octane‑based 3‑amino‑2‑carboxylicacids on cinchona alkaloid‑based zwitterionicchiral stationary phases. J Pharmaceut BiomedAnal 98:130‑139.

[40] Pataj Z,Ilisz I,Gecse Z,Szakonyi Z,Fulop F,Lindner W,Peter A(2014)Effect of mobilephase composition on the liquid chromatographicenantioseparation of bulkymonoterpene‑based beta‑amino acids by applyingchiral stationary phases based on Cinchonaalkaloid. J Sep Sci 37:1075‑1082.

[41] Ilisz I,Pataj Z,Gecse Z,Szakonyi Z,Fülöp F,Lindner W,Pe′ter A(2014)Unusualtemperature‑induced retention behavior ofconstrained β‑amino acid enantiomers on thezwitterionic chiral stationary phases ZWIX(t)and ZWIX(_). Chirality 26:385‑393.

[42] Ilisz I,Gecse Z,Lajko′ G,Nonn M,Fülöp F,LindnerW,Pe′ter A(2015)Investigation of thestructure‑selectivity relationships and van'tHoff analysis of chromatographic stereoisomerseparations of unusual isoxazoline‑fused 2‑aminocyclopentanecarboxylicacids on Cinchonaalkaloid‑based chiral stationary phases. J ChromatogrA 1384:67‑75.

[43] Ilisz I,Grecso N,Misicka A,Tymecka D,Lazar L,Lindner W,Peter A(2015)Comparisonof the separation performances of Cinchonaalkaloid‑based zwitterionic stationaryphases in the enantioseparation of beta (2)‑and beta(3)‑amino acids. Molecules 20:70‑87.

[44] Ilisz I,Gecse Z,Lajko G,Forro E,Fulop F,Lindner W,Peter A(2015)High‑performanceliquid chromatographic enantioseparation ofcyclic beta‑amino acids on zwitterionic chiralstationary phases based on Cinchona alkaloids. Chirality 27:563‑570.

[45] Ilisz I,Grecso′ N,Papous′ek R,Pataj Z,Barta′k P,La′za′r L,Fülöp F,Lindner W,Pe′terA(2015)High‑performance liquid chromatographicseparation of unusual β3‑aminoacid enantiomers in different chromatographicmodes on Cinchona alkaloid‑based zwitterionicchiral stationary phases. Amino Acids47:2279‑2291.

[46] Lajko′ G,Orosz T,Grecso′ N,Fekete B,Palko′ M,Fülöp F,Lindner W,Pe′ter A,Ilisz I(2016)High‑performance liquid chromatographicenantioseparation of cyclicβ‑aminohydroxamic acids on zwitterionic chiralstationary phases based on Cinchona alkaloids. Anal Chim Acta 921:84‑94.

[47] Grecso′ N,Forro′ E,Fülöp F,Pe′ter A,Ilisz I,LindnerW(2016)Combinatorial effects of theconfiguration of the cationic and the anionicchiral subunits of four zwitterionic chiral stationaryphases leading to reversal of elutionorder of cyclic β3‑amino acid enantiomers asampholytic model compounds. J ChromatogrA 1467:178‑187.

[48] Lajko′ G,Orosz T,Ugrai I,Szakonyi Z,Fülöp F,Lindner W,Pe′ter A,Ilisz I(2017)Liquid chromatographic enantioseparation oflimonene‑based carbocyclic β‑amino acids onzwitterionic Cinchona alkaloid‑based chiralstationary phases. J Sep Sci 40:3196‑3204.

[49] Orosz T,Forro′ E,Fülöp F,Lindner W,Ilisz I,Pe′ter A(2018)Effects of N‑methylation andamidination

of cyclic β–amino acids on enantioselectivityand retention characteristics usingCinchona alkaloid– and sulfonic acid–based chiralzwitterionic stationary phases. J ChromatogrA 1535:72–79.

[50] Bajtai A, Fekete B, Palko′ M, Fülöp F, Lindner W, Kohout M, Ilisz I, Pe′ter A(2017)Comparative study on the liquid chromatographicenantioseparation of cyclicβ–amino acids and the related cyclicβ–aminohydroxamic acids on Cinchonaalkaloid–based zwitterionic chiral stationaryphases. J Sep Sci 41: 1216–1223.

[51] Wernisch S, Lindner W(2012)Versatility ofcinchona–based zwitterionic chiral stationaryphases:enantiomer and diastereomer separationsof non–protected oligopeptides utilizinga multi–modal chiral recognition mechanism. JChromatogr A 1269:297–307.

[52] Bobbitt JM, Li L, Carlton DD, Yasin M, Bhawal S, Foss FW, Wernisch S, Pell R, Lindner W, Schug KA (2012)Diastereoselectivediscrimination of lysine–alanine–alaninepeptides by zwitterionic cinchona alkaloidbasedchiral selectors using electrosprayionization mass spectrometry. J Chromatogr A1269:308–315.

[53] Wernisch S, Trapp O, LindnerW(2013)Applicationof cinchona–sulfonate–based chiral zwitterionicion exchangers for the separation ofproline–containing dipeptide rotamers anddetermination of on–column isomerizationparameters from dynamic elution profiles. Anal Chim Acta 795:88–98.

[54] Reischl RJ, Lindner W(2015)The stereoselectiveseparation of serine containing peptides byzwitterionic ion exchanger type chiral stationaryphases and the study of serine racemizationmechanisms by isotope exchange and tandemmass spectrometry. J Pharm Biomed Anal116:123–130.

[55] Ianni F, Sardella R, Carotti A, Natalini B, Lindner W, L€ammerhofer M(2016)Quininebasedzwitterionic chiral stationary phase as acomplementary tool for peptide analysis:Mobile phase effects on enantio– and stereoselectivityof underivatized oligopeptides. Chirality28:5–16.

[56] Kopaciewicz W, Rounds MA, Fausnaugh J, Regnier FE(1983)Retention model for highperformanceion–exchange chromatography. JChromatogr 266:3–21.

[57] Sellergren B, Shea KJ(1993)Chiralion–exchange chromatography—correlationbetween solute retention and a theoreticalion–exchange model using imprinted polymers. J Chromatogr A 654:17–28.

[58] Stahlberg J(1999)Retention models for ionsin chromatography. J Chromatogr A 855:3–55.

[59] Grecso′ N, Kohout M, Carotti A, Sardella R, Natalini B, Fülöp F, Lindner W, Pe′ter A, Ilisz I(2016)Mechanistic considerations of enantiorecognitionon novel Cinchona alkaloid–basedzwitterionic chiral stationary phases from theaspect of the separation of trans–paroxetineenantiomers as model compounds. J PharmBiomed Anal 124:164–173.

[60] Xiong X, Baeyens WRG, Aboul–Enein HY, Delanghe JR, Tu TT, Ouyang J(2007)Impactof amines as comodifiers on the enantioseparationof various amino acid derivatives on a tertbutylcarbamoylated quinine–based chiral stationaryphase. Talanta 71:573–581.

[61] Pell R, Schuster G, L€ammerhofer M, LindnerW(2012)Enantioseparation of chiral sulfonatesby liquid chromatography and subcriticalfluid chromatography. J Sep Sci 35:2521–2528.

[62] Gargano AFG, Lindner W, L€ammerhofer M(2013)Phosphopeptidomimetic substancelibraries from multicomponent reaction:Enantioseparationon quinidine carbamate stationaryphase. J Chromatogr A 1310: 56–65.

[63] Woiwode U, Sievers–Engler A, Zimmermann A, Lindner W, Sa′nchez–MuñozOL, L€ammerhofer M(2017)Surface–anchoredcounterions on weak chiral anion–exchangersaccelerate separations and improve their compatibilityfor mass–spectrometry–hyphenation. J Chromatogr A 1503:21–31.

［64］Pe'ter A，Grecso' N，To'th G，Fülöp F，Lindner W，Ilisz I（2016）Ultra-trace analysisof enantiomeric impurities in proteinogenic NFmoc-amino acid samples on Cinchonaalkaloid-based chiral stationary phases. Isr JChem 56：1042-1051.

［65］Lammerhofer M，Gyllenhaal O，Lindner W（2004）HPLC enantiomer separation of a chiral1，4-dihydropyridine monocarboxylic acid. JPharm Biomed Anal 35：259-266.

［66］Ilisz I，Pe'ter A，LindnerW（2016）State-of-theartenantioseparations of natural and unnaturalamino acids by high-performance liquid chromatography. TrAC-Trend Anal Chem81：11-22.

［67］Ianni F，Sardella R，Lisanti A，Gioiello A，CenciGoga BT，Lindner W，Natalini B（2015）Achiral-chiral two-dimensional chromatography offree amino acids in milk：a promising tool fordetecting different levels of mastitis in cows. JPharm Biomed Anal 116：40-46.

［68］Hamase K，Morikawa A，Ohgusu T，Lindner W，Zaitsu K（2007）Comprehensiveanalysis of branched aliphatic d-amino acids inmammals using an integrated multi-loop two--dimensional column-switching high-performanceliquid chromatographic systemcombining reversed-phase and enantioselectivecolumns. J Chromatogr A 1143：105-111.

［69］Tojo Y，Hamase K，Nakata M，Morikawa A，Mita M，Ashida Y，Lindner W，Zaitsu K（2008）Automated and simultaneoustwo-dimensional micro-high-performance liquidchromatographic determination of prolineand hydroxyproline enantiomers in mammals. JChromatogr B 875：174-179.

［70］Karakawa S，Shimbo K，Yamada N，Mizukoshi T，Miyano H，Mita M，Lindner W，Hamase K（2015）Simultaneous analysis ofd-alanine，d-aspartic acid，and d-serine usingchiral high-performance liquidchromatography-tandem mass spectrometryand its application to the rat plasma and tissues. J Pharm Biomed Anal 115：123-129.

［71］Oyama T，Negishi E，Onigahara H，Kusano N，Miyoshi Y，Mita M，Nakazono M，Ohtsuki S，Ojida A，Lindner W，Hamase K（2015）Designand synthesis of a novel pre-column derivatizationreagent with a 6-methoxy-4-quinolonemoiety for fluorescence and tandem mass spectrometricdetection and its application to chiral276 Istva' n Ilisz et al.

［72］Han H，Miyoshi Y，Ueno K，Okamura C，Tojo Y，Mita M，Lindner W，Zaitsu K，HamaseK（2011）Simultaneous determination ofd-aspartic acid and d-glutamic acid in rat tissuesand physiological fluids using a multi-looptwo-dimensional HPLC procedure. J ChromatogrB 879：3196-3202.

［73］Miyoshi Y，Nagano M，Ishigo S，Ito Y，Hashiguchi K，Hishida N，Mita M，Lindner W，Hamase K（2014）Chiral aminoacid analysis of Japanese traditional Kurozuand the developmental changes during earthenwarejar fermentation processes. J ChromatogrB 966：187-192.

［74］Han H，Miyoshi Y，Koga R，Mita M，Konno R，Hamase K（2015）Changes in d-aspartic acidand d-glutamic acid levels in the tissues andphysiological fluids of mice with variousd-aspartate oxidase activities. J Pharm BiomedAnal 116：47-52.

［75］Du S，Wang Y，Weatherly CA，Holden K，ArmstrongDW（2018）Variations of L- and Daminoacid levels in the brain of wild-type andmutant mice lacking D-amino acid oxidaseactivity. Anal Bioanal Chem 410：2971-2979.

［76］Mucha A，L€ammerhofer M，Lindner W，Pawełczak M，Kafarski P（2008）Individualstereoisomers of phosphinic dipeptide inhibitorof leucine aminopeptidase. Bioorg MedChem Lett 18：1550-1554.

［77］Wang Q，Sa'nchez-Lo'pez E，Han H，Wu H，Zhu P，Crommen J，Marina ML，Jiang Z（2016）Separation of N-derivatized di- andtri-peptide stereoisomers by micro-liquid chromatographyusing a quinidine-based monolithiccolumn—analysis of L-carnosine indietary supplements. J Chromatogr A1428：176-184.

[78] Wang Q,Zhu P,Ruan M,Wu H,Peng K,Han H,Somsen GW,Crommen J,Jiang Z(2016)Chiral separation of acidic compoundsusing an O-9-(tert-butylcarbamoyl)quinidinefunctionalized monolith in micro-liquid chromatography. J Chromatogr A 1444:64-73.

[79] Pell R,Lindner W(2012)Potential of chiralanion-exchangers operated in various subcriticalfluid chromatography modes for resolutionof chiral acids. J Chromatogr A 1245:175-182.

[80] Patel DC,Breitbach ZS,Yu J,Nguyen KA,Armstrong DW(2017)Quinine bonded tosuperficially porous particles for high-efficiencyand ultrafast liquid and supercritical fluid chromatography. Anal Chim Acta 963:164-174.

[81] Patel DC,Wahab MF,O'Haver TC,ArmstrongDW(2018)Separations at the speed ofsensors. Anal Chem 90:3349-3356.

15 基于手性配体交换的高效液相色谱对映体分离

Federica Ianni, Lucia Pucciarini, Andrea Carotti,
Roccaldo Sardella, Benedetto Natalini

摘要：虽然手性配体交换色谱（CLEC）在 HPLC 中的首次应用可以追溯到 20 世纪 60 年代末，但是这种对映选择性策略仍然是目前具有螯合基团化合物直接分析的选修课。作为 CLEC 机制的一个特征，手性选择剂和对映体之间的相互作用并不以直接接触的方式发生。事实上，它作为一种 Lewis 酸，是由一个中心金属离子介导产生的，通过激活配位键同时协调选择剂和分析物这两种物质。因此，在柱中产生两个非对映体混合三元复合物，最终识别立体异构体。CLEC 可以与流动相（手性流动相，CMP）中手性选择剂，或作为固定相的一部分进行应用。后一种情况下，手性选择剂可以共价固定在固体载体（键合 CSP，B-CSP）上，也可以物理吸附在包覆手性固定相（C-CSP）的传统包装材料上。本章介绍了基于 CMP-和 C-CSP 手性系统的 CLEC 应用。

关键词：手性配体交换色谱，手性流动相，包覆手性固定相，动态包覆

15.1 引言

手性色谱问世以来，对对映体的直接分辨具有重要意义，特别是对包括分离更多光学异构体的相关步骤具有深远影响。事实上，在不需要对映体衍生化的情况下，应用于手性色谱的配体交换机制可以选择性地允许分解外消旋混合物，从而揭示了其在制备过程中蕴藏的潜力。直到今天，手性配体交换色谱（CLEC）构成了用于化合物外消旋体和对映非消旋混合物分离的方法，这些混合物能够通过配位键形成复合物。众所周知，中心金属离子［最常见的是 Cu（Ⅱ）］是 Lewis 酸受体，该受体上可以形成六齿混合非对映体复合物（图 15.1）。因此，该方法可应用于 α-氨基酸和 β-氨基酸、α-羟基酸、二醇、二胺、氨基醇、喹诺酮类和小肽的分离和分辨，这些化合物都可以形成复合物。1966 年 Gil-Av 将此方法用于气相色谱[1]，1968 年 Davankov 将此方法用于液相色谱[2]，从那以后该方法得到了广泛的应用。

通过 CLEC 系统可以选择两种概念不同的方法实现化合物对映体分离。第一种方法就是使用手性流动相（CMP），通过将合适的螯合物添加到洗脱液系统中而获得该流动相。第二种方法基于手性固定相（CSPs）的使用，其中手性选择剂通过共价键固定在固体载体（键合 CSP，B-CSP）上，或物理吸附在传统的包装材料上，通常是 C_{18} 链或多孔石墨碳（涂层 CSP，C-CSP）[3,4]。

除了可以实现未衍生化氨基酸对映体分离的可能[5-9]，CLEC 方法还具有其他优点：可通过生成紫外可见光活性金属复合物检测紫外透明分子；可以使用市场上物美价廉或易于合成的手性对映鉴别剂（手性选择剂）；对于 CMP 和 C-CSP 系统，可以使用价廉的非手性柱；以及易于分析到半制备增量的程度。此外，由于使用水作为主要洗脱

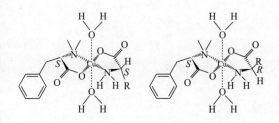

图 15.1　手性添加剂和洗脱液 N, N-二甲基-L-苯丙氨酸、　Cu（Ⅱ）和 L-或 D-氨基酸之间形成的三元复合物模型

液，CLEC 方法还具有"环保"的特性[5-9]。

使用 CLEC-CMP 可发生两种不同的情况：第一种是对映体鉴别剂只存在于流动相，第二种是它在两个色谱相之间会进行分配[3,4]。后一种情况更常见，柱中发生的主要络合反应可以用方案 1 进行描述。

$$流动相 \quad A^m + MC^m \xrightleftharpoons{K_{AMC}^m} AMC^m$$

$$\Updownarrow \qquad \Updownarrow \qquad \Updownarrow$$

$$固定相 \quad A^s + MC^s \xrightleftharpoons{K_{AMC}^s} AMC^s$$

方案 1　基于手性流动相 CLEC 系统的络合平衡

在方案 1 中，A 为对映体分析物，M 为二价金属阳离子，C 为手性选择剂。上标 m 和 s 分别表示物质在流动相和固定相中的位置；K 表示三元复合物的形成常数（络合常数）。

当 C 被动态涂覆在疏水表面上时，分析物可逆络合成三元复合物（AMC^s），通过流动相中分析物 A^m 与固定化手性选择剂——金属离子复合物 MC^s 的直接相互作用而形成。或者可以根据方案 2 所描述的两步过程，在这两步过程中，分析物首先从流动相转移到固定相（$A^m \rightleftharpoons A^s$），然后由双重 MC^s 加合物（$A^s + MC^s \rightleftharpoons AMC^s$）协调。根据 CLEC 的概念，方案 2 中描述的平衡与 C-CSP 和 B-CSP 系统同时发生。

$$流动相 \quad A^m$$

$$\Updownarrow$$

$$固定相 \quad A^s + MC^s \xrightleftharpoons{K_{AMC}^s} AMC^s$$

方案 2　基于手性固定相 CLEC 系统的络合平衡

目前为止，对于 CMP 和 C-CSP 系统来说，大量的物理化学多样性螯合物已经被评为手性选择剂。其中，氨基醇衍生物[10-13] 和氨基酸衍生物起着重要作用[14-23]。此外，其他不太常见的化合物因具有较强的协调过渡金属离子的能力也被用作 CLEC 应用的手性选择剂[24-30]。

由于 CLEC 机制是基于与疏水相互作用叠加的络合平衡，即使洗脱液组分发生微小变化，如 pH、金属离子和盐的类型和含量、有机改性剂的类型和含量、缓冲系统的类型和含量以及附加离子添加剂的类型和含量，也可能发生色谱性能的相关变化（主要是保留时间、对映选择性和分辨因子）。此外，对于 CMP 和 C-CSP 系统，还应仔细考虑洗脱液的流速、非手性柱的特点和温度。

接下来，我们将介绍一些基于 CMP 和 C-CSP 手性系统的 CLEC 应用。在 CMP 模式下，例 1 和 2 涉及了 CLEC 应用，例 3~9 则提供了可能实现 C-CSP 分离的一些方法。

15.2　材料

15.2.1　仪器和材料

（1）HPLC　如 Shimadzu LC-20A Prominence 系统（日本，京都市，岛津公司），

配备 CBM-20A 通信总线模块、两个 LC-20AD 双活塞泵和 SPD-M20A 光电二极管阵列探测器。

（2）加热式柱箱　如 GRACE® （Italy，Sedriano）加热器/冷水机（型号 7956R）。

（3）用于调整流动相 pH 的商用 pH 计。

（4）用于流动相脱气的超声波仪。

（5）用于过滤流动相和样品溶液的 0.22μm 过滤膜。

（6）OptimaPak C$_{18}$ 柱 ［150mm×4.6mm（内径），5μm，100Å 孔径］（见 15.4 注解 1）。

（7）Nova-Pak C$_{18}$ 柱 ［150mm×4.0mm（内径），4μm，60Å 孔径］（见 15.4 注解 1）。

（8）GraceSmart C$_{18}$ 柱 ［250mm×4.6mm（内径），5μm，120Å 孔径］（见 15.4 注解 1）。

（9）LiChrospher100 C$_{18}$ 柱 ［250mm×4.0mmI（内径），5μm，100Å 孔径］（见 15.4 注解 1）。

（10）μBondapak C$_{18}$ 柱 ［300mm×3.9mm（内径），10μm，125Å 孔径］（见 15.4 注解 1）。

（11）L-柱 ODS ［150mm×4.6mm（内径），5μm，120Å 孔径］（见 15.4 注解 1）。

（12）Sumipax ODS 柱 ［150mm×4.6mm（内径），5μm，120Å 孔径］（见 15.4 注解 1）。

（13）Spherisorb ODS2 柱 ［150mm×4.6mm（内径），5μm，80Å 孔径］（见 15.4 注解 1）。

15.2.2　溶液和流动相

使用 HPLC 级有机溶剂和超纯水，所有化学品都应为分析纯化学品。

15.2.2.1　流动相

（1）例 1 流动相（10mmol/L L-亮氨酸和 5mmol/L 五水硫酸铜）（见 15.4 注解 2）将 1.31g L-亮氨酸溶解于 700 mL 水中，将 1.25g 五水硫酸铜溶解 300mL 水中，然后将这两种溶液混合（见 15.4 注解 3）。将该溶液与甲醇按 88：12（体积比）的比例混合，用三氟乙酸将 pH 调整至 4.8。经过滤器（0.22μm）过滤后超声 20min（见注解 4 和 5）。

（2）例 2 流动相 ［pH7.5 乙酸钠溶液中含有 4.0mmol/L（S）-苯丙氨酰胺和 2.0mmol/L 乙酸铜］（见 15.4 注解 2、3 和 6）　将 24.61g 乙酸钠加入 1000mL 水中，制备 1.0L 0.3mol/L 乙酸钠水溶液。在 700mL 乙酸钠溶液中溶解 0.66g 乙酸铜，在 300mL 乙酸钠溶液中溶解 0.36g 乙酸铜（见 15.4 注解 4）。混合这两种溶液（见 15.4 注解 3）。将该溶液与乙腈以 72：28（体积比）的比例混合。用 5mol/L 氢氧化钠（1.0L 水中溶解 200g 氢氧化钠）调节该溶液的 pH 至 7.5。过滤器（0.22μm）过滤后超声 20min（见 15.4 注解 4）。

（3）例 3 流动相（1.0mmol/L 五水硫酸铜）（见 15.4 注解 2）　将 249.68mg 的五水硫酸铜溶解在 1000mL 水中（见 15.4 注解 2）。0.22μm 过滤器后超声 20min。

（4）例 4 流动相（1.0mmol/L 乙酸铜）　将 181.63mg 乙酸铜溶解在 1000mL 水中。0.22μm 过滤器过滤后超声 20min。

（5）例 5 流动相（0.1mmol/L 五水硫酸铜）（见 15.4 注解 2）　将 24.97mg 五水硫酸铜溶解于 1000mL 水中，与乙腈 90：10（体积比）混合。0.22μm 过滤器过滤后超声 20min。

（6）例 6 流动相（0.5mmol/L 乙酸铜）（见 15.4 注解 2）　将 90.82mg 乙酸铜溶解于 1000mL 水中，用 0.5mol/L 氢氧化钠调节 pH 至 5.7。通过 0.22μm 过滤后超声 20min（见 15.4 注解 4）。

（7）例 7 流动相（0.5mmol/L15.4 酸铜）（见 15.4 注解 2）　将 90.82mg 乙酸铜溶解在 1000mL 水中。通过 0.22μm 过滤器过滤溶液，并将洗脱液超声 20min（见 15.4 注解 7）。

（8）例 8 流动相（1.0mmol/L 五水硫酸铜）（见 15.4 注解 2）　将 249.68mg 的五水硫酸铜溶解于 1000mL 水中。通过 0.22μm 过滤器过滤溶液，并将洗脱液超声 20min（见 15.4 注解 7）。

（9）例 9 流动相（0.5mmol/L 五水硫酸铜）（见 15.4 注解 2）　将 124.84mg 0.5mmol/L 五水硫酸铜溶解在 1000mL 水中，用 2.0mmol/L 乙酸钠溶液将 pH 调整至 6.0。通过 0.22μm 过滤器后超声 20min（见 15.4 注解 4）。

15.2.2.2　样品溶液

在 0.5～1.0mg/mL 的浓度范围内溶解这些例子中提到的分析物。对于氨基酸衍生物，如 DNS-氨基酸，可以使用外消旋酸衍生物的混合物或单个外消旋氨基酸。进样前通过 0.22μm 过滤器过滤所有样品溶液。

15.3　方法

15.3.1　用 L-亮氨酸作为手性流动相添加物对氧氟沙星进行对映体分离

（1）在 HPLC 系统中安装 OptimaPak C$_{18}$ 柱［150mm×4.6mm（内径），5μm，100Å 孔径］（见 15.4 注解 1）。

（2）使用流动相以 1.0mL/min 的流速循环冲洗 12h 来平衡柱（见 15.4 注解 8）。

（3）使用新的流动相替换循环使用的流动相（见 15.4 注解 9 和 10）。

（4）将柱温箱设置为 25℃，并以 1.0mL/min 的流速平衡柱 15min。

（5）将检测器设置为 293nm，并检查基线是否稳定（见 15.4 注解 11）。

（6）注射 20μL 氧氟沙星样品溶液，记录色谱图。

一个具有代表性的色谱图如图 15.2 所示。更多的例子可以在参考文献[15] 中找到。

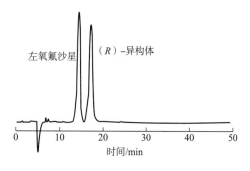

图 15.2　氧氟沙星对映体分离代表性色谱图

15.3.2 使用（*S*）-苯丙氨酰胺作为手性流动相添加剂对 DNS-氨基酸进行的对映体分离

（1）在 HPLC 系统中安装 Nova-Pak C$_{18}$ 柱 ［150mm×4.0mm（内径），4μm，60Å 孔径］（见 15.4 注解 1）。

（2）使用流动相以 0.5mL/min 的流速循环冲洗 12h 来平衡柱（见 15.4 注解 8）。

（3）使用新的流动相替换循环使用的流动相（见 15.4 注解 9 和 10）。

（4）将柱温箱设置为 25℃，再以 0.5mL/min 的流速平衡柱平衡 30min。

（5）将检测器设置为 254nm，检查基线是否稳定。

（6）注入 20μL 的样品溶液，并记录色谱图。

11 种 DNS-氨基酸混合物的代表性色谱图如图 15.3 所示。更多的例子可以参考文献[17]。使用梯度洗脱可以改善复杂混合物的分离（见 15.4 注解 12）。

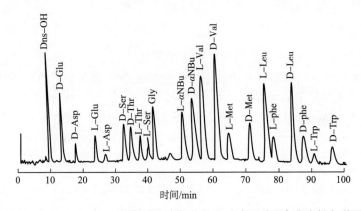

图 15.3 D，L-DNS-氨基酸混合物化学和对映同时分离代表性色谱图

15.3.3 *N*-十二烷基-*S*-三苯甲基-（*R*）-半胱氨酸作为 *α*-氨基酸对映体分离的手性选择剂

所有化学反应均应在通风良好的通风橱中进行。必须遵守所有处理化学品的安全措施。穿防护服，戴安全护目镜。

15.3.3.1 *N*-十二烷基-*S*-三苯甲基-（*R*）-半胱氨酸的合成

（1）室温下将 1.0g（2.75mmol）的 *S*-三苯甲基-（*R*）-半胱氨酸溶解在 15mL 甲醇中，放在 100mL 装有磁性搅拌棒的圆底烧瓶中。

（2）搅拌时，加入 0.19g（3.0mmol）氰基硼氢化钠，在室温下继续搅拌 20min。

（3）加入 0.67mL（3.50mmol）癸醛，在室温下继续搅拌 12h。

（4）使用旋转蒸发器减压去除溶剂。

（5）用 120g 硅胶闪相层析纯化残留物，用 3L 乙酸乙酯/甲醇从 0 至 20%（体积分数）梯度洗脱，得到 *N*-十二烷基-*S*-三苯甲基-（*R*）-半胱氨酸玻璃状固体。该产物可以用 NMR 波谱法进一步表征。

15.3.3.2 *N*-十二烷基-*S*-三苯甲基-（*R*）-半胱氨酸包覆手性固定相的制备

（1）在 HPLC 系统中安装 GraceSmart C$_{18}$ 柱 ［250mm×4.6mm （内径），5μm，120Å 孔径］（见 15.4 注解 1）。

（2）将 0.9g *N*-十二烷基-*S*-三苯甲基-（*R*）-半胱氨酸溶解于 500mL 水：甲醇（10:90，体积比）溶液中，室温下以 0.3mL/min 流速循环通过色谱柱 48h（见 15.4 注解 9）。

（3）用 50mL 水：甲醇（98:2，体积比）溶液以 1.0mL/min 流速洗脱，去除过量的 *N*-十二烷基-*S*-三苯甲基-（*R*）-半胱氨酸。

15.3.3.3 氨基酸对映体的分离

（1）在 HPLC 系统的溶剂储液瓶中填加流动相（见 15.4 注解 9）。

（2）将柱温箱设置为 25℃，将实验 3 的流动相以 0.4mL/min 平衡 24h。

（3）检测器波长设置为 254nm，流量设置为 1.0mL/min，直到获得稳定的基线（见 15.4 注解 13）。

（4）注入 20μL 的氨基酸样品溶液并记录色谱图（见 15.4 注解 14、15 和 16）。

（5）定时注射脯氨酸监测柱性能，当分离和分辨因子分别接近 1.25 和 2.30 时，才对第一个样品进行分析。

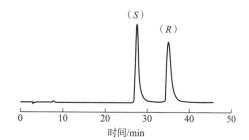

图 15.4　正亮氨酸对映体分离代表性色谱图

正亮氨酸分离的代表性色谱图如图 15.4 所示。更多的例子可以在参考文献[19]中找到。

15.3.4　（*S*）-（−）-α、α-二（2-萘）-2-吡咯烷甲醇涂层包覆手性固定相对 α-氨基酸进行对映体分离

15.3.4.1 （*S*）-（−）-α、α-二（2-萘）-2-吡咯烷甲醇涂层包覆手性固定相的制备

（1）在 HPLC 系统中安装 LiChrospher 100 C$_{18}$ 柱 ［250mm×4.0mm （内径），5μm，100Å 孔径］（见 15.4 注解 1）。

（2）将 0.5g （*S*）-（−）-α、α-二（2-萘）-2-吡咯烷甲醇溶解在 1.0L 甲醇中，并以 0.5mL/min 的流速过柱循环 4d（见 15.4 注解 9、17）。

（3）用 50mL 水：甲醇（98:2，体积比）溶液以 1.0 mL/min 流速洗涤柱，除去多余的未结合 （*S*）-（−）-α、α-二（2-萘）-2-吡咯烷甲醇。

15.3.4.2 α-氨基酸对映体分离

（1）在 HPLC 系统的溶剂储液瓶中填加流动相（见 15.4 注解 9）。

（2）将柱温箱设置为 25℃，以 1.0mL/min 的流速平衡柱。

（3）用新鲜流动相替换，并将检测器波长设置为 254nm，直到获得一个稳定的

基线。

（4）注入 20μL 的样品溶液，并记录色谱图。

（5）定期注射酪氨酸监测柱性能，当分离和分辨因子分别接近 1.70 和 4.50 时，才对第一个样品进行分析。

具有代表性的色谱图如图 15.5 所示。更多的例子可以在参考文献[10] 中找到。

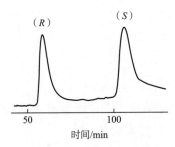

图 15.5　酪氨酸对映体分离代表性色谱图

15.3.5　(1S、2R) – N, N羧甲基十二烷基去甲麻黄碱作为 α–氨基酸对映体分离的手性选择剂

所有化学反应均应在通风良好的通风橱中进行。必须遵守所有处理化学品的安全措施。穿上防护服和戴好安全护目镜。

15.3.5.1　（1S、2R）–N, N羧甲基十二烷基去甲麻黄碱单钠盐的合成

（1）在 100mL 的圆底瓶中将 3.0g（16mmol）（1S、2R）–去甲麻黄碱溶解在 50mL 二氯甲烷中，在室温氮气环境下搅拌。

（2）在氮气环境下搅拌时，滴入 5mL（36mmol）三乙胺和 3.8mL（16mmol）月桂酰氯。

（3）在室温氮气环境下继续搅拌 30min。

（4）将有机溶液转移到分液漏斗中，用 60mL 0.5mol/L 盐酸洗涤，然后用 60mL 0.5mol/L 氢氧化钠洗涤。

（5）用无水硫酸镁干燥有机层，布氏漏斗中用滤纸过滤。

（6）使用旋转蒸发器在减压下去除有机溶剂，使二氯甲烷/石油醚进行结晶。产生约 6.0g（1S、2R）–N–月桂酰去甲麻黄碱白色结晶固体（熔点 73～75℃）。

（7）在 200mL 圆底瓶中将 5g（15mmol）（1S、2R）–N–月桂酰去甲麻黄碱溶解于 15mL THF，将 2.28g（60mmol）LiAlH₄ 溶解于 50mL THF 溶液，通过滴液漏斗加入到圆底烧瓶中，在 0℃下反应 30min 以上。

（8）将整个混合物保持回流 20h，然后冷却至 0℃，加水淬灭反应。

（9）将整个混合物通过硅藻土，然后使用旋转蒸发器在减压下去除 THF。

（10）将剩余的水溶液转移到分液漏斗中，用二氯甲烷提取所得的（1S、2R）–N–十二烷基去甲麻黄碱。

（11）用无水硫酸镁干燥二氯甲烷溶液，然后用旋转蒸发器去除二氯甲烷。

（12）从二氯甲烷/石油醚溶液中结晶固体。产生约 4.0g（1S、2R）-N-十二烷基去甲麻黄碱白色晶体（熔点 52~54℃）。

（13）在 100mL 的环形底瓶中将 3.80g（11.9mmol）（1S、2R）-N-十二烷基去甲麻黄碱溶解于 30mL 二氯甲烷。在室温下加入 1.46mL（13.1mmol）溴乙酸乙酯和 10mL 二氯甲烷搅拌。然后加入 1.83mL（13.1mmol）三乙胺。

（14）在室温下继续搅拌溶液 24h。

（15）将二氯甲烷溶液转移到一个分液漏斗中，并用水清洗反应混合物。然后将有机相用无水硫酸镁干燥，过滤后用旋转蒸发器减压下浓缩。

（16）用乙酸乙酯：正己烷 5：95（体积比）洗脱溶液通过硅胶柱层析纯化残油，得到约 1.5g 无色油状物（5R，6S）-4-十二烷基-5-甲基-6-苯基-2,3,5,6-四氢-4H-1,4-噁嗪-2-酮。

（17）室温下，在 50mL 配有磁性搅拌棒的圆底烧瓶中，将 1.4g（3.90mmol）（5R，6S）-4-十二烷基-5-甲基-6-苯基-2,3,5,6-四氢-4H-1,4-噁嗪-2-酮溶解于 20mL 甲醇中。

（18）滴加 3.45mL 1mol/L 氢氧化钠甲醇溶液，在室温下继续搅拌 5h。

（19）用旋转蒸发器蒸发溶剂，然后用玻璃炉干燥系统在高真空下去除溶剂 10h，获得约 1.50g 纯油性物（1S、2R）-N，N-羧甲基十二烷基去甲麻黄碱单钠盐。该产物可以用 NMR 波谱法进行进一步表征。

15.3.5.2 （1S、2R）-N,N-羧甲基十二烷基去甲麻黄碱单钠盐涂层手性固定相的制备

（1）在 HPLC 系统中安装 μBondaPak C$_{18}$ 柱［250mm×4.6mm（内径），10μm，125Å 孔径］（见注解 1）。

（2）将 1.3g（1S、2R）-N，N-羧甲基十二烷基去甲麻黄碱单钠盐溶解于 15mL 甲醇：水（1：1，体积比）中，并在室温下以 0.5mL/min 的流速循环通过柱（见 15.4 注解 18）。

（3）用甲醇：水（1：1，体积比）溶液洗涤柱 60min，除去未结合的（1S、2R）-N、N-羧甲基十二烷基去甲麻黄碱单钠盐。

15.3.5.3 α-氨基酸的对映体分离

（1）在 HPLC 系统的溶剂储液库中填充流动相（见 15.4 注解 9）。

（2）将柱温设置为 25℃，用流动相平衡 2h。

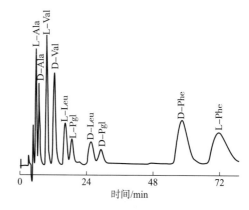

图 15.6　5 种外消旋 α-氨基酸化学和对映同步分离代表性色谱图

（3）将检测器波长设置为 254nm，直到获得稳定的基线。

（4）注入 20μL 的样品溶液，并记录色谱图。

α-氨基酸混合物对映体分离的代表性色谱图如图 15.6 所示。更多例子可以在参考文献[13] 中找到。

15.3.6　2-（2-羟基）十六烷基（S）-1，2，3，4-四氢-3-异喹啉羧酸作为 α-氨基酸对映体分离的手性选择剂

所有化学反应均应在通风良好的通风橱中进行。必须遵守所有处理化学品的安全措施。穿上防护服和戴好安全护目镜。

15.3.6.1　2-（2-羟基）十六烷基（S）-1,2,3,4-四氢-3-异喹啉羧酸的合成

（1）在 100mL 配备回流冷凝器和磁性搅拌棒的圆底瓶中，将 4.0g（24.2mmol）L-苯丙氨酸溶解于 10mL 37%（质量分数）甲醛和 42mL 37%（质量分数）盐酸，在 60℃下搅拌 24h。

（2）在冰水浴中冷却溶液至 0~5℃直到形成沉淀物。

（3）在布氏漏斗中使用滤纸过滤反应混合物，得到白色沉淀。

（4）用 50mL 冰水清洗布氏漏斗上的沉淀，在室温下真空干燥器中干燥 12h。

（5）在 100mL 圆底烧瓶中，将固体重新溶解于 50mL 沸水中，滴加 30%（质量浓度）氨溶液，直到 pH 约为 7。

（6）用冰浴将水溶液冷却至 0~5℃，直到形成固体。

（7）在布氏漏斗中使用滤纸过滤固体，分别用 20mL 冰水、20mL 无水乙醇和 20mL 乙醚清洗获得的固体。

（8）在室温真空干燥器中干燥固体 24h，获得约 2.95g（16.7mmol）（S）-1,2,3,4-四氢-3-异喹啉羧酸 [（S）-THIQCA]。

（9）室温下在装有磁性搅拌棒 100mL 圆底烧瓶中将 0.88g（4.97mmol）（S）-THIQCA 溶解在 6mL 水和 54mL 甲醇的混合物中。

（10）搅拌时加入 0.21g 氢氧化钠，在室温下继续搅拌 1h。加入 1.50g（6.25mmol）1,2-环氧十六烷，在室温下继续搅拌 24h。

（11）加入 0.1mol/L 盐酸中和溶液，定时用 pH 试纸检查溶液，得到白色的固体。

（12）在布氏漏斗中使用滤纸过滤固体，然后用 50mL 热甲醇：水（90：10，体积比）清洗固体。

（13）在室温真空干燥器中干燥固体 24h，得到 1.87g（4.48mmol）2-（2-羟基）十六烷基-（S）-1,2,3,4-四氢 3-异喹啉羧酸。该产物可以用 NMR 进一步表征。

15.3.6.2　2-（2-羟基）十六烷基-（S）-1,2,3,4-四氢-3-异喹啉羧酸包覆手性固定相的制备

（1）在 HPLC 系统中安装 μBondaPak C$_{18}$ 柱 [300mm×3.9mm（内径），10μm，125Å 孔径]（见 15.4 注解 1）。

（2）甲醇以 1.0mL/min 的流速过柱 3h。

（3）将 1.85g 2-（2-羟基）十六烷基-（S）-1,2,3,4-四氢-3-异喹啉羧酸溶解于 150mL 甲醇：水（1：1，体积比）中，在室温下以 0.5mL/min 的流速循环过柱 2.5h（见 15.4 注解 18）。

（4）在室温下，用 0.4mL/min 水洗涤柱 2h，去除未结合的 2-（2 羟基）十六烷基-（S）-1,2,3,4-四氢-3-异喹啉羧酸（见 15.4 注解 18）。

15.3.6.3 α-氨基酸的对映体分离

（1）在 HPLC 系统的溶剂储液瓶中填加流动相（见 15.4 注解 9）。

（2）将柱温箱设置为 25℃，流动相平衡 2h（见 15.4 注解 9 和 14）。

（3）将探测器波长设置为 254nm，流速设置为 1.0mL/min，并进行监测，直到获得稳定的基线。

（4）注入 20μL 的样品溶液，并记录色谱图。

脯氨酸和甲硫氨酸对映体分离的代表性色谱图如图 15.7 所示。更多的例子可以在参考文献[24] 中找到。

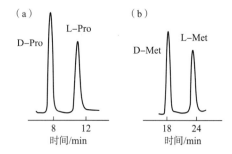

图 15.7 （a）脯氨酸和（b）甲硫氨酸对映体分离代表性色谱图

15.3.7 L-硬脂酰肉碱作为 α-氨基酸和 α-羟基羧酸对映体分离的手性选择剂

所有化学反应均应在通风良好的通风橱中进行。必须遵守所有处理化学品的安全措施。穿上防护服和戴好安全护目镜。

15.3.7.1 L-硬脂酰肉碱盐酸盐的合成

（1）将 5.2g L-肉碱盐酸盐与 9.0mL 三氟乙酸一起溶解在 50mL 配有磁性搅拌棒的圆底烧瓶中。

（2）搅拌时，加入 11.5g 硬脂酰氯，在 50℃继续搅拌混合物 2h。

（3）将反应混合物放置在室温下 18h，然后将反应混合物倒入 300mL 乙醚中形成固相。

（4）将所得产物溶解在 80mL 甲醇中，过滤后在 20mL 乙醚中重结晶得到纯 L-硬脂酰肉碱盐酸盐。

（5）在真空干燥器中干燥 24h，获得约 9.9g L-硬脂酰肉碱盐酸盐（熔点 172℃；$[\alpha]_D^{25}=-13.7$，甲醇中 $c=1.0\%$）。

该产物可以用 NMR 波谱法进一步表征。

15.3.7.2 L-硬脂酰肉碱盐酸盐包覆手性固定相的制备

（1）在 HPLC 系统中安装 L-柱 ODS ［150mm×4.6mm（内径），5μm，120Å 孔径］（见 15.4 注解 1）。

（2）将 140mg 的 L-硬脂酰肉碱盐酸盐溶解在 10mmol/L 二磷酸钠缓冲液（pH6）

和甲醇以 1∶1（体积比）组成的 2L 混合物中。室温下以 1.0mL/min 的流速过柱循环 40h（见 15.4 注解 17）。

（3）以 1.0mL/min 流速用水来洗涤柱 60min 以去除未结合的 L-硬脂酰肉碱盐。

15.3.7.3 *α*-氨基酸和*α*-羟基羧酸的对映体分离

（1）在 HPLC 系统的溶剂储液瓶中填充流动相（见 15.4 注解 9）。

（2）将柱温箱设置为 25℃，用流动相平衡柱 2h（见 15.4 注解 10 和 14）。

（3）将检测器波长设置为 254nm，并进行监测，直到获得稳定的基线。

（4）注入 20μL 样品溶液，记录色谱图（见 15.4 注解 19）。

异亮氨酸和乳酸对映体分离的代表性色谱图如图 15.8（a）(b) 所示。进一步的例子可以在参考文献[25] 中找到。

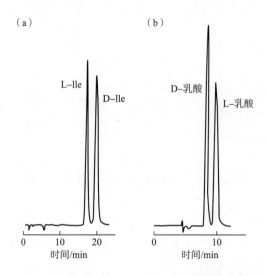

图 15.8　（a）异亮氨酸和（b）乳酸对映体分离的代表性色谱图

15.3.8　(*R*, *R*)-酒石酸单-(*R*)-L-(*α*-萘基)乙酰胺作为具有另一极性螯合部分的羧酸和胺对映体分离的手性选择剂

所有化学反应均应在通风良好的通风橱中进行。必须遵守所有处理化学品的安全措施。穿上防护服和戴好安全护目镜。

15.3.8.1　(*R*, *R*)-酒石酸单-(*R*)-L-(*α*-萘基)乙酰胺的合成

（1）在配有回流冷凝器和磁性搅拌棒的 500mL 圆底烧瓶中将 22.79g（105mmol）(*R*、*R*)-*O*、*O*-二乙酰酒石酸酐溶解于 300mL 的四氢呋喃中。

（2）搅拌时，向溶有 18.84g（*R*）-1-（*α*-萘基）乙胺的溶液是缓慢加入 100mL 四氢呋喃，并在 60℃继续搅拌 4h。

（3）使用旋转蒸发器在减压下除去溶剂。

（4）将固体残留物溶解在 200mL 二氯甲烷中，用 200mL 1.0mol/L 氢氧化钾在分离漏斗中提取有机溶液。

（5）将水溶液转移到装有磁性搅拌棒的 500mL 圆底烧瓶中，并在室温下搅拌 3h。

（6）在搅拌时，滴加入 6mol/L 盐酸，直到获得无色固体。

（7）在布氏漏斗中使用滤纸过滤固体，用 100mL 水清洗，获得无色结晶固体。

（8）将获得的（R，R）-酒石酸单-（R）-1-（α-萘基）乙酰胺在真空干燥器中干燥 24h，熔点 147~150℃，$[\alpha]_D^{25} = 51.2$，甲醇中 $c = 0.2\%$。

该产物可以用 NMR 波谱法进一步表征。

15.3.8.2 （R，R）-酒石酸单-（R）-1-（α-萘基）盐酸乙酰胺包覆手性固定相的制备

（1）在 HPLC 系统中安装 Sumipax ODS 柱［150mm×4.6mm（内径），5μm，120Å 孔径］（见 15.4 注解 1）。

（2）将 250mg（R，R）-酒石酸单-（R）-1-（α-萘基）盐酸乙酰胺酸溶解于 500mL 甲醇：水（2：8，体积比）溶液中，手性选择剂浓度达到 0.05%（质量浓度）。在室温下，以 1.0mL/min 的流速循环选择剂溶液 10h（见 15.4 注解 17、18 和 20）。

（3）在室温下，用水：甲醇（95：5，体积比）溶液以 0.5mL/min 的流速洗涤柱 2h，去除未结合的（R、R）-酒石酸单-（R）-1-（α-萘基）乙酰胺。

15.3.8.3 羧酸和胺的对映体分离

（1）在 HPLC 系统的溶剂储液瓶中填充流动相（见 15.4 注解 9）。

（2）将柱温箱设置为 25℃，以 1.0mL/min 的流动相平衡柱 2h（见 15.4 注解 9 和 14）。

（3）将检测器波长设置为 254nm，并进行监测，直到获得稳定的基线。

（4）注入 20μL 的样品溶液，并记录色谱图。

1-氨乙基膦酸对映体分离的代表性色谱图如图 15.9 所示。更多的例子可以在参考文献[28,31]中找到。

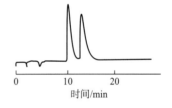

图 15.9 1-氨乙基膦酸
对映分离的代表性色谱图

15.3.9 N^2-n-辛基-（S）-苯丙氨酰胺作为二肽对映体分离的手性选择剂

所有化学反应均应在通风良好的通风橱中进行。必须遵守所有处理化学品的安全措施。穿上防护服和戴好安全护目镜。

15.3.9.1 N^2-n-辛基-（S）-苯丙氨酰胺的合成

（1）40℃下，在配有回流冷凝器和磁性搅拌棒的 500mL 三颈圆底烧瓶中将 8.2g（0.05mol）（S）-苯丙氨酰胺溶解 200mL 甲醇中。

（2）搅拌时，在氮气环境下加入 7.27mL（0.05mol）正辛烷和 1.64g Pd/C（10%）（20%质量分数）作为催化剂。

（3）常压氢气流的条件下 40℃搅拌 12h。

（4）通过硅藻土过滤去除催化剂，并使用旋转蒸发器在减压下去除溶剂。

（5）将获得的粗产物溶解在100mL用气体盐酸酸化的甲醇中，直到获得盐酸盐沉淀物。

（6）在布氏漏斗中使用滤纸过滤固体，并用100mL乙醚清洗以去除残留的醛。随后，继续用5%（质量浓度）氢氧化钠水溶液洗涤固体，以去除未反应的（S）-苯丙氨酰胺。

（7）在玻璃箱下干燥固体，用甲醇/乙醚作为溶剂结晶盐酸盐（产率70%，熔点212℃；$[\alpha]_D^{25}=34.0$，95%甲醇中$c=1$%）。该产物可以用NMR波谱法进行进一步的表征。

15.3.9.2 N^2-n-辛基-（S）-苯丙氨酰胺盐酸盐包覆手性固定相的制备

（1）在HPLC系统中安装Spherisorb ODS2柱［150mm×4.6mm（内径），5μm，80Å孔径］（见15.4注解1）。

（2）将276.22mg的N^2-n-辛基-（S）-苯丙氨酰胺溶解在1.0L流动相中，得到1.0mmol/L溶液（见15.4注解9）。

（3）在室温下，以1.0mL/min流速开始循环过柱15h（见15.4注解17）。

（4）在室温下，用1.0mL/min的水：甲醇（95：5，体积比）洗涤柱2h，除去未结合的N^2-n-辛基-（S）-苯丙氨酰胺（见15.4注解20和21）。

15.3.9.3 二肽对映体分离

（1）在HPLC系统的溶剂储液瓶中填充流动相。

（2）将柱温箱设置为25℃，以1.0mL/min的流动相平衡柱2h（见15.4注解10和19）。

（3）将检测器波长设置为254nm，并进行监测，直到获得稳定的基线。

（4）注入20μL的样品溶液，并记录色谱图。

二肽丙氨酰-丙氨酸和丙氨酰-亮氨酸对映体分离的代表性色谱图如图15.10（a）（b）所示。更多例子可以在参考文献[21]中找到。该选择剂还可用于α-氨基酸、α-氨基酸酰胺和酯以及α-羟基酸对映体分离。关于二联体［N^2-n-辛基-（S）-苯丙氨酰胺］铜（Ⅱ）复合物晶体结构的详细信息见文献[31]。

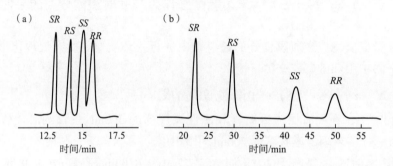

图15.10 （a）二肽丙氨酸-丙氨酸和（b）丙氨酸-亮氨酸对映体分离的代表性色谱图

15.4 注解

（1）建议使用指定柱以获得成功结果。使用其他柱可能会产生不同的色谱性能。

（2）在流动相中使用不同的 Cu（Ⅱ）盐作为 Cu（Ⅱ）源可能产生不同的色谱性能。此外，配体与金属的比例通常为 2：1。

（3）如果手性选择剂和 Cu（Ⅱ）盐各自溶解，将大大促进二元金属/（手性选择剂）2 组合的溶解。

（4）流动相的 pH 是影响 CLEC 体系色谱性能的主要因素。因此，要考虑到流动相 pH 的微小变化也可以产生完全不同的结果。

（5）在 pH≤3.5 时，对映体分离完全消失，而当洗脱液体系的 pH 超过 5.0 时，Cu（Ⅱ）离子倾向于沉淀并阻塞色谱体系。

（6）在洗脱液体系中，选择剂与 Cu（Ⅱ）的手性比为 2mmol/L：1mmol/L，从而提高了极性氨基酸的分辨率。相比之下，在洗脱液体系中，手性选择剂与 Cu（Ⅱ）比例为 4mmol/L：2mmol/L，提高了非极性氨基酸的分辨率。

（7）为了分析特别的疏水化合物，流动相中可能需要少量的甲醇或乙腈（5%～20%）。要考虑到流动相中有机改性剂的存在可能会导致色谱性能的变化。此外，流动相中过量的有机改性剂也会导致复合物在柱和洗脱体系中沉淀。而且，选择剂也可能发生渐进式解吸，逐渐导致钝化。

（8）柱的平衡至少需要 12h，因为较短的平衡时间会导致分析性能下降。

（9）在进行手性选择剂的加载或泵送流动相过柱之前，应仔细通过 0.22μm 的膜过滤器过滤溶液，并通过超声脱气处理 20min。

（10）手性选择剂 Cu（Ⅱ）复合物部分吸附在 C_{18} 柱上，与初始浓度相比，循环流动相中含有更少的 Cu（Ⅱ）离子和手性选择剂。因此，为了获得可重复的对映体分离，分析应使用刚制备的流动相进行，以取代用于涂层的流动相。

（11）在此条件下，对映体洗脱顺序为（S）-氧氟沙星<（R）-氧氟沙星。

（12）通过以下梯度模式可以改善复杂混合物的化学分离和对映体分离。

时间/min	缓冲液 A/%	缓冲液 B/%
0	100	0
15	80	20
50	10	90
70	0	100

缓冲液 A，手性选择剂：Cu（Ⅱ）-乙腈 76：24（体积比），pH 为 7.5；
缓冲器 B，手性选择剂：Cu（Ⅱ）-乙腈 69：31（体积比），pH 为 7.5。
柱温度 25℃；0.5mL/min；紫外线波长为 254nm。

（13）对于其他分析物的检测，可以应用不同的波长来获得更高的灵敏度。

（14）在 CLEC 系统中，流动相的流速或柱温度的变化会显著影响整体色谱性能。一般来说，降低流速并不影响 α 值，但会对柱效有积极影响。柱温的升高加速了配体交换速率和传质过程，从而缩短了分析物的分析时间。在一定的温度下，可以同时降低保留率。

（15）对于色谱性能（即保留时间、分离和分辨率系数值作为柱效率），死体积的时间（t_0）是通过注射含有硝酸钠的样品溶液作为未保留的标记获得的。

（16）使用后，用 500mL 1%（体积比）三氟乙酸水溶液清洗柱以去除与手性选择剂络合的大部分铜（II）。然后用纯甲醇（200mL）清洗柱以去除仍然吸附在 C_{18} 固定相上的手性选择剂。

（17）较短的循环周期会产生低性能的 C-CSP。

（18）不同的涂层速率（即通过柱的洗脱液速度）可以生成不同分析性能的 C-CSP。

（19）柱的保留体积是通过甲醇保留时间估算的。

（20）当分离效率效果不理想时，分别用 100mL 甲醇、100mL 二氯甲烷和 100mL 甲醇连续清洗柱。手性配体可以通过以下程序轻松回收：①在真空下蒸发溶液去除氯仿；②滴加 6mol/L 盐酸到含有回收手性选择剂的甲醇溶液中调节 pH 到 2~3；③硫化氢鼓泡溶液 10min，生成沉淀 CuS，然后过滤溶液；④加 1.0mol/L 氢氧化钠至碱性（pH>8）生成沉淀配体；⑤在甲醇中溶解沉淀，滴加 2mol/L 盐酸酸化溶液，在甲醇/二乙醚中重结晶（产率95%）。

（21）配体-Cu（II）复合物的吸附遵循 Langmuir 规则：吸附选择剂的数量与其在流动相中的浓度成正比。在通常浓度下，即 1.0mmol/L 配体和 0.5mmol/L Cu（II）饱和后，可以吸附 200mg（0.33mmol）N^2-n-辛基-（S）-苯丙氨酰胺与 Cu（II）的复合物，与柱的加载量 8%（质量分数）一致。

参考文献

[1] Gil-Av E, Feibush R, Charles-Sigler R (1966) Separation of enantiomers by gas liquid chromatography with an optically active stationaryphase. Tetrahedron Lett 7:1009-1015.

[2] Rogozhin SV, Davankov VA (1968) Chromatographic resolution of racemates on dissymmetric sorbents. Russ Chem Rev 37:565-575.

[3] Davankov VA, Kurganov AA, Ponomareva TM (1988) Enantioselectivity of complex formation in ligand-exchange chromatographic systems with chiral stationary and/or chiral mobile phases. J Chromatogr 452:309-316.

[4] Davankov VA (1994) Chiral selectors with chelating properties in liquid chromatography: fundamental reflections and selective review of recent developments. J Chromatogr A666:55-76.

[5] Natalini B, Sardella R, Giacche' N et al (2010) Chiral ligand-exchange separation and resolution of extremely rigid glutamate analogs: 1-aminospiro[2.2]pentyl-1,4-dicarboxylic acids. Anal Bioanal Chem 397:1997-2011.

[6] Natalini B, Sardella R, Macchiarulo A et al (2008) S-trityl-(R)-cysteine, a powerful chiral selector for the analytical and preparative ligand-exchange chromatography of amino acids. J Sep Sci 31:696-704.

［7］Natalini B,Sardella R,Pellicciari R(2005)O-benzyl-(S)-serine,a new chiral selector for ligand-exchange chromatography of amino acids. Curr Anal Chem 1:85-92.

［8］Sardella R,Macchiarulo A,Carotti A et al(2012)Chiral mobile phase in ligand-exchange chromatography of amino acids:exploring the copper(Ⅱ)salt anion effect with a computational approach. J Chromatogr A 1269:316-324.

［9］Sardella R,Ianni F,Giacche' N et al(2012)Ligand-exchange enantioresolution of dihydroisoxazole amino acid derivatives acting as glutamatergic modulators. Tr Chromatogr 7:43-56.

［10］Natalini B,Sardella R,Macchiarulo A et al(2007)(S)-(-)-α,α-di(2-naphthyl)-2-pyrrolidinemethanol,a useful tool to study the recognition mechanism in chiral ligand-exchange chromatography. J Sep Sci 30:21-27.

［11］Sliwka M,S' lebioda M,Kołodziejczyk AM(1998)Dynamic ligand-exchange chiral stationary phases derived from N-substituted(S)-phenylglycinol selectors. J Chromatogr A 824:7-14.

［12］Hyun MH,Yang DH,Kim HJ et al(1994)Mechanistic evaluation of the resolution of a-amino acids on dynamic chiral stationary phases derived from amino alcohols by ligandexchange chromatography. J Chromatogr A684:189-200.

［13］Hyun MH,Ryoo J-J,Lim NE(1993)Optical resolution of racemic α-amino acids on a dynamic chiral stationary phase by ligand exchange chromatography. J Liq Chromatogr 16:3249-3261.

［14］Gil-Av E,Tishbee A,Hare PE(1980)Resolution of underivatized amino acids by reversedphase chromatography. J Am Chem Soc102:5115-5117.

［15］Yan H,Row KH(2007)Rapid chiral separation and impurity determination of levofloxacin by ligand-exchange chromatography. AnalChim Acta 584:160-165.

［16］Galaverna G,Panto' F,Dossena A et al(1995)Chiral separation of unmodified α-hydroxy acids by ligand exchange HPLC using chiralcopper(Ⅱ)complexes of(S)-phenylalaninamide as additives to the eluent. Chirality 7:331-336.

［17］Armani E,Barazzoni L,Dossena A et al(1988)Bis(L-amino acid amidato)copper(Ⅱ)complexes as chiral eluents in the enantiomeric separation of D,L-dansylamino acids by reversed-phase high-performance liquid chromatography. J Chromatogr 441:278-298.

［18］Lee SH,Oh TS,LeeHW(1992)Enantiomeri separation of free amino acids using N-alkyl-Lproline copper(Ⅱ)complex as chiral mobile phase additive in reversed phase liquid chromatography. Bull Kor Chem Soc 13:280-285.

［19］Carotti A,Ianni F,Camaioni E et al(2017)Ndecyl-S-trityl-(R)-cysteine,a new chiral selector for "green" ligand-exchange chromatography applications. J Pharm Biomed Anal 144:31-40.

［20］Remelli M,Fornasari P,Dondi F et al(1993)Dynamic column-coating procedure for chiral ligand-exchange chromatography. Chromatographia 37:23-30.

［21］Galaverna G,Corradini R,Dossena A et al(1996)Copper(Ⅱ)complexes of N_2-alkyl-(S)-amino acid amides as chiral selectors for dynamically coated chiral stationary phases in RP-HPLC. Chirality 8:189-196.

［22］Knox JH,Wan QH(1995)Chiral chromatography of amino-and hydroxy-acids on surface modified porous graphite. Chromatographia 40:9-14.

［23］Wan QH,Shaw PN,Davies MC et al(1997)Role of alkyl and aryl substituents in chiral ligand exchange chromatography of amino acids study using porous graphitic carbon coated with N-substituted-L-proline selectors. J Chromatogr A 786:249-257.

［24］Qinghua M，ShengqingW，Ying G et al（2006）Preparation and application of Isoquinolinecarboxylic acid derivative as chiral stationary phase for ligand exchange chromatography. Chin J Anal Chem 34：311-315.

［25］Kamimori H，Konishi M（2001）Evaluation and application of liquid chromatographic columns coated with 'intelligent' ligands：（Ⅰ）acylcarnitine column. J Chromatogr A929：1-12.

［26］Zaher M，Baussanne I，Ravelet C et al（2008）Copper（Ⅱ）complexes of lipophilic aminoglycoside derivatives for the amino acid enantiomeric separation by ligand-exchange liquid chromatography. J Chromatogr A 1185：291-295.

［27］Oi N，Kitahara H，Aoki F（1995）Direct separation of carboxylic acid and amine enantiomers by high-performance liquid chromatography on reversed-phase silica gels coated with chiral copper（Ⅱ）complexes. J Chromatogr A 707：380-383.

［28］Fukuhara T，Yuasa S（1990）Novel ligandexchange chromatographic resolution of DL-amino acids using nucleotides and coenzymes. J Chromatogr Sci 28：114-117.

［29］Zaher M，Baussanne I，Ravelet C et al（2009）Chiral ligand-exchange chromatography of amino acids using porous graphitic carboncoated with a dinaphthyl derivative of neamine. Anal Bioanal Chem 393：655-660.

［30］O i N，Kitahara H，Aoki F（1993）Enantiomer separation by HPLC on reversed phase silica gel coated with copper（Ⅱ）complexes of（R,R）-tartaric acid mono-amide derivatives. J LiqChromatogr 16：893-901.

［31］Galaverna G，Pelosi G，Gasparri Fava G et al（1994）Chiral molecular laminates：crystal structures of bis（N_2-n-alkyl-（S）-phenylalaninamidato）copper（Ⅱ）complexes. Tetahedron Asymm 5：1233-1240.

16 手性超临界流体色谱法的应用

Emmanuelle Lipka

摘要： 目前多糖手性固定相非常受欢迎，这有许多原因：①其广泛的应用窗口；②在涂层或键合方式中有许多不同的化学可用性；③制备规模的巨大上样能力。事实上，手性分离仍然是一个热点话题（特别是在制药市场），在这一领域，超临界流体色谱技术正在迅速发展。然而，其应用比高效液相色谱法更为复杂。本章节说明了分析手性分离方法的发展，以及每个操作参数，即流量、出口压力和温度变化对手性分离的影响。

关键词： 超临界流体色谱法，对映体分离法，手性固定相，多糖固定相

16.1 引言

根据美国食品药品监督管理局（FDA）的政策声明，需要提供两种手性化合物对映体生物测试的方法。有两种方法来获得对映体：第一种方法是设计一个所需对映体的选择性合成途径；第二种方法是指合成一种外消旋混合物，随后被分解成相应的对映体。因此，通过色谱法可以同时得到两种对映体的分辨率。在药物开发阶段，当大量的分子需要毫克级别的初始测试时，立体选择性合成既节省时间也节省成本，而高效液相色谱（HPLC）和超临界流体色谱（SFC）都可以升级到制备色谱。最近的一篇综述集中讨论制备 SFC 问题[1]。但本章只介绍分析范围内容。

16.1.1 超临界流体的特征和性能

超临界流体的性质介于气体和液体之间。可以对该流体进行调整，使化合物充分洗脱，同时黏度和扩散系数足够高，从而产生相对快速的传质输运。表 16.1 以二氧化碳为例，分别列出了气体、超临界流体和液体各自典型的密度和黏度。超临界流体密度是液体的一半以上，从而产生相应的溶解度。然而相比之下，超临界流体的黏度更接近气体的黏度。因此，在 SFC 中通过填充柱下降的压力小于 HPLC。萘在二氧化碳中的扩散系数也列于表 16.1，与液体相比，在超临界流体中更高，因此超临界流体具有传输速度更快的优势。在 SFC 中超临界流体是流动相的主要成分。因此，这些特性（即低黏度、流动相的高扩散率和低压降）具有相似峰值效率的高流量（即短运行时间）。因为临界点（$P_c = 7.3\text{MPa}$，$T_c = 31.1\text{℃}$）很容易获得，并与待分离化合物的稳定性兼容，所以，二氧化碳是最常用的超临界流体。它也可以与许多有机溶剂混溶，而且二氧化碳的极性太低，无法洗脱具有一定极性的化合物。因此，流动相中共溶剂（也称为改性剂）通常高达 50%，并且大部分情况下是酒精或乙腈。值得注意的是，二氧化碳是一种无毒的溶剂，价格便宜，被认为是"绿色"溶剂。这一特性完全响应了环保色谱这一新的指导方针[2]。随后，SFC 开拓了自己的市场[3]。

表 16.1   在气态、超临界和液态条件下，萘在二氧化碳中的密度 ρ、

黏度 η 和扩散系数 D

形态	$\rho/$（kg/m³）	$\eta/$（μPa·s）	$D/$（m²/s）
气态，313K，0.1MPa	2	16	5.1×10^{-6}
超临界，313K，10MPa	632	17	1.4×10^{-8}
液态，300K，50MPa	1029	133	8.7×10^{-9}

16.1.2   手性超临界流体色谱法的发展

在提供光学纯异构体的不同方法中，外消旋混合物的色谱分离已被认为是一种有用的技术。可以采用间接方法和直接方法。第一种是"间接方法"，通过将化合物与手性剂衍生化形成真正的非对映体（CDA）。随后，这些非对映体可以在非手性环境中分离。第二种是"直接方法"，需要一个手性固定相（CSPs）在溶质和固定相之间形成瞬态非对映体。其中直接方法是最常用的。

16.1.2.1   手性固定相

在发展手性方法中，固定相的类型是 HPLC 和 SFC 的选择关键。基于多糖的 CSPs 是近年来最主要和使用最广泛的 CSPs，由于其显著的稳定性和负载能力[5]，目前应用于80%以上的分析[4] 和90%以上的对映体制备分离。其中，含有包覆选择剂直链淀粉三（3,5-二甲基苯基氨基甲酸酯）、纤维素三（3,5-二甲基苯基氨基甲酸酯）、直链淀粉三（S）-1-苯乙基氨基甲酸酯和纤维素三（甲酯基苯甲酸甲酯）具有广泛的对映选择性。键合的多糖 CSPs 也可以上市，但它们没有显示出比涂布型 CSPs 更高的分离能力。

16.1.2.2   流动相：改性剂（共溶剂）类型

基于分离的保留性、选择性和效率，Purnell 方程定义了分辨率如式（16-1）。

$$R_S = \frac{1}{4}\sqrt{N_2} \times \frac{k_2}{1+k_2} \times \frac{\alpha-1}{\alpha} \tag{16-1}$$

在式（16-1）中，分离度是通过 $R_S = 2$（$t_{R2}-t_{R1}$）/（W_1+W_2）计算出来的，其中 t_{R2} 和 t_{R1} 是目标物峰值的保留时间，W_1 和 W_2 是在峰侧和切线之间的基线处测量的峰值宽度。保留（或容量）因子（k）是测量第二个洗脱对映体的分析物在色谱柱上的保留率的一种方法，通过 $k=$（$t_{R2}-t_0$）/t_0 计算出 k_2，其中 1,3,5-三叔丁基苯（TTBB）计算出 t_0。N 代表理论板（或效率）的数量，是用于决定柱的性能和有效性的因素，通过方程 $N=16$（t_{R2}/W_2）² 计算了第二个洗脱峰（N_2）。在下一节中，我们将研究改性剂的类型和百分比的影响，用以提高分辨率。

在 SFC 中，主要有两种改性剂效应：①有机溶剂改变流动相的极性，改变其溶解性；②改变流动相的密度，特别是压力和温度，如高压缩性的流体（接近临界点，当流体更像气体时）[6]。然而，在目前大多数手性 SFC 应用的操作条件下，这种影响应该很小，因为流体更密集，更类似液体。

改性剂的类型影响保留时间和对映选择性，但以一种不可预测的方式在变化着。因此，在系统的筛选过程中通常采用几种流动相组分。在大多数时候首选甲醇，其次是乙醇和异丙醇。对乙腈也进行了测试。当从甲醇到乙醇和异丙醇，改性剂极性降低时，保留时间会增加，这使得手性SFC作为一种正相色谱模式成为可能。然而，其他研究表明完全不同的保留变化，这与正相理论相矛盾。因此，改性剂性质对保留时间的影响还依赖于化合物和CSPs。相反，乙腈作为一种共溶剂，由于该溶剂的非质子性质，往往导致效率和峰形差，从而导致硅醇基团的回收率非常低。与甲醇相比，通常情况下保留时间会增加。柱的效率也以一种不可预测的方式变化。事实上，谱带的增宽是由于流动相和固定相之间的缓慢扩散。因此在理论上，当流动相黏度降低时，效率应该提高（在黏性较低溶剂中随着黏度扩散速率增加）。因此，从较高黏度的醇类到甲醇，效率也应升高。然而，并没有系统性观察到这一趋势。

16.1.2.3　流动相：改性剂（共溶剂）的百分比

在手性SFC中，通过增加改性剂（流动相中最大极性组分）百分比，保留时间会减少到某一点，而后可能再次增加。在改性剂百分比较小时，保留时间的变化相对较大，而在改性剂百分比较高时，相对变化较小。在改性剂比例增加的情况下，选择性因子通常保持不变或略有下降，而分离效率则遵循两个趋势：由于流动相吸附在CSP上，随着改性剂前几个百分比的增加而增加，随后溶剂比例进一步增加，随着流动相黏性溶剂的增加，扩散速率降低，分离效率也随之降低。

16.1.2.4　流动相：添加剂

为了分离碱性或酸性化合物，可以添加第三种组分（添加剂）到流动相中以改善峰形或启动化合物的洗脱。添加剂的性质[7]或其在改性剂中的浓度对对映选择性的影响有争议。一般来说，碱性添加剂［如三乙胺（TEA）、二乙胺（DEA）或异丙胺（IPA）］用于分离碱性化合物，酸性添加剂［如三氟乙酸（TFA）或甲酸（FA）］用于分离酸性化合物。然而，相反的情况也可以产生良好的分辨率，即碱性添加剂用于分离酸性化合物或酸性添加剂用于分离碱性化合物。对于这个课题的全面研究，可见参考文献[8]。

16.1.2.5　洗脱参数：流速

很少有人通过优化流速来获得较好的分离。大多数情况下，流速的变化是为了减少分离方法的分析时间。目前，分析SFC的流速控制在$2\sim6mL/min$。由于流体的黏度低，流速可能较高。当流速增加时，保留时间减少。因为流体是可压缩的，改变其在柱中的线速度会影响其密度，从而影响其洗脱强度。因此根据Purnell方程式（16-1），分辨率随着流速的增加而降低（由于溶质的扩散率高，柱内的保留时间降低，效率保持不变）。

16.1.2.6　洗脱参数：出口压力（背压）

规定的背压通常范围在8MPa到$20\sim25MPa$。如前所述，流动相密度影响选择性。当压力增加时，流体密度增加，从而洗脱强度增加，导致保留时间减少，而分离因子减小程度较小或保持不变。保留时间的变化范围取决于流动相的组成。事实上，当流体更像气体时，即使用纯二氧化碳或小比例改性剂（低于5%）作为流动相时，压力对分辨率的影响更明显。对于似液体的流体（改性剂超过10%），压力效应不那么明显。此外，在高压条件下，扩散系数降低，柱的效率发生改变。对选择性和柱效率的影响一般小于对保留时间的影响，因此分辨率受压力变化的影响较小。

16. 1. 2. 7 洗脱参数：温度

最后但并非最不重要的参数是温度，其影响最为复杂。事实上，它可以两种相反的方式影响保留时间。在恒定压降下，温度的增加提高了溶质的扩散系数和挥发性，减少了保留时间。同时，二氧化碳的密度（洗脱强度）降低，保留时间增加[9]。

一方面，多糖 CSPs 不应在50℃以上进行；另一方面，如果柱温箱无法将温度冷却到室温以下，可用的温度变化范围就相当低（实际上在15~50℃）。

温度与保留因子之间的关系可以用 Van't Hoff 方程式（16-2）表示：

$$\ln(k) = -\left(\frac{\Delta H^{\circ}}{RT}\right) + \left(\frac{\Delta S^{\circ}}{R}\right) + \ln\beta \tag{16-2}$$

式中　　T——绝对温度；

　　　　R——理想气体常数；

　　　　β——相比率；

　　　　ΔH° 和 ΔS°——溶质转移（从流动相到固定相）中的标准摩尔焓和标准摩尔熵。

因此，$\ln(k)$ 与 $1/T$ 成线性关系。

保留因子与反向温度的 Naperian 对数主要有两种特点。

（1）曲线为新月形　表明保留时间随着温度的升高而减少。这种近 HPLC 趋势可以解释为高比例的共溶剂和高的背压（15MPa）导致流动相密度增加，并产生更多像液体的流体。因此，提高温度可以提高溶质在流动相中的溶解度，减少保留时间。

（2）曲线在不断下降　这意味着保留时间随着温度的升高而增加。这种趋势通常可以在 SFC（改性剂比例较低）中看到，当温度升高时，流体密度降低（从而降低溶剂化能力），从而导致流动相洗脱强度降低。

除了这两个模型外，作者还补充了一个"U 形"曲线，即前两个极端趋势之间的偏差，可以用固定相对保留机制的不同影响来解释[10]。

高温下，大多数 SFC 通常可以通过提高流动相扩散系数来提高柱的效率，但主要发生在 HPLC。此外，温度可能导致分析物和固定相刚度的变化，从而影响分析物进入手性腔。

此外，温度效应也与背压有关。作者指出，使用远远高于临界压力的压力限制了温度对柱效率的影响[11]。SFC 的全面综述证明了使用亚临界而非超临界条件的许多原因[12]，并提出了一个起点条件：中等温度25~30℃，压力15MPa。

因为这些复杂且拮抗的作用而无法预测温度的影响。理想情况下，温度不是一个影响保留和分辨率的参数。

与 HPLC 一样，手性分离的主要参数是固定相，然后是含二氧化碳流动相中改性剂的类型和百分比。因此流速和温度也应该被优化。与 HPLC 相比，主要的区别是在 SFC 中，在柱后施加背压以确保沿柱产生恒定压降，因此该参数也可以进行优化。在本研究中，我们选择反式二苯乙烯氧化物（TSO）作为探针，通过优化固定相和流动相开发手性分离方法，并探讨流速、温度和背压变化效应。

16.2 材料

16.2.1 仪器和材料

（1）SFC，如 SFC-PICLAB 混合 10-20 装置（France，Avignon，PIC Solution），配备泵头的低温恒温器（Germany，Offenburg，Huber，Minichiller）用于泵送二氧化碳至 −8℃；10 柱转换装置（即柱温箱）、二极管阵列检测器（如 Smartline 2600 二极管阵列探测器，Germany，Berlin，Knauer）、喷射阀。

（2）一种用于样品溶解的超声波浴。

（3）一种合适的过滤装置，如 0.45μm PTFE 注射过滤器（直径 15mm），用于将溶液过滤到样品瓶中（见 16.4 注解 1）。

（4）Chiralpak AD-H 250mm×4.6mm（内径），5μm 粒径（France，Illkirch，Chiral Technologies Europe 或 USA，PA，West Chester，Inc.，Chiral Technologies）。

16.2.2 化学试剂

使用 HPLC 级甲醇、乙醇、丙二醇（IPA）和乙腈（ACN）。使用纯度为 99.995% 的二氧化碳。所有其他化学品都应为分析级化学品。

反式二苯乙烯氧化物样品溶液（1mg/mL）：称取 10mg 反式二苯乙烯氧化物（TSO）至 10mL 容量瓶中。加入 5mL 乙醇超声处理，直到化合物完全溶解，用乙醇定容。

16.3 方法

16.3.1 系统的安装

（1）根据制造商的说明，将 Chiralpak AD-H 柱安装到热控柱转化装置中。

（2）给系统加压并检查有无泄漏（见 16.4 注解 2）。

（3）将 IPA 置于共溶剂瓶中，将 IPA 百分比设置为 100%，二氧化碳百分比设置为 0%；将流速设置为 0.25mL/min，用该流动相冲洗柱 45min。

（4）将改性剂百分比（首先使用甲醇）设置为 20%，将二氧化碳百分比设置为 80%；将流速设置为 0.25mL/min，并将柱冲洗为 45min（见 16.4 注解 3）。

（5）设置流速为 1.0mL/min，平衡 1min。

（6）设置流速为 4.0mL/min，平衡 2min。

（7）将出口压力设置为 15MPa。

（8）将柱温箱温度设置为 40℃。

（9）设置检测波长为220nm。

16.3.2　应用

16.3.2.1　例1

本例说明了当甲醇、乙醇、IPA 和 ACN 在 AD-H 的二氧化碳中使用20%时，获得的 TSO 的对映体分离结果。

（1）将甲醇放入改性剂瓶中，将甲醇的百分比设置为20%（见16.4注解4），二氧化碳的百分比设置为80%。

（2）将流速设置为4.0mL/min。

（3）平衡系统为2min。

（4）将约20μL 的 TSO 样品溶液注入系统，并开始记录色谱图约5min。以20%甲醇为改性剂的分离色谱图如图16.1所示。

（5）将乙醇置于改性剂储液瓶中。

（6）将乙醇的百分比设置为20%，将二氧化碳的百分比设置为80%。

（7）重复步骤（2）~（4）步。以20%乙醇作为改性剂的分离色谱图如图16.1所示。

（8）将 IPA 放在改性剂瓶中。

（9）将 IPA 百分比设置为20%，二氧化碳百分比设置为80%。

（10）重复步骤（2）~（4）步。以20%IPA 为改性剂的分离色谱图如图16.1所示。

（11）将乙腈放在改性剂瓶中。

（12）设置 ACN 百分比为20%，二氧化碳百分比为80%。

（13）重复步骤（2）~（4）步。以20%ACN 为改性剂的分离色谱图如图16.1所示。

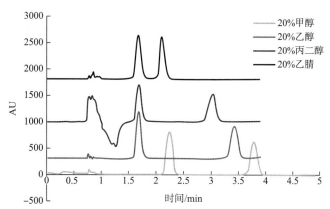

图 16.1　在40℃、15MPa 反压、4mL/min 和 λ=220nm 的条件下，含20%不同改性剂甲醇、乙醇、丙二醇（λ=254nm）或乙腈在 AD-H CSP 上二氧化碳作流动相进行对映体分离的重叠色谱图

从图16.1中可以看出，以乙醇作为改性剂获得最佳分辨率。ACN 导致保留时间较短，分辨率较低。

不同类型改性剂之间的比较也可以在 OD-H 柱上运行（见 16.4 注解 5）。在这种情况下，系统的安装［步骤（1）～（11）］应使用 OD-H 柱或使用其他类型的柱来实现。

16.3.2.2　例 2

这个例子说明了改性剂乙醇的百分比在 5%～30% 的变化对保留时间和分辨率的影响。

（1）将乙醇置于改性剂瓶中，将乙醇百分比设置为 5%，二氧化碳百分比设置为 95%。

（2）将流速设置为 4.0mL/min。

（3）平衡系统 2min。

（4）将约 20μL 的 TSO 样品溶液注入系统，并开始记录色谱图约 10min。使用 5% 乙醇进行分离的色谱图如图 16.2 所示。

（5）将乙醇百分比设置为 10%，二氧化碳百分比设置为 90%。

（6）重复步骤（2）～（4）步。以 10% 乙醇作为改性剂的分离色谱图如图 16.2 所示。

（7）将乙醇百分比设置为 15%，二氧化碳百分比设置为 85%。

（8）重复步骤（2）～（4）步。以 15% 乙醇作为改性剂的分离色谱图如图 16.2 所示。

（9）将乙醇百分比设置为 20%，二氧化碳百分比设置为 80%。

（10）重复步骤（2）～（4）步。以 20% 乙醇作为改性剂的分离色谱图如图 16.2 所示。

（11）将乙醇百分比设置为 25%，二氧化碳百分比设置为 75%。

（12）重复步骤（2）～（4）步。以 25% 乙醇作为改性剂的分离色谱图如图 16.2 所示。

（13）将乙醇百分比设置为 30%，二氧化碳百分比设置为 70%。

（14）重复步骤（2）～（4）步。以 30% 乙醇作为改性剂的分离色谱图如图 16.2 所示。

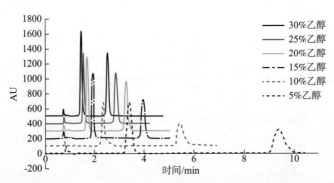

图 16.2　在 40℃、15MPa 反压、4mL/min 和 λ=220nm 的条件下，
含不同百分比的乙醇在 AD-H CSP 上二氧化碳作流动相进行 TSO 对映体分离的重叠色谱图

从图 16.2 上可以看出，对 tr_1 和 tr_2 来说，随着改性剂百分比的增加，对映体的保留时间分别从 3.41min 减少到 1.49min，从 9.37min 减少到 2.58min。随着改性剂百分比的增加，分辨率从 11.41 下降到 4.11，而效率从 5% 提高到 30%。

16.3.2.3　例3

本示例说明了在2.0~6.0mL/min，流速变化对保留时间和分辨率的影响。

（1）将乙醇置于改性剂库中，将乙醇百分比设置为10%，二氧化碳百分比设置为90%。

（2）将流速设置为2.0mL/min。

（3）平衡系统为2min。

（4）将约20μL的TSO样品溶液注入系统，并开始记录色谱图约14min。用2.0mL/min进行分离的色谱图如图16.3所示。

（5）将流速设置为3.0mL/min。

（6）重复步骤（3）和（4）。使用3.0mL/min进行分离的色谱图如图16.3所示。

（7）将流速设置为4.0mL/min。

（8）重复步骤（3）和（4）。使用4.0mL/min进行分离的色谱图如图16.3所示。

（9）设置流速为5.0mL/min。

（10）重复步骤（3）和（4）。使用5.0mL/min进行分离的色谱图如图16.3所示。

（11）设置流速为6.0mL/min。

（12）重复步骤（3）和（4）。使用6.0mL/min进行分离的色谱图如图16.3所示。

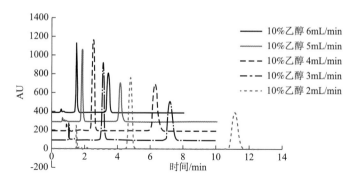

图16.3　在40℃、15MPa反压和λ=220nm的条件下，含10%乙醇在
AD-H CSP上二氧化碳作流动相进行TSO对映体分离的重叠色谱图

从图16.3可以看出，当流速从2.0到6.0mL/min时，保留时间明显下降，而分辨率仅略有下降。在40℃、10%乙醇和15MPa的条件下，在AD-H CSP上的TSO分辨率分别为9.53、8.97、8.75、7.82和7.53。事实上，柱效率受流速增加的影响并不大，因为SFC中的Van Deemter曲线斜率比HPLC中要平坦得多（见16.4注解6）。降低流速可以提高分辨率（见16.4注解7）。

16.3.2.4　例4

本例子说明了5%乙醇作有机改性剂，出口压力在8~20MPa对保留时间和分辨率的影响。

（1）将乙醇置于改性剂瓶中，将乙醇百分比设置为5%，二氧化碳百分比设置为95%。

（2）将流速设置为4.0mL/min。

（3）平衡系统为2min。

（4）将出口压力设置为8MPa。

（5）将约20μL的TSO样品溶液注入系统，并开始记录色谱图约18min。在8MPa出口压力下分离的色谱图如图16.4（a）所示。

（6）将出口压力设置为12MPa。

（7）重复步骤（5）。12MPa下分离的色谱图如图16.4（a）所示。

（8）将出口压力设置为15MPa。

（9）重复步骤（5）。15MPa下分离的色谱图如图16.4（a）所示。

（10）将出口压力设置为20MPa。

（11）重复步骤（5）。20MPa下分离的色谱图如图16.4（a）所示。

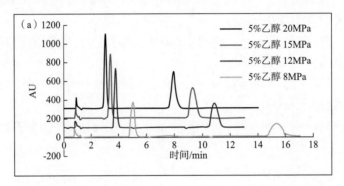

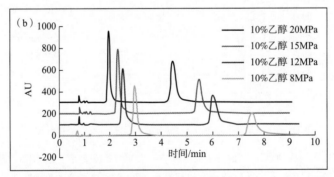

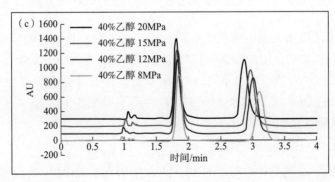

图16.4 不同压力下含（a）5%乙醇、（b）10%乙醇和（c）40%乙醇在
AD-H CSP上二氧化碳作流动相进行TSO对映体分离的重叠色谱图
注：其他实验参数为40℃、 4mL/min和 λ=220nm。

从图16.4a上可以看出，在5%乙醇浓度下，压力的增加显著降低了tr_1和tr_2的保留时间（分别从5.00min到3.01min，从15.27min到7.93min），而分辨率在8~20MPa略有降低（9.90、11.62、11.40和10.15）。

16.3.2.5　例5

本示例说明了以10%的乙醇作为有机改性剂的出口压力变化对8~20MPa的保留时间和分辨率的影响。

（1）将乙醇置于改性剂瓶中，将乙醇百分比设置为10%，二氧化碳百分比设置为90%。

（2）将流速设置为4.0mL/min。

（3）平衡系为2min。

（4）将出口压力设置为8MPa。

（5）将约20μL的TSO样品溶液注入系统，并开始记录色谱图约10min。在8MPa出口压力下分离的色谱图如图16.4（b）所示。

（6）将出口压力设置为12MPa。

（7）重复步骤（5）。12MPa下分离的色谱图如图16.4（b）所示。

（8）将出口压力设置为15MPa。

（9）重复步骤（5）。15MPa下分离的色谱图如图16.4（b）所示。

（10）将出口压力设置为20MPa。

（11）重复步骤（5）。20MPa下分离的色谱图如图16.4（b）所示。

从图16.4b上可以看出，在流动相含10%乙醇浓度下，压力略微增加使保留时间减少（tr_1和tr_2分别从2.93减少到2.16min，从7.45min减少到4.80min），而在8~20MPa分辨率保持相对稳定（10.52、10.22、10.01和9.48）。

16.3.2.6　例6

本示例说明了以40%乙醇作有机改性剂时，出口压力在8~20MPa对保留时间和分辨率的影响。

（1）将乙醇置于改性剂瓶中，将乙醇百分比设置为40%，二氧化碳百分比设置为60%。

（2）将流速设置为4.0mL/min。

（3）平衡系为2min。

（4）将出口压力设置为8MPa。

（5）将约20μL的TSO样品溶液注入系统，并开始记录色谱图约5min。在8MPa出口压力下分离的色谱图如图16.4（c）所示。

（6）将出口压力设置为12MPa。

（7）重复步骤（5）。12MPa下分离的色谱图如图16.4（c）所示。

（8）将出口压力设置为15MPa。

（9）重复步骤（5）。15MPa下分离的色谱图如图16.4（c）所示。

（10）将出口压力设置为20MPa。

（11）重复步骤（5）。20MPa下分离的色谱图如图16.4（c）所示。

从图16.4（c）上可以看出，在流动相含有40%乙醇时，压力的增加对保留时间或分辨率没有显著影响（从5.59到5.37不等）（见16.4注解8）。

16.3.2.7　例7

本例子说明了10%乙醇作为有机改性剂时，在25～45℃的温度变化对保留时间和分辨率的影响。

（1）将乙醇放入共溶剂瓶中，将乙醇的百分比设置为10%，二氧化碳的百分比设置为90%。

（2）将流速设置为4.0mL/min。

（3）平衡系统为2min。

（4）将出口压力设置为15MPa。

（5）将温度设置为25℃。

（6）使系统平衡5min。

（7）将约20μL TSO样品溶液注入系统，并开始记录约8min的色谱图。在25℃分离色谱图如图16.5所示。

（8）将温度设置为30℃。

（9）平衡系统为5min。

（10）重复步骤（7）。在30℃分离的色谱图如图16.5所示。

（11）将温度设置为35℃。

（12）平衡系统为5min。

（13）重复步骤（7）。在35℃分离色谱图如图16.5所示。

（14）将温度设置为40℃。

（15）平衡系统为5min。

（16）重复步骤（7）。在40℃分离的色谱图如图16.5所示。

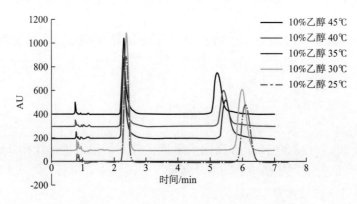

图16.5　在15MPa反压、4mL/min、λ=220nm和不同柱温的条件下，含10%乙醇在AD-H CSP上二氧化碳作流动相进行TSO对映体分离的重叠色谱图

使用高比例有机改性剂（即 10%）和高反向压力（15MPa）会增加流动相密度，产生更多类似液体的流体。因此，提高温度可以提高溶质在流动相中的溶解度，减少保留时间。从图 16.5 可以看出二氧化碳流动相中含 10% 的乙醇，TSO 的温度变化在 25~45℃。

16.3.3　系统卸载

工作结束时，应遵循此步骤，然后再关闭设备。

（1）将出口压力从 15MPa 降低到 11MPa（见 16.4 注解 9）。

（2）将出口压力从 11MPa 降低到 8MPa。

（3）将出口压力从 8MPa 降低到 4MPa。

（4）将流速从 4mL/min 降低到 2mL/min。

（5）停止流速。如果必须将柱从柱箱中取出，请先用甲醇或 IPA 冲洗柱（见 16.4 注解 10）。

16.4　注解

（1）强烈建议进行过滤（甚至强制过滤），以避免损坏注射器或选择转子。

（2）可以通过泄漏处的冰冻凝结来检测泄漏。

（3）分析柱（4.6mm 内径）附带溶剂（正己烷：乙醇 = 90：10，体积比）。为避免损坏，建议在 SFC 模式下首次使用之前用 100% IPA 冲洗。

（4）50℃超过 16% 的改性剂（T. Berger[13]），由于二氧化碳中溶有改性剂，流动相往往处于超临界状态，而对流体的物理性质没有任何实质性负面影响。

（5）如果要进行类似的实验，OD-H 柱峰形状，保留时间和分辨率可能会不同（因为相似手性选择剂的多糖和纤维素进行对映体分离的机制不同）。

（6）应选择以下参数作为起始条件：20% 的改性剂；在 30~40℃；15MPa 反压。此外，流速为 3 或 4mL/min 可将化合物快速洗脱。

（7）增加流速 1 或 2mL/min 可以缩短分析时间，同时保持分辨率不变。

（8）使用大量改性剂可形成两相系统时，应避免压值过低，较大压力可避免噪声基线检测。

（9）建议逐步降低压力至 4MPa，以保护出口压力调节器。

（10）超过 2~3 天的存储时间，用 100% IPA 或甲醇改性剂冲洗柱 45min。然后，将这些柱在室温下封口存储，以避免溶剂蒸发。

参考文献

[1] Speybrouck D, Lipka E（2016）Preparative supercritical fluid chromatography：a powerful tool for chiral separations. J Chromatogr A 1467：33-55.

[2] Galyan K, Reilly J（2018）Green chemistry approaches for the purification of pharmaceuticals. Curr Opin Green Sustain Chem 11：76-80.

［3］Tarafder A（2016）Metamorphosis of supercritical fluid chromatography to SFC：an overview. Trends Anal Chem 81：3-10.

［4］Chankvetadze B（2013）Enantioseparations by high-performance liquid chromatography using polysaccharide-base chiral stationary phases—an overview. In：Scriba GKE（ed）Chiral separations. Methods in molecular biology，vol. 970：81-111.

［5］Francotte E（2001）Enantioselective chromatography as a powerful alternative for the preparation of drug enantiomers. J Chromatogr A 906：379-397.

［6］West C（2014）Enantioselective separations with supercritical fluids. Curr Anal Chem 10：99-120.

［7］Ye YK，Lynam KG，Stringham RW（2004）Effect of amine mobile phase additives on chiral subcritical fluid chromatography using polysaccharide stationary phases. J Chromatogr A1041：211-217.

［8］Speybrouck D，Doublet C，Cardinael P，Fiol Petit C，Corens D（2017）The effect of high concentration additive on chiral separations in supercritical fluid chromatography. J Chromatogr A 1510：89-99.

［9］Zehani Y，Lemaire L，Ghinet A，Millet R，Chavatte P，Vaccher C，Lipka E（2016）Exploring chiral separation of 3-carboxamido-5-arylisoxazole derivatives by supercritical fluid chromatography on amylose and cellulose tris dimethyl- and chloromethyl phenylcarbamate polysaccharide based stationary phases. J Chromatogr A 1467：473-481.

［10］Yaku K，Aoe K，Nishimura N，Marishita F（1999）Retention mechanisms in super/subcritical fluid chromatography on packed columns. J Chromatogr A 848：337-345.

［11］Blackwell JA，Stringham RW（1997）Temperature effects on selectivity using carbon-dioxide based mobile phases on silica-based packed columns near the mixture critical point. Chromatographia 44：521-528.

［12］Lesellier E，West C（2015）The many faces of packed column supercritical fluid chromatography—a critical review. J Chromatogr A 1382：2-46.

［13］Berger T（1995）Packed column SFC. In：Roger M，Smith RM（eds）RSC chromatography monographs. Royal Society of Chemistry，London，67-68.

17 逆流色谱手性分离

Sheng–Qiang Tong

摘要： 逆流色谱手性分离法主要分为添加匀相手性选择剂和界面手性配体交换。本章描述了利用手性选择剂羟丙基-β-环糊精和 N-n-十二烷基-L-脯氨酸通过高速逆流色谱法对苯基丁二酸和 α-羟基酸进行对映体分离的两种方法。

关键词： 双相溶剂体系，逆流色谱，手性配体交换，手性分离，匀相手性选择剂

17.1　引言

逆流色谱法是一种不使用固体支撑作固定相的液液分配色谱法。分离效果取决于由两种或两种以上溶剂组成的不混溶液相的分配性能。与传统液相色谱法相比，逆流色谱法主要优点有两个方面：无固体相和样品进量大。传统液相色谱法的固定相容易产生一些缺点，如不可逆吸附、污染和 pH 限制，而在逆流色谱法中无以上缺点[1-3]。

现代逆流色谱技术，即高速逆流色谱和高效离心分配色谱，已广泛应用于天然产物和合成混合物中化学组分的制备分离和纯化[4,5]。它们是制备分离化学组分的有效替代方法。固定相的保留率可达 80%，远远高于传统的液相色谱法。待分离的分析物在固定相中可以划分成任何空间。同时，通过逆流色谱法进行测定可以实现较低的溶剂消耗。注射到典型半制备逆流色谱柱中的样品量可达数百毫克。此外，没有复杂的样品预处理，比传统色谱法更方便[6]。

逆流色谱的主要缺点是分离效率低，即逆流色谱分离柱的典型理论板效率不到 2000，远低于传统液相色谱或毛细管电泳。因此，通过逆流色谱法完全分离分析物，通常需要较高的分离因子（$\alpha \geq 1.4$）。

与传统液相色谱相比，关于逆流色谱手性分离的文献较少[7-9]。外消旋对映体完全分离仍然是一个巨大的挑战。在色谱系统中加入手性选择剂是在色谱系统中引入手性环境的必要条件。手性选择剂的溶解度只能限制在溶剂体系的一个相中，而外消旋体应该在两相中自由分配。因此，很难为逆流色谱成功的手性分离找到合适的对映体分离条件。由于溶解在两相之一的手性选择剂没有固定到固定相中，都是自由分散在液相中，手性选择剂和对映体之间的立体特定分子相互作用不会那么有效和充分。虽然这已被应用于手性毛细管电泳，但毛细管电泳分离系统的高理论板数极大地弥补了这一缺点。逆流色谱分离中的大多数手性选择剂来自液相色谱、毛细管电泳、对映选液液提取、非对映体结晶、动态分辨或不对称合成中的手性配体[10-15]。

迄今为止，以下手性选择物已成功应用于逆流色谱和离心分配色谱：奎宁生物碱衍生物、L-脯氨酸衍生物、β-环糊精衍生物、万古霉素、纤维素和多糖衍生物，$(+)$-$(18$-冠-$6)$-$2,3,11,12$-四羧酸、酒石酸衍生物、(S)-萘普生衍生物和氟化手性选择物[16,17]。

逆流色谱法的手性分离可分为两种类型：匀相手性选择剂添加和界面手性配体交换。这两种模式的分离机制可以用一个简化的数学模型来解释，即假设手性选择剂和对映体之间形成的手性选择剂和复合物完全局限于这两相之一。

17.1.1　匀相手性选择剂添加

Oliveros 等最初使用的逆流色谱中手性选择剂与对映体之间平衡的二次方案[18] 简化了具有单向识别的传统手性分离过程。Ma 等[19] 所描述的该过程是假设手性选择剂和手性选择剂–对映体复合物都只保留在固定相中（图 17.1）。

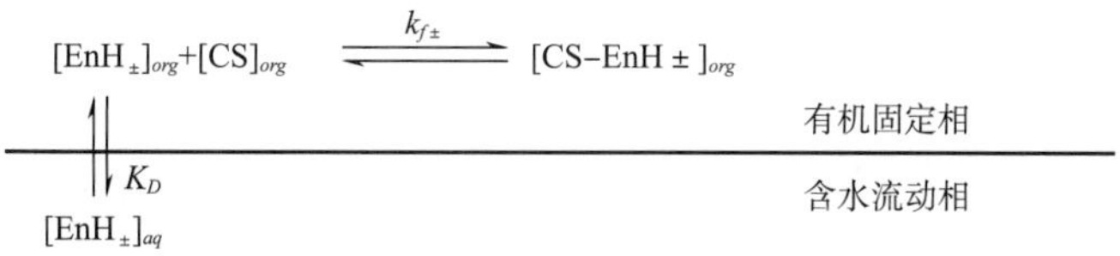

图 17.1　添加匀相手性选择剂的分离柱中对映体（$EnH_\pm$）与手性选择剂（CS）之间的平衡示意图

对于 1∶1 的化学计量学来说，根据式计算［式（17-1）~式（17-3）］：

$$K_{D\pm} = \frac{[EnH_\pm]_{org}}{[EnH_\pm]_{aq}} \tag{17-1}$$

$$D_\pm = \frac{[EnH_\pm]_{org} + [CS - EnH_\pm]_{org}}{[EnH_\pm]_{aq}} \tag{17-2}$$

$$k_{f\pm} = \frac{[CS - EnH_\pm]_{org}}{[EnH_\pm]_{org}[CS]_{org}} \tag{17-3}$$

其中 $K_{D\pm}$ 是分配系数，即单一确定形式的一种物质在一相与另一个相中平衡时的浓度之比。$D_\pm$ 是分布比，即不同形式的一种物质在一相与另一相平衡时的浓度之比。分布比 $D_\pm$ 决定了溶质的保留时间，而分配系数 $K_{D\pm}$ 则是用于分析计算。$K_{f\pm}$ 是有机相中 $[CS\text{-}EnH_\pm]_{org}$ 的复合物形成常数。

结合式（17-1）~式（17-3），对映体（$En_\pm$）的分布比 $D_\pm$ 根据式（17-4）计算：

$$D_\pm = K_D\{1 + k_f[CS]_{org}\} \tag{17-4}$$

分离因子 α 根据式（17-5）计算［假设有机相中（+）-对映体比（-）-对映体更容易被保留］：

$$\alpha = \frac{D_+}{D_-} = \frac{1 + k_{f+}[CS]_{org}}{1 + k_{f-}[CS]_{org}} \tag{17-5}$$

式（17-5）表明，对映体分离因子随着手性选择剂浓度和 k_{f+}/k_{f-} 比值的增大而增大。

17.1.2　界面手性配体交换

因为配位键通常比其他分子间力如氢键、范德瓦耳斯力或偶极–偶极相互作用具有更高的立体选择结合力，所以对映体、过渡金属或非金属离子和手性配体之间形成非对映三元配位复合物是最强大的手性识别方法之一。手性配体交换逆流色谱是基于有机固定相中手性配体（L-LiH）与过渡金属离子（如铜离子）络合成复合物的能力，通过形成一个三元 L-Li⁻∶Cu^{2+}∶En⁻电中性复合物优先提取其中一种对映体（EnH）[20]。高度烷基化配体通常只分配到两相溶剂体系的有机相，其溶解要求自由配体（L-LiH）是中性形式。该分离机制可分为以下两个阶段，如图 17.2 所示，第一阶段简要说明了在分液漏斗中发生的化学动力学机制：上部含有手性配体（L-LiH）的有机固定相和下部加入过渡金属离子（铜离子）的含水流动相。在第一阶段，提取过渡金属离子 Cu^{2+} 到有机相中，通过释放两个质子到水相从而形成了一个双二元复合物 $L-Li^-：Cu^{2+}：L-Li^-$。在这个阶段，因为在界面上发生质子化和去质子化反应，有机相中二元复合物的形成受到水相 pH 的严重影响。第二阶段说明了在两相分开的分离柱中发生的手性分离机制。在这一阶段，手性配体交换发生在二元复合物 $L-Li^-：Cu^{2+}：L-Li^-$ 和含水相外消旋对映体 En^- 之间，从而在有机相中形成了中性三元复合物 $L-Li^-：Cu^{2+}：En^-$。非对映体复合物形成同手性三元复合物（如 $L-Li^-：Cu^{2+}：L-En^-$）和一个杂手性三元复合物（$L-Li^-：Cu^{2+}：D-En^-$），如果这两种非对映体的稳定性不同，则产生了对映选择性（α）。

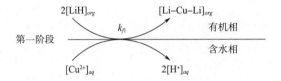

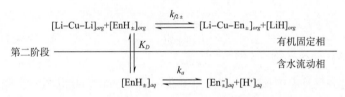

图 17.2　手性配体交换两相溶剂体系中的物质形成反应（第一阶段）示意图以及分离柱中外消旋物（$EnH_\pm$）和手性配体（LiH）间平衡（第二阶段）示意图

对于第一阶段（对映选择液-液提取），二元复合物形成常数 k_{f1} 可根据式（17-6）计算：

$$k_{f1} = \frac{[\text{Li}_2\text{Cu}]_{org}\,[\text{H}^+]^2_{aq}}{[\text{LiH}]^2_{org}\,[\text{Cu}^{2+}]_{aq}} \tag{17-6}$$

而过渡金属离子的分布比根据式（17-7）计算：

$$D_{Cu} = \frac{[\text{Li}_2\text{Cu}]_{org}}{[\text{Cu}^{2+}]_{aq}} \tag{17-7}$$

组合式（17-6）和式（17-7）建立第一阶段方程如下式（17-8）：

$$\log D_{Cu} = \log k_{f1} + 2(\log[\text{LiH}]_{org} + \text{pH}_{aq}) \tag{17-8}$$

从式（17-8）可推导出 $\log k_{f1}$。

至于第二阶段（分离柱内部的化学动力学平衡），对映体的分配系数 $K_{D\pm}$ 根据式（17-9）计算：

$$K_{D\pm} = \frac{[\text{EnH}_\pm]_{org}}{[\text{EnH}_\pm]_{aq}} \tag{17-9}$$

对映体的解离常数 k_α 根据式（17-10）计算：

$$k_\alpha = \frac{[\text{En}^-_\pm]_{aq}\,[\text{H}^+]_{aq}}{[\text{EnH}_\pm]_{aq}} \tag{17-10}$$

三元复合物的形成常数 $k_{f2\pm}$ 根据式（17-11）计算：

$$k_{f2\pm} = \frac{[\text{Li} - \text{Cu} - \text{En}_{\pm}]_{org}[\text{LiH}]_{org}}{[\text{Li}_2\text{Cu}]_{org}[\text{EnH}_{\pm}]_{org}} \tag{17-11}$$

对映体的分布比 $D_{\pm}$ 根据式（17-12）计算：

$$D_{\pm} = \frac{[\text{EnH}_{\pm}]_{org} + [\text{Li} - \text{Cu} - \text{En}_{\pm}]_{org}}{[\text{EnH}_{\pm}]_{aq} + [\text{En}_{\pm}^-]_{aq}} \tag{17-12}$$

结合式（17-6）和式（17-9）～式（17-12），对映体的分布比 $D_{\pm}$ 可以根据式（17-13）计算：

$$D_{\pm} = \frac{K_{D\pm}}{[\text{H}^+]_{aq}^2 + k_{\alpha}[\text{H}^+]_{aq}}(k_{f1}k_{f2\pm}[\text{Cu}^{2+}]_{aq}[\text{LiH}]_{org} + [\text{H}^+]_{aq}^2) \tag{17-13}$$

最后，手性配体交换逆流色谱法对映体分离因子 α 根据式（17-14）计算：

$$\alpha = \frac{k_{f1}k_{f2+}[\text{Cu}^{2+}]_{aq}[\text{LiH}]_{org} + [\text{H}^+]_{aq}^2}{k_{f1}k_{f2-}[\text{Cu}^{2+}]_{aq}[\text{LiH}]_{org} + [\text{H}^+]_{aq}^2} \tag{17-14}$$

如式（17-13）和式（17-14）所示，对于给定的两相溶剂体系，恒定分离温度下溶剂对映体的分布比很大程度上取决于分配系数 $K_{D\pm}$、水相 pH、二元和三元复合物形成常数、过渡金属离子浓度以及有机相中手性配体浓度。对映体分离因子主要依赖于几个参数，如两个三元复合物形成常数 k_{f2+} 和 k_{f2-} 之间的差异、水相中过渡金属离子浓度、有机相中手性配体浓度和水相的 pH。

β-环糊精（β-CD）衍生物是典型的手性选择剂，用于匀相手性选择剂添加逆流色谱进行的外消旋芳香酸对映体分离，而典型手性配体 L-脯氨酸衍生物则用于界面手性配体交换逆流色谱进行 α-羟基酸对映体分离。本章详细描述了两种典型模式下逆流色谱手性分离方法[21,22]。

17.2　材料

17.2.1　仪器和材料

（1）逆流色谱仪（见 17.4 注解 1）。

（2）一种配备 C_{18} 柱用于手性分析的 HPLC（见 17.4 注解 2）。

（3）带有玻璃电极的 pH 计（见 17.4 注解 3）。

（4）用于纯化手性配体的玻璃柱 [25cm×30mm（内径）]。

（5）硅胶（200～300μm）。

（6）薄层色谱法 GF254 板（见 17.4 注解 4）。

17.2.2　试剂和溶液

使用 HPLC 级试剂作流动相，用纯化系统净化的超纯水。所有其他化学品都应为分析级化学品。大多数化学物质都是有毒的。小心处理并采取所需的安全预防措施。在通风橱中处理有毒的溶剂和化学物质。还可以在通风橱中通过柱色谱法进行清理程序和合成程序。

（1）0.1mol/L 磷酸盐缓冲液，pH2.51，将 11.04g 一水合磷酸二氢钠溶解于 800mL 水中。通过添加 0.1mol/L 磷酸来调整至 pH2.51（见 17.4 注解 5）。

（2）0.05mol/L 羟丙基-β-CD 溶液，在搅拌下，将 60.5g 羟丙基-β-CD 溶解于 800mL 的 0.1mol/L 磷酸盐缓冲液中，pH 为 2.51（见 17.4 注解 6）。

（3）将 200mL 的正己烷、600mL 的甲基叔丁基醚和 800mL 0.05mol/L 的羟丙基-β-CD 溶液混合在 2000mL 的分液漏斗中（见 17.4 注解 7），并在室温下剧烈摇晃 5min（见 17.4 注解 8）。在室温下静置平衡 30min（见 17.4 注解 9）。

（4）有机相 1 和水相 1，在使用前分离处于上层的有机相和下层的水相，通过超声处理两相脱气。使用 17.3.1 中处理过的试剂。

（5）在 500mL 的分离漏斗中加入 200mL 的正丁醇和 200mL 的水，并在室温下剧烈摇晃 5min（见 17.4 注解 8）。在室温下静置平衡 30min（见 17.4 注解 9）。将上层的有机相和下层的水相分离。

（6）水相 A，将 4.0mg 的一水合乙酸铜溶解在步骤（5）获得的 100mL 水相中，得到 0.2mmol/L 的乙酸铜溶液。

（7）有机相 A，将 1.417g 的 N-n-十二烷基-L-脯氨酸（见 17.4 注解 10）溶解在步骤（5）获得的 100mL 有机相中。将 0.499g 的一水合乙酸铜溶解在步骤（5）获得的 100mL 水相中（见 17.4 注解 11）。将两种溶液转移到一个 500mL 的分液漏斗中，用力摇晃 5min。至少平衡 30min。丢弃下部水相。

（8）将步骤（6）制备的水相 A 和步骤（7）所述的有机相 A 混合在 500mL 分液漏斗中。室温下用力摇 5min（见 17.4 注解 8）。室温下平衡 30min（见 17.4 注解 9）。

（9）有机相 2 和水相 2，分离水相和有机相，在使用前通过超声处理将有机相和水相脱气。使用 17.3.2.2 处理过的试剂。

（10）苯基丁二酸样品溶液，将 712mg 外消旋苯基丁二酸溶于步骤（4）获得的 20mL 有机相中（见 17.4 注解 12）。

（11）α-羟基酸样品溶液，将 2mg 外消旋 α-羟基酸（扁桃酸、2-氯扁桃酸或 4-甲氧基扁桃酸）溶解于步骤（9）获得的 1.0mL 水相中（见 17.4 注解 13）。

（12）HPLC 流动相，混合 400mL 10mmol/L 羟丙基-β-CD 溶液、100mL 乙腈和 250μL 的三氟乙酸。通过添加三乙胺调整 pH 至 2.0。使用前用过滤器（0.45μm）过滤和超声除气（见 17.4 注解 14）。

17.3　方法

17.3.1　以羟丙基-β-环糊精为手性选择剂，通过匀相手性选择剂添加分离苯基丁二酸

（1）将制备逆流色谱仪的分离柱温度设置为 5℃（见 17.4 注解 15）。

（2）将 17.2.2（4）中得到的有机相 1 以 30mL/min 的流速泵入分离柱，直到柱完全充满有机相（见 17.4 注解 16）。在填充过程中不要旋转柱。

（3）将 17.2.2（4）中获得的水相 1，以 2.0mL/min 的流速泵满分离柱，同时以 850r/min 旋转分离柱（见 17.4 注解 17）。

（4）平衡柱。当达到平衡时，从出口洗脱的流动相就很清澈了。

（5）设置检测波长为 254nm。

（6）将 17.2.2（10）中获得的苯基丁二酸样品溶液填到样品环，然后注入分离系统。记录色谱图。一个典型的色谱图如图 17.3 所示（见 17.4 注解 18）。

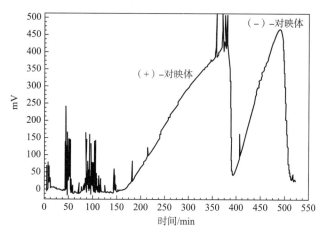

图 17.3　制备高速逆流色谱法分离外消旋苯基丁二酸对映体色谱图

注：双相溶剂体系，正己烷：甲基叔丁基醚：含 0.05mol/L 羟丙基–β–CD pH2.51 的
0.1mol/L 磷酸盐缓冲液（0.5：1.5：2，体积比）；样品，712mg 外消旋物
溶于 20mL 有机相中；流速，2.0mL/min；洗脱方式，头到尾，转速，850r/min，
固定相保留率，62.9%。

（7）根据洗脱并手动收集洗脱馏分进行对映体的制备分离，例如在 160~380min 和 400~520min。

（8）加入浓盐酸进行酸化至 pH=2，用 450mL 甲基叔丁醚提取 3 次（见 17.4 注解 19）。用无水硫酸钠和过滤器干燥有机层，并在减压下使用旋转蒸发器蒸发溶剂。

（9）将两个组分的每个残留物进行硅胶柱色谱等梯度洗脱（氯仿：甲醇：冰乙酸 10：1：0.05，体积比）。用流动相氯仿：甲醇：冰乙酸（10：1：0.05，体积比）通过 TLC 分析馏分，收集 R_f 值约为 0.34 的馏分。减压蒸发有机溶剂，得到约 285mg（+）–对映体和 290mg（–）–对映体（见 17.4 注解 20）。

（10）苯基丁二酸对映体的纯度可以通过反相 HPLC 进行分析，使用 17.2.2（12）制备的流动相和以下条件：流速 0.6mL/min，柱温度 30℃，在 225nm 处检测。典型的色谱图如图 17-4 所示。每个对映体的 HPLC 纯度应至少为 98.5%。

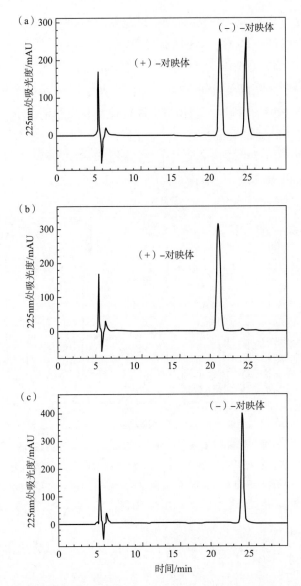

图 17.4　逆流色谱纯化的外消旋苯基丁二酸和苯基丁二酸对映体的 HPLC 分析色谱图

注：（a）外消旋性苯基丁二酸；（b）(+)-苯基丁二酸；（c)(-)-苯基丁二酸。

17.3.2　手性配体交换逆流色谱分离 α-羟基酸

17.3.2.1　*N-n*-十二烷基-L-脯氨酸的合成

（1）将 5.75g（50mmol）L-脯氨酸和 2.2g（35mmol）氰基硼氢化钠放在 250mL 配有磁性搅拌棒和充满无水氯化钙的干燥管的单颈圆底烧瓶中，加入 75mL 甲醇（见 17.4 注解 21）。

（2）室温下向反应混合物中缓慢加入 10.15g（55mmol）正十二醇，至少 20min。

（3）室温下搅拌反应混合物 18h。

（4）使用旋转蒸发器减压蒸发溶剂。

（5）使用氯仿：甲醇（8：2，体积比）通过硅胶柱层析去除少量十二烷，纯化残留物，使用氯仿：甲醇（8：2，体积比）洗脱目标成分 N-n 十二烷基-L-脯氨酸（见 17.4 注解 22）。

（6）使用氯仿：甲醇（1：1，体积比）作为 TLC 分析的流动相。用碘蒸气检测斑点。L-脯氨酸和 N-n-十二烷基-L-脯氨酸的 R_f 值分别为 0.31 和 0.65。

（7）将含有目标化合物的馏分收集起来，在旋转蒸发器中减压下去除有机溶剂。

（8）获得 N-n-十二烷基-L-脯氨酸为白色蜡质固体，产量约为 12g。

17.3.2.2　用逆流色谱法进行对映体分离

（1）将分析逆流色谱仪的柱温度设置为 10℃（见 17.4 注解 23）。

（2）将 17.2.2（9）获得的有机相 2 以 5mL/min 的流速泵入仪器的分离柱，直到整个柱充满有机相（见 17.4 注解 16）。在填充过程中不要旋转柱。

（3）将 17.2.2（9）获得的水相 2 以 0.3mL/min 注入分离柱，同时以 145.98×g 旋转分离柱（见 17.4 注解 24）。

（4）平衡柱。当达到平衡时，从出口洗脱的流动相是清澈的。

（5）设置检测波长为 254nm。

（6）用 α-羟基酸（扁桃酸、2-氯扁桃酸或 4-甲氧基扁桃酸）的样品溶液填充到样品环，分别注入分离系统中。记录色谱图。α-羟基酸的典型色谱图如图 17.5 所示（见 17.4 注解 25）。

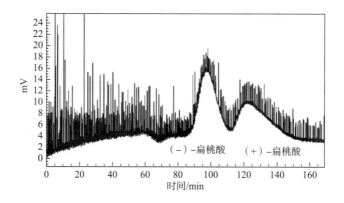
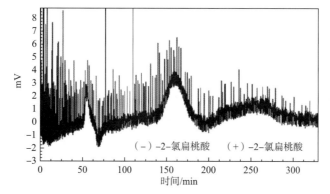

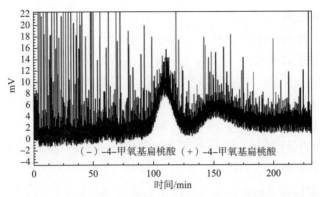

图 17.5　分析型手性配体交换高速逆流色谱法分离
三种外消旋 α-羟基酸的对映体分离色谱图

注：溶剂体系为正丁醇:水（1∶1,体积比），其中有机相中加入 0.050mol/L 的 N-n-十二
烷基-L-脯氨酸作为手性配体，水相中加入 0.025mol/L 的乙酸铜作为过渡金属离子。
固定相：上层有机相；流动相：下层水相；样品溶液：2mL 外消旋物溶解于 1mL 水相，
流速 0.3mL/min，以 145.98×g 离心，柱温度 10℃；固定相保持率：15%~20%。

17.4　注解

（1）任何可以提供适当固定相保留的高速逆流色谱和高效离心分配色谱都可用于目前的手性分离。本研究采用 TBE-20A 分析仪和 TBE-300A 制备仪（中国，上海，同田生物技术有限公司）。这两种仪器都配备了一套三个多层线圈。TBE-20A 分析柱由直径为 0.8mm、容量为 20mL 的 PTFE 管构成，而 TBE-300A 制备柱由直径为 1.6mm、容量为 270mL 的 PTFE 管构成。

分析柱和制备柱的 β 值分别为 0.60~0.78 和 0.46~0.73（分析柱 $\beta=r/R$，$r=$ 4.5cm，而制备柱为 6.5cm，其中 r 为线圈到支架轴的距离，R 为旋转半径或保持轴与离心机中心轴之间的距离）。柱状线圈的转速可通过速度控制器进行调节，分析离心机调节范围为 0~2000r/min，制备离心机的转速为 0~1000r/min。两个分离柱都安装在一个通过恒温控制器将柱温度保持在 5℃ 的容器中。分析装置使用 1.0mL 进样环和制备装置使用 20.0mL 进样环，这两种手动样品注射阀将样品引入柱中。用恒定流量泵将溶剂泵入柱中。采用 UVD-200 型检测器（中国，上海，锦达生物科技有限公司）进行连续监测，并采用 SEPU3000 工作站（中国，杭州，普惠科技有限公司）进行色谱记录。

（2）本研究采用的 MS-20160509 系统（日本，岛津公司）是由 Shimadzu SPD-20 Avp 检测器、Shimadzu LC-20A Tvp 多溶剂输送系统、Shimadzu LC 泵、Shimadzu SCL-10A Svp 控制器和 LabSolutions MS-20160509 工作站组成。柱为 YMC-Pack ODS-A [250mm×4.6mm（内径），5μm]（日本，京都，YMC 公司）。

（3）可以使用任何商用的 pH 计。在本研究中，pH 是用 Delta 320s pH 计（Switzerland，Greifensec，Mettler-Toledo）测试的。

（4）本研究采用商用薄层色谱板 GF254（中国，青岛，海洋化工有限公司）。可以使用任何商用的正相薄层色谱板。

（5）水相 pH 对对映体和羟丙基-β-CD 之间的对映识别产生极大的影响，因为当水相中出现自由分子对映体时，只有在羟丙基-β-CD 中才能实现对映体的对映识别。pH 不应大于 3.0。

（6）采用商业羟丙基-β-CD，取代度为 6.5~7.0，平均摩尔质量约为 1507g/mol。羟丙基-β-CD 的取代程度越高，对映分离因子较高。因此，更高取代程度的羟丙基-β-CD 可以提高峰的分辨率。此外，手性选择剂在所选的溶剂体系中应该具有较高的溶解度，但它应该只溶解在双相溶剂体系的一个相中。

（7）双相溶剂体系为正己烷：甲基叔丁基醚：0.05mol：L 羟丙基-β-CD 溶液（0.5：1.5：2，体积比）。关于加入手性选择剂的双相溶剂体系，外消旋体的分布比应设定在一个合适的范围内（0.2~5）。有机溶剂乙酸乙酯和乙酸正丁酯是有机相中甲基叔丁基醚的两种替代溶剂。如果使用具有较大疏水性的有机溶剂，则可以获得较高的对映体识别能力。在水相中加入水溶性有机溶剂，如甲醇、乙醇和乙腈，将大大破坏羟丙基-β-CD 在水相中的对映识别。

（8）在分液漏斗中制备双相溶剂体系时，小心剧烈摇晃时产生的气体。

（9）30min 足以达到平衡。不需要额外的平衡时间。

（10）N-n-十二烷基-L-脯氨酸尚未上市。N-n-十二烷基-L-脯氨酸的合成方法见 17.3.2.1。

（11）水相 pH 应在 5.6 左右，通过在水相中加入乙酸铜实现。pH 对手性配体、过渡金属离子和对映体之间的二元和三元复合物的形成有深远的影响。pH 低于 5.6，不能进行对映体分离，水相 pH 达到 6.0，会出现大量沉淀。

（12）确保要注入的外消旋体数量以避免手性选择剂过饱和。手性分离的极限容量决定了手性选择剂与分析物的最大摩尔比（1：1），其中手性选择剂与对映体形成 1：1 的复合物。

（13）手性分离的极限容量确定了手性配体、过渡金属离子和分析物的最大摩尔比（1：1：1），其中手性配体、Cu^{2+}、对映体按 1：1：1 摩尔比形成非对映体复合物。

（14）流动相为 10mmol/L 羟丙基-β-CD 水溶液：乙腈：三氟乙酸（80：20：0.05，体积比）（pH2.5，用三乙胺调整）。

（15）分离温度低有利于提高逆流色谱法在对映体分离过程中峰的分辨率。因此，首选 0~10℃。

（16）更适合大流速将有机相泵入作为固定相的柱中。

（17）当使用不同制备高速逆流色谱仪时，可以使用不同的分离柱转速，这主要取决于固定相的保留。一般来说，目前固定相保留率应在 55%~65%。

（18）在使用分配效率为 600~800 个理论板的高速逆流色谱单元进行标准分离过程中，建议样品体积应小于柱总容量的 5%。

（19）用 450mL 甲基叔丁基醚提取三次，每次使用 150mL。乙酸乙酯可以作为萃取的替代溶剂。

（20）收集到的馏分用硅胶柱层析法去除纯化对映体中少量的羟丙基-β-环糊精。

对映体的回收率在 80% 左右。

（21） 不需要干燥去除甲醇，也不需要氮气。

（22） 氯仿具有毒性。熟悉所需的安全预防措施。始终使用通风橱。如果实验室中禁止使用氯仿，则可以使用二氯甲烷。

（23） 分离温度低有利于提高逆流色谱法在对映体分离过程中峰的分辨率。然而，由于正丁醇是高度亲水性的，如果使用非常低的柱温度，则在分离过程中固定相可能很容易被转移。

（24） 当使用不同的分析高速逆流色谱仪时，可以使用不同的分离柱转速，这主要取决于固定相的保留。一般来说，目前固定相保留率应至少为 20%。

（25） 由于每次分离只注射 2mg 外消旋体，因此不能通过分析逆流色谱从对映体分离中回收对映体。

致谢

感谢国家自然科学基金（No. 21105090）、浙江省自然科学基金（No. Y4100472）和浙江工业大学科研项目（2013 年）的资金支持和帮助。

参考文献

[1] Ito Y(1981)Efficient preparative countercurrent chromatography with a coil planet centrifuge. J Chromatogr 214：122-125.

[2] Ito Y, Sandlin J, Bowers WG(1982)Highspeed preparative counter-current chromatography with a coil planet centrifuge. J Chromatogr 244：247-258.

[3] Ito Y, Conway WD(1984)Development of countercurrent chromatography. Anal Chem56：534A-554A.

[4] Friesen JB, McAlpine JB, Chen SN, Pauli GF(2015)Countercurrent separation of natural products：an update. J Nat Prod 78：1765-1796.

[5] Hu RL, Pan YJ(2012)Recent trends in counter-current chromatography. Trends Anal Chem 40：15-27.

[6] Ito Y(2005)Golden rules and pitfalls in selecting optimum conditions for high-speed counter-current chromatography. J Chromatogr A 1065：145-168.

[7] Huang XY, Di DL(2015)Chiral separation by counter-current chromatography. Trends Anal Chem 67：128-133.

[8] Ward TJ, Ward KD(2012)Chiral separations：a review of current topics and trends. Anal Chem 84：626-635.

[9] Ma Y, Ito Y(2010)Chiral CCC. In：Cazes J（ed）Encyclopedia of chromatography, vol1, 3rd edn. pp 413-415.

[10] Han C, Wang W, Xue G, Xu D, Zhu T, Wang S, Cai P, Luo J, Kong L(2018)Metal ion-improved complexation countercurrent chromatography for enantioseparation of dihydroflavone enantiomers. J Chromatogr A1532：1-9.

[11] Xu W, Wang S, Xie X, Zhang P, Tang K(2017)Enantioseparation of pheniramine enantiomers by high-speed countercurrent chromatography using β-cyclodextrin derivatives as a chiral selector. J Sep Sci 40：

3801-3807.

[12] Tong S,Wang X,Shen M,Lv L,Lu M,Bu Z,Yan J(2017)Enantioseparation of 3-phenyllactic acid by chiral ligand exchange countercurrent chromatography. J Sep Sci 40:1834-1842.

[13] Tong S,Shen M,Xiong Q,Wang X,Lu M,Yan J(2016)Chiral ligand exchange countercurrent chromatography:equilibrium model study on enantioseparation of mandelic acid. J Chromatogr A 1447:115-121.

[14] Lv L,Bu Z,Lu M,Wang X,Yan J,Tong S(2017)Stereoselective separation of β-adrenergic blocking agents containing two chiral centers by countercurrent chromatography. J Chromatogr A 1513:235-244.

[15] Wang S,Han C,Wang S,Bai L,Li S,Luo J,Kong L(2016)Development of a high speed countercurrent chromatography system with Cu(Ⅱ)-chiral ionic liquid complexes and hydroxypropyl-β-cyclodextrin as dual chiral selectors for enantioseparation of naringenin. J Chromatogr A 1471:155-163.

[16] Huang X-Y,Pei D,Liu J-F,Di D-L(2018)A review on chiral separation by counter-current chromatography:development,applications and future outlook. J Chromatogr A 1531:1-12.

[17] Pe′rez E,Minguillo′n C(2007)Countercurrent chromatography in the separation of enantiomers. In:Subramanian G(ed)Chiral separation techniques,3rd edn. 369-397.

[18] Oliveros L,Puertolas PF,Minguillon C,Camacho-Frias E,Foucault A,Goffic FL(1994)Donor-acceptor chiral centrifugal partition chromatography:complete resolution of two pairs of amino-acid derivatives with a chiral II donor selector. J Liq Chromatogr 17:2301-2318.

[19] Ma Y,Ito Y,Foucault A(1995)Resolution of gram quantities of racemates by high-speed counter-current chromatography. J Chromatogr A 704:75-81.

[20] Koska J,Haynes CA(2001)Modelling multiple chemical equilibria in chiral partition systems. Chem Eng Sci 56:5853-5864.

[21] Tong SQ,Yan JZ,Guan YX,Lu YM(2011)Enantioseparation of phenylsuccinic acid by high speed counter-current chromatography using hydroxypropyl-β-cyclodextrin as chiral selector. J Chromatogr A 1218:5602-5608.

[22] Tong SQ,Shen MM,Cheng DP,Zhang YM,Ito Y,Yan JZ(2014)Chiral ligand exchange high-speed countercurrent chromatography:mechanism and application in enantioseparationof aromatic α-hydroxy acids. J Chromatogr A 1360:110-118.

18　环糊精作为手性选择剂在毛细管电泳对映体分离中的应用

Gerhard K. E. Scriba，Pavel Jáč

摘要： 由于结构的可变性和商业上的可获得性，环糊精成为毛细管电泳中最常见的手性选择剂。根据环糊精和分析物的特性，可以实现多种迁移模式。这里简要讨论以环糊精作为手性选择剂的手性毛细管电泳方法的基本发展思路，举例说明了一种酸性和碱性分析物与天然和带电的环糊精衍生物在电解液的 pH 和环糊精浓度影响下的分离模式。

关键词： 毛细管电泳，手性分离，对映体分离，环糊精，对映体迁移顺序

18.1 引言

环糊精（cyclodextrin，简称 CD）是由 α（1→4）-连接 D-吡喃葡萄糖单元组成的环状低聚糖，是由各种芽孢杆菌菌株中分离出来的环糊精糖基转移酶消化淀粉产生的[1,2]。最重要的工业生产的 CD 在吡喃葡萄糖单元的数量上有所不同，即 α-CD 包含 6 个吡喃葡萄糖单元，β-CD 包含 7 个吡喃葡萄糖单元，而 γ-CD 则包含 8 个吡喃葡萄糖单元（图 18.1）。CD 的形状类似于具有亲油空腔和亲水外表面的圆环，其中，宽边含有仲 2-羟基和仲 3-羟基，而窄边由伯 6-羟基构成。表 18.1 列出了天然环糊精的一些特征参数。

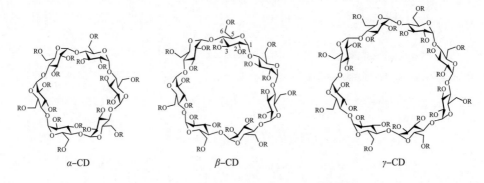

图 18.1　α-CD，β-CD 和 γ-CD 的结构

表 18.1　　　　　　　　　　　　　　天然 CD 的特征参数

	α-CD	β-CD	γ-CD
D-吡喃葡萄糖单元数	6	7	8
分子式（无水）	$C_{36}H_{60}O_{30}$	$C_{42}H_{70}O_{35}$	$C_{48}H_{80}O_{40}$
摩尔质量/（g/mol）	972	1135	1297
内径估算值/Å	4.7~5.3	6.0~6.5	7.5~8.3
外径估算值/Å	14.6	15.4	17.5
高度估算值/Å	7.9	7.9	7.9
空腔估算体积/Å³	174	262	427
水中溶解度/（g/100mL）	14.5	1.85	23.2
空腔水分子数	6	11	17

羟基可以被衍生化，从而产生一系列不带电或带电取代基的 CD 衍生物（表 18.2）。CD 可以从很多公司获得，包括 Merck 公司和 Cydex 公司。Cyclolab 和 Cyclodextrin-Shop 可以提供最全面的，不同取代度和异构体纯度的 CD。

表 18.2 常见的市售环糊精

衍生物	取代基团
天然环糊精	
α-环糊精	H
β-环糊精	H
γ-环糊精	H
中性环糊精	
甲基-α-环糊精	CH_3，随机取代
甲基-β-环糊精	CH_3，随机取代
甲基-γ-环糊精	CH_3，随机取代
七（2,6-二-O-甲基）-β-环糊精	2 和 6 位 CH_3 取代
七（2,3,6-三-O-甲基）-β-环糊精	2，3 和 6 位 CH_3 取代
羟丙基-α-环糊精	CH_2-CH_2-CH_2-OH，随机取代
羟丙基-β-环糊精	CH_2-CH_2-CH_2-OH，随机取代
羟丙基-γ-环糊精	CH_2-CH_2-CH_2-OH，随机取代
带负电荷环糊精	
羧甲基-β-环糊精	CH_2-COONa，随机取代
磺化 α-环糊精	SO_3Na，随机取代
磺化 β-环糊精	SO_3Na，随机取代
磺化 γ-环糊精	SO_3Na，随机取代
磺丁基醚-β-环糊精	CH_2-CH_2-CH_2-CH_2-SO_3Na，随机取代
琥珀酰基-β-环糊精	CO-CH_2-CH_2-COOH，随机取代
七（6-O-磺基）-β-环糊精	SO_3Na，6 位取代
七（2,3-二-O-乙酰基-6-O-磺基）-β-环糊精	CH_3CO，2 和 3 位取代；SO_3Na，6 位取代
六（2,3-二-O-甲基-6-O-磺基）-α-环糊精	CH_3，2 和 3 位取代；SO_3Na，6 位取代
七（2,3-二-O-甲基-6-O-磺基）-β-环糊精	CH_3，2 和 3 位取代；SO_3Na，6 位取代
八（2,3-二-O-甲基-6-O-磺基）-γ-环糊精	CH_3，2 和 3 位取代；SO_3Na，6 位取代
带正电荷环糊精	
（2-羟基-3-三甲基氨丙基）-α-环糊精	CH_2-CH（OH）-CH_2-N（CH_3）$_3$Cl，随机取代
（2-羟基-3-三甲基氨丙基）-β-环糊精	CH_2-CH（OH）-CH_2-N（CH_3）$_3$Cl，随机取代
（2-羟基-3-三甲基氨丙基）-γ-环糊精	CH_2-CH（OH）-CH_2-N（CH_3）$_3$Cl，随机取代
6-单脱氧-6-单氨基-β-环糊精	NH_2，取代一个 6-OH
七（6-脱氧-6-氨基）-β-环糊精	NH_2，6 位取代

由于 CD 能与多种化合物形成复合物，因此，在医药、化妆品、食品、纺织、化工和农药领域中有着广泛的应用[3-5]。在分离科学中，CD 已被用作 GC、HPLC 以及毛细

管电泳（CE）技术中的手性选择剂，包括电动色谱（EKC）、胶束电动色谱（MEKC）、微乳电动色谱（MEEKC）和毛细管电色谱（CEC）。CD 是 CE 中应用最广泛的手性选择剂。它们的优点是紫外线可透过性，以及可以在含水和不含水的电解质中使用。这一点在很多出版物中都有提到，这些出版物在综述中也有总结，例如某些书籍[6-15,16]或专著[17]。关于 CE 对映体分离的一般内容，可以在综述论文[18-22] 以及专著[23-24] 中找到。CD 的手性识别机理，通常认为是通过将分析物的亲脂性部分包裹到 CD 的疏水空腔中取代空腔中的溶剂分子（通常是水）来实现的[25]。然而，也有研究表明，包裹物的形成并不是成功分离对映体的先决条件，CD 和分析物之间的二次相互作用可包括与羟基或 CD 的其他极性取代基的氢键键合作用或偶极相互作用[26]。对于带电荷的 CD，离子间的相互作用也有助于甚至可能主导络合机理。相反电荷的分析物和 CD 之间的相互作用增加，使得在对映体分离中可以使用非常低的选择浓度。

18.1.1 毛细管电泳对映体分离的迁移模式

在色谱技术中，CD 介导的 CE 对映体分离是基于溶质的对映体和 CD 之间非对映体配合物的可逆形成。然而，与色谱法相反，这种方法的选择剂并不固定在载体上，甚至可能本身具有电泳迁移率。因此，CD 和溶质对映体之间的瞬态非对映体配合物在缔合常数和/或电泳迁移率上可能不同，从而导致对映体分离。CD 和 CD-分析物配合物的迁移能力提供了多种不同的模式和灵活的分析系统，甚至可以选择实验条件，以一种合适的方法来逆转分析物对映体的迁移顺序[27]。

图 18.2 展示了手性 CE 中一些常见的迁移模式。当碱性分析物置于含中性 CD 的酸性介质中时［图 18.2（a）］，质子化的分析物将迁移到毛细管阴极端的检测器上。CD 不具有电泳迁移能力，但可通过电渗流（EOF）进行传输。随后，强络合的对映体进行迁移，因为它与弱键合的对映体相比，其络合时间长，而且与自由分析物相比，配合物本身的迁移能力较低。中等酸性或碱性背景电解液中的酸性（负电荷）分析物则迁移到阳极，最终通过强 EOF［图 18.2（b）］由毛细管阴极端输送到检测器。在这种情况下，较强的络合对映体首先迁移，因为与阳极相反方向的迁移能力降低。如果 pH 降低，使得 EOF 以分析物的阳极迁移能力超过 EOF 的方式降低，这时，可在反向施加电压的阳极处检测分析物［图 18.2（c）］。因此，弱键合对映体首先迁移，从而与图 18.2（b）中描述的高 pH 缓冲溶液的情况相比，对映体迁移顺序发生逆转。对于图 18.2（c），分析物必须具有负电荷，以确保在阳极处向检测器迁移。

就像展示的带负电的 CD 一样，带电 CD 的电泳迁移能力也有一定作用。在低 pH 背景电解液中，质子化分析物向阴极迁移，而 CD 则向阳极迁移［图 18.2（d）］。在这种情况下，首先检测到了弱键合的对映体。与分析物相反电荷的选择剂的优势是它们的反向迁移能力，因此它能使用较低浓度的手性选择剂。如果 CD 的浓度高或对映体与选择剂有较强的键合作用，则化合物可能无法到达阴极处的检测器，因为它们会通过带负电荷的 CD 被传输到阳极。这时，可以通过施加电压的极性转换，在毛细管的阳极端进行检测［图 18.2（e）］。在这种情况下，首先检测到与 CD 形成更强配合物的对映体，因为它被带负电荷的 CD 加速向阳极传输。与图 18.2（d）中讨论的情况相比，这里观察到了相反的对映体迁移顺序。这些条件也可用于不带电化合物的分析。

在存在带负电荷的 CD 的情况下，如果 EOF 足够强，可以在毛细管的阴极端检测到中性分析物，类似于图 18.2（d）所示的情况。然而，在大多数情况下，带电选择剂的载体模式被用于中性分析物的对映体分离，类似于图 18.2（e）。对于带正电荷的 CDs 和带负电荷的化合物，也可以设想类似的情况。此外，还根据带电和不带电化合物的键合强度差异以及配合物的迁移能力，提出了许多进一步的迁移方案[20,22,27,28]。另外，利用不带电荷的 CD 分离分析物中的对映体和利用带电荷的 CD 迁移分析物中的对映体两种方法的结合已经是一种较成功的方法[29]。

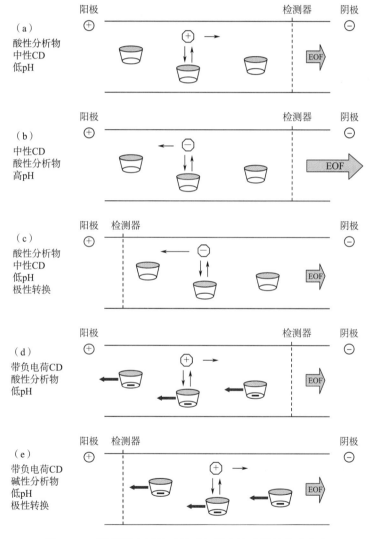

图 18.2　环糊精介导的手性毛细管电泳选择性分离方案

18.1.2　手性 CE 方法的发展与优化

　　任何分析分离技术方法的开发，是希望获得一种能够在较短分析时间内将分析物分离的方法。除了分析物的物理化学特性外，实验因素包括 CD 的类型和浓度，背景电解质的 pH、类型和浓度，有机溶剂或表面活性剂等添加剂、外加电压或影响 CE 对映体分离的毛细管温度。如果是水不溶性、亲脂性或中性化合物，应考虑 MEKC 或 MEEKC。有关这方面方法开发的摘要可见参考文献[30]。

水溶性带电化合物的分析一般用 EKC 的方法。典型的方法是选择合适的缓冲 pH 和 CD。然而，目前来说，CD 的选择还不能合理化，主要依赖于分析人员的经验。在许多情况下，当从一种天然 CD 转换到另一种 CD 或使用同一种天然 CD 的不同衍生物时，可以观察到对映体迁移顺序的逆转。纯的单一同分异构体 CD，例如七（6-O-磺酰基）-β-环糊精，对于成功的对映体分离并不是必需的。事实上，许多已报道的分离方法都是使用随机取代的衍生物来实现的。然而，随机取代的 CD 是不同取代度的异构体的混合物，即取代基的数目和位置是不同的。因此，来自不同供应商的随机取代的 CD 可能不同，甚至同一供应商的不同批次的 CD 也会有差别。已经证明，CD 的来源和取代度可能会影响一种化合物的对映体分离而对另一种分析物没有影响。此外，不能预测给定 CD 的高取代度或低取代度是否会导致对映体分离效果更好；这两种情况已有相关的报道[31,32]。CD 的组合，特别是带电和中性 CD 的组合，是一种非常成功的 CE 手性分离方法[29]。

已描述过尝试在不过度测试 CD 的情况下找到或多或少的通用启动条件的筛选方法。许多用户喜欢带负电的 CD，因为它们也可以用于不带电荷的化合物[33~35]。在低 pH 下，碱性化合物质子化并迁移到阴极，而带负电荷的 CD 则迁移到阳极。与带负电荷的 CD 相互作用的中性化合物被传输到阳极，并且可以在反转施加电压的极性时被检测到。大多数酸性分析物在低 pH 下质子化为中性化合物。图 18.3 描述了使用磺化 CD 进行筛选的方法。根据 Vigh 等开发的带电分解基团迁移（CHARM）模型[36]，应在低 pH 缓冲溶液（pH2.2~2.5）和高 pH 缓冲溶液（pH9.5）中进行筛选，这取决于分析物是电离的还是中性的。此外，包括中性和带电 CD 在内的进一步策略也已经开发出来[37~40]。

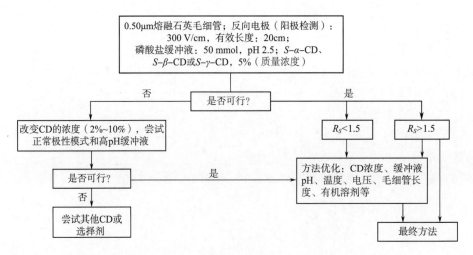

图 18.3　使用带负电 CD 的方法开发方案（S-α-CD，S-β-CD 和 S-γ-CD 指随机磺化环糊精或单异构体磺化 CD 衍生物[33~35]）

在选择合适的 CD 后，应进行进一步的方法优化。除了优化 CD 的浓度外，适当调节背景电解液的 pH 可能会对对映体分离产生重要影响，尤其是在可电离分析物存在的情况下。由于配合物迁移能力的增加，在接近 pK_a 的 pH 范围内工作可以最大限度地提高化合物的分离选择性。特别是对结构密切相关的物质的分离选择性。其他需要优化的因素包括缓冲溶液的类型和浓度、施加的电压、毛细管的温度以及缓冲溶液添加剂（如有机溶剂或表面活性剂）。此外，也可以考虑通过毛细管壁的动态或永久性涂层来调整、抑制或逆转 EOF。对于 MEKC 方法，必须考虑表面活性剂的性质和浓度，而对于 MEEKC 方法，则必须考虑微乳液的组成，即有机相的类型、表面活性剂的类型和浓度以及助表面活性剂的影响。影响 CD 介导的对映体分离的因素已在参考文献[41]中进行了总结。需要注意的是，期望的分辨率也可能取决于预期的目的。例如，分离外消旋体时，分辨率为 1.5 就足够了。然而，当一种对映体必须在另一种对映体过剩的情况下进行定量时，即为了测定化合物的立体异构体纯度，必须要求更大的 R_s，以避免次要立体异构体的小峰与主要立体异构体的大峰重叠。

在实际工作中，通常使用各种潜在的操作条件来评估哪些操作条件可能有用。标准缓冲溶液和 CD 能很快进行测试哪些条件可以进行对映体分离。随后对初始条件进行优化。如今，多变量优化方法比单变量方法更受欢迎，采用的是质量设计和实验设计方法[42~45]。这样可以减少确定最佳实验条件所需的实验次数，更重要的是，可以识别对方法有重大影响的实验参数。优化和方法耐用性可以在合理的基础上得出结论。总的来说，这种方法是对分析过程的科学理解。

18.2　材料

18.2.1　CE 仪器设备

（1）带有高压电源（最高电压 30kV）和光电二极管阵列检测器的商用 CE 仪器如 P/ACE MDQ CE 系统（USA，MA，Framingham，Sciex）（见 18.4 注解 1）。

（2）无涂层熔融石英毛细管　内径 50μm，有效长度为 30cm，总长度为 40.2cm，（见 18.4 注解 2），按照制造商的说明将毛细管安装到毛细管槽中。

（3）商用 pH 计　用于调节背景电解液的 pH。

（4）超声波清洗仪　用于样品和 CD 的溶解以及溶液的脱气。

（5）注射器过滤器　含孔径 0.20μm 的聚酯或尼龙滤膜。0.45μm 的滤膜也可。膜材料必须对要过滤的溶液具有化学惰性。

（6）超纯水系统　例如 Milli-Q Direct 8 系统（USA，MA，Billerica，Millipore）。

18.2.2　背景电解液（BGE）

（1）BGE 1　50mmol/L 磷酸盐缓冲溶液，pH6.5；β-CD，2.5mg/mL。将 690mg 一水合磷酸二氢钠（$NaH_2PO_4 \cdot H_2O$）溶解于约 50mL 的 Milli-Q 超纯水中，用 1mol/L 的 NaOH 溶液将 pH 调节至 6.5。用 Milli-Q 超纯水将溶液的体积调节至 100.0mL。在超声

处理（15min）下，将 25mg β-CD 溶解于约 5mL 缓冲溶液（见 18.4 注解 5）中，并用缓冲溶液将体积调节至 10.0mL。

（2）BGE 2　50mmol/L 磷酸盐缓冲溶液，pH3.0；β-CD，2.5mg/mL。将 340μL 85%的磷酸（H_3PO_4）溶解于约 50mL 的 Milli-Q 超纯水中，使用 1mol/L 的 NaOH 溶液将 pH 调节至 3.0，并用 Milli-Q 超纯水将溶液的体积调节至 100.0mL。在超声处理（15min）下，将 25mg β-CD 溶解于约 5mL 缓冲溶液（见 18.4 注解 5）中，并用缓冲溶液将体积调节至 10.0mL。

（3）BGE 3　50mmol/L 磷酸盐缓冲溶液，pH2.5；磺酰化 β-CD，2mg/mL。将 340μL 85%的磷酸（H_3PO_4）溶解于约 50mL 的 Milli-Q 超纯水中，使用 1mol/L 的 NaOH 溶液将 pH 调节至 2.5，并用 Milli-Q 超纯水将溶液的体积调节至 100.0mL。将 20mg 磺化 β-CD 钠盐（取代度 12~15；见 18.4 注解 6）溶解在大约 5mL 的缓冲溶液中，用缓冲溶液将体积调节到 10.0mL。

（4）BGE 4　50mmol/L 磷酸盐缓冲溶液，pH2.5；磺化 β-CD，30mg/mL。将 340μL 85%的磷酸（H_3PO_4）溶解于约 50mL 的 Milli-Q 超纯水中，使用 1mol/L 的 NaOH 溶液将 pH 调节至 2.5，并用 Milli-Q 超纯水将溶液的体积调节至 100.0mL。将 300mg 磺化 β-CD 钠盐（取代度 12~15；见 18.4 注解 6）溶解在大约 5mL 的缓冲溶液中，用缓冲溶液将体积调节到 10.0mL。将所有缓冲溶液用 0.20μm 聚酯或尼龙膜注射器过滤至缓冲瓶中，使用前超声波脱气 5min。

18.2.3　样品溶液

（1）1,1′-联萘-2,2′-双磷酸氢酯溶液（见 18.4 注解 7）　分别取每种化合物 10mg 溶解于约 5mL 甲醇中，制备 1,1′-联萘-2,2′-双磷酸氢酯对映体的储备溶液（1mg/mL），并用甲醇调节体积至 10.0mL。分别将 200μL 的（S）-（+）-1,1′-联萘-2,2′-双磷酸氢酯储备液和 100mL（R）-（-）-1,1′-联萘-2,2′-双磷酸氢酯储备液混合，并用 10%甲醇水溶液调节体积至 10.0mL。将溶液转移到样品瓶中。

（2）氧氟沙星溶液（见 18.4 注解 7）　分别将 10mg 的每种化合物溶于约 5mL 甲醇中，制备氧氟沙星和左氧氟沙星的储备溶液（1mg/mL），并用甲醇调节体积至 10.0mL。将 400μL 氧氟沙星储备液和 200μL 左氧氟沙星储备液混合，用 Milli-Q 超纯水稀释至 10.0mL。将溶液转移到样品瓶中。

18.3　方法

18.3.1　熔融硅毛细管的调节和冲洗程序

用 0.20μm 聚酯或尼龙膜注射器过滤器过滤所有冲洗溶液。

18.3.1.1　新毛细管的预处理

在 138kPa 的压力下，用以下程序冲洗新毛细管。

（1）0.1mol/L 磷酸溶液　10min。

（2）1mol/L 氢氧化钠溶液　20min。

（3）0.1mol/L 氢氧化钠溶液　20min。

（4）Milli-Q 超纯水　10min。

（5）合适的背景电解液　10min。

18.3.1.2　分析期间毛细管的调节

在 138kPa 的压力下，用经过滤（0.20μm）的溶液冲洗毛细管。

（1）0.1mol/L 磷酸溶液　2min。

（2）0.1mol/L 氢氧化钠溶液　2min。

（3）Milli-Q 超纯水　2min。

（4）合适的背景电解液　4min。

18.3.1.3　清洗毛细管以备储存

在 138kPa 的压力下，用经过滤（0.20μm）的溶液冲洗毛细管。

（1）0.1mol/L 磷酸溶液　10min。

（2）0.1mol/L 氢氧化钠溶液　10min。

（3）Milli-Q 超纯水　10min。

短期（隔夜）储存时，可以将毛细管末端放入装有 Milli-Q 超纯水的小瓶中。需长期储存时，可使用 34.5kPa 压力空气吹扫干燥毛细管 5min。毛细管储存过夜后，第二天按照 18.3.1.3 中所述的步骤（1）～（3）冲洗。然后用合适的背景电解液在 138kPa 下冲洗 10min。更换背景电解液时采用相同的程序。在长期储存后，应按照 18.3.1.1 对毛细管进行调节。

18.3.2　CE 分析法

调节毛细管（见 18.4 注解 8）后，选择适当的背景电解液注入缓冲瓶（见 18.4 注解 9）。在紫外检测波长和外加的高压等规定的参数下进行 CE 测量。将毛细管温度设置为 20℃。在 3.4kPa 的压力下采用流体力学的方式引入样品溶液 6s（见 18.4 注解 10）。

18.3.2.1　例1

该例说明的是在存在显著 EOF 的情况下使用中性 CD 分离带负电分析物，如图 18.2（b）中所示：以 BGE 1 为缓冲溶液，1,1'-联萘-2,2'-双磷酸氢酯为分析物。在毛细管的阳极端引入样品，在阴极端进行检测。将数据采样率设置为 4Hz（见 18.4 注解 11），并将检测器的自动归零时间设置为 1.0min。

外加电压：30kV（程序时间：0.17min）。

检测波长（见 18.4 注解 12）：210nm（带宽 10nm）。

检测器参比波长（见 18.4 注解 13）：340nm（带宽 50nm）。

实验条件下的电流：约 80μA。

典型的电泳图如图 18.4（a）所示。首先检测到了较强的络合对映体 S-（+）-1, 1'-联萘-2,2'-双磷酸氢酯[46]。

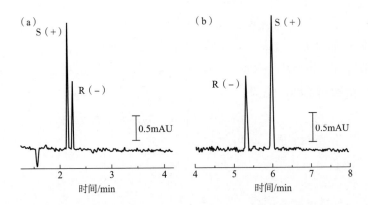

图 18.4　以 β-CD 为手性选择剂，pH 为（a）6.5 和（b）3.0 时对
1,1′-联萘-2,2′-双磷酸氢酯进行对映体分离

18.3.2.2　例2

该例描述了在施加电压的反极性作用下，在没有显著 EOF 的情况下使用中性 CD 分离带负电荷的分析物的过程，如图 18.2（c）所示。

以 BGE 2 为缓冲溶液，1,1′-联萘-2,2′-双磷酸氢酯为分析物。在毛细管阴极端引入样品，在阳极端进行检测。将数据采样率设置为 4Hz（见 18.4 注解 11），并将检测器的自动归零时间设置为 1.0min。

外加电压：-30kV（程序时间：0.17min）。

检测波长（见 18.4 注解 12）：210nm（带宽 10nm）。

检测器参比波长（见 18.4 注解 13）：340nm（带宽 50nm）。

实验条件下的电流：约-50μA。

典型的电泳图如图 18.4（b）所示。首先检测到了结合较弱的络合对映体 R-(+)-1,1′-联萘-2,2′-双磷酸氢酯[46]。

18.3.2.3　例3

该例描述了在施加正常极性电压作用下，在没有显著 EOF 的情况下使用带负电 CD 分离带正电荷的分析物的过程，如图 18.2（d）所示。

以 BGE 3 为缓冲溶液，氧氟沙星为分析物。在毛细管阴极端引入样品，在阳极端进行检测。将数据采样率设置为 4Hz（见 18.4 注解 11），并将检测器的自动归零时间设置为 1.0min。

外加电压：30kV（程序时间：0.17min）。

检测波长（见 18.4 注解 12）：291nm（带宽 10nm）。

检测器参比波长（见 18.4 注解 13）：450nm（带宽 50nm）。

实验条件下的电流：约 70μA。

典型的电泳图如图 18.5（a）所示。较弱的（R）-对映体首先进行迁移。

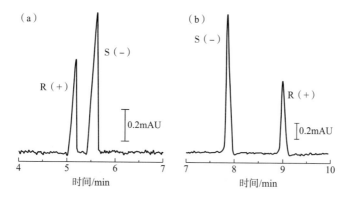

图 18.5　在 pH2.5 下，以磺化 β-CD 为手性选择剂，分别在（a）正常极性的应用电压，低选择剂浓度（2mg/mL）及（b）反极性电压，高浓度选择剂（30mg/mL）条件下的氧氟沙星对映体分离

18.3.2.4　例4

该例描述了在施加反极性电压作用下，在没有显著 EOF 的情况下使用带负电 CD 分离带正电荷的分析物的过程，如图 18.2（e）所示。

以 BGE 4 为缓冲溶液，氧氟沙星为分析物。在毛细管阴极端引入样品，在阳极端进行检测。将数据采样率设置为 4Hz（见 18.4 注解 11），并将检测器的自动归零时间设置为 6.0min。

外加电压：−20kV（程序时间：0.17min）。

检测波长（见 18.4 注解 12）：291nm（带宽 10nm）。

检测器参比波长（见 18.4 注解 13）：450nm（带宽 50nm）。

实验条件下的电流：约−95μA。

典型的电泳图如图 18.5（b）所示。较强的（S）-对映体左氧氟沙星首先进行迁移。

18.4　注解

（1）不同公司的 CE 仪器以及同一供应商的不同仪器，即使在相同的实验条件下，也可能产生不同的结果，当将某种分析方法从一种仪器转移到另一种仪器时，可能需要对变量进行细微的改变，以便对已公布方法的参数进行微调。此外，来自不同制造商的仪器可能具有不同的操作条件，如可以施加的最大压力。

（2）不同供应商的毛细管可能导致分离性能略有不同。即使是同一供应商的毛细管也可能在一定程度上有所不同。因此，建议购买尽量多的同一规格的毛细管，特别是在工业环境中用于验证常规分析的方法。

（3）根据不同的程序制备缓冲溶液会导致缓冲溶液的离子强度不同，这可能会影响分离的选择性。例如，50mmol/L 的 pH2.5 的磷酸盐缓冲液，可通过以下 4 种方法来配制：①以适当比例混合 50mmol/L 磷酸二氢钠（NaH_2PO_4）和 50mmol/L 磷酸氢二钠

（Na$_2$HPO$_4$）来制备，以获得所需 pH；②将适量 85% 磷酸溶于一定量的水中，调节温度，通过滴加氢氧化钠溶液使 pH 达到 2.5，然后用水调节到最终体积；③通过将氢氧化钠溶液加入到 50mmol/L 磷酸中调节 pH 至 2.5；④通过滴加稀磷酸将 50mmol/L 磷酸二氢钠调节至 pH2.5。在①和②中，缓冲溶液浓度以磷酸盐计为 50mmol/L，在③情况下，磷酸盐的浓度低于 50mmol/L，在④情况下，磷酸盐的浓度高于 50mmol/L。与期望的浓度的偏差取决于调节 pH 的氢氧化钠溶液和磷酸的浓度。此外，当使用不同的盐（例如钾盐或磷酸锂盐）或不同的碱（例如氢氧化钾或氢氧化锂）进行制备时，所得缓冲溶液中的反离子不同，这也可能影响分离。因此，为了得到可重复的结果，需要对缓冲液进行仔细表征。此外，即使在低温下，缓冲液也只能储存有限的时间。

（4）由于解离平衡的温度依赖性，缓冲溶液的 pH 应在电泳过程中使用的温度下调节。具体来说，有机两性离子缓冲溶液每开尔文（或摄氏度）的 pK_a 变化是显著的。

（5）由于 β-CD 水溶性的限制（水中最高浓度：18mg/mL），当对映体分离需要较高浓度的 β-CD 时，通常会加入 1~2mol/L 浓度的尿素。结果表明，尿素对分离选择性也有影响。

（6）随机取代的 CD 是一种异构体的混合物，具有不同的取代度和取代模式（即取代基的数量和位置不同）。因此，不同来源的 CD，甚至来自同一供应商的不同批次的 CD 在这方面可能会有所不同，这可能导致不同的分离选择性或分辨率，具体取决于所使用的选择剂的批次。在大多数情况下，可以通过手性选择剂的浓度变化对分离进行优化。化学定义的单异构体 CD 也可用，如七（6-O-磺酰基）-β-环糊精或七（2,3-二-O-甲基-6-O-磺酰基）-β-环糊精。然而，与单异构体 CD 相比，随机取代 CD 的使用也可能导致更高的对映体分辨率。在所述示例中，使用的是取代度为 12~15 的磺酰化 β-CD。

（7）为了便于检测对映体的迁移顺序，使用了非外消旋混合物。只有当至少一种对映体为单一形式时，才有可能制备这种溶液。

（8）毛细管的调节对于获得毛细管内壁的可重复性条件是非常重要的。因此，需要对毛细管进行仔细的预处理。此外，在制定 CE 的质量控制程序时，必须将所有冲洗步骤纳入验证程序。

（9）应使用不同小瓶盛装背景电解液以冲洗毛细管和进行分析分离。分析瓶中的缓冲溶液水平应相同，以避免由于瓶间的压力差异而发生流体的流动。由于缓冲溶液的消耗，在一定次数的注射后（通常在 2~10 次注射）应对缓冲溶液进行更换。在本示例中，缓冲溶液在 6 次分析后更换。

（10）当应用流体动力注射时，样品的实际注射量可能会因溶液的温度或黏度而变化。因此，可能需要调整喷射时间和/或压力。在本示例中，样品在环境温度下注入。CE 中的典型插入长度为毛细管长度的 1%~2%。

（11）数据采样率或数据采集率是方法开发和/或传输过程中应优化的参数。理想情况下，峰值应具有高斯形状，并且应至少由 20 个数据点来确定。基线噪声将随着数据采样率的增加而增加。

（12）检测波长通常设置为分析物的最大吸光度。带宽通常比较窄（通常为 5~

10nm），表示用于获取选定波长的信号的二极管的响应数量。在所展示的示例中，在（210±5）nm（例 1 和例 2）和（291±5）nm（例 3 和例 4）处收集信号。该方法的灵敏度在不同代或不同制造商的 CE 仪器之间也可能不同。

（13）参考波长补偿了光源强度的波动以及背景电解液吸收的变化。参考波长应选择在没有或非常低吸光度的范围内。带宽通常比较宽，即 25～100nm。适当设置参考波长可以提高信噪比、减小基线漂移。当参考波长范围设置得太接近各分析物的吸光度时，会显著降低方法的灵敏度。在所给出的示例中，参考波长被设置为（340±25）nm（例 1 和例 2）和（450±25）nm（例 3 和例 4）。

参考文献

[1] Biwer A, Antranikian G, Heinzle E (2002) Enzymatic production of cyclodextrins. ApplMicrobiol Biotechnol 59:609-617.

[2] Jin Z (2013) Cyclodextrin chemistry. WorldScientific Publishing, Singapore.

[3] Bilensoy E (ed) (2011) Cyclodextrins in pharmaceutics, cosmetics and biomedicine. Currentand future industrial applications. Wiley, Hoboken.

[4] Dodziuk H (ed) (2006) Cyclodextrins andtheir complexes: chemistry, analytical methods, applications. Wiley-VCH, Weinheim.

[5] Iacovino R, Caso JV, Di Donato C et al (2017) Cyclodextrins as complexing agents: preparation and applications. Curr Org Chem21:162-176.

[6] Zhu Q, Scriba GKE (2016) Advances in the useof cyclodextrins as chiral selectors in capillaryelectrokinetic chromatography: fundamentalsand applications. Chromatographia79:1403-1435.

[7] Saz JM, Marina ML (2016) Recent advanceson the use of cyclodextrins in the chiral analysisof drugs by capillary electrophoresis. J Chromatogr A 1467:79-94.

[8] Cucinotta V, Contino A, Giuffrida A et al (2010) Application of charged single isomerderivatives of cyclodextrins in capillary electrophoresis for chiral analysis. J Chromatogr A1217:953-967.

[9] Řezanka P, Navrátilová K, Řezanka M et al (2014) Application of cyclodextrins in chiralcapillary electrophoresis. Electrophoresis35:2701-2721.

[10] Escuder-Gilabert L, Martín-Biosca Y, MedinaHernández MJ et al (2014) Cyclodextrins incapillary electrophoresis: recent developmentsand new trends. J Chromatogr A 1357:2-23.

[11] Zhou J, Tang J, Tang W (2015) Recent development of cationic cyclodextrins for chiral separation. Trends Anal Chem 65:22-29.

[12] Fanali S (2009) Chiral separations by CEemploying CDs. Electrophoresis 30:S203-S210.

[13] Chankvetadze B (2009) Separation of enantiomers with charged chiral selectors inCE. Electrophoresis 30:S211-S221.

[14] Scriba GKE (2008) Cyclodextrins in capillary electrophoresis enantioseparations—recentdevelopments and applications. J Sep Sci31:1991-2011.

[15] Gübitz G, Schmid MG (2010) Cyclodextrin-mediated chiral separations. In: VanEeckhaut A, Michotte Y (eds) Chiralseparations by capillary electrophoresis. Chromatogr Science Series, vol. 100. CRC Press, Boca Raton, 47-85.

[16] Chankvetadze B (2006) The application ofcyclodextrins for enantioseparations. In: Dodziuk H (ed) Cyclo-

dextrins and their complexes：chemistry，analytical methods，applications. Wiley – VCH，Weinheim，119-146.

［17］Tang W，Ng SC，Sun D（2013）Modified cyclodextrins for chiral separation. Springer，New York.

［18］Sánchez-López E，Marina ML，Crego AL（2016）Improving the sensitivity in chiral capillary electrophoresis. Electrophoresis 37：19-34.

［19］Já č P，Scriba GKE（2013）Recent advances inelectrodriven enantioseparations. J Sep Sci36：52-74.

［20］Scriba GKE（2013）Differentiation of enantiomers by capillary electrophoresis. Top CurrChem 340：209-276.

［21］Scriba GKE（2011）Fundamental aspects ofchiral electromigration techniques and application in pharmaceutical and biomedical analysis. J Pharm Biomed Anal 55：688-701.

［22］Chankvetadze B（2007）Enantioseparations byusing capillary electrophoretic techniques. Thestory of 20 and a few more years. J ChromatogrA 1168：45-70.

［23］Chankvetadze B（1997）Capillary electrophoresis in chiral analysis. Wiley，Chichester.

［24］Van Eeckhaut A，Michotte Y（eds）（2010）Chiral separations by capillary electrophoresis. Chromatogr Science Series，vol. 100. CRCPress，Boca Raton.

［25］Biedermann F，Nau WM，Schneider HJ（2014）The hydrophobic effect revisited—studies withsupramolecular complexes imply high – energywater as noncovalent driving force. AngewChem Int Ed 53：11158-11171.

［26］Schneider HJ（2009）Binding mechanisms insupramolecular complexes. Angew Chem IntEd 48：3924-3977.

［27］Chankvetadze B（2002）Enantiomer migrationorder in chiral capillary electrophoresis. Electrophoresis 23：4022-4035.

［28］Hammitzsch-Wiedemann M，Scriba GKE（2009）Mathematical approach by a selectivitymodel for rationalization of pH- and selectorconcentration-dependent reversal of the enantiomer migration order in capillary electrophoresis. Anal Chem 81：8765-8773.

［29］Fillet M，Hubert P，Crommen J（2000）Enantiomeric separations of drugs using mixtures of charged and neutral cyclodextrins. J Chromatogr A 875：123-134.

［30］Wätzig H，Degenhardt M，Kunkel A（1998）Strategies for capillary electrophoresis. Methoddevelopment and validation for pharmaceuticaland biological applications. Electrophoresis 19：2695-2752.

［31］Rocheleau MJ（2005）Generic capillary electrophoresis conditions for chiral assay in earlypharmaceutical development. Electrophoresis 26：2320-2329.

［32］Dubský P，Svobodová J，Tesařová E，GašB（2010）Enhanced selectivity in CZE multichiral selector enantioseparation systems：proposed separation mechanism. Electrophoresis 31：1435-1441.

［33］Evans CE，Stalcup AM（2003）Comprehensivestrategy for chiral separations using sulfatedcyclodextrins in capillary electrophoresis. Chirality 15：709-723.

［34］Ates H，Mangelings D，Vander Heyden Y（2008）Fast generic chiral separation strategiesusing electrophoretic and liquid chromatographic techniques. J Pharm BiomedAnal 48：288-294.

［35］Zhou L，Thompson R，Song S et al（2002）Astrategic approach to the development of capillary electrophoresis chiral methods for pharmaceutical basic compounds using sulfatedcyclodextrins. J Pharm Biomed Anal27：541-553.

［36］Williams BA，Vigh G（1997）Dry look at theCHARM（charged resolving agent migration）model of enantiomer separations by capillary electrophoresis. J Chromatogr A 777：295-309.

［37］Liu L,Nussbaum MA(1999)Systematicscreening approach for chiral separations ofbasic compounds by capillary electrophoresis with modified cyclodextrins. J Pharm BiomedAnal 19:679-694.

［38］Jimidar MI,Van Ael W,Van Nyen P et al(2004)A screening strategy for the development of enantiomeric separation methods incapillary electrophoresis. Electrophoresis25:2772-2785.

［39］Souverain S,Geiser L,Rudaz S,Veuthey JL(2006)Strategies for rapid chiral analysis bycapillary electrophoresis. J Pharm BiomedAnal 40:235-241.

［40］Deeb SE,Hasemann P,Wätzig H(2008)Strategies in method development to quantifyenantiomeric impurities usingCE. Electrophoresis 29:3552-3562.

［41］Servais AC,Crommen J,Fillet M(2010)Factors influencing cyclodextrin-mediated chiralseparations. In: van Eeckhaut A,Michotte Y(eds)Chiral separations by capillary electrophoresis. Chromatogr science series,vol. 100. CRC Press,Boca Raton, 87-107.

［42］Sentellas S,Saurina J(2003)Chemometrics incapillary electrophoresis. Part A:method foroptimization. J Sep Sci 26:875-885.

［43］Dejaegher B,Mangelings D,Vander Heyden Y(2012)Experimental design methodologies inthe optimization of chiral CE or CEC separations:an overview. Methods Mol Biol970:409-427.

［44］Orlandini S,Gotti R,Furlanetto S(2014)Multivariate optimization of capillary electrophoresis methods:a critical review. J Pharm BiomedAnal 87:290-307.

［45］Orlandini S,Pinzauti S,Furlanetto S(2013)Application of quality by design to the development of analytical separation methods. AnalBioanal Chem 405:443-450.

［46］Chankvetadze B,Schulte G,Blaschke G(1996)Reversal of enantiomer elution order in capillary electrophoresis using charged and neutralcyclodextrins. J Chromatogr A 732:183-187.

19 双环糊精体系在毛细管电泳对映体分离中的应用

Anne-Catherine Servais, Marianne Fillet

摘要： 利用双环糊精（CD）体系，在毛细管电泳（CE）中成功实现了酸性和中性化合物的对映体分离。本章描述如何使用由带负电荷的 CD 衍生物，如磺基丁基-β-环糊精或羧甲基-β-环糊精组成的双 CD 体系与中性物质即七（2,3,6-三-O-甲基）-β-环糊精结合分离酸性或中性物质的对映体。选取了一种酸性化合物（卡洛芬）和一种弱酸性药物（戊巴比妥）作为典型化合物。

关键词： 毛细管电泳，双环糊精体系，酸性化合物，中性化合物

19.1 引言

有效的立体选择性分离对于手性药物的药效学和药代动力学研究、毒理学研究以及质量控制都具有重要意义。液相色谱法、毛细管电泳（CE）和最近的超临界流体色谱法是非挥发性化合物手性分离中应用最广泛的技术。CE 用于对映体分离的成功来源于其非常高的效率、低的试剂消耗和高的灵活性[1]。

在大多数 CE 对映体分离中，环糊精（CD）被加入到背景电解液中（BGE）[1~3]。由于使用单一 CD（特别是对于不带电的分析物）不可能实现完全的对映体分离，因此开发了双 CD 体系以提高选择性和分辨率。由于两种 CD 与对映体的络合机制不同（即络合稳定性、手性识别模式和对分析物迁移能力的影响），这些体系通常是有利的[4~6]。对双 CD 体系的概述可以在专门的综述文献[7,8]和书籍[9]找到。可以使用几种类型的组合：一种中性物质和带电荷 CD[6,10~12]，两种带电荷 CD 衍生物[12]，或两种中性 CD[13]。如果分离仅基于络合常数差（$K_R \neq K_S$），只要分析物的游离形式和络合形式的流动性不同（$\mu_f \neq \mu_c$），就可以观察到对映体拆分，如式（19-1）[14,15]所示：

$$\Delta\mu = \frac{(\mu_f - \mu_c)(K_R - K_S)[C]}{1 + (K_R + K_S)[C] + K_R K_S [C]^2} \tag{19-1}$$

这里 $[C]$ 为手性选择剂的浓度。

在双 CD 体系中，两种手性选择剂既起协同作用又能相互抵消。Crommen 等开发了数学模型，以预测含有两种 CD 的系统中的对映选择性，从而使此类系统在分辨率和迁移时间方面的优化更合理[8,16,17]。值得注意的是，这些公式是有效的，前提是只有 1 : 1 络合发生，并且两个 CD 的络合作用是独立的（没有络合混合物）。另外，这两种手性选择剂，主要是 CD 衍生物，都假设为是纯的、特征良好的化合物，这在实践中是很少的。参考文献[8]中提出的模型比以前的模型更通用，因为它适用于带电和中性分析物对映体以及离子和非带电 CD。

双分离系统的开发可包括通过选择合适的 CD 来优化亲和模式，或通过选择合适浓度的阴离子、阳离子或中性 CD 来优化迁移能力项。如果一种 CD 加速分析物，另一种 CD 减慢分析物或对其流动性没有影响，并且每种 CD 的对映体的亲和模式相反，则可以使双 CD 系统的选择性得到提高。

值得注意的是，当处理对象不是单一异构体而是具有不同取代度和不同取代基位置的 CD 衍生物的混合物时，应使用多选择剂模型。多选择剂模型以及选择剂混合物的

特性在综述文章[18]中有过报道。

本章提出的双体系由高选择性的中性 CD 组成，即七（2,3,6-三甲基)-β-环糊精（TM-β-CD）与非选择性或低选择性带负电荷的 CD，即磺基丁基-β-环糊精（SB-β-CD）或羧甲基-β-环糊精（CM-β-CD），尤其适用于中性化合物或以不带电形式存在的可电离分析物[6,10,11,19]。

19.2　材料

19.2.1　仪器

（1）配备 UV 检测器和温度控制系统［（15~60)℃±0.1℃］的 CE 系统　HP³ᴰ CE 系统（Germany，Waldbronn，Agilent Technologies）。

（2）内径 50μm，有效长度为 37cm，总长度为 44cm 的无涂层熔融石英毛细管（USA，AZ，Phoenix，Polymicro Technologies）。

（3）纤维素基膜过滤器（0.2μm）。

（4）用于 pH 调节的商用 pH 计。

19.2.2　背景电解液

所有溶液均应使用 Milli-Q 的超纯水和分析级试剂制备。使用前用纤维素滤膜（0.2μm）过滤。

（1）BGE 1　用三乙醇胺将 100mmol/L 的磷酸调节 pH 至 3。

制备 100mL BGE 1：将 80mL 水和 1.15g 磷酸（85%）加入到 100.0mL 容量瓶中，用水调节至所需体积，混合。用三乙醇胺调节 pH 至 3。

（2）BGE-CD 1　5mmol/L SB-β-CD（USA，KS，Lenexa，CyDex Pharmaceuticals；Hungary，Budapest，Cyclolab）和 15mmol/L TM-β-CD（Hungary，Budapest，Cyclolab；USA，Mo，Saint-Louis，Sigma-Aldrich）（见 19.4 注解 1、2 和 3）溶于 BGE 1。

制备 10mL BGE-CD1：在 10mL 容量瓶中加入 88mg SB-β-CD（平均取代度为 4）和 214mg 的 TM-β-CD，用 BGE1 溶解并定容。

（3）BGE2　用三乙醇胺将 100mmol/L 的磷酸调节 pH 至 5。

制备 100mL BGE2：在 100.0mL 容量瓶中加入 80mL 水和 1.15g 磷酸（85%），用水定容，混匀，用三乙醇胺调节 pH 至 5。

（4）BGE-CD2　10mmol/L CM-β-CD（Hungary，Budapest，Cyclolab）和 50mmol/L TM-β-CD（见 19.4 注解 5~8）溶于 BGE2。

制备 10mL BGE-CD2：在 10.0mL 容量瓶中加入 142mg CM-β-CD（平均取代度为 3.5）和 715mg TM-β-CD，用 BGE1 溶解并定容。

19.2.3　样品溶液

（1）卡洛芬样品溶液（50μmol/L）　用水和甲醇的混合溶液（9∶1）（见 19.4 注

解 4）溶解配制，浓度约为 14μg/mL。

（2）戊巴比妥样品溶液（50μmol/L）　用水和甲醇的混合溶液（7∶3）（见 19.4 注解 4）溶解配制，浓度约为 11μg/mL。

19.3　方法

19.3.1　酸性药物对映体分离

（1）在工作开始时，用 1mol/L NaOH、0.1mol/L NaOH、水和 BGE1 在约 0.1MPa 的压力下冲洗毛细管 10min。

（2）每次注射前，在大约 0.1MPa 的压力下用 BGE-CD 1 清洗毛细管 3min。

（3）通过施加 5kPa 的压力并持续 5s，以流体动力注入样品溶液。

（4）使用以下参数分离酸性分析物的对映体（见 19.4 注解 9）。

施加电压：-25kV（负极性）。

毛细管温度：25℃。

UV 检测器：波长 230nm（卡洛芬）。

卡洛芬对映体分离的典型电泳图如图 19.1 所示。

（5）每天工作结束时，用水冲洗毛细管 10min。

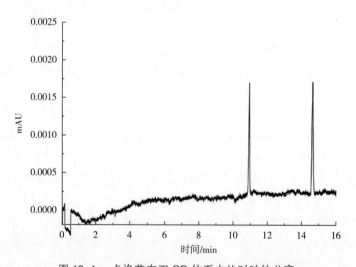

图 19.1　卡洛芬在双 CD 体系中的对映体分离

注：BGE-CD，用 100mmol/L 的磷酸-三乙醇胺（pH3）溶解 5mmol/L SB-β-CD 和 15mmol/L TM-β-CD。

[资料来源：John Wiley & Sons from ref. 11© 1997]

19.3.2　弱酸性或中性药物的对映体分离

（1）在工作开始时，用 1mol/L NaOH、0.1mol/L NaOH、水和 BGE2 在约 0.1MPa 的压力下冲洗毛细管 10min。

（2）每次注射前，用 BGE-CD 2 在大约 0.1MPa 的压力下冲洗毛细管 3min。

（3）通过施加 5kPa 的压力并持续 5s，以流体动力注入样品溶液。

（4）使用以下参数分离弱酸性或中性分析物的对映体（见 19.4 注解 9）。

施加电压：–25kV（负极性）。

毛细管温度：25℃。

UV 检测器：波长 210nm（戊巴比妥）。

戊巴比妥的对映体分离如图 19.2 所示。

（5）每天工作结束时，用水冲洗毛细管 10min。

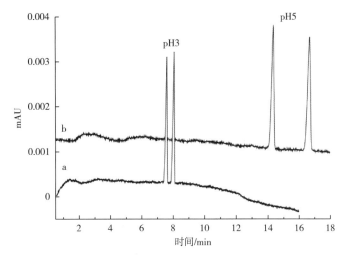

图 19.2　戊巴比妥在双 CD 体系中的对映体分离

注：　BGE-CD，（a）用 100mmol/L 的磷酸-三乙醇胺（pH3）溶解 5mmol/L SB-β-CD
和 30mmol/L TM-β-CD 或（b）用 100mmol/L 的磷酸-三乙醇胺
（pH5）溶解 10mmol/L SB-β-CD 和 50mmol/L TM-β-CD。

[资料来源：Elsevier from ref. 6© 1998]

19.4　注解

（1）所述实验中使用的 SB-β-CD 具有 4 个磺基丁基的平均取代度。因此，这种 CD 在毛细管电泳中常用的任何 pH 下都表现出很强的负电荷性。各种质量和不同取代度的 SB-β- CD 可在市场上买到。它们都能分离对映体，但不同电荷、不同取代度的 SB-β-CDs 在迁移时间上可能有所不同，更重要的是，同一分析物的对映体分离可能因 CD 的取代度而有很大差异。有报道说具有一定取代度的 SB-β-CD 可以分离某一药物的对映体，而不能用另一取代度的 SB-β-CD 分离该药物的对映体。通常建议使用单一异构体、特征良好的 CD 衍生物。

（2）大多数酸性药物在脱质子阴离子形态下，均不能观察到对映体分离或分辨率极差[10,11]。在 pH3 时，卡洛芬（pK_a =4.3）主要以不带电形式存在，由于磷酸/三乙醇胺 BGE 因毛细管与三乙醇胺形成的涂层[10] 而导致低阳极 EOF，因此，卡洛芬迁移到毛细管的阳极侧。由于分析物游离形式和络合形式的电泳迁移能力没有显著差异，单纯添加中性环糊精不能达到手性分离的目的。尽管卡洛芬的迁移时间因分析物与 CD 之间的相互作用而减少，然而，单纯添加 SB-β-CD 并不能观察到手性分离[11]。在提出的双体系中，中性 CD 衍生物具有对映体选择性，负电荷 CD 衍生物起到载体作用。

（3）优化后，浓度为 15mmol/L 的 TM-β-CD 能够使卡洛芬的对映体分离得到最大的分辨率。为了对酸性化合物的手性分离进行优化，中性 CD 的浓度必须在 10~50mmol/L 内进行优化。对阴离子型 CD 衍生物，实验表明 SB-β-CD 的浓度对对映体分离的影响有限，而且 5mmol/L 的 SB-β-CD 在分析时间方面是最好的[10,11]。

（4）分析物的溶出介质作用在分析物堆积方面是最佳的。

（5）这些实验中使用的 CM-β-CD 的平均取代度为 3.5。CD 的羧基离解取决于 BGE 的 pH。

（6）在 pH 为 5 时，极弱酸性分析物仍为中性。如图 19.2 所示，在 pH5 而不是 pH3 下使用双 CD 系统可提高极弱酸性药物（如戊巴比妥）的对映体分辨率。这是因为 CM-β-CD 在该 pH 范围内负电荷显著增加，从而导致了在 pH5 时分析物对映体的游离形式和络合形式之间有更大的迁移率差异。

（7）优化后，浓度为 50mmol/L 的 TM-β-CD 能够使戊巴比妥对映体产生最高的分辨率。在 10~50mmol/L 的浓度下，中性 CD 的浓度可使目标化合物的对映体分辨率达到最高值。对于阴离子 CD 衍生物，实验表明 CM-β-CD 的浓度对对映体分离的影响有限，而且 10mmol/L 的 CM-β-CD 在分析时间方面是最佳的[10,11]。

（8）某些情况下，在双 CD 系统中用七（2,6-二-O-甲基）-β-环糊精（Hungary，Budapest，Cyclolab）代替 TM-β-CD 可获得较高的对映体分离度[6]。

（9）含有 BGE 的 CD，即 BGE-CD1 或 BGE-CD2，必须每分析 60min 更新一次，以避免耗尽而降低方法性能和耐用性。

参考文献

[1]Jac P，Scriba GK(2013)Recent advances inelectrodriven enantioseparations. J Sep Sci 36(1):52-74.

[2]Chankvetadze B，Fillet M，Burjanadze N，Bergenthal D，Bergander C，Luftmann H，Crommen J，Blaschke G（2000）Enantioseparation of aminoglutethimide with cyclodextrins in capillary electrophoresis and studies of selector-selectand interactions using NMRspectroscopy and electrospray ionization massspectrometry. Enantiomer 5(3-4):313-322.

[3]Servais AC，Rousseau A，Fillet M，Lomsadze K，Salgado A，Crommen J，Chankvetadze B(2010)Capillary electrophoretic and nuclearmagnetic resonance studies on the oppositeaffinity pattern of propranolol enantiomers towards various cyclodextrins. J Sep Sci 33(11):1617-1624.

[4]Lurie IS，Klein RFX，Dalcason TA，Lebelle MJ，Brenneisen R，Weinberger RE(1994)Chiralresolution of cationic drugs of forensic interestby capillary electrophoresis with mixtures ofneutral and anionic cyclodextrins. Anal Chem66(22):4019-4026.

[5]Lelievre F，Gareil P，Bahaddi Y，Galons H(1997)Intrinsic selectivity in capillary electrophoresis for chiral separations with dual cyclodextrin systems. Anal Chem 69(3):393-401.

[6]Fillet M，Fotsing L，Crommen J(1998)Enantioseparation of uncharged compounds by capillary electrophore-

sis using mixtures of anionicand neutral beta – cyclodextrin derivatives. JChromatogr A 817 (1 – 2) : 113−119.

[7] Lurie IS (1997) Separation selectivity in chiraland achiral capillary electrophoresis with mixedcyclodextrins. J Chromatogr A 792(1−2) :297−307.

[8] Fillet M, Hubert P, Crommen J(2000) Enantiomeric separations of drugs using mixtures ofcharged and neutral cyclodextrins. J Chromatogr A 875(1−2) :123−134.

[9] Servais AC, Crommen J, Fillet M (2009) Factors influencing cyclodextrin−mediated chiralseparations. In : Van Eeckhaut A, Michotte Y (eds) Chiral separations by capillary electrophoresis, Chromatographic sciences, vol 100. CRC Press, pp 87−107.

[10] Fillet M, Bechet I, Schomburg G, Hubert P, Crommen J(1996) Enantiomeric separation ofacidic drugs by capillary electrophoresis using acombination of charged and uncharged beta−cyclodextrins as chiral selectors. HRC—J HighRes Chrom 19(12) :669−673.

[11] Fillet M, Hubert P, Crommen J(1997) Enantioseparation of nonsteroidal anti−inflammatory drugs by capillary electrophoresis using mixtures of anionic and uncharged beta – cyclodextrins as chiral additives. Electrophoresis 18(6) :1013−1018.

[12] Delplanques T, Boulahjar R, Charton J, Houze C, Howsam M, Servais AC, Fillet M, Lipka E(2017) Single and dual cyclodextrinssystems for the enantiomeric and diastereoisomeric separations of structurally related dihydropyridone analogues. Electrophoresis 38(15) :1922−1931.

[13] Novakova Z, Pejchal V, Fischer J, Cesla P (2017) Chiral separation of benzothiazolederivatives of amino acids using capillary zone electrophoresis. J Sep Sci 40(3) :798−803.

[14] Chankvetadze B (1997) Separation selectivityin chiral capillary electrophoresis with chargedselectors. J Chromatogr A 792(1−2) :269−295.

[15] Chankvetadze B, Lindner W, Scriba GKE (2004) Enantionmer separations in capillary electrophoresis in the case of equal bindingconstants of the enantiomers with a chiral selector : commentary on the feasibility of the concept. Anal Chem 76(14) :4256−4260.

[16] Abushoffa AM, Fillet M, Hubert P, CrommenJ(2002) Prediction of selectivity for enantiomeric separations of uncharged compounds bycapillary electrophoresis involving dual cyclodextrin systems. J Chromatogr A 948(1−2) :321−329.

[17] Abushoffa AM, Fillet M, Servais AC, Hubert P, Crommen J(2003) Enhancement of selectivityand resolution in the enantioseparation ofuncharged compounds using mixtures ofoppositely charged cyclodextrins in capillary electrophoresis. Electrophoresis 24(3) :343−350.

[18] Mullerova L, Dubsky P, Gas B (2014) Twentyyears of development of dual and multi−selectormodels in capillary electrophoresis : a review. Electrophoresis 35(19) :2688−2700.

[19] Crommen J, Fillet M, Hubert P(1998) Method development strategies for the enantioseparation of drugs by capillary electrophoresis using cyclodextrins as chiral additives. Electrophoresis 19(16−17) :2834−2840.

20 氨基酸离子液体缓冲溶液中使用环糊精在毛细管电泳对映体分离中的应用

Joachim Wahl, Ulrike Holzgrabe

摘要： 手性离子液体（CIL）可以代替传统的含有手性选择剂的缓冲溶液，用于毛细管电泳手性药物的对映体分离。CIL 可以单独使用，也可以与常用的环糊精衍生物一起使用。本章阐述了在含 β-环糊精（30mmol/L）的磷酸盐缓冲液（75mmol/L，pH1.5）中使用 L-精氨酸四丁胺（125mmol/L）分离苯乙胺，尤其是麻黄碱。用这种双手性缓冲体系可以很容易地分离麻黄碱、伪麻黄碱和甲基麻黄碱，但不能分离去甲麻黄碱。

关键词： 氨基酸型手性离子液体，环糊精，苯乙胺，毛细管电泳

20.1　引言

在毛细管电泳法中，离子分析物在开管毛细管中被分离，这是由于它们各自的电荷-大小/质量比引起的不同迁移。为了使离子分析物通过毛细管，需要高电压和缓冲溶液（RB）。常用的 RB 是不同浓度和 pH 的磷酸盐、硼酸盐、乙酸盐和甲酸盐缓冲溶液[1]。最近，离子液体（IL）已应用于 CE[2]。IL 是由有机或无机阴离子和有机阳离子组成的溶剂，其特点是熔点大多低于 100℃，这是由离子的大尺寸引起的。典型的阳离子是四烷基铵和四烷基鏻以及烷基化咪唑啉、吡啶、哌啶和吡咯烷阳离子，常用的阴离子是四氟硼酸盐、六氟磷酸盐、双（三氟甲基磺酰基）酰亚胺和三氟甲基磺酸盐。IL 可用作唯一的背景电解液或与上述传统缓冲溶液结合使用。Wahl 和 Holzgrabe[2] 广泛讨论了这些体系的复杂性，特别是 IL 浓度、pH 和 IL 的烷基链长度对电渗流（EOF）的影响。

IL 在手性物质的对映体分离中也起着重要作用。IL 可以是手性的，即手性离子液体（CIL），例如氨基酸型 CIL，或者可以向缓冲溶液添加手性选择剂，例如环糊精（CD）衍生物。也可以应用两者的组合。Kapnissi Christodoulou 等[3] 和 Greno 等[4] 对这些系统进行了报道。由 CIL 和 CD 组成的双分离体系，与单手性选择剂相比能获得更好的对映体分离效果。目前，由于分析物与手性选择剂之间存在大量的相互作用，因此对映体的拆分难以预测。对映体分析物与 CD 形成非对映体配合物，但 IL 也可能与 CD 配合，（C）IL 分析物配合物也可能与 CD 发生相互作用。此外，CIL 还可以与手性分析物形成非对映体配合物，最后，CIL 可以与分析物 CD 或与分析物 CIL-CD 配合物相互作用。这些手性识别过程都可能协同地加强对映体的分离，但也可能会中和甚至对分辨率产生不良影响。

在过去的几年中，我们系统地研究了苯乙胺衍生物，即麻黄碱、伪麻黄碱、去甲麻黄碱和甲基麻黄碱的对映体和非对映体分离，方法是使用中性和带负电荷的 CD 改进的 CE[5,6]、磺酰化 CD 改进的微乳液电动色谱[7]，以及 IL-四丁基氯化铵（TBAC）与中性 CD 结合物[8] 和氨基酸型 CIL β-CD 结合物的应用。后者系统的优化，特别是关于 TBA-氨基酸 IL 的优化，可参考文献[9]。在双缓冲溶液体系中使用碱性氨基酸，特别是精氨酸时，获得了最佳的分辨率。表 20.1 对所有分离系统进行了数据比较。

唯一能够将所有苯乙胺和所有化合物的对映体相互分离的缓冲溶液系统是带负电

荷的七（2,3-二-O-乙酰基-6-O-磺基）-β-环糊精（HDAS-β-CD）[5,6,10,11]。在其他体系中，很难分离麻黄碱、甲基麻黄碱和去甲麻黄碱对映体。相反，伪麻黄碱异构体可以在每个体系中进行基线分离。

以 TBA+ 为基础的 IL 与各种 CD 结合作为背景电解液添加剂[2,8]，已经显示了苯乙胺手性分离的增强作用，但是，将氨基酸盐 L-精氨酸四丁胺（TBA-L-Arg）添加到 75mmol/L 磷酸盐缓冲溶液（pH1.5，30mmol/L β-环糊精）中，可以更好地分离麻黄碱和甲基麻黄碱对映体[9]。尽管用氨基 CIL/CD 体系可以使伪麻黄碱达到极高的分辨率，但去甲麻黄碱异构体无法分离（表 20.1），这与非手性 IL/CD 体系形成对比[8]。然而，良好的对映体分离是以长时间迁移为代价的，迁移时间从 CD/磷酸盐缓冲溶液的 15～20min 增加到 CD/TBAC 缓冲溶液的 35～50min，直至双组分系统的 50～70min。

表 20.1 不同缓冲溶液分离体系对映体分离的比较

苯乙胺	磷酸盐缓冲溶液（50mmol/L pH3.0）[①]		磷酸盐缓冲溶液（75mmol/L pH2.5），125mmol/L TBAC[②]			磷酸盐缓冲溶液（75mmol/L pH2.5），125mmol/L TBA-L-Arg[③]
	12mmol/L β-CD	12mmol/L HDAS	35mmol/L β-CD	50mmol/L HP-β-CD	60mmol/L Me-β-CD	30mmol/L β-CD
麻黄素	1.3	16.9	3.3	2.7	1.3	3.6
伪麻黄碱	3.1	12.6	11.0	17.5	19.4	12.2
甲基麻黄碱	0.9	10.0	2.7	2.6	1.8	3.3
去甲麻黄碱	—	4.7	1.0	<1.0	3.4	—

注：①参考文献 [5, 6]；
②参考文献 [8]；
③参考文献 [9]。

麻黄碱对映体分离的增强主要有三个原因：第一，正电荷 TBA+ 离子吸附到毛细管表面，导致 EOF 降低。EOF 的降低导致麻黄碱对映体和 CD 之间暂时形成的非对映体配合物的分离时间延长。然而，TBA+ 阳离子的动态毛细表面涂层所产生的不利影响是迁移时间的增加。麻黄碱对映体分离的第二个效应是 β-CD 和 TBA+ 阳离子和/或 L-精氨酸间形成了配合物[9,12]。分析物对映体与这些缓冲添加剂之间的竞争对 CD 的手性分离起着至关重要的作用。β-CD 在含有 TBA+[8] 磷酸盐缓冲溶液中的溶解度的显著提高，使手性分离剂能够在比纯水更高浓度的条件下使用，提高了麻黄碱对映体分离效果。

综上所述，在 CE 背景电解液中加入氨基酸型 TBA+ 盐作为 CIL 是提高麻黄碱对映体分离效率的一种经济而成功的方法。在接下来的章节中，详细介绍了 CIL-TBA-L-Arg 的制备及其在 CE 分离麻黄碱对映体中的应用。

20.2 材料

20.2.1 仪器

（1）商业 CE 工具，如贝克曼 P/ACE MDQ 系统（USA，Fullerton，Beckman

Coulter），配备二极管阵列探测器。

（2）无涂层熔融石英毛细管，毛细管内径为 50μm，有效长度 50cm，总长 60.2cm。

（3）用于背景电解液脱气的超声清洗仪。

（4）0.2μm 乙酸纤维素注射器过滤器，用于过滤样品溶液和背景电解液。

（5）用于制备 CIL 的商业冻干机。

（6）用于调节缓冲溶液 pH 的商用 pH 计。

20.2.2　缓冲溶液和样品溶液

使用的溶剂和化学品至少为分析级，并使用净水系统净化的水。

（1）75mmol/L 磷酸盐缓冲溶液（pH1.5）　在 1.0L 水中溶解 8.65g 磷酸（85%），并通过添加 10.35g/L 一水合磷酸二氢钠溶液调节 pH 至 1.5。

（2）样品溶液（0.5mg/mL）　将麻黄碱对映体各 5.0mg 溶于 10mL 水中。

（3）样品溶液在使用前用 0.2μm 乙酸纤维素滤膜过滤。

（4）将样品溶液储存在 5～8℃ 的环境中。

20.3　方法

20.3.1　L-精氨酸四丁基铵的合成及缓冲溶液的制备

（1）将 2.29g L-精氨酸溶于 10.0mL 四丁基氢氧化铵（TBAOH）溶液中（约 40% 水溶液）（见 20.4 注解 1）。

（2）将溶液冻干至少 24h 以获得熔点约为 228℃ 的灰白色吸湿性粉末。

（3）将 TBA-L-Arg 储存在干燥的环境中，避免曝露在阳光下。

（4）制备含有 125mmol/L TBA-L-Arg 和 30mmol/L β-CD 的 10mL 缓冲溶液：将 0.520g TBA-L-Arg 和 0.341g β-CD 溶于在 10mL pH1.5，75mmol/L 的磷酸盐缓冲溶液中。

（5）超声 30min，用 0.2μm 乙酸纤维素滤膜过滤。

20.3.2　毛细管的调节

（1）根据制造商的说明在 CE 仪器中安装毛细管。

（2）调节新的熔融石英毛细管，用水冲洗 5min，0.1mol/L NaOH 冲洗 30min，水冲洗 2min，0.1mol/L HCl 冲洗 15min，水冲洗 10min，压力为 0.21MPa。

（3）在 0.21MPa 的压力下，用 50mmol/L 磷酸盐缓冲溶液（pH7.4）冲洗 2min，开始毛细管预处理，并进行 EOF 试验（见 20.4 注解 2）。

（4）将 0.25%（体积分数）DMSO 溶液以 34.5kPa 的压力注入水中，在毛细管的阳极侧持续 5.0s。

（5）施加 20kV 的分离电压和 25℃ 的温度，并在 200nm 处记录电泳图。

（6）记下 EOF 标记物 DMSO 的迁移时间。

（7）用水冲洗毛细管 1min，1.0mol/L NaOH 冲洗 2min，1.0mol/L NaOH 在施加 30kV 电压下冲洗 10min，对冲洗步骤施加 0.21MPa 的压力。

（8）重复 20.3.2 步骤（3）～（6）中所述的 EOF 测试运行。

（9）如果 DMSO 峰迁移时间与 EOF 试验运行 1 和 EOF 试验运行 2 的偏差小于 5.0%，则开始对映体分离运行。如果迁移时间偏差高于 5.0%，再次冲洗毛细管，如 20.3.2 步骤（7）所述，并重复 EOF 测试运行，如 20.3.2 步骤（3）～（6）所述。

（10）进行 EOF 测试运行，重复冲洗程序，直到最后两次 EOF 测试运行的迁移时间偏差小于 5.0%（见 20.4 注解 2）。在每次分析之前，必须根据 20.3.2 步骤（3）～（8）进行 EOF 测试运行，以保证迁移时间的可重复性（见 20.4 注解 2）。

20.3.3　对映体分离

（1）用背景电解液冲洗 5min，对毛细管进行预处理（0.21MPa）。

（2）在毛细管阳极侧注入压力为 34.5kPa 的样品溶液 5.0s。

（3）将毛细管温度设置为 25℃。

（4）将检测波长设置为 215nm。

（5）施加分离电压±25kV（电流约 95μA）并记录电泳图。

（6）将运行时间设置为至少 80min。

图 20.1 展示用双缓冲溶液系统分离麻黄碱对映体（见 20.4 注解 3）。其他苯烷基胺如伪麻黄碱、去甲麻黄碱和甲基麻黄碱的对映体分离可以用类似的方式进行[9]。

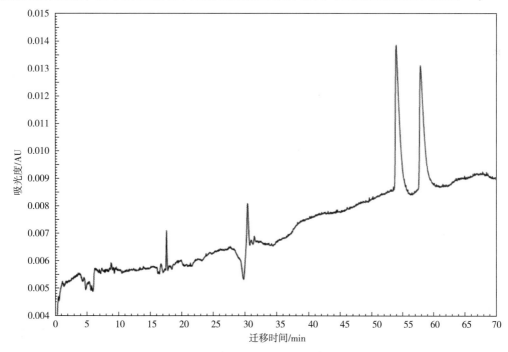

图 20.1　麻黄碱手性对映体分离的电泳图：pH1.5，75mmol/L 磷酸盐缓冲溶液，

含 125mmol/L TBA-L（−）Arg 和 30mmol/L *β*-CD

[资料来源：Elsevier from ref. 9© 2018]

20.4 注解

（1）等摩尔量的 L-精氨酸和 TBAOH 的混合是比较重要的，因此，必须知道 TBAOH 溶液的准确浓度。TBAOH 的浓度用 0.02mol/L 苯甲酸溶液（2.442g 苯甲酸溶于 1.0L 水中）滴定，电位检测法测定。

（2）清洗过程应特别注意。TBA$^+$ 阳离子在毛细管表面对硅烷醇基团的强吸附作用已被报道[8]，因此，必须使用本节所述的长时间冲洗程序，以从硅烷醇基团中完全解吸 TBA$^+$ 阳离子，否则，分析物的迁移时间将因运行而异。为了保证迁移时间和分辨率的重现性，必须严格遵循所述的冲洗程序。每次分离运行前，必须使用电渗流（EOF）测试来确保冲洗步骤的成功。通常，在第三次 EOF 试运行后，毛细管的预处理就能完成。

（3）因为在低检测波长下具有紫外吸收，因此，对基于 IL 的分离系统来说，基线起伏是典型现象。

参考文献

[1] Ahuja S(2008) Overview of capillary electrophoresis in pharmaceutical analysis. In：Ahuja S, Jimidar MI (eds) Capillary electrophoresis methods for pharmaceutical analysis, Separation science and technology, vol. 9. Elsevier, Amsterdam.

[2] Holzgrabe U, Wahl J(2016) Ionic liquids incapillary electrophoresis. Methods Mol Biol1483：131-153.

[3] Kapnissi-Christodoulou CP, Stavrou IJ, Mavroudi MC(2014) Chiral ionic liquids in chromatographic and electrophoretic separations. JChromatogr A 1363：2-10.

[4] Greno M, Marina ML, Castro-Puyana M(2018) Enantioseparation by capillary Electrophoresis using ionic liquids as chiral selectors. Crit Rev Anal Chem 48：429-446.

[5] Wedig M, Holzgrabe U(1999) Resolution ofephedrine derivatives by means of neutral andsulfated heptakis (2,3-di-O-acetyl)-β-cyclodextrins using capillary electrophoresisand nuclear magnetic resonance spectroscopy. Electrophoresis 20：2698-2704.

[6] Wedig M, Laug S, Christians T et al(2002) Dowe know the mechanism of chiral recognitionbetween cyclodextrins and analytes? J PharmBiomed Anal 27：531-540.

[7] Borst C, Holzgrabe U(2010) Comparison ofchiral electrophoretic separation methods forphenethylamines and application on impurityanalysis. J Pharm Biomed Anal 53：1201-1209.

[8] Wahl J, Holzgrabe U(2017) Separation ofphenethylamine enantiomers using tetrabutylammonium chloride as ionic liquid background electrolyte additive. J Res Anal3：73-80.

[9] Wahl J, Holzgrabe U(2018) Capillary electrophoresis separation of phenethylamine enantiomers using amino acid-based ionic liquids. JPharm Biomed Anal 148：245-250.

[10] Fillet M, Bechet I, Hubert P, Crommen J(1996) Resolution improvement by use of carboxymethyl-β-cyclodextrin separation of basicdrugs by capillary electrophoresis. J PharmBiomed Anal 14：1107-1114.

[11] Lurie IS, Odeneal NG II, McKibben TD(1998) Effects of various anionic chiral selectors on the capillary electrophoresis separationof chiral phenethylamines and achiral neutralimpurities present in illicit methamphetamine. Electrophoresis 19：2918-2925.

[12] Medronho B, Duarte H, Alves L et al(2016) The role of cyclodextrin-tetrabutylammoniumcomplexation on the cellulose dissolution. Carbohydr Polym 140：136-143.

21 带电环糊精在非水毛细管电泳中的对映体分离

Anne-Catherine Servais，Marianne Fillet

摘要：在非水毛细管电泳（NACE）中，利用与分析物具有相反电荷的单一异构体 β-环糊精（β-CD）衍生物，可以成功实现酸性和碱性化合物的对映体分离。本章描述了如何使用带负电荷的七（2,3-二-O-乙酰基-6-O-磺基）-β-环糊精（HDAS-β-CD）分离作为模型化合物的三种碱性物质（阿普洛尔、布拉洛尔和特布他林）的对映体。三种酸性药物（噻洛芬酸、舒洛芬和氟比洛芬）的对映体用单取代氨基 β-CD 衍生物拆分，即 6-单脱氧-6-单（3-羟基）丙胺基-β-环糊精（PA-β-CD）。

关键词：非水毛细管电泳，单一异构体荷电 β-环糊精衍生物，酸性化合物，碱性化合物

21.1　引言

毛细管电泳（CE）特别适合手性分析，主要是由于其分离效率高、背景电解液（BGE）消耗极低，而 BGE 包含手性选择剂、具有多功能性以及可以实现快速的方法开发[1]。在 CE 中使用有机溶剂的主要优点是能够分析亲脂分子以及水中不稳定和 pK_a 变化导致分离选择性变化的化合物[2,3]。此外，低介电常数的有机溶剂，如乙醇和甲醇，在促进分子间相互作用，如静电相互作用[4,5] 的同时，为 CE 手性鉴别提供了新的机会。

环糊精（CD）及其衍生物由于其结构多样性和商业可用性，是目前在 CE 手性对映体分离中应用最广泛的手性选择剂。带电手性选择剂相对于中性类似物的好处是更高的灵活性、更高的选择性和更高的分析物覆盖率[7]。在商业可获得的随机取代或单异构衍生物的 CD 中，后者不仅适用于更好地了解手性识别机理，而且还适合于方法的重现性。G. Vigh 团队开发了一系列单异构磺化的 CD，即六（6-O-磺酰基）-α-环糊精[8]，七（6-O-磺酰基）-β-环糊精[9] 和八（6-O-磺酰基）-γ-环糊精[10] 及它们的（2,3-二-O-甲基-6-O-磺基）和（2,3-二-O-乙酰基-6-O-磺酰基）类似物，它们可溶于甲醇[11~20]。该团队还报道了两种在葡萄糖吡喃糖所有 C2、C3 和 C6 位置上具有不完全相同取代基且可溶于甲醇的单一异构磺酰化的环糊精的合成、表征和用途[21,22]。我们的研究团队，将其中三个代表物质，即七（2,3-二-O-甲基-6-O-磺酰基）-β-环糊精（HDMS-β-CD）、七（2,3-二-O-乙酰基-6-O-磺酰基）-β-环糊精（HDAS-β-CD）和七（2-O-甲基-3-O-乙酰基-6-O-磺酰基）-β-环糊精（HMAS-β-CD），作为手性选择剂，成功地用于非水毛细管电泳（NACE）[23-31] 中各种碱性药物的对映体分离。除阴离子 CD 外，阳离子 CD 还被开发成随机取代或单异构体衍生物，并成功地用作 CE[32] 中的手性选择剂。我们团队还证实了单异构体氨基 β-CD 衍生物，即 6-单脱氧-6-单（2-羟基）丙基氨基-β-环糊精（IPA-β-CD）和 6-单脱氧-6-单（3-羟基）丙基氨基-β-环糊精（PA-β-CD）在 NACE 中分离酸性药物（即非甾体抗炎药）对映体的可用性[33-35]。本章提出的两种用于对碱性和酸性分析物分离的方法均由多元法获得[28,33]。

21.2 材料

21.2.1 设备

（1）CE 系统　配备 UV 检测器和温度控制系统［（15~60）℃±0.1℃］（见 21.4 注解 1）。HP³ᴰ CE 系统（Germany，Waldbronn，Agilent Technologies）。

（2）无涂层熔融石英毛细管（USA，AZ，Phoenix，Polymicro Technologies）　内径 50μm，有效长度为 40cm，总长度为 48.5cm。

（3）聚四氟乙烯膜过滤器（0.2μm）。

21.2.2 背景电解液

使用 HPLC 级甲醇和分析级试剂制备所有溶液。使用前经聚四氟乙烯膜过滤器（0.2μm）过滤。

（1）BGE1　10mmol/L 乙酸铵，0.75mol/L 甲酸的甲醇溶液（见 21.4 注解 2）。制备 25mL BGE1：在 25.0mL 容量瓶中加入 19mg 乙酸铵，并溶解于 10mL 甲醇中，加入 0.7mL 甲酸，用甲醇定容。

（2）BGE-CD1　40mmol/L 的七（2,3-二-O-乙酰基-6-O-磺酰基）-β-环糊精（HDAS-β-CD）（Hungary，Budapest，Cyclolab）的 BGE1 溶液（见 21.4 注解 3）。制备 2mL BGE-CD 1：在 2.0mL 容量瓶中加入 195mg HDAS-β-CD，用 BGE1 溶解并定容。

（3）BGE2　40mmol/L 乙酸铵甲醇溶液。在 25.0mL 容量瓶中加入 77mg 乙酸铵，用甲醇溶解并定容。

（4）BGE-CD2　10mmol/L 6-单脱氧-6-单（3-羟基）丙基氨基-β-环糊精（PA-β-CD）（Hungary，Budapest，Cyclolab）的 BGE2 溶液（见 21.4 注解 4）。制备 5mL BGE-CD2：在 5.0mL 容量瓶中加入 61mg PA-β-CD，用 BGE2 溶解并定容。

21.2.3 样品溶液

制备碱性分析物（外消旋阿普洛尔、布拉洛尔和特布他林）或酸性分析物（外消旋噻洛芬酸、舒洛芬和氟比洛芬）的样品溶液，每种溶液的浓度为 50μg/mL 的甲醇溶液（HPLC 级）。使用前用聚四氟乙烯膜过滤器（0.2μm）过滤。

21.3 方法

21.3.1 碱性化合物的对映体分离

（1）工作开始时，用甲醇清洗毛细管，然后用 BGE1 清洗，每次清洗 15min，压力约为 0.1MPa。

（2）每次注射前，用甲醇连续冲洗毛细管 2min，然后用 BGE-CD1 在大约 0.1MPa

的压力下冲洗毛细管 2min。

（3）通过施加 5kPa 的压力并持续 3s，以流体动力注入样品溶液。

（4）使用以下参数分离碱性药物的对映体（见 21.4 注解 5 和 6）。

施加电压：25kV（正极性）。

毛细管温度：15℃。

在 230nm 处进行紫外检测。

碱性药物对映体分离的典型电泳图如图 21.1 所示。

（5）每次工作结束时，用 1mol/L 甲酸的甲醇溶液、背景电解液清洗毛细管，然后用甲醇在大约 0.1MPa 的压力下清洗 30min。毛细管应在甲醇中储存。

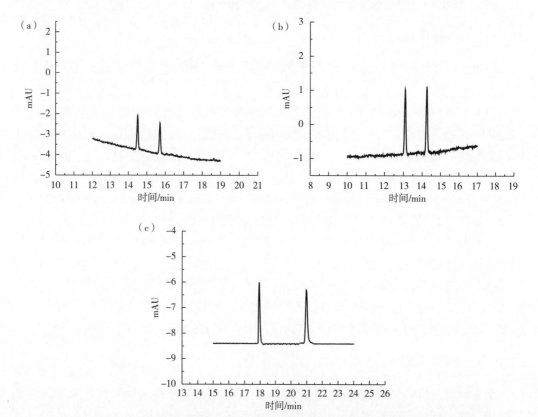

图 21.1　使用单一异构体硫酰化 *β*-CD 衍生物非水毛细管电泳法分离（a）阿普洛尔、（b）布拉洛尔和（c）特布他林对映体

注：BGE，40mmol/L HDAS－*β*-CD 和 10mmol/L 乙酸铵溶于甲醇中，并用 0.75mol/L 甲酸进行酸化。

[资料来源：Elsevier from ref. 31© 2011]

21.3.2　酸性化合物的对映体分离

（1）工作开始时，用甲醇、1mol/L 甲酸的甲醇溶液清洗毛细管，然后用 BGE2 在大约 0.1MPa 的压力下各清洗 15min。

（2）每次注射前，用1mol/L甲酸的甲醇溶液连续冲洗毛细管4min，甲醇冲洗2min，然后用BGE-CD2在约0.1MPa的压力下冲洗2min（见21.4注解7）。

（3）通过施加5kPa的压力并持续3s，以流体动力注入样品溶液。

（4）使用以下参数分离酸性药物对映体（见21.4注解8）。

施加电压：-25kV（负极性）。

毛细管温度：15℃。

在230nm处进行紫外检测。

酸性药物对映体分离的典型电泳图如图21.2所示。

（5）每次工作结束时，用1mol/L甲酸的甲醇溶液清洗毛细管，然后用甲醇冲洗，在大约0.1MPa的压力下，每一个清洗30min。毛细管应在甲醇中储存。

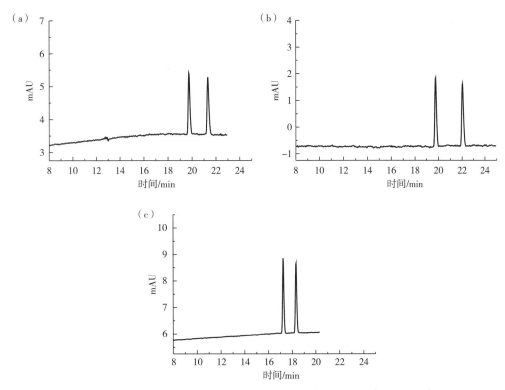

图21.2　使用单一异构体氨基 β-CD 衍生物非水毛细管电泳法分离（a）噻洛芬酸、（b）舒洛芬和（c）氟比洛芬对映体

注：　BGE，　10mmol/L PA-β-CD 和 40mmol/L 乙酸铵甲醇溶液。

[资料来源：John Wiley & Sons from ref. 33© 2006]

21.4　注解

（1）为了最大限度地减少有机溶液的挥发，促进选择剂的选择和相互作用，毛细管温度设置为15℃。在配备液体冷却系统的CE仪表中，毛细管冷却更有效。这可能导致迁移速度减慢，甚至由于毛细管内或其末端的 BGE-CD 溶液沉淀而没有电流[36]。因此，我们建议这类仪器在 20℃ 下工作。

（2）酸性 BGE 是碱性分析物的质子化所必需的，从而促进阴离子 CD 衍生物与阳离子化合物之间的静电相互作用。即使这种相互作用不是立体选择性的，它们也有助于手性识别。

（3）涡旋振荡 5min 以促进 CD 衍生物的溶解。由于 HDAS 沉淀，我们不建议使用超声波分散，因为 BGE 可能会使 HDAS-β-CD 在放置一段时间后发生沉淀。

（4）与 HDAS-β-CD 的永久荷电性不同，PA-β-CD 含有二级氨基功能。为促进分析物和 CD 之间的静电相互作用，一种由乙酸铵组成的 BGE 的甲醇溶液是分析物电离和 β-CD 衍生物中氨基质子化的最佳折中方案[33]。

（5）BGE-CD 和 BGE 必须每分析 60min 更新一次，以避免 BGE 耗尽而降低方法性能和耐用性。

（6）如果有必要增加目标碱性分析物的对映体拆分，HMAS-β-CD 作为另一种单一异构体 β-CD 的衍生物，建议其使用浓度为 20mmol/L。可以使用另一种 BGE 与此手性选择剂结合使用，即 10mmol/L 樟脑磺酰铵和 0.75mol/L 甲酸的甲醇溶液[31]。

（7）阳离子 CD 衍生物的使用可能导致迁移时间重现性差和峰拖尾而降低方法性能。这种结果与 CD 在毛细管表面的吸附有关。如果用 1mol/L 甲酸的甲醇溶液冲洗毛细管不足以满足要求，建议用 1mol/L 三氟乙酸的甲醇溶液冲洗毛细管。

（8）如果所研究的酸性化合物的对映体分辨率足够高，并且想加快分析时间，可以用 5mmol/L 的 IPA-β-CD 代替 PA-β-CD。相反，如果必须提高对映体的分辨率，可将 PA-β-CD 的浓度提高至 20mmol/L。在这种情况下，BGE 的浓度（即乙酸铵的甲醇溶液）必须降低到 20mmol/L[33]。

参考文献

[1] Saz JM, Marina ML(2016)Recent advanceson the use of cyclodextrins in the chiral analysisof drugs by capillary electrophoresis. J Chromatogr A 1467:79-94.

[2] Kenndler E(2014)A critical overview ofnon-aqueous capillary electrophoresis. Part I: mobility and separation selectivity. J Chromatogr A 1335:16-30.

[3] Kenndler E(2014)A critical overview ofnon-aqueous capillary electrophoresis. Part II: separation efficiency and analysis time. J Chromatogr A 1335:31-41.

[4] Rizzi A(2001)Fundamental aspects of chiralseparations by capillary electrophoresis. Electrophoresis 22:3079-3106.

[5] Lämmerhofer M (2005) Chiral separations bycapillary electromigration techniques in nonaqueous media. I. Enantioselective nonaqueous capillary electrophoresis. J Chromatogr A1068:3-30.

[6] Scriba GKE(2011)Fundamental aspects ofchiral electromigration techniques and application in pharmaceutical and biomedical analysis. J Pharm Biomed Anal 55:688-701.

[7] Chankvetadze B(2009)Separation of enantiomers with charged chiral selectors inCE. Electrophoresis 30:S211-S221.

[8] Li S, Vigh G(2004)Single-isomer sulfatedalpha-cyclodextrins for capillary electrophoresis. Part 2. Hexakis(6-O-sulfo)-alpha-cyclodextrin: synthesis, analytical characterization, andinitial screening tests. Electrophoresis 25:1201-1210.

［9］Vincent JB,Kirby DM,Nguyen TV,Vigh G(1997)A family of single-isomer chiral resolving agents for capillary electrophoresis. 2. Hepta-6-sulfato-beta-cyclodextrin. AnalChem 69:4419-4428.

［10］Zhu W,Vigh G(2003)A family of singleisomer,sulfated gamma-cyclodextrin chiralresolving agents for capillary electrophoresis:octa(6-O-sulfo)-gamma-cyclodextrin. Electrophoresis 24:130-138.

［11］Li S,Vigh G(2004)Single-isomer sulfatedalpha-cyclodextrins for capillary electrophoresis:hexakis(2,3-di-O-methyl-6-O-sulfo)-alpha-cyclodextrin,synthesis,analytical characterization,and initial screening tests. Electrophoresis 25:2657-2670.

［12］Cai H,Nguyen TV,Vigh G(1998)A family ofsingle-isomer chiral resolving agents for capillary electrophoresis. 3. Heptakis(2,3-dimethyl-6-sulfato)-beta-cyclodextrin. Anal Chem70:580-589.

［13］Cai H,Vigh G(1998)Capillary electrophoretic separation of weak base enantiomersusing the single-isomer heptakis-(2,3-dimethyl-6-sulfato)-beta-cyclodextrin asresolving agent and methanol as backgroundelectrolyte solvent. J Pharm Biomed Anal18:615-621.

［14］Busby MB,Lim P,Vigh G(2003)Synthesis,analytical characterization and use of octakis(2,3-di-O-methyl-6-O-sulfo)-gamma-cyclodextrin,a novel,single-isomer,chiral resolvingagent in low-pH background electrolytes. Electrophoresis 24:351-362.

［15］Busby MB,Maldonado O,Vigh G(2002)Nonaqueous capillary electrophoretic separation ofbasic enantiomers using octakis(2,3-O-dimethyl-6-O-sulfo)-gamma-cyclodextrin,a new,single-isomer chiral resolvingagent. Electrophoresis 23:456-461.

［16］Li S,Vigh G(2003)Synthesis,analytical characterization and initial capillary electrophoreticuse in acidic background electrolytes of a new,single-isomer chiral resolving agent:hexakis(2,3-di-O-acetyl-6-O-sulfo)-alpha-cyclodextrin. Electrophoresis 24:2487-2498.

［17］Li S,Vigh G(2004)Use of the new,single-isomer,hexakis(2,3-diacetyl-6-O-sulfo)-alpha-cyclodextrin in acidic methanol backgroundelectrolytes for nonaqueous capillary electrophoretic enantiomer separations. J Chromatogr A 1051:95-101.

［18］Vincent JB,Sokolowski AD,Nguyen TV,VighG(1997)A family of single-isomer chiralresolving agents for capillary electrophoresis. 1. Heptakis(2,3-diacetyl-6-sulfato)-beta-cyclodextrin. Anal Chem 69:4226-4233.

［19］Zhu W,Vigh G(2000)A family of single-isomer,sulfated gamma-cyclodextrin chiralresolving agents for capillary electrophoresis. 1. Octakis(2,3-diacetyl-6-sulfato)-gamma-cyclodextrin. Anal Chem 72:310-317.

［20］Zhu W,Vigh G(2000)Enantiomer separationsby nonaqueous capillary electrophoresis usingoctakis(2,3-diacetyl-6-sulfato)-gamma-cyclodextrin. J Chromatogr A 892:499-507.

［21］Busby MB,Vigh G(2005)Synthesis of heptakis(2-O-methyl-3-O-acetyl-6-O-sulfo)-cyclomaltoheptaose,a single-isomer,sulfated beta-cyclodextrin carrying nonidentical substituentsat all the C2,C3,and C6 positions and its usefor the capillary electrophoretic separation ofenantiomers in acidic aqueous and methanolicbackground electrolytes. Electrophoresis26:1978-1987.

［22］Busby MB,Vigh G(2005)Synthesis of asingle-isomer sulfated beta-cyclodextrin carrying nonidentical substituents at all of the C2,C3,and C6 positions and its use for the electrophoretic separation of enantiomers in acidicaqueous and methanolic background electrolytes. Part 2:Heptakis(2-O-methyl-6-O-sulfo)cyclomaltoheptaose. Electrophoresis26:3849-3860.

［23］Servais AC,Fillet M,Abushoffa AM,Hubert P,Crommen J(2003)Synergistic effects ofion-pairing in the enantiomeric separation ofbasic compounds with cyclodextrin derivativesin nonaqueous capillary electrophoresis. Electrophoresis 24:363-369.

［24］Servais AC，Fillet M，Chiap P，Dewe W，Hubert P，Crommen J（2004）Enantiomericseparation of basic compounds using heptakis（2,3-di-O-methyl-6-O-sulfo）-beta-cyclodextrin in combination with potassium camphorsulfonate in nonaqueous capillary electrophoresis：optimization by means of anexperimental design. Electrophoresis25：2701-2710.

［25］Servais AC，Chiap P，Hubert P，Crommen J，Fillet M（2004）Determination of salbutamolenantiomers in human urine using heptakis（2,3-di-O-acetyl-6-O-sulfo）-beta-cyclodextrinin nonaqueous capillary electrophoresis. Electrophoresis 25：1632-1640.

［26］Servais AC，Fillet M，Chiap P，Dewe W，Hubert P，Crommen J（2005）Influence ofthe nature of the electrolyte on the chiral separation of basic compounds in nonaqueous capillary electrophoresis using heptakis（2,3-di-Omethyl-6-O-sulfo）-beta-cyclodextrin. J Chromatogr A 1068：143-150.

［27］Marini RD，Servais AC，Rozet E，Chiap P，Boulanger B，Rudaz S，Crommen J，Hubert P，Fillet M（2006）Nonaqueous capillary electrophoresis method for the enantiomeric purity determination of S-timolol usingheptakis（2,3-di-O-methyl-6-O-sulfo）-beta-cyclodextrin：validation using the accuracy profile strategy and estimation of uncertainty. JChromatogr A 1120：102-111.

［28］Rousseau A，Chiap P，Oprean R，Crommen J，Fillet M，Servais AC（2009）Effect of thenature of the single-isomer anionic CD andthe BGE composition on the enantiomeric separation of beta-blockers in NACE. Electrophoresis 30：2862-2868.

［29］Rousseau A，Gillotin F，Chiap P，Crommen J，Fillet M，Servais AC（2010）Association of twosingle-isomer anionic CD in NACE for thechiral and achiral separation of fenbendazole，its sulphoxide and sulphone metabolites：application to their determination after in vitrometabolism. Electrophoresis 31：1482-1487.

［30］Rousseau A，Florence X，Pirotte B，Varenne A，Gareil P，Villemin D，Chiap P，Crommen J，Fillet M，Servais AC（2010）Development andvalidation of a nonaqueous capillary electrophoretic method for the enantiomeric purity determination of a synthetic intermediate ofnew 3,4-dihydro-2,2-dimethyl-2H-1-benzopyrans using a single-isomer anionic cyclodextrin derivative and an ionic liquid. JChromatogr A 1217：7949-7955.

［31］Rousseau A，Gillotin F，Chiap P，Bodoki E，Crommen J，Fillet M，Servais AC（2011）Generic systems for the enantioseparation ofbasic drugs in NACE using single-isomeranionic CDs. J Pharm Biomed Anal54：154-159.

［32］Cucinotta V，Contino A，Giuffrida A，Maccarrone G，Messina M（2010）Applicationof charged single isomer derivatives of cyclodextrins in capillary electrophoresis for chiralanalysis. J Chromatogr A 1217：953-967.

［33］Fradi I，Servais AC，Pedrini M，Chiap P，Ivanyi R，Crommen J，Fillet M（2006）Enantiomeric separation of acidic compounds usingsingle-isomer amino cyclodextrin derivatives innonaqueous capillary electrophoresis. Electrophoresis 27：3434-3442.

［34］Rousseau A，Pedrini M，Chiap P，Ivanyi R，Crommen J，Fillet M，Servais AC（2008）Determination of flurbiprofen enantiomers inplasma using a single-isomer amino cyclodextrin derivative in nonaqueous capillary electrophoresis. Electrophoresis 29：3641-3648.

［35］Rousseau A，Chiap P，Ivanyi R，Crommen J，Fillet M，Servais AC（2008）Validation of anonaqueous capillary electrophoretic methodfor the enantiomeric purity determination ofR-flurbiprofen using a single-isomer amino cyclodextrin derivative. J Chromatogr A1204：219-225.

[36] Marini RD, Groom C, Doucet FR, Hawari J, Bitar Y, Holzgrabe U, Gotti R, Schappler J, Rudaz S, Veuthey JL, Mol R, Somsen GW, deJong GJ, Ha PT, Zhang J, Van Schepdael A, Hoogmartens J, Brione W, Ceccato A, Boulanger B, Mangelings D, VanderHeyden Y, Van Ael W, Jimidar I, Pedrini M, Servais AC, Fillet M, Crommen J, Rozet E, Hubert P (2006) Interlaboratory study of aNACE method for the determination of R-timolol content in S-timolol maleate: assessment of uncertainty. Electrophoresis27:2386-2399.

22　利用多元醇衍生物–硼酸络合酸进行 NACE 手性分离

Lijuan Wang，Xu Hou，Fan Zhang，Ying Liu，Yimeng Ren
and Hongyuan Yan

摘要：非水毛细管电泳（nonaqueous capillary electrophoresis，NACE）是一种高效的手性分离方法，很多多元醇衍生物 [例如 D-（+）-木糖、乳糖酸、双丙酮-D-甘露醇、L-山梨糖和葡萄糖酸内酯] 可以在甲醇中与硼酸反应生成多元醇衍生物-硼酸络合酸，用作手性拆分的手性选择剂。使用这些手性选择剂在优化的 NACE 法下分离十多种碱性分析物的对映体。

关键词：非水毛细管电泳（NACE），多元醇衍生物-硼酸络合酸，手性选择剂，碱性手性分析物，手性分离

22.1　引言

非水毛细管电泳（NACE）可用于手性分析，是水相电泳的良好替代方法，尤其适用于水溶性差的化合物[1-5]。此外，NACE 可以通过选择合适的有机溶剂或有机溶剂的混合物来提高手性选择剂的对映选择性[6]。NACE 中最常用的手性选择剂是环糊精（CD）[6-10]、糖肽类抗生素[11-13]、手性离子对复合物[2,3,14-18] 等。D-（+）-木糖、乳糖酸、双丙酮-D-甘露糖醇、L-山梨糖、葡萄糖酸内酯等手性多元醇衍生物，其分子结构中至少有一对顺式邻位羟基可在甲醇中与硼酸反应生成手性多元醇衍生物-硼酸络合酸。此类络合酸可作为手性选择剂用于 NACE 中多种碱性分析物的手性分离[15-18]。其手性识别机制基于带负电荷的手性反离子多元醇衍生物-硼酸络合酸和带正电荷的手性分析物之间非对映异构离子对的可逆形成[2,3,14-18]。

本章详述了使用多元醇衍生物-硼酸络合酸作为手性选择剂在 NACE 中碱性分析物的手性分离过程。

22.2　材料

22.2.1　仪器设备

（1）配备控温装置和紫外检测器的毛细管电泳仪。

（2）非内衬熔融石英毛细管，内径 $50\mu m$，有效长度约 45cm。

（3）用于溶液脱气的超声水浴装置。

（4）$0.22\mu m$ 注射式滤膜过滤器。

22.2.2　背景电解质和样品溶液

所有有机溶剂应使用不低于 HPLC 级的分析纯试剂。

（1）背景电解质 1 [100mmol/L 硼酸、40mmol/L D-（+）-木糖、78.9mmol/L 三乙胺溶于甲醇中]　取 154.6mg 硼酸和 150.1mg D-（+）-木糖溶于约 15mL 甲醇中，然后转入 25mL 容量瓶（见 22.4 注解 1 和 2）。再添加 200.2mg 三乙胺，用甲醇定容到 25mL。

（2）背景电解质 2（100mmol/L 硼酸、8mmol/L 乳糖酸、14.4mmol/L 三乙胺）取 154.6mg 硼酸和 71.7mg 乳糖酸溶于约 15mL 甲醇中，然后转入 25mL 容量瓶（见 22.4 注解 1 和 2）。再添加 36.4mg 三乙胺，用甲醇定容到 25mL。

（3）背景电解质 3（100mmol/L 硼酸、80mmol/L 双丙酮-D-甘露醇、50.4mmol/L

三乙胺） 取 154.6mg 硼酸和 524.6mg 双丙酮-D-甘露醇溶于约 15mL 甲醇中，然后转入 25mL 容量瓶（见 22.4 注解 1 和 2）。再添加 127.4mg 三乙胺，用甲醇定容到 25mL。

（4）样品溶液 用甲醇配制 50μg/mL 碱性分析物的样品溶液（见 22.4 注解 3）。参考 22.3 中图示分离效果为给定的分离系统选定合适的分析物。

所有背景电解质和样品溶液应超声脱气 5min，使用前用 0.22μm 滤膜过滤。

22.3　方法

22.3.1　仪器设置和毛细管老化

（1）按毛细管电泳仪的使用说明书安装好毛细管。

（2）使用以下试剂按程序持续冲洗以老化新的毛细管：甲醇 10min、1mol/L 氢氧化钠溶液 20min、蒸馏水 5min、1mol/L 盐酸 20min、蒸馏水 5min。

22.3.2　碱性分析物的对映体分离

22.3.2.1　D-（+）-木糖-硼酸络合酸作为手性选择剂

（1）设置毛细管温度为 25℃（见 22.4 注解 4）。

（2）设置检测波长为 214nm（见 22.4 注解 5）。

（3）使用背景电解质 1 冲洗毛细管 3min。

（4）在 20kPa 压强下以流体力学进样方式注入样品溶液 2s（见 22.4 注解 6）。

（5）设置 15kV 正极性分离电压（见 22.4 注解 7）并记录电泳图。

（6）典型碱性分析物对映体分离的电泳图如图 22.1 所示（见 22.4 注解 8）。

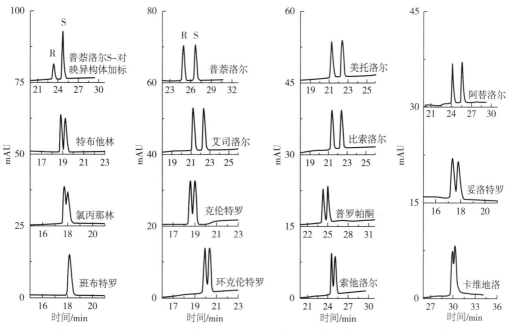

图 22.1　以 D-（+）-木糖-硼酸络合酸作为手性选择剂手性分离碱性分析物

[资料来源：Royal Chemical Society from ref. 16© 2016]

22.3.2.2 乳糖酸-硼酸络合酸作为手性选择剂

（1）设置毛细管温度为25℃（见22.4注解4）。

（2）设置检测波长为214nm（见22.4注解5）。

（3）使用背景电解质2冲洗毛细管3min。

（4）在20kPa压强下以流体力学进样方式注入样品溶液2s（见22.4注解6）。

（5）设置15kV正极性分离电压（见22.4注解7）并记录电泳图。

（6）典型碱性分析物对映体分离的电泳图如图22.2所示（见22.4注解8、9和10）。

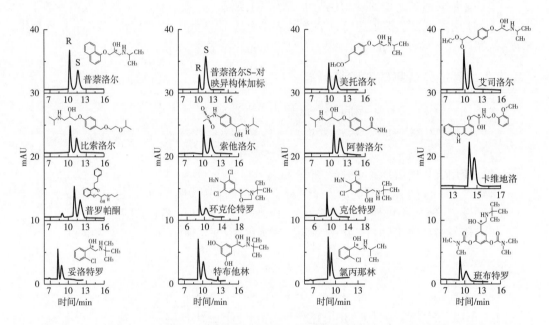

图22.2　以乳糖酸-硼酸络合酸作为手性选择剂手性分离碱性分析物

[资料来源：Royal Chemical Society from ref. 16© 2016]

22.3.2.3 双丙酮-D-甘露醇-硼酸络合酸作为手性选择剂

（1）设置毛细管温度为25℃（见22.4注解4）。

（2）设置检测波长为214nm（见22.4注解5）。

（3）使用背景电解质3冲洗毛细管3min。

（4）在20kPa压强下以流体力学进样方式注入样品溶液2s（见22.4注解6）。

（5）设置15kV正极性分离电压（见22.4注解7）并记录电泳图。

（6）典型碱性分析物对映体分离的电泳图如图22.3所示。背景电解质中含100mmol/L硼酸、60mmol/L双丙酮-D-甘露醇和50.4mmol/L三乙胺，可实现沙丁胺醇的对映体分离[18]。

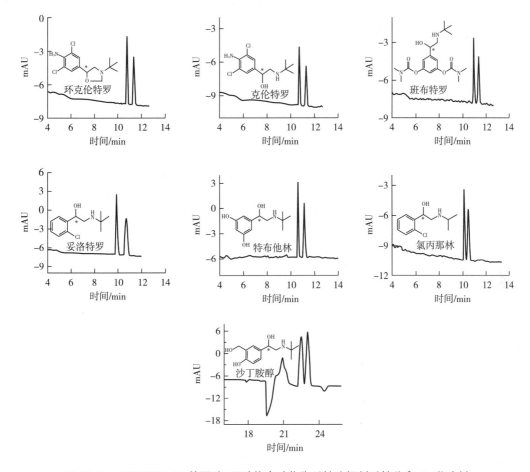

图 22.3　以双丙酮–D–甘露醇–硼酸络合酸作为手性选择剂手性分离 β–激动剂

[资料来源：Elsevier from ref. 18© 2017]

以 L–山梨糖–硼酸络合酸或葡萄糖酸内酯–硼酸络合酸作为手性选择剂的更多示例分别见参考文献[15,17]。

22.4　注解

（1）因 NACE 使用的有机溶剂通常具有挥发性和毒性，操作应极其谨慎，并采取必要的防护措施。缓冲溶液应放置在带盖的试剂瓶中，操作过程中注意防止挥发。如果使用小样品瓶（小于 2mL），进口和出口的样品瓶每运行 10 次应更换一次，以避免有机溶剂和电解质的减少。

（2）手性分离不完全时，可通过改变手性选择剂和三乙胺的浓度予以优化。

（3）本章所述碱性分析物的分离包括普萘洛尔、美托洛尔、比索洛尔、阿替洛尔、卡维地洛、普罗帕酮、索他洛尔、艾司洛尔、特布他林、克伦特罗、环克伦特罗、班布特罗、妥洛特罗、沙丁胺醇。

（4）毛细管温度的变化会影响效率、黏度、迁移时间和进样量，控制温度可保障分析物流体的重复性，减少有机溶液的挥发。在本章中，由于毛细管温度对手性拆分的影响较小，最终选择温度为 25℃。

（5）大部分测试的手性药物在 214nm 有较强的紫外吸收。

（6）进样压力取决于实际仪器，进样参数参见仪器使用说明书，以注入足量的样品溶液。

（7）增加电压可缩短迁移时间，但会产热，影响拆分和效率。考虑以上因素，设定电压为 15kV，作为分析时间和基线外形的折中。

（8）通过将普萘洛尔纯品 S-对映体加入其外消旋混合物溶液中，以鉴定普萘洛尔对映体的峰。

（9）由于乳糖酸在甲醇中的溶解性较差，此处最大浓度为 8mmol/L。

（10）所测手性分析物与章节 22.3.2.1 相同，其结构式如图 22.2 所示。

参考文献

［1］Scriba GKE（2016）Chiral recognition in separation science-an update. J Chromatogr A 1467:56-78.

［2］Wang LJ,Yang J,Yang GL,Chen XG（2012）In situ synthesis of twelve dialkyltartrate-boric acid complexes and two polyols-boric acid complexes and their applications as chiral ion-pair selectors in nonaqueous capillary electrophoresis. J Chromatogr A 1248:182-187.

［3］Wang LJ,Hu SQ,Guo QL,Yang GL,Chen XG（2011）Di-n-amyl L-tartrate-boric acid complex chiral selector in situ synthesis and its application in chiral nonaqueous capillary electrophoresis. J Chromatogr A 1218:1300-1309.

［4］Ali I,Sanagi MM,Aboul-Enein HY（2014）Advances in chiral separations by nonaqueous capillary electrophoresis in pharmaceutical and biomedical analysis. Electrophoresis 35:926-936.

［5］Stavrou IJ,Mavroudi MC,Kapnissi Christodoulou CP（2015）Chiral selectors in CE:recent developments and applications（2012-mid 2014）. Electrophoresis 36:101-123.

［6］Hedeland Y,Pettersson C（2009）In:Van Eeckhaut A,Michotte Y（eds）Chiral separation by capillary electrophoresis. CRC Press,Taylor & Francis Group,Boca Raton, 271.

［7］Feng Y,Wang TT,Jiang ZJ,Chankvetadze B,Crommen J（2015）Comparative enantiomer affinity pattern of β-blockers in aqueous and nonaqueous CE using single-component anioniccyclodextrins. Electrophoresis 36:1358-1364.

［8］Řezanka P,Navra'tilova'K,Řezanka M,Kra'l V,Sy'kora D（2014）Application of cyclodextrins in chiral capillary electrophoresis. Electrophoresis 35:2701-2721.

［9］Zhu QF,Scriba GKE（2016）Advances in the use of cyclodextrins as chiral selectors in capillary electrokinetic chromatography:fundamentals and applications. Chromatographia 79:1403-1435.

［10］Saz JM,Marina ML（2016）Recent advances on the use of cyclodextrins in the chiral analysis of drugs by capillary electrophoresis. J Chromatogr A 1467:79-94.

［11］Dixit S,Park JH（2014）Application of antibiotics as chiral selectors for capillary electrophoretic enantioseparation of pharmaceuticals:a review. Biomed Chromatogr 28:10-26.

［12］Lebedeva MV,Prokhorova AF,Shapovalova EN,Shpigun OA（2014）Clarithromycin as a chiral selector for enantioseparation of basic compounds in nonaqueous capillary electrophoresis. Electrophoresis 35:

2759-2764.

[13] Lebedeva MV, Bulgakova GA, Prokhorova AF, Shapovalova EN, Chernobrovkin MG, Shpigun OA(2013) Azithromycin for enantioseparation of tetrahydrozoline in NACE. Chromatographia 76:375-379.

[14] Wang LJ, Liu XF, Lu QN, Yang GL, Chen XG(2013) An ion-pair principle for enantioseparations of basic analytes by nonaqueous capillary electrophoresis using the di-n-butyl L-tartrate-boric acid complex as chiral selector. J Chromatogr A 1284:188-193.

[15] Lv LL, Wang LJ, Zou YN, Chen R, Yu JJ(2016) Chiral separation by nonaqueous capillary electrophoresis using L-sorbose-boric acid complexes as chiral ion-pair selectors. RSC Adv 6:104193-104200.

[16] An N, Wang LJ, Zhao JJ, Lv LL, Wang N, Guo HZ(2016) Enantioseparation of fourteen amino alcohols by nonaqueous capillary electrophoresis using lactobionic acid/D-(+)-xylose-boric acid complexes as chiral selectors. Anal Methods 8:1127-1134.

[17] An N, Wang LJ, Lv LL, Fu JN, Wang YF, Zhao JJ, Guo HZ(2016) Chiral separation of fourteen amino alcohols by nonaqueous capillary electrophoresis. Acta Pharm Sin 51:1297-1301.

[18] Lv LL, Wang LJ, Li J, Jiao YJ, Gao SN, Wang JC, Yan HY(2017) Enantiomeric separation of seven β-agonists by NACE—study of chiral selectivity with diacetone-D-mannitol-boric acid complex. J Pharm Biomed Anal 145:399-405.

23　手性毛细管电泳-质谱法

María Castro-Puyana，María Luisa Marina

摘要：毛细管电泳（capillary electrophoresis，CE）是手性分离领域中广泛使用的最强大的分离技术之一，它与质谱（mass spectrometry，MS）的联用结合了 CE 的高分离效率和低样品消耗以及 MS 的高灵敏度和包含结构信息的优点。因此，CE 出色的手性拆分能力和 MS 的优点使 CE-MS 成为实现灵敏对映体分离的完美组合。本章描述了使用三种不同的 CE-MS 方法对生物流体中氨基酸进行手性分析的代表性示例。第一种方法使用部分填充技术来避免环糊精进入 MS 源。第二种方法表明，即使使用相对高浓度的天然环糊精作为手性选择剂，也可以采用电动色谱（electrokinetic chromatography，EKC）-MS 联用法。最后的例子阐述了一种替代方法，基于对映体的纯手性试剂和氨基酸对映体之间形成的稳定非对映体结构能在非手性环境中分离。

关键词：毛细管电泳，质谱，手性，对映体分离，部分填充技术，非对映体分离，环糊精

23.1 引言

手性化合物对映体的分离在制药、生物分析、环境、食品分析及其他不同领域受到高度关注。因此，手性分析一直是分析化学的相关主题。CE 被认为是一种非常有吸引力的分离技术，也是实现对映体分离的最强大的分离技术之一。这主要是由于其高效率和低试剂及样品消耗量的天然特性（这也使 CE 被认为是一种绿色分析技术）。

由于很多物质存在紫外吸收，且紫外吸收法简单方便，故其仍然是 CE 中应用最广泛的检测方法之一，但它存在低浓度时灵敏性较差的局限性，因此有必要寻求一种高灵敏度的检测方法。鉴于此，将 CE 和 MS 进行联用，能结合 CE 的高分离效率和低样品消耗以及 MS 的高灵敏度和包含结构信息的优点。从 CE-MS 联用[1] 的最新进展看，在一些文献综述中[2-5] CE-MS 已被认为是手性化合物对映体测定最合适和最强大的工具之一。

开发手性 CE-MS 方法的第一步是选择最合适的 CE 模式。其中，使用非挥发性手性选择剂［主要是环糊精（cyclodextrins，CDs）］的 EKC 是最常用的方法。然而，MS 离子源中非挥发性化合物的存在可能会产生离子抑制和离子源污染，从而降低灵敏度。因此，开发 CE-MS 方法时要考虑的主要因素之一就是严格禁止背景电解质（background electrolyte，BGE）中存在非挥发性化合物（硼酸盐、磷酸盐、表面活性剂、CDs 等）。

一方面，使用低电导率的挥发性缓冲液不仅可以获得稳定的电喷雾，而且可以避免堵塞喷雾室和质谱仪之间的电介质毛细管[6]，CE-MS 法常用的缓冲液有甲酸铵（pH2~3）、乙酸铵（pH3~5）、碳酸氢铵（pH6~8）或碳酸铵（pH8~10）等。另一方面，避免非挥发性手性选择剂进入质谱的最佳选择是使用在毛细管内不移动的手性固定相（毛细管电色谱模式），或使用如聚合物胶束类[2,7,8] 的挥发性手性选择剂，这类化合物是传统胶束的替代品，因为它们具有不同的特性，例如零临界胶束浓度、避免单体在电喷雾过程中解离的高稳定性以及较低的离子抑制性（由于低表面活性）[9]。尽管可以在文献中能找到一些效果良好的方法[10-13]，但这些方法并非经常用于 CE-MS。

为避免 CE-MS 方法中常用的不适宜的手性选择剂进入离子源，一般情况下有两种方法：反迁移技术（counter migration technique，CMT）和部分填充技术（partial filling technique，PFT）。在前者中，带电的手性选择剂以与分析物相反的方向从检测系统迁移；而在后者中，CE 毛细管首先用缓冲液（无手性选择剂）冲洗，再在进样之前将一定的背景电解质（包含手性选择剂）注入到毛细管[14]。在这两种方法中，PFT 比较常见，这主要是因为可以使用的手性选择剂范围广泛[4]。在这一问题上，应该指出的是，虽然 PFT 是避免非挥发性手性选择剂进入 MS 离子源的首选方法，但一些研究工作显示，在 CE-MS 联用中使用低浓度（<5mmol/L）的手性选择剂不会显著降低灵敏度[15-18]。

本章阐述了生物体液中氨基酸的对映体分离的三种代表性 CE-MS 方法。第一种为 EKC-MS 方法，该方法能使用 PFT 中性环糊精（为避免污染离子源[19]）的双系统同时对映体分离所有苯丙氨酸-酪氨酸代谢过程的手性组分。第二种方法显示了进行 EKC-MS 联用的可行性，使用相对高浓度（10mmol/L）的天然环糊精作为手性选择剂以实现脑脊液样品（cerebrospinal fluid samples，CSF）中蛋白质氨基酸的对映体分离[20]。最后一个方法也适用于 CSF 中氨基酸的对映体分离，但它描述了一种替代方法以避免使用非挥发性手性选择剂。该方法显示了使用氨基酸的手性衍生化试剂在非手性环境中分离（由于它们不同的物理化学性质）生成的非对映异构化合物，此外，它还基于使用挥发性表面活性剂作为假固定相来分离非对映体[21]。

23.2   材料

23.2.1   仪器

（1）连接到质谱仪的 CE 仪。23.3.1 中，Agilent HP³ᴰ-CE 通过正交同轴鞘接口（Agilent）联结离子阱质谱仪（Bruker Daltonics 的 AmaZon SL）的电喷雾电离源（electrospray ionization source，ESI）的系统（见 23.4 注解 1）。对于 23.3.2 和 23.3.3，P/ACE MDQ CE（Beckman Coulter）通过同轴 CE-MS 喷雾器（Agilent）与 Agilent 6300 系列 LC/MSD XCT IT 质谱仪联用（见 23.4 注解 1）。

（2）注射器（2.5mL）和注射泵（可使用 KD Scientific 或 Hamilton），能以一定流速泵送鞘液。

（3）用于调节缓冲液 pH 的 pH 计。

（4）Milli-Q 净水系统制取超纯水。

（5）用于环糊精的溶解和溶液脱气的超声波水浴。

（6）内径为 50μm，有效长度为 120cm（23.3.1）或 80cm（23.3.2 和 23.3.3）的非内衬熔融石英毛细管（Polymicro Technology）。在第一次使用之前，毛细管必须按 23.4 注解 2 中的描述进行老化。

23.2.2   背景电解质和溶液

（1）背景电解质   背景电解质 1：将适当数量的甲基环糊精（DS1.7~1.9）和羟

丙基环糊精（DS4.2）溶解在 2mol/L 甲酸（pH1.2）中，得到浓度分别为 180mmol/L 的甲基环糊精和 40mmol/L 的羟丙基环糊精（见注解 3）。用 0.45μm 孔径尼龙滤膜过滤，以防止 CE 毛细管堵塞。

背景电解质 2：将适当量的 β-环糊精溶解在含有 15% 异丙醇的 50mmol/L 碳酸氢铵缓冲液（pH8.0）中，使得 β-环糊精的最终浓度为 10mmol/L（见 23.4 注解 4）。用 0.45μm 孔径尼龙滤膜过滤，以防止 CE 毛细管堵塞。

背景电解质 3：制备 150mmol/L 全氟乙醇酸（perfluorooctanoic acid，APFO）水溶液，用 14.2mol/L 氢氧化铵调节 pH 至 9.5（见 23.4 注解 5）。

（2）葫芦巴碱标准溶液　将适量的葫芦巴碱溶于 10mL 水中，使其浓度为 0.6mmol/L。

（3）衍生化试剂　衍生化试剂 1：将适量的 9-芴基甲基氯甲酸酯（9-fluorenylmethoxycarbonyl chloride，FMOC-Cl）溶解于乙腈中制备 20mmol/L FMOC-Cl 溶液（见 23.4 注解 6）。

衍生化试剂 2：将适量氯甲酸（+）-1-（9-亚氟基）乙酯 [（+）-1-（9-fluorenyl）ethyl chloroformate，FLEC] 溶剂于乙腈中制备 12mmol/L FLEC 溶液。

（4）鞘液　鞘液 1：制备含有 0.1% 甲酸的甲醇和水（50∶50，体积比）的混合物。

鞘液 2：制备异丙醇、水和 1mol/L 碳酸氢铵的混合物（50∶50∶1，体积比）。

鞘液 3：制备异丙醇、水和甲酸的混合物（90∶10∶0.1，体积比）。

23.3　方法

23.3.1　使用部分填充技术通过 EKC-MS 手性分离大鼠血浆中苯丙氨酸-酪氨酸代谢过程中的相关成分

本方法阐述了对映选择性 EKC 法用于同时分离 Phe-Tyr 代谢过程的所有成分 [DL-Phe、DL-Tyr、DL-肾上腺素（DL-EP）、DL-去甲肾上腺素（DL-NE）、DL-多巴、多巴胺（DA）]，除多巴胺外，它们都是手性化合物。这种方法意味着使用部分填充技术来避免离子源被手性选择剂污染（在这种情况下是双 CD 系统）。

23.3.1.1　大鼠血浆样品的制备

（1）向 1 体积大鼠血浆中加入 2 体积乙腈以沉淀血浆蛋白，然后涡旋。

（2）在 4℃下以 10000×g 离心混合物 15min。

（3）吸取上清液到一个新的小瓶中，用甲酸以 1∶1（体积比）的比例稀释上清液。

（4）在 60μL 样品中加入 2μL 葫芦巴碱标准溶液（葫芦巴碱终浓度为 20μmol/L）。

（5）超声处理并用 0.2μm 聚四氟乙烯滤膜过滤溶液。

23.3.1.2　CE-MS 分析

（1）按照仪器制造商的说明书在 CE 中安装毛细管，将毛细管出口端插入 ESI 接口（见 23.4 注解 9）。

（2）在注射器中吸入鞘液 1，并使用注射泵以 3.3μL/min 的流速开始泵送（见 23.4 注解 10）。

（3）将雾化器压力设置为 20.7kPa（见 23.4 注解 11）。

（4）设置 ESI 正压模式（4.5kV），以及干燥气体流速（5L/min N$_2$）和温度（200℃）（见 23.4 注解 12）。

（5）将离子阱质谱仪的串联质谱（MS^2）进行如下设置。通过"专家模式"调整光学参数；离子电荷控制（Ion charged control，ICC）：100000 个离子；累积时间：200ms；平均：1；在"增强分辨率"模式下，扫描范围为 100~210m/z；用于裂解母离子的 MRM 模式（DA、NE、EP、多巴、Phe 和 Tyr 的 m/z 分别为 154.0、152.0、184.0、198.0、165.9 和 181.9）；隔离宽度为 2m/z；碎裂电压为 0.09~0.20V。

（6）用 2mol/L 甲酸（pH1.2）冲洗毛细管 10min。

（7）使用部分填充技术将背景电解质 1 引入毛细管中，填充总毛细管长度的 83%，施加 5kPa 的压力 2.5min（见 23.4 注解 13）。

（8）施加 5kPa 的压力 250s，将大鼠血浆样品（或带有分析化合物的加标大鼠血浆样品）引入 CE 仪（见 23.4 注解 14）。

（9）设置毛细管温度为 15℃并保持稳定。

（10）施加 30kV 的分离电压开始电泳过程。

（11）打开 ESI 电压、鞘流和雾化器气压，并开始在 MS 上采集数据。

（12）分析完成后，关闭 ESI 电压和雾化器压力，以防止 CD 进入雾化室。

（13）要进行新的分析，使用 2mol/L 甲酸（pH1.2）（0.1MPa 持续 4min）冲洗毛细管以确保进样之间的重复性，然后注入新的 CD，并重复步骤（8）的进样。

（14）测量结束时，用水（0.1MPa）冲洗毛细管 5min。

图 23.1 显示了分别在不添加和添加分析化合物的情况下通过 CE-MS 分析大鼠血浆样品获得的提取离子电泳图（extracted ion electropherograms，EIE）（见 23.4 注解 15）。

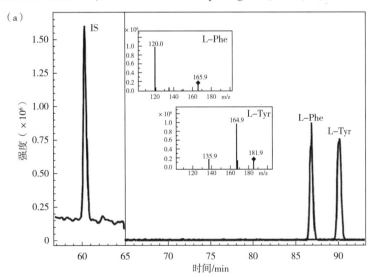

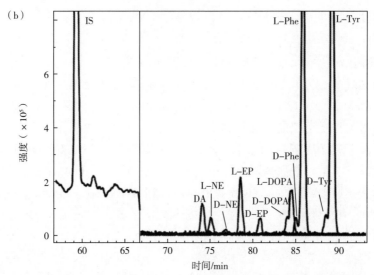

图 23.1 使用 CE-MS^2 采集的 （a）大鼠血浆样品和 （b）加标大鼠血浆样品
（含有 200nmol/L 的 D-NE、 D-EP、 D-多巴、 D-Phe 和 D-Tyr 和
600nmol/L 的 DA、 L-NE、 L-EP 和 L-多巴） EIE 图

注：内标为葫芦巴碱。 CE 条件：运行缓冲液，2mol/L 甲酸（pH1.2）；部分填充，
含 180mmol/L 甲基环糊精与 40mmol/L 羟丙基环糊精的运行缓冲液在 5kPa 下 2.5min；
大体积样品堆积（LVSS）注入，5kPa 250s；分离电压，30kV；温度，15℃。
MS 条件：ESI 正压模式，4.5kV；鞘液，含 0.1%甲酸的甲醇：水（50：50，体积比）溶液；
鞘液流速，3.3μL/min；雾化器气压，20.7kPa；干燥气流量，5L/min；温度，200℃。

［资料来源：Elsevier from ref. 19 ⓒ 2016］

23.3.2 EKC-MS 联用法手性分离 CSF 中的蛋白质氨基酸

本方法说明了在碱性条件下使用天然环糊精作为手性选择剂通过 EKC-MS 联用法
进行蛋白质氨基酸的手性分离。手性选择剂浓度对 MS 信号的影响还需进一步研究。本
方法可以通过 CE 毛细管将目标分析物的标准品直接注入 CE-MS 喷雾器。虽然使用非
挥发性 β-环糊精（浓度为 10mmol/L）会导致 MS 信号的显著降低，但仍然有相当强
度，因此有可能直接将手性 EKC 法与 MS 进行联用。

23.3.2.1 CSF 样品的制备

（1）将 250μL CSF 样品与 1500μL 冰冷乙腈混合并涡旋。

（2）在 4℃下以 15000×g 离心混合物 15min。

（3）使用氮气吹干上清液，加入 250μL 200mmol/L 四硼酸钠（pH9.0）复溶（见
23.4 注解 16）。

23.3.2.2 样品衍生化

（1）将 250μL 复溶样品与 250μL 衍生化试剂 1（20mmol/L FMOC-Cl）混合，在室
温下保持 10min（见 23.4 注解 17 和 18）。

（2）加入 750μL 戊烷，涡旋振荡。

（3）待两相分离后，使用微量移液管小心地吸取水相。

（4）用水 1∶1 稀释水相。

（5）用 0.45μm 孔径尼龙滤膜过滤。

23.3.2.3 CE-MS 分析

（1）将毛细管插入 ESI 接口（见 23.4 注解 9）。

（2）注射器中吸取鞘液 2，并使用注射泵以 3μL/min 的流速开始泵送（见 23.4 注解 10）。

（3）将雾化器压力设置为 13.8kPa（见 23.4 注解 11）。

（4）设置 ESI 正压模式（4.5kV），干燥气体流速（4L/min N_2）和温度（325℃）（见 23.4 注解 12）。

（5）将离子阱质谱仪进行如下设置：通过"专家模式"调整光学参数（毛细管出口偏移为 50V，阱驱动为 45）；ICC，50000 个离子；累积时间，300ms；m/z 扫描范围为 100~650。

（6）用 0.2mol/L NaOH（206.8kPa）冲洗毛细管 2min，然后用水冲洗 2min，用背景电解质 2 冲洗 6min（见 23.4 注解 19）。

（7）通过 CE 仪器的压力（3.45kPa，20s）注入先前用 FMOC-Cl 衍生的 CSF 样品。

（8）设置毛细管温度为 20℃并保持稳定，施加 25kV 的电压开始电泳过程。

（9）打开 ESI 电压、鞘流和雾化器气压，并开始在 MS 采集数据。

（10）分析完成后，关闭电泳电压、ESI 电压和雾化器压力。

（11）需注入新的样品时，从步骤（6）开始重复。

（12）测量结束时，用水（206.8kPa）冲洗毛细管 10min。

图 23.2 显示了采用手性 CE-MS 分析添加多种 45μmol/L 氨基酸对映体到 CSF 样品后获得的 EIE 图（见 23.4 注解 15）。

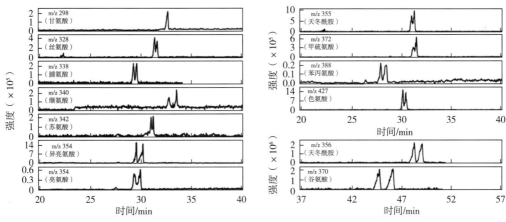

图 23.2　采用手性分析添加了以下氨基酸到 CSF 样品后获得的 EIE 图：甘氨酸、 DL-丝氨酸、
DL-脯氨酸、 DL-缬氨酸、 DL-苏氨酸、 DL-异亮氨酸、 DL-亮氨酸、 DL-天冬酰胺、
DL-甲硫氨酸、 DL-苯丙氨酸、 DL-色氨酸、 DL-天冬氨酸和 DL-谷氨酸
（每种对映体浓度为 45 μmol/L）

注： CE 条件，背景电解质，用含 15%异丙醇的 50mmol/L 碳酸氢铵（pH8.0）配制
10mmol/L β-环糊精；进样，3.45kPa 20s；分离电压，25kV；温度，20℃。 MS 条件：
ESI 正压模式，4.5kV；鞘液，异丙醇∶水∶1mol/L 碳酸氢铵（50∶50∶1,体积比）；
鞘液流速， 3μL/min；雾化器气压， 13.8kPa；干燥气体流速，4L/min；温度，325℃。

[资料来源：Wiley-VCH from ref. 20 ⓒ 2016]

23.3.3 使用手性衍生剂通过胶束电动色谱 (micellar electrokinetic chromatography, MEKC) –MS 手性分离 CSF 中的蛋白质氨基酸

本方法描述了一种用于蛋白质氨基酸手性分离的对映选择性 MEKC-MS 方法，通过使用对映体纯手性衍生剂和挥发性表面活性剂作为假固定相用于分离形成的非对映体，避免了手性选择剂的使用。

23.3.3.1 CSF 样品的制备

将 1740μL 的 CSF 样品与 260μL 的 200mmol/L 四硼酸钠（pH9.2）和 10μL 的 2mol/L 氢氧化钠混合（见 23.4 注解 16）。

23.3.3.2 样品衍生化

（1）将 180μL CSF 样品与 180μL 衍生化试剂 2（12mmol/L FLEC）混合并在室温下保持 10min（见 23.4 注解 20）。

（2）用水 1∶1 稀释样品，然后涡旋振荡（见 23.4 注解 21）。

（3）溶液注入 CE 系统前用 0.45μm 尼龙滤膜过滤。

23.3.3.3 CE-MS 分析

（1）将毛细管插入 ESI 接口（见 23.4 注解 9）。

（2）注射器吸取鞘液 3，并使用注射泵以 3μL/min 的流速开始泵送（见 23.4 注解 10）。

（3）将雾化器压力设置为 13.8kPa（见 23.4 注解 11）。

（4）设置 ESI 正压模式（5.0kV），干燥气体流速（4L/min N_2）和温度（300℃）（见 23.4 注解 12 和 22）。

（5）将离子阱质谱仪进行如下设置：ICC，50000 个离子；累积时间，300ms；平均，3；m/z 扫描范围为 100~700，锥孔，29.7；八极杆 1 delta classic，11.7；八极杆 2 delta classic，1.8；阱驱动，45；八极杆射频，168.9；透镜 1，−5.5V；透镜 2，−85.3V。

（6）用背景缓冲液 3（206.8kPa）冲洗毛细管 15min。

（7）通过 CE 仪器的压力（3.45kPa，10s）注入先前用 FLEC 衍生的 CSF 样品。

（8）设置毛细管温度为 15℃并保持稳定，施加 30kV 的电压开始电泳过程。

（9）打开 ESI 电压、鞘流和雾化器气压，并开始在 MS 上采集数据。

（10）用背景电解质（137.9kPa，5min）冲洗毛细管以确保进样的重复性。

（11）从第（7）步开始重复以注入新样品。

（12）测量结束时，用 137.9kPa 的水冲洗毛细管 10min。

图 23.3（a）显示了采用手性 CE-MS 分析添加多种 DL-氨基酸（每个氨基酸对映体加标浓度为 3.2μg/mL）到 CSF 样品后获得的 EIE 图（见 23.4 注解 15）。图 23.3（b）显示了采用手性 CE-MS 分析 CSF 获得的 EIE 图（见 23.4 注解 15）。

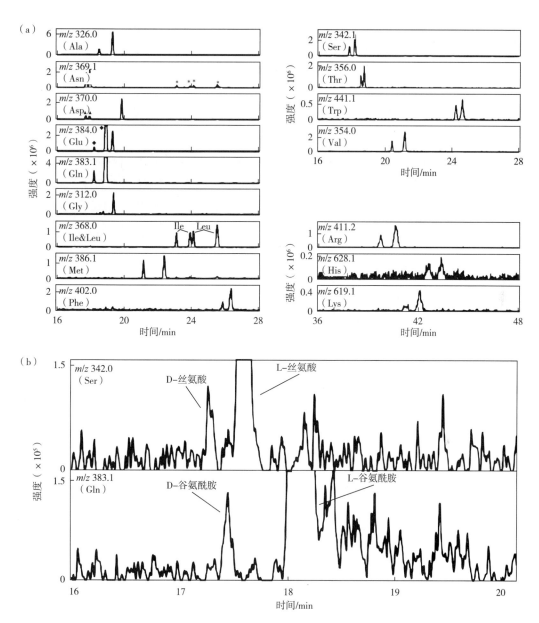

图 23.3 （a）采用 CE-MS 分析添加了 DL-氨基酸（用 FLEC 衍生）的 CSF 后获得的 EIE 图，
每个氨基酸对映体在 CSF 中的加标浓度为 3.2μg/mL；
（b）采用的手性 CE-MS 分析 CSF 获得的 EIE 图

注：CE 条件，背景电解质，150mmol/L APFO（pH9.5）；进样，3.45kPa 10s；
分离电压，30kV；温度，15℃。MS 条件：ESI 正压模式，5.0kV；鞘液，异丙醇：水：甲酸
（90：10：0.1，体积比）；鞘液流速，3μL/min；雾化器气压，13.8kPa；干燥气体流速，
4L/min；温度，300℃。在图 23.3（a）中：星号表示 D-和 L-异亮氨酸以及 D-和 L-
亮氨酸的 C_{13} 单一同位素峰的信号；三角形表示 D-和 L-天冬酰胺的 C_{13} 单一同位素峰，
菱形表示 D-和 L-谷氨酰胺的 C_{13} 单一同位素峰。

[资料来源：Elsevier from ref. 21 © 2016]

23.4 注解

（1）即使在相同的实验条件下，使用不同公司的 CE 仪器也可能导致结果略有不同。因此，可能需要根据实际情况对实验条件进行微调。

（2）在第一次使用之前，必须对毛细管进行老化。可参考以下方法：用 1mol/L NaOH 冲洗（100kPa 或 206.8kPa，取决于 CE 仪器）30min，然后用 Milli-Q 超纯水冲洗 15min。如果需要酸性分离缓冲液进行分离，建议在背景缓冲液之前用 0.1mol/L HCl 冲洗毛细管 5min。需要注意的是，由于在毛细管老化过程中使用了 1mol/L NaOH，毛细管末端应保持在电离源之外，以避免 NaOH 进入电离源。

（3）取代度（DS）表示环糊精环上取代基的平均数。不同的 DS 会导致环糊精对对映体的识别能力不同，从而导致对映体的不同分离选择性。

（4）向背景电解质中加入 15% 的异丙醇可以在合理的分析时间内对目标化合物实现更好的对映分离。

（5）APFO 在碱性 pH（$pK_a=2.8$）下会完全去质子化，确保它在 CMC（25mmol/L）溶解时形成有效的胶束。APFO 浓度几乎不影响 FLEC-氨基酸的 MS 响应，并且与同等浓度的乙酸铵（CE-MS 中最常用的背景缓冲液之一）相比，其离子抑制作用显著减少。

（6）FMOC-Cl 的乙腈溶液应现配现用。

（7）鞘液应具有足够的导电性以确保电路导通，实现 CE 分离。通常，其有机成分为 50%，有利于分析物从液相转移到气相。此外，为此目的，通常将一定比例与分离缓冲液中使用的酸或碱相同的酸或碱添加到鞘液中。

（8）强烈建议通过超声对鞘液进行脱气，以消除气泡的形成并避免电流下降。

（9）毛细管尖端必须位于距离雾化毛细管大约 1mm 的位置。

（10）鞘液的流速应足以在 ESI 源中形成气溶胶。但是，建议不要太高以避免样品稀释。

（11）建议使用低雾化器压力进行手性分离，因为较高的压力会由于吸入效应导致分辨率降低。

（12）MS 参数的影响可以通过将分析化合物的标准混合物（或选择其中一些作为测试化合物）经毛细管直接注入 CE-MS 喷雾器来研究。

（13）包含环糊精的背景缓冲液的液段长度应优化为足够长以进行手性分离，防止环糊精到达检测器。为此，用含有环糊精的背景缓冲液冲洗毛细管，并通过 MS 监测缓冲液的洗脱时间。采用 Hagen-Poiseuille 方程 $t=(3200Ll\eta)/(d^2P)$ 计算填充时间，[t 为压力持续时间（s）；L 为毛细管长度（cm）；l 为进样液段长度（mm）；η 为缓冲液的黏度（cP，1cP=0.001Pa·s）；d 为毛细管内径（μm）；P 为注射压力（mbar，1mbar=100Pa）]。

（14）使用大体积样品堆积（large volume sample stacking, LVSS）进样技术可以提高灵敏度。LVSS 是一种毛细管内样品预浓缩技术，它基于将样品流体力学注入电导率低于背景电解质的介质（例如水，或背景电解质稀释至少 10 倍）中。一旦施加电压，因为该部分的电导率较低，毛细管中样品所在的部分就会产生增强的电场。这增加了带电分析物的电泳速度，这些分析物迁移得更快，直至它们到达背景电解质区域，之后它们的速度会降低，因此恰好堆积在两个区域之间的边界上。

（15）集 EIE 图时，在软件中设置谱图的平滑参数（1 点高斯）。

（16）氨基化合物与 FMOC-Cl 或 FLEC 的衍生化反应在碱性介质中进行，有利于氨基去质子化。

（17）FMOC-Cl 与氨基酸的氨基反应，衍生物在 pH6 或更高时带负电。显然，由于其与 FMOC 的相互作用，使得分析物结构发生了改变，与环糊精的对映差别体产生了更多相互作用，从而导致手性分离的显著改善。

（18）由于实际样品中的总氨基酸浓度通常不会超过 2mmol/L，因此 20mmol/L 浓度的 FMOC-Cl 足以提供过量的衍生化试剂以实现目标氨基酸的定量衍生化。

（19）从毛细管出口流出的溶剂在 ESI 电压和雾化器压力关闭的情况下喷入离子源。

（20）FLEC 是一种手性衍生化试剂，在室温下与伯胺和仲胺快速反应形成高度稳定的衍生物。它与氨基酸的反应产生了可以在非手性条件下分离的非对映体。

（21）需要用水 1∶1 稀释以降低有机溶剂的百分比并增强分析物堆积。

（22）尽管 FLEC-氨基酸主要带净负电荷，但在负离子模式下它们未被检测到，可能是因为过量的 APFO 离子会导致强烈的电离抑制。

致谢

感谢西班牙经济和竞争力部的研究项目 CTQ2016-76368-P. M. C. P.，还要感谢该部的"Ramón y Cajal"研究合同（RYC-2013-12688）。

参考文献

［1］Jianga Y，He M-Y，Zhang W-J et al（2017）Recent advances of capillary electrophoresismass spectrometry instrumentation and methodology. Chin Chem Lett 28：1640-1652.

［2］SimóC，García-Cañas V，Cifuentes A（2010）Chiral CE-MS. Electrophoresis 31：1442-1456.

［3］Somsen GW，Mol R，de Jong GJ（2010）On-line coupling of electrokinetic chromatography and mass spectrometry. J Chromatogr A 1217：3978-3991.

［4］Wuethrich A，Haddad PR，Quirino JP（2014）Chiral capillary electromigration techniquesmass spectrometry：hope and promise. Electrophoresis 35：2-11.

［5］Liu Y，Shamsi SA（2016）Chiral capillary electrophoresis-mass spectrometry：developments and applications in the period 2010-2015：a review. J Chromatogr Sci 54：1771-1786.

［6］Ross GA（2001）Capillary electrophoresis mass spectrometry：practical implementation and applications. LCGC Eur 1：2-6.

［7］Tsioupi DA，Stefan-van-Staden RI，Kapnissi Christodoulou CP（2013）Chiral selectors in CE：recent developments and applications. Electrophoresis 34:178-204.

[8] Wang X,Hou J,Jann M et al(2013) Development of a chiral MEKC-tandem MS assay for simultaneous a-nalysis of warfarin and hydroxywarfarin metabolites:application to the analysis of patients serum samples. J Chromatogr A 1271:207-216.

[9] Sánchez-López E,Castro-Puyana M,Marina ML,Crego AL(2015) Chiral separations by capillary electro-phoresis. In:Anderson JL,Berthod A,Pino Estévez V,Stalcup AM(eds) Analytical separation science,1st edn. Wiley-VCH Verlag GmbH & Co. KGaA,Weinheim.

[10] Rizvi SAA,Zheng J,Apkarian RP et al(2007) Polymeric sulfated amino acid surfactants:a new class of versatile chiral selectors for micellar electrokinetic chromatography(MEKC) and MEKC-MS. Anal Chem 79:879-898.

[11] Wang X,Hou J,Jann M(2013) Development of a chiral micellar electrokinetic chromatography-tandem mass spectrometry assay for simultaneous analysis of warfarin and hydroxywarfarin metabolites:application to the analysis of patients serum samples. J Chromatogr A 1271:207-216.

[12] Liu Y,Jann M,Vanderberg C et al(2015) Development of an enantioselective assay for simultaneous sepa-ration of venlafaxine and O-desmethylvenlafaxine by micellar electrokinetic chromatography-tandem mass spectrometry:application to the analysis of drug-drug interaction. J Chromatogr A 1420:119-128.

[13] Liu Y,Wu B,Wang P et al(2016) Synthesis,characterization and application of polysodium N-alkylenyl α-D glucopyranoside surfactants for micellar electrokinetic chromatography tandem mass spectrometry. E-lectrophoresis 37:913-932.

[14] Pérez-Miguez R,Castro-Puyana M,Marina ML(2015) Recent applications of chiral capillary electropho-resis in food analysis. In:Haynes A(ed) Advances in food analysis research. Nova Science Publishers, Inc. ,New York.

[15] Dominguez-Vega E,Sánchez-Hernández L,García-Ruiz C et al(2009) Development of a CE-ESI-ITMS method for the enantiomeric determination of the non-protein amino acid ornithine. Electrophoresis 30: 1724-1733.

[16] Sánchez-Hernández L,Castro-Puyana M,García-Ruiz C et al(2010) Determination of Land D-carnitine in dietary food supplements using capillary electrophoresis tandem mass spectrometry. Food Chem 120: 921-928.

[17] Sánchez-Hernández L,Sierras Serra N,Marina ML et al(2013) Enantiomeric separation of free Land D-a-mino acids in hydrolyzed protein fertilizers by capillary electrophoresis tandem mass spectrometry. J Agri Food Chem 612:5022-5030.

[18] Giuffrida A,León C,Garcia-Cañas V et al(2009) Modified cyclodextrins for fast and sensitive chiral-cap-illary electrophoresis-mass spectrometry. Electrophoresis 30:1734-1742.

[19] Sánchez-López E,Marcos A,Ambrosio E et al(2016) Enantioseparation of the constituents involved in the phenylalanine-tyrosine metabolic pathway by capillary electrophoresis tandem mass spectrometry. J Chro-matogr A 1467:372-382.

[20] Prior A,Sánchez-Hernández L,Sastre-Toraño J et al(2016) Enantioselective analysis of proteinogenic a-mino acids in cerebrospinal fluid by capillary electrophoresis-mass spectrometry. Electrophoresis 37: 2410-2419.

[21] Prior A,Moldovan RC,Crommen J et al(2016) Enantioselectivecapillary electrophoresis-mass spectrome-try of amino acids in cerebrospinal fluid using a chiral derivatizing agent and volatile surfactant. Anal Chim Acta 940:150-158.

24 双环糊精改性胶束电动色谱法分离咪唑类药物

Wan Aini Wan Ibrahim，Siti Munirah Abd Wahib，Dadan Hermawan，Mohd Marsin Sanagi

摘要： 毛细管电泳作为一种多用途、环境友好的方法，受到人们的格外关注，它广泛应用于化合物的对映体分离。环糊精修饰胶束电动色谱（CD-MEKC）是一种可供选择的新方法，能够对疏水性和电中性的立体异构体进行有效分离。溶质的手性识别基于其在水相中给定环糊精与表面活性剂组成的胶束之间的分配。手性选择剂、表面活性剂和改性剂的协同组合有助于对映体的成功分离。本章介绍了采用双环糊精体系的 CD-MEKC 在选定咪唑类药物的对映体分离中的应用。

关键词： 对映体分离，环糊精修饰胶束电动色谱，咪唑类药物，双环糊精

24.1 引言

毛细管电泳（CE）是手性化合物直接分离的一种重要手段。它具有分离能力强、灵活性好、"绿色"（有机溶剂和样品量消耗较少）和成本效益高（手性选择剂使用量少，变化简单，能直接添加到背景电解质中）等固有优势。根据使用的物质或添加剂的不同可将 CE 区分为多种模式。毛细管区带电泳（CZE）是一种最基础的分离方法，它利用一个缓冲系统，在特定 pH 条件下，基于荷质比对分析物进行分离。基于此原理，CZE 无法拆分手性化合物，因为对映体的电荷密度是相等的。为了分离手性化合物，通用方法是往背景电解质里添加手性选择剂，这种技术被称作电动色谱（EKC）。手性识别是利用手性选择剂与立体异构体形成不稳定的非对映体复合物。目前，环糊精是毛细管电泳对映体分离中最常用的手性选择剂。与其他选择剂相比，环糊精具有多种优质的特性，比如紫外吸收率低、惰性、立体选择性、水溶性，且价格相对低廉。环糊精是具有截顶圆锥结构的环状寡糖，拥有疏水的空腔和亲水的外缘。环糊精的多种优点，形状良好、结构灵活、拥有大量手性中心以及易于取代，使其成为无数化合物的最佳选择剂[1-3]。

天然环糊精及其衍生物根据其理化性质表现出不同的识别能力。准确地说，分析物与环糊精腔体尺寸的匹配性在手性识别中扮演着重要的角色。Huang 等[4] 提出 α-CD 的小腔体适合单环芳香烃，而 β-CD 与萘环的尺寸相容，γ-CD 的空腔则适合于较大的化合物，如具有三个芳香环的分析物。环糊精与分析物之间主要的相互作用是 1:1 化学计量比的包合络合。环糊精与对映体形成包合物所需的能量差决定了对映体识别的强弱。对映体识别还取决于与侧链或取代基的相互作用，氢键、偶极-偶极相互作用、空间力或 π-π 相互作用均可能影响对映体与环糊精之间的结合[5]。

1984 年，Terabe 等[6] 通过在背景电解质中引入胶束环境，开发了另一种毛细管电泳模式，扩展了电动色谱的应用。胶束电动色谱（MEKC）通常在背景电解质中使用阴离子表面活性剂，如十二烷基硫酸钠（SDS）。理论上，阴离子胶束带负电荷，因静电作用向阳极迁移；然而当运行电解质为中性或碱性时，电渗流（EOF）变强，电渗流的流速会带动阴离子胶束以迟缓的速度向阴极迁移。胶束与单分子形成动态平衡，并用作假固定相，溶解分析物[7]。胶束电动色谱的分离机制结合了电泳和色谱效应。电泳效应与溶质的淌度差异相关，而溶质在胶束和连续相之间的分配，即所谓的色谱效

应，取决于溶质的保留行为差异[8]。实验证明，使用手性表面活性剂（如胆汁盐），或环糊精与表面活性剂组合的胶束电动色谱使对映体分离成为可能。

在胶束电动色谱体系中引入环糊精，作为一种中性（不带电）化合物对映体分离的有效技术，已被广泛接受。识别的基本原理是中性溶质在两相（水合环糊精相和胶束相）之间的分配。这种方法也适用于带电化合物，对映体识别取决于胶束相和水合环糊精相中溶质的分布行为以及电泳淌度差异[9]。中性环糊精的迁移速度与电渗流相同，能在阴离子表面活性剂的存在下为对映体提供手性识别，因此可被用于 MEKC 中拆分中性化合物。溶质能否进入胶束内取决于溶质的疏水性。对于与胶束亲和力较强的溶质，可采用反向极性模式（阳极检测）抑制电渗流，缩短迁移时间。虽然 SDS 是一种非手性表面活性剂，但它具有疏水的尾部，能与溶质一起进入环糊精的内腔，干扰环糊精与溶质之间的包合相互作用[10]。

如果单一环糊精体系不足以获得令人满意的对映体分离，应考虑双手性体系。采用两种环糊精可以提供不同的络合机制，从而对手性溶质有更好的对映选择性。对此，在 β-CD 和单 3-O-苯基胺甲酰基-β-CD 的共同作用下，咪康唑的两种立体异构体在 MEKC 模式中获得完全区分[11]。Cesla 等[12] 开发了一种反向迁移胶束电动色谱，以 β-CD 和七（6-O-磺基）-β-CD 为选择剂，对手性的漆树酸进行拆分。在 MEKC 体系中，使用中性和带电的环糊精有助于使对映体具有相反的络合亲和力和淌度。单一环糊精无法同时实现对环唑醇、糠菌唑和烯唑醇的对映体分离，而 HP-β-CD 和 HP-γ-CD 的双 CDs 系统呈现出竞争性络合，从而可以成功地对所有分析物进行对映识别[13]。

对映体的迁移行为通常依赖于对给定环糊精的亲和力，而淌度差异是需要关注的另一个方面[14]。选择剂的浓度会影响环糊精和溶质之间的亲和力，以及溶质复合物的电泳淌度。环糊精浓度较低时，大部分溶质未被包合，立体异构体的迁移行为主要受配合物稳定性的影响。随着选择剂浓度增大，分析物和环糊精之间相互作用形成包合物越来越多，直到达到最大值（取决于环糊精和溶质的结合亲和力）。当选择剂浓度高于最佳值后，迁移行为深受配合物淌度差异的影响[1,3]。在 MEKC 体系中，选用的表面活性剂浓度通常是高于其临界胶束浓度的。表面活性剂浓度越高，溶质在环糊精胶束相中的分配率越高，溶质的分辨率越高；采用的表面活性剂浓度过低会降低 MEKC 的效率，这一现象可以用胶束和立体异构体之间距离过大而造成的传质缓慢来解释[15]。然而，在某些情况下，添加低于或接近其临界胶束浓度的表面活性剂更有利于对映体分离。例如，据报道，在由 10mmol/L 磷酸盐缓冲液（pH2.5）、20mmol/L TM-β-CD 和 1.0%甲醇组成的背景电解质中，只需添加 5mmol/L 十二烷基硫酸钠即可实现 4 种酮康唑立体异构体的对映体分离[16]。在这种情况下，十二烷基硫酸钠的添加量是低于其临界胶束浓度（8.0mmol/L）的。在这种浓度水平下，表面活性剂可能无法用作典型的假固定相，而是形成了预胶束体系[17]，也有可能与酮康唑对映体形成了有效的离子对相互作用，从而提高了被分析物的溶解度。此外，有机改性剂也是一种有用的候选者，通常被引入背景电解质，用以控制对映体的分辨率和选择性。溶剂-胶束的引入破坏了疏水溶质对胶束相的强烈亲和力，降低了电渗流，并改变了溶质的保留因子。有机改性剂的加入可能会影响对映体和手性选择剂的溶解度，改变络合组成以及电泳淌度[10,18]。因为高浓度的有机改性剂会延长迁移时间，有时可能会破坏 MEKC 的胶束聚集体，所以 P328 作为背景电解质改性剂的溶剂添加量通常不超过 20%（体积分数）。

CD-MEKC 是一种很有前景的电迁移方法，可以区分多种手性化合物。表 24.1 中，基于 2010 年以来发表的文章，整理了几种采用环糊精修饰的 MEKC 实现手性化合物成功分离的例子。从表中可以看出，依靠溶质的分子性质以及分离缓冲液的协同组合，中性环糊精或带电环糊精均成功应用于 MEKC 体系中。同样值得注意的是，中性环糊精广泛用于 CD-MEKC 对映体分离。

表 24.1　　　　　　2010—2017 年 CD-MEKC 对映体分离的示例

分析物	手性选择剂	分离缓冲液	检测限	参考文献
生物丙烯菊酯	乙酰-β-CD	100mmol/L 硼酸盐缓冲液（pH8.0），75mmol/L 脱氧胆酸钠，15mmol/L 乙酰-β-CD，2mol/L 尿素，30kV，25℃	（R）-生物丙烯菊酯：0.2mg/L（S）-生物丙烯菊酯：0.3mg/L	[19]
羟基二十碳四烯酸	HP-γ-CD	30mmol/L 磷酸盐-5mmol/L 硼酸盐缓冲液（pH9.0）、75mmol/L SDS、30mmol/L HP-γ-CD、+30kV、15℃、235nm		[20]
安立生坦及其手性杂质	γ-CD	100mmol/L 硼酸盐缓冲液（pH9.2），100mmol/L SDS，50mmol/L γ-CD，30kV，22℃		[21]
甲基苯丙胺（MA）	HS-γ-CD	100mmol/L 磷酸盐缓冲液（pH2.7），20mmol/L SDS，20% HS-γ-CD，20%甲醇，-18kV，25℃，195nm	（S）-MA：77.9pg/mL（R）-MA：88.8pg/mL	[22]
氨基酸	β-CD	150mmol/L Tris-硼酸-EDTA 缓冲液（pH8.5），35mmol/L 牛磺脱氧胆酸钠，35mmol/L β-CD，12.5%（体积分数）异丙醇，5g/L 聚乙二醇	40~60nmol/L	[23]
酮洛芬	S-β-CD TM-β-CD	50mmol/L 硼酸盐/NaOH（pH2.5），20mmol/L SDS，4.0%质量浓度 S-β-CD，5g/L TM-β-CD	2.5 和 3.4nmol/L	[24]
异喹啉衍生物	β-CD	35mmol/L 磷酸盐缓冲盐水（pH7.85），30mmol/L 脱氧胆酸钠，20mmol/L β-CD，20%（体积分数）乙腈，20kV	0.2 和 0.5μmol/L	[25]
长春西汀	HP-β-CD	50mmol/L 磷酸盐缓冲液（pH7.0）、40mmol/L SDS、40mmol/L HP-β-CD、25℃、25kV		[26]
益康唑	HP-γ-CD	20mmol/L 磷酸盐缓冲液（pH8.0）、50mmol/L SDS、40mmol/L HP-γ-CD	3.6 和 4.3mg/L	[27]
己唑醇、戊菌唑、腈菌唑	HP-γ-CD	25mmol/L 磷酸盐缓冲液（pH3.0）、50mmol/L SDS、40mmol/L HP-γ-CD	1.2~4.0mg/L	[28]
顺式联苯菊酯	TM-β-CD	100mmol/L 硼酸盐缓冲液（pH8.0），100mmol/L 胆酸钠，20mmol/L TM-β-CD，2mol/L 尿素，30kV，15℃	4.8 和 3.9mg/L	[17]

本章介绍了噻康唑、异康唑和芬替康唑 3 种咪唑类药物在 CD-MEKC 中的手性识别。在 MEKC 体系中采用羟丙基-γ-环糊精（HP-γ-CD）和七（2,6-二-氧-甲基）-β-环糊精（DM-β-CD）组成的双重环糊精体系进行分离。由于采用了不同的包合络合模式，对映体的对映选择性和分辨率得到了提升[29]。

24.2　材料

24.2.1　仪器和材料

（1）一台商用 CE 仪器　如 Agilent HP³ᴰ 系统（Germany，Waldbronn，Agilent Technologies）或 Beckman P/ACE MDQ 毛细管系统（USA，CA，Fullerton，Beckman），配有 UV 或光电二极管阵列检测器和温度控制单元。

（2）无涂层熔融石英毛细管　内径为 50μm 或 75μm，外径为 375μm。后述实验中，使用 50μm 的毛细管，有效长度为 56cm，总长度为 64.5cm。

（3）一台 pH 计　用于调节背景电解质的 pH。

（4）0.22μm 或 0.45μm 的滤膜　用于过滤背景电解质和样品溶液。

（5）一台商用超声波清洗仪　用于超声处理。

24.2.2　背景电解质和样品溶液

使用由合格的纯水净化系统制取的超纯水或二次蒸馏水。有机溶剂应为 HPLC 级，所有化学品应为分析纯级。

（1）pH7.0 的磷酸盐缓冲储备液（500mmol/L）　称取 4.477g 十二水合磷酸二氢钠，置于烧杯中，用约 20mL 超纯水溶解。加入 85% 的磷酸，将 pH 调至 7.0。然后，将溶液转移到 25mL 容量瓶中，用超纯水稀释定容（见 24.4 注解 1）。

（2）SDS 储备液（500mmol/L）　称取 1.44g SDS 于烧杯中，加入约 5mL 超纯水。溶解后定量转移至 10mL 容量瓶中，待气泡消失后稀释至刻度。

（3）HP-γ-CD 储备液（100mmol/L）　称取 0.790g HP-γ-CD，溶于约 3mL 超纯水。将溶液定量转移到 5mL 容量瓶中，用超纯水定容。

（4）DM-β-CD 储备液（100mmol/L）　称取 0.670g DM-β-CD，溶于约 3mL 超纯水中。将溶液定量转移至 5mL 容量瓶中，用超纯水定容。

（5）CD-MEKC 背景电解质　用于 3 种咪唑类药物的同时对映体分离。作为背景电解质（BGE）的运行缓冲液由 35mmol/L 磷酸盐缓冲液（pH7）、35mmol/L HP-γ-CD、10mmol/L DM-β-CD、50mmol/L SDS 和 15%（体积分数）乙腈组成（见 24.4 注解 2~4）。使用前过滤（0.22μm 或 0.45μm）并超声处理。

（6）样品溶液　用甲醇配制咪唑类药物噻康唑、异康唑和芬替康唑（见 24.4 注解 5）的储备溶液，浓度为 1.0mg/mL。对于单个药物的工作溶液，移取 200μL 储备液到 1mL 容量瓶中，甲醇稀释至刻度。对于含这三种药物的样品溶液，移取每种药物的储备液各 200μL 混合，加入 400μL 甲醇，混合并于使用前过滤（0.22μm 或 0.45μm）。

24.3　方法

（1）按照制造商的操作指南，在 CE 仪器中安装毛细管。

（2）调节新的毛细管，先用 0.1mol/L NaOH 溶液冲洗 30min，然后用超纯水冲洗 30min。

（3）仪器参数设置如下。

毛细管温度：30℃；

检测波长：200nm（在毛细管阳极端检测）。

（4）将运行缓冲液瓶放入转盘中。

（5）施加 27kV 的分离电压（正向极性）。

（6）用运行缓冲液冲洗毛细管 15min。

（7）将载有甲醇的样品瓶放入仪器样品托盘中（见 24.4 注解 6）。在 3kV 下电动进样注入样品 3s。施加分离电压，进行分析。

（8）用 0.1mol/L NaOH 溶液冲洗毛细管 3min，超纯水冲洗 3min，运行缓冲液冲洗 5min（见 24.4 注解 7）。

（9）接下来，注入含有分析物的样品溶液（见 24.4 注解 8），重复注入三次。样品的两次注射之间，遵循步骤（8）中描述的冲洗顺序，然后再注入下一个样品。图 24.1 为同时分离噻康唑、异康唑和芬替康唑的典型电泳图。

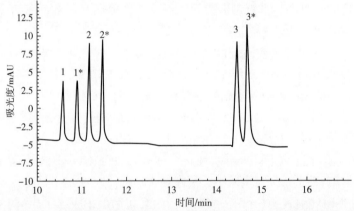

图 24.1　所选咪唑类药物在最佳 CD-MEKC 条件下对映分离的电泳图

注：分离条件为 35mmol/L HP-γ-CD、10mmol/L DM-β-CD、35mmol/L 磷酸盐缓冲液（pH7.0）、50mmol/L SDS、15%（体积分数）乙腈、27kV 的分离电压和 30℃的分离温度。分析物在 3kV 下电动进样 3s。峰识别：1,1* = R-,S-噻康唑；2,2* = R-,S-异康唑；3,3* = R-,S-芬替康唑。

24.4　注解

（1）推荐使用磷酸盐缓冲液，因为它适用的 pH 范围较宽。本实验中，建议使用

pH7.0 的磷酸盐缓冲液对 3 种分析物进行对映体分离。

（2）通过添加各种组分的储备溶液制备运行缓冲液（再现性是可接受的）。为了便于操作，运行缓冲液的配制体积应为 1.0mL 或更大。尽管加入到小瓶中的背景电解质溶液仅需微升级（200~300μL），但仍需足够的体积用于调节、分析分离以及三次或四次注射后的复检。

（3）制备总体积为 1.0mL 的背景电解质混合物示例。各组分的计算如下所述。如需配制其他任何给定的体积，将各组分相应的微升体积乘以最终所需的体积数（单位：mL）即可。

磷酸盐缓冲液体积：35mmol/L/500mmol/L（储备液）×1000μL=70μL。

HP-γ-CD 溶液体积：35mmol/L/100mmol/L（储备液）×1000μL=350μL。

DM-β-CD 溶液体积：10mmol/L/100mmol/L（储备液）×1000μL=100μL。

SDS 溶液体积：50mmol/L/500mmol/L（储备液）×1000μL=100μL。

15%乙腈体积：15%/100%×1000μL=150μL。

水体积：1000μL-（70+350+100+100+150）μL=230μL。

（4）优化背景电解质组成。按照分辨率良好（R_s>1.5）、迁移时间较短和峰值效率优异（N>100,000）的要求，确定各组分的最佳值。

（5）可以使用商家提供的样品。噻康唑、异康唑和芬替康唑的认证标准可从位于法国斯特拉斯堡的欧洲药品质量管理局（EDQM）获取。

（6）最好使用样品溶剂（甲醇）开始运行，以识别所有的系统峰。

（7）连续运行期间，冲洗毛细管至关重要，可避免交叉污染，确保内壁条件的可重复性。如果更换缓冲液改变了迁移时间，则将调节时间延长至 10~15min。

（8）建议在进行对映体同时分离之前，将对映体分三次单独进样，以确定其迁移顺序。

致谢

本工作得到了来自马来西亚高等教育部的基础研究基金 R. J130000. 7826. 3F262（78314）和马来西亚科学技术创新部授予 S. M. Abdul Wahib 的国家科学基金的支持。

参考文献

[1] Saz JM, Marina ML (2016) Recent advances inthe use of cyclodextrins in the chiral analysis ofdrugs by capillary electrophoresis. J ChromatogrA 1467:79-94.

[2] Rezanka P, Navratilova K, Rezanka M, Kral V, Sykora D (2014) Application of cyclodextrinsin chiral capillary electrophoresis. Electrophoresis 35:2701-2721.

[3] Zhu Q, Scriba GKE (2016) Advances in the useof cyclodextrins as chiral selectors in capillaryelectrokinetic chromatography:fundamentalsand applications. Chromatographia79:1403-1435.

[4] Huang L, Lin J, Xu L, Chen G (2007) Nonaqueous and aqueous-organic media for theenantiomeric separations of neutral organophosphoruspesticides by CE. Electrophoresis 28:2758-2764.

［5］Li W,Zhao L,Zhang H,Chen X,Chen S,Zhu Z,Hong Z,Chai Y(2014)Enantioseparationof new triadime-nol antifungal activecompounds by electrokinetic chromatographyand molecular modeling study of chiral recognitionmechanisms. Electrophoresis 35:2855-2862.

［6］Terabe S,Otsuka K,Ichikawa K,Tsuchiya A,Ando T(1984)Electrokinetic separations withmicellar solutions and open-tubular capillaries. Anal Chem 56:111-113.

［7］Terabe S(2008)Micellar electrokinetic chromatographyfor high-performance analyticalseparation. Chem Rec 8:291-301. The JapanChemical Journal Forum and Wiley Periodicals,Inc.

［8］Hu S-Q,Guo X-M,Shi H-J,Luo R-J(2015)Separation mechanisms for palonosetronstereoisomers at different chiral selector concentrationsin MEKC. Electrophoresis 36:825-829.

［9］Van Zomeren PV,Hilhorst MJ,CoenegrachtPMJ,De Jong GJ(2000)Resolution optimizationin micellar electrokinetic chromatographyusing empirical models. J Chromatogr A867:247-259.

［10］Deeb SE,Iriban MA,Gust R(2011)MEKC asa powerful growing analytical technique. Electrophoresis 32:166-183.

［11］Lin X,Hou W,Zhou C(2003)Enantiomerseparation of miconazole by capillary electrophoresis with dual cyclodextrin systems. AnalSci 19:1509-1512.

［12］Česla P,Blomberg L,Hamberg M,Jandera P(2006)Characterization of anacardic acids bymicellar electrokinetic chromatography andmass spectrometry. J Chromatogr A1115:253-259.

［13］Wan Ibrahim WA,Warno SA,Aboul-EneinHY,Hermawan D,Sanagi MM(2009)Simultaneousenantioseparation of cyproconazole,bromuconazole,and diniconazole enantiomersby CD-modified MEKC. Electrophoresis 30:1976-1982.

［14］Menéndez-López N,Valiman. a-Traverso J,Castro-Puyana M,Salgado A,Garc—ía MA,Marina ML(2017)Enantiomeric separationof the antiuremic drug colchicine by electrokineticchromatography:method developmentand quantitative analysis. J Pharm BiomedAnal 138:189-196.

［15］Hu S-Q,Wang G-X,Guo W-B,Guo X-M,Zhao M(2014)Effect of low concentrationsodium dodecyl sulfate on the electromigrationof palonosetron hydrochloride stereoisomersin micellar electrokinetic chromatography. JChromatogr A 1342:86-91.

［16］Ibrahim WAW,Arsad SR,Maarof H,SanagiMM,Aboul-Enein HY(2015)Chiral separationof four stereoisomers of ketoconazoledrugs using capillary electrophoresis. Chirality27:223-227.

［17］Pérez-Ferna V ndez V,Garc—ía MA,Marina ML(2010)Enantiomeric separation ofcis-bifenthrin by CD-MEKC:quantitativeanalysis in a commercial insecticides formulation. Electrophoresis 31:1533-1539.

［18］Yu T,Du Y,Chen B(2011)Evaluation ofclarithromycin lactobionate as a novel chiralselector for enantiomeric separation of basicdrugs in capillary electrophoresis. Electrophoresis 32:1898-1905.

［19］Garc—ía MA V ,Menéndez-López N,Boltes K,Castro-Puyana M,Marina ML(2017)A capillarymicellar electrokinetic chromatographymethod for the stereoselective quantitation ofbioallethrin in biotic and abiotic samples. JChromatogr A 1510:108-116.

［20］Kodama S,Nakajima S,Ozaki H,Takemoto R,Itabashi Y,Kuksis A(2016)Enantioseparation of hydroxyeicosatetraenoic acids by hydroxypropyl-γ- cyclodextrin-modified micellar electrokinetic chromatography. Electrophoresis 37:3196-3205.

［21］Orlandini S,Pasquini B,Caprini C,Del Bubba M,Dous ̌ija M,Pinzauti S(2016)Enantioseparation and impurity determination ofambrisentan using cyclodextrin-modifiedmicellar electrokinetic chromatography:visualizingthe design space within quality by designframework. J Chromatogr A 1467:363-371.

［22］Mikuma T,Iwata YT,Miyaguchi H,Kuwayama K,Tsujikawa K,Kanamori T,Kana H,Inoue H(2016)

Approaching over10 000–fold sensitivity increase in chiral capillary electrophoresis：cation–selective exhaustiveinjection and sweeping cyclodextrin–modifiedmicellar electrokinetic chromatography. Electrophoresis 37：2970–2976.

[23]Lin E–P，Lin K–C，Chang C–W，Hsieh M–M（2013）On–line sample preconcentration bysweeping and poly（ethylene oxide）–mediatedstacking for simultaneous analysis of nine pairsof amino acid enantiomers in capillary electrophoresis. Talanta 114：297–303.

[24]Petr J，Ginterova P，Znaleziona J，Knob R，Losɟ̌ta ɣkova ɣ M，Maier V，Sɟ̌ evcɟ̌ik J（2013）Separation of ketoprofen enantiomers at nanomolarconcentration levels by micellar electrokineticchromatography with on–line electrokineticpreconcentration. Cent Eur J Chem11：335–340.

[25]Cheng H，Zhang Q，Tu Y（2012）Separation offat–soluble isoquinoline enantiomers using β–cyclodextrin modified micellar capillary electrokineticchromatography. Curr Pharm Anal8：37–43.

[26]Ibrahim WAW，Wahib SMA，Hermawan D，Sanagi MM，Aboul–Enein HY（2012）Chiralseparation of vinpocetine using cyclodextrinmodifiedmicellar electrokinetic chromatography. Chirality 24：252–254.

[27]Hermawan D，Wan Ibrahim WA，Sanagi MM，Aboul–Enein HY（2010）Chiral separation ofeconazole using micellar electrokinetic chromatographywith hydroxypropyl – γ – cyclodextrin. J Pharm Biomed Anal53：1244–1249.

[28]Wan Ibrahim WA，Hermawan D，Sanagi MM，Aboul–Enein HY（2010）Stacking and sweepingin cyclodextrin–modified MEKC for chiralseparation of hexaconazole，penconazole，myclobutanil. Chromatographia 71：305–309.

[29]Wan Ibrahim WA，Wahib SMA，Hermawan D，Sanagi MM，Aboul–Enein HY（2013）Separationof selected imidazole enantiomers usingdual cyclodextrin system. Chirality25：328–335.

25 基于手性胶束电动色谱（CMEKC）与质谱联用的糖基高分子表面活性剂

Vijay Patel，Shahab A. Shamsi

摘要： 在胶束电动色谱–质谱（MEKC-MS）法中，高分子表面活性剂（分子胶束，MoMs）可能是最有前景的手性选择剂，由于它的多种手性头基和链长，可应用于手性化合物的痕量检测领域。实验室最近合成了多种具有磷酸根和磺酸根头基、适用于质谱的糖基表面活性剂，并研究了其在 CMEKC-MS 中的应用。本章举例说明了合成的吡喃葡萄糖苷基高分子表面活性剂可以与电喷雾电离质谱完全兼容，并且在 CMEKC-MS/MS 实验中被成功用作手性选择剂，利用 MRM 模式对多种手性化合物进行高通量筛选。本章详细介绍了两类不同链长和头基的 α- 和 β-吡喃葡萄糖苷基高分子表面活性剂的合成和应用。所述实例优化了聚合所需的适当的毫摩尔浓度的糖基表面活性剂单体的效果，因为它影响酸性和碱性化合物的分离。在聚合所需的单体最佳浓度条件（即高分子表面活性剂的等效单体浓度）下，MEKC-MS 相比于 MEKC-UV 的优越性是显而易见的。首先利用 MEKC-MS 对结构相似但疏水性不同的碱性药物进行测试，找到最佳头基和最佳链长，以期开发出一种可广泛应用的聚吡喃葡萄糖苷基表面活性剂。通过切换吡喃葡萄糖苷基高分子表面活性剂的不同头基，几种结构相似的碱性化合物的不完全对映体拆分获得了显著改善。由此，还观察到采用聚 N-β-D-SUGP 与聚 N-β-D-SUGS 时的互补分离现象。在比较拥有不同异头构型的高分子表面活性剂时，如聚-N-α-D-SUGP 和聚-N-β-D-SUGP，这种现象也是存在的。

关键词： 毛细管电泳，手性胶束电动色谱（CMEKC-MS），高分子吡喃葡萄糖苷表面活性剂，分子胶束（MoMs），聚 N-α-D-SUGP，聚 N-α-D-SUGS，聚 N-β-D-SUGP，聚 N-β-D-SUGS

25.1　引言

由氨基酸型表面活性剂和具有阴离子头基的多肽基表面活性剂制备的高分子表面活性剂（分子胶束，MoMs），被广泛应用于含有带正电荷的仲氨或叔氨基团的外消旋化合物的对映体拆分[1-5]。此外，通过胶束电动色谱（MEKC），还可以实现对中性、带负电和带正电的阻转异构体[6,7]及衍生氨基酸[8,9]的对映体分离。近年来，Shamsi 等应用 MEKC 与质谱（MS）联用法，采用聚氨基酸和二肽表面活性剂，实现了对几类阳离子[10]和阴离子药物[11]及其代谢产物的同时对映拆分。因此，为了发展快速和灵敏的 MEKC-MS 方法，需要不断开发新的和优化的具有优异识别能力的高分子手性表面活性剂。

本实验室最近开发了两种糖基化类型，N-烯基的 α-D 和 β-D-吡喃葡萄糖苷的新一代高分子表面活性剂（图 25.1）。这种新一代的吡喃葡萄糖苷基的高分子表面活性剂具有几个主要优点：①多重立体中心有利于多组分分析物的对映体分离；②与电喷雾电离质谱（ESI-MS）之间的相容性，相比于不可聚合的单体，能显著降低离子抑制；③零临界胶束浓度（CMC）允许其在较低的浓度下使用，从而降低 CE-MS 的工作电流；④环境友好和可生物降解；⑤可以仅使用一个手性选择剂来分离多手性中心化合物。特别是上述优点②和③，使此类高分子表面活性剂能够与 ESI-MS 完全相容。

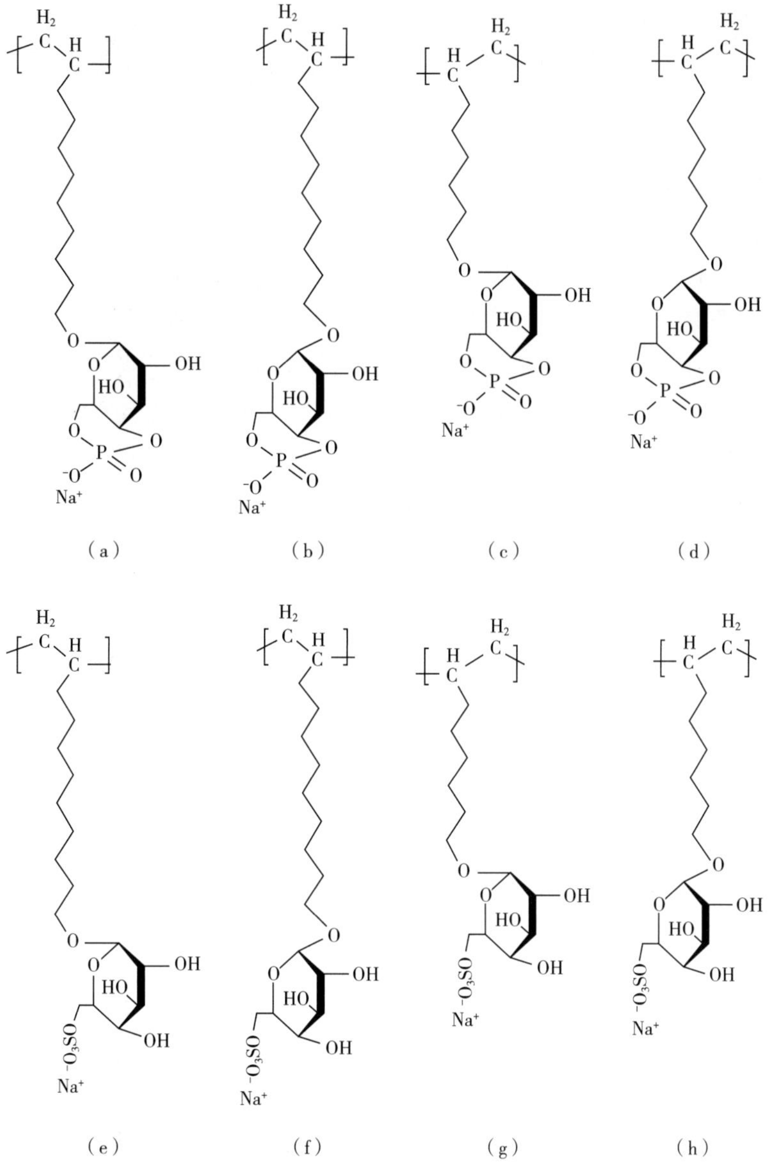

图 25.1 糖基高分子表面活性剂的化学结构

注： （a）聚 *N*-十一烯-*β*-D-吡喃葡萄糖苷-4,6-磷酸氢钠（聚*β*-D-SUGP）；
（b）聚 *N*-十一烯-*α*-D-吡喃葡萄糖苷-4,6-磷酸氢钠（聚*α*-D-SUGP）；
（c）聚 *N*-辛烯-*β*-D-吡喃葡萄糖苷-4,6-磷酸氢钠（聚*β*-D-SOGP）；
（d）聚 *N*-辛烯-*α*-D-吡喃葡萄糖苷-4,6-磷酸氢钠（聚*α*-D-SOGP）；
（e）聚 *N*-十一烯-*β*-D-吡喃葡萄糖苷-6-磺酸钠盐（聚*β*-D-SUGS）；
（f）聚 *N*-十一烯-*α*-D-吡喃葡萄糖苷-6-磺酸钠盐（聚*α*-D-SOGS）；
（g）聚 *N*-辛烯-*β*-D-SOGS 钠盐； （h）聚 *N*-辛烯-*α*-D-SOGS 钠盐。

在本章中，我们详细描述了作为 MEKC-MS/MS 手性选择剂的具有不同的链长和头基的 N-烯基 α-D- 和 β-D-吡喃葡萄糖苷的制备和应用。第一种类型的葡萄糖基（即具有不同链长和头基的聚 α-D-吡喃葡萄糖苷基）表面活性剂被成功合成和表征，用作 MEKC-MS/MS 手性选择剂[12]。首先，通过 MEKC-UV 对阴离子化合物（1,1′-联萘-2,2′-磷酸二氢盐，BNP）和两性离子化合物（丹磺酰苯丙氨酸，Dns-Phe）的对映体分离，评估单体表面活性剂（N-十一烯-α-D-吡喃葡萄糖苷-4,6-磷酸氢钠盐，α-D-SUGP）聚合浓度的影响，找到聚合的最佳摩尔浓度。其次，比较了 BNP 在 MEKC-UV 和 MEKC-MS 中对映体分离的效果。考察了含有磷酸酯和磺酸酯头基以及 C_8 和 C_{11} 链长的聚吡喃葡萄糖苷基表面活性剂对两类阳离子药物（麻黄碱和 β-受体阻滞剂）手性拆分的影响。最后，在其最佳 pH5.0 和 7.0 条件下，采用乙酸铵缓冲液和优化的聚 N-α-D-吡喃葡萄糖苷基表面活性剂，利用 MEKC-MS 对麻黄碱和 β-受体阻滞剂的对映选择性进行了分析。大多数对映体的检测限（$S/N \geqslant 3.0$）在 $10 \sim 100 \mathrm{ng/mL}$。

在最近的一项研究中，在最佳 pH 条件（pH5.0）下，采用 MEKC-MS/MS 比较了第二种类型的含有磷酸根、磺酸根头基和 C_8 及 C_{11} 烃尾的 β-D-吡喃葡萄糖苷基的高分子表面活性剂[13]。研究表明，聚 β-D-SUGS 和聚 β-D-SUGP 的选择性是互补的。因此，如果一个手性化合物无法被一种聚吡喃葡萄糖苷分离，则极有可能被另一种聚吡喃葡萄糖苷表面活性剂拆分。此外，两种异构表面活性剂（异头取向不同，含有磷酸根或磺酸根头基）的对映体拆分结果表明，β-型的聚 D-SUGS 或聚 D-SUGP 是对映体拆分的首选方向，拆分成功率较高。

25.2 材料

25.2.1 仪器和材料

（1）一台商用毛细管电泳-质谱联用仪　本研究中，采用 Agilent7100 系列毛细管电泳系统和 6410 系列三重四极杆质谱仪（USA，Palo Alto，Agilent Technologies）。Agilent Mass Hunter 工作站数据采集软件用于采集数据，Mass Hunter 定性分析软件（B.07.00 版）用于色谱数据分析。通过流动注射分析实验，Agilent Optimizer 软件用于优化每个分析物的多反应监测（MRM）参数（如碎裂电压、碰撞能量、产物离子荷质比 m/z）。

（2）一台商用高效液相色谱泵　配备 1∶100 分流器，用于输送鞘液。

（3）一台钴-60 全景辐照器　用于表面活性剂聚合（USA，MI，Ann Arbor，University of Michigan Phoenix Memorial Laboratory）。

（4）快速分离色谱烧结柱（长度 18″，内径 1.8″）　用于表面活性剂纯化。

（5）一台商用超声波清洗仪　用于流动相真空脱气。

（6）一台商用 pH 计　用于调节流动相和鞘液的 pH。

（7）熔融石英毛细管　内径为 50μm，外径为 360μm，总长度为 90cm（USA，AZ，Phoenix，Polymicron Technologies）。

（8）0.45μm 尼龙针头滤器　用于高分子表面活性剂溶液的过滤。

（9）0.2μm 过滤器　用于鞘液的过滤。

（10）截留分子量 1000MW 的纤维素酯膜　用于聚合物透析（截留分子量 1000，USA，CA，Rancho Dominguez，Spectra/Por）。

（11）快速色谱用硅胶（孔径 60Å）。

25.2.2 溶液和背景电解质

所用有机溶剂为 HPLC 级；超纯水（18.8mΩ）由纯水净化系统制取。

（1）二元混合溶剂 1（甲醇∶乙酸乙酯，0.05∶10，体积比）　在量筒中加入 1000mL 乙酸乙酯，再加入 50mL 甲醇。溶液超声 10min。

（2）二元混合溶剂 2（乙酸乙酯∶正己烷，2∶1，体积比）　在量筒中加入 600mL 乙酸乙酯，再加入 300mL 正己烷。溶液超声 10min。

（3）三元混合溶剂（乙酸乙酯∶甲醇∶水，10∶2∶1，体积比）　在 200mL 甲醇和 100mL 水中加入 1000mL HPLC 级乙酸乙酯。超声处理 10min。

（4）薄层色谱显色剂　在 50mL 甲醇中加入 2.5mL 浓硫酸。

（5）储备液　称取 0.0010g 或 0.0020g 的手性分析物 [1,1'-联萘-2,2'-磷酸二氢盐（BNP）、丹磺酰苯丙氨酸（Dns-Phe）、阿托品、后马托品、伪麻黄碱、麻黄碱、去甲麻黄碱、甲基麻黄碱、阿替洛尔、美托洛尔、卡替洛尔和他林洛尔]，溶于 1.0 或 2.0mL 甲醇，储存于 -20℃ 环境下。用水∶甲醇（50∶50，体积比）稀释储备液，配制 0.1 或 1mg/mL 的分析物标准工作溶液。每日需要配制新的标准工作溶液。

（6）乙酸铵溶液（7.5mol/L）　在容量瓶中，将 57.81g 乙酸铵溶于 100.0mL 水。也可使用市售的现成溶液。

（7）电解液 1（12.5mmol/L NaH$_2$PO$_4$ 和 12.5mmol/L Na$_2$HPO$_4$，pH7.0，45mmol/L 聚 α-D-SUGP）　称取 0.1500g NaH$_2$PO$_4$ 和 0.1774g Na$_2$HPO$_4$，溶于 80mL 超纯水中，调节 pH 至 7.0（见 25.4 注解 1）。转移溶液至 100mL 容量瓶中，用超纯水定容。在背景电解质溶液中加入 45mmol/L 不同聚合浓度（20、50、75 和 100mmol/L）的聚 α-D-SUGP，制得最终的 MEKC 运行缓冲液。使用前，电解液先用 0.45μm 尼龙滤膜过滤。

（8）电解液 2（20mmol/L 乙酸铵，pH10.8，15mmol/L 聚 α-D-SUGP）　在烧杯中加入 80mL 超纯水和 267μL 的 7.5mol/L 乙酸铵溶液，再用 13.4mol/L 氨水溶液将溶液 pH 调节至 10.8。转移溶液到 100mL 容量瓶中，用超纯水定容。在背景电解质溶液中加入 15mmol/L 聚 α-D-SUGP，制得最终的 MEKC 运行缓冲液。使用前，电解液先用 0.45μm 尼龙滤膜过滤。

（9）电解液 3（25mmol/L 乙酸铵，pH7.0，30mmol/L 聚 α-D-SUGP）　在烧杯中加入 80mL 超纯水和 333μL 的 7.5mol/L 乙酸铵溶液，再用氨水溶液将溶液 pH 调节至 7.0。转移溶液到 100mL 容量瓶中，用超纯水定容。在背景电解质溶液中加入 30mmol/L 聚 α-D-SUGP，制得最终的 MEKC 运行缓冲液。使用前，电解液先用 0.45μm 尼龙滤膜过滤。

（10）电解液 4（25mmol/L 乙酸铵，pH5.0，15mmol/L 聚 β-D-SUGS）　在烧杯

中加入 80mL 超纯水和 333μL 的 7.5mol/L 乙酸铵溶液，再用乙酸溶液将溶液 pH 调节至 5.0。转移溶液到 100mL 容量瓶中，用超纯水定容。在背景电解质溶液中加入 15mmol/L 聚 β-D-SUGS，制得最终的 MEKC 运行缓冲液。使用前，电解液先用 0.45μm 尼龙滤膜过滤。

（11）电解液 5（25mmol/L 乙酸铵，pH5.0，15mmol/L 聚 β-D-SUGP） 在烧杯中加入 80mL 超纯水和 333μL 的 7.5mol/L 乙酸铵溶液，再用乙酸溶液将溶液 pH 调节至 5.0。转移溶液到 100mL 容量瓶中，用超纯水定容。在背景电解质溶液中加入 15mmol/L 聚 β-D-SUGP，制得最终的 MEKC 运行缓冲液。使用前，电解液先用 0.45μm 尼龙滤膜过滤。

（12）电解液 6（25mmol/L 乙酸铵，pH7.0，15mmol/L 聚 β-D-SUGP） 在烧杯中加入 80mL 超纯水和 333μL 的 7.5mol/L 乙酸铵溶液，再用氨水溶液将溶液 pH 调节至 7.0。转移溶液到 100mL 容量瓶中，用超纯水定容。在背景电解质溶液中加入 15mmol/L 聚 β-D-SUGP，制得最终的 MEKC 运行缓冲液。使用前，电解液先用 0.45μm 尼龙滤膜过滤。

25.2.3 鞘液

（1）HPLC 级甲醇与超纯水按 80 : 20（体积比）的比例混合，在量筒中加入 160mL 甲醇和 40mL 超纯水。

（2）用上述混合溶剂将 7.5mol/L 的乙酸铵溶液浓度稀释至 5mmol/L。使用前，将混合溶液超声处理 10min，并彻底真空脱气。

25.3 方法

25.3.1 高分子表面活性剂的合成

具有 D-光学构型的糖基手性高分子表面活性剂的各种衍生物的合成步骤的细节如下：所述的高分子表面活性剂是四种 α-和 β-构型的、带有 C_8 和 C_{11} 烃链的磷酸化 D-葡萄糖头基［图 25.1（a~d）］，和四种 α-和 β-构型的、带有 C_8 和 C_{11} 烃链的磺酸化 D-糖［图 25.1（e~h）］。

除非另有说明，所有操作均应在室温下进行。所有合成步骤均在通风橱内完成。化学品的处理应遵守恰当的安全须知。

25.3.1.1 以磷酸化葡萄糖为头基、具有 α-和/或 β-构型的 N-十一烯基和 N-辛烯基烃链的糖基表面活性剂的合成

流程 1、2、3、4 和 5 是合成步骤的概述。下文中的数字对应的是流程中的化合物结构。

（1）为了合成含 8 个和 11 个碳原子的碳链的 β-构型的磷酸化糖基表面活性剂，在氮气环境中的 250mL 圆底烧瓶中，将等摩尔量的 β-D-葡萄糖五乙酸酯（5.0g，0.0128mol）①和三氟化硼乙醚（1.6mL，0.0128mol）溶于 50mL 无水二氯甲烷。加入

3.9mL 10-十一烯-1-醇（0.0192mol）或 2.9mL 7-辛烯-1-醇（0.0192mol），搅拌过夜（约18h），得到 *N*-辛烯基或 *N*-十一烯基的 *β*-D-吡喃葡萄糖苷五乙酸酯（②或③，流程1，糖基化）。产物采用 ¹H NMR 进行表征（见 25.4 注解 2）。

（2）将约30g（0.36mol）碳酸氢钠和250mL超纯水加入500mL烧杯中，搅拌溶解，制备饱和 NaHCO₃ 溶液。将饱和 NaHCO₃ 溶液滴加到产物溶液 [25.3.3.1（1）制得] 中，调节 pH 到 7，以中和过量的三氟化硼（见 25.4 注解 3）。

（3）将所得溶液转移到1000mL分液漏斗中，加入200mL超纯水，剧烈振荡漏斗以去除过量的三氟化硼乙醚，用干净的1000mL烧杯收集下层有机相。用少量无水硫酸钠干燥有机相，同时缓慢地漩涡状转动烧杯（见 25.4 注解 4）。将有机溶液过滤至干净的250mL圆底烧瓶中，在60℃下用旋转蒸发仪减压蒸馏除去溶剂，得到黄色黏稠液体产物。

（4）将所有糖基化产物，*N*-十一烯-*β*-D-吡喃葡萄糖苷乙酸酯③或 *N*-辛烯-*β*-D-吡喃葡萄糖苷乙酸酯②，置于250mL圆底烧瓶中，加入20mL无水甲醇溶解。在0℃条件下，用一次性注射器将催化量（约1mL）的甲醇钠（25%的甲醇溶液）加入到反应混合物中，在冰浴（0℃）中继续搅拌3h，得到脱乙酰粗产物（流程2，脱乙酰化）。

（5）往装有脱乙酰化产物的圆底烧瓶中，加入约5g的 Amberlyst 15 酸性阳离子交换树脂，继续反应至 pH 达到 7，以除去过量的甲醇钠。所得混合溶液使用 Whatman#42 滤纸（或类似滤纸）进行过滤，除去阳离子交换树脂。将滤液转移到1000mL圆底烧瓶中，加入约25g硅胶，然后在60℃下用旋转蒸发仪减压蒸馏除去溶剂。

①*β*-D-葡萄糖五乙酸酯 ②*n*=5，*N*-辛烯-*β*-D-吡喃葡萄糖苷五乙酸酯

$$Ac = \overset{O}{\underset{}{\overset{\|}{C}}}CH_3$$ ③*n*=8，*N*-十一烯-*β*-D-吡喃葡萄糖苷五乙酸酯

流程1 *β*-D-葡萄糖五乙酸酯①糖基化生成 *N*-烯基-*β*-D-吡喃葡萄糖苷五乙酸酯（②，③）的反应流程

②*n*=5，*N*-辛烯-*β*-D-吡喃葡萄糖苷五乙酸酯 ④*n*=5，*N*-辛烯-*β*-D-吡喃葡萄糖苷

③*n*=8，*N*-十一烯-*β*-D-吡喃葡萄糖苷五乙酸酯 ⑤*n*=8，*N*-十一烯-*β*-D-吡喃葡萄糖苷

流程 2　*N*-烯基-*β*-D-吡喃葡萄糖苷五乙酸酯（②，③）脱乙酰化为 *N*-烯基-*β*-D-吡喃葡萄糖苷（④，⑤）的反应流程

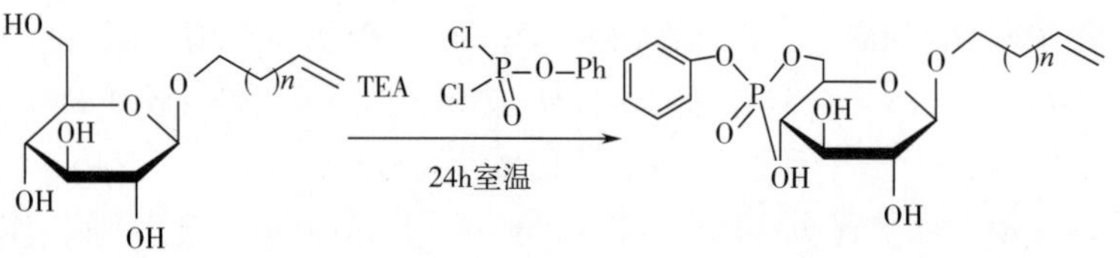

④*n*=5，*N*-辛烯-*β*-D-吡喃葡萄糖苷

⑤*n*=8，*N*-十一烯-*β*-D-吡喃葡萄糖苷

⑥*n*=5，*N*-辛烯-*β*-D-吡喃葡萄糖苷-4，6-苯基磷酸酯

⑦*n*=8，*N*-十一烯-*β*-D-吡喃葡萄糖苷-4，6-苯基磷酸酯

流程 3　*N*-烯基-*β*-D-吡喃葡萄糖苷（④，⑤）磷酸化生成 *N*-烯基-*β*-D-吡喃葡萄糖苷-4,6-苯基磷酸盐（⑥，⑦）的反应流程

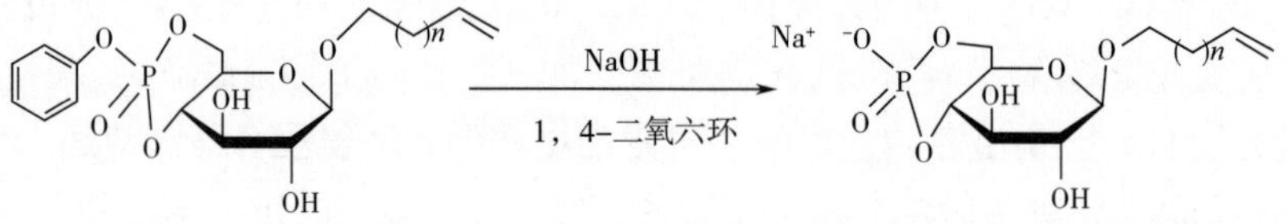

⑥*n*=5，*N*-辛烯-*β*-D-吡喃葡萄糖苷-4，6-苯基磷酸酯

⑦*n*=8，*N*-十一烯-*β*-D-吡喃葡萄糖苷-4，6-苯基磷酸酯

⑧*n*=5，*N*-辛烯-*β*-D-吡喃葡萄糖苷-4，6-磷酸氢钠

⑨*n*=8，*N*-十一烯-*β*-D-吡喃葡萄糖苷-4，6-磷酸氢钠

流程 4　*N*-烯基-*β*-D-吡喃葡萄糖苷-4,6-苯基磷酸酯（⑥，⑦）的苯基水解生成 *N*-烯基-*β*-D-吡喃葡萄糖苷-4，6-磷酸氢钠（⑧，⑨）

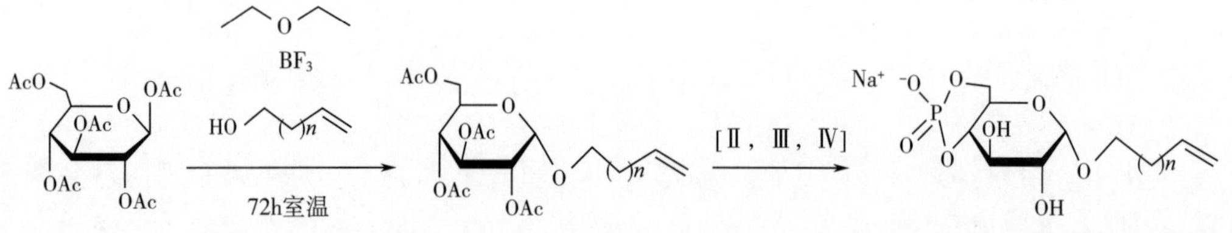

①*β*-D-葡萄糖五乙酸酯

⑩*n*=5，*N*-辛烯-*α*-D-吡喃葡萄糖苷五乙酸酯

⑪*n*=8，*N*-十一烯-*α*-D-吡喃葡萄糖苷五乙酸酯

⑫*n*=5，*N*-辛烯-*α*-D-吡喃葡萄糖苷-4，6-磷酸氢钠

⑬*n*=8，*N*-十一烯-*α*-D-吡喃葡萄糖苷-4，6-磷酸氢钠

流程 5　*N*-烯基-*α*-D-吡喃葡萄糖苷五乙酸酯（⑩，⑪）和盐化 *N*-烯基-*β*-D-吡喃葡萄糖苷-4,6-苯基磷酸氢钠（⑫，⑬）的合成反应流程（Ⅱ，Ⅲ，Ⅳ为反应流程）。

（6）安装长 12 英寸（约 30cm）的硅胶快速色谱柱。然后将 25.3.1.1（5）中经过干燥的脱乙酰产物-硅胶混合物装载到硅胶填充柱的顶部（见 25.4 注解 5）。

（7）用约 1000mL 二元溶剂 1（甲醇：乙酸乙酯，0.05：10，体积比）洗脱纯的脱乙酰糖产物。首先，用二元溶剂淋洗采用干法装柱的含有脱乙酰化产物的填充硅胶柱，用干净的 falcon 离心管收集 30 管馏分，每管 15mL。

（8）将各个馏分分别点在薄层色谱板上，以二元溶剂 1（甲醇：乙酸乙酯，0.05：10，体积比）为展开剂。室温下完成爬板过程后，将色谱板浸入显色剂或在色谱板上喷洒显色剂并在加热板上加热，使斑点显色。斑点表现为深棕色或黑色。

（9）根据薄层色谱点板显色的结果，将含有纯的脱乙酰产物的馏分合并到圆底烧瓶中，在 60℃ 下用旋转蒸发仪减压蒸发溶剂，得到 N-辛烯-β-D-吡喃葡萄糖苷④或 N-十一烯-β-D-吡喃葡萄糖苷⑤，产物为无色黏稠液体。干燥后的产品在室温下保存于圆底烧瓶中，封口膜封闭瓶口待用。产物采用 ¹H NMR 进行表征（见 25.4 注解 6）。

（10）氮气环境下，将约 0.8g（0.0027mol）N-辛烯-β-D-吡喃葡萄糖苷④或 1.18g（0.0036mol）N-十一烯-β-D-吡喃葡萄糖苷⑤溶于 50mL 无水二氯甲烷，置于 250mL 圆底烧瓶中。用注射器加入 648.5μL（0.0046mol）三乙胺，在冰浴中搅拌 10min，以防止因三乙胺加入而产生的放热现象。加入 636.5μL（0.0043mol）的苯基二氯磷酸酯，室温搅拌 3h 后，用薄层色谱法（TLC）监控反应，以确认磷酸化产物的生成。将反应混合物点在薄层色谱板上，用二元溶剂（乙酸乙酯：正己烷，2：1，体积比）展开，TLC 板上出现多个斑点标志着产物的生成（流程 3，磷酸化）。

（11）反应混合物在室温下搅拌 24h 后，加入约 25g 硅胶，在 60℃ 下用旋转蒸发仪减压移除溶剂。将含磷酸化产物的硅胶装入快速色谱柱上，按照 23.3.1.1（6）的操作进行纯化。用 1000mL 的二元溶剂 2（乙酸乙酯：正己烷 2：1，体积比）进行洗脱。每个 falcon 离心管收集约 15mL 的馏分。每个馏分在薄层色谱板上点板，以二元溶剂 2（乙酸乙酯：正己烷 2：1，体积比）作为展开剂。按照 23.3.1.1（8）所述，完成爬板和斑点显色。

（12）将含有⑥或⑦的纯产物的馏分（大约 5 个馏分）合并到 100mL 圆底烧瓶中，在 60℃ 下用旋转减压蒸发仪蒸干溶剂，得到黏性白色固体产物（辛烯基-或十一烯基-β-D-吡喃葡糖苷-4,6-苯基磷酸酯，⑥或⑦]。产物采用 ¹H NMR 进行表征（两种链长的产物的表征结果，见 25.4 注解 7）。

（13）将全部所得的辛烯基或十一烯基-β-D-吡喃葡糖苷-苯基磷酸酯（⑥或⑦）置于 250mL 圆底烧瓶，溶于 20mL 的 1,4-二氧六环。加入 110μL 氢氧化钠（50%水溶液），搅拌反应 20h。反应进行 3h 后，通过 TLC 监测反应混合物，观察 TLC 板上是否出现表明产物生成的多个斑点。使用乙酸乙酯：正己烷（2：1，体积比）作为展开剂（流程 4，水解）。

（14）搅拌 20h 后，减压蒸馏除去溶剂 1,4-二氧六环，得到粉末状产物。将其溶解在 25mL 超纯水中，在 30min 内缓慢加入 1mol/L 盐酸，直至 pH 达到 7 左右（pH 试纸变黄），从而中和所得产物。

（15）中和后，将辛烯基或十一烯基磷酸化表面活性剂溶液（⑧，⑨）转移到分液漏斗中，用 200mL 乙酸乙酯萃取以除去有机杂质。涡旋振荡分液漏斗，待两相分层清晰，用烧杯收集下层的水相，搅拌过夜以除去残留的乙酸乙酯。将水相冻干，得到固体盐形式的单体表面活性剂（即 β-D-SOGP 或 β-D-SUGP）。两种链长的产物采用 ^{1}H NMR 进行表征（见 25.4 注解 8）。

（16）具有辛烯基或十一烯基碳链的 α-D-构型磷酸化糖基表面活性剂（即化合物 ⑫和⑬）的合成，均参照上述各 β-D-构型衍生物 [25.3.1.1（1）~（15）] 的方法进行。除了在 25.3.1.1（1）中采用不同的反应物摩尔比和更长的反应时间。具体而言，在 25.3.1.1（1）中，氮气环境下，将 5g（0.0128mol）β-D-葡萄糖五乙酸酯① 和 1.6mL（0.0129mol）三氟化硼乙醚溶于 50mL 无水二氯甲烷，置于 250mL 圆底烧瓶中。加入 2.5g（0.0192mol）7-辛烯-1-醇或 3.3g（0.0192mol）10-十一烯-1-醇，搅拌 72h（流程 5），使得在异头碳处构型能够完全逆转。两种链长的产物采用 ^{1}H NMR 进行表征（见 25.4 注解 9）。

（17）按照所述的后续 25.3.1.1（2）~（15）进行操作，不做其他修改。

25.3.1.2 以磺酸化葡萄糖为头基、具有 α-和/或 β-构型的 N-十一烯基和 N-辛烯基烃链的糖基表面活性剂的合成

（1）为了合成 8 个和 11 个烃链长的 β-D-构型磺酸化糖基表面活性剂，在氮气环境的 250mL 圆底烧瓶中，将等摩尔的 β-D-葡萄糖五乙酸酯（5.0g，0.0128mol）① 和三氟化硼乙醚（1.6mL，0.0128mol）溶于 50mL 无水二氯甲烷。加入 3.9mL 10-十一烯-1-醇（0.0192mol）或 2.9mL 7-辛烯-1-醇（0.0192mol），搅拌过夜（约 18h），得到 N-辛烯基或 N-十一烯基-β-D-吡喃葡萄糖苷五乙酸酯（②或③）。合成 N-辛烯基或 N-十一烯基-α-D-吡喃葡萄糖苷五乙酸酯（⑩或⑪）的反应时间为 72h。

（2）在 500mL 烧杯中，搅拌 250mL 超纯水和 30g（约 1.4mol）碳酸氢钠，制备饱和碳酸氢钠溶液。将饱和碳酸氢钠溶液滴加到产物溶液 [25.3.1.2（1）制得] 中，调节 pH 到 7，以中和过量的三氟化硼（见 25.4 注解 10）。

（3）将所得溶液转移到 1000mL 分液漏斗中，加入 200mL 超纯水，剧烈振荡漏斗以去除过量的三氟化硼乙醚，用干净的 1000mL 烧杯收集下层有机相。用少量无水硫酸钠干燥有机相，同时缓慢地漩涡状转动烧杯（见 25.4 注解 4）。将有机溶液过滤至干净的 250mL 圆底烧瓶中，在 60℃ 下用旋转蒸发仪减压蒸馏除去溶剂，得到黄色黏稠液体产物。

④$n=5$，N-辛烯-β-D-吡喃葡萄糖苷
⑤$n=8$，N-十一烯-β-D-吡喃葡萄糖苷
⑭$n=5$，N-辛烯-β-D-6-磺酸基-吡喃葡萄糖苷
⑮$n=8$，N-十一烯-β-D-6-磺酸基-吡喃葡萄糖苷

⑯ $n=5$，N-辛烯-α-D-吡喃葡萄糖苷

⑰ $n=8$，N-十一烯-α-D-吡喃葡萄糖苷

⑱ $n=5$，N-辛烯-α-D-6-磺酸基-吡喃葡萄糖苷

⑲ $n=8$，N-十一烯-α-D-6-磺酸基-吡喃葡萄糖苷

流程6　合成 N-烯基-α-D-6-磺酸基-吡喃葡萄糖苷（⑱，⑲）和 N-烯基-β-D-6-磺酸基-吡喃葡萄糖苷（⑭，⑮）的反应流程

（4）氮气环境下，将 N-辛烯基的 α- 或 β-D-吡喃葡萄糖苷（例如 1.45g 或 0.005mol）或 N-十一烯基的 α- 或 β-D-吡喃葡萄糖苷（例如 1.65g，0.005mol）的所有中间体溶于 80mL 无水吡啶。加入等摩尔的三氧化硫吡啶配合物（0.8g，0.005mol），同时将圆底烧瓶置于冰浴中搅拌 10min，以减少三氧化硫吡啶配合物加入产生的热量。在氮气环境下继续反应 24h（流程6，磺化）。反应进行 3h 后，通过 TLC 检查反应，以 10:2:1 的乙酸乙酯:甲醇:水三元溶剂展开薄层色谱板，以确认产物的生成（见 25.4 注解11）。

（5）搅拌 24h 后，用最少量的吡啶将所得产物转移到 1000mL 圆底烧瓶中。往圆底烧瓶中加入约 25g 硅胶，在 70℃ 下减压旋转蒸发干燥，得到中间体 N-十一烯-或 N-辛烯-α-D-6-磺酸基-吡喃葡萄糖苷（⑱，⑲）或 N-十一烯-或 N-辛烯-β-D-6-磺酸基-吡喃葡萄糖苷（⑭，⑮）。

（6）使用乙酸乙酯:甲醇:水（10:2:1，体积比）混合溶剂，按照 25.3.1.1（6）和（7）中所述提纯中间体。

（7）将含有纯产物的洗脱液从 falcon 离心管合并到 250mL 圆底烧瓶中，在 60℃ 下经减压旋转蒸发干燥，得到纯的中间体。

（8）将纯中间体溶于 50mL 超纯水，加入 1mL 氢氧化钠（10%）溶液并搅拌（流程7，磺酸钠盐的形成）。

（9）所得钠盐溶液在冷阱温度 -50℃ 和压力 5Pa 条件下经 2d 冻干，得到最终产物（⑳、㉑、㉒和㉓），N-十一烯-和辛烯-β-D-6-磺酸基-吡喃葡萄糖苷（β-D-SUGS 和 β-D-SOGS），以及 N-十一烯基和 N-辛烯基-α-D-吡喃葡萄糖苷-6-磺酸单钠盐（α-D-SUGS 和 α-D-SOGS）。采用 ^{1}H NMR 对两个链长的 α- 和 β-D 磺酸化产物进行确认（见 25.4 注解12）。

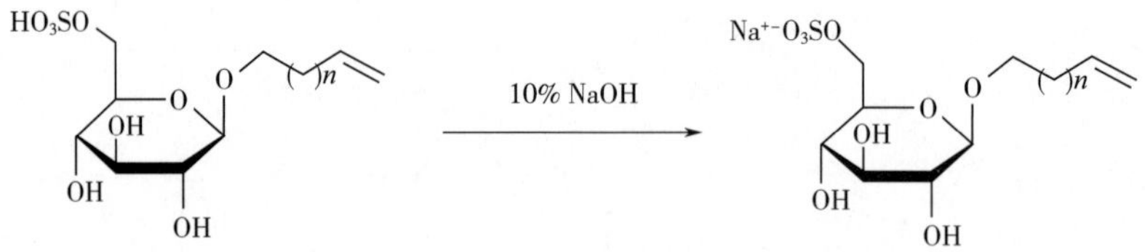

⑭$n=5$，N-辛烯-β-D-6-磺酸基-
吡喃葡萄糖苷

⑮$n=8$，N-十一烯-β-D-6-磺酸基-
吡喃葡萄糖苷

⑳$n=5$，N-辛烯-β-D-吡喃葡萄糖苷-
6-磺酸钠盐

㉑$n=8$，N-十一烯-β-D-吡喃葡萄糖苷-
6-磺酸钠盐

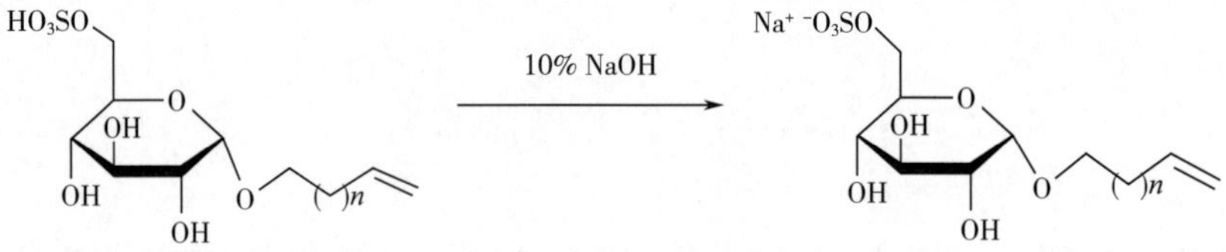

⑱$n=5$，N-辛烯-α-D-6-磺酸基-
吡喃葡萄糖苷

⑲$n=8$，N-十一烯-α-D-6-磺酸基-
吡喃葡萄糖苷

㉒$n=5$，N-辛烯-α-D-吡喃葡萄糖苷-
6-磺酸钠盐

㉓$n=8$，N-十一烯-α-D-吡喃葡萄糖苷-
6-磺酸钠盐

流程 7　合成 N-烯基-α-D-吡喃葡萄糖苷-6-磺酸钠盐（㉒，㉓）和 N-烯基-β-
D-吡喃葡萄糖苷-6-磺酸钠盐（⑳，㉑）钠盐的反应流程

25.3.2　表面活性剂单体的聚合

（1）将 20、50、75 和 100mmol/L 的 α-D-SUGP（相当于超纯水中临界胶束浓度的 5 倍、12.5 倍、18.75 倍和 20 倍[14]）分别溶解在 4 个 50mL 透明硼硅酸玻璃瓶中，超声 10~15min，获得澄清透明溶液。

（2）使用总剂量为 20MRad 的钴-60 伽玛辐射源（USA，MI，Ann Arbor，University of Michigan，Phoenix Laboratory），在相同的时间和温度下，在 20mL 玻璃小瓶中分别聚合上述四种量的 α-D-SUGP 表面活性剂溶液。聚合瓶呈现相似强度的琥珀色，表明聚合反应是均匀进行的。

（3）将聚合溶液从各个琥珀瓶中分别转移至截止透析膜中，在烧杯中搅拌透析 24h，除去未反应的 α-D-SUGP 单体。确保每 8h 更换一次烧杯中的水，以促进高效透析，除去小于 2000u 的分子杂质。

（4）过滤透析溶液，在冷阱温度-50℃和 5Pa 压力下冻干，获得干燥的聚合物粉末（见 25.4 注解 14）。冻干聚 α-D-SUGP 并得到 ^{1}H NMR 色谱图，如图 25.2 所示，乙烯基质子的峰展宽和消失。

（5）以类似的方式［如本节的步骤（1）~（4）中所描述］，聚合所有剩余的 α-和 β-烯基磷酸化和磺酸化的糖单体（即辛烯基和十一烯基磷酸化和磺酸化糖基表面活性剂），只是它们都以 100mmol/L 的等效单体浓度（EMC）进行聚合。

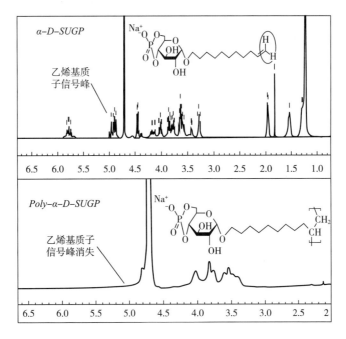

图 25.2　重水中单体和聚合物的 400MHz ^{1}H NMR 谱图

注：　N-十一烯-α-D-吡喃葡萄糖苷-4,6-磷酸氢钠单体（α-D-SUGP，上）；

聚 N-十一烯-α-D-吡喃葡萄糖苷-4,6-磷酸氢钠（聚 α-D-SUGP，下）。

25.3.2.1　聚 α-D-SUGP 对映体拆分能力的测试方法

（1）在 Agilent 毛细管电泳系统的 CE-UV 卡套中，安装全长 64.5cm、有效长度 56.0cm 的熔融石英毛细管（外径 360μm，内径 50μm）。

（2）毛细管先用 1mol/L NaOH 冲洗 30min，再用超纯水冲洗 20min；接着，用含有 α-D-SUGP（在 20mmol/L 等效单体浓度下聚合）的电解液 1 在 950kPa 的压力下冲洗 4min。

（3）二极管阵列检测器波长设置在 210、213、214 和 254nm 处。

（4）在一组四个入口和出口缓冲瓶中盛入电解液 1。

（5）注入浓度为 1mg/mL 的 BNP 样品溶液，在 0.5kPa 下重复进样两次，每次持续 10s。

（6）施加 +20kV 的分离电压（正向极性，检测端在毛细管阴极），绘制电泳图。在两次运行后，重复本节（2）、（3）和（4）操作，在 0.5kPa 的压力下，注入浓度为 1mg/mL 的 Dns-Phe 溶液，持续 10s，施加 +20kV 的电压。

（7）对于聚 α-D-SUGP 的其他三个等效单体浓度（50、75 和 100mmol/L），重复本节（1）～（6）进行操作。

（8）图 25.3（a）（b）中展示的分别为最佳等效单体浓度为 100mmol/L 和 20mmol/L 的聚 α-D-SUGP，用于对 Dns-Phe 和 BNP 进行手性分离的电泳图谱示例。

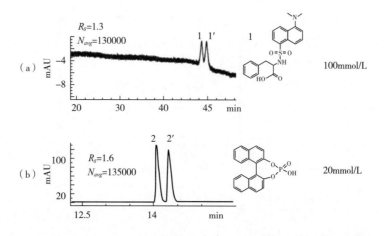

图 25.3　*N*-十一烯-*α*-D-吡喃葡萄糖苷-4,6-磷酸氢钠（*α*-D-SUGP）
表面活性剂的单体聚合浓度（mmol/L）对两性离子化合物丹磺酰苯丙氨酸
（Dns-Phe，a）和阴离子化合物（1,1′-联萘-2,2′-磷酸二氢盐）
（BNP，b）在 MEKC 中手性拆分的影响

[资料来源：Wiley-VCH from ref. 12 ⓒ 2016]

25.3.3　CMEKC-UV 和 CMEKC-MS/MS 实验的基本操作规程和条件

25.3.3.1　CMEKC-UV 操作规程

（1）使用全长 64.5cm、有效长度 56.0cm 的熔融石英毛细管。

（2）将距离检测器一端 8.5cm 的聚酰亚胺涂层除去 3mm，制成检测窗口。

（3）按照制造商的操作指南（见 25.4 注解 15），将熔融石英毛细管安装到 CE-UV 卡套中，并将其安装在毛细管电泳仪中。

（4）将约 200μL 分析物溶液装入锥形管（250μL 尺寸）中。将 350μL 溶解在背景电解质中的高分子表面活性剂转移到缓冲小瓶（500μL 尺寸）。

（5）新的熔融石英毛细管用 1mol/L NaOH 溶液冲洗 30min，然后用超纯水冲洗 20min。

（6）每次运行前，用含有不同等效单体浓度（5~100mmol/L）高分子表面活性剂的背景电解质溶液冲洗毛细管 2~5min，对毛细管进行预处理。

（7）毛细管后处理：依次用超纯水冲洗 2min、1mol/L NaOH 溶液冲洗 4min，超纯水冲洗 2min。

（8）根据被分析物的性质设定毛细管温度和电压极性。

（9）使用循环水浴使转盘中的样品溶液保持在 10~15℃。根据每次实验需要，在 0.5~1kPa 的压力下，以秒为单位进行不同时间的压力进样。

25.3.3.2　CMEKC-MS/MS 操作规程

（1）使用全长为 60~120cm 的熔融石英毛细管（见 25.4 注解 16）。

（2）按照制造商的操作指南，将毛细管的入口端接入 CE-MS 卡套的进样口，出口段接入雾化器，从而将熔融石英毛细管安装到 CE-MS 毛细管卡套。

（3）将毛细管安装到雾化器中，首先从雾化器主体的顶部滑动毛细管，直到毛细管从喷嘴处露出。用指甲对齐毛细管端部与雾化器尖端，紧固接头螺钉，将毛细管固定到位（见 25.4 注解 17）。

（4）将鞘流和雾化气体导管连接到雾化器。鞘液瓶装入鞘液，启动 HPLC 泵，排除鞘液管中的所有气泡。CMEKC-ESI-MS 中使用的鞘液参数示例如下：80∶20（体积比）MeOH∶H_2O，含有 5mmol/L 乙酸铵（pH6.8），流速为 5μL/min。

（5）每次 MEKC-MS/MS 实验开始前，用异丙醇冲洗预孔和电极。为了获得最佳灵敏度，用专用布（见 25.4 注解 18）沾异丙醇清洁喷雾罩和喷雾室。

（6）每次运行前，用含有不同等效单体浓度（5~50mmol/L）表面活性剂的背景电解质溶液冲洗毛细管 2~5min。

（7）毛细管后处理：依次用超纯水冲洗 2min、1mol/L 氨水溶液冲洗 4min，超纯水冲洗 2min。

（8）根据被分析物的性质设定毛细管温度和电压极性。

（9）使用循环水浴使转盘中的样品溶液保持在 10~15℃。根据每次实验需要，在 0.5~1kPa 的压力下，以秒为单位进行不同时间的压力进样。

（10）设置在线 MEKC-MS/MS 的喷雾室参数之前，先进行多反应监测（MRM）扫描，优化质谱信号。流动注入高效液相色谱，确定每个手性分析物的碎裂电压和碰撞能量。

25.3.3.3　例 1

该例阐述了采用 CMEKC-UV 法和 CMEKC-MS/MS 法，使用聚 α-D-SUGP 对模型测试分析物（BNP）进行的手性分离。以电解液 2（见 25.2.2 小节）作为运行缓冲液。

CMEKC-UV 实验：

（1）使用有效长度为 56.0cm（外径 375μm，内径 50.0μm）的毛细管。

（2）检测器检测波长设置为 210、213、214 和 254nm（带宽 4nm），参比波长设置为 360nm（带宽 100nm）。

（3）在 0.5kPa 的压力下，将 BNP 样品（1mg/mL）注入毛细管阳极端，持续 10s。

（4）施加+20kV 分离电压（斜坡时间 0.17min），记录电泳图。

典型的电泳图如图 25.4（a）所示。

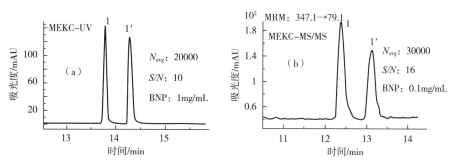

图 25.4　（a）MEKC-UV 和（b）MEKC-MS/MS 对 BNP 的手性分离

（峰识别为 1=R-BNP，1'=S-BNP）

[资料来源：Wiley-VCH from ref. 12© 2016]

CMEKC-MS/MS 实验：

（1）使用有效长度为 60.0cm（外径 375μm，内径 50.0μm）的毛细管。

（2）质谱仪参数设置如下。

①喷雾室参数：雾化器压力为 20.7kPa。

②干燥气体温度：250℃。

③干燥气体流速：6L/min。

④毛细管电压：-3000V。

⑤碎裂电压：200V。

⑥碰撞能量：41ev。

⑦MRM 离子对：347.1/79.1。

⑧鞘液：甲醇：水（80：20，体积比），5mmol/L 乙酸铵，pH6.8，流速为 5μL/min。

（3）在 0.5kPa 的压力下，将 BNP 样品（0.1mg/mL）注入毛细管阳极端，持续 10s。

（4）施加+20kV 的分离电压（斜坡时间 0.17min），记录电泳图。

CMEKC-MS/MS 拆分的典型电泳图如图 25.4（b）所示。

25.3.3.4　例2

该例阐述了以聚 α-D-SUGP 为手性假相，利用 CMEKC-MS/MS 法同时对去甲麻黄碱、伪麻黄碱、麻黄碱和 N-甲基麻黄碱进行对映体分离。使用电解液3（见 25.2.2 小节）作为运行缓冲液。样品溶液由甲醇：水（10：90，体积比）配制，含有 10μg/mL 的去甲麻黄碱、伪麻黄碱、麻黄碱和 N-甲基麻黄碱。

（1）使用有效长度为 60.0cm（外径 375μm，内径 50.0μm）的毛细管。

（2）质谱仪参数设置如下。

①喷雾室参数：雾化器压力为 20.7kPa。

②干燥气体温度：250℃。

③干燥气体流速：6L/min。

④毛细管电压：-3000V。

⑤碎裂电压：88、64 和 98V。

⑥碰撞能量：25、17 和 21eV。

⑦MRM 离子对：166.1/115.1，152.2/117，180.2/147.2，分别对应伪麻黄碱/麻黄碱、去甲麻黄碱和甲基麻黄碱。

⑧鞘液：甲醇：水（80：20，体积比），5mmol/L 乙酸铵溶液，pH6.8，流速为 5μL/min。

（3）在 0.5kPa 的压力下，将含有 4 种生物碱的样品溶液（浓度 10μg/mL）进样 10s。

（4）施加+20kV 的分离电压（斜坡时间 0.17min），记录电泳图。

实验获得的典型电泳图如图 25.5 所示。4 种生物碱的对映拆分和对映选择性按以下递减顺序排列：N-甲基麻黄碱>麻黄碱>去甲麻黄碱>伪麻黄碱。伪麻黄碱和麻黄碱的对映体是同时分离的，因为两者拥有相同的 MRM 离子对（166.1/115），无法通过精确质量数或 MS/MS 进行区分。文献[12] 报道了这种分离方法。

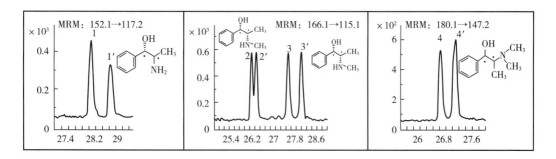

图 25.5　在 MEKC–MS/MS 中，在最佳 pH 为 5.0 时，用具有最佳头基和链长的糖基表面活性剂分离麻黄碱类生物碱对映体的电泳图谱　[峰识别：1=(1R, 2S) –(–)-去甲麻黄碱，1′=(1S, 2R) –(+)-去甲麻黄碱；2=(1R, 2R)-(–) –伪麻黄碱，2′=(1S, 2S) –（+）-伪麻黄碱；3=(1R, 2S)-(–)麻黄碱，3′=(1S, 2R)-(+)-麻黄碱；4=(1R, 2S)-(–)-N-甲基麻黄碱，4′=(1S, 2R)-(+)-N-甲基麻黄碱]

[资料来源：Wiley–VCH from ref. 12© 2016]

25.3.3.5　例3

该例阐述了使用聚 α-D-SUGP，利用 CMEKC–MS/MS 对 4 种 β-受体阻滞剂的分离。使用电解液 3（见 25.2.2 小节）作为运行缓冲液。样品溶液由甲醇：水（10∶90，体积比）配制，含有 10μg/mL 的阿替洛尔、美托洛尔、卡替洛尔和他林洛尔。

（1）实验设置（毛细管和质谱参数）与上例中描述相同，不同之处列举如下。

①碎裂电压：137、107、83 和 98V。

②碰撞能量：25、17、17、13eV。

③MRM 离子对：267.2/145.2，268.2/116.2，293.2/237.2 和 364.3/308.3，分别对应阿替洛尔、美托洛尔、卡替洛尔和他林洛尔。

（2）在 0.5kPa 的压力下，注入含有 4 种 β-受体阻滞剂的样品溶液（浓度 10μg/mL），持续 10s。

（3）施加+20kV 分离电压（斜坡时间 0.17min），记录电泳图。

实验获得的典型电泳图如图 25.6 所示。4 种 β-受体阻滞剂（阿替洛尔、美托洛尔、卡替洛尔和他林洛尔）的洗脱顺序基于其疏水性的增加（即 log$P$ 值）。文献[12] 报道了这种分离方法。

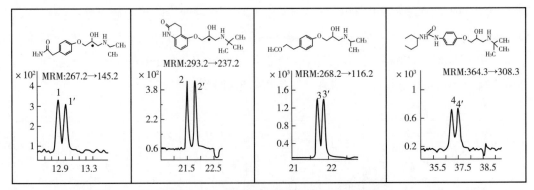

图 25.6　β-受体阻滞剂对映分离的电泳图谱

（峰识别：1,1'=阿替洛尔；2,2'=卡替洛尔；3,3'=美托洛尔；4,4'=他林洛尔）

注：每种 β-受体阻滞剂的 R-对映体比 S-对映体更早被洗脱。

[资料来源：Wiley-VCH from ref. 12© 2016]

25.3.3.6　例 4

该例阐述了使用聚 β-D-SUGS 和聚 β-D-SUGP 作为手性假固定相，利用 CMEKC-MS/MS 对两种托烷类生物碱阿托品和后马托品进行对映体分离。分别使用含有聚 β-D-SUGS 的电解液 4（见 25.2.2 小节）和含有聚 β-D-SUGP 的电解液 5 作为运行缓冲液。样品溶液由甲醇：水（10：90，体积比）配制，含有 0.1mg/mL 的阿托品和后马托品。

（1）实验设置（毛细管和质谱参数）与例 2 中描述相同，不同之处列举如下。

①碎裂电压：41 和 76V。

②碰撞能量：33 和 35eV。

③MRM 离子对：290.2/124.2 和 276.2/125.2，分别对应后马托品和阿托品。

（2）在 0.5kPa 的压力下，注入含有 2 种托烷类生物碱的样品溶液（浓度 0.1mg/mL），持续 10s。

（3）施加 +20kV 分离电压（斜坡时间 0.17min），记录电泳图。

图 25.7（a）（聚 β-D-SUGS）和图 25.7（b）（聚 β-D-SUGP）所示的分别为使用聚 β-D-SUGS 或聚 β-D-SUGP 而产生的典型电泳图。聚-β-D-SUGS 对阿托品和后马托品均可完成对映体拆分，然而阿托品所需的拆分时间明显更长。聚 β-D-SUGP 对阿托品没有对映选择性。

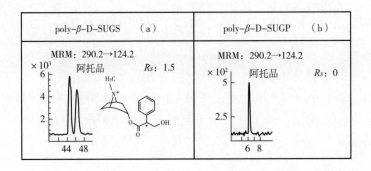

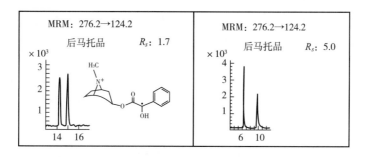

图 25.7　比较了糖衍生的高分子表面活性剂 [（a）poly-β-D-SUGS
和（b）poly-β-D-SUGP] 的头基对阿托品和后马托品
在 MEKC-MS/MS 中手性分离的影响的电泳图谱

25. 3. 3. 7　例 5

该例阐述了聚 α-D-SUGP 和聚 β-D-SUGP 对伪麻黄碱和美托洛尔的对映选择性。分别使用含有聚 α-D-SUGP 的电解液 3（见 25.2.2 小节）和含有聚 β-D-SUGP 的电解液 6 作为运行缓冲液。

（1）伪麻黄碱的对映体拆分，以含有聚 α-D-SUGP 的电解液 3 作为运行缓冲液，实验设置（毛细管和质谱参数）与例 2 中描述相同，不同之处列举如下。

①碎裂电压：88V。

②碰撞能量：25eV。

③MRM 离子对：166.1/115。

（2）在 0.5kPa 的压力下，在毛细管阳极端注入浓度为 0.1mg/mL 的伪麻黄碱的甲醇：水（10：90，体积比）溶液，持续 10s。

（3）施加+20kV 分离电压（斜坡时间 0.17min），记录电泳图。得到的典型电泳图如图 25.8（a）所示。

（4）用含有聚 β-D-SUGP 的电解液 6，按照步骤（1）～（3）重复实验。得到的典型电泳图如图 25.8（b）所示。

（5）美托洛尔的对映体拆分，以含有聚 α-D-SUGP 的电解液 3 作为运行缓冲液，实验设置（毛细管和质谱参数）与例 2 中描述相同，不同之处列举如下。

①碎裂电压：107V。

②碰撞能量：17eV。

③MRM 离子对：268.2/116.2。

（6）在 0.5kPa 的压力下，在毛细管阳极端注入浓度为 0.1mg/mL 的美托洛尔的甲醇：水（10：90，体积比）溶液，持续 10s。

（7）施加+20kV 分离电压（斜坡时间 0.17min），记录电泳图。得到的典型电泳图如图 25.8（c）所示。

（8）用含有聚 β-D-SUGP 的电解液 6，按照步骤（5）～（7）重复实验。得到的典型电泳图如图 25.8（d）所示。

伪麻黄碱要达到对映体基线分离，用聚 β-D-SUGP 所需的时间更长，聚 α-D-SUGP 的运行时间更短但手性选择性较差。与之相反，相比于聚 β-D-SUGP（图 25.8d，$R_S = 0.4$）较差的手性分离性能，聚 α-D-SUGP 对美托洛尔则表现出更好的手性分辨率［图 25.8（c），$R_S = 1.0$］。图 25.8（e）所示的条状图中比较了聚 α-D-SUGP 和聚 β-D-SUGP 对手性化合物进行对映体分离的能力（未发表数据）。采用聚 β-D-SUGP 筛选了更多手性化合物（37）。这种高分子表面活性剂的总体成功率更高，为 65%，而使用聚 α-D-SUGP，观察到的成功率为 47%。

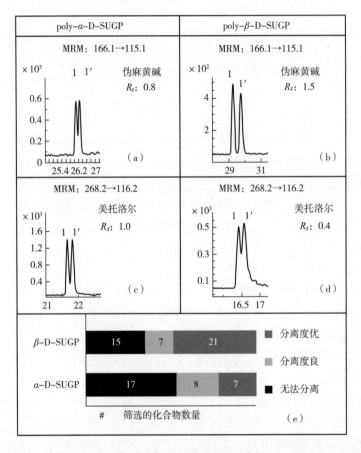

图 25.8　比较 α-和 β-构型的高分子表面活性剂［(a, c)聚 α-D-SUGP 和(b, d)聚 β-D-SUGP］在(a, b)MEKC-MS/MS 中对伪麻黄碱和 (c, d)美托洛尔对映体分离的手性选择性的电泳图谱

25.4　注解

（1）MEKC 缓冲液的 pH 应先进行调节，再加入高分子表面活性剂。

（2）N-十一烯-β-D-吡喃葡萄糖苷五乙酸酯:^{1}H NMR（氘代甲醇，400MHz）δ 1.3（12H，m），1.6（2H，t），2.1（2H，q），3.2（1H，t），3.3（1H，t），3.5（1H，m），3.7（1H，m），3.9（2H，m），5.0（2H，t），5.8（1H，m）。

N-辛烯-β-D-吡喃葡萄糖苷五乙酸酯:^{1}H NMR（氘代甲醇，400MHz）δ 1.26（4H，m），1.6（2H，m），3.30~3.49（2H，m），3.6（2H，m），3.9（3H，m），4.09~4.14（3H，m），4.2（1H，s），4.9（1H，d），5.0（1H，d），5.8（1H，t）。

（3）将产品溶液滴几滴在pH试纸上，将试纸颜色与pH色别表进行比较，读出溶液的pH。

（4）加入少量无水硫酸钠，摇晃烧杯，干燥有机溶剂。当硫酸钠加入到有机溶剂中时，它会吸水并结块。如果有机溶剂中没有水可供吸收，过量的硫酸钠不会结块，通常为自由漂浮，表明残余水分已完全去除。

（5）使用塑料漏斗倒入干燥硅胶以填充色谱柱，在色谱柱底端施加轻微的真空，轻轻敲击色谱柱，使硅胶沉淀并紧密压实。将干燥的含有产物的硅胶加到柱内的硅胶床上，轻轻敲打柱子，以形成均匀的一层。将溶剂缓慢地加到柱床顶端，避免扰动产物层。加入溶剂前，可在产物层上覆盖一层硅胶，以防止产物展开不均匀。

（6）脱乙酰产物的^{1}HNMR谱图与糖基化产物相同（见25.4注解2）。糖基化产物的乙酰基质子和去乙酰化产物中的羟基质子没有相邻的用于偶合的质子，导致这些质子缺乏共振。因此，上述产物的谱图是相同的。

（7）N-十一烯-β-D-吡喃葡萄糖苷-4,6-苯基磷酸酯:^{1}H NMR（氘代氯仿，400MHz）δ 7.40~7.22（5H，m），5.83（1H，m），4.98（2H，m），4.47~4.21（4H，d），3.9~3.47（6H，m），2.06（2H，m），1.64（3H，m），1.38（13H，m）。

N-辛烯-β-D-吡喃葡萄糖苷-4,6-苯基磷酸酯:^{1}H NMR（氘代氯仿，400MHz）δ 7.41~7.23（5H，m），5.83（1H，m），5.03~4.94（2H，m），4.46~4.25（4H，m），3.90~3.78（3H，m），3.59~3.49（1H，m），2.05（6H，s），1.64（2H，t），1.30（9H，m）。

（8）N-十一烯-β-D-吡喃葡萄糖苷-4,6-磷酸氢钠:^{1}H NMR（重水，400MHz）δ 5.80（1H，m），5.0~4.8（2H，m），4.40（1H，d），4.30~3.10（8H，m），1.96（2H，q），1.53（2H，m），1.21（13H，m）。

N-辛烯-β-D-吡喃葡萄糖苷-4,6-磷酸氢钠:^{1}H NMR（重水，400MHz）δ 5.8（1H，m），5.0~4.8（2H，m），4.40（1H，d），4.20~4.10（1H，m），4.0（1H，m），3.90~3.70（2H，m），3.70~3.50（4H，m），1.94（2H，q），1.50（2H，m），1.71（7H，m）。

（9）N-十一烯-α-D-吡喃葡萄糖苷五乙酸酯:^{1}H NMR（氘代甲醇，400MHz）δ 5.87（1H，m），5.52（2H，m），5.13（1H$_{anomeric}$，d），4.85~5.10（3H，m），4.01~4.30（5H，m），3.71（2H，m），3.45（2H，t），2.05（29H，m），1.67（8H，m），1.39（25H，m）。

N-辛烯-α-D-吡喃葡萄糖苷五乙酸酯:^{1}H NMR（氘代甲醇，400MHz）δ 5.87（1H，m），5.52（2H，m），5.13（1H$_{anomeric}$，d），4.85~5.10（3H，m），4.01~4.30（5H，m），3.71（2H，m），3.45（2H，t），2.05（23H，m），1.67（6H，m），1.39（17H，m）。

（10）搅拌反应物溶液，每次加入1mL饱和碳酸氢钠溶液。将反应溶液滴在pH试纸上测试 pH，继续加入饱和 NaHCO₃ 溶液，直到 pH 约为 7。

（11）将原料和反应溶液点在 TLC 板，用合适的溶剂体系展开，以监测反应进程。在展开的 TLC 板上，出现多个斑点和出现原料以外的斑点，表明 α 和 β 型磺酸化产物的生成。

（12）N-十一烯-β-D-吡喃葡萄糖苷-6-磺酸单钠盐：^{1}H NMR（重水，400MHz）δ 5.80（1H，m），4.96～4.84（2H，m），4.34（1H$_{anomeric}$，d），4.20（1H，d），4.11（2H，t），3.79（1H，t），3.55（2H，m），3.37（2H，m），3.16（1H，t），1.95（2H，q），1.52（2H，t），1.24（13H，m）。

N-十一烯-β-D-吡喃葡萄糖苷-6-磺酸单钠盐：^{1}H NMR（重水，400MHz）δ 5.87（1H，m），4.98（2H，m），4.85（1H$_{anomeric}$，d），4.21（2H，m），3.87（2H，m），3.50～3.70（3H，m），3.49（2H，t），2.01（2H，m），1.51（4H，m），1.25（18H，m）。

N-辛烯-β-D-吡喃葡萄糖苷-6-磺酸钠盐：^{1}H NMR（重水，400MHz）δ 5.80（1H，m），4.97～4.79（2H，m），4.36（1H$_{anomeric}$，d），4.22（1H，d），4.12～4.08（1H，m），3.8（1H，m），3.56（2H，m），3.37（2H，m），3.16（1H，m），1.95（2H，m），1.52（2H，m），1.29（6H，m）。

N-辛烯-α-D-吡喃葡萄糖苷-6-磺酸钠盐：^{1}H NMR（重水，400MHz）δ 5.87（1H，m），5.00（2H，m），4.85（1H$_{anomeric}$，d），4.21（2H，m），3.87（2H，m），3.65（3H，m），3.51（2H，t），2.01（4H，m），1.51（6H，m），1.25（10H，m）。

（13）透析膜需要在装有超纯水的烧杯中浸泡至少 3h，以去除微量未反应的钠反离子和未聚合单体。冲洗膜数次。使用密封脊质地柔软的通用封口（夹子）将透析膜制成袋状，装入聚合溶液，进行透析。

（14）几乎所有分子胶束都具有吸湿性，应储存于干燥器内，以获得更好的运行时间可重复性和更长的保质期。

（15）先将准直接口与毛细管插入工具对接，移动毛细管，将毛细管安装在准直接口中。当对齐窗口到达 UV 检测窗口时，松开接口，将其放入空卡套的接口支架中。如果毛细管过长，将其缠绕在卡套的卷盘上。应避免毛细管绕组之间的任何接触，防止因高压引起任何加热。最后，关上盒盖，确保毛细管两端均与卡套导销长度相同。小心地将卡带安装在 CE 仪器中，并将毛细管末端导向电极。

（16）在 CMEKC-MS/MS 实验中，由于仪器的限制，应使用 50cm 或更长的熔融石英毛细管。

（17）如果需要，可转动雾化器上的调节螺钉，调整毛细管尖端和喷雾尖端之间的距离。顺时针转动调节螺钉，毛细管缩回雾化器内；逆时针转动，毛细管尖端伸出雾化器外。CMEKC-MS/MS 分析需要优化毛细管尖端和喷雾尖端的相对位置。为获得稳定的电流且不影响灵敏度，可能需要多次实验以优化毛细管尖端与喷雾尖端的相对位置。

（18）应使用无绒布（Agilent 部件号 05980-60051）清洁 MS 雾化室。如果喷雾防护罩太脏，可使用砂纸（8000 粒度，Agilent 部件号 8660-0852）去除污渍。

致谢

本研究获得 NIH 资助（5-R21MH107985-02）。

参考文献

［1］Wang J，Warner IM（1994）Chiral separationsusing micellar electrokinetic capillary chromatographyand a polymerized chiral micelle. AnalChem 66：3773-3776.

［2］Billiot EJ，Thibodeaux SJ，Shamsi SA，WarnerIM（2000）Evaluating chiral separation interactionsby use of diastereomeric polymericdipeptide surfactants. Anal Chem71：4044-4049.

［3］Rizvi SA，Zheng J，Apkarian RP，Shamsi SA（2006）Polymeric sulfated amino acid surfactants：a class of versatile chiral selectors formicellar electrokinetic chromatography（MEKC）and MEKC-MS. Anal Chem79：879-898.

［4］Wang B，He J，Shamsi SA（2011）A highthroughput multivariate optimization for thesimultaneous enantioseparation and detectionof barbiturates in micellar electrokineticchromatography-mass spectrometry. J ChromatogrSci 48：572-583.

［5］He J，Shamsi SA（2013）Chiral separations，methods and protocols（second edition）. In：Scriba GKE（ed）CMEKC-MS with polymericsurfactants. Humana Press，New York，pp319-348.

［6］He J，Shamsi SA（2009）Multivariate approachfor the enantioselective analysis in MEEKCMS：II. Optimization of 1，10-binapthyl-2，2-0-diamine in positive ion mode. J Sep Sci32：1916-1926.

［7］Billiot EJ，Warner IM（2000）Examination ofstructural changes of polymeric amino acidbasedsurfactants on enantioselectivity：effectof amino acid order，steric factors，and numberand position of chiral centers. Anal Chem72：1740-1748.

［8］Valle BC，Morris KF，Fletcher KA，Fernand V，Sword DM，Eldridge S，Larive CK，Warner IM（2006）Understanding chiral micellar separationsusing steady state fluorescence anisotropy，capillary electrophoresis and NMR. Langmuir 23：425-435.

［9］Agnew-Heard KA，Shamsi SA，Warner IM（2000）Optimizing enantioseparation of phenylthiohydantoinamino acids with polymerizedsodium undecanoyl-L-valinate in chiralelectrokinetic chromatography. J Liq ChromatogrRelat Technol 239：1301-1317.

［10］Liu Y，Shamsi SA（2015）Development ofnovel micellar electrokinetic chromatographymass spectrometry for simultaneous enantioseparationof venlafaxine and dimethylvenlafaxine：application to analysis of drug-druginteractions. J Chromatogr A1420：119-128.

［11］Wang X，Hou J，Shamsi SA（2013）Developmentof a novel chiral micellar electrokineticchromatography-tandem mass spectrometryassay for simultaneous analysis of warfarin andhydroxywarfarin metabolites：application tothe analysis of serum samples of patients undergoingwarfarin therapy. J Chromatogr A1271：207-216.

［12］Liu Y，Lin B，Wang P，Shamsi SA（2016）Synthesis，characterization and application of polymericα-D-glucopyranoside based surfactant：application for enantioseparation of chiralpharmaceuticals in micellar electrokineticchromatography-tandem mass spectrometry. Electrophoresis 37：913-923.

［13］Liu Y（2016）Chiral capillary electrophoresis massspectrometry：Developments and applicationsof novel glucopyranoside molecularmicelles. PhD dissertation，Georgia State University，Atlanta，GA.

［14］Liu Y，Wu B，Wang P，Shamsi SA（2016）Synthesis，characterization and application of polysodiumN-alkylenyl α-D-glucopyranosidesurfactants for micellar electrokineticchromatography-tandem mass spectrometry. Electrophoresis 37：913-923.

26 （18-冠-6）-2,3,11,12-四羧酸类手性固定相
在毛细管电色谱中的应用

Wonjae Lee，Kyung Tae Kim，Jong Seong Kang

摘要：毛细管电色谱法可应用于 α-氨基酸及其衍生物的对映体分离。本章介绍了以（-）-（18-冠-6）-2,3,11,12-四羧酸作为手性选择剂的共价键合手性固定相的合成及应用。分离采用的流动相为甲醇：三柠檬酸（20mmol/L，pH3.0~4.5）（20：80，体积比）。

关键词：氨基酸，毛细管电色谱，手性固定相，（18-冠-6）-2,3,11,12-四羧酸，对映体分离

26.1　引言

毛细管电色谱法（CEC）被认为是一种有前景的对映体分离分析方法。它集毛细管电泳（CE）和高效液相色谱（HPLC）的优点于一体，采用电渗流（EOF）推动流动相通过毛细管。毛细管一般内径为 $50~150\mu m$，填充了合适的手性固定相。

（18-冠-6）-2,3,11,12-四羧酸是一种手性冠醚，在多种分析技术中对质子化的手性伯胺、氨基酸以及一些仲胺化合物表现出良好的对映选择性[1,2]。比如说，（18-冠-6）-2,3,11,12-四羧酸不仅在 CE 和 NMR 中作为手性选择剂广泛用于外消旋氨基化合物的拆分[2-9]，而且还成功地用作高效液相色谱的手性固定相[10-19]。它的两种对映体，即（+）-和（-）-（18-冠-6）-2,3,11,12 四羧酸，现均有商用。

本章介绍了以（-）-（18-冠-6）-2,3,11,12-四羧酸与氨基丙基硅胶共价结合的手性固定相的制备，并报道了 CEC 在氨基酸及其衍生物分离中的应用。

26.2　材料

26.2.1　毛细管电泳仪器和设备

（1）一台商用 CE 仪器　配置两个缓冲池（Germany，Waldbronn，Agilent HP^{3D} CE）。

（2）一台商用超声波清洗机　用于样品溶解、流动相脱气和固定相浆液制备。

（3）一台适用于毛细管柱填充和熔化的设备。

（4）一台商用 pH 计。

（5）0.2μm 微孔滤膜。

（6）熔融石英毛细管（内径 $100\mu m$，外径 $365\mu m$）　聚酰亚胺涂层。

（7）一台配有金刚石刀片的毛细管柱切割器（例如 Shortix® 切割器）。

（8）一台适用于毛细管填料的装置　比如说，由 HPLC 泵和含有 $0.5\mu m$ 入口柱塞的不锈钢储液器组成。

26.2.2　用于合成 CEC 柱的化学品

（1）（-）-（18-冠-6）-2,3,11,12-四羧酸。

（2）氨丙基硅胶（Kromasil 100Å，5μm，Sweden，Sundsvall，AkzoNobel）。

（3）磷酸三（1,3-二氯丙基）酯。

26.2.3　流动相和样品溶液

所有溶液均由超纯水配制，采用的纯水净化系统应能满足电阻率达到 18MΩcm（25℃）的要求；使用的甲醇为 HPLC 级，其他试剂为分析纯级。

26.2.3.1　流动相

将 0.86g 磷酸三（1,3-二氯丙基）酯溶于 80mL 水中，用柠檬酸溶液（3.84g 柠檬酸溶于 100mL 水）将 pH 调至 4.0（见 26.4 注解 1），然后转入 100mL 容量瓶中，用水定容，得到 Tris-柠檬酸缓冲液。取 40mL 缓冲液和 10mL 甲醇混合，使用前经 0.2μm 滤膜过滤，超声脱气（见 26.4 注解 2）。

26.2.3.2　样品溶液（1mg/mL）

称取 10mg 各自的外消旋氨基酸或氨基酸衍生物，或每一种氨基酸对映体 5mg，置于 10mL 容量瓶中。加入 5~6mL 流动相溶解化合物，在超声条件下缓慢溶解，用流动相定容并储存于冰箱中。

26.3　方法

除非另有说明，所有操作均应在室温下进行。所有合成步骤均在通风橱内完成。化学品的处理应遵守恰当的安全须知（见 26.4 注解 3）。

26.3.1　（-）-（18-冠-6）四羧酸键合硅胶的合成

（1）称取（-）-（18-冠-6）-2,3,11,12-四羧酸 300mg，置于 100mL 圆底烧瓶中，安装冷凝器和磁力搅拌子，加入 30mL 新蒸馏的乙酸酐，回流 24h。在旋转蒸发器上减压蒸馏除去乙酰氯，得到的（-）-（18-冠-6）-2,3,11,12-四羧酸二酐为白色结晶固体（产率约 275mg）（见 26.4 注解 4）。

（2）在 100mL 圆底烧瓶中加入 2.5g 氨丙基硅胶和 50mL 苯（见 26.4 注解 5），装上 Dean-Stark 疏水阀、冷凝管和磁力搅拌子，回流到共沸蒸馏除掉所有的水，利用旋转蒸发仪减压蒸馏除去过量的苯，得到干燥的氨丙基硅胶（见 26.4 注解 6）。

（3）将干燥的氨丙基硅胶和 20mL 干燥二氯甲烷悬浮在烧瓶中，添加 0.24mL 三乙胺。

（4）将步骤（1）中制取的 275mg（-）-（18-冠-6）-2,3,11,12-四羧酸二酐溶解在 5mL 干燥二氯甲烷中，然后在 0°C 条件下逐滴添加到搅拌着的氨丙基硅胶悬浮液中（见 26.4 注解 7）。

（5）等冠醚溶液添加完全后，继续在 0℃ 下搅拌 2h。然后将悬浮液恢复至室温，并在室温下继续搅拌 2d，获得冠醚键合硅胶。

（6）依次用甲醇、1mol/L 盐酸溶液、水、甲醇、二氯甲烷和己烷，清洗手性冠醚键合硅胶（每种溶剂约 30mL）。

（7）真空干燥（18-冠-6）手性醚键合硅胶（真空度为 133Pa）。

26.3.2　毛细管柱填料

（1）将 10mg（-）-（18-冠-6）-2,3,11,12-四羧酸键合硅胶悬浮在 10mL 甲醇中，超声 30min。

（2）截取一段 35cm 长的毛细管（见 26.4 注解 8），并将其连接到一个不锈钢储液器［30mm×4.6mm（内径）］上。

（3）将硅胶填料放入含有 0.5μm 不锈钢入口柱塞的储液器中。

（4）用 0.5μm 的不锈钢柱塞封闭毛细管出口端（见 26.4 注解 9）。

（5）将储液器连接到高效液相色谱泵上，并以 55.2MPa 的压力将填料泵入毛细管（见 26.4 注解 10）。

（6）当填充柱床达到约 20cm 长时，移除储液器，将填充的毛细管直接与同一泵相连接，用蒸馏水冲洗毛细管。

（7）用水冲洗毛细管约 30min 后，在距填充床末端 2cm 处，用钨丝熔融硅胶，制成入口柱塞（见 26.4 注解 11）。

（8）在距离填料床末端约 19cm 处，以同样的方法制备出口柱塞。

（9）反方向泵送甲醇，清除残留的多余填料。清除过程应使用较低的压力。

（10）用钨丝灼烧去除出口柱塞位置的聚酰亚胺涂层后，立即制备检测窗口（见 26.4 注解 12）。

（11）在离检测窗口 8cm 处进行切割，移除毛细管的多余部分（见 26.4 注解 13）。

（12）将填充好的毛细管安装到仪器的毛细管支架中。在色谱测定前用流动相冲洗 12~24h，以调节毛细管。

26.3.3 CEC 分析

（1）按照制造商的操作指南，在 CE 仪器中安装毛细管。

（2）将流动相添加到入口储液瓶中，并在出口端放置一个废液瓶。在入口端施加大约 1.2MPa 的压力，几分钟后，检查废液瓶中是否有液滴出现。

（3）往两个流动相储液瓶中填充流动相，并施加 20kV 的电压，运行 5min。

（4）注入外消旋氨基酸或其衍生物的样品，在 15kV 下进样 5s（见 26.4 注解 14）。

（5）对两个缓冲液储液瓶施加 1.2MPa 的外部压力。

（6）将检测器设置为 210nm，柱温设置为 25℃。

（7）施加 20kV 的分离电压，进行 CEC 分析（见 26.4 注解 15）。

图 26.1 显示了色氨酸和 4-溴苯丙氨酸的 CEC 对映体拆分的色谱图示例。表 26.1 总结了其他氨基酸的色谱数据，包括流动相 pH 的变化。使用表 26.1 中列出的相应流动相，以如上所述的类似方式进行分离。根据 26.2.3 的操作制备缓冲液，但将 pH 调整至 3.0~4.5 内所需的 pH。其他更多示例可参阅参考文献[20]。

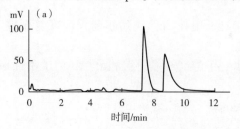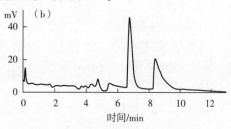

图 26.1　pH4.0 时（a）色氨酸和（b）4-溴苯丙氨酸的分离模式的典型电泳图谱

注：CEC 参数为注入，15kV，5s；施加电压，20kV；施加压力，两个小瓶上均 1.2MPa；检测波长，210nm；流动相 20:80（体积比）甲醇：Tris-柠檬酸缓冲液（20mmol/L）。

［资料来源：Springer from ref. 20© 2015］

表 26.1　不同 pH 条件下利用 CEC 对 α-氨基酸及其衍生物进行对映体拆分的色谱参数

分析物	pH3.0				pH3.5				pH4.0				pH4.5			
	t_1	t_2	α	R_S	t_1	t_2	α	R_S	t_1	t_2	α	R_S	t_1	t_2	α	R_S
苯丙氨酸	—	—	—	—	7.15	8.84	1.24	2.11	5.26	6.06	1.15	1.25	4.38	5.25	1.20	1.75
4-溴苯丙氨酸	14.53	21.65	1.49	3.35	9.04	13.02	1.44	2.59	6.76	8.41	1.24	2.43	5.50	7.31	1.33	2.37
4-氯苯丙氨酸	13.58	19.27	1.42	3.30	8.49	11.59	1.36	2.60	6.40	7.76	1.21	2.00	5.10	6.53	1.28	2.44
4-氟苯丙氨酸	11.50	14.84	1.29	3.06	7.35	8.89	1.21	1.71	5.65	6.47	1.15	1.42	4.40	5.21	1.18	1.68
3-氟苯丙氨酸	11.90	15.74	1.32	3.15	7.57	9.50	1.25	2.14	5.76	6.76	1.17	1.76	4.49	5.47	1.22	1.71
2-氟苯丙氨酸	11.62	16.82	1.45	3.50	7.48	10.03	1.34	2.71	5.67	6.99	1.23	1.95	4.39	5.66	1.29	1.94
4-氨基苯丙氨酸	10.08	12.69	1.26	1.63	9.76	10.82	1.11	1.04	8.88	9.93	1.12	0.68	10.67	12.62	1.18	0.95
4-硝基苯丙氨酸	13.85	18.57	1.34	3.13	8.73	10.93	1.25	2.41	6.61	7.87	1.19	1.75	5.00	6.16	1.23	1.82
4-羟基苯丙氨酸	—	—	—	—	7.24	8.32	1.15	2.01	6.11	6.92	1.13	1.52	4.79	5.53	1.16	1.35
3-羟基苯丙氨酸	11.41	13.67	1.20	2.30	7.87	9.30	1.18	1.92	6.15	7.11	1.16	1.75	4.58	5.40	1.18	1.72
苯甘氨酸	12.85	16.71	1.30	2.88	7.72	9.59	1.24	2.34	5.86	7.04	1.20	2.00	4.55	5.57	1.22	1.95
4-羟基苯甘氨酸	13.44	17.06	1.27	3.08	8.16	9.93	1.22	2.26	6.10	7.23	1.19	1.87	4.74	5.70	1.20	1.73
4-氟苯甘氨酸	13.78	18.41	1.34	3.25	8.11	10.26	1.27	2.63	5.97	7.33	1.23	2.30	4.65	5.82	1.25	1.84
色氨酸	14.59	18.42	1.26	2.73	9.93	12.23	1.23	1.99	7.42	8.79	1.18	1.75	5.89	7.05	1.20	1.90
5-羟基色氨酸	14.76	18.46	1.25	3.05	9.93	11.91	1.20	1.90	7.37	8.52	1.16	1.60	5.85	6.84	1.17	1.79
α-甲基色氨胺	—	—	—	—	—	—	—	—	9.54	9.85	1.03	0.16	12.35	13.01	1.05	0.16

[资料来源：Springer from ref. 20© 2015]

26.4 注解

（1）不同 pH（pH3.0、3.5 和 4.5）流动相的配制均可采用与配制 pH4.0 缓冲液相同的方法。首先利用浓柠檬酸溶液（0.5mol/L）从起始 pH 逐步调节至所需 pH。当快接近所需 pH 时，建议采用稀释柠檬酸（0.05mol/L）进行调节，以避免突然降至所需 pH 以下。

（2）溶剂在轻真空下超声 5~10min 以脱气。如果溶剂长期曝露在大气中，应重新脱气。仅靠超声也可完成脱气。

（3）此处涉及的所有化学品均应视为对人体健康有害，应在通风橱中小心操作。穿戴防护服、手套和安全眼镜。

（4）新蒸馏的乙酸酐应尽快和定量用于反应。

（5）苯具有致癌性，操作时应采用专门的预防措施。避免吸入蒸汽或烟雾。操作应在防护罩内完成，应保持区域良好的排气通风；避免接触眼睛、皮肤或衣服。处理后彻底清洗。应佩戴护目镜和穿防渗漏防护服以阻绝皮肤接触。

（6）当使用旋转蒸发器去除多余的苯时，需要以缓慢的速度旋转以干燥氨丙基硅胶。

（7）反应需要在氩气环境下进行。

（8）将毛细管连接到储液器之前，应依次用水和甲醇冲洗毛细管 10min。清洗后的毛细管应置于真空条件下，以便在装填前完全除去溶剂。

（9）不锈钢柱塞用作临时的入口柱塞，可以避免制作第一块柱塞（随后即被切断）的工作。

（10）使用橡胶锤间歇性地敲击不锈钢储液器，以避免硅胶沉积。

（11）柱塞可采用加热灯丝烧灼。烧灼装置由钨丝和可变交流自耦变压器组成，可在室内轻松制作。由可变交流自耦变压器控制升温以完成烧灼过程。在烧灼的同时，应保持蒸馏水在毛细管中的流动。

（12）除去聚酰亚胺涂层时，毛细管变脆。应小心操作以避免损坏毛细管。

（13）使用金刚石刀片，保证毛细管被平整切割；毛细管的切口可用放大镜或显微镜进行确认。

（14）不同的样品适用不同的注入电压或注入时间。遵循仪器制造商提供的手册，对注入过程的电压和时间进行调节。

（15）参阅仪器制造商的操作手册，以进行有效的仪器控制和数据采集。

致谢

本研究在韩国忠南大学资助下完成。

参考文献

[1] Hyun MH(2006)Preparation and application of HPLC chiral stationary phases based on(+)-(18-crown-6)-2,3,11,12-tetracarboxylic acid. J Sep Sci 29:750-761.

[2] Paik MJ,Kang JS,Huang BS,Carey JR,Lee W(2013)Development and application of chiral crown ethers as selectors for chiral separation in high-performance liquid chromatography and nuclear magnetic resonance spectroscopy. J Chromatogr A 1274:1-5.

[3] Bang E,Jung JW,Lee W,Lee DW,Lee W(2001)Chiral recognition of(18-crown-6)-tetracarboxylic acid as a chiral selector determined by NMR spectroscopy. J Chem Soc Perkin Trans 2:1685-1692.

[4] Lee W,La S,Choi Y,Kim KR(2003)Chiral discrimination of aromatic amino acids by capillary electrophoresis in(+)- and(-)-(18-crown-6)-2,3,11,12-tetra- carboxylic acid selector modes. Bull Kor Chem Soc 24:1232-1234.

[5] Lee W,Bang E,Lee W(2003b)Chiral resolution of diphenylalanine by high-performance liquid chromatography on a crown-etherbased chiral stationary phase and by NMR spectroscopy. Chromatographia 57:457-461.

[6] Cho SI,Shim J,Kim MS,Kim YK,Chung DS(2004)Online sample cleanup and chiral separation of gemifloxacin in a urinary solution using chiral crown ether as a chiral selector in microchip electrophoresis. J Chromatogr A 1055:241-245.

[7] Xiao YG,Peter CH(2006)Enantiomeric separation of underivatized small amines in conventional and on-chip capillary electrophoresis with contactless conductivity detection. Electrophoresis 27:4375-4382.

[8] Lili Z,Lin Z,Reamer RA,Bing M,Zhinong G(2007)Stereoisomeric separation of pharmaceutical compounds using CE with a chiral crown ether. Electrophoresis 28:2658-2666.

[9] Abdalla AE,Fakhreldin OS(2011)Computational modeling of capillary electrophoretic behavior of primary amines using dual system of 18-crown-6 and -cyclodextrin. J Chromatogr A 1218:344-5351.

[10] Lee W,Jin JY,Baek CS(2005)Comparison of enantiomer separation on two chiral stationary phases derived from(+)-18-crown-6- 2,3,11,12-tetracarboxylic acid of the same chiral selector. Microchem J 80:213-217.

[11] Hyun MH,Kim DH,Cho YJ,Jin JS(2005)Preparation and evaluation of a doubly tethered chiral stationary phase based on(+)-(18-crown-6)-2,3,11,12-tetracarboxylic acid. J Sep Sci 28:421-427.

[12] Berkecz R,Sztojkov-Ivanov A,Llisz I(2006)High-performance liquid chromatographic enantioseparation of β-amino acid stereoisomers on a(+)-(18-crown-6)-2,3,11,12-tetracarboxylic acid-based chiral stationary phase. J Chromatogr A 1125:138-143.

[13] Jin JS,Lee W,Hyun MH(2006)Development of the antipode of the covalently bonded crown ether type chiral stationary phase for the advantage of the reversal of elution order. J Liq Chromatogr Relat Technol 29:841-848.

[14] Manolescu C,Grinberg M,Field C,Ma S,Shen S,Lee H,Wang Y,Granger A,Chen Q,McCaffrey J,Norwood D,Grinberg N(2008)Studies of the interactions of amino alcohols using high performance liquid chromatography with crown ether stationary phases. J Liq Chromatogr Relat Technol 31:2219-2234.

[15] Zhang C,Wei XH,Chen Z,Rustum AM(2010)Separation of chiral primary amino compounds by forming a sandwiched complex in reversed-phase high performance liquid chromatography. J Chromatogr A 1217:4965-4970.

[16] Lee A,Choi HJ,Jin KB,Hyun MH(2011)Liquid chromatographic resolution of 1-aryl- 1,2,3,4-tetrahydroisoquinolines on a chiral stationary phase based on(+)-(18-crown-6)- 2,3,11,12-tetracarboxylic

acid. J Chromatogr A 1218:4071-4076.

[17] Asnin L, Sharma K, Park SW (2011) Chromatographic retention and thermodynamics of adsorption of dipeptides on a chiral crown ether stationary phase. J Sep Sci 34:3136-3144.

[18] Llisz I, Aranyi A, Pataj Z, Peter A (2012) Enantiomeric separation of nonproteinogenic amino acids by high-performance liquid chromatography. J Chromatogr A 1269:94-121.

[19] Kim KH, Seo SH, Kim HJ, Jeun EY, Kang JS, Mar W, Youm JR (2003) Determination ofterbutaline enantiomers in human urine bycapillary electrophoresis using hydroxypropyl-β-cyclodextrin as a chiral selector. ArchPharm Res 26:120-123.

[20] Wu W, Kim KT, Adidi SK, Lee YK, Cho JW, Lee W, Kang JS (2015) Enantioseparation andchiral recognition of a-amino acids and theirderivatives on(−)-18-crown-6-tetracarboxylicacid bonded silica by capillary electrochromatography. Arch Pharm Res 38:1499-1505.

27　手性分离优化的实验设计方法综述

摘要： 本章综述了实验设计方法在使用超临界流体色谱（SFC）、液相色谱（LC）、毛细管电泳（CE）和毛细管电色谱（CEC）手性分离优化中的应用，涵盖了筛选和优化步骤，包括对每个方面如因子、水平和响应选择的讨论。本章还介绍了不同的设计，突出了它们的应用。

关键词： 方法开发，实验设计，手性分离，超临界流体色谱，液相色谱，毛细管电泳，毛细管电色谱

27.1 引言

手性在药物设计中是一个反复出现的话题。从 1997 年首次在药物成分会议上提出手性问题直今，在药物开发[1] 时手性药物仍然是一个重要的问题。药物是作为外消旋混合物合成还是作为单一对映体合成，每种对映体的药理和毒理学活性以及如何检测对映体纯度一直是人们关注的问题[1-3]。事实上，这导致了"手性转换"一词的产生，它暗指基于现有药物的单一对映体的开发，目前这些药物作为外消旋体销售[1,3]。

Gubitz 和 Schmid[4] 表示，大约一半的药物是手性的，大约 25% 是作为纯对映体使用的。然而，纯对映体药物正按比例增长。事实上，Agranat[5] 在 1992 年观察到，新批准的药物有 40% 是纯对映体。2010 年，这一比例达到了 70%。2015 年，除雷西纳德[1] 外，所有获 FDA 批准的手性药物均为单对映体。从这个意义上说，能够提供手性信息的技术发展对药物研发至关重要[1,6]。

这些技术中，手性分离相关技术是药物研究中不可缺少的。原因是行业生产有时更偏向于合成外消旋体，然后将它们分离成对映体，而不是选择单一对映体的对映选择性合成。此外，监管机构还规定，必须为每种具有手性的活性药物成分开发出对映选择性鉴定和定量方法。他们还要求对纯对映体和外消旋体进行药代动力学和毒理学分析。因此，对映选择性分离在制药工业中具有重要意义。然而，由于对映体的理化性质是相同的，标准的非手性色谱或电迁移技术无法实现分离[7]，必须有一个手性环境来分离对映体。在手性分离中，可以采用间接或直接方法。在直接法中，分离是基于手性选择剂的使用，如多糖或环糊精，它们可以固定在支撑物上，形成手性固定相（CSPs），或作为手性流动相添加剂（CMPA）[6] 添加到流动相。在这种方法中，对映体的分离是基于选择剂和对映体之间形成的瞬态非对映体配位。目前较少使用的间接方法是在非手性环境中通过化学反应生成非对映体衍生物随后进行分离。

直接方法是最常用的方法，为了实现对分析物的良好分离，手性分离优化过程的复杂性水平高于非手性分离。除了要优化的标准因素（例如流动相组成、温度、流速），手性选择剂及其浓度，甚至有时候固定相也是要考虑的因素。要变化的因素取决于用于分离的方法，即通过 CSPs 或 CMPA。从这个意义上说，优化过程是通过实验设计（DoE）来理想化执行的。

DoE 是一种用于计划实验和分析结果的统计方法。为了达到目标，它在实验次数最少的情况下使用多元方法，并偶尔能够提供有价值的交互信息。最常用的 DoE 方法

是响应面法（RSM）。在这种方法中，响应 y 依赖于给定数量的因子 k，在 l 水平范围变化。这通常可以建立一个二阶多项式模型，其中的最终目标是确定能够产生最佳或可接受的响应 $y^{[8-10]}$ 的 k 个因素的合适水平。

传统上，DoE 方法可分为两部分：因素筛选和最重要因素水平的优化。因此，在第一步中，将评估几个因素（有时是它们的相互作用）对响应的重大影响。在优化过程中，之前选择的重要因素将被进行优化以实现提供最佳响应的最佳组合。最后，理论预测的条件应当进行实验验证[11]。

本章回顾和讨论了过去 5 年 DoE 在使用色谱或电迁移技术开发分析手性分离方法中的应用。它一般分为两个主题：筛选设计和响应面设计。每个主题将根据分离技术进一步细分。

27.2　筛选设计

在检查（相对）大量因素时，筛选设计用作实验优化的第一步。它通过相对少量的实验，利用响应面法筛选出需要进一步优化的重要因素①。因此，必须正确选择哪些因素将在哪些水平②上进行评估。

影响响应③的因素分为受控因素和非受控因素。后者不能包含在筛选设计中。然而，在进行实验时必须最大限度地减少它们的影响。另一方面，在筛选设计中应评估所有可能影响响应的受控因素。此外，因素也可以划分为定性的（处于离散尺度上的水平，如固定相类型），定量的（在连续尺度上变化，如 pH）和混合物相关的（对于混合物组成，如流动相中有机改性剂的百分比)[8,9]。

在选择因素水平时，还必须考虑一些问题。通常，在筛选中有两个级别的评估：一个是低值，另一个是高值，这将定义实验域④。最大值和最小值必须仔细选择。不合理的极限值可能得不到响应的足够变化，从而导致不恰当地剔除了一个重要因素。另一方面，水平之间的巨大差异可能导致实验域太大，因而一些因素水平组合无法再执行。这些水平通常情况下为编码，例如-1（低水平）和+1（高水平)[9]。

最后，在进行筛选设计时，随机化和重复也是重要的问题。一个实验设计应该是理想的随机化以尽量减少系统对响应的影响。此外，重复可以给出随机方差估计，避免对实验结果的误读[8,9]。然而，应该提到的是，在设计执行过程中出现较大的失控效应（例如，时间效应）时，随机化并不能消除其对所有因子效应的影响。关于重复需要指出的是，一些重复（例如，在重复性条件下测量）可能低估了在一个不显著的影响上的实验误差。总结、因素、水平和误差评估将影响筛选设计的选择及其结果。

筛选设计将用于确定哪些因素对响应有重大影响。为此，通常要建立具有线性或二阶相互作用项的模型。在第一个模型中，只估计主要影响。在第二个模型中，通常是两个因素之间主要影响和相互作用都要确定。

---

① 因素是可以彼此独立变化的变量，例如 pH、温度、浓度[9,12]。
② 水平是特定因素的值。因此，例如，温度（一个因素）可以在 30、40 和 50℃（水平）进行评估[9,12]。
③ 响应是实验的可测量输出，例如迁移时间、分辨率[12]。
④ 实验域由因子水平的范围定义[12]。

全析因设计 2^k 偶尔被用作筛选设计。这种设计可估计所有因素的影响，以及它们的交互影响。在这个设计中，在进行 2^k 次实验的情况下 k 个因子在两个水平 ［低 （−1） 和高 （+1） ］ 上进行评估。表 27.1 所示为全因子试验法 2^2 和 2^3 的例子，其中为每个试验提供了特定的水平和因素组合。在图 27.1 中，给出了这些全析因设计的图形表示。然而，不建议实际执行 2^2 设计，因为在给定因子水平上的低重复数可能导致效果估计较差。

全析因设计的实验数量随着因子数量的增加呈指数增长，并迅速变得过高而不可行。这时可以使用全析因设计的变体，即在筛选设计中必须包括几个因素 （通常超过 4 个）。这些设计被称为部分析因设计，它们可评估更多因素对给定响应的影响，但实验次数更少。部分析因设计是针对给定数量因素的全析因设计的一部分。部分析因设计可估计主要影响和偶尔的一些交互影响。然而，在部分析因设计中，至少有两种影响是混杂的。设计用 2^{k-p} 表示，其中 k 为因子数，p 为全析因设计中需要考虑的部分。例如，一个 2^5 全析因设计将需要 32 次实验。一个半部分析因设计 2^{5-1} 包含 16 次运行，仍然能够估计 5 个主要影响和 9 个交互影响[8,11]。需要注意的是，这里的每个估计效果都是两个效果的混合。对于 5 个因素，也可以考虑用 8 次实验来执行四分之一部分析因设计 （2^{5-2}）。

表 27.1   全析因设计

2 因素 （2^2）			3 因素 （2^3）			
运行	因素		运行	因素		
	X_1	X_2		X_1	X_2	X_3
1	−1	−1	1	−1	−1	−1
2	+1	−1	2	+1	−1	−1
3	−1	+1	3	−1	+1	−1
4	+1	+1	4	+1	+1	−1
			5	−1	−1	+1
			6	+1	−1	+1
			7	−1	+1	+1
			8	+1	+1	+1

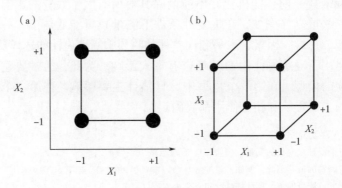

图 27.1 （a）二因素二水平全析因设计 （2^2）和 （b）三因素二水平全析因设计 （2^3）

1946 年 Plackett-Burman 开发了一种特定类型的析因设计。就像大多数部分析因设计一样，它假设交互作用可以被忽略。因此，主要影响是通过少量的实验估计出来的。一个 Plackett-Burman 设计包含了一些实验，这些实验是 4 的倍数，可以评估的因素的数量最多比实验的数量少一个。因此，只需 12 个实验就可以评价 11 个因素（表 27.2)[9,11]。当大量因素必须评估时这种设计经常会被使用。

当筛选好因素，设置了实验水平，并搭建好实验装置后，为了获得每次试验的响应，实验必须按照计划执行。最后，必须对结果进行分析以估计其对响应影响的显著性。传统上，因素的影响是由回归系数或回归效果的估计来决定的。

表 27.2　　　　　在 12 次运行中评估 11 个因子的两水平 Plackett-Burman 设计

运行	因子										
	X_1	X_2	X_3	X_4	X_5	X_6	X_7	X_8	X_9	X_{10}	X_{11}
1	+1	+1	−1	+1	+1	+1	−1	−1	−1	+1	−1
2	−1	+1	+1	−1	+1	+1	+1	−1	−1	−1	+1
3	+1	−1	+1	+1	−1	+1	+1	+1	−1	−1	−1
4	−1	+1	−1	+1	−1	+1	+1	+1	−1	−1	−1
5	−1	−1	+1	−1	+1	+1	−1	+1	+1	+1	−1
6	−1	−1	−1	+1	−1	+1	+1	−1	+1	+1	+1
7	+1	−1	−1	−1	+1	−1	+1	+1	−1	+1	+1
8	+1	+1	−1	−1	−1	+1	−1	+1	+1	−1	+1
9	+1	+1	+1	−1	−1	−1	+1	−1	+1	+1	−1
10	−1	+1	+1	+1	−1	−1	−1	+1	−1	+1	+1
11	+1	−1	+1	+1	+1	−1	−1	−1	+1	−1	+1
12	−1	−1	−1	−1	−1	−1	−1	−1	−1	−1	−1

各因子的系数可根据式（27-1）计算，如下所示：

$$y = \beta_0 + \sum_{i=1}^{k} \beta_i x_i + \varepsilon \qquad (27\text{-}1)$$

式中　y——响应值；

　　　k——因素个数；

　　　β_0——截距或常数项；

　　　β_i——实际系数；

　　　x_i——因素；

　　　ε——误差。

但 β_i 系数通常在得到实验数据后可估计为 b。利用最小二乘回归，可以建立一个数学方程来描述作为不同因素的响应变化的函数。系数 b 可根据式（27-2）计算：

$$b_{n.1} = (X_{n.m}^{\mathrm{T}} X_{m.n})^{-1} (X_{n.m}^{\mathrm{T}} y_{m.i}) \qquad (27\text{-}2)$$

式中　X——设计矩阵；

　　　X^{T}——转置矩阵；

　　　y——响应向量；

m 和 n——矩阵的行数和列数[12]。

另一种选择是估计对每个响应值 y 的影响（E_x），如式（27-3）所示：

$$E_x = \frac{\sum y(+1) - \sum y(-1)}{N/2} \qquad (27-3)$$

其中 $\sum y$（+1）和 $\sum y$（-1）为因子 x 在高（+1）和低（-1）水平下的响应之和，N 为设计试验次数。

为了解释和确定最重要的系数/影响，通常要进行图形或统计分析。帕累托图（图27.2）和常态概率图或半常态概率图（图27.3）都可以绘制出来。帕累托图是一个条形图，其中的影响（或 t 检验的 t 值）是从最重要到最不重要绘制出来的。条形长度表示每个因素的影响（或 t 值），而穿过所有条形的一条线表示临界 t 值。因此，超过这条线的条形被认为是重要的。对于常态概率图或半常态概率图，偏离由非显著性组成的线的影响被认为是重要的，而那些在直线上的是不重要的。

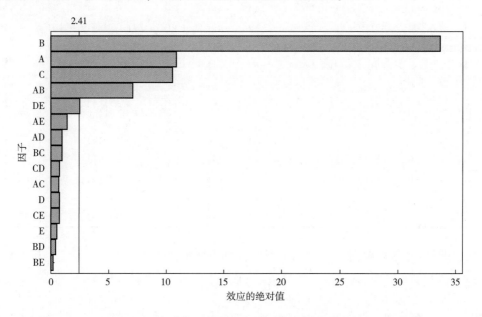

图 27.2　部分析因设计 2^{5-1} 的帕累托图，其中红线代表临界效应（α=0.05）

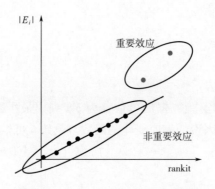

图 27.3　11 个效应的半常态概率图

[资料来源：Elsevier from ref. 15© 2011]

然而，除了图形评估外，理想情况下还应进行统计分析。这通常是通过 t 检验来执行的，如式（27-4）所示：

$$t_x = \frac{|E_x|}{(SE)_e} \Leftrightarrow t_{critical} \qquad (27\text{-}4)$$

式中 $|E_x|$——因素 x 的绝对影响；

$(SE)_e$——标准误差。

将 t_x 与表中的 t 的临界值进行比较，t 是根据自由度的个数和给定的显著性水平（最常见的是 $\alpha = 0.05$）来定义的。当一个影响的 t_x 等于或大于临界值 $t_{critical}$ 时，它是显著的。或者，$|E_x|$ 可以与 $E_{critical}$ 比较，可根据式（27-5）计算为：

$$E_{critical} = t_{critical} \times (SE)_e \Leftrightarrow |E_x| \qquad (27\text{-}5)$$

那些（以绝对值计算）等于或大于临界影响的可以认为是显著的。

标准误差可以用几种方法估计，如从重复实验的方差，或从可忽略影响的先验或后验。在第一种情况下，$(SE)_e$ 根据式（27-6）计算为：

$$(SE)_e = \sqrt{\frac{2s^2}{n}} \qquad (27\text{-}6)$$

其中，s^2 为 n 个重复实验的方差。对于第二种方法，$(SE)_e$ 是从考虑可忽略影响的先验 E_N 估计的，如式（27-7）所示：

$$(SE)_e = \sqrt{\frac{\sum E_N^2}{nN}} \qquad (27\text{-}7)$$

最后，第三种方法使用 Dong[15] 的算法从考虑可忽略影响的后验确定标准误差。它根据不重要的影响 E_k 来估计 $(SE)_e$ 值，如式（27-8）所示：

$$(SE)_e = \sqrt{\frac{\sum E_k^2}{m}} \qquad (27\text{-}8)$$

m 是 E_k 的个数。它也表示 $t_{critical}$ 的自由度。不重要的因素选择如式（27-9）所示：

$$|E_k| \leq 2.5 \times s_0 \qquad (27\text{-}9)$$

其中 s_0 根据式（27-10）计算为：

$$s_0 = 1.5 \times \text{median} |E_x| \qquad (27\text{-}10)$$

其中 $\text{median} |E_x|$ 是绝对影响的中位值[15]。注意，除了 t 检验外，还可以使用一个等价的方差分析表来确定影响的显著性。在图形和统计分析的基础上选择的重要影响可以通过 RSMs 进一步优化，最终得出最佳手性分离。

接下来将会回顾筛选设计在色谱和电泳手性分离中的应用。表 27.3 包含了在不同研究中评估的因素和水平数量。

表 27.3　　使用（a）液相色谱或（b）毛细管电泳/毛细管电色谱的一些案例研究的筛选设计中检查的因素

因素	因素类型	水平	参考文献
酸的类型	定性	4	［16］
碱的类型	定性	4	［16］

续表

因素	因素类型	水平	参考文献
流动相中的改性剂（甲醇)%	混合	2	[16]
酸浓度	定量	2	[16]
碱浓度	定量	2	[16]
手性选择剂浓度	定量	2 或 3	[17-20]
温度	定量	2 或 3	[17-20]
背景电解质（BGE）浓度	定量	2 或 3	[17-20]
背景电解质 pH	定量	2 或 3	[17-20]
电压	定量	2 或 3	[17-20]
环糊精的种类	定性	2	[17]
毛细管长度	定量	2	[18]

27.2.1　色谱方法

　　色谱方法，如液相色谱（LC）和超临界流体色谱（SFC），无论是在分析或制备水平，经常用于手性化合物的分离。在过去的几年里，这些技术进行了改进，如液相色谱中超高效液相色谱（UHPLC）的发展，以及现代化和更可靠的 SFC 仪器的引入，其主要目的是缩短分析时间和提高分离度。除了这些改进外，新型手性选择剂的开发可以说是手性药物分离和质量控制的一个里程碑。从 20 世纪 70 年代手性冠醚的使用到现在，已经过 50 多年，并且现如今许多其他选择剂仍在使用。最常用的 CSPs 含有多糖、糖肽类抗生素、环糊精或皮克尔型选择剂。DoE 的应用是优化对映体分离的有力手段。

　　利用这种方法，Hanafi 和 Lammerhofer[16] 应用筛选设计来选择影响 FMOC 亮氨酸、色氨酸和沙丁胺醇的手性分离的重要因素。以氨基甲酸奎宁和（S，S）-反式-2-氨基环己磺酸为原料制备的两性离子固定相被用在了高效液相色谱。作者使用了混合水平的 $2^m 4^n$ 田口正交阵列设计，更具体地说是 L16（$2^2 4^2$）设计，其中 m 表示两个水平的因素个数（乙腈流动相中甲醇的百分比，酸的浓度和碱的浓度），n 表示四种水平（酸的类型和碱的类型）的因素个数（表 27.4）。分离度计算值作为响应。作者观察到，在试验 7（表 27.4）中，添加乙酸和二乙胺的效果最好。因此，我们选择了它们的浓度（5~50mmol/L）和甲醇含量（5%~40%）进行优化研究。

表 27.4　用于分离 FMOC 亮氨酸、色氨酸和沙丁胺醇的 $2^m 4^n$ 筛选设计

运行	酸	碱	甲醇/%	酸的摩尔浓度/（mmol/L）	碱的摩尔浓度/（mmol/L）
1	TFA	NH$_3$	30	25	25
2	FA	NH$_3$	100	25	50
3	HOAc	NH$_3$	100	50	25

续表

运行	酸	碱	甲醇/%	酸的摩尔浓度/（mmol/L）	碱的摩尔浓度/（mmol/L）
4	HFBA	NH₃	30	50	50
5	TFA	DEA	100	50	50
6	FA	DEA	30	50	25
7	HOAc	DEA	30	25	50
8	HFBA	DEA	100	25	25
9	TFA	TEA	30	50	50
10	FA	TEA	100	50	25
11	HOAc	TEA	100	25	50
12	HFBA	TEA	30	25	25
13	TFA	DIPEA	100	25	25
14	FA	DIPEA	30	25	50
15	HOAc	DIPEA	30	50	25
16	HFBA	DIPEA	100	50	50

注：TFA，三氟乙酸、FA，甲酸、HOAc，乙酸、HFBA，七氟丁酸、DEA，二乙胺、MA，三甲胺、DIPEA，N,N-二异丙基乙胺。

[资料来源：Elsevier from ref.16© 2018]

27.2.2　电迁移技术

毛细管电泳（CE）和毛细管电色谱（CEC）是电迁移技术，它们在环境分析和药物质量控制中得到了广泛应用。对于毛细管电泳来说，分离通常是在具有高电势的背景电解质中进行的。对于毛细管电色谱，电场也被应用，类似于 CE，但它是应用在充满固定相的毛细管上。酸性和碱性化合物通过 CE 和 CEC 都可以分离，而后者只能用于分离中性物质[22-24]。CE 和 CEC 被广泛应用于聚合物的分离。结合 DoE，可以建立一种强有力的手性化合物分离优化方法。Orlandini[17,18]、Krait[19]、Meng 等[20] 对该方法进行了研究。

Orlandini 等[17,18] 使用类似的方法分别用 CE 实现左舒必利和用 MEKC 实现安倍生坦的手性分离。以对映体拆分作为响应。在两项研究中，运用了一个不对称的筛选设计（表 27.5）。Orlandini 等[17] 在两个水平上评价了中性环糊精的类型（如质量因素），而 Britton-Robinson 在三个水平上评价了缓冲浓度、缓冲 pH、硫酸-β-环糊精浓度和中性环糊精浓度。该设计可确定为 L16（2^13^5）。在 Orlandini 等[18] 文章中，毛细管长度和温度在两个水平上进行了评价：硼酸盐浓度、pH、γ-环糊精浓度、十二烷基硫酸钠浓度和电压在三个水平上进行了评价。筛选设计完成后，其采用响应面法进一步优化最重要的影响因素，即 pH（9.2~10.2）、环糊精浓度（36~50mmol/L）和电压（24~30kV）。

表 27.5 左舒必利手性分离的不对称筛选设计

运行	中性环糊精	Britton–Robinson 缓冲液浓度/（mmol/L）	pH	硫酸化-β-环糊精 硫酸钠浓度/（mmol/L）	中性环糊精浓度	电压/kV
1	MβCD	10	3.0	15	20	18
2	MβCD	5	3.0	11	30	13
3	MβCD	15	2.5	11	20	18
4	HEβCD	15	3.5	7	20	13
5	MβCD	10	3.5	15	10	13
6	HEβCD	15	3.0	15	30	8
7	HEβCD	10	3.5	11	30	18
8	HEβCD	10	3.0	11	20	13
9	MβCD	10	3.0	7	20	8
10	MβCD	15	3.0	11	10	13
11	MβCD	5	3.5	11	20	8
12	HEβCD	5	2.5	15	20	13
13	MβCD	5	2.5	7	30	13
14	HEβCD	5	3.0	7	10	18
15	HEβCD	10	2.5	11	10	8
16	HEβCD	10	3.0	11	20	13

注：MβCD 甲基-β-环糊精，HEβCD（2 羟乙基）-β-环糊精。

[资料来源：Elsevier from ref. 17© 2015]

在 Krait 的研究[19] 中，部分析因设计 2^{5-1} 也被应用于使用 CE 进行安倍生坦对映体分离。与 Orlandini 等[18] 的研究不同，电压、毛细管温度、背景电解质 pH、乙酸盐浓度和 γ-环糊精浓度均在三个水平进行评估。以对映体拆分作为响应。结果是，作者检测到电压、毛细管温度和乙酸盐浓度对响应有显著影响。

Meng 等[20] 使用 CE 分离西他沙星的三个立体异构杂质，包括对映体和非对映体。首先，作者评估了几种类型的环糊精 [α-环糊精，β-环糊精，γ-环糊精，甲基-β-环糊精，二甲基-β-环糊精，（2-羟基 propyl）-β-环糊精，羟丙基-β-环糊精，高硫酸化 β-环糊精，（2-羟丙基）-γ-环糊精，高硫酸化 γ-环糊精]，以及由 Cu^{2+} 和 D-苯丙氨酸（D-Phe）组成的配体交换手性选择剂。γ-环糊精的高硫酸盐化效果最好。然而，洗脱顺序是不令人满意的，因为西他沙星是在杂质之前洗脱的，当样品必须超载以测定微量杂质时，这是不可取的。在此意义上，作者对环糊精类型组合和手性配体交换选择剂进行了评价。当 Cu-D-Phe 与 γ-环糊精结合时，实验结果最好。有趣的是，无论是配体交换选择剂还是 γ-环糊精单独作为选择剂，都没有实现分离（图 27.4）。

考虑所需的复杂方法进行动力学性质及其杂质的分离，为了评估每个因素的重要

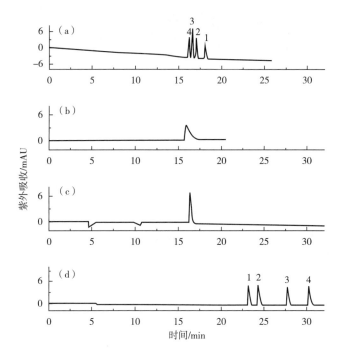

图 27.4 分离立体异构杂质（1-3）和西他沙星（4）获得的电泳图
注：（a）使用高度磺化 γ-环糊精；（b）γ-环糊精；（c）Cu-苯丙氨酸配体
交换手性选择剂；（d）γ-环糊精和 Cu-苯丙氨酸配体交换选择剂的组合。

[资料来源：Elsevier from ref. 20© 2017]

性，一个部分析因设计 2^{7-3} 被使用：γ 环糊精浓度、Cu^{2+} 浓度、D-Phe 浓度、pH、BGE 浓度、电压和毛细管温度。使用相邻峰之间的分离度作为响应。根据回归系数曲线，筛选出 γ-环糊精浓度、Cu^{2+} 浓度、D-Phe 浓度和 pH 为进一步优化的重要因素。

应该注意的是，使用分离度作为响应并非没有危险。只有当峰值的顺序不变时，它才能作为响应使用，这在优化过程中并不明显。洗脱顺序可以使用单一对映体或尺度混合物（即非 1:1 比例的对映体混合物）来确定。然而，在这两种情况下，可以商业购买单一对映体是很有必要的。分离度的问题是，例如当峰 3 和峰 4，洗脱时一次为 3-4 和一次为 4-3，并且是同等分离的。这两个分离等价（即用相同的值表示），但它们代表不同的情况。因此，在这种情况下估计影响或系数会导致错误的结果和结论。

27.3 响应面方法

在进行筛选设计后，可以进行响应面设计，突出重要的因素以确定最佳条件，并获得最佳响应。或者说，也可以根据历史知识来选出重要因素[11]。水平范围也是根据已获得的结果来进行选择。然而，水平的数量将由所选择的设计来决定。

前人描述了几种响应面设计。然而，三级全析因设计、Box-Behnken 设计（BBD）和星点设计（CCD）是最常用的[12]。每个设计的图形表示如图 27.5 所示。当只有两个因素需要优化时，通常采用全析因设计。当必须包括三个或更多的因素时，全析因设计不是一个好的选择，因为需要做大量的实验（3 个因素 27 个实验，计作 3^k，其中 k 是因素的数量）[12]。

BBD 是析因设计 3^k 的一个子集。从这个意义上说，它比全因子设计更有效、更经济。实验点与中心点的距离相等，并且位于超球面上。这是一个间隔相等的三水平设计（-1，0，+1），它需要 $2k$（k-1）$+C_p$ 次实验，其中 k 为因素个数，C_p 为中心点的重复数[8,12,25]。

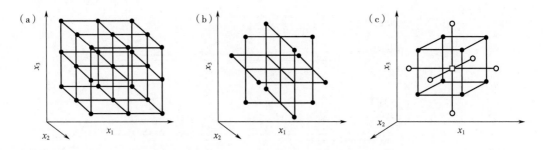

图 27.5　用于研究三个因子的响应面实验设计的图形表示

注：（a）三级全因子设计；（b）Box-Behnken 设计；（c）星点设计。

[资料来源：Elsevier from ref. 12© 2008]

最后，CCD 可分为三部分：①全析因设计或半析因设计；②星型设计，轴向点距中心距离 α；③中心点。所有因素都在五个水平上进行评估（$-\alpha$，-1，0，+1，$+\alpha$），需要 k^2+2k+C_p 次实验，其中 k 是因素的数量，C_p 是中心点的重复次数。距离 α 通常使用式（27-11）计算出，结果是：2 因素为 1.41，3 因素为 1.68，4 因素为 2.00[8,12,25]。

$$\alpha = 2^{k/4} \tag{27-11}$$

一种并非总是正交的设计是 D-最优设计。当因素空间的某些区域不能被探索时，它经常被使用，例如，一些溶剂组合［图 27.6（a）（b）］。因此，它被称为非对称设计。这个设计首先是通过定义模型的类型来建立响应模型。这将需要最小数量的实验（N_{min}）来估计系数。然后，定义分析员将执行实验数量 N（$N_{min} \leqslant N$）。在第三步中，实验空间由一个潜在可能的实验网格（N_{grid}）表示［图 27.6（c）］。最后，要进行的 N 次实验是在 N_{grid} 中 XX^T 的行列式最大的选择［图 27.6（d）］，其中 X^T 为 X 转置矩阵[12,15]。

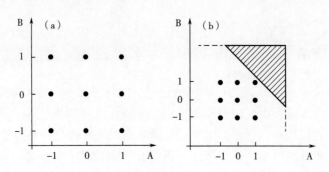

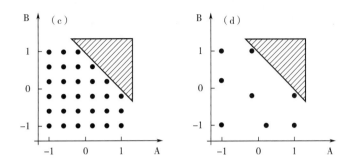

图27.6 （a）矩形对称域中的 A3^2 全因子设计，（b）非对称域中的
受限 3^2 全因子设计，（c）非对称域中网格的候选点，（d）选定的构建 8 次
实验 D–最优设计的点（可能的或选定的实验（•））

[资料来源：Elscevier from ref. 15© 2011]

选择响应后，执行实验设置。为了将响应建模为因素的函数，我们建立了一个多项式模型如式（27–12）所示：

$$y = \beta_0 + \sum_{i=1}^{k} \beta_i x_i + \sum_{i=1}^{k} \beta_{ii} x_i^2 + \sum_{1 \leqslant i \leqslant j}^{k} \beta_{ij} x_i x_j + \varepsilon \tag{27-12}$$

其中 y 为响应，β_0 为截距，k 为因素数量，β_i 为真正的线性项系数和，x_i 和 x_j 代表因素 i 和因素 j，β_{ii} 为二次项系数，β_{ij} 为交叉项系数，ε 表示和模型有关的误差[8]。系数由最小二乘回归估计，如式（27–2）所示。

对于模型评价，可以利用图形和统计方式来进行。在图形上，模型通常用轮廓（2D）或响应面（3D）图的形式来展示（图27.7）。这些图形显示了响应与各因素之间的关系，以便于解释模型[25]。

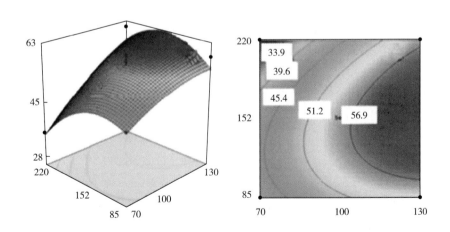

图27.7 响应面（左）和等高线图（右）

[资料来源：Springer from ref. 25© 2017]

对于统计学评价，可以进行方差分析（ANOVA）。它的目的是将回归变化量与实验误差引起的随机变化量进行比较，从而检测回归的显著性。为此，通常需要建一个表，如表 27.6 所示[12]。

表 27.6 方差分析

变异来源	平方和	自由度	均方
回归	$SS_{reg} = \sum_i^m \sum_j^{n_1} (\hat{y}_i - \bar{y})^2$	$p-1$	$MS_{reg} = \dfrac{SS_{reg}}{p-1}$
残差	$SS_{res} = \sum_i^m \sum_j^{n_1} (y_{ij} - \hat{y}_i)^2$	$n-p$	$MS_{res} = \dfrac{SS_{res}}{n-p}$
失拟误差	$SS_{lof} = \sum_i^m \sum_j^{n_1} (\hat{y}_i - \bar{y}_i)^2$	$m-p$	$MS_{lof} = \dfrac{SQ_{lof}}{m-p}$
纯误差	$SS_{pe} = \sum_i^m \sum_j^{n_1} (y_{ij} - \bar{y}_i)^2$	$n-m$	$MS_{pe} = \dfrac{SS_{pe}}{n-m}$
	$SS_{pe} = \sum_i^m \sum_j^{n_1} (y_{ij} - \bar{y})^2$	$n-1$	

回归显著性可以根据式（27-13）计算：

$$\frac{MS_{reg}}{MS_{res}} \approx F_{v_{reg}, \, v_{res}} \tag{27-13}$$

其中，考虑回归的自由度（v_{reg}）和残差的自由度（v_{res}），将回归的均方（MS_{reg}）和残差的均方（MS_{res}）的比率与 F 值进行比较。因此，高于表中 F 值的比值被认为是显著的，说明回归引起的方差显著高于残差。在实践中，这个检验对于所考虑的模型总是非常重要的[12]。

另一种检验是拟合差异度检验，其可根据式（27-14）计算：

$$\frac{MS_{lof}}{MS_{pe}} \approx F_{v_{lof}, \, v_{pe}} \tag{27-14}$$

其中，考虑到拟合差异方差（v_{lof}）和纯误差（v_{pe}）的自由度，将拟合差异方差（MS_{lof}）的平均值和纯误差（MS_{pe}）的平均值之间的比值与 F 值进行比较。在这种情况下，预期 MS_{lof} 和 MS_{pe} 之间没有显著差异，说明该模型与数据吻合得非常好[12]。最后，利用实验确定的判定系数（R^2）也可以用来评价模型的预测能力[8,25]。

然而，上述统计参数只有在二次模型用于校准时才有用，即预测未来样品的响应。这里在方法优化中，模型仅用于表示一个合适的区域，对上述参数的解释远没那么重要。准确的预测在这里也不那么重要（参见进一步的案例研究）。最重要的是确定一个合适的区域，然后通过实验加以确认。

为了确定最佳条件，可以使用目测等高线或曲面图。然而，也可以根据式（27-15）的一阶导数来计算最大值和最小值：

$$y = \beta_0 + \beta_1 x_1 + \beta_2 x_2 + \beta_{11} x_1^2 + \beta_{22} x_2^2 + \beta_{12} x_1 x_2 \tag{27-15}$$

临界点计算公式为：

$$\frac{\Delta y}{\Delta x_1} = \beta_1 + 2\beta_{11}x_1 + \beta_{12}x_2 = 0 \tag{27-16}$$

和

$$\frac{\Delta y}{\Delta x_2} = \beta_2 + 2\beta_{22}x_2 + \beta_{12}x_1 = 0 \tag{27-17}$$

通过求解这两个方程，可以确定 x_1 和 x_2 的值，并给出最优点的坐标[12,25]。最后，确定了最佳实验条件，并且要进行实验验证。最优值的稳健性有时可以利用公式在最优值附近测试 $\Delta y/\Delta x_i$，或者通过实验在最优值周围进行稳健性测试来评估[15]。

当多个响应同时优化时，可利用德林格尔期望函数。在这种方法中，为每个响应建立一个期望函数，将响应转换为 0（不期望的响应）和 1（期望的响应）之间的期望量表。这允许对所有响应进行组合形成一个全局总体期望值（D），D 被定义为单个期望值的几何平均值。

接下来将概述响应面法用于手性分子分离的优化。分离是在 SFC、LC、CE 和 CEC 中进行的。表 27.7 列出了几项研究评估的因素和水平数量。

表 27.7　　　　在使用（a）超临界流体色谱、（b）液相色谱或
（c）毛细管电泳/毛细管电色谱讨论的案例研究的优化设计中检查的因素

	因素	因素类型	水平数	参考文献
（a）	温度	定量	3 或 5	[26-28]
	压力	定量	3 或 5	[26-30]
	流动相中改性剂比例/%	混合	3 或 5	[26-30]
	流速	定量	5	[27, 29, 30]
（b）	流动相中改性剂比例/%（正己烷，乙腈，甲醇）	混合	3, 4 或 5	[16, 31-39]
	酸浓度	定量	5	[16, 33]
	碱浓度	定量	5	[16, 31]
	流速	定量	3, 4 或 5	[31, 37-39]
	流动相中水的比例/%	混合	5	[32]
	温度	定量	3, 4 或 5	[33, 37, 38]
	缓存液浓度	定量	3	[34-36]
	pH	定量	3 或 5	[35, 36]
	固定相	定性	3	[37]
（c）	背景电解质（BGE）pH	定量	2, 3 或 5	[17, 18, 20, 40-48]
	手性选择剂浓度（环糊精）	定量	2, 3 或 5	[17, 18, 20, 40, 42, 44, 46, 48]
	流动相中有机改性剂比例/%（甲醇或乙腈）	混合	3	[41, 46]

续表

	因素	因素类型	水平数	参考文献
(c)	温度	定量	2 或 3	[19, 41, 42, 44, 46, 48, 49]
	背景电解质（BGE）浓度	定量	2, 3 或 5	[19, 41, 43-46, 48, 49]
	体积	定量	2 或 3	[17-19, 44-46, 48, 49]
	进样参数	定量	3	[44, 48]
	氨基酸离子液体浓度	定量	3	[47]

27.3.1 超临界流体色谱法

Asberg[26] 和 Forss 等[28] 都使用类似的方法来分离不同的分析物。在这两种情况下，采用 3^3 设计来评估温度、背压和流动相中有机改性剂的百分比对保留因子和选择性的影响。在 Asberg 文章中，除了分析尺度外，还对制备尺度进行了评价。因此产率也可以测定出来。产率的定义为单位时间内纯化产品的数量，可根据式（27-18）计算：

$$P_r = \frac{V_{inj} C^0 \gamma}{\Delta t_c} \qquad (27-18)$$

式中 V_{inj}——进样量；

        C^0——样品浓度；

        γ——回收率；

        Δt_c——循环时间即两种异构体完全洗脱之间的时间。

在这两项研究中，采用方差分析和 R^2 来评估数学模型。Forss 等[28] 的文中响应主要受压力和温度的影响。而 Åsberg 等文中，温度和甲醇含量影响都很显著。

在 Langaraday[30] 和 Ghinet 等[29] 研究中，优化的重点是两个合成生物活性化合物的半制备规模的对映体拆分。他们的方法是相似的，使用 CCD 优化出口压力、流速和有机改性剂的百分比对分离度的影响。对模型进行方差分析和拟合差异度检验。在这两种情况下经过优化后，每个异构体的分离都成为可能，产率约为 97%。

Chen 等[27] 测定了花粉、蜂蜜、水和土壤中的烟碱类杀虫剂（顺呋虫胺和反呋虫胺）及其代谢物，顺 1-甲基-3-（四氢-3-呋喃甲基）尿素和反 1-甲基-3-（四氢-3-呋喃甲基）尿素。首先，作者使用单次单变量（OVAT）方法评估了不同的手性色谱柱和不同的改性剂（甲醇、乙醇、异丙醇、正丁醇、乙腈和正己烷）对分离度、保留因子和信噪比的影响。这使得作者可以选择出最佳色谱柱和甲酸-甲醇改性剂的百分比。在优化步骤中，使用 CCD 来评估甲醇含量、流动相流速、自动背压调节器压力和柱温对分离度、保留因子和信噪比的影响。采用方差分析确定显著性因素，采用回归和拟合差异度检验进行模型评价。通过对响应曲面图的目测和 Derringer 期望函数的计算，估算出最优条件。最后，作者应用该方法对花粉、蜂蜜、水和土壤样品进行了分析。在花粉和蜂蜜中均未检测到对映体。在水中，两个样本被污染。

27.3.2 液相色谱

大多数研究使用 CCDs 来对液相色谱进行优化[16,31,33,35,36,39]。它主要用于评价流动相因素，如有机相的比例和酸性或碱性添加剂的浓度的影响。另外，一些作者使用D-最优混合设计来优化[32,37]。

当应用在非对称区域时，D-最优混合设计是一种非对称设计。它也经常被用于非混合变量，而不是对称设计，如CCD，因为不这样的话，可能会得到因素之间不可能的组合，或者只能检查实验域的一部分[9]。然而，当应用于对称区域时，D-最优设计可视为对称设计。Kannappan 等[32] 使用这种设计来评估有机改性剂（75%~85%）和水（15%~25%）对昂丹司琼对映体的分离效果。由于这些因素是流动相的组成部分，它们的水平不是独立的。因此，混合因子用分数表示。后者也意味着，不需要D-优化设计或其他任何设计来优化改性剂/水的组成。实验域可以用一条线表示，组成优化意味着找到合适的水或改性剂的组成比例。

另一方面，Saleh 等[37] 则利用该设计确定了评价手性色谱柱（定性因素）、流动相组成（混合因素）、流速和温度（定量因素）的最佳条件。作者共进行了9个实验，在3个水平上评价4个因素。

Hanafi 等[16] 采用了一种有趣的方法。为了实现 FMOC 亮氨酸，色氨酸和沙丁胺醇的对映分离，作者使用了一个 2^m4^n 筛选设计，如 27.2.1 所述，确定了甲醇的百分比、二乙胺和乙酸的浓度作为重要因素。对于优化步骤，作者在5个水平上评估每个因素，使用6个中心点重复数的 CCD（20 次试验）。为了响应，需要选择分离度、保留时间和保留因子，对于 FMOC 亮氨酸和色氨酸，该方法获得了满意的结果，为两种对映体提供了基线分离 ［图 27.8（a），（b）］。然而，对于沙丁胺醇，对映体分离效果较差。事实上，所有实验的分离度都低于 1.5。由等高线图分析 ［图 27.9（a）］ 可知，在考虑二乙胺和乙酸浓度的情况下，最优条件可能落在左上角的检测实验区之外。然而，乙酸浓度不可能低于 0。为了进一步评估实验域，作者进行了全析因设计 3^2，主要是探索更高水平的二乙胺，保持甲醇的百分比为 63%，就像在 CCD 中一样。第二种设计中也考虑了较高水平的乙酸。得到新的等高线图 ［图 27.9（b）］，分离度更高，如图 27.8（c）（分离度 2.62）所示。

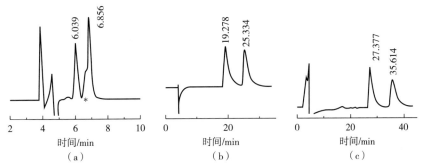

图 27.8　使用源自（a，b）CCD 或（c）3 水平全因子设计的最佳条件分离

注：（a）FMOC 亮氨酸、（b）色氨酸和（c）沙丁胺醇对映体的色谱图。 ＊共洗脱杂质。

［资料来源：Elsevier from ref. 16© 2018］

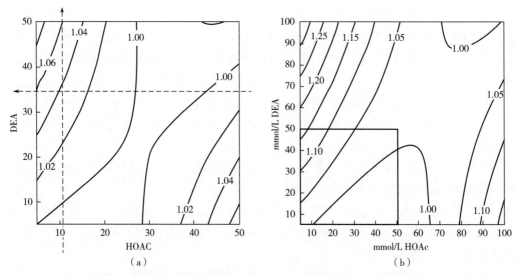

图 27.9　来自（a）CCD 和（b）全因子设计实验的沙丁胺醇对
映体的分离（分辨率）等高线图

注：箭头所示为最佳域，蓝色方块为最初研究的图 27.9a 区域。

[资料来源：Elsevier from ref. 16© 2018]

请注意，首先，预测的（等高线图）分离度和实验分离度有很大的不同。从图 27.9（b）可以推断，该域可达到的最高分离度将略高于 1.25，而实验值为 2.62。这一项已在 27.3 中讨论过。从图 27.9 的两个等高线图中还可以注意到，在大多数情况下，最优值都是在域的一个角落里发现的，而且正如上面所提到的，看起来似乎真正的最优值都是在检测域之外的。这个结论是响应行为作为因素水平函数的结果，并且在大多数优化过程中都可以找到。

27.3.3　电迁移技术

正如表 27.5 所示，本章涉及的大多数手性分离都是使用电迁移技术来进行的。考虑到 DoE 方法，大多数研究采用了 CCD[18-20,43,49]，就像 SFC 和 LC，此外，还有大量研究采用了 3 水平全析因设计[40,41,47] 等正交设计[44,45]。

可以注意到，与其他应用设计相比，正交设计这个术语提供不了多少信息量。除了 D-最优设计外，本章讨论的所有设计都是正交设计。正交设计是指主要影响，即部分的影响，可以相互独立地估计出来的设计。因此，对主要影响的估计是明确的。所以可以建议明确具体设计而不是使用正交设计这个术语。

然而，对于 CE 和 CEC 来说，除了流动相因素评估，如 pH 和缓冲液浓度，附加因素也需要评估，如手性选择剂的浓度、温度以及电压。这些参数在对映体分离中也发挥着关键作用并，需要通过筛选设计加强（见 27.2.2）。

在一项 Meng 等的研究中[20]，通过部分析因设计将 γ 环糊精浓度、Cu^{2+} 和 D-Phe 浓度（配体交换型手性选择剂）和 pH 选为最重要的因素对西他沙星进行立体异构体的分离前优化（见 27.2.2）。利用 CCD，以测量分离度和分析时间作为响应。通过响应曲面图分析，利用 Derringer 期望函数，在中间水平选择 pH 和 D-Phe 浓度；在低水平选择 γ-环糊精浓度；高水平的 Cu^{2+} 浓度为最佳条件。这可在 30min 以内的分析时间获得高分离度（图 27.10）。注意到如果要优化 4 个因素，则只能看到整个响应面的很小一部分，因为需要固定 2 个因素。因此，这样会冒着不能将方法全局最优可视化的风险。

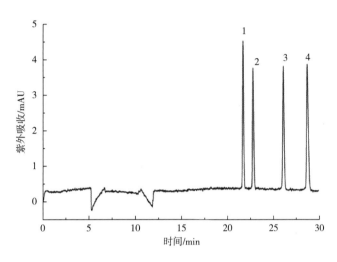

图 27.10　在最佳条件下分离（4）西他沙星和（1~3）立体异构体的电泳图

［资料来源：Elsevier from ref. 20© 2017］

27.4　结论

本章讨论了通过 SFC、LC，或 CE/CEC 来进行手性分离优化的筛选和优化设计。探讨了包括因素和水平的选择，在不同情况下应用的设计，以及模型的建立和评价等不同步骤。

在文献中发现的大多数案例研究没有应用筛选步骤。这可能与之前的知识有关，其允许直接执行优化步骤。这种优化最常用的是 CCD。

虽然使用 DoE 进行手性分离不是新鲜事，但鉴于分析的手性化合物数量众多，它的应用范围有限。在这些使用 DoE 的研究中，设计中检测的大多数因素都与流动相有关，如 pH、改性剂（类型和浓度）和手性选择剂的浓度。

没有研究发现通过 DoE 方法使用气相色谱来优化方法。原因可能很简单，即气相色谱很少用于手性分离。

DoE 方法是一种强大的方法，可用于程序优化，包括手性分离的优化。由于这个课题的复杂性，在有限的实验数量中评估几个因素的影响是最根本的，从而避免了不必要的时间和试剂的浪费。

参考文献

［1］Calcaterra A,D'Acquarica I(2018)The marketof chiral drugs:chiral switches versus de novoenantiomerically pure compounds. J PharmBiomed Anal 147:323-340.

［2］Stinson SC(1997)Chiral drug market showssigns of maturity. Chem Eng News 75:38-70.

［3］Agranat I,Caner H(1999)Intellectual property and chirality of drugs. Drug Discov Today4:313-321.

［4］Gübitz G,Schmid MG(2008)Chiral separation by capillary electromigration techniques. JChromatogr A 1204:140-156.

［5］Agranat I,Wainschtein SR,Zusman EZ(2012)The predicated demise of racemic new molecular entities is an exaggeration. Nat Rev DrugDiscov 11:972-973.

［6］Scriba GKE(2016)Chiral recognition in separation science-an update. J Chromatogr A 1467:56-78.

［7］Płotka JM,Biziuk M,Morrison C,Namieśnik J(2014)Pharmaceutical and forensic drug applications of chiral supercritical fluid chromatography. Trends Anal Chem 56:74-89.

［8］Candioti LV,De Zan MM,Ca'mara MS,Goicoechea HC(2014)Experimental design andmultiple response optimization. Using thedesirability function in analytical methodsdevelopment. Talanta 124:123-138.

［9］Brynn Hibbert D(2012)Experimental designin chromatography:a tutorial review. J Chromatogr B 910:2-13.

［10］Nguyen NK,Lin DKJ(2011)A note on smallcomposite designs for sequential experimentation. J Stat Theory Pract 5:109-117.

［11］Das AK,Mandal V,Mandal SC(2014)A briefunderstanding of process optimization inmicrowave-assisted extraction of botanicalmaterials:options and opportunities with chemometric tools. Phytochem Anal 25:1-12.

［12］Bezerra MA,Santelli RE,Oliveira EP,Villar LS,Escaleira LA(2008)Response surface methodology(RSM)as a tool for optimization inanalytical chemistry. Talanta 76:965-977.

［13］Hanrahan G,Montes R,Gomez FA(2008)Chemometric experimental design based optimization techniques in capillary electrophoresis:a critical review of modern application. AnalBioanal Chem 390:169-179.

［14］Plackett RL,Burman JP(1946)The design ofoptimum multifactorial experiments. Biometrika 33:305-325.

［15］Dejaegher B,Vander Heyden Y(2011)Experimental designs and their recent advances inset-up,data interpretation,and analytical applications. J Pharm Biomed Anal 56:141-158.

［16］Hanafi RS,Lämmerhofer M(2018)Responsesurface methodology for the determination ofthe design space of enantiomeric separations oncinchona-based zwitterionic chiral stationaryphases by high performance liquid chromatography. J Chromatogr A 1534:55-63.

［17］Orlandini S,Pasquini B,Del Bubba M,Pinzauti S,Furlanetto S(2015)Quality bydesign in the chiral separation strategy for thedetermination of enantiomeric impurities:development of a capillary electrophoresis method based on dual cyclodextrin systems for the analysis of levosulpiride. J Chromatogr A 1380:177-185.

［18］Orlandini S,Pasquini B,Caprini C,Del Bubba M,Douša M,Pinzauti S,Furlanetto S(2016)Enantioseparation and impurity determination of ambrisentan using cyclodextrinmodified micellar electrokinetic chromatography:visualizing the design space within quality by design framework. J Chromatogr A 1467:363-371.

［19］Krait S,Douša M,Scriba GKE(2016)Quality by design-guided development of a capillary electrophoresis method for the chiral purity determination of ambrisentan. Chromatographia 79:1343−1350.

[20] Meng R, Kang J(2017) Determination of the stereoisomeric impurities of sitafloxacin by capillary electrophoresis with dual chiral additives. J Chromatogr A 1506:120−127.

[21] Patel DC, Wahab MF, Armstrong DW, Breitbach ZS(2016) Advances in high−throughput and high−efficiency chiral liquid chromatographic separations. J Chromatogr A 1467:2−18.

[22] Declerck S, Vander Heyden Y, Mangelings D(2016) Enantioseparations of pharmaceuticals with capillary electrochromatography:a review. J Pharm Biomed Anal 130:81−99.

[23] Zhu Q, Scriba GKE(2018) Analysis of small molecule drugs, excipients and counter ions in pharmaceuticals by capillary electromigration methods−recent developments. J Pharm Biomed Anal 147:425−438.

[24] Ramos−Payán M, Ocaña−Gonzalez JA, Fernández−Torres RM, Llobera A, Bello−López MÁ (2018) Recent trends in capillary electrophoresis for complex samples analysis: a review. Electrophoresis 39:111−125.

[25] Yolmeh M, Jafari SM(2017) Applications of response surface methodology in the food industry processes. Food Bioproc Tech 10:413−433.

[26] Åsberg D, Enmark M, Samuelsson J, Fornstedt T(2014) Evaluation of co−solvent fraction, pressure and temperature effects in analytical and preparative supercritical fluid chromatography. J Chromatogr A 1374:254−260.

[27] Chen Z, Dong F, Li S, Zheng Z, Xu Y, Xu J, Liu X, Zheng Y(2015) Response surface methodology for the enantioseparation of dinotefuran and its chiral metabolite in bee products and environmental samples by supercritical fluid chromatography/tandem mass spectrometry. J Chromatogr A 1410:181−189.

[28] Forss E, Haupt D, Stålberg O, Enmark M, Samuelsson J, Fornstedt T(2017) Chemometric evaluation of the combined effect of temperature, pressure, and co−solvent fractions on the chiral separation of basic pharmaceuticals using actual vs set operational conditions. J Chromatogr A 1499:165−173.

[29] Ghinet A, Zehani Y, Lipka E(2017) Supercritical fluid chromatography approach for a sustainable manufacture of new stereoisomeric anticancer agent. J Pharm Biomed Anal 145:845−853.

[30] Landagaray E, Vaccher C, Yous S, Lipka E (2016) Design of experiments for enantiomeric separation in supercritical fluid chromatography. J Pharm Biomed Anal 120:297−305.

[31] Kannappan V, Mannemala SS(2014) Multipleresponse optimization of a HPLC method forthe determination of enantiomeric purity of S−ofloxacin. Chromatographia 77:1203−1211.

[32] Kannappan V, Kanthiah S(2017) Enantiopurity assessment of chiral switch of ondansetronby direct chiral HPLC. Chromatographia80:229−236.

[33] Nistor I, Lebrun P, Ceccato A, Lecomte F, Slama I, Oprean R, Badarau E, Dufour F, Dossou KSS, Fillet M, Liégeois J−F, Hubert P, Rozet E(2013) Implementation of a designspace approach for enantiomeric separationsin polar organic solvent chromatography. JPharm Biomed Anal 74:273−283.

[34] Rosales−Conrado N, Guillén−Casla V, PérezArribas LV, León−Gonzáles ME, Polo−DíezLM(2013) Simultaneous enantiomeric determination of acidic herbicides in apple juicesamples by liquid chromatography on a teicoplanin chiral stationary phase. Food AnalMethods 6:535−547.

[35] Rosales−Conrado N, Dell'Aica M, León−Gonzáles ME, Pérez−Arribas LV, Polo−Díez LM(2013) Determination of salbutamol by directchiral reversed−phase HPLC using teicoplaninas stationary phase and its application to naturalwater analysis. Biomed Chromatogr27:1413−1422.

[36] Rosales−Conrado N, León−Gonzáles ME, Polo−Díez LM(2015) Development and validation of analytical method for clenbuterol chiral determination in animal feed by direct liquidchromatography. Food Anal

Methods8：2647-2659.

［37］Saleh OA，Yehia AM，El-Azzouny AS，AboulEnein HY（2015）A validated chromatographicmethod for simultaneous determination ofguaifenesin enantiomers and ambroxol HCl inpharmaceutical formulation. RSC Adv5：93749-93756.

［38］Szabó Z-I，Mohammadhassan F，Szöcs L，Nagy J，Komjáti B，Noszál B，Tóth G（2016）Stereoselective interactions and liquidchromatographic enantioseparation of thalidomide on cyclodextrin-bonded stationaryphases. J Incl Phenom Macrocycl Chem85：227-236.

［39］Valliappan K，Vaithiyanathan SJ，Palanivel V（2013）Direct chiral HPLC method for thesimultaneous determination of warfarin enantiomers and its impurities in raw material andpharmaceutical formulation：application ofchemometric protocol. Chromatographia76：287-292.

［40］Abdel-Megied AM，Hanafi RS，Aboul EneinHY（2018）A chiral enantioseparation genericstrategy for anti-Alzheimer and antifungaldrugs by short end injection capillary electrophoresis using an experimental designnapproach. Chirality 30：165-176.

［41］Albals D，Hendrickx A，Clincke L，Chankvetadze B，Vander Heyden Y，Mangelings D（2014）A chiral separation strategy foracidic drugs in capillary electrochromatography using both chlorinated and nonchlorinatedpolysaccharide-based selectors. Electrophoresis35：2807-2818.

［42］Escuder-Gilabert L，Martín-Biosca Y，Sagrado S，Medina-Hernández MJ（2014）Fast-multivariate optimization of chiral separations in capillary electrophoresis：anticipativestrategies. J Chromatogr A 1363：331-337.

［43］Guo PW，Rong ZB，Li YH，Fung YS，Gao GQ，Cai ZM（2013）Microfluidic chip capillary electrophoresis coupled with electrochemiluminescence for enantioseparation of racemic drugsusing central composite design optimization. Electrophoresis 34：2962-2969.

［44］Kazsoki A，Fejös I，Sohajda T，Zhou W，Hu W，Szente L，Béni S（2016）Development andvalidation of a cyclodextrin-modified capillary electrophoresis method for the enantiomericseparation of vildagliptin enantiomers. Electrophoresis 37：1318-1325.

［45］Szabó Z-I，Szöcs MD-L，Noszál B，Tóth G（2016）Chiral separation of uncharged pomalidomide enantiomers using carboxymethyl-β-cyclodextrin：a validated capillaryelectrophoretic method. Chirality 28：199-203.

［46］Szabó Z-I，Tóth G，Völgyi G，Komjáti B，Hancu G，Szente L，Sohajda T，Béni S，Muntean D-L，Noszál B（2016）Chiral separation ofasenapine enantiomers by capillary electrophoresis and characterization of cyclodextrin complexes by NMR spectroscopy，massspectrometry and molecular modeling. JPharm Biomed Anal 117：398-404.

［47］Wahl J，Holzgrabe U（2018）Capillary electrophoresis separation of phenethylamine enantiomers using amino acid based ionic liquids. JPharm Biomed Anal 148：245-250.

［48］Cârcu-Dobrin M，Budău M，Hancu G，Gagyi L，Rusu A，Kelemen H（2017）Enantioselective analysis of fluoxetine in pharmaceutical formulations by capillary zoneelectrophoresis. Saudi Pharm J 25：397-403.

［49］Zhang Q，Du Y（2013）Evaluation of the enantioselectivity of glycogen-based synergistic system with amino acid chiral ionic liquids asadditives in capillary electrophoresis. J Chromatogr A 1306：97-103.